BIM技术系列岗位人才培养项目辅导教材

BIM造价专业操作实务

人力资源和社会保障部职业技能鉴定中心
工业和信息化部电子通信行业职业技能鉴定指导中心　组织编写
北京绿色建筑产业联盟BIM技术研究与应用委员会

BIM技术人才培养项目辅导教材编委会　编

肖世鹏　主编

中国建筑工业出版社

图书在版编目（CIP）数据

BIM造价专业操作实务/BIM技术人才培养项目辅导教材编委会编. —北京：中国建筑工业出版社，2018.5

BIM技术系列岗位人才培养项目辅导教材

ISBN 978-7-112-22205-6

Ⅰ.①B… Ⅱ.①B… Ⅲ.①建筑工程-工程造价-应用软件-技术培训-教材 Ⅳ.①TU723.3-39

中国版本图书馆CIP数据核字（2018）第086043号

责任编辑：封 毅 毕凤鸣

责任校对：李美娜

BIM技术系列岗位人才培养项目辅导教材

BIM造价专业操作实务

人力资源和社会保障部职业技能鉴定中心
工业和信息化部电子通信行业职业技能鉴定指导中心 组织编写
北京绿色建筑产业联盟BIM技术研究与应用委员会

BIM技术人才培养项目辅导教材编委会 编

肖世鹏 主编

*

中国建筑工业出版社出版、发行（北京海淀三里河路9号）
各地新华书店、建筑书店经销
北京红光制版公司制版
北京建筑工业印刷厂印刷

*

开本：787×1092毫米 1/16 印张：24½ 字数：593千字
2018年5月第一版 2018年5月第一次印刷
定价：**65.00**元

ISBN 978-7-112-22205-6
（32098）

版权所有 翻印必究
如有印装质量问题，可寄本社退换
（邮政编码 100037）

本书编委会

编委会主任：陆泽荣　北京绿色建筑产业联盟执行主席

主　　编：肖世鹏　成都孺子牛工程项目管理有限公司

副 主 编：杨　明　山东中永信工程咨询有限公司

编写人员：（排名不分先后）

江苏博智工程咨询有限公司	潘正伟　夏忠卫
江苏国泰新点软件有限公司	叶小勇
内蒙古建筑职业技术学院	任尚万
中国建设银行股份有限公司天津市分行	宋山城
天津市投资咨询公司	杨文静　崔肇阳
天津天河云筑工科技有限公司	马啸雨
陕西信实工程咨询有限公司	陈文斌　申屠海滨
成都孺子牛工程项目管理有限公司	柳　茂
广州市新誉工程咨询有限公司	李绪泽
北京绿色建筑产业联盟	陈玉霞　孙　洋　张中华 范明月　吴　鹏　王晓琴 邹　任

主　　审：尹贻林　天津理工大学

丛 书 总 序

中共中央办公厅、国务院办公厅印发《关于促进建筑业持续健康发展的意见》（国发办〔2017〕19号），住房城乡建设部印发《2016—2020年建筑业信息化发展纲要》（建质函〔2016〕183号），《关于推进建筑信息模型应用的指导意见》（建质函〔2015〕159号），国务院印发《国家中长期人才发展规划纲要（2010—2020年）》《国家中长期教育改革和发展规划纲要（2010—2020年）》，教育部等六部委联合印发的《关于进一步加强职业教育工作的若干意见》等文件，以及全国各地方政府相继出台多项政策措施，为我国建筑信息化BIM技术广泛应用和人才培养创造了良好的发展环境。

当前，我国的建筑业面临着转型升级，BIM技术将会在这场变革中起到关键作用；也必定成为建筑领域实现技术创新、转型升级的突破口。围绕住房和城乡建设部印发的《推进建筑信息模型应用指导意见》，在建设工程项目规划设计、施工项目管理、绿色建筑等方面，更是把推动建筑信息化建设作为行业发展总目标之一。国内各省市行业行政主管部门已相继出台关于推进BIM技术推广应用的指导意见，标志着我国工程项目建设、绿色节能环保、装配式建筑、3D打印、建筑工业化生产等要全面进入信息化时代。

如何高效利用网络化、信息化为建筑业服务，是我们面临的重要问题；尽管BIM技术进入我国已经有很长时间，所创造的经济效益和社会效益只是星星之火。不少具有前瞻性与战略眼光的企业领导者，开始思考如何应用BIM技术来提升项目管理水平与企业核心竞争力，却面临诸如专业技术人才、数据共享、协同管理、战略分析决策等难以解决的问题。

在“政府有要求，市场有需求”的背景下，如何顺应BIM技术在我国运用的发展趋势，是建筑人应该积极参与和认真思考的问题。推进建筑信息模型（BIM）等信息技术在工程设计、施工和运行维护全过程的应用，提高综合效益，是当前建筑人的首要工作任务之一，也是促进绿色建筑发展、提高建筑产业信息化水平、推进智慧城市建设和实现建筑业转型升级的基础性技术。普及和掌握BIM技术（建筑信息化技术）在建筑工程技术领域应用的专业技术与技能，实现建筑技术利用信息技术转型升级，同样是现代建筑人职业生涯可持续发展的重要节点。

为此，北京绿色建筑产业联盟应工业和信息化部教育与考试中心（电子通信行业职业技能鉴定指导中心）的要求，特邀请国际国内BIM技术研究、教学、开发、应用等方面的专家，组成BIM技术应用型人才培养丛书编写委员会；针对BIM技术应用领域，组织编写了这套BIM工程师专业技能培训与考试指导用书，为我国建筑业培养和输送优秀的建筑信息化BIM技术实用性人才，为各高等院校、企事业单位、职业教育、行业从业人员等机构和个人，提供BIM专业技能培训与考试的技术支持。这套丛书阐述了BIM技术在建筑全生命周期中相关工作的操作标准、流程、技巧、方法；介绍了相关BIM建模软件工具的使用功能和工程项目各阶段、各环节、各系统建模的关键技术。说明了BIM技术在项目管理各阶段协同应用关键要素、数据分析、战略决策依据和解决方案。提出了推动 BIM 在设计、施工等阶段应用的关键技术的发展和整体应用策略。

我们将努力使本套丛书成为现代建筑人在日常工作中较为系统、深入、贴近实践的工具型丛书，促进建筑业的施工技术和管理人员、BIM 技术中心的实操建模人员，战略规划和项目管理人员，以及参加 BIM 工程师专业技能考评认证的备考人员等理论知识升级和专业技能提升。本丛书还可以作为高等院校的建筑工程、土木工程、工程管理、建筑信息化等专业教学课程用书。

本套丛书包括四本基础分册，分别为《BIM 技术概论》《BIM 应用与项目管理》《BIM 建模应用技术》《BIM 应用案例分析》，为学员培训和考试指导用书。另外，应广大设计院、施工企业的要求，我们还出版了《BIM 设计施工综合技能与实务》《BIM 快速标准化建模》等应用型图书，并且方便学员掌握知识点的《BIM 技术知识点练习题及详解（基础知识篇）》《BIM 技术知识点练习题及详解（操作实务篇）》。2018 年我们还将陆续推出面向 BIM 造价工程师、BIM 装饰工程师、BIM 电力工程师、BIM 机电工程师、BIM 路桥工程师、BIM 成本管控、装配式 BIM 技术人员等专业方向的培训与考试指导用书，覆盖专业基础和操作实务全知识领域，进一步完善 BIM 专业类岗位能力培训与考试指导用书体系。

为了适应 BIM 技术应用新知识快速更新迭代的要求，充分发挥建筑业新技术的经济价值和社会价值，本套丛书原则上每两年修订一次；根据《教学大纲》和《考评体系》的知识结构，在丛书各章节中的关键知识点、难点、考点后面植入了讲解视频和实例视频等增值服务内容，让读者更加直观易懂，以扫二维码的方式进入观看，从而满足广大读者的学习需求。

感谢各位编委们在极其繁忙的日常工作中抽出时间撰写书稿。感谢清华大学、北京建筑大学、北京工业大学、华北电力大学、云南农业大学、四川建筑职业技术学院、黄河科技学院、湖南交通职业技术学院、中国建筑科学研究院、中国建筑设计研究院、中国智慧科学技术研究院、中国建筑西北设计研究院、中国建筑股份有限公司、中国铁建电气化局集团、北京城建集团、北京建工集团、上海建工集团、北京中外联合建筑装饰工程有限公司、北京市第三建筑工程有限公司、北京百高教育集团、北京中智时代信息技术公司、天津市建筑设计院、上海 BIM 工程中心、鸿业科技公司、广联达软件、橄榄山软件、麦格天宝集团、成都孺子牛工程项目管理有限公司、山东中永信工程咨询有限公司、海航地产集团有限公司、T-Solutions、上海开艺设计集团、江苏国泰新点软件、浙江亚厦装饰股份有限公司、文凯职业教育学校等单位，对本套丛书编写的大力支持和帮助，感谢中国建筑工业出版社为丛书的出版所做出的大量的工作。

北京绿色建筑产业联盟执行主席　陆泽荣
2018 年 4 月

前　　言

由于我国的建筑工程主要采用国标清单规范和计价定额来办理建设过程中的进度款、设计变更、签证、索赔、结算等工作。建筑行业一直流传着一句老话“工程做得好，不如算得好”，即使工程领域现在处于 BIM 时代也同样适用。近年来，就 BIM 技术在我国的发展来看，政府机关、行业协会、软硬件厂商、建筑企业、工程咨询公司、大中专院校均在短短数年时间以不同的身份参与着这项新的技术革命，尤其以智能 BIM 建模、BIM 模型工程量计算、施工阶段 BIM 平台的竞争最为激烈。BIM 的造价应用作为 BIM 技术落地的重要环节之一，目前很多 BIM 参与各方普遍存在着懂 BIM 技术的 BIM 工程师不懂造价，会造价的造价工程师不会 BIM 技术，造成项目的 BIM 模型不能一模多用、不能互通、数据无法流动！上述问题一直困扰着所有的 BIM 参与各方，由此本书编写的目的是希望能让 BIM 的工程师能够了解和掌握造价的知识和实务操作，在建立 BIM 模型时，能够考虑到造价工程师在后期利用该模型导出工程量的要求。同时，造价工程师能够掌握如何使用 BIM 技术改变我们传统造价的工作方式，提高工作效率、促进工作协同，节约更多的工作时间，把更多的精力和时间用在建设项目的成本管理，以求提高项目的经济效益。这样有了良好的经济效益作为引导，让更多的建设参与方利用 BIM 技术来进行项目的建造，提高我国建筑行业的整体信息化率，为将来的城市物联网、智慧城市做出一份贡献。

《BIM 造价专业操作实务》作为“BIM 技术系列岗位人才培养项目辅导教材”的专业分册之一，是根据《全国 BIM 专业技能测评考试大纲》编写，用于 BIM 技术学习、培训与考试的指导用书。本书旨在给工程造价领域提供 BIM 造价应用实务指导。

本书共分为五个章节。第 1 章是 BIM 造价软件概述，介绍 BIM 基础软件、BIM 造价软件、BIM 造价软件应用现状与展望等。第 2 章是 BIM 计量操作实务，介绍国内造价工程量计算的标准和规范、BIM 技术的计量概述、BIM 技术的算量软件实务操作等。第 3 章是 BIM 计价操作实务，介绍国内造价计价的标准及规范、BIM 专业化计价软件实务操作、BIM 计价之云计价等。第 4 章是 BIM 造价管理实务，介绍设计阶段 BIM 造价实战应用、招投标阶段 BIM 造价实战应用、施工阶段 BIM 造价实战应用、结算阶段 BIM 造价实战应用、全过程造价控制阶段 BIM 造价的实战应用等。第 5 章是 BIM 造价应用案例——陕西某互联网数据中心项目 B 区，介绍陕西某互联网数据中心项目 B 区在造价实战应用中的实务操作和经验分享等。

本书在编写的过程中，参考了大量专业书籍和文献，汲取了行业专家的宝贵经验，得到了众多单位和同仁们的大力支持，谨此一并致谢！但受限于编者的能力和经验，不妥之处在所难免，也真诚地欢迎广大读者提出宝贵意见！

《BIM 造价专业操作实务》编写组
2018 年 5 月

目　录

第1章 BIM造价软件概述

本章导读

本章介绍了BIM造价软件概述，包括项目前期策划阶段、项目设计阶段、施工阶段、运营阶段的BIM软件；BIM基础应用软件的何氏分类、AGC分类、厂商和专业的分类及国外软件的现状；BIM造价专业软件的介绍以及应用现状与展望，包括工程造价管理过程管控阶段的应用、人工智能与工程造价等。

1.1　BIM软件概述

在建筑工程领域，如果将CAD技术的应用视为建筑工程设计的第一次变革，那么建筑信息模型（BIM，Building Information Molding ）的出现将引发整个A/E/C（Architecture/ Engineering/Construction ）领域的第二次革命。BIM研究的目的是从根本上解决项目规划、设计、施工、维护管理各阶段及应用系统之间的信息断层，实现全过程的工程信息管理乃至建筑生命期管理（Building Lifecycle Management，BLM）。然而，由于建筑业本身所固有的特性，如产业结构的分散性、工程对象的唯一性、工程信息的复杂性等，使得BIM的实现异常复杂且艰难。国际协同工作联盟（IAI）推出的IFC（Industry Foundation Classes ）为BIM的实现提供了建筑产品数据表达与交换的标准，标志着BIM概念的成熟，推动了BIM技术的发展。BIM已成为当前建设领域信息技术研究和应用的热点。

BIM的理论基础主要源于制造行业集CAD 、CAM于一体的计算机集成制造系统CIMS（Computer Integrated Manufacturing System ）理念和基于产品数据管理PDM与STEP标准的产品信息模型。BIM是以三维数字技术为基础，集成建筑工程项目各种相关信息的工程数据模型，BIM是对工程项目设施实体与功能特性的数字化表达。一个完善的信息模型，能够连接建筑项目生命期不同阶段的数据、过程和资源，是对工程对象的完整描述，可被建设项目各参与方普遍使用。BIM具有单一工程数据源，可解决分布式、异构工程数据之间的一致性和全局共享问题，支持建设项目生命期中动态的工程信息创建、管理和共享。BIM一般具有以下特征：

模型信息的完备性。除了对工程对象进行3D几何信息和拓扑关系的描述，还包括完整的工程信息描述，如对象名称、结构类型、建筑材料、工程性能等设计信息；施工工序、进度、成本、质量以及人力、机械、材料、资源等施工信息；工程安全性能、材料耐久性能等维护信息；对象之间的工程逻辑关系等。

模型信息的关联性。信息模型中的对象是可识别且相互关联的，系统能够对模型的信息进行统计和分析，并生成相应的图形和文档。如果模型中的某个对象发生变化，与之关联的所有对象都会随之更新，以保持模型的完整性和关联性。

模型信息的一致性。在建筑生命期的不同阶段模型信息是一致的，同一信息无需重复输入，而且信息模型能够自动演化，模型对象在不同阶段可以简单地进行修改和扩展而无需重新创建，避免了信息不一致的错误。

BIM作为共享知识资源，为全生命周期过程中决策提供支持，可分为3个层面：BIM系统共享、应用软件共享、模型数据共享。

BIM的应用中，没有一种软件是可以覆盖建筑物全生命周期的BIM应用，必须根据不同的应用阶段采用不同的软件。

1.1.1　项目前期策划阶段的BIM软件

1. 数据采集

数据的收集和输入是有关BIM一切工作的开始，常用BIM软件介绍见表1.1.1-1。

常用BIM软件介绍 表1.1.1-1

区别	常用软件	操作人员	优缺点
传统	人工搭建、人工输入	设计人员直接完成	投入成本较低，但效率也较低，且往往存在操作不规范和技术问题难以解决的问题
BIM	Revit、ArcGIS、AutoCAD Civil 3D、Google Earth及插件、理正系列	公司内部专门的BIM团队来完成	团队建设、软硬件投入与日常维护成本高，效率也较高，基本不会存在技术难题，工作流程较为规范，但由于设计人员并未直接控制，所以对二者之间的沟通与协作有较高的要求

2. 投资估算

BIM可以帮助造价员利用节约下来的时间从事项目中更具价值的工作。

3. 阶段规划

计划的安排应可以有所弹性，伴随着项目的进展，为后期进度计划的调整留有一定接口。

1.1.2 项目设计阶段的BIM软件

1. 常用软件

现常用的软件有Revit、Navisworks、DDS-CAD、OnumaSystem等。

可满足大部分对于初步分析的要求，也能在初步设计中帮助建筑师进行更深入全面的考量。

2. 设计方案论证

可以做到细节推敲，迅速分析设计和施工中可能需要应对的问题；提供不同解决方案供项目投资方进行选择；找出不同解决方案的优缺点；帮助项目投资方迅速评估建筑投资方案的成本和时间。

3. 设计建模

BIM的信息集成和全生命周期的数据管理优势对于设计具有重要的意义，利用BIM可以很好地解决设计过程中的信息冲突问题，保证设计能够准确地体现设计意图并进行效果还原。

常用软件：Revit、ArcGIS、Bentley Map、Dprofiler、Ecotect Analysis等。

4. 结构分析

不同状态的结构分析，可以分为概念结构、深化结构和复杂结构。常用软件：Bentley RAM Structural System、Robot、SAP2000等。在BIM平台下，建筑结构分析被整合在模型中，这使得建筑师可以得到更准确快捷的结果。

5. 照明分析

与照明分析相关的参数基本上都可以直接在BIM软件中定义，使得照明分析大大简化。目前照明分析软件还不是那么完美，信息的交流与共享还不是那么顺畅，期望BIM与照明分析之间的结合将会臻于完美。常用软件：Ecotect Analysis、Radiance等。

1.1.3　施工阶段的BIM软件

1. 3D视图及协调

这是将建筑设计图纸变为工程实物的生产阶段，建筑产品的交付质量很大程度上取决于该阶段，使用BIM软件的优点见图1.1.3-1。

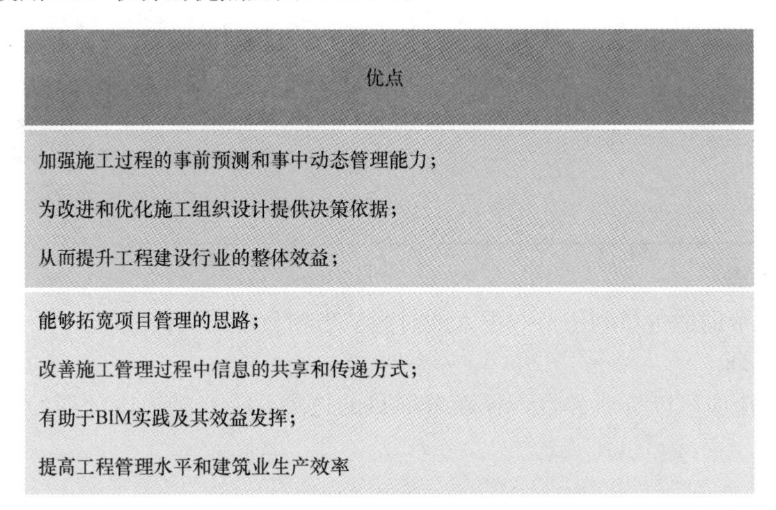

图1.1.3-1　使用BIM软件的优点

常用软件：Revit、Bentley Architecture、DDS-CAD、SAP2000等。

2. 数字化建造与预制件加工

（1）可实现复杂形体建筑的加工制造，保障设计效果；

（2）将模块可参数化、可自定义化、可识别化，使得定制模块建造成为可能。

常用软件：CATIA、Tekla、3D3S等。

3. 施工场地规划

如何建立：（1）建立3D实体模型；

（2）附以动态时间属性形成4D场地模型；

（3）在4D场地模型中修改位置和造型。

常用软件：Navisworks、Project Wise、Vico Office Suite等。

4. 施工流程模拟

BIM模型中集成了材料、场地、机械设备、人员甚至天气情况等诸多信息，并且以天为单位对建筑工程的施工进度进行模拟。

常用软件：BIM 360 Field、iTWO、Tekla、Vico Office Suite等。

可有效解决全球建筑业普遍存在的生产效率低下的问题。

1.1.4　运营阶段的BIM软件

BIM参数模型可以为业主提供建设项目中所有系统的信息在施工阶段做出的修改，并全部同步更新到BIM参数模型中形成最终的BIM竣工模型，该竣工模型作为各种设备管理的数据库，为系统的维护提供依据。

常用软件：AiM、ArchiFM等。

1.2 BIM基础应用软件

目前常用BIM软件数量已有几十个，甚至上百之多。但对这些软件，却很难给予一个科学的、系统的、精确的分类。目前在国内BIM应用行业产生一定影响的分类法大致有三种：①何氏分类法；②AGC分类法；③厂商、专业分类法。

1.2.1 何氏分类法

何氏分类法，基于对在全球具有一定市场占有率且在国内市场具有一定影响力和知名度的BIM软件（包括能发挥BIM价值的软件）进行梳理和归纳，提出各类型BIM软件总体相互关系图如下。

图1.2.1-1中实线表示信息直接传递，虚线代表信息间接传递，箭头表示信息传递方向。由图1.2.1-1可将不同类型BIM软件，根据专业和实施阶段作如下区分：

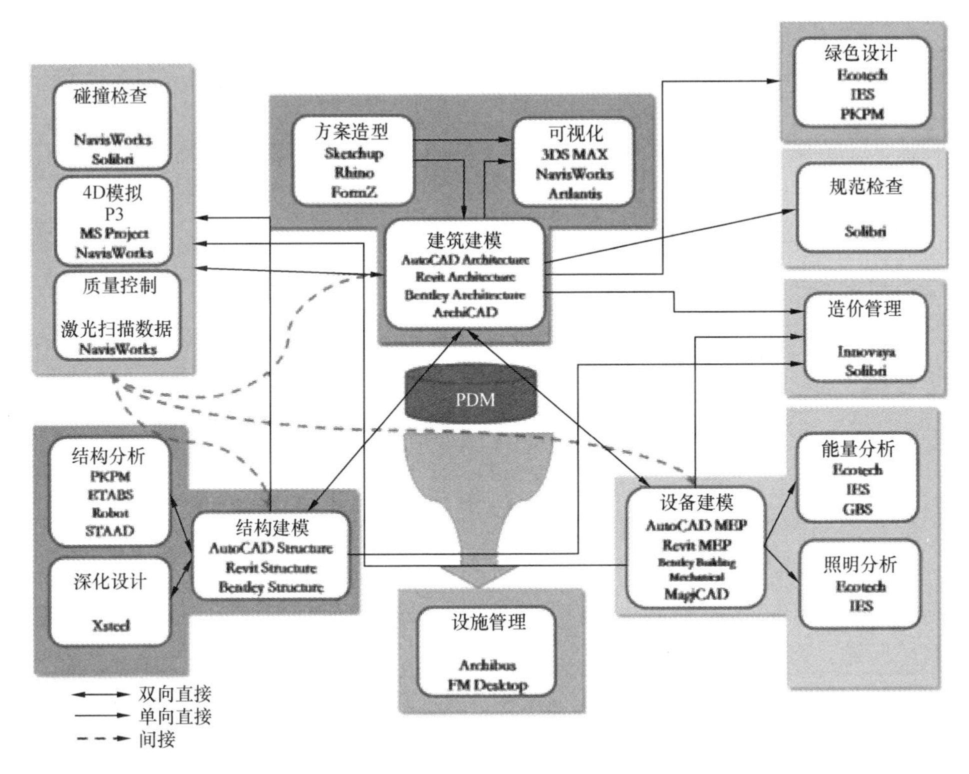

图1.2.1-1 BIM时代的软件和信息互用关系

（1）建筑：BIM建筑模型创建、几何造型、可视化、方案设计等；

（2）结构：BIM结构建模、结构分析、深化设计等；

（3）机电：BIM机电建模、机电分析等；

（4）施工：碰撞检查、4D模拟、施工进度和质量控制等；

（5）其他：绿色设计、模型检查、造价管理等；

（6）运营管理 FM（Facility Management）；

（7）数据管理 PDM。

1.2.2　AGC 分类法

AGC（Associated General Contractors of American）是指美国总承包商协会，其关于 BIM 软件分类方法。

AGC 把 BIM 软件（含 BIM 相关软件）分成八大类：

（1）概念设计和可行性研究软件（Preliminary Design and Feasibility Tools）；

（2）BIM 核心建模软件（BIM Authoring Tools）；

（3）BIM 分析软件（BIM Analysis Tools）；

（4）加工图和预制加工软件（Shop Drawing and Fabrication Tools）；

（5）施工管理软件（Construction Management Tools）；

（6）算量和预算软件（Quantity Take off and Estimating Tools）

（7）计划软件（Scheduling Tools）；

（8）文件共享和协同软件（File Sharing and Collaboration Tools）。

1.2.3　厂商、专业分类法

（1）法国 Dassault 的 Caitia ：起源于飞机设计，作为功能最为强大的三维 CAD 软件，具有独一无二的曲面建模能力，可应用于最复杂、最异型的三维建筑设计。

（2）美国 Google 的草图大师 Skechup：最为简单易用，建模极快，特别适合于前期的建筑方案构思、推敲及修改。但因建立的是形体模型，故难以用于后期的深化设计和施工图设计。

（3）美国 Robert McNeel 的犀牛（Rhino）：广泛应用于工业造型设计，简单、快速、实用，具有不受约束的自由造型 3D 和高阶曲面建模工具，故在建筑曲面建模方面可大展身手。

（4）匈牙利 Graphisoft 的 ArchiCAD：作为在欧洲应用较广的三维建筑设计软件，集 3D 建模展示、方案设计和施工图设计于一体，但跟中国的设计标准、制图规范仍存在衔接问题，故在结构等专业计算和施工图设计应用方面还有一定困难。

（5）美国 Autodesk 的 Revit：作为优秀的三维建筑设计软件，集 3D 建模展示、方案设计和施工图设计于一体，使用简单，但复杂建模能力有限，且与中国设计标准、制图规范存在对接问题，有待进一步提升和优化。

（6）美国 Bentley 的 Architecture：作为历史悠久、功能强大的系列三维建筑设计软件，集 3D 建模展示、方案设计和施工图设计于一体，但使用较为复杂，且与中国设计标准、制图规范存在衔接问题。

（7）美国 Autodesk 的 3DS Max：是广为人知的动画渲染、制作软件，功能强大，集 3D 建模、效果图和动画展示于一体，但非真正的设计软件，只用于方案展示。

（8）国内建筑专业设计主流软件：包括天正建筑、斯维尔、理正建筑等，均基于 AutoCAD 平台开发，完全遵循中国工程标准、规范和建筑设计师习惯，几乎成为建筑专业施工图设计的必备软件。它们同时具备三维自定义实体功能，故可应用于较为规整建筑的三维建模方面。

（9）国内建筑给水排水设计主流软件：包括理正给水排水、天正给水排水、浩辰给水排水等，均基于AutoCAD平台开发，完全遵循中国工程标准、规范和给水排水工程师习惯，集施工图设计和自动生成计算书为一体，应用广泛。

（10）国内建筑暖通设计主流软件：鸿业暖通、天正给暖通、浩辰暖通等，均基于AutoCAD平台开发，完全遵循中国工程标准、规范和暖通工程师习惯，集施工图设计和自动生成计算书为一体，应用广泛。

（11）国内建筑电气设计主流软件：博超电气、天正电气、浩辰电气等，均基于AutoCAD平台开发，完全遵循中国工程标准、规范和电气工程师习惯，集施工图设计和自动生成计算书为一体，应用广泛。

（12）国内建筑结构设计主流软件：PKPM结构系国家标准制定单位基于自主平台研发；广厦结构基于AutoCAD平台开发；探索者结构基于AutoCAD平台，主要用于结构分析的后处理，出结构施工图。三者均完全遵循中国工程标准、规范和结构工程师习惯，应用十分广泛。

（13）国内建筑节能设计主流软件，包括PKPM节能、斯维尔节能、天正节能等，均可按照各地气象数据和标准规范分别验证，可直接生成符合审查要求的分析报告书及审查表，属于规范验算类软件。

（14）国内建筑日照设计主流软件：天正日照、众智日照、斯维尔日照等，均可按照各地气象数据和标准规范分别验证，可直接生成符合审查要求的分析报告书，并提供给审图之用，属规范验算类软件。

（15）高端结构分析与设计软件：SAP适合多模型计算，拓展性和开放性更强，设置更灵活，趋向于"通用"的有限元分析，但需事先熟悉设计规范；而Etabs结合中国设计规范较好，适合于对规范不太熟悉的使用对象，但二者均没有后处理。

（16）强大的环境能源整合分析软件：以IES（Virtual Environment）为代表，用于对建筑中热环境、光环境、设备、日照、流体、造价以及人员疏散等方面因素进行精确模拟和分析，功能强大，但许多知识点较为深奥，不易熟练掌握。

1.2.4　国外软件

国外相关BIM软件介绍见图1.2.4-1。

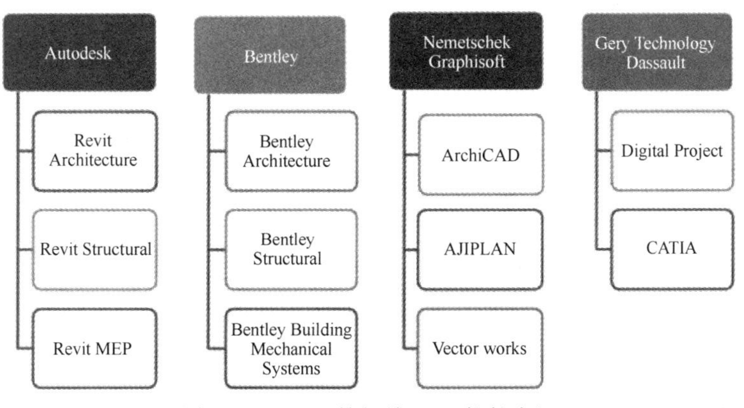

图1.2.4-1　国外相关BIM软件介绍

1. 欧特克系列

Autodesk是世界领先的设计软件和数字内容创建公司，用于建筑设计、土地资源开发、生产、公用设施、通信、媒体和娱乐。始建于1982年的Autodesk提供设计软件、Internet门户服务、无线开发平台及定点应用，帮助150多个国家的400万用户推动业务，保持竞争力。现在，设计数据不仅在绘图设计部门，而且在销售、生产、市场及整个供应链都变得越来越重要。Autodesk是保证设计信息在企业内部顺畅流动的关键业务合作伙伴。在数字设计市场，没有哪家公司能在产品的品种和市场占有率方面与Autodesk匹敌。

包含的软件：Revit、Navisworks、AutoCAD、3D MAX。

2. Bentley系列

Bentley公司是一家全球领先企业，致力于提供全面可持续性基础设施软件解决方案。要改善我们的世界和生活质量，建筑师、工程师、施工人员和业主、运营商是必不可少的；该公司的使命就是提高他们的项目绩效，以及他们所设计、建造和运营的资产的性能。

Bentley通过帮助基础设施行业充分利用信息技术，学习、最佳实践和全球协作以及推动专注于这项重要工作的职业人的发展，为基础设施行业提供长久支持。《工程新闻记录》评出的顶级设计公司中有近90%使用Bentley的产品。在Daratech公司2008年的一项研究中，Bentley公司被评为全球第二大地理信息软件解决方案提供商。

包含的软件：AECOsim Building Designer V8i、Bentley Building Electrical Systems for AutoCAD、Hevacomp Mechanical Designer。

3. 达索系列

法国达索系统（Dassault）公司是全球PLM（产品生命周期管理）解决方案的领导者，是法国达索飞机公司的子公司，自1981年以来，达索系统一直是3D软件的先驱。它的解决方案使企业能够创造并数字化地模拟其产品以及这些产品的制造和维护工序与所需资源。在达索系统提供的解决方案中，其核心特点是以三维立体形式提供一种现实的可视化功能，让使用者可以明白无误地沟通并真正实现协同工作。

包含的软件：CATIA、DELMIA、SIMULIA。

4. 图软系列

Graphisoft公司是由匈牙利一群建筑师与数学家共同开发而来，慢慢扩展至今的规模，现已有20多万的使用者，可以说是BIM（建筑信息模型）的始祖之一。Graphisoft公司成立于1982年，26年来一直致力于开发专门用于建筑设计的三维CAD软件，是三维建筑设计软件行业的领先者。Graphisoft在研发、销售和进一步完善虚拟建筑模型理念上所花的时间，比其他所有竞争对手投入的时间总和还要长。

包含的软件：ArchiCAD、BIM Server、BIMx。

5. 犀牛系列

Rhino英文全名为Rhinoceros，中文称之犀牛，于1998年8月正式上市，Rhinoceros软件在早期发展原型代号就称为“Rhino”。Rhinoceros的小饰品及照片充斥了整个办公室，到了程序beta测试时，软件的名称就已经改不了了，于是沿用至今。

包含的软件：Rhino、Grasshopper。

6. 天宝系列

天宝公司成立于1978年，总部设在美国加利福尼亚的Sunnyvale，共有3600名员工，分布在全球18个国家。随着中国经济的迅速发展，Trimble在中国市场也快速成长起来，并在行业中成为最具实力的领导者。随着用户的增长，产品日益丰富，对Trimble也提出了更高的要求。

1.3 BIM造价专业软件

造价软件利用BIM模型提供的信息进行工程量统计和造价分析，由于BIM模型结构化数据的支持，基于BIM技术的造价软件可以根据工程施工计划，动态提供造价管理需要的数据。

国外算量和造价软件（Quantity Takeoff and Estimating Tools）　　表1.3-1

产品名称	厂　商	BIM用途
QTO	Autodesk	工程量
DProfiler	Beck Technology	概念预算
Visual Applications	Innovaya	预算
Vico Takeoff Manager	Vico Software	工程量

国内算量和造价软件（含造价和算量）：包括新点BIM 5D算量软件（Revit平台）、广联达BIM算量软件（自主平台）、鲁班BIM算量软件（自主平台）、斯维尔BIM算量软件（Revit平台）、晨曦BIM算量软件（Revit平台）、品茗BIM算量软件（Revit平台）等。这类软件都须严格遵循国内清单规范及定额，鲜有国外软件竞争。

为便于读者学习理解，本书以新点BIM 5D算量软件及新点清单造价软件进行相关截图及展示说明。

1.4 BIM造价软件应用现状与展望

为了实现精细化管理，工程造价管理必须进入过程管控新时代，而BIM技术的引入使得工程造价软件有了质的突破，建筑工程管理信息化、过程化、精细化将成为可能，并不断地得到完善。

1.4.1 工程造价管理进入过程管控阶段

传统的工程造价管理，往往是一开始做预算，结束后做结算。最终结算完成才能了解到工程的全过程，经常会出现施工单位过程亏损与业主纠缠不清的情况。因此，以短周期的实际与计划对比为主的过程管控是工程造价精细化管理的必由之路。

（1）海量工程基础数据调用需要及时性和准确性

BIM的技术核心是一个由计算机三维模型所形成的数据库，这些数据库信息在建筑全过程中动态变化调整，并可以及时准确的调用系统数据库中包含的相关数据，加快决策进度、提高决策质量，从而提高项目质量，降低项目成本，增加项目利润。

（2）工程造价管理要想实现过程管控，最重要的就是保证与之相关的工程基础数据的自动化、智能化与信息化，其核心就是能够及时、准确地调用工程基础数据。

工程中量化的工程数据是工程项目各项决策的信息基础，能够有效地节省施工中在流程与管理问题上占用的大量时间与资金，可以精确监督控制施工实际成本，实现过程的核查比对。总之，工程基础数据是支撑工程造价过程管控的关键。

BIM技术的成熟同时也推动了工程软件的发展，尤其是工程造价相关软件的发展更加突飞猛进。传统的工程造价软件是静态的、二维的，处理的只是预算和结算部分的工作，对于工程造价过程管控几乎不起任何作用。BIM技术的引入使工程造价软件有了新的突破，可视化的4D图形造价软件实现了工程基础数据动态的自我调整，并且及时、准确地提供相关数据。

1.4.2　BIM技术在工程造价管控中的应用

1. 影响造价的可视化施工文档管理

目前很多施工文档都是纸质文档，即使是二维电子档案，等施工结束，也堆在档案馆无法利用，更不用提其使用价值。一旦过了若干年，建筑需要二次施工，或者有突发事件需要查询图纸内容，图纸已经很难找到。尤其是牵涉工程造价，对造价影响大的重要资料的保管和查阅显得更加重要。

图1.4.2-1　BIM模型统计的条件

究其原因，是可读性太差，因此无法利用。而基于BIM模型的造价文档管理，则是将文档等通过手工操作和BIM模型中相应部位进行链接。该管理系统集成了对文档的搜索、查阅、定位功能，并且所有操作在基于四维BIM可视化模型的界面中，充分提高数据检索的直观性，提高影响造价相关资料的利用率。当施工结束后，自动形成的完整的信息数据库，为工程造价管理人员提供快速查询定位，见图1.4.2-1。

文档内容可包括：

（1）勘察报告、设计图纸、设计变更；

（2）会议记录、施工声像及照片、签证和技术核定单；

（3）设备相关信息、各种施工记录；

（4）其他建筑技术和造价资料相关信息。

2. 海量工程基础数据筛选、调用

BIM中含有大量与工程相关的信息，可以为工程提供数据后台的巨大支撑。在工程造价中工程量部分可以根据时间维度、空间维度（楼层）、构件类型进行汇总统计，见图1.4.2-2，保证工程基础数据及时、准确地提供，为决策者提供最真实准确的支撑体系。

BIM在施工过程中，根据设计优化与相关变更对工程量进行动态调整，将工程开

工程名称:新工程　　　　建设单位:　　　　第 1 页 共 6 页

楼层名称	构件大类	钢筋总重(kg)	I 级钢					
			6	6.5	8	10	10	12
0层(基础层)	柱	1290.158				111.534		
	基础	9164.235			263.895			
	筏板筋	999.358					999.358	
	其他构件	59.442						
	合计	11513.193	0.000	0.000	263.895	111.534	999.358	0.000
1层(首层)	柱	1645.265	258.647		159.138		29.148	658.980
	梁	3491.705	278.802		437.805		271.454	519.609
	板筋	7266.159	296.505	156.986	962.078		5745.883	104.707
	其他构件	362.257	362.257					
	合计	12765.386	1196.211	156.986	1559.021	0.000	6046.485	1283.296
2层(普通层)	柱	1306.421	258.647		159.138		19.920	494.592
	梁	4324.866	279.330		592.706		271.896	520.563
	板筋	7266.159	296.505	156.986	962.078		5745.883	104.707
	合计	12897.446	834.482	156.986	1713.922	0.000	6037.699	1119.862
4层(普通层)	柱	9014.019			168.432			
	梁	16535.525	185.276		3727.890			234.192
	板筋	10873.085		391.718	1133.990			
	合计	36422.629	185.276	391.718	5030.312	0.000	0.000	234.192

图 1.4.2-2　楼层构件汇总

工到竣工的全部相关造价数据资料存储在基于 BIM 系统的后台服务器中。无论是在过程中还是工程竣工后，所有的相关数据资料都可以根据需要进行参数设定，从而得到相应的工程基础数据，工程造价管理人员及时、准确地筛选和调用工程基础数据成为可能。

3. 基于 BIM 的 4G 工程造价过程管控

基于 BIM 技术的新一代 4G 工程造价软件可对投标书、进度审核预算书、结算书进行统一管理，并形成数据对比。同时，可以提供施工合同、支付凭证、施工变更等工程附件管理，并对成本测算、招投标、签证管理、支付等全过程造价进行管理。

(1) 工程造价项目群管理

基于 BIM 技术的新一代 4G 工程造价软件已经上升到企业级的过程管控，可以同时对公司下属管理的所有在建项目和竣工项目进行查阅、比对、审核。并可以通过饼状图、树状图等直观了解各工程项目的情况，从而更好地进行工程造价全过程管控。BIM 数据模型保证了各项目的数据动态调整，可以方便统计、追溯各个项目的现金流和资金状况，并根据各项目的形象进度进行筛选汇总，为领导层更充分地调配资源、进行决策创造条件。

(2)“框图出价”——进度款管理

基于 BIM 技术的新一代 4G 工程造价软件可以根据三维图形分楼层、区域、构件类型、时间节点等进行“框图出价”，可以快速、准确地进行月度产值审核，对进度款的拨付做到游刃有余。

(3) 工程造价追踪

基于 BIM 技术的新一代 4G 工程造价软件集动态数据变化与各数据关联体系于一体。图形、报表、公式、价格都是相联动的整体。每一个数据都可以快速追踪到与之相关联的各个方面。尤其对于异常或不合理的数据可以进行多维度的对比审核，从而避免不合理的以及人为造成的错误，见图 1.4.2-4。

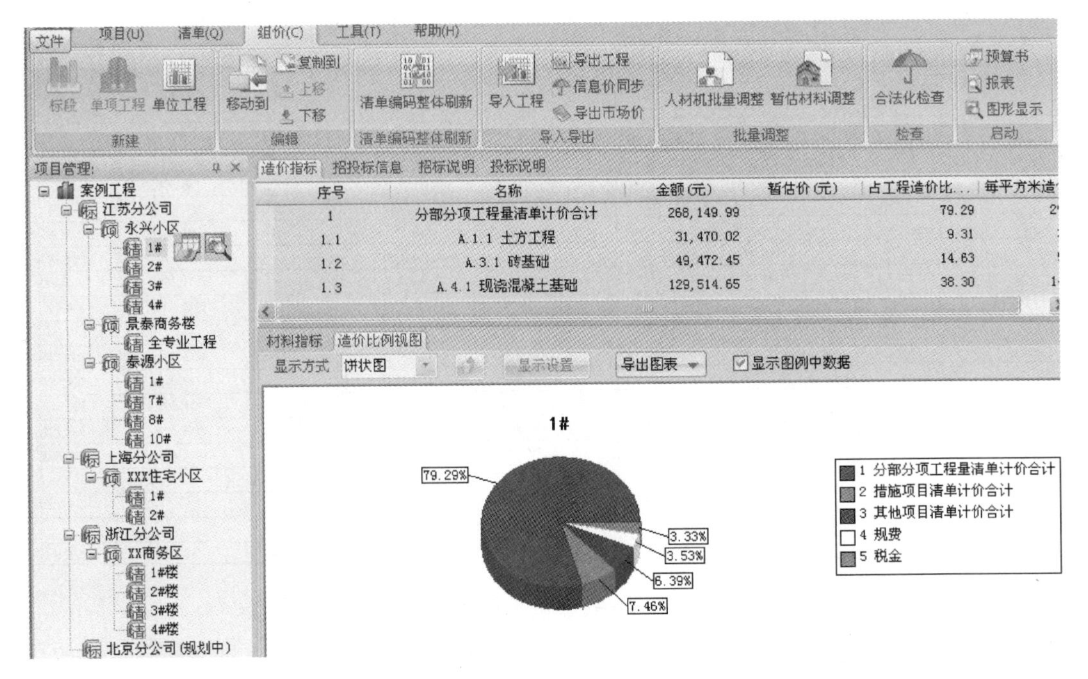

图 1.4.2-3　利用 BIM 管理公司所有项目

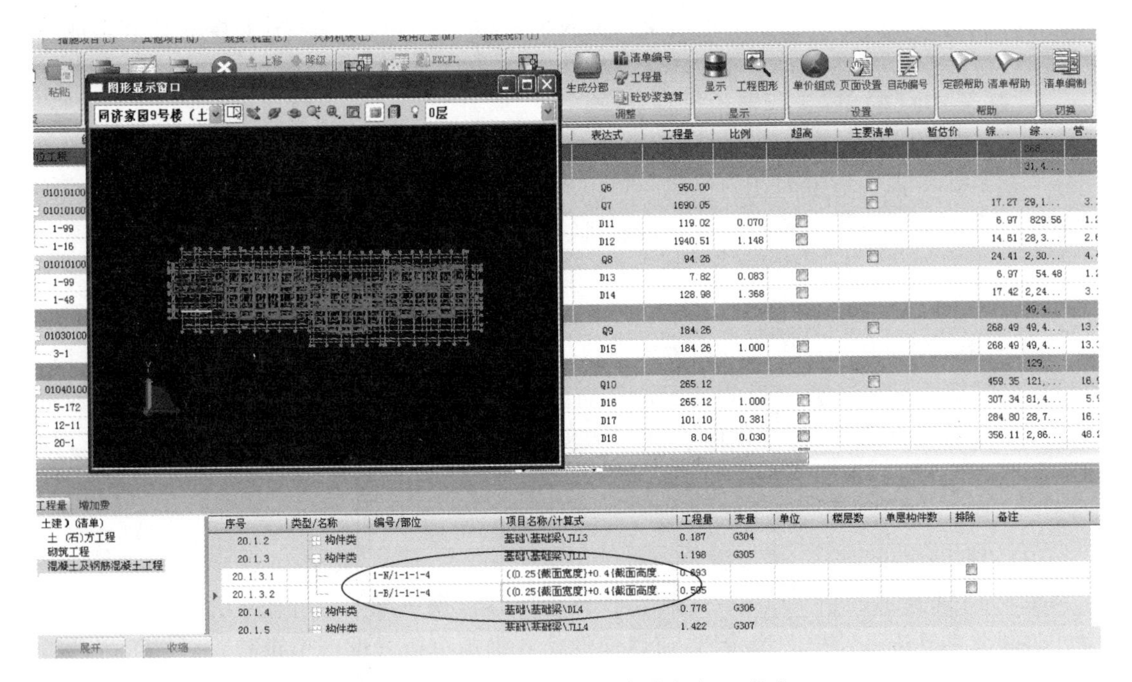

图 1.4.2-4　工程造价软件各数据相互联动

（4）工程造价 BIM 数据的共享

基于 BIM 技术创建的工程造价的相关数据，可以对施工过程中涉及成本和相关流程的工作给予巨大的决策支持。同时及时准确的数据反应速度也大大提高了施工过程中审批、流转的速度，极大地提高了人员工作效率。无论是资料员、采购员、造价员、材料员、技术员等工程管理人员，还是企业级的管理人员，都通过信息化的终端和BIM数据后台，将整个工程的造价相关信息顺畅地流通起来，保证了各种信息数据及时准确地调用、查阅、核对。

1.4.3 人工智能与工程造价

2017年以来，人工智能概念大热，5月份阿尔法狗（AlphaGo）与排名世界第一的围棋选手柯洁，展开三轮人机大战，柯洁遭遇三连败，宣告了人工智能的发展又进入一个新的阶段。人工智能战胜人类不仅仅在围棋领域，目前，人工智能已经开始在工程管理领域中显现出其优势。

5D云机器人运用了BIM（Building Information Modeling建筑信息模型）＋云＋AI技术，通过BIM技术和AI技术，快速实现了清单列项和工程量计算工作的计算机化，可在一小时内完成以前需要数天才能完成的清单列项工作，并同步瞬时完成以前需要数天才能完成的工程量计算工作，从而大大缩短了以前需要数周才能完成的工程量清单编制工作。真正实现“一小时清单，一秒钟算量，一秒钟查询”。

人类造价师如何指挥5D云“机器人”造价师完成助理工作：先打开BIM模型，然后点击5D云插件，再上传到云平台，整个过程就是点点鼠标，仅需要3～5min。完成了上传过程之后，便是5D云机器人施展才华、大显身手的过程，他将运用智能推荐技术迅捷地完成清单列项。

“这个机器人助理不仅反应快，而且操作起来十分容易，可以说实现了‘傻瓜式操作’。”建筑师小赵说，“即使你并不是造价师，只要具备基本的工程管理的常识，就可以操作5D云‘机器人’造价师助理，让‘他’为你服务。”5D云机器人助理轻松完成传统上由造价师完成的清单列项和算量工作。

此外，在手机上安装5D云机器人助理APP后，通过语音，可以实现工程造价的实时查询。整个计算过程在云上完成，可以实现“一秒钟查询”，即通过移动互联网加语音技术，类似度秘、Siri那样实时查询，迅捷地实现造价管理实时协同过程。未来人类造价师将与机器人造价师助理合二为一进行协同工作，高效率地完成工程造价工作。

1. 5D云机器人造价助理的优势与突破

传统造价领域的种种让人头痛的问题，诸如图纸计算工程量大、核对工程量耗时费力、项目内部外部变数多、多方协调耗时耗力等，5D云机器人都给出了解决方案。

第一，工程量计算快且准确。结合BIM模型的建立，机器人造价助理读取工程量简便快捷，实现“一键出量”。

第二，清单编制快而便捷。机器人造价助理实现了抓取BIM模型数据，然后通过计算机智能推荐，将成本列项数据转换成符合工程规范标准要求的工程量清单的自动化过程。这个自动化过程转化的优势是人脑无法比拟的。

第三，工程量核对环节可能将不复存在。应用BIM技术之后，业主、施工单位、造价咨询公司等协同方基于BIM模型导出的工程量必然是一致的。

第四，不同版本图纸变化产生的造价变化自动生成。机器人造价助理通过对不同版本图纸、不同模型形成的工程量清单的管理，可以自动化生成因图纸变化带来的造价变化的数据，极大地提高了现场工程变更管理的效率。

第五，云端。机器人造价助理实现了所有的工程量清单的编制工作均可在云端完成，非常方便实时协同工作。

第六，语音查询。机器人造价助理还有一个突破点是可以通过智能手机使用语音进行查询，在聊天过程中完成协同工作。

2. 5D云机器人造价助理将在诸个领域引发工程造价领域的变革

建筑业已抵达全面信息化革命性的临界点，5D云就是基于目前兴起中的BIM设计，直接从三维建筑设计和造价大数据中提取工程量和造价信息，由云平台实时完成工程量清单编制和造价编制。所以传统造价领域存在的问题，在5D云平台和三维建筑设计环境下，将出现革命性的解决。

工程造价数据积累与分析平台，未来的发展方向是通过整合"云"＋"BIM数据"＋"人工智能技术"以实现动态实施工程成本管理的理念，是在工程造价管理领域进行的最为前沿的探索。针对行业信息化平台建设工作而打造的一款集工程采集、数据分析、指标应用为一体的工程造价数据积累与分析平台。我们相信，这一探索将引领工程造价领域发展方向，使我国的工程造价行业走在世界的前列。

全国各地的造价咨询企业都很重视建设信息化平台的建立，指标云平台也受到了各个地区大型造价咨询、开发商、施工单位等500多家客户的青睐。并且通过一段时间的应用，给出了如表1.4.3-1所示反馈。

造价信息化平台反馈信息 **表1.4.3-1**

质量分析	提高84.6%	预算准确性	提高98%
质量控制	提高92.3%	分析效率	提高94.5%

为了让建设行业的朋友跟上信息化的步伐，更好地了解指标云平台对企业发展的重要性，随着未来AI时代的到来，以后传统的造价人员将从低价值的人工计算、核量和计价等工作中解放出来，实现行业效率提升和人员价值提升；传统的工程计价方式也将逐步退出历史，转为所见即所得的模型、量、清单三维一体的共享平台协作模式；传统的工程计价规范及相关法规也应在新的行业作业模式开启后做出适应性调整；工程造价行业将更为敏捷和高效，相关纠纷和争议将由于行业透明性增大而减少。

3. 人工智能将改变建筑业

新增长理论认为：内生技术进步是经济增长的决定性因素，且技术进步是追求利润最大化的厂商进行投资的必然结果；技术（或知识）、人力资本均具很强的溢出效应，这种溢出效应是经济体实现持续增长的必要。人工智能将改变建筑业，人工智能借助"信息＋互联网＋大数据云＋计算规则"的策略，基于深度学习的复杂算法、模仿人类的思维、推动程序性决策，简单规则的决策快、准、稳已经成为现实，这意味着可能很多低端管理工作会消亡。而工程咨询方面，应该是推动全过程工程咨询成为超级总咨询商，为项目增值。

海量分析使非程序性决策更加可信，将解决信息不对称等一系列的问题。低端的管理工作是程序性的，高端的管理工作是非程序性的，人工智能使程序性的决策遵循简单规则，使非程序性决策遵循信任规则，从而回归简单，所以将彻底颠覆建筑业的生产关系，建筑业的一些低端设计将成为消亡的职业。

建筑业比制造业落后的根源在于没有生产线，因此，基于BIM和人工智能的建筑业生产线呼之欲出。建筑生产线将粉碎项目一次性、单件性生产规则。另外，人工智能将降低信息搜集、旁站监督等交易成本，使得基于“信任”的大标段招标成为可能。将推动总承包商打通建筑产业链，成为一个建筑产业的集成建筑服务商，会出现柔性合同和再谈判。

第 2 章　BIM 计量操作实务

本章导读

本章介绍了国内工程量计算的标准和规范，目前我国造价行业采用的是 2013 年 7 月 1 日起实施的 9 本计量规范（简称“13 清单计量规范”）；BIM 技术的计量概述及算量软件实务操作，分别针对建筑与装饰工程、安装工程、钢筋工程的实战应用于技巧。

2.1 国内造价工程量计算的标准和规范

为了适应我国建设工程管理体制改革以及建设市场发展的需要，规范建设工程各方的计量与计价行为，进一步深化工程造价管理模式的改革。建设部（2008 年 3 月 15 日后改为“住房和城乡建设部”）先后于 2003 年 2 月 17 日发布了《建设工程工程量清单计价规范》GB 50500—2003（简称“03 规范”）、2008 年 7 月 9 日发布了《建设工程工程量清单计价规范》GB 50500—2008（简称“08 规范”）、2013 年 7 月 1 日起实施《建设工程工程量清单计价规范》GB 50500—2013（简称“13 规范”）和《房屋建筑与装饰工程工程量计算规范》GB 50854—2013、《仿古建筑工程工程量计算规范》GB 50855—2013、《通用安装工程工程量计算规范》GB 50856—2013、《市政工程工程量计算规范》GB 50857—2013、《园林绿化工程工程量计算规范》GB 50858—2013、《矿山工程工程量计算规范》GB 50859—2013、《构筑物工程工程量计算规范》GB 50860—2013、《城市轨道交通工程工程量计算规范》GB 50861—2013、《爆破工程工程量计算规范》GB 50862—2013 等 1 本计价规范与 9 本计量规范（简称“13 计量规范”）。

“03 规范”主要侧重于工程招投标中的工程量清单计价，对工程合同签订、工程计量与价款支付、合同价款调整、索赔和竣工结算等方面缺乏相应的规定。“08 规范”实施以来，对规范工程实施阶段的计价行为起到了良好的作用。“13 规范”属于目前全国范围内工程建设行业正在执行的工程造价行业计量与计价标准，10 本规范总结并完善了前两本规范（03 规范、08 规范）的不足，与时俱进地适应当前国家相关法律、法规和政策性的规定，同时适应新技术、新工艺、新材料日益发展的需要，促使规范的内容不断更新与完善，进一步建立健全我国统一的建设工程行业计价、计量的规范标准体系。

与清单计价规范所配套使用的是我国各个省造价管理部门编制的针对其省行政区域内的建设工程工程量清单计价定额。以四川省为例，有与 03 清单规范配套使用的 04 清单计价定额、与 08 清单规范配套使用的 09 清单计价定额、与目前正在执行的 13 清单规范配套使用的 15 清单计价定额。基本上清单规范是 5 年一更新，而清单定额会较规范晚出来 1 年开始执行。在工程清单计价的模式下，清单规范与定额就像一对孪生兄弟一样相辅相成、缺一不可。

工程建设项目采用清单计价模式距今已经有 14 年了，规范也随着工程项目的发展在逐步地完善和修整中。作为造价从业者不论是利用原来的手工电子表格的算量，还是现在基于 CAD 快速识别虚拟建造建模的算量，亦或未来 BIM 时代的算量都是必须熟悉并掌握清单计量规范的，它是作为我们造价从业者开展工作的指导文件。

2.2 BIM 技术的计量概述

2.2.1 建筑与装饰工程

导语：本节主要讲解建筑与装饰工程基于常规 BIM 建模软件的计量，通过结合传统计量与常规 BIM 建模软件的计量，让读者了解、熟悉与掌握该方面的造价知识，并辅以案例工程，有一个更直观的体验。

2.2.1.1　土石方工程

1. 概述

土石方工程适用于建筑物与构筑物的土石方开挖及回填，通常划分为土方工程、石方工程、回填、运输等。土壤和岩石的类别按照《工程岩体分级标准》GB 50218 划分，土壤分为一至四类土，岩石分为极软岩、软岩、较软岩、较硬岩、坚硬岩。

2. 规则讲解

"平整场地"是指于建筑场地厚度≤±300mm 的开挖、运输、找平。工程量按照设计图示尺寸以建筑物首层建筑面积计算。

注意：

① 平整场地的"首层建筑面积"的正确计算方法，指的是《建筑工程建筑面积计算规范》GB/T 50353 的计算方法。

② 当挖土厚度>±300mm 的竖向挖土或山坡切土应按一般土方项目列项计算。

挖一般土方按设计图示尺寸以体积计算，单位：m^3。

③ 挖土方平均厚度应按自然地面测量标高至设计地坪标高间的平均厚度确定。土石方体积应按挖掘前的天然密实体积计算，如需按天然密实体积折算，应按表 2.2.1.1-1 系数计算。挖土方如需截桩头，应按桩基工程相关项目列项。桩间挖土不扣除桩的体积，并在项目特征中加以描述。

土方体积折算系数表　　　　**表 2.2.1.1-1**

天然密实度体积	虚方体积	夯实后体积	松填体积
0.77	1.00	0.67	0.83
1.00	1.30	0.87	1.08
1.15	1.50	1.00	1.25
0.92	1.20	0.80	1.00

注：① 虚方指未经碾压、堆积时间≤1 年的土壤。

② 本表按《全国统一建筑工程预算工程量计算规则》GJDGZ—101—95 整理。

③ 设计密实度超过规定的，填方体积按工程设计要求执行；无设计要求按各省、自治区、直辖市或行业建设行政主管部门规定的系数执行

④ 由于不同的土壤类型开挖难易程度存在不同，其工作效率和成本有差异，应根据实际情况采取对应的施工方法，因此土壤类别的界定非常重要。界定的方法可参照表 2.2.1.1-2，当土壤类别不能明确时，可在招标文件中将土壤类型描述为综合，投标人根据地质勘查报告和实地考察现场后确定报价。

土壤类别划分　　　　**表 2.2.1.1-2**

土壤分类	土壤名称	开挖方法
一、二类土	粉土、砂土（粉砂、细砂、中砂、粗砂、砾砂）、粉质黏土、弱中盐渍土、软土（淤泥质土、泥炭、泥炭质土）、软塑红黏土、冲填土	用锹、少许用镐、条锄开挖。机械能全部直接铲挖满载者

续表

土壤分类	土壤名称	开挖方法
三类土	黏土、碎石土（圆砾、角砾）混合土、可塑红黏土、硬塑红黏土、强盐渍土、素填土、压实填土	主要用镐、条锄、少许用锹开挖。机械需部分刨松方能铲挖满载者或可直接铲挖但不能满载者
四类土	碎石土（卵石、碎石、漂石、块石）、坚硬红黏土、超盐渍土、杂填土	全部用镐、条锄挖掘、少许用撬棍挖掘，机械须普遍刨松方能铲挖满载者

注：本表土的名称及其含义按国家标准《岩土工程勘察规范》GB 50021—2001（2009年版）定义

土方的开挖按照清单分为沟槽、基坑、一般土方三种类型。底宽＜7m且底长＞3倍底宽为沟槽；底长＜3倍底宽且底面积＜150m^{2}为基坑；不符合前两者条件的均为一般土方。挖沟槽土方及挖基坑土方计算规则均按设计图示尺寸以基础垫层底面积乘以挖土深度计算，单位：m^3。土方的开挖深度有垫层时按照垫层底面到交付地面的标高差值确定，无垫层时按照基础底面到交付地面的高差确定；暂时无法确定交付标高时，应按自然地面标高计算。挖沟槽、基坑、一般土方因工作面和放坡增加的工程量（管沟工作面增加的工程量），是否并入各土方工程量中，按各省、自治区、直辖市或行业建设主管部门的规定实施，如并入各土方工程量中办理工程结算时，按经发包人认可的施工组织设计规定计算。编制工程量清单时，可按表2.2.1.1-3～2.2.1.1-5规定计算，软件中土方开挖示意图见表2.2.1.1-3。

放坡系数表　　表2.2.1.1-3

土类别	放坡起点（m）	人工挖土	机械挖土		
			在坑内作业	在坑上作业	顺沟槽在坑上作业
一、二类土	1.20	1∶0.5	1∶0.33	1∶0.75	1∶0.5
三类土	1.50	1∶0.33	1∶0.25	1∶0.67	1∶0.33
四类土	2.00	1∶0.25	1∶0.10	1∶0.33	1∶0.25

注：① 沟槽、基坑中土类别不同时，分别按其放坡起点、放坡系数，依不同土类别厚度加权平均计算。
② 计算放坡时，在交接处的重复工程量不予扣除，原槽、坑作基础垫层时，放坡自垫层上表面开始计算。

基础施工所需工作面表　　表2.2.1.1-4

基础材料	每边各增加工作面宽度（mm）
砖基础	200
浆砌毛石、条石基础	150
混凝土基础垫层支模板	300
混凝土基础支模板	300
基础垂直面做防水层	1000（防水面层）

管道每侧工作面宽度计算表　　表2.2.1.1-5

管道结构宽（mm） 管沟材料	≤500	≤1000	≤2500	≤2500
混凝土及钢筋混凝土管道（mm）	400	500	600	700
其他材质管道（mm）	300	400	500	600

注：管道结构宽，有管座的按基础外缘，无管座的按管道外径。

冻土开挖按设计图示尺寸开挖面积乘以厚度以体积计算，单位：m^3。

挖淤泥、流沙按设计图示位置、界限以体积计算，单位：m^3。挖方出现淤泥、流沙时，如设计未明确，编制工程量清单时，其工程数量可为暂估量，结算时应根据实际情况由发包人与承包人双方现场签证确认工程量。

管沟土方按设计图示以管道中心线长度计算，单位：m；或按设计图示管底垫层面积乘以挖土深度以体积计算，单位：m^3，见图 2.2.1.1-1。无管底垫层按管外径的水平投影面积乘以挖土深度计算，不扣除各类井的长度，井的土方并入。管沟土方项目适用于管道（给水排水、工业、电力、通信）、光（电）缆沟及连接井（检查井）等。有管沟设计时，平均深度以沟垫层底面标高至交付施工场地标高计算；无管沟设计时，直埋管深度应按管底外表面标高至交付施工场地标高的平均高度计算。

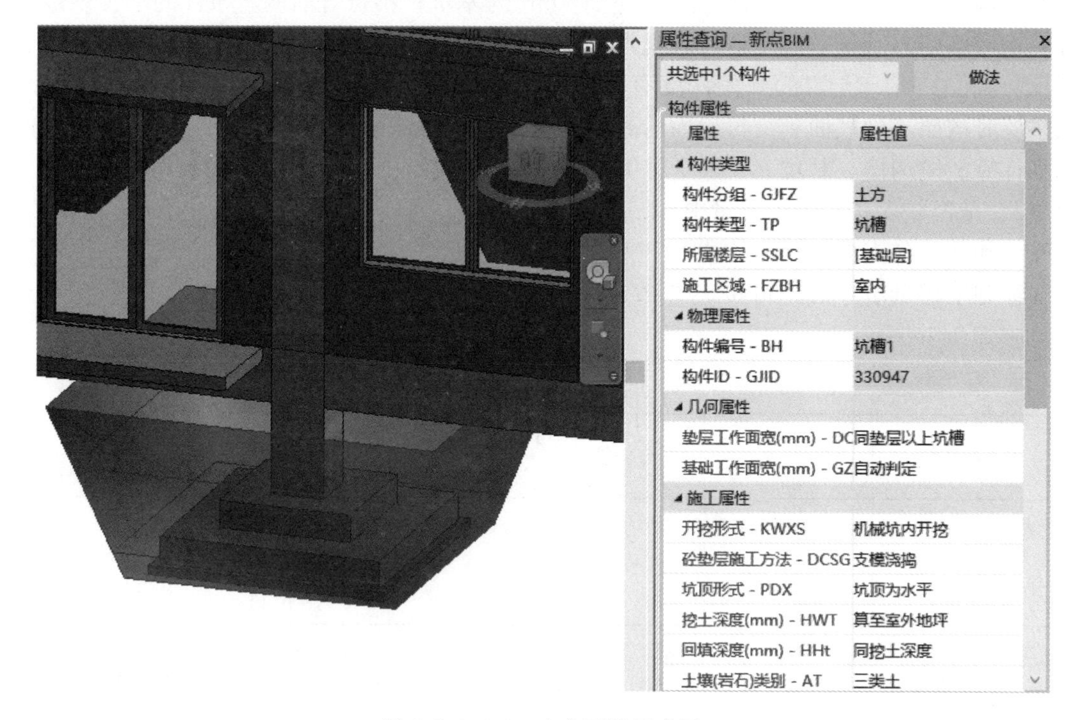

图 2.2.1.1-1　土方开挖示意图

挖一般石方按设计图示尺寸以体积计算，单位：m^3。当挖土厚度＞±300mm 竖向布置挖石或山坡凿石按挖一般石方项目列项，挖石按自然地面测量标高至设计地坪标高的平均厚度确定。石方工程中项目特征应描述岩石的类别，岩石的分类应按表 2.2.1.1-6 确定。弃渣运距可以不描述，但应注明由投标人根据施工现场实际情况自行考虑，决定报价。石方体积按挖掘前的天然密实计算。

岩石分类　　表 2.2.1.1-6

岩石分类	代表性岩石	开挖方法
极软岩	① 全风化的各种岩石；② 各种半成岩	部分用手凿工具、部分用爆破法开挖

续表

岩石分类		代表性岩石	开挖方法
软质岩	软岩	① 强风化的坚硬岩或较硬岩；②中等分化—强风化的较软岩石；③未风化—微风化的页岩、泥岩、泥质砂岩等	用风镐和爆破法开挖
	较软岩	① 中等风化—强风化的坚硬岩或较硬岩；②未风化—微风化的凝灰岩、千枚岩、泥灰岩、泥质砂岩等	用爆破法开挖
硬质岩	较硬岩	① 微风化的坚硬岩；②未风化—微风化的大理岩、板岩、石灰岩、白云岩、钙质砂岩等	用爆破法开挖
	坚硬岩	未风化—微风化的花岗岩、闪长岩、辉绿岩、玄武岩、安山岩、片麻岩、石英岩、石英砂岩、硅质砾岩、硅质石灰岩等	用爆破法开挖

挖沟槽（基坑）石方的计算规则：按设计图示尺寸沟槽（基坑）底面积乘以挖石深度以体积计算，单位：m^3。沟槽、基坑、一般石方的划分为：底宽＜7m且底长＞3倍底宽为沟槽；底长＜3倍底宽且底面积＜150m^2为基坑；超出上述范围则为一般石方。

回填的计算规则：按设计图示尺寸以体积计算，单位：m^3。其中回填场地按照回填面积乘以平均回填厚度；室内回填按照主墙间净面积乘以回填厚度，不扣除间隔墙；基础回填按照挖方清单项目工程量减去自然地坪以下埋设的基础体积（包括基础垫层及其他构筑物）。特征描述：密实度要求、填方材料品种、填方粒径要求、填方来源及运距。

注意：

① 填方密实度要求，在无特殊要求情况下，项目特征可描述为满足设计和规范的要求。

② 填方材料品种可以不描述，但应注明由投标人根据设计要求验明后方可填入，并符合相关工程的质量规范要求。

③ 填方粒径要求，在无特殊要求情况下，项目特征可以不描述。

④ 如需买土回填，应在项目特征填方来源中描述，并注明买土方数量。

余方弃置按挖方清单项目工程量减利用回填方体积（正数）计算，单位：m^3。

3. 例题

某工程基础土方开挖工程，采用人工开挖，室外设计地坪高位－300mm，土壤类型为三类干土，弃土距离为1km。具体施工图见图2.2.1.1-2，按照清单计算规则计算该工程的土方开挖、回填、余土外运工程量。

基础平面图见图2.2.1.1-2，基础详图见图2.2.1.1-3，柱平面图见图2.2.1.1-4，柱表见表2.2.1.1-7，三维模型见图2.2.1.1-5。

柱　表　　　　**表2.2.1.1-7**

柱号	标高	$b \times h$（bi×hi）（圆柱直径D）	b1	b2	h1	h2
KZ-1	－2.900—6.000	500×500	120	380	120	340
	6.000—10.500	500×500	120	380	120	340
KZ-2	－2.900—6.000	500×500	120	380	250	250
	6.000—10.500	500×500	120	380	250	250

续表

柱号	标高	$b\times h$（bi×hi）（圆柱直径 D）	b1	b2	h1	h2
KZ-3	−2.900—6.000	500×500	120	380	380	120
	6.000—10.500	500×500	120	380	380	120
KZ-4	−2.900—6.000	600×600	300	300	120	480
	6.000—10.500	500×500	250	250	120	380
KZ-5	−2.900—6.000	600×600	340	300	300	300
	6.000—10.500	600×600	340	300	300	300
KZ-6	−2.900—6.000	600×600	300	300	480	120
	6.000—10.500	500×500	250	250	380	120
KZ-7	−2.900—6.000	600×600	340	300	120	480
	6.000—10.500	600×600	340	300	120	480
KZ-8	−2.900—6.000	600×600	300	300	480	120
	6.000—10.500	600×600	340	300	480	120
KZ-9	−2.900—6.000	500×500	380	120	120	380
	6.000—10.500	500×500	380	120	120	380
KZ-10	−2.900—6.000	600×600	480	120	300	300
	6.000—10.500	600×600	480	120	300	300
KZ-11	−2.900—6.000	500×500	380	120	380	120
	6.000—10.500	500×500	380	120	380	120

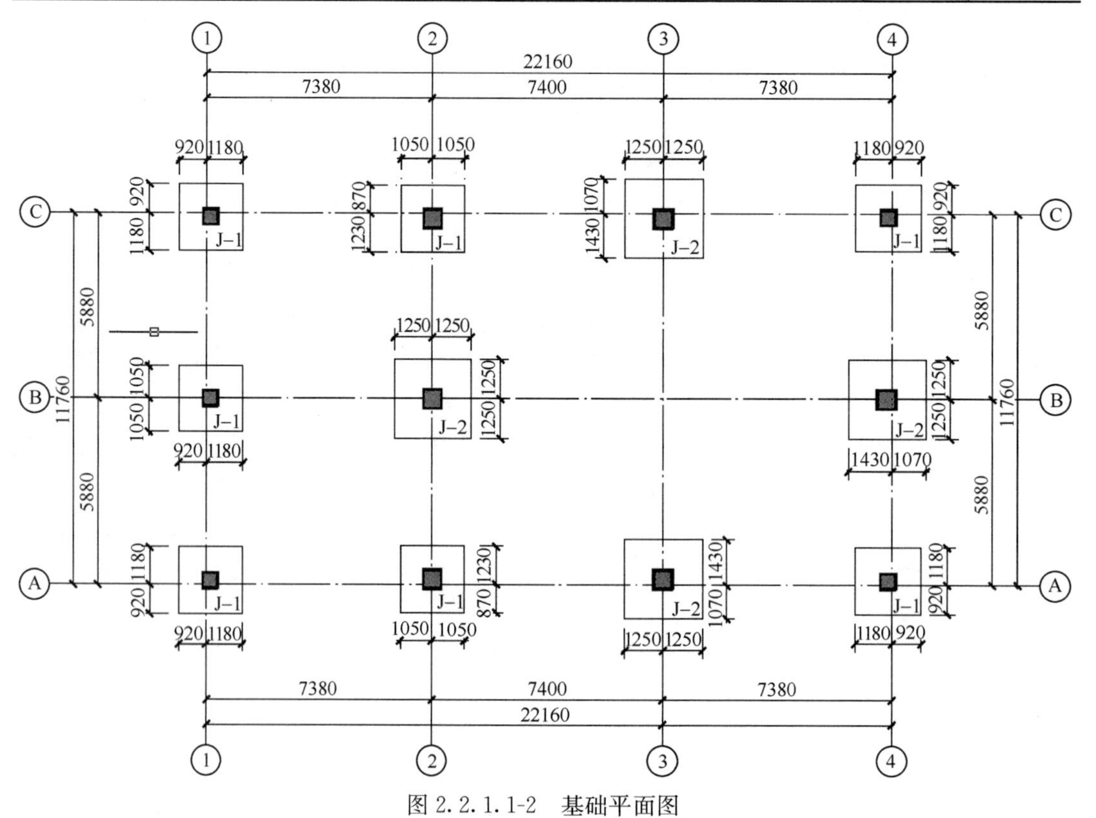

图 2.2.1.1-2　基础平面图

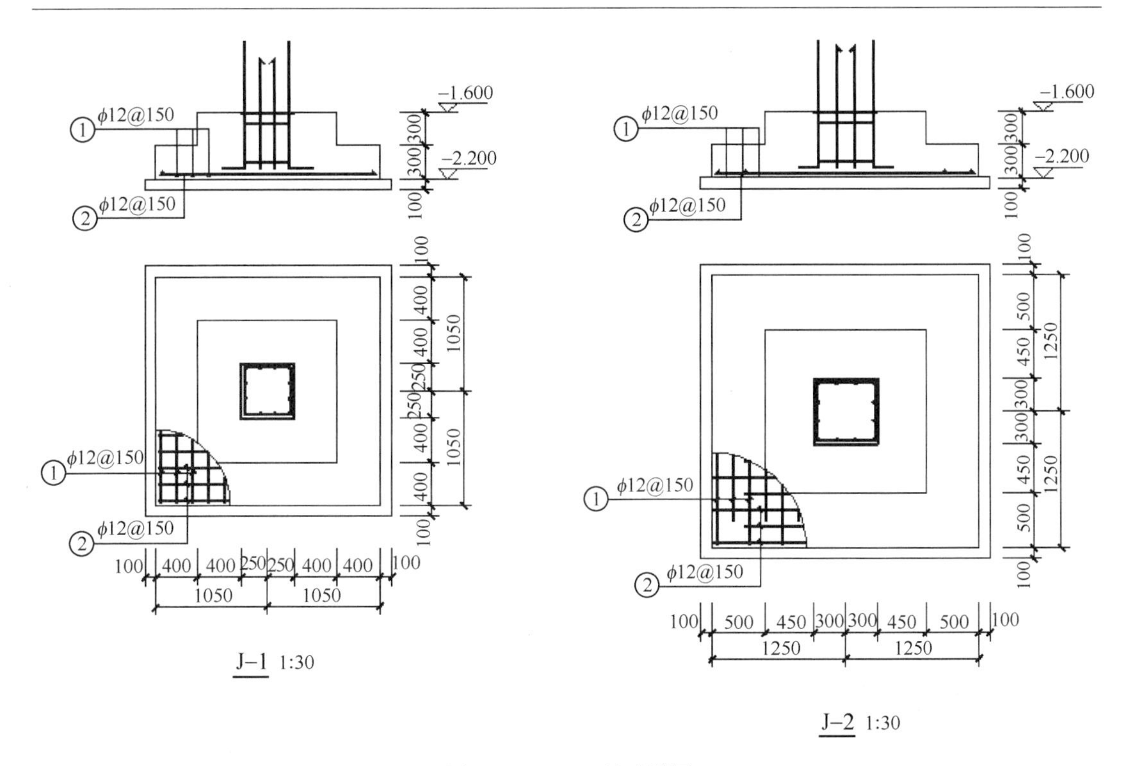

图 2.2.1.1-3 基础详图

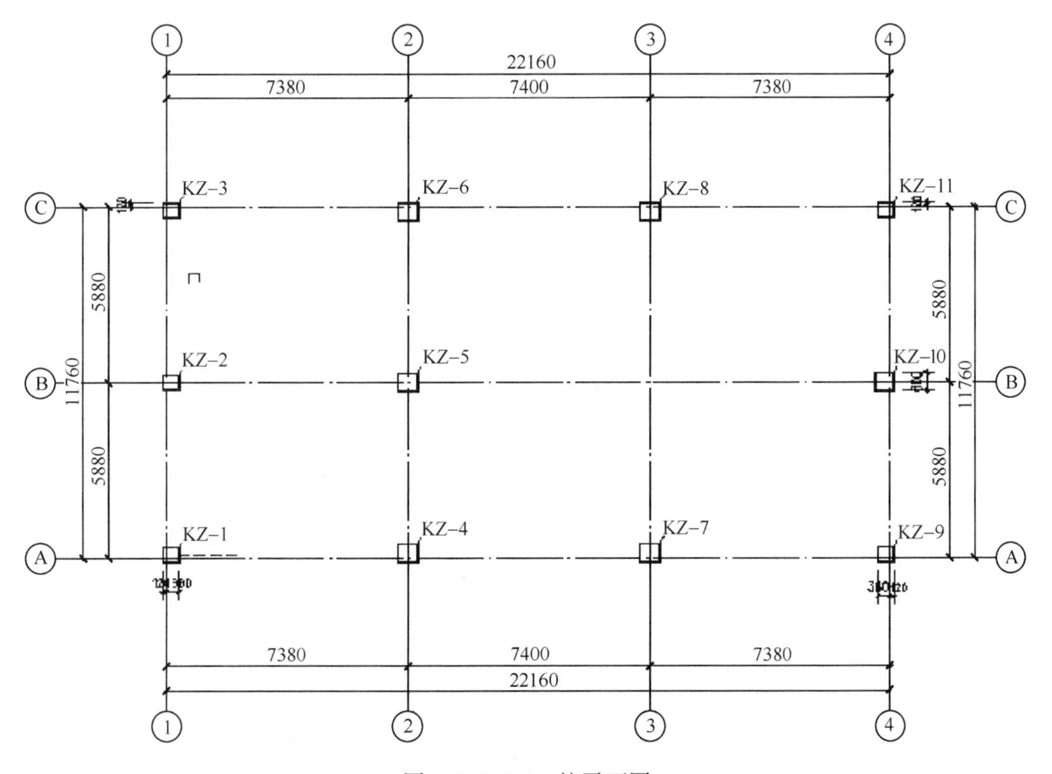

图 2.2.1.1-4 柱平面图

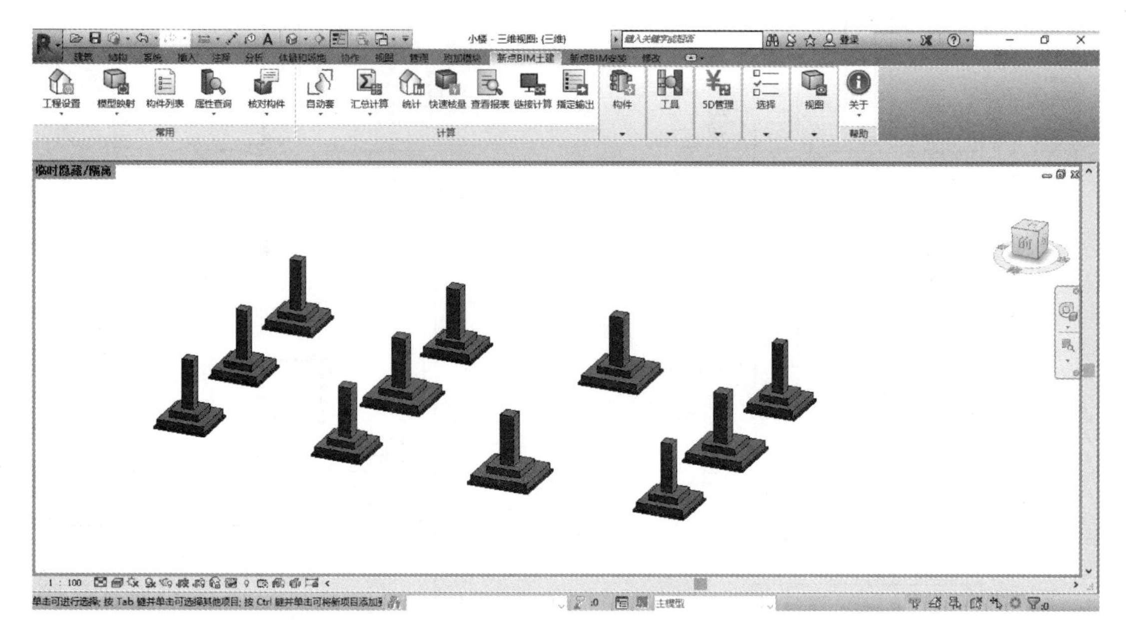

图 2.2.1.1-5　三维模型

解：

根据题意确定需要计算的项目及其清单编码与和计量单位：

编码：010101004001；名称：挖基坑土方；计量单位：m^3

编码：010103001001；名称：回填方；计量单位：m^3

编码：010103002001；名称：余土弃置；计量单位：m^3

根据计算规则完成工程量计算：

基础埋深：H=2.2(基底标高)+0.1(垫层厚度)−0.3(室外地坪标高)=2

J-1 挖土量计算：

下底长：2.1(基础底长)+0.3(工作面宽)×2=2.70

下底宽：2.1(基础底宽)+0.3(工作面宽)×2=2.70

上口长：

2.1(基础底长)+0.3(工作面宽)×2+0.33(放坡系数)×2(挖土深度)×2=4.02

上口宽：

2.1(基础底宽)+0.3(工作面宽)×2+0.33(放坡系数)×2(挖土深度)×2=4.02

$V_1=2.00/6\times[2.7\times2.7+4.02\times4.02+(2.7+4.02)\times(2.7+4.02)]=22.87m^3$

J-2 挖土量计算：

下底长：2.5(基础底长)+0.3(工作面宽)×2=3.10

下底宽：2.5(基础底宽)+0.3(工作面宽)×2=3.10

上口长：

2.5(基础底长)+0.3(工作面宽)×2+0.33(放坡系数)×2(挖土深度)×2=4.42 上口宽：

2.5(基础底长)+0.3(工作面宽)×2+0.33(放坡系数)×2(挖土深度)×2=4.42

$V_2=2.00/6\times[3.1\times3.1+4.42\times4.42+(3.1+4.42)\times(3.1+4.42)]=28.57(m^3)$

$V_{挖}=V_1\times7+V_2\times4=22.87\times7+28.57\times4=274.37m^3$

垫层体积：

$V_1=(2.1+0.1\times2)\times(2.1+0.1\times2)\times0.1=0.53$

$V_2=(2.5+0.1\times2)\times(2.5+0.1\times2)\times0.1=0.73$

$V_{垫}=V_1\times7+V_2\times4=0.53\times7+0.73\times4=6.63m^3$

基础体积：

V_1：$2.1\times2.1\times0.3+1.3\times1.3\times0.3=1.83$

V_2：$2.5\times2.5\times0.3+1.5\times1.5\times0.3=2.55$

$V_{基}=V_1\times7+V_2\times4=1.83\times7+2.55\times4=23.01m^3$

室外地坪以下柱埋设体积：

$Z_1=0.5\times0.5\times1.3=0.33$　　$Z_2=0.5\times0.5\times1.3=0.33$

$Z_3=0.5\times0.5\times1.3=0.33$　　$Z_4=0.6\times0.6\times1.3=0.47$

$Z_5=0.6\times0.6\times1.3=0.47$　　$Z_6=0.6\times0.6\times1.3=0.47$

$Z_7=0.6\times0.6\times1.3=0.47$　　$Z_8=0.6\times0.6\times1.3=0.47$

$Z_9=0.5\times0.5\times1.3=0.33$　　$Z_{10}=0.6\times0.6\times1.3=0.47$

$Z_{11}=0.5\times0.5\times1.3=0.33$

$V_{柱}=0.33\times5+0.47\times6=4.47m^3$

$V_{回}=V_{挖}-V_{垫}-V_{基}-V_{柱}=274.37-6.63-23.01-4.47=240.26m^3$

$V_{余}=V_{挖}-V_{回}=274.37-240.26=34.11m^3$

分部分项工程量清单表见表 2.2.1.1-8。

分部分项工程量清单表　　表 2.2.1.1-8

序号	项目编码	项目名称	项目特征	计量单位	工程量
1	010101004001	挖基坑土方	土壤类别：三类干土 挖土深度：2m 弃土距离：坑边堆土	m^3	274.37
2	010103001001	回填方	密实度：压实系数>0.95 填方材料：含水量符合压实系数的黏性土	m^3	240.26
3	010103002001	余土弃置	弃土距离：1km	m^3	34.11

2.2.1.2 熟悉地基处理与边坡支护工程

地基处理与边坡支护工程包含地基处理、基坑与边坡支护三个部分，这里重点介绍地基处理的相关计算方法。

“地层情况”应依据土层、岩层的判断方法，根据岩土工程勘察报告按单位工程各地层所占比例（包括范围值）进行描述；对无法准确描述的地层情况，可注明由投标人根据岩土工程勘察报告自行决定报价。孔深为自然地面至设计桩底的距离，而桩长的尺寸包含桩尖在内。

1. 地基处理

换填垫层、预压地基、强夯地基：按设计图示尺寸以体积计算，单位：m^3。铺设土工合成材料：按设计图示尺寸以面积计算，单位：m^2；预压地基、强夯地基、振冲密实（不填料）：按设计图示处理范围以面积计算，单位：m^2。

振冲桩（填料）：按设计图示尺寸以桩长计算，以米计量或按设计桩截面乘以桩长的体积，以立方米计量。

砂石桩：按设计图示尺寸以桩长（包括桩尖）计算，单位：m；或按设计桩截面乘以桩长（包括桩尖）以体积计算，单位 m^3。

水泥粉煤灰碎石桩：按设计图示尺寸以桩长（包括桩尖）计算，单位：m。夯实水泥土桩、石灰桩、灰（土）挤密桩等工程量计算规则与此项目相同。

深层搅拌桩：按设计图示尺寸以桩长计算，单位：m。粉喷桩、柱锤冲扩桩与此项目相同。

注浆地基：按设计图示尺寸以钻孔深度计算，单位：m；或按设计图示尺寸以加固体积计算，单位：m^3。高压喷射注浆类型包括旋喷、摆喷、定喷，高压喷射注浆方法包括单管法、双重管法、三重管法。

褥垫层：按设计图示尺寸以铺设面积计算，单位：m^2；或按设计图示尺寸以体积计算，单位：m^3。

2. 了解桩基础工程

桩基础工程包括项目：打桩、灌注桩。

项目特征："地层情况"和"桩长"的描述同"地基处理与边坡支护工程"一致；"桩截面、混凝土强度等级、桩类型等"可直接用标准图代号或设计桩型进行描述。

3. 打桩

预制钢筋混凝土方桩、预制钢筋混凝土管桩以 m 计量，按设计图示尺寸以桩长（包括桩尖）计算；或以"m^3"计量，按设计图示截面积乘以桩长（包括桩尖）以实体积计算；或以"根"计量，按设计图示数量计算。预制钢筋混凝土方桩、预制钢筋混凝土管桩项目以成品桩考虑，包括成品桩购置费，如果用现场预制，应包括现场预制桩的所有费用。打试验桩和打斜桩按相应项目单列项，并在项目特征中注明试验桩或斜桩（斜率）。预制桩基示意图见图 2.2.1.2-1。

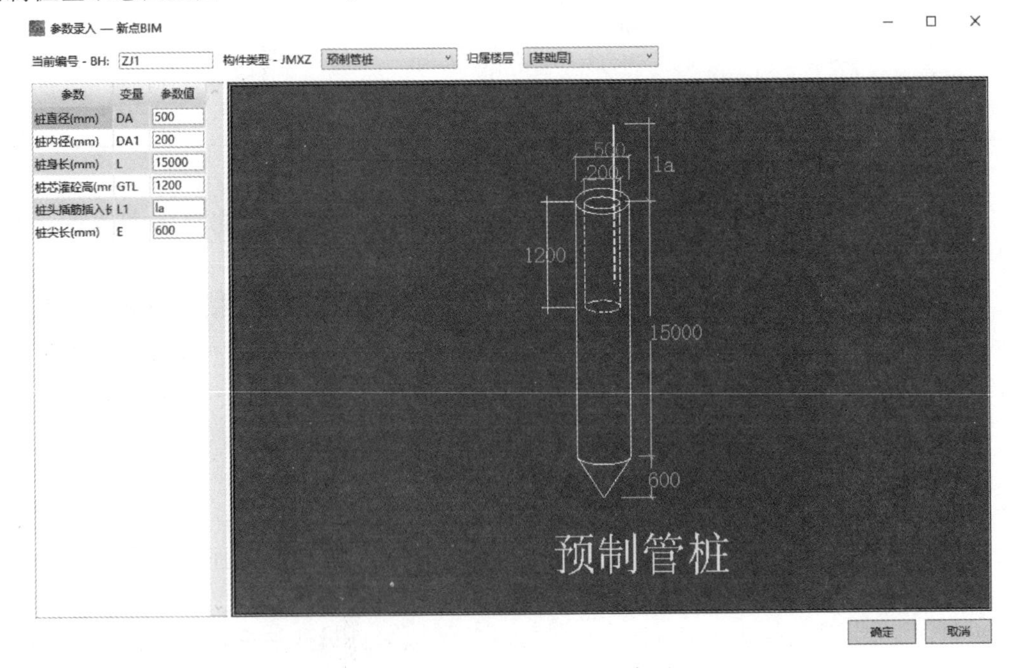

图 2.2.1.2-1 预制桩基示意图

钢管桩按设计图示尺寸以质量计算，单位：t；或按设计图示数量计算，单位：根。

截（凿）桩头按设计桩截面乘以桩头长度以体积计算，单位：m³；或按设计图示数量计算，单位：根。截（凿）桩头项目适用于地基处理与边坡支护工程、桩基础工程所列桩的桩头截。

4. 灌注桩

泥浆护壁成孔灌注桩、沉管灌注桩、干作业成孔灌注桩按设计图示尺寸以桩长（包括桩尖）计算，单位：m；或按不同截面在桩上范围内以体积计算，单位：m³；或按设计图示数量计算，单位：根。泥浆护壁成孔灌注桩是指在泥浆护壁条件下成孔，采用水下灌注混凝土的桩。其成孔方法包括冲击钻成孔、冲抓锥成孔、回旋钻成孔、潜水钻成孔、泥浆护壁的旋挖成孔等；沉管灌注桩的沉管方法包括锤击沉管法、振动沉管法、振动冲击沉管法、内夯沉管法等；干作业成孔灌注桩是指不用泥浆护壁和套管护壁的情况下，用钻机成孔后，下钢筋笼，灌注混凝土的桩，适用于地下水位以上的土层使用。其成孔方法包括螺旋钻成孔、螺旋钻成孔扩底、干作业的旋挖成孔等。

挖孔桩土（石）方按设计图示尺寸（含护壁）截面积乘以挖孔深度以体积计算，单位：m³。混凝土灌注桩的钢筋笼制作、安装，按混凝土与钢筋混凝土工程中相关项目编码列项。

人工挖孔灌注桩：人工挖孔灌注桩按桩芯混凝土体积计算，单位：m³；或按设计图示数量计算，单位：根。

压浆桩钻孔压浆桩按设计图示尺寸以桩长计算，单位：m；或按设计图示数量计算，单位：根。灌注桩后压浆按设计图示以注浆孔数计算。

灌注桩示意图见图 2.2.1.2-2。

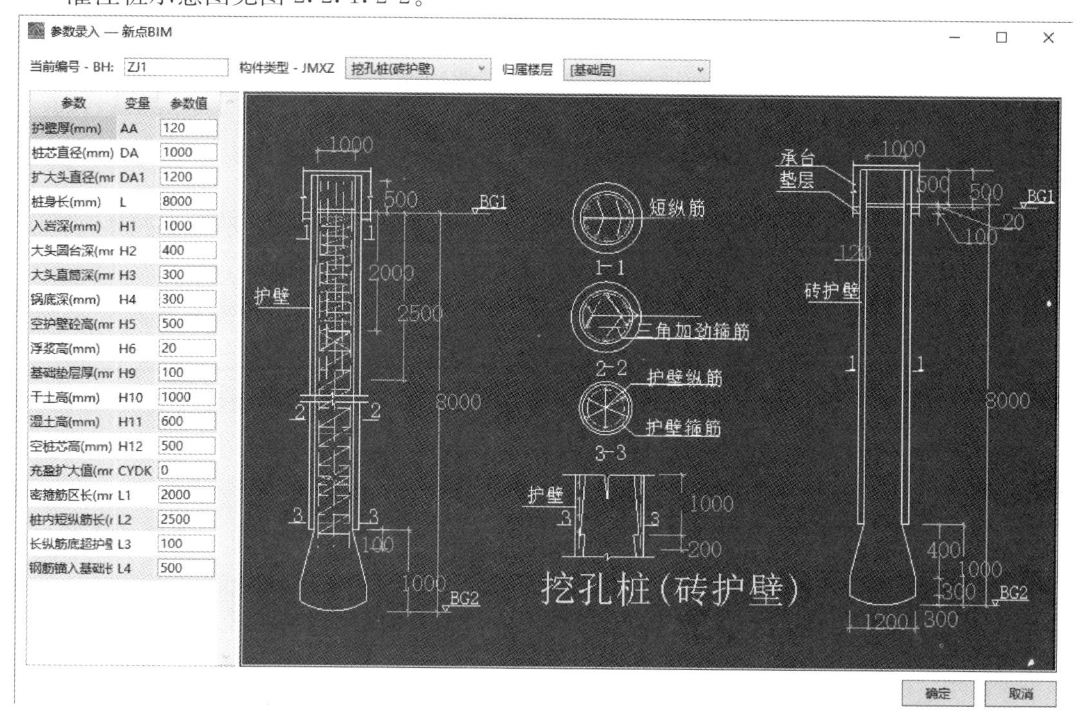

图 2.2.1.2-2　灌注桩示意图

2.2.1.3　掌握砌筑工程

砌筑工程包括砖砌体、砌块砌体、石砌体、垫层（混凝土垫层除外）。施工图设计标注做法见标准图集时，在项目特征中注明标注图集的编码、页号及节点大样的方式。

1. 砖砌体

砖基础

计算规则：

① 按设计图示尺寸以体积计算，单位：m^3。

包括附墙垛基础宽出部分体积，扣除地梁（圈梁）、构造柱所占体积，不扣除基础大放脚 T 形接头处的重叠部分及嵌入基础内的钢筋、铁件、管道、基础砂浆防潮层和单个面积<0.3m^2 的孔洞所占体积，靠墙暖气沟的挑檐不增加。

② 基础长度：外墙基础按外墙中心线计算，内墙基础按内墙净长线计算。

③ 基础与墙身的划分：基础与墙（柱）身使用同一种材料时，以设计室内地面为界（有地下室者，以地下室室内设计地面为界），以下为基础，以上为墙（柱）身。基础与墙身使用不同材料时，位于设计室内地面高度<±300mm 时，以不同材料为分界线，高度>±300mm 时，以设计室内地面为分界线。砖围墙应以设计室外地坪为界，以下为基础，以上为墙身。

适用类型：砖基础、柱基础、墙基础、管道基础等。

实心砖墙、多孔砖墙、空心砖墙计算规则：

① 按设计图示尺寸以体积计算，单位：m^3。扣除门窗洞口、过人洞、空圈、嵌入墙内的钢筋混凝土柱、梁、圈梁、挑梁、过梁及凹进墙内的壁龛、管槽、暖气槽、消火栓箱所占体积。不扣除梁头、板头、檩头、垫木、木楞头、沿椽木、木砖、门窗走头、砖墙内加固钢筋、木筋、铁件、钢管及单个面积<0.3m^2的孔洞所占体积。凸出墙面的腰线、挑檐、压顶、窗台线、虎头砖、门窗套的体积亦不增加，凸出墙面的砖垛并入墙体体积内计算。附墙烟囱、通风道、垃圾道应按设计图示尺寸以体积（扣除孔洞所占体积）计算并入所依附的墙体体积内。当设计规定孔洞内需抹灰时，应按“墙、柱面装饰与隔断、幕墙工程”中零星抹灰项目编码列项。

② 墙长度：外墙按中心线计算，内墙按净长线计算。

③ 墙高度：

a. 外墙：斜（坡）屋面无檐口天棚者算至屋面板底；有屋架且室内外均有天棚者算至屋架下弦底另加 200mm；无天棚者算至屋架下弦底另加 300mm，出檐宽度超过 600mm 时按实砌高度计算；有钢筋混凝土楼板隔层者算至板顶；平屋面算至钢筋混凝土板底。

b. 内墙：位于屋架下弦者，算至屋架下弦底；无屋架者算至天棚底另加 100mm；有钢筋混凝土楼板隔层者算至楼板顶；有框架梁时算至梁底。

c. 女儿墙：从屋面板上表面算至女儿墙顶面（如有混凝土压顶时算至压顶下表面）。

d. 内、外山墙：按其平均高度计算。

围墙：高度算至压顶上表面（如有混凝土压顶时算至压顶下表面），围墙柱并入围墙体积内。

框架间墙：不分内外墙按墙净尺寸以体积计算。

其他墙体计算规则：

① 空斗墙计算规则：按设计图示尺寸以空斗墙外形体积计算，单位：m^3。墙角、内外墙交接处、门窗洞口立边、窗台砖、屋檐处的实砌部分体积并入空斗墙体积内。

② 空花墙计算规则：按设计图示尺寸以空花部分外形体积计算，单位：m^3。不扣除空洞部分体积。

③ 填充墙计算规则：按设计图示尺寸以填充墙外形体积计算，单位：m^3。

实心砖柱、多孔砖柱

计算规则：按设计图示尺寸以体积计算，扣除混凝土及钢筋混凝土梁垫、梁头、板头所占体积，单位：m^3。

零星砌砖计算规则：

① 砖砌锅台与炉灶可按外形尺寸以设计图示数量计算，单位：个；砖砌台阶可按图示尺寸水平投影面积计算，单位：m^2；

② 小便槽、地垄墙可按图示尺寸以长度计算，单位：m；其他工程按图示尺寸截面积乘以长度以体积计算，单位：m^3。

适用范围：框架外表面的镶贴砖部分，空斗墙的窗间墙、窗台下、楼板下、梁头下等的实砌部分，台阶、台阶挡墙、梯带、锅台、炉灶、蹲台、池槽、池槽腿、砖胎模、花台、花池、楼梯栏板、阳台栏板、地垄墙、小于0.3m^2的孔洞填塞等。

砖检查井、散水、地坪、地沟、明沟、砖砌挖孔桩护壁计算规则：

砖检查井以“座”为单位，按设计图示数量计算。

砖散水、地坪以“m^2”为单位，按设计图示尺寸以面积计算。

砖地沟、明沟以“m”为单位，按设计图示以中心线长度计算。

砖砌挖孔桩护壁以“m^3”为单位，按设计图示尺寸以体积计算。

2. 砌块砌体

砌块墙计算规则：

按设计图示尺寸以体积计算，单位：m^3。扣除门窗洞口、过人洞、空圈、嵌入墙内的钢筋混凝土柱、梁、圈梁、挑梁、过梁及凹进墙内的壁龛、管槽、暖气槽、消火栓箱所占体积。不扣除梁头、板头、檩头、垫木、木楞头、沿椽木、木砖、门窗走头、砖墙内加固钢筋、木筋、铁件、钢管及单个面积＜0.3m^2的孔洞所占体积。凸出墙面的腰线、挑檐、压顶、窗台线、虎头砖、门窗套的体积不增加。凸出墙面的砖垛并入墙体体积内。砌体墙示意图见图2.2.1.3-1。

墙长度计算方法：外墙按中心线计算，内墙按净长计算。

墙高度计算方法 ：

① 外墙：斜（坡）屋面无檐口天棚者算至屋面板底；有屋架且室内外均有天棚者算至屋架下弦底另加200mm；无天棚者算至屋架下弦底另加300mm，出檐宽度超过600mm时按实砌高度计算；平屋面算至钢筋混凝土板底。

② 内墙：位于屋架下弦者，算至屋架下弦底；无屋架者算至天棚底另加100mm；有钢筋混凝土楼板隔层者算至楼板顶；有框架梁时算至梁底。

③ 女儿墙：从屋面板上表面算至女儿墙顶面（如有压顶时算至压顶下表面）。

④ 内、外山墙：按其平均高度计算。

围墙高度算至压顶上表面（如有混凝土压顶时算至压顶下表面），围墙柱并入围墙体

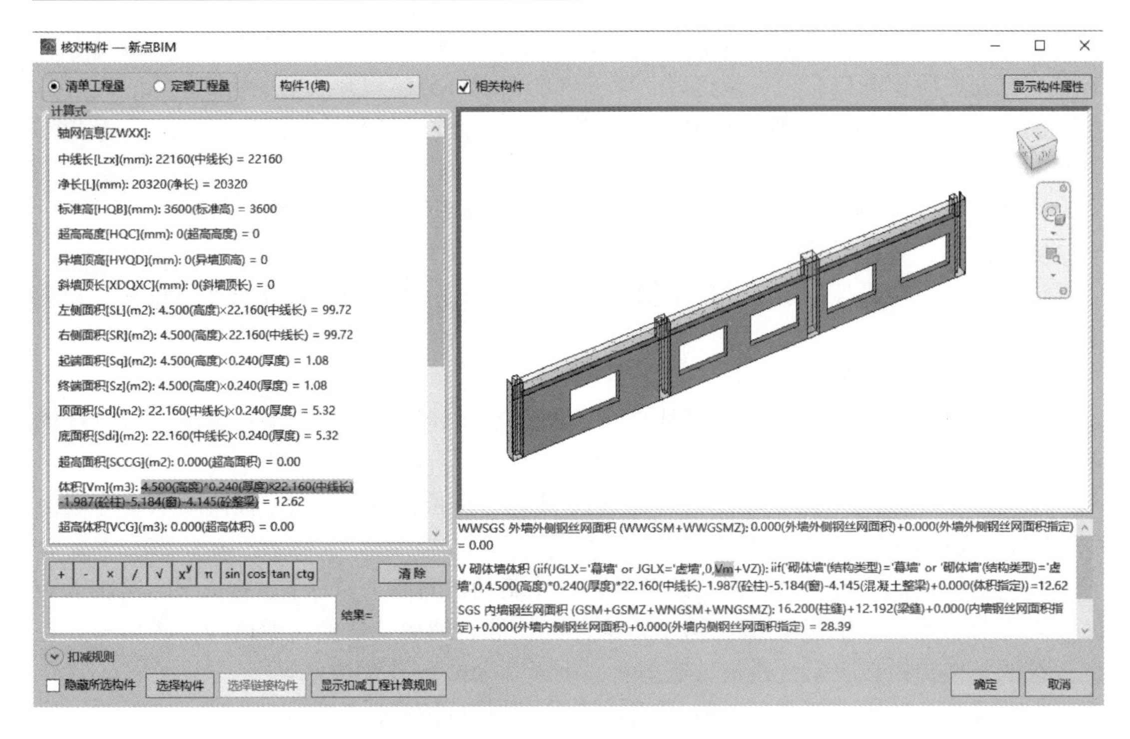

图 2.2.1.3-1　砌体墙示意图

积内。

⑤ 框架间墙不分内外墙按净尺寸以体积计算。

砌块柱按设计图示尺寸以体积计算，单位：m^3。扣除混凝土及钢筋混凝土梁垫、梁头、板头所占体积。

3. 垫层

计算规则：设计图示尺寸以体积计算，单位：m^3。

适用范围：混凝土垫层外的其他垫层。

4. 例题

某工程二层的层底标高为 6m，层顶标高为 10.5m，内外墙均采用 240mm 厚蒸压灰砂砖，外墙采用 M7.5 混合砂浆砌筑，内墙采用 M5.0 混合砂浆砌筑，根据上述条件及墙、柱、梁平面图完成墙体清单工程量的计算。二层平面图见图 2.2.1.3-2，10.5m 梁平面图见图 2.2.1.3-3，柱平面图见图 2.2.1.3-4，柱表见表 2.2.1.3-1。

柱　表　　　　**表 2.2.1.3-1**

柱号	标高	$b\times h$ (bi×hi) (圆柱直径 D)	b1	b2	h1	h2
KZ-1	−2.900—6.000	500×500	120	380	120	380
	6.000—10.500	500×500	120	380	120	340
KZ-2	−2.900—6.000	500×500	120	380	250	250
	6.000—10.500	500×500	120	380	250	250
KZ-3	−2.900—6.000	500×500	120	380	380	120
	6.000—10.500	500×500	120	380	380	120

续表

柱号	标高	$b\times h$（bi×hi）（圆柱直径D）	b1	b2	h1	h2
KZ-4	−2.900—6.000	600×600	340	300	120	480
	6.000—10.500	500×500	250	250	120	380
KZ-5	−2.900—6.000	600×600	340	300	300	300
	6.000—10.500	600×600	340	300	300	300
KZ-6	−2.900—6.000	600×600	300	300	480	120
	6.000—10.500	500×500	250	250	380	120
KZ-7	−2.900—6.000	600×600	340	300	120	480
	6.000—10.500	600×600	340	300	120	480
KZ-8	−2.900—6.000	600×600	300	300	480	120
	6.000—10.500	600×600	340	300	480	120
KZ-9	−2.900—6.000	500×500	380	120	120	380
	6.000—10.500	500×500	380	120	120	380
KZ-10	−2.900—6.000	600×600	480	120	300	300
	6.000—10.500	600×600	480	120	300	300
KZ-11	−2.900—6.000	500×500	380	120	380	120
	6.000—10.500	500×500	380	120	380	120

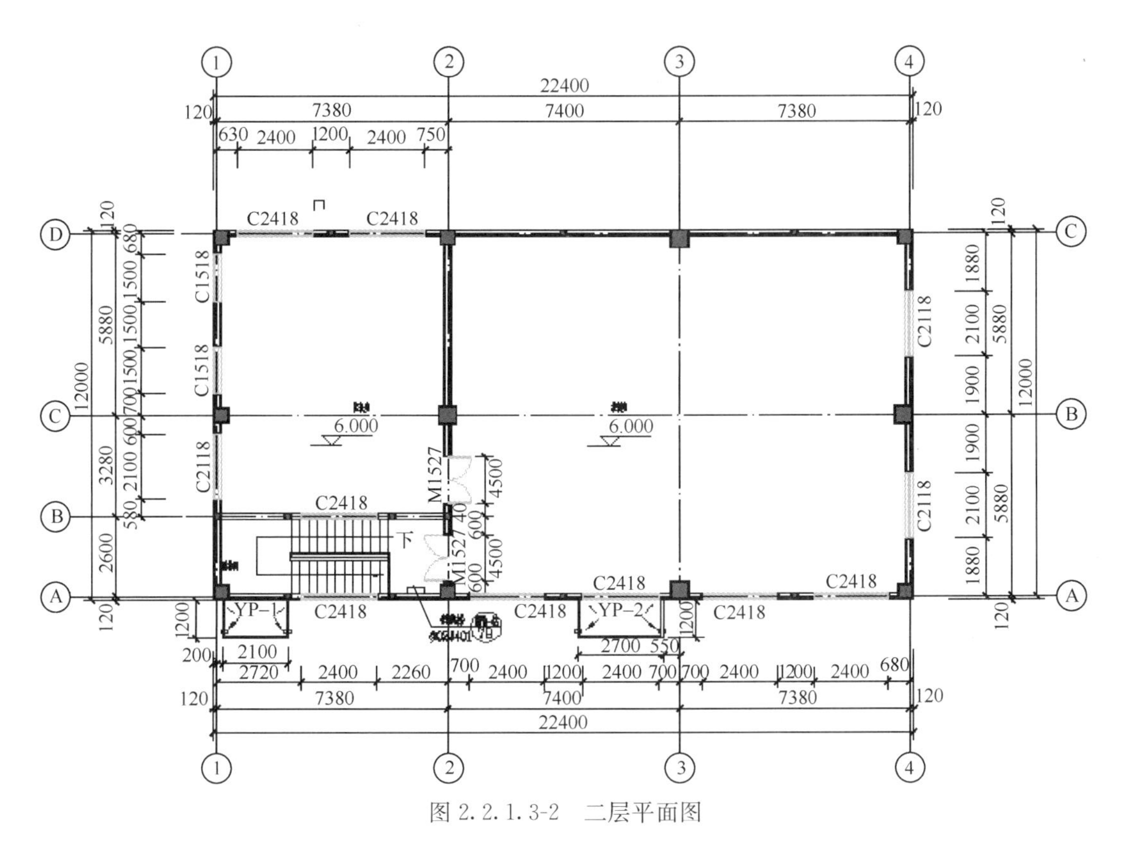

图 2.2.1.3-2 二层平面图

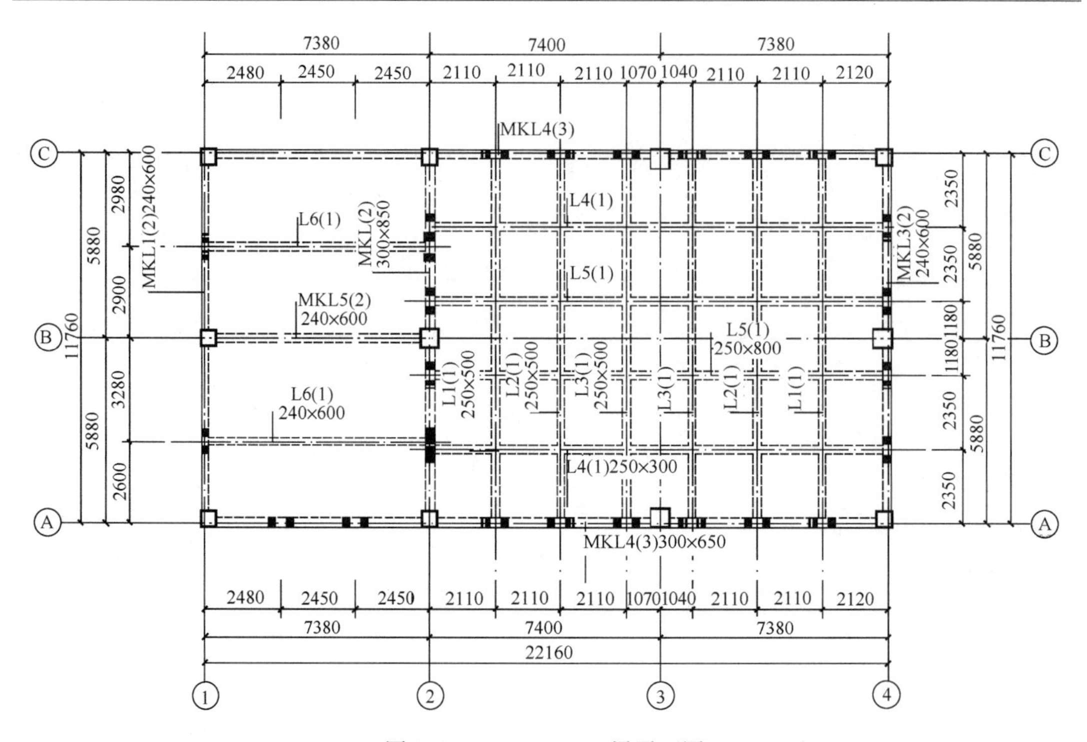

图 2.2.1.3-3　10.5m 梁平面图

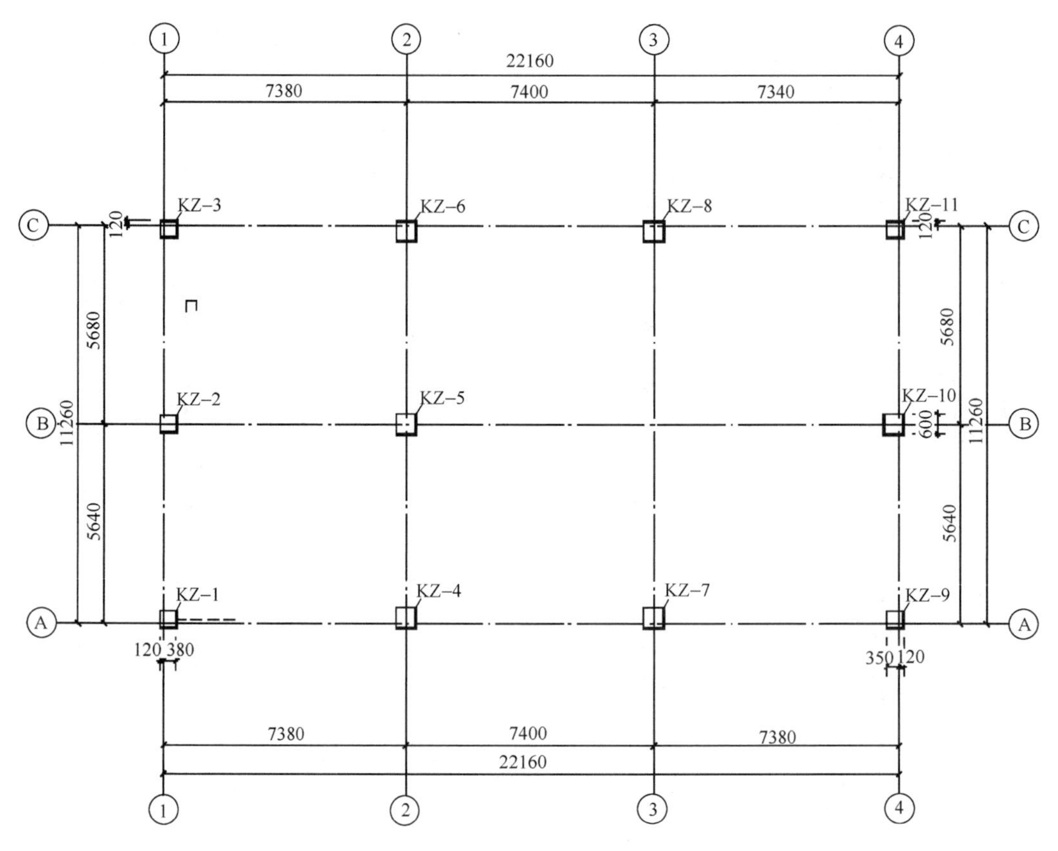

图 2.2.1.3-4　柱平面图

解：

外墙体积计算：

A/1-4：0.24{厚}×[(22.4−0.5×2−0.6−0.5){长}×(4.5−0.85){高}−2.4×1.8×5{窗}]=12.6

C/1-4：0.24{厚}×[(22.4−0.5×2−0.6−0.5){长}×(4.5−0.85){高}−2.4×1.8×2{窗}]=15.71

1/A-C：0.24{厚}×[(12−0.5×3){长}×(4.5−0.6){高}−2.1×1.8−1.5×1.8×2{窗}]=7.62

4/A-C：0.24{厚}×[(12−0.5×2−0.6){长}×(4.5−0.85){高}−1.5×1.8×2{窗}]=7.81

$V_{外}$=12.6+15.71+7.62+7.81=43.74m^3

内墙体积计算：

A/1-2：0.24{厚}×[(7.38−0.12×2){长}×(4.5−0.6){高}−2.4×1.8{窗}]=5.65

2/A-C：0.24{厚}×[(12−0.5×2−0.6){长}×(4.5−0.85){高}−1.5×2.7{门}]=8.14

$V_{内}$=5.65+8.14=13.79m^3

分部分项工程量清单表见表2.2.1.3-2。

分部分项工程量清单表　　表2.2.1.3-2

序号	项目编码	项目名称	项目特征	计量单位	工程量
1	010401003001	实心砖墙	1. 砖种类、规格、强度等级：蒸压灰砂砖240×115×53 2. 墙体类型：外墙 3. 砂浆强度等级、配合比：M7.5混合砂浆	m^3	43.74
2	010401003002	实心砖墙	1. 砖种类、规格、强度等级：蒸压灰砂砖240×115×53 2. 墙体类型：内墙 3. 砂浆强度等级、配合比：M5混合砂浆	m^3	13.79

2.2.1.4 掌握混凝土及钢筋混凝土工程

1. 现浇混凝土基础工程

现浇混凝土基础工程包含垫层、带形基础、独立基础、满堂基础、设备基础、桩承台基础。

计算规则：按设计图示尺寸以体积计算，单位：m^3。不扣除构件内钢筋、预埋铁件和伸入承台基础的桩头所占体积。

基础计算示意图见图2.2.1.4-1。

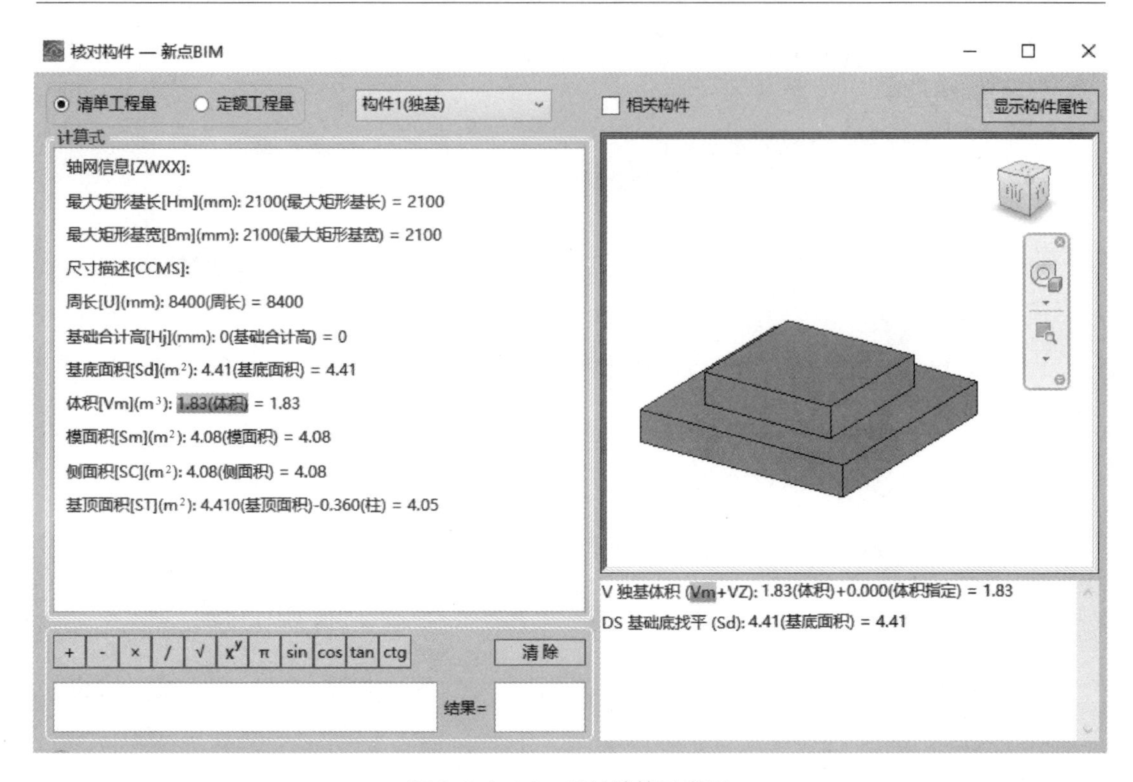

图 2.2.1.4-1　基础计算示意图

垫层计算示意图见图 2.2.1.4-2。

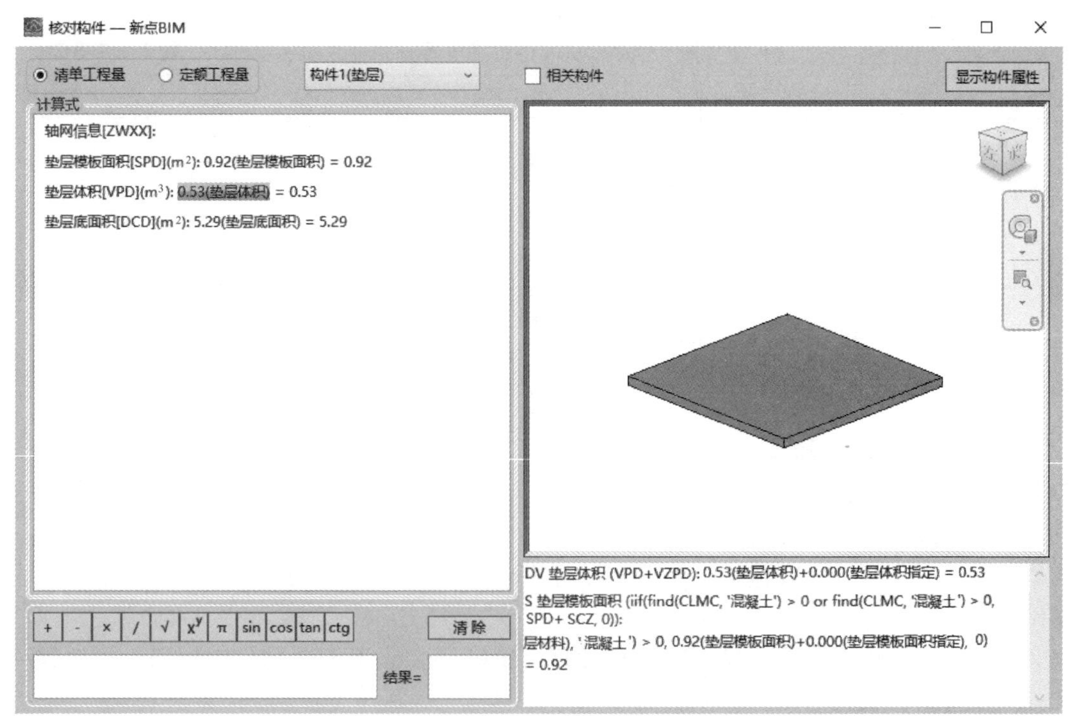

图 2.2.1.4-2　垫层计算示意图

项目特征：包含混凝土种类、强度等级，这里的混凝土种类指清水混凝土、彩色混凝土等。如在同一地区使用预拌（商品）混凝土的同时又使用现场搅拌混凝土应注明。肋高带形基础和无肋带形基础应分开列项，描述肋高；箱式满堂基础及框架式设备基础中柱、梁、墙、板应拆分出来按相应子目分别编码列项；箱式基础的底板部分按满堂基础列项，框架设备基础的基础部分按设备基础列项。

2. 现浇混凝土柱

现浇混凝土柱划分为矩形柱、构造柱、异形柱三种常用类型。

计算规则：按设计图示尺寸以体积计算，单位 m^3。不扣除构件内钢筋、预埋铁件所占体积。

混凝土柱计算示意图见图 2.2.1.4-3。

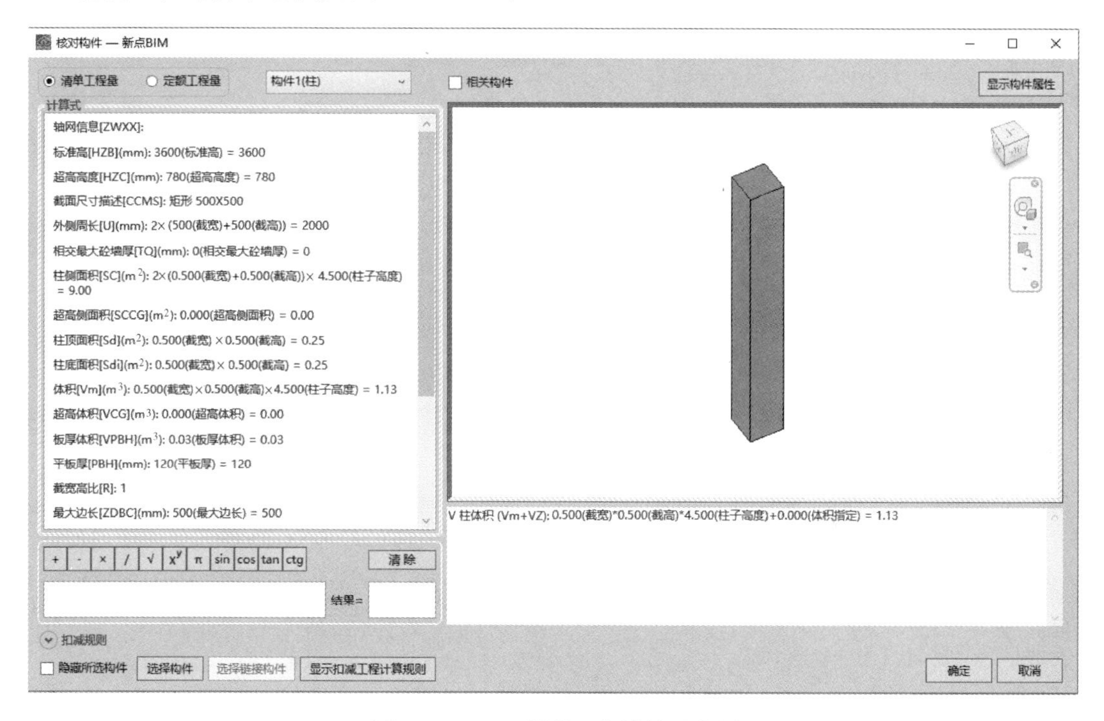

图 2.2.1.4-3　混凝土柱计算示意图

柱高的计算方法：

有梁板的柱高，应自柱基上表面（或楼板上表面）至上一层楼板上表面之间的高度计算。

无梁板的柱高，应自柱基上表面（或楼板上表面）至柱帽下表面之间的高度计算。

框架柱的柱高应自柱基上表面至柱顶高度计算。

构造柱按全高计算，嵌接墙体部分（马牙槎）并入柱身体积。

依附柱上的牛腿和升板的柱帽，并入柱身体积计算。

3. 现浇混凝土梁

现浇混凝土梁按类型划分为：基础梁、矩形梁、异形梁、圈梁、过梁、弧形梁、拱形梁。

计算规则：按设计图示尺寸以体积计算，单位：m^3。不扣除构件内钢筋、预埋铁件所占体积，伸入墙内的梁头、梁垫并入梁体积内。梁与柱连接时，梁长算至柱侧面；主梁与次梁连接时，次梁长算至主梁侧面。

混凝土梁计算示意图见图 2.2.1.4-4。

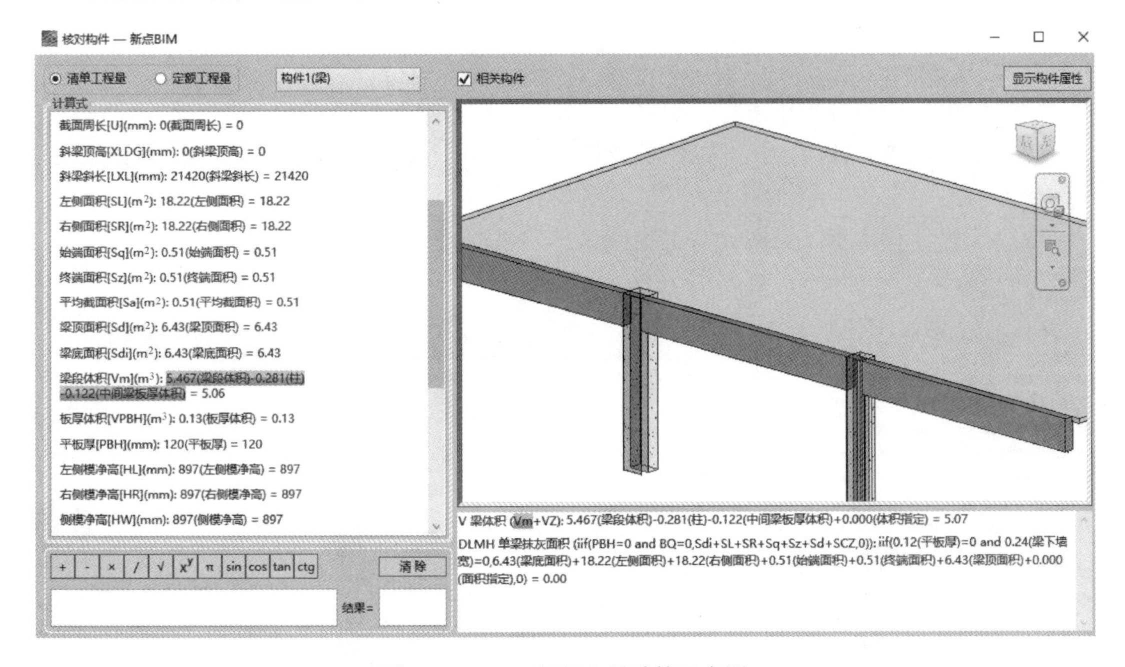

图 2.2.1.4-4　混凝土梁计算示意图

4. 现浇混凝土墙

现浇混凝土墙按类型划分为：直形墙、弧形墙、短肢剪力墙、挡土墙。

计算规则：按设计图示尺寸以体积计算，单位：m^3。不扣除构件内钢筋，预埋铁件所占体积，扣除门窗洞口及单个面积＞0.3m^2 的孔洞所占体积，墙垛及突出墙面部分并入墙体体积内计算。短肢剪力墙是指截面厚度不大于 300mm，各肢截面高度与厚度之比的最大值大于 4，但不大于 8 的剪力墙；各肢截面高度与厚度之比的最大值不大于 4 的剪力墙按柱项目列项。

混凝土墙计算示意图见图 2.2.1.4-5。

5. 现浇混凝土板

有梁板、无梁板、平板、拱板、薄壳板、栏板之分。

计算规则：按设计图示尺寸以体积计算，单位：m^3。不扣除构件内钢筋、预埋铁件及单个面积＜0.3m^2 的柱、垛以及孔洞所占体积，压形钢板混凝土楼板扣除构件内压形钢板所占体积。有梁板（包括主、次梁与板）按梁、板体积之和计算；无梁板按板和柱帽体积之和计算；各类板伸入墙内的板头并入板体积内计算；薄壳板的肋、基梁并入薄壳体积内计算。

混凝土板计算示意图见图 2.2.1.4-6。

天沟（檐沟）、挑檐板按设计图示尺寸以体积计算，单位：m^3。

雨篷、悬挑板、阳台板 按设计图示尺寸以墙外部分体积计算，单位：m^3。包括伸出

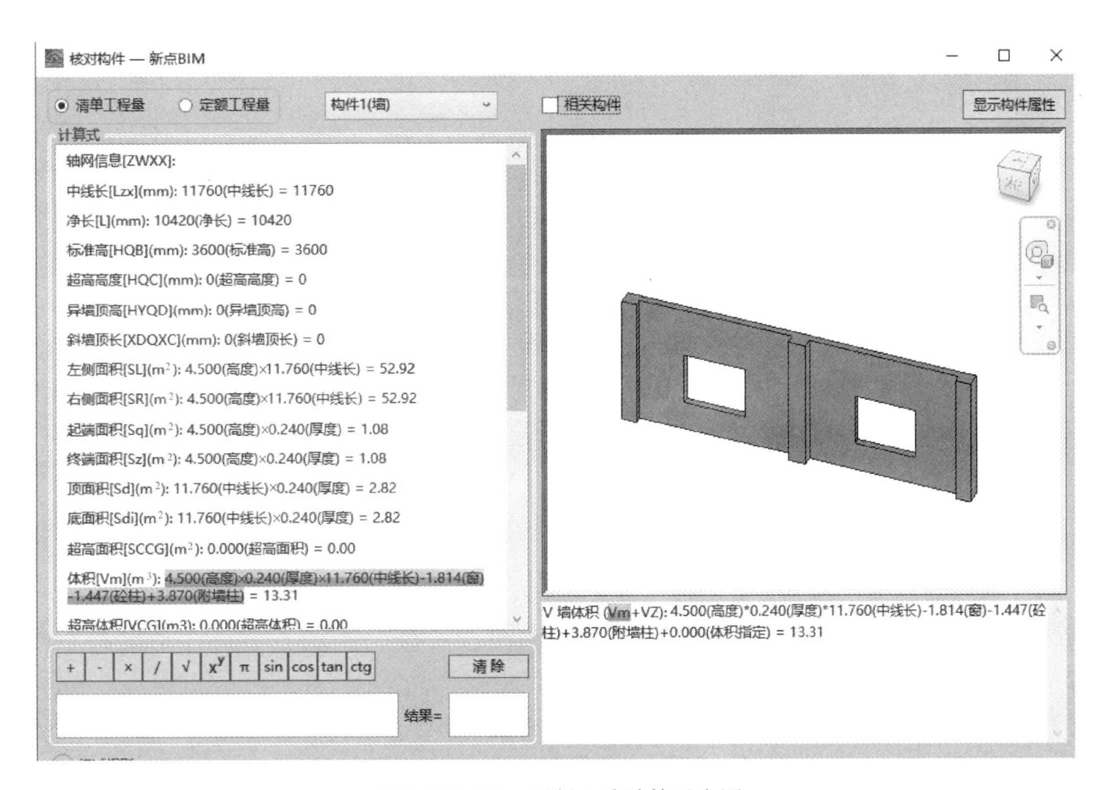

图 2.2.1.4-5　混凝土墙计算示意图

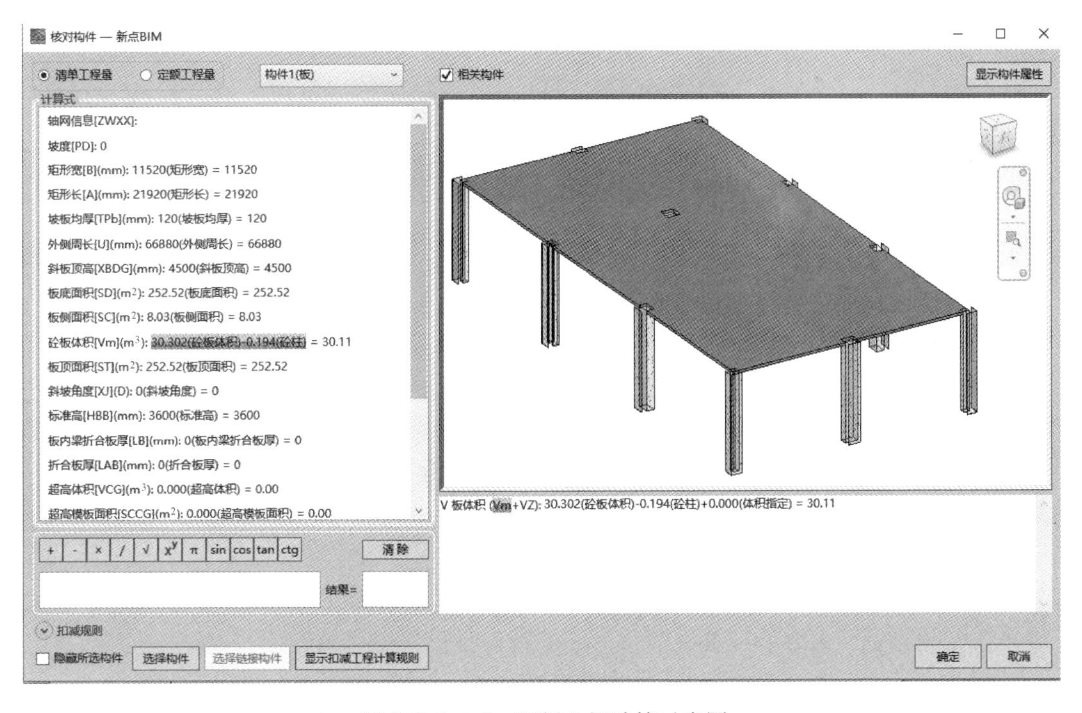

图 2.2.1.4-6　混凝土板计算示意图

墙外的牛腿和雨篷反挑檐的体积。

空心板按设计图示尺寸以体积计算，单位：m^3。空心板（GBF高强薄壁蜂巢芯板等）应扣除空心部分体积。

其他板按设计图示尺寸以体积计算，单位：m^3。

注意：现浇挑檐、天沟板、雨篷、阳台与板（包括屋面板、楼板）连接时，以外墙外边线为界线；与圈梁（包括其他梁）连接时，以梁外边线为分界线。外边线以外为挑檐、天沟、雨篷或阳台。

6. 现浇混凝土楼梯

现浇混凝土楼梯分为：直形楼梯、弧形楼梯。

计算规则：按设计图示尺寸以水平投影面积计算，单位：m^2，不扣除宽度＜500mm的楼梯井，伸入墙内部分不计算；或者以"m^3"计量，按设计图示尺寸以体积计算。

整体楼梯（包括直形楼梯、弧形楼梯）水平投影面积包括休息平台、平台梁、斜梁和楼梯的连接梁。当整体楼梯与现浇楼板无梯梁连接时，以楼梯的最后一个踏步边缘加300mm为界。

7. 现浇混凝土其他构件

散水、坡道、室外地坪计算规则：按设计图示尺寸以面积计算，单位：m^2。不扣除单个面积＜0.3m^2的孔洞所占面积，不扣除构件内钢筋、预埋铁件所占体积。

电缆沟、地沟计算规则：按设计图示以中心线长度计算，单位：m。

台阶计算规则：按设计图示尺寸水平投影面积以"m^2"计量；或按设计图示尺寸体积以"m^3"计量。架空式混凝土台阶按现浇楼梯计算。

扶手、压顶计算规则：按设计图示的中心线延长米计算，单位：m；或按设计图示尺寸以体积计算，单位：m^3。

化粪池、检查井计算规则：按设计图示尺寸以体积计算，单位：m^3；或按设计图示数量以"座"计量。

其他构件主要包括现浇混凝土小型池槽、垫块、门框等，按设计图示尺寸以体积计算，单位：m^3。

8. 后浇带

按设计图示尺寸以体积计算，单位：m^3。

9. 螺栓、铁件 螺栓、预埋铁件

计算规则：按设计图示尺寸以质量计算，单位：t。机械连接按数量计算，单位：个。编制工程量清单时，如果设计未明确，其工程数量可为暂估量，实际工程量按现场签证数量计算。以上现浇或预制混凝土和钢筋混凝土构件，不扣除构件内钢筋、预埋铁件所占体积或面积。

10. 例题

某工程二层的层底标高为6m，层顶标高为10.5m，均采用泵送商品混凝土浇筑，强度等级为C30，根据上述条件及下图计算柱、梁、板的混凝土清单工程量。

柱平面图见图2.2.1.4-7，柱表见表2.2.1.4-1，10.5m梁平面图见图2.2.1.4-8，10.5m板平面图见图2.2.1.4-9。

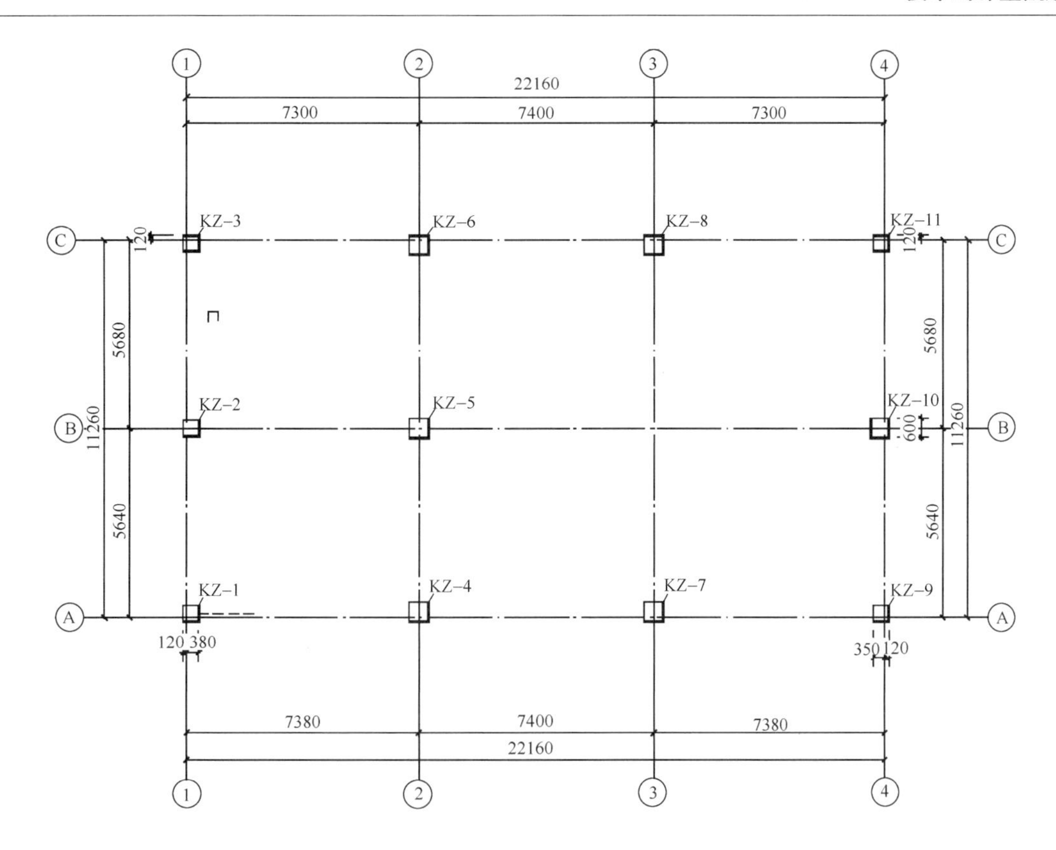

图 2.2.1.4-7　柱平面图

柱　　表　　　　表 2.2.1.4-1

柱号	标高	$b\times h$ (bi×hi) (圆柱直径 D)	b1	b2	h1	h2
KZ-1	−2.900—6.000	500×500	120	380	120	380
	6.000—10.500	500×500	120	380	120	340
KZ-2	−2.900—6.000	500×500	120	380	250	250
	6.000—10.500	500×500	120	380	250	250
KZ-3	−2.900—6.000	500×500	120	380	380	120
	6.000—10.500	500×500	120	380	380	120
KZ-4	−2.900—6.000	600×600	300	300	120	480
	6.000—10.500	500×500	250	250	120	380
KZ-5	−2.900—6.000	600×600	340	300	300	300
	6.000—10.500	600×600	340	300	300	300
KZ-6	−2.900—6.000	600×600	300	300	480	120
	6.000—10.500	500×500	250	250	360	120
KZ-7	−2.900—6.000	600×600	340	300	120	480
	6.000—10.500	600×600	340	300	120	480
KZ-8	−2.900—6.000	600×600	300	300	480	120
	6.000—10.500	600×600	340	300	480	120
KZ-9	−2.900—6.000	500×500	380	120	120	380
	6.000—10.500	500×500	380	120	120	380
KZ-10	−2.900—6.000	600×600	480	120	300	300
	6.000—10.500	600×600	480	120	300	300
KZ-11	−2.900—6.000	500×500	380	120	380	120
	6.000—10.500	500×500	380	120	380	120

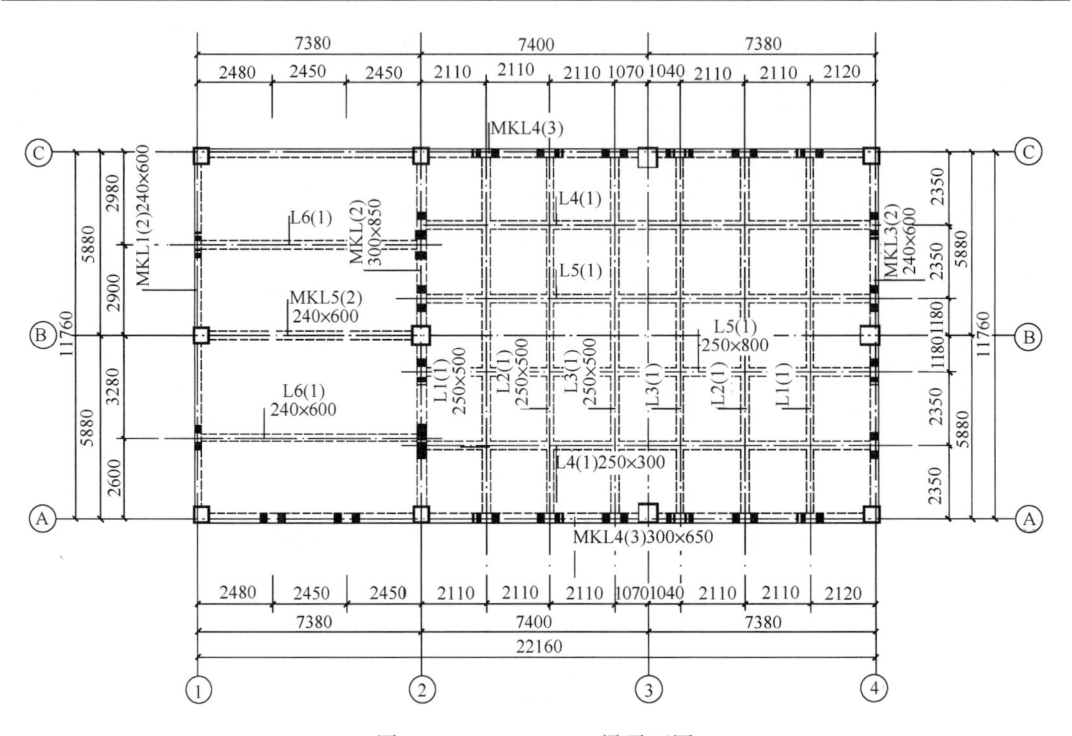

图 2.2.1.4-8　10.5m 梁平面图

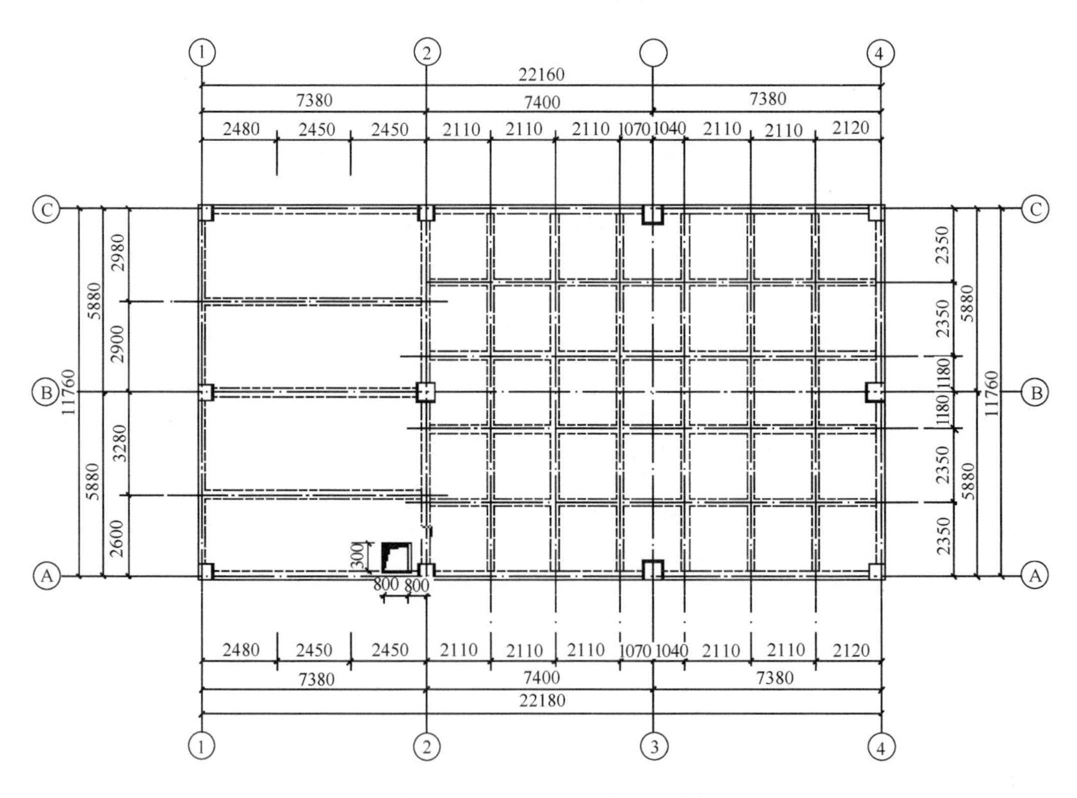

图 2.2.1.4-9　10.5m 板平面图

注：未注明板厚 100mm。

解：

柱工程量计算：

Z1＝0.5×0.5×4.5＝1.125　　Z2＝0.5×0.5×4.5＝1.125

Z3＝0.5×0.5×4.5＝1.125　　Z4＝0.5×0.5×4.5＝1.125

Z5＝0.6×0.6×4.5＝1.62　　Z6＝0.5×0.5×4.5＝1.125

Z7＝0.6×0.6×4.5＝1.62　　Z8＝0.6×0.6×4.5＝1.62

Z9＝0.5×0.5×4.5＝1.125　　Z10＝0.6×0.6×4.5＝1.62

Z11＝0.5×0.5×4.5＝1.125

$V_{柱}$＝1.125×7＋1.62×4＝14.36m^3

梁工程量计算：

A/1-4：0.3×(0.85－0.1)×(22.4－0.5×2－0.6－0.5)＝ 4.57

C/1-4：0.3×(0.85－0.1)×(22.4－0.5×2－0.6－0.5)＝ 4.57

2/A/1-2：0.24×(0.6－0.1)×(7.38－0.12－0.15)＝0.85

B/1-2：0.24×(0.6－0.1)×(7.38－0.12－0.15)＝0.85

2/B/1-2：0.24×(0.6－0.1)×(7.38－0.12－0.15)＝0.85

1/A/2-4：0.25×(0.8－0.1)×(14.78－0.15－0.18)＝2.53

3/A/2-4：0.25×(0.8－0.1)×(14.78－0.15－0.18)＝2.53

1/B/2-4：0.25×(0.8－0.1)×(14.78－0.15－0.18)＝2.53

3/B/2-4：0.25×(0.8－0.1)×(14.78－0.15－0.18)＝2.53

1/A-C：0.24×(0.6－0.1)×(12－0.5×3)＝1.26

2/A-C：0.3×(0.85－0.1)×(12－0.5×2－0.6)＝2.34

1/2/A-C：0.25×(0.8－0.1)×(11.76－0.18×2－0.25×4)＝1.82

2/2/A-C：0.25×(0.8－0.1)×(11.76－0.18×2－0.25×4)＝1.82

3/2/A-C：0.25×(0.8－0.1)×(11.76－0.18×2－0.25×4)＝1.82

1/3/A-C：0.25×(0.8－0.1)×(11.76－0.18×2－0.25×4)＝1.82

2/3/A-C：0.25×(0.8－0.1)×(11.76－0.18×2－0.25×4)＝1.82

3/3/A-C：0.25×(0.8－0.1)×(11.76－0.18×2－0.25×4)＝1.82

4/A-C：0.3×(0.85－0.1)×(12－0.5×2－0.6)＝2.34

$V_{梁}$＝4.57×2＋0.85×3＋2.53×4＋1.26＋2.34＋1.82×6＋2.34＝38.67（m^3）

板工程量计算：

$V_{板}=[(11.76+0.12\times2)\times(22.16+0.12\times2)-0.8\times0.8-0.6\times0.6\times4]\times0.1=26.67m^3$

有梁板工程量：

$V_{有梁板}=38.67+26.67=65.34m^3$

分部分项工程量清单表见表2.2.1.4-2。

分部分项工程量清单表　　　　**表2.2.1.4-2**

序号	项目编码	项目名称	项目特征	计量单位	工程量
1	010502001001	矩形柱	1. 混凝土种类：商品泵送混凝土 2. 混凝土强度等级：C30	m^3	14.36
2	010505001001	有梁板	1. 混凝土种类：商品泵送混凝土 2. 混凝土强度等级：C30 3. 板厚：100mm	m^3	65.34

11. 钢筋工程

钢筋工程划分为现浇混凝土钢筋、预制构件钢筋、钢筋网片、钢筋笼、先张法预应力钢筋等项目，其中支撑钢筋独立列项。计算规则均按设计图示钢筋（网）长度（面积）乘以单位理论质量计算，单位：t。

钢筋工程量＝图示钢筋长度×单位理论质量

计算方法：

图示钢筋长度：构件去除保护层后的尺寸，加上两端弯钩长度厚度以及图纸或者规范规定的搭接长度（如果为弯起钢筋再添加弯起钢筋增加长度）。

① 直钢筋长度$=L-2c$；

② 弯起钢筋长度$=L-2c+2\times H\times S$；

③ 箍筋长度：

a. 抗震：$(b-2c+d)\times2+(h-2c+d)\times2+[1.9d+\max(10d,75mm)]\times2$

b. 非抗震：$(b-2c+d)\times2+(h-2c+d)\times2+(1.9d+5d)\times2$

④ 抗震与非抗震的纵向受拉钢筋锚固长度取值，受拉钢筋锚固长度La见表2.2.1.4-3，受拉钢筋抗震锚固长度Lae见表2.2.1.4-4。

受拉钢筋锚固长度La　　　　**表2.2.1.4-3**

钢筋种类	混凝土强度等级																
	C20	C25		C30		C35		C40		C45		C50		C55		≥C60	
	$d\leqslant25$	$d\leqslant25$	$d>25$	$d\leqslant25$	$d>25$	$d\leqslant25$	$d>25$	$d\leqslant25$	$d>25$	$d\leqslant25$	$d>25$	$d\leqslant25$	$d>25$	$d\leqslant25$	$d>25$	$d\leqslant25$	$d>25$
HPB300	39d	34d	—	30d	—	28d	—	25d	—	24d	—	23d	—	22d	—	21d	—
HRB335、HRBF335	38d	33d	—	29d	—	27d	—	25d	—	23d	—	22d	—	21d	—	21d	—
HRB400、HRBF400	—	40d	44d	35d	39d	32d	35d	29d	32d	28d	31d	27d	30d	26d	29d	25d	28d

续表

钢筋种类	混凝土强度等级																
	C20	C25		C30		C35		C40		C45		C50		C55		≥C60	
	d≤25	d≤25	d>25	d≤25	d>25	d≤25	d>25	d≤25	d>25	d≤25	d>25	d≤25	d>25	d≤25	d>25	d≤25	d>25
HRB500、HRBF500	—	48d	53d	43d	47d	39d	43d	36d	40d	34d	37d	32d	35d	31d	34d	30d	33d

受拉钢筋抗震锚固长度 Lae　　　　表 2.2.1.4-4

钢筋种类及抗震等级		混凝土强度等级																
		C20	C25		C30		C35		C40		C45		C50		C55		≥C60	
		d≤25	d≤25	d>25	d≤25	d>25	d≤25	d>25	d≤25	d>25	d≤25	d>25	d≤25	d>25	d≤25	d>25	d≤25	d>25
HPB300	一、二级	45d	39d	—	35d	—	32d	—	29d	—	28d	—	26d	—	25d	—	24d	—
	三级	41d	36d	—	32d	—	29d	—	26d	—	25d	—	24d	—	23d	—	22d	—
HRB335 HRBF335	一、二级	44d	38d	—	33d	—	31d	—	29d	—	26d	—	25d	—	24d	—	24d	—
	三级	40d	35d	—	30d	—	28d	—	26d	—	24d	—	23d	—	22d	—	22d	—
HRB400 HRBF400	一、二级	—	46d	51d	40d	45d	37d	40d	33d	37d	32d	36d	31d	35d	30d	33d	29d	32d
	三级	—	42d	46d	37d	41d	34d	37d	30d	34d	29d	33d	28d	32d	27d	30d	26d	29d
HRB500 HRBF500	一、二级	—	55d	61d	49d	54d	45d	49d	41d	46d	39d	43d	37d	40d	36d	39d	35d	38d
	三级	—	50d	56d	45d	49d	41d	45d	38d	42d	36d	39d	34d	37d	33d	36d	32d	35d

⑤ 抗震与非抗震纵向受拉钢筋绑扎搭接长度取值查阅表，纵向抗震受拉钢筋搭接长度 Lle 见表 2.2.1.4-5，纵向受拉钢筋搭接长度 LL 见表 2.2.1.4-6。

纵向抗震受拉钢筋搭接长度 Lle　　　　表 2.2.1.4-5

钢筋种类及同一区段内搭接钢筋面积百分率			混凝土强度等级																
			C20	C25		C30		C35		C40		C45		C50		C55		C60	
			d≤25	d≤25	d>25	d≤25	d>25	d≤25	d>25	d≤25	d>25	d≤25	d>25	d≤25	d>25	d≤25	d>25	d≤25	d>25
一、二级抗震等级	HPB300	≤25%	54d	47d	—	42d	—	38d	—	35d	—	34d	—	31d	—	30d	—	29d	—
		50%	63d	55d	—	49d	—	45d	—	41d	—	39d	—	36d	—	35d	—	34d	—
	HRB335 HRBF335	≤25%	53d	46d	—	40d	—	37d	—	35d	—	31d	—	30d	—	29d	—	29d	—
		50%	62d	53d	—	46d	—	43d	—	41d	—	36d	—	35d	—	34d	—	34d	—

续表

钢筋种类及同一区段内搭接钢筋面积百分率			混凝土强度等级																
			C20	C25		C30		C35		C40		C45		C50		C55		C60	
			d≤25	d≤25	d>25	d≤25	d>25	d≤25	d>25	d≤25	d>25	d≤25	d>25	d≤25	d>25	d≤25	d>25	d≤25	d>25
一、二级抗震等级	HPB400 HRBF400	≤25%	—	55d	61d	48d	54d	44d	48d	40d	44d	38d	43d	37d	42d	36d	40d	35d	38d
		50%	—	64d	71d	56d	63d	52d	56d	46d	52d	45d	50d	43d	49d	42d	46d	41d	45d
	HRB500 HRBF500	≤25%	—	66d	73d	59d	65d	54d	59d	49d	55d	47d	52d	44d	48d	43d	47d	42d	46d
		50%	—	77d	85d	69d	76d	63d	69d	57d	64d	55d	60d	52d	56d	50d	55d	49d	53d
三级抗震等级	HPB300	≤25%	49d	43d	—	38d	—	35d	—	31d	—	30d	—	29d	—	28d	—	26d	—
		50%	57d	50d	—	45d	—	41d	—	36d	—	35d	—	34d	—	32d	—	31d	—
	HPB335 HRBF335	≤25%	48d	42d	—	36d	—	34d	—	31d	—	29d	—	28d	—	26d	—	26d	—
		50%	56d	49d	—	42d	—	39d	—	36d	—	34d	—	32d	—	31d	—	31d	—
	HPB400 HRBF400	≤25%	—	50d	55d	44d	49d	41d	44d	36d	41d	35d	40d	34d	38d	32d	36d	31d	35d
		50%	—	59d	64d	52d	57d	48d	52d	42d	48d	41d	46d	39d	45d	38d	42d	36d	41d
	HPB500 HPBF500	≤25%	—	60d	67d	54d	59d	49d	54d	46d	50d	43d	47d	41d	44d	40d	43d	38d	42d
		50%	—	70d	78d	63d	69d	57d	63d	53d	59d	50d	55d	48d	52d	46d	50d	45d	49d

纵向受拉钢筋搭接长度 LL　　　　**表 2.2.1.4-6**

钢筋种类及同一区段内搭接钢筋面积百分率		混凝土强度等级																
		C20	C25		C30		C35		C40		C45		C50		C55		C60	
		d≤25	d≤25	d>25	d≤25	d>25	d≤25	d>25	d≤25	d>25	d≤25	d>25	d≤25	d>25	d≤25	d>25	d≤25	d>25
HPB300	≤25%	47d	41d	—	36d	—	34d	—	30d	—	29d	—	28d	—	26d	—	25d	—
	50%	55d	48d	—	42d	—	39d	—	35d	—	34d	—	32d	—	31d	—	29d	—
	100%	62d	54d	—	48d	—	45d	—	40d	—	38d	—	37d	—	35d	—	34d	—
HRB335 HRBF335	≤25%	46d	40d	—	35d	—	32d	—	30d	—	28d	—	26d	—	25d	—	25d	—
	50%	53d	46d	—	41d	—	38d	—	35d	—	32d	—	31d	—	29d	—	29d	—
	100%	61d	53d	—	46d	—	43d	—	40d	—	37d	—	35d	—	34d	—	34d	—
HRB400 HRBF400	≤25%	—	48d	53d	42d	47d	38d	42d	35d	38d	34d	37d	32d	36d	31d	35d	30d	34d
	50%	—	56d	62d	49d	55d	45d	49d	41d	45d	39d	43d	38d	42d	36d	41d	35d	39d
	100%	—	64d	70d	56d	62d	51d	56d	46d	51d	45d	50d	43d	48d	42d	46d	40d	45d

续表

钢筋种类及同一区段内搭接钢筋面积百分率		混凝土强度等级																
		C20	C25		C30		C35		C40		C45		C50		C55		C60	
		$d\leqslant 25$	$d\leqslant 25$	$d>25$	$d\leqslant 25$	$d>25$	$d\leqslant 25$	$d>25$	$d\leqslant 25$	$d>25$	$d\leqslant 25$	$d>25$	$d\leqslant 25$	$d>25$	$d\leqslant 25$	$d>25$	$d\leqslant 25$	$d>25$
HRB500 HRBF500	≤25%	—	$58d$	$64d$	$52d$	$56d$	$47d$	$52d$	$43d$	$48d$	$41d$	$44d$	$38d$	$42d$	$37d$	$41d$	$36d$	$40d$
	50%	—	$67d$	$74d$	$60d$	$66d$	$55d$	$60d$	$50d$	$56d$	$48d$	$52d$	$45d$	$49d$	$43d$	$48d$	$42d$	$46d$
	100%	—	$77d$	$85d$	$69d$	$75d$	$62d$	$69d$	$58d$	$64d$	$54d$	$59d$	$51d$	$56d$	$50d$	$54d$	$48d$	$53d$

⑥ 保护层厚度指钢筋外边缘至混凝土表面的距离，同时应不小于钢筋的公称直径。（这里保护层厚度并非适用于构件中全部钢筋，而是专指结构构件最外层钢筋）。具体取值可查阅《混凝土设计规范》或者11G101系列图集，设计使用年限为50年的混凝土结构，其保护层厚度应符合表2.2.1.4-7的规定。

钢筋保护层最小厚度　　表2.2.1.4-7

环境类别	板、墙	梁、柱	环境类别	板、墙	梁、柱
一	15	20	三a	30	40
二a	20	25	三b	40	50
二b	25	35			

注意：

a. 当混凝土强度等级不大于C25时，表中保护层厚度数值增加5mm。

b. 钢筋混凝土基础宜设置混凝土垫层，其受力钢筋的混凝土保护层厚度应从垫层顶面算起，且不小于40mm。

⑦ 钢筋单位质量见表2.2.1.4-8选取，或采用钢筋体积以及钢筋的容重按7850kg/m^{3}计算。

钢筋每米理论重量表　　表2.2.1.4-8

直径（mm）	理论质量（kg/m）	截面面积（cm^2）	直径（mm）	理论质量（kg/m）	截面面积（cm^2）
4	0.099	0.126	18	1.998	2.545
5	0.154	0.196	20	2.466	3.142
6	0.222	0.283	22	2.984	3.801
6.5	0.26	0.332	24	3.551	4.524
8	0.395	0.503	25	3.85	4.909
10	0.617	0.785	28	4.83	5.153
12	0.888	1.131	30	5.55	7.069
14	1.208	1.539	32	6.31	8.043
16	1.578	2.011	40	9.865	12.561

现浇构件中伸出构件的锚固钢筋并入钢筋工程量内，设计标明及规范规定的搭接外的搭接不另行计算，综合考虑在综合单价中。现浇构件中固定位置的支撑钢筋、双层钢筋用的“铁马”在编制工程量清单时，如果设计未明确，其工程数量可为暂估量，结算时按现场实际签证数量计算。

后张法预应力钢筋、预应力钢丝、预应力钢绞线长度的计算方法：

① 低合金钢筋两端均采用螺杆锚具时，钢筋长度按孔道长度减少 0.35m 计算，螺杆另行计算。

② 低合金钢筋一端采用镦头插片，另一端采用螺杆锚具时，钢筋长度按孔道长度计算，螺杆另行计算。

③ 低合金钢筋一端采用镦头插片，另一端采用帮条锚具时，钢筋长度增加 0.15m 计算；两端均采用帮条锚具时，钢筋长度按孔道长度增加 0.3m 计算 。

④ 低合金钢筋采用后张混凝土自锚时，钢筋长度按孔道长度增加 0.35m 计算。低合金钢筋（钢绞线）采用 JM、XM、QM 型锚具，孔道长度在 20m 以内时，钢筋长度增加 1m 计算；孔道长度在 20m 以外时，钢筋（钢绞线）长度按孔道长度增加 1.8m 计算。

⑤ 碳素钢丝采用锥形锚具，孔道长度在 20m 以内时，钢丝束长度按孔道长度增加 1m 计算；孔道长度在 20m 以外时，钢丝束长度按孔道长度增加 1.8m 计算。碳素钢丝束采用镦头锚具时，钢丝束长度按孔道长度增加 0.35m 计算。

2.2.1.5　掌握门窗工程

门窗工程包括木门、金属门、金属卷帘（闸）门、厂库房大门及特种门、其他门；木窗、金属窗、门窗套、窗台板及窗帘、窗帘盒、轨等。木质门应区分镶板木门、企口木板门、实木装饰门、胶合板门、夹板装饰门、木纱门、全玻门（带木质扇框）、木质半玻门（带木质扇框）等项目，分别编码列项。金属门应区分金属平开门、金属推拉门、金属地弹门、全玻门（带金属扇框）、金属半玻门（带扇框）等项目，分别编码列项。特种门应区分冷藏门、冷冻间门、保温门、变电室门、隔声门、防射线门、人防门、金库门等项目，分别编码列项。

门窗示意图见图 2.2.1.5-1。

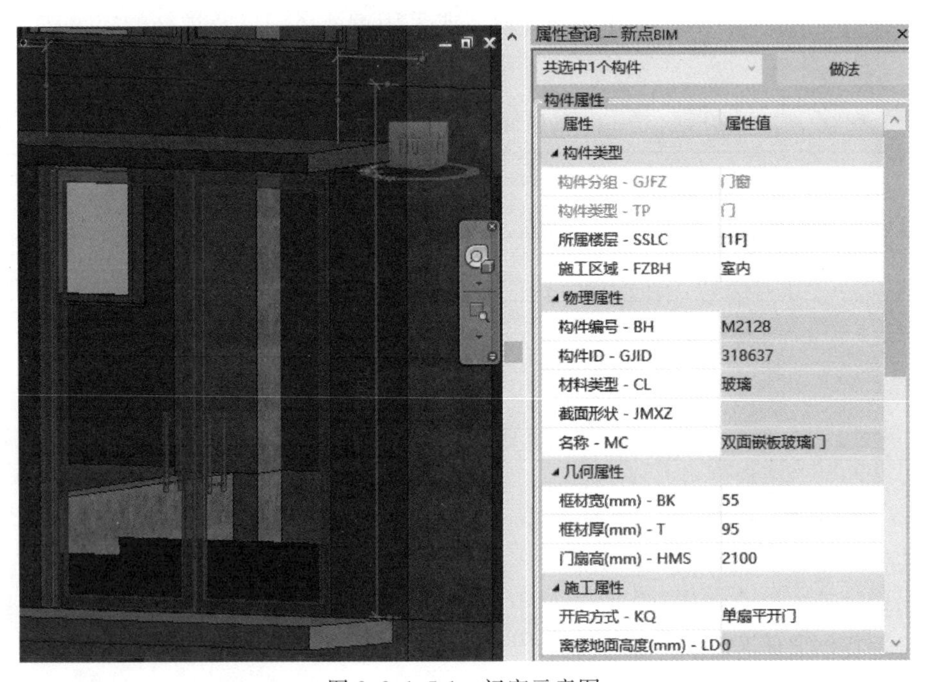

图 2.2.1.5-1　门窗示意图

1. 木门

木质门、木质门带套、木质连窗门、木质防火门，按设计图示数量计算，单位：樘；或按设计图示洞口尺寸以面积计算，单位：m^2。木门五金应包括：折页、插销、碰珠、拉手、搭机、木螺丝、弹簧折页（自动门）、管子拉手（自由门、地弹门）、地弹簧（地弹门）、角铁、门轧头（地弹门、自由门）等。木质门带套计量按洞口尺寸以面积计算，不包括门套的面积，但门套应计算在综合单价中。木门项目特征描述时，当工程量是按图示数量以"樘"计量的，项目特征必须描述洞口尺寸；以"m^2"计量的，项目特征可不描述洞口尺寸。

木门框以"樘"计量，按设计图示数量计算；以"m"计量，按设计图示框的中心线以延长米计算。木门框项目特征除了描述门代号及洞口尺寸、防护材料的种类，还需描述框截面尺寸。

门锁安装按设计图示数量计算，单位：个或套。

2. 金属门

金属门包括金属（塑钢）门、彩板门、钢质防火门、防盗门，按设计图示数量计算，单位：樘；或按设计图示洞口尺寸以面积计算（无设计图示洞口尺寸，按门框、扇外围以面积计算），单位：m^2。金属门项目特征描述时，当以"樘"计量，项目特征必须描述洞口尺寸，没有洞口尺寸必须描述门框或扇外围尺寸；当以"m^2"计量，项目特征可不描述洞口尺寸及框、扇的外围尺寸。

金属卷帘（闸）门项目包括金属卷帘（闸）门、防火卷帘（闸）门，工程量按设计图示数量计算，单位：樘；或按设计图示洞口尺寸以面积计算，单位：m^2。以樘计量，项目特征必须描述洞口尺寸；以"m^2"计量，项目特征可不描述洞口尺寸。

厂库房大门、特种门类型划分：木板大门、钢木大门、全钢板大门、防护铁丝门、金属格栅门、钢质花饰大门、特种门。

计算规则：按数量或面积进行计算。当按数量计算时，以"樘"为单位；按面积计算时有洞口尺寸必须描述门框或扇外围尺寸，以"m^2"计量。

特征描述：可不描述洞口尺寸及框、扇的外围尺寸。工程量以 m^2 计量，无设计图示洞口尺寸，按门框、扇外围以面积计算。

① 木板大门、钢木大门、全钢板大门工程量按设计图示数量计算，单位：樘；或按设计图示洞口尺寸以面积计算，单位：m^2。

② 防护铁丝门工程量按设计图示数量计算，单位：樘；或按设计图示门框或扇以面积计算，单位：m^2。

③ 金属格栅门工程量按设计图示数量计算，单位：樘；或按设计图示洞口尺寸以面积计算，单位：m^2。

④ 钢质花饰大门工程量按设计图示数量计算，单位：樘；或按设计图示门框或扇以面积计算，单位：m^2。

⑤ 特种门工程量按设计图示数量计算，单位：樘；或按设计图示洞口尺寸以面积计算，单位：m^2。

3. 其他门

类型划分：平开电子感应门、旋转门、电子对讲门、电动伸缩门、全玻自由门、镜面不锈钢饰面门、复合材料门。

计算规则：按数量或面积计算，当按数量以“樘”计量时，项目特征必须描述洞口尺寸，没有洞口尺寸必须描述门框或扇外围尺寸，以“m^2”计量，项目特征可不描述洞口尺寸及框、扇的外围尺寸；工程量以“m^2”计量的，无设计图示洞口尺寸，按门框、扇外围以面积计算。其他门工程量按设计图示数量计算，单位：樘；或按设计图示洞口尺寸以面积计算，单位：m^2。

4. 木窗

包括木质窗、木飘（凸）窗、木橱窗、木纱窗。木质窗应区分木百叶窗、木组合窗、木天窗、木固定窗、木装饰空花窗等项目，分别编码列项。

木质窗工程量按设计图示数量计算，单位：樘；或按设计图示洞口尺寸以面积计算，单位：m^2。

木飘（凸）窗、木橱窗工程量按设计图示数量计算，单位：樘；或按设计图示尺寸以框外围展开面积计算，单位：m^2。

木纱窗工程量按设计图示数量计算，单位：樘；或按框的外围尺寸以面积计算，单位：m^2。

5. 金属窗

金属窗应区分金属组合窗、防盗窗等项目。当金属窗工程量以“樘”计量，项目特征必须描述洞口尺寸，没有洞口尺寸必须描述窗框外围尺寸，以“m^2”计量，项目特征可不描述洞口尺寸及框的外围尺寸；对于金属橱窗、飘（凸）窗以樘计量，项目特征必须描述框外围展开面积。在工程量计算时，当以“m^2”计量，无设计图示洞口尺寸时，按窗框外围以面积计算。

金属（塑钢、断桥）窗、金属防火窗、金属百叶窗、金属格栅窗工程量按设计图示数量计算，单位：樘；或按设计图示洞口尺寸以面积计算，单位：m^2。

金属纱窗工程量按设计图示数量计算，单位：樘；或按框的外围尺寸以面积计算，单位：m^2。

金属橱窗、金属飘（凸）窗工程量按设计图示数量计算，单位：樘；或按设计图示尺寸以框外围展开面积计算，单位：m^2。适用范围：塑钢、断桥等。

彩板窗、复合材料窗工程量按设计图示数量计算，单位：樘；或按设计图示洞口尺寸或框外围以面积计算，单位：m^2。

6. 门窗套

包括木门窗套、金属门窗套、石材门窗套、门窗木贴脸、硬木筒子板、饰面夹板筒子板。木门窗套适用于单独门窗套的制作、安装。在项目特征描述时，当以“樘”计量时，项目特征必须描述洞口尺寸、门窗套展开宽度；当以“m^2”计量时，项目特征可不描述洞口尺寸、门窗套展开宽度；当以“m”计量时，项目特征必须描述门窗套展开宽度、筒子板及贴脸宽度。

木门窗套、木筒子板、饰面夹板筒子板、金属门窗套、石材门窗套、成品木门窗套工程量按设计图示数量计算，单位：樘；或按设计图示尺寸以展开面积计算，单位：m^2；或按设计图示中心以延长米计算，单位：m。

门窗贴脸工程量按设计图示数量计算，单位：樘；或按设计图示尺寸以延长米计算，单位：m。

7. 窗台板

包括木窗台板、铝塑窗台板、石材窗台板、金属窗台板。按设计图示尺寸以展开面积计算，单位：m^2。

8. 窗帘、窗帘盒、窗帘轨

在项目特征描述中，窗帘若是双层，项目特征必须描述每层材质；当窗帘以“m”计量时，项目特征必须描述窗帘高度和宽。

窗帘工程量按设计图示尺寸以成活后长度计算，单位：m；或按图示尺寸以成活后展开面积计算，单位：m^2。

木窗帘盒，饰面夹板、塑料窗帘盒，铝合金属窗帘盒，窗帘轨按设计图示尺寸以长度计算，单位：m。

9. 例题

某工程门窗均为塑钢材质，平面图见图 2.2.1.5-2，以面积为计量单位，按照清单完成工程量的计算。

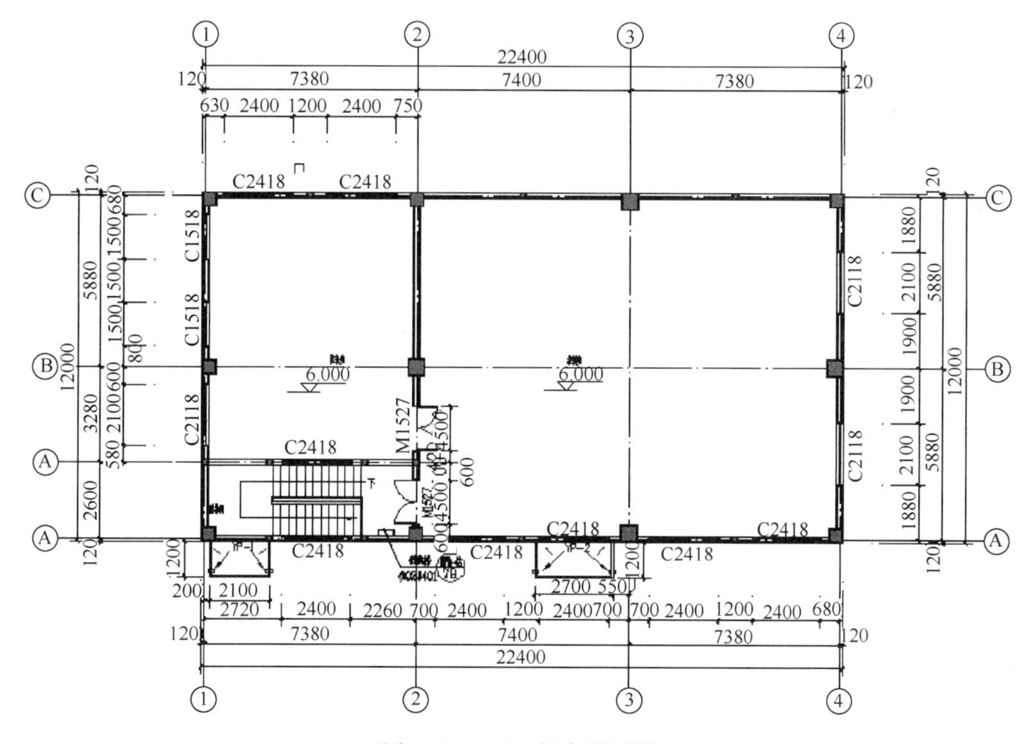

图 2.2.1.5-2 门窗平面图

解：

窗工程量的计算：

C2418：$2.4 \times 1.8 \times 8 = 34.56m^2$

C2118：$2.1 \times 1.8 \times 3 = 11.34m^2$

C1518：$1.5 \times 1.8 \times 2 = 5.4m^2$

门工程量计算：

M1527＝1.5×2.7×2＝8.1m^2

分部分项工程量清单表见表 2.2.1.5-1。

分部分项工程量清单表　　表 2.2.1.5-1

序号	项目编码	项目名称	项目特征	计量单位	工程量
1	010807001001	金属（塑钢）窗	门代号及洞口尺寸：C2418，洞口尺寸：2400×1800mm 窗框、窗扇材质：塑钢	m^2	34.56
2	010807001002	金属（塑钢）窗	门代号及洞口尺寸：C2118，洞口尺寸：2100×1800mm 窗框、窗扇材质：塑钢	m^2	11.34
3	010807001003	金属（塑钢）窗	门代号及洞口尺寸：C1518，洞口尺寸：1500×1800mm 窗框、窗扇材质：塑钢	m^2	5.4
4	010802001001	金属（塑钢）门	门代号及洞口尺寸：M1527，洞口尺寸 1500×2700mm 门框、门扇材质：塑钢	m^2	8.1

2.2.1.6　掌握屋面及防水工程

1. 瓦、型材屋面

瓦屋面、型材屋面计算规则：按设计图示尺寸以斜面积计算，单位：m^2。不扣除房上烟囱、风帽底座、风道、小气窗、斜沟等所占面积，小气窗的出檐部分不另增加面积。瓦屋面斜面积按屋面水平投影面积乘以屋面延尺系数，延尺系数可根据屋面坡度的大小确定。

阳光板、玻璃钢屋面计算规则：按设计图示尺寸以斜面积计算。不扣除屋面面积＜0.3m^2孔洞所占面积。型材屋面、阳光板屋面、玻璃钢屋面的柱、梁、屋架，按金属结构工程、木结构工程中相关项目编码列项。

膜结构屋面计算规则：按设计图示尺寸以需要覆盖的水平投影面积计算，单位：m^2。

2. 屋面防水

（1）屋面卷材防水、屋面涂膜防水计算规则：按设计图示尺寸以面积计算，单位：m^2。平屋顶按水平投影面积计算（包括平屋顶找坡），斜屋顶按斜面积计算，不扣除房上烟函、风帽底座、风道、屋面小气窗和斜沟所占面积。屋面的女儿墙、伸缩缝和天窗等处的弯起部分，并入屋面工程量内，但屋面防水搭接及附加层用量不另行计算，在综合单价中考虑。屋面找平层按楼地面工程平面砂浆找平层列项。

（2）屋面刚性防水计算规则：按设计图示尺寸以面积计算，不扣除房上烟囱、风帽底座、风道等所占的面积，单位：m^2。

（3）屋面排水管计算规则：按设计图示尺寸以长度计算，如设计未标注尺寸，以檐口至设计室外散水上表面垂直距离计算，单位：m。

（4）屋面排（透）气管计算规则：按设计图示尺寸以长度计算，单位：m。

（5）屋面（廊、阳台）泄（吐）水管计算规则：按设计图示数量计算，单位：根或个。

（6）屋面变形缝计算规则：按设计图示以长度计算，单位：m。

（7）屋面天沟、檐沟计算规则：按设计图示尺寸以展开面积计算，单位：m^2。

3. 墙面防水、防潮

墙面卷材防水、墙面涂膜防水、墙面砂浆防水（潮）计算规则：按设计图示尺寸以面积计算，单位：m^2。

墙面变形缝计算规则：按设计图示尺寸以长度计算，单位：m。墙面变形缝，若做双面，工程量乘系数2。

4. 楼（地）面防水、防潮

楼（地）面卷材防水、楼（地）面涂膜防水、楼（地）面砂浆防水（潮）计算规则：按设计图示尺寸以面积计算，单位：m^2，楼（地）面防水搭接及附加层用量不另行计算，在综合单价中考虑。

（1）楼（地）面防水：按主墙间净空面积计算，扣除凸出地面的构筑物、设备基础等所占面积，不扣除间壁墙及单个面积≤0.3m^2柱、垛、烟囱和孔洞所占面积。

（2）楼（地）面防水反边高度≤300mm算作地面防水，反边高度>300mm按墙面防水计算。楼（地）面变形缝计算规则：按设计图示尺寸以长度计算，单位：m。

5. 例题

某工程屋面采用3厚高聚物改性沥青防水卷材，平面位置如图2.2.1.6-1所示，大样图见图2.2.1.6-2，计算屋面卷材的工程量。

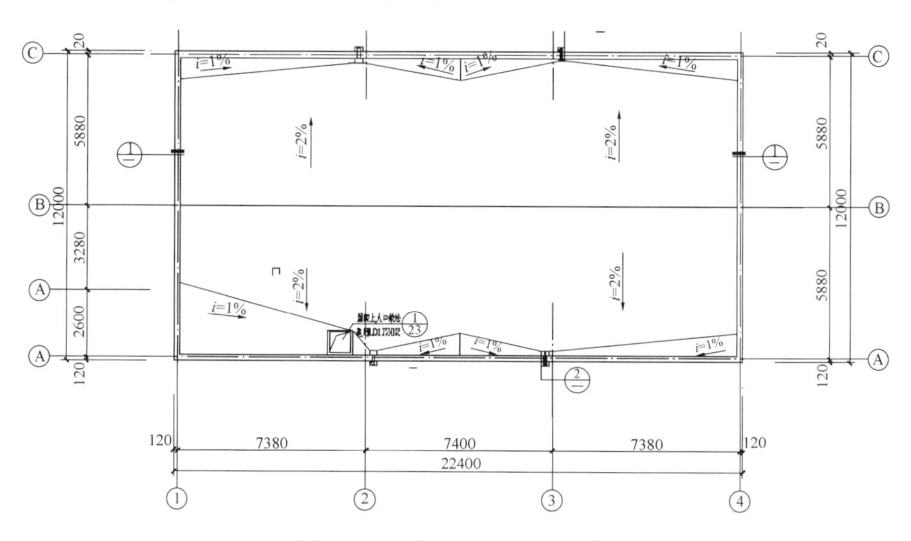

图2.2.1.6-1 屋面防水平面图

解：

$$
\begin{aligned}
S_{卷} &= (22.4-0.12\times 2)\times(12-0.12\times 2)+(22.4-0.12\times 2\\
&\quad +12-0.12\times 2)\times 2\times 0.35\\
&=284.34(m^2)
\end{aligned}
$$

分部分项工程量清单表见表2.2.1.6-1。

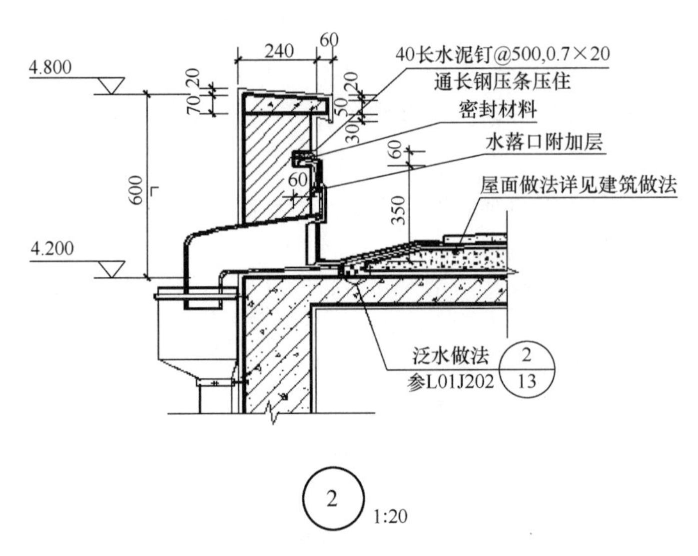

图 2.2.1.6-2　防水大样图

分部分项工程量清单表　　　　**表 2.2.1.6-1**

序号	项目编码	项目名称	项目特征	计量单位	工程量
1	010902001001	屋面卷材防水	卷材品种、规格、厚度：3 厚高聚物改性沥青防水卷材	m^2	284.34

2.2.1.7　了解保温、隔热、防腐工程

1. 保温、隔热

（1）保温隔热屋面计算规则：按设计图示尺寸以面积计算，扣除面积＞0.3 m^2 孔洞及占位面积，单位：m^2。

（2）保温隔热天棚计算规则：按设计图示尺寸以面积计算，扣除面积＞0.3m^2 柱、垛、孔洞所占面积，与天棚相连的梁按展开面积，计算并入天棚工程量内，单位：m^2。

（3）保温隔热墙面计算规则：按设计图示尺寸以面积计算，扣除门窗洞口以及面积＞0.3m^2 梁、孔洞所占面积；门窗洞口侧壁以及与墙相连的柱，并入保温墙体工程量，单位：m^2。

（4）保温柱、梁计算规则：按设计图示尺寸以面积计算，单位：m^2。

① 柱按设计图示柱断面保温层中心线展开长度乘以保温层高度以面积计算，扣除面积＞0.3m^2 梁所占面积。

② 梁按设计图示梁断面保温层中心线展开长度乘以保温层长度以面积计算

注意：保温柱、梁适用于独立柱、梁（不与墙、天棚相连）。

（5）保温隔热楼地面计算规则：按设计图示尺寸以面积计算，扣除面积＞0.3m^2 柱、垛、孔洞所占面积，单位：m^2。

2. 防腐面层

防腐面层中的防腐混凝土面层、防腐砂浆面层、防腐胶泥面层、玻璃钢防腐面层、聚氯乙烯板面层、块料防腐面层，计算规则按设计图示尺寸以面积计算，平面防腐扣除凸出地的构筑物、设备基础等以及面积>0.3mm^2 孔洞、柱垛所占面积，门洞、空圈、暖气包槽、壁龛的开口部分不另增加面积。立面防腐：扣除门、窗洞口以及面积>0.3m^2 孔洞、梁所占面积。门、窗、洞口侧壁、垛突出部分按展开面积计算，单位：m^2。

池、槽块料防腐面层，按设计图示尺寸以展开面积计算，单位：m^2。

防腐踢脚线，应按楼地面装饰工程“踢脚线”项目编码列项。

3. 其他防腐

隔离层按设计图示尺寸以面积计算，单位：m^2。

① 平面防腐：扣除凸出地面的构筑物、设备基础等以及面积>0.3m^2 孔洞、柱、垛所占面积，门洞、空圈、暖气包槽、壁龛的开口部分不另增加面积。

② 立面防腐：扣除门、窗、洞口以及面积>0.3m^2 孔洞、梁所占面积，门、窗、洞口侧壁、垛突出部分按展开面积并入墙面积内。

砌筑沥青浸渍砖按设计图示尺寸以体积计算，单位：m^3。

防腐涂料按设计图示尺寸以面积计算，单位：m^2。

① 平面防腐：扣除凸出地面的构筑物、设备基础等以及面积>0.3m^2 孔洞、柱、垛所占面积。

② 立面防腐：扣除门、窗、洞口以及面积>0.3m^2 孔洞、梁所占面积，门、窗、洞口侧壁、垛突出部分按展开面积并入墙面积内。

2.2.1.8 掌握楼地面装饰工程

1. 整体面层及找平层

水泥砂浆楼地面、现浇水磨石楼地面、细石混凝土楼地面、菱苦土楼地面、自流坪楼地面的工程量计算规则，均为按设计图示尺寸以面积计算，单位：m^2。扣除凸出地面构筑物、设备基础、室内铁道、地沟等所占面积，不扣除间壁墙及<0.3m^2 柱、垛、附墙烟囱及孔洞所占面积。门洞、空圈、暖气包槽、壁龛的开口部分不另增加面积。间壁墙指墙厚<120mm 的墙。

平面砂浆找平层计算规则：按设计图示尺寸以面积计算，单位：m^2。平面砂浆找平层只适用于仅做找平层的平面抹灰。楼地面混凝土垫层另按现浇混凝土基础中垫层项目编码列项，除混凝土外的其他材料垫层按砌筑工程中垫层项目编码列项。

2. 块料面层

包括范围：石材楼地面、碎石材楼地面、块料楼地面。

计算规则：按设计图示尺寸以面积计算，单位：m^2。门洞、空圈、暖气包槽、壁龛的开口部分并入相应的工程量。

项目特征：找平层厚度、砂浆配合比；结合层厚度、砂浆配合比；面层材料品种、规格、颜色；嵌缝材料种类；防护层材料种类；酸洗、打蜡在描述碎石材项目的面层材料特征时可不用描述规格、品牌、颜色，石材、块料与粘结材料的结合面刷防渗材料的种类在防护层材料种类中描述。

3. 橡塑面层

包括范围：橡胶板楼地面、橡胶卷材楼地面、塑料板楼地面、塑料卷材楼地面。计算规则：按设计图示尺寸以面积计算，单位：m^2。门洞、空圈、暖气包槽、壁龛的开口部分并入相应的工程量内。

4. 其他面层

包括范围：楼地面地毯、竹木（复合）地板、金属复合地板、防静电活动地板。计算规则：按设计图示尺寸以面积计算，单位：m^2。门洞、空圈、暖气包槽、壁龛的开口部分并入相应的工程量内。

5. 踢脚线

包括范围：水泥砂浆踢脚线、石材踢脚线、块料踢脚线、塑料板踢脚线、木质踢脚线、金属踢脚线、现浇水磨石踢脚线、防静电踢脚线。

计算规则：按设计图示长度乘以高度以面积计算，单位：m^2；或按延长米计算，单位：m。

6. 楼梯面层

包括范围：石材楼梯面层、块料楼梯面层、拼碎块料面层、水泥浆楼梯面、现浇水磨石楼梯面、地毯楼梯面、木板楼梯面、橡胶（塑料）板楼梯面。

计算规范：按设计图示尺寸以楼梯（包括 踏步、休息平台及$<$500mm的楼梯井）水平投影面积计算，单位：m^2。楼梯与楼地面相连时，算至梯口梁内侧边沿；无梯口梁者，算至最上一层踏步边300mm。

7. 台阶装饰

包括范围：石材台阶面、块料台阶面、拼碎块料台阶面、水泥砂浆台阶面、现浇水磨石台阶面、剁假石台阶面。

计算规则：按设计图示尺寸以台阶（包括最上层踏步边沿加300mm）水平投影面积计算，单位：m^2。

8. 零星装饰项目

包括范围：石材零星项目、碎拼石材零星项目、块料零星项目、水泥砂浆零星项目。按设计图示尺寸以面积计算，单位：m^2。

楼梯、台阶侧面装饰，不大于0.5m^2少量分散的楼地面装修，应按零星装饰项目编码列项。

2.2.1.9 掌握墙、柱面装饰与隔断、幕墙工程

1. 墙面抹灰

包括范围：墙面一般抹灰、墙面装饰抹灰、墙面勾缝、立面砂浆找平层。

计算规则：按设计图示尺寸以面积计算，单位：m^2。扣除墙裙、门窗洞口及单个$>$0.3m^2的孔洞面积，不扣除踢脚线、挂镜线和墙与构件交接处的面积，门窗洞口和孔洞的侧壁及顶面不另增加面积。附墙柱、梁、垛、烟囱侧壁并入相应的墙面面积内，飘窗凸出外墙面增加的抹灰并入外墙工程量内。

外墙抹灰面积按外墙垂直投影面积计算。

外墙裙抹灰面积按其长度乘以高度计算。

内墙抹灰面积按主墙间的净长乘以高度计算。无墙裙的内墙高度按室内楼地面至天棚底面计算；有墙裙的内墙高度按墙裙顶至天棚底面计算。有吊顶天棚抹灰，高度算至天棚底，但有吊顶天棚的内墙面抹灰，抹至吊顶以上部分在综合单价中考虑。

内墙裙抹灰面积按内墙净长乘以高度计算。立面砂浆找平项目适用于仅做找平层的立

面抹灰。墙面抹石灰砂浆、水泥砂浆、混合砂浆、聚合物水泥砂浆、麻刀石灰浆、石膏灰浆等按墙面一般抹灰列项；墙面水刷石、斩假石、干粘石、假面砖等按墙面装饰抹灰列项。

2. 柱（梁）面抹灰

计算规则：按设计图示柱（梁）断面周长乘以高度以面积计算，单位：m^2。柱（梁）面抹石灰砂浆、水泥砂浆、混合砂浆、聚合物水泥砂浆、麻刀石灰浆、石膏灰浆等按本表中柱（梁）面一般抹灰编码列项；柱（梁）面水刷石、斩假石、干粘石、假面砖等按本表中柱（梁）面装饰抹灰项目编码列项。

适用范围：柱（梁）面一般抹灰、柱（梁）面装饰抹灰、柱（梁）面砂浆找平层、柱面勾缝。

3. 零星抹灰墙、柱（梁）面

计算规则：按设计图示尺寸以面积计算，单位：m^2。

适用范围：面积小于0.5m^2且分布比较分散的抹灰、找平。

4. 墙面块料面层

石材墙面、碎拼石材、块料墙面按镶贴表面积计算，单位：m^2。项目特征中“安装的方式”可描述为砂浆或黏合剂粘贴、挂贴、干挂等。

干挂石材钢骨架按设计图示尺寸以质量计算，单位：t。

5. 柱（梁）面镶贴块料

石材柱（梁）面、块料柱（梁）面、拼碎块柱面。按设计图示尺寸以镶贴表面积计算，单位：m^2。

柱（梁）面干挂石材的钢骨架按“墙面块料面层”中的“干挂石材钢骨架”列项。

6. 零星镶贴块料

计算规则：按设计图示尺寸以镶贴表面积计算，单位：m^2。

适用范围：分布比较分散且面积$<0.5m^2$的石材、块料、拼碎块的墙柱面镶贴。

7. 墙饰面

饰面板工程量按设计图示墙净长乘以净高以面积计算，单位：m^2。扣除门窗洞口及单个$>0.3m^2$的孔洞所占面积。

墙面装饰浮雕计算规则：按设计图示尺寸以面积计算，单位：m^2。

8. 柱（梁）饰面

柱（梁）面装饰计算规则：按设计图示饰面外围尺寸以面积计算，单位：m^2。柱帽、柱墩并入相应柱饰面工程量内。

成品装饰柱计算规则：设计数量以“根”计算；或按设计长度以“m”计算。

9. 幕墙

带骨架幕墙计算规则：按设计图示框外围尺寸以面积计算，单位：m^2。与幕墙同种材质的窗所占面积不扣除。

全玻（无框玻璃）幕墙计算规则：按设计图示尺寸以面积计算，单位：m^2。带肋全玻幕墙按展开面积计算。

10. 隔断

木隔断、金属隔断

计算规则：按设计图示框外围尺寸以面积计算，单位：m^2。不扣除单个＜0.3m^2的孔洞所占面积；浴厕门的材质与隔断相同时，门的面积并入隔断面积内。

玻璃隔断、塑料隔断

计算规则：按设计图示框外围尺寸以面积计算。不扣除单个＜0.3m^2的孔洞所占面积。成品隔断

计算规则：按设计图示框外围尺寸以面积计算；或按设计间的数量以“间”计算。

2.2.1.10　掌握天棚工程

1. 天棚抹灰

计算规则：按设计图示尺寸以水平投影面积计算，单位：m^2。不扣除间壁墙、垛、柱、附墙烟囱、检查口和管道所占的面积，带梁天棚、梁两侧抹灰面积并入天棚面积内，板式楼梯底面抹灰按斜面积计算，锯齿形楼梯底板抹灰按展开面积计算。

2. 吊顶天棚

计算规则：按设计图示尺寸以水平投影面积计算，单位：m^2。天棚面中的灯槽及跌级、锯齿形、吊挂式、藻井式天棚面积不展开计算。不扣除间壁墙、检查口、附墙烟囱、柱垛和管道所占面积，扣除单个＞0.3m^2的孔洞、独立柱及与天棚相连的窗帘盒所占的面积。

格栅吊顶、吊筒吊顶、藤条造型悬挂吊顶、织物软雕吊顶、装饰网架吊顶的计算规则均为按设计图示尺寸以水平投影面积计算，单位：m^2。

3. 天棚其他装饰

灯带（槽）按设计图示尺寸以框外围面积计算，单位：m^2。

送风口、回风口按设计图示数量计算，单位：个 。

注意：采光天棚骨架应按照金属结构相关项目独立列项。

2.2.1.11　油漆、涂料、裱糊工程

1. 门油漆

门油漆包括木门油漆、金属门油漆，计算规则：按设计图示数量或设计图示单面洞口面积计算，单位：樘/m^2。木门油漆应区分单层木门、双层（一玻一纱）木门、双层（单裁口）木门、全玻自由门、半玻自由门、装饰门及有框门或无框门等，分别编码列项。金属门油漆应区分平开门、推拉门、钢制防火门等项目，分别编码列项。

2. 窗油漆

窗油漆包括木窗油漆、金属窗油漆，计算规则：按设计图示数量或设计图示单面洞口面积计算，单位：樘/m^2。木窗油漆应区分单层玻璃窗、双层（一玻一纱）木窗、双层框扇（单裁口）木窗、双层框三层（二玻一纱）木窗、单层组合窗、双层组合窗、木百叶窗、木推拉窗等，分别编码列项。金属窗油漆应区分平开窗、推拉窗、固定窗、组合窗、金属隔栅窗等项目，分别编码列项。

3. 木扶手及其他板条、线条油漆

包括木扶手油漆，窗帘盒油漆，封檐板、顺水板油漆，挂衣板、黑板框油漆，挂镜线、窗帘棍、单独木线油漆。按设计图示尺寸以长度计算，单位：m。木扶手应区分带托板与不带托板，分别编码列项。

4. 木材面油漆

木护墙、木墙裙油漆，窗台板、筒子板、盖板、门窗套、踢脚线油漆，清水板条天棚、檐口油漆，木方格吊顶天棚油漆，吸声板墙面、天棚面油漆，暖气罩油漆及其他木材面油漆，其工程量均按设计图示尺寸以面积计算，单位：m^2。木间壁、木隔断油漆，玻璃间壁露明墙筋油漆，木栅栏、木栏杆（带扶手）油漆，按设计图示尺寸以单面外围面积计算，单位：m^2。

衣柜、壁柜油漆，梁柱饰面油漆，零星木装修油漆计算规则：按设计图示尺寸以油漆部分 展开面积计算，单位：m^2。

木地板油漆、木地板烫硬蜡面计算规则：按设计图示尺寸以面积计算，单位：m^2。空洞、空圈、暖气包槽、壁龛的开口部分并入相应的工程量内。

5. 金属面油漆

计算规则：按设计图示尺寸以质量计算，单位：t；或按设计展开面积计算，单位：m^2。

6. 抹灰面油漆

抹灰面油漆按设计图示尺寸以面积计算，单位：m^2。

抹灰线条油漆按设计图示尺寸以长度计算，单位：m。

满刮泥子按设计图示尺寸以面积计算，单位：m^2。

7. 刷喷涂料

墙面喷刷涂料、天棚喷刷涂料按设计图示尺寸以面积计算，单位：m^2。

空花格、栏杆刷涂料按设计图示尺寸以单面外围面积计算，单位：m^2。

线条刷涂料按设计图示尺寸以长度计算，单位：m。

金属构件刷防火涂料按设计图示尺寸以质量计算，单位：t；或按设计展开面积计算，单位：m^2。

木材构件喷刷防火涂料按设计图示以面积计算，单位：m^2。

8. 裱糊

包括墙纸裱糊、织锦缎裱糊按设计图示尺寸以面积计算，单位：m^2。

9. 例题

某工程平面图见图 2.2.1.11-1，天棚采用石膏板吊顶，地面采用细石混凝土找平，墙面采用水泥砂浆粉刷，粉刷高度为2400mm，计算仪表室和控制室的装饰工程量，见表2.2.1.11-1。

天棚工程量计算表 **表 2.2.1.11-1**

序号	项目编码	项目名称	项目特征	计量单位	工程量
1	011101003001	细石混凝土楼地面	面层厚度、混凝土强度等级：60 厚 C20 混凝土	m^2	284.34
2	011201001001	墙面一般抹灰	墙体类型：砖墙 底层厚度、砂浆配合比：5 厚 1∶3 水泥砂浆 面层厚度、砂浆配合比：15 厚 1∶2 水泥砂浆	m^2	154.34
3	011302001001	吊顶天棚	面层材料：石膏板	m^2	231.19

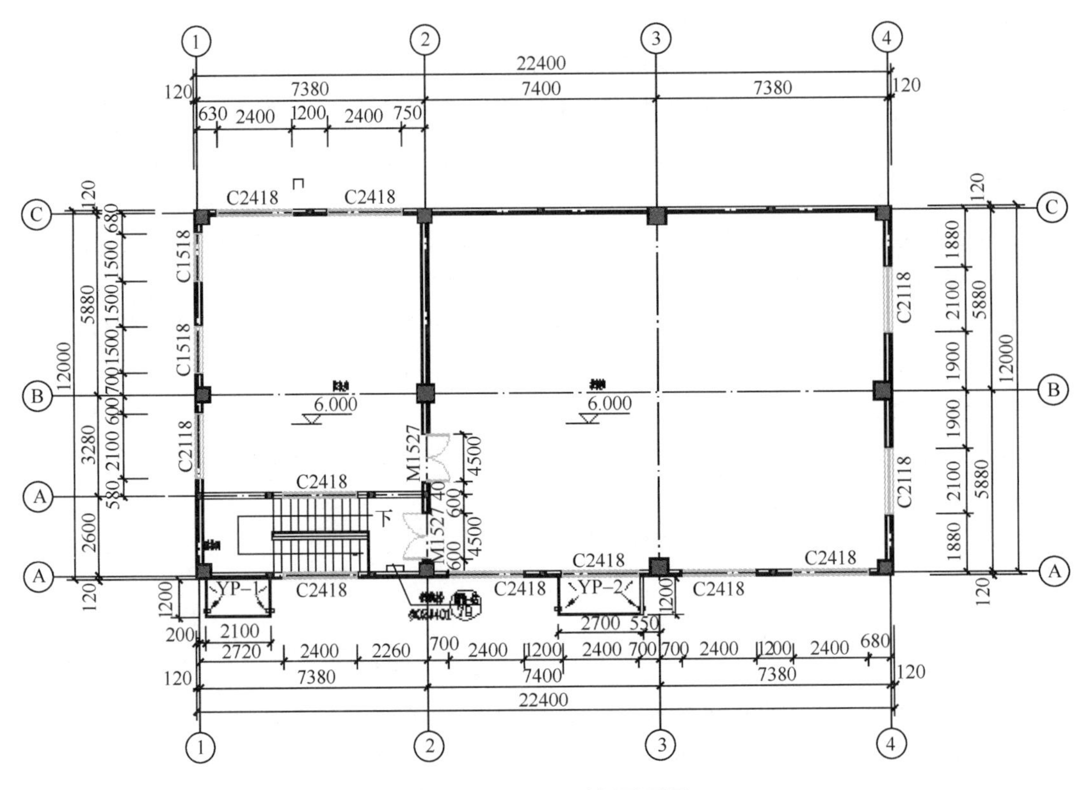

图 2.2.1.11-1　天棚平面图

解：1. 计算天棚工程量

2-4/A-C：(7.4+7.38−0.12×2)×(12−0.24×2)=167.50m^2

1-2/A-C：(7.38−0.12×2)×(3.28+5.88−0.12×2)=63.69m^2

$S_{天棚}$=167.50+63.69=231.19m^2

2. 计算地面工程量

$S_{地面}$=231.19m^2

3. 计算墙面工程量

$S_{储}$=[(7.4+7.38−0.12×2+12−0.12×2)×2+(0.6−0.24)×6+(0.3−0.12)×2]×2.4−2.4×1.8×3−2.1×1.8×2−1.5×2.7×2=103.67

$S_{仪}$=[(7.38+3.28+5.88−0.12×8)×2+(0.3−0.12)×2+(0.5−0.24)×2]×2.4−2.4×1.8×3−1.5×1.8×2−2.1×1.8−1.5×2.7=50.71

$S_{墙}$=$S_{储}$+$S_{仪}$=103.67+50.71 =154.34m^2

2.2.1.12　措施项目

措施项目包含：脚手架、混凝土模板及支架、垂直运输、超高施工增加、大型机械设备进出场及安拆、施工降水及排水、安全文明施工及其他措施项目。除安全文明施工与其他措施项目外的措施项目，清单的项目编码、项目名称、项目特征、计算规则、工作内容均与分部分项工程相同。

1. 脚手架

综合脚手架，按建筑面积计算，单位：m^2。用综合脚手架时，不再使用外脚手架、里脚手架等单项脚手架；综合脚手架适用于能够按“建筑面积计算规则”计算建筑面积的建筑工程脚手架，不适用于房屋加层、构筑物及附属工程脚手架。综合脚手架项目特征包括建设结构形式、檐口高度，同一建筑物有不同的檐高时，按建筑物竖向切面分别按不同檐高编列清单项目。脚手架的材质可以不作为项目特征内容，但需要注明由投标人根据工程实际情况按照有关规范自行确定。

外脚手架、里脚手架、整体提升架、外装饰吊篮，按所服务对象的垂直投影面积计算，单位：m^2。整体提升架包括2m高的防护架体设施。

悬空脚手架、满堂脚手架，按搭设的水平投影面积计算，单位：m^2。

挑脚手架，按搭设长度乘以搭设层数以延长米计算，单位：m。

2. 混凝土模板及支架

混凝土基础、柱、梁、墙、板等主体构件的模板工程量按模板与现浇混凝土构件的接触面积计算，单位：m^2。原槽浇灌的混凝土基础不计算模板工程量。若现浇混凝土梁、板支撑高度超过3.6m时，项目特征应描述支撑高度。

（1）现浇钢筋混凝土墙、板单孔面积$<0.3m^2$的孔洞不予扣除，洞侧壁模板也不增加；单孔面积$>0.3m^2$时应予扣除，洞侧壁模板面积并入墙、板工程量内计算。

（2）现浇框架分别按梁、板、柱有关规定计算；附墙柱、暗梁、暗柱并入墙内工程量内计算。

（3）柱、梁、墙、板相互连接的重叠部分，均不计算模板面积。

（4）构造柱按图示外露部分计算模板面积。

天沟、檐沟、电缆沟、地沟，散水、扶手、后浇带、化粪池、检查井，按模板与现浇混凝土构件的接触面积计算。

雨篷、悬挑板、阳台板，按图示外挑部分尺寸的水平投影面积计算，挑出墙外的悬臂梁及板边不另计算。

楼梯，按楼梯（包括休息平台、平台梁、斜梁和楼层板的连接梁）的水平投影面积计算，不扣除宽度$<500mm$的楼梯井所占面积，楼梯踏步、踏步板、平台梁等侧面模板不另计算，伸入墙内部分亦不增加。

注意：混凝土模板及支撑（架）项目，只适用于以“m^2”计量，按模板与混凝土构件的接触面积计算，采用清水模板时应在项目特征中说明。以“m^3”计量的模板及支撑（架），按混凝土及钢筋混凝土实体项目执行，其综合单价应包括模板及支撑（架）。

小节练习题

1.（单选）清单计算规则中，挖土方式为人工挖土，土类别为三类土，挖土深度为1.7m，那么放坡系数是多少(　　)

A. 0.1

B. 0.25

C. 0.33

D. 0.67

2. (单选) 按清单计算规则，水泥砂浆楼地面不扣除间壁墙及≤(　　)m^2 柱、垛、附墙烟囱及孔洞所占面积。

A. 0.1

B. 0.2

C. 0.3

D. 0.4

3. (多选) 以下属于块料面墙面材料的是(　　)。

A. 大理石

B. 花岗岩

C. 瓷砖

D. 水泥砂浆

4. (问答) 某工程层高为3.3m，柱顶、梁顶标高同层高，现根据下图计算该楼层的柱、梁体积。图1为柱平面图，图2为梁平面图。

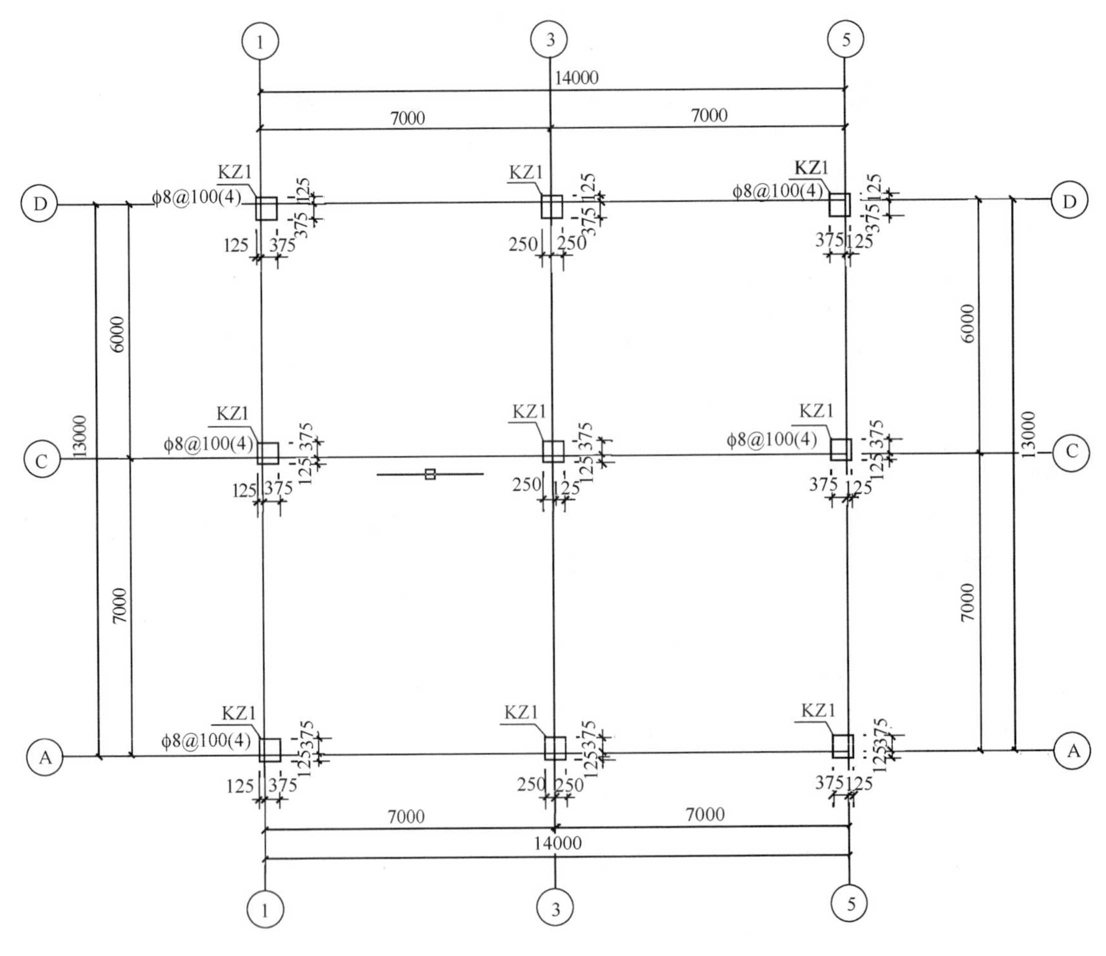

图1 柱平面图

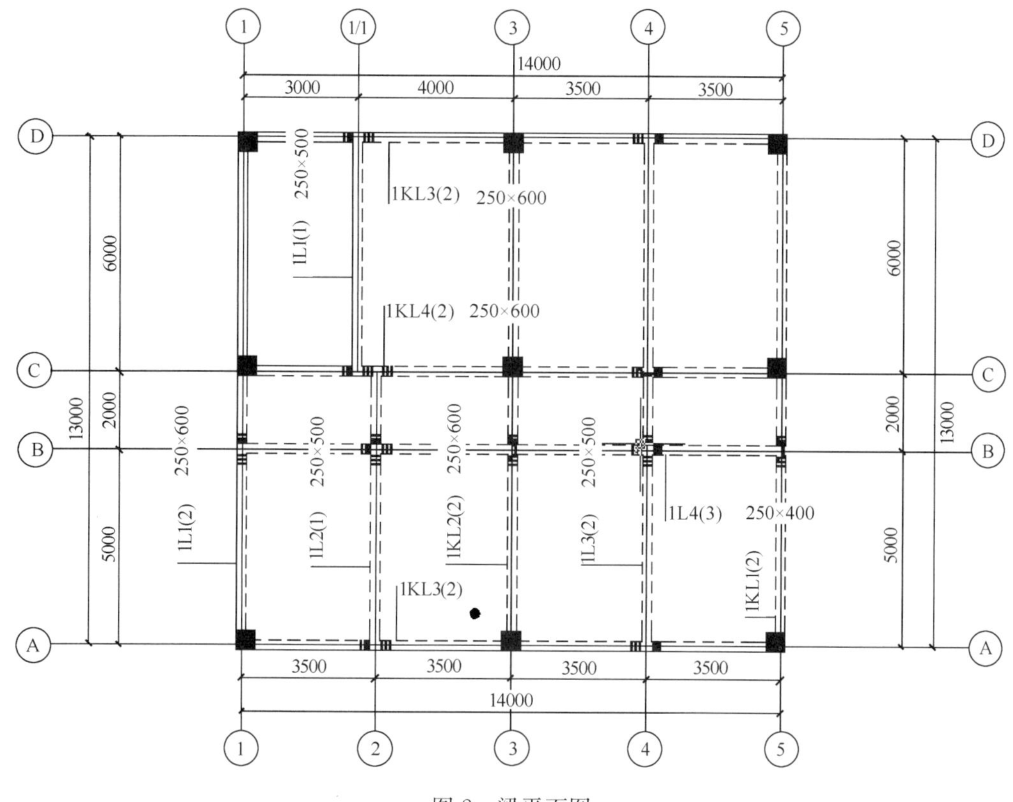

图2 梁平面图

参考答案：

1. C；2. A；3. ABC；4. V（柱）=7.43（m^3）　V（梁）=15.43（m^3）

2.2.2 安装工程

导语：本节主要讲解安装工程基于常规BIM建模软件的计量，通过结合传统计量与常规BIM建模软件的计量，让读者了解、熟悉与掌握的该方面的造价知识，并辅以案例工程有一个更直观的体验。

2.2.2.1 电气设备安装工程

1. 说明

电气设备安装工程适用10kV以下变配电设备及线路的安装工程、车间动力电气设备及电气照明、防雷及接地装置安装、配管配线、电气调试等。

挖土、填土工程，应按现行国家标准《房屋建筑与装饰工程工程量计算规范》GB 50854相关项目编码列项。

开挖路面，应按现行国家标准《市政工程工程量计算规范》GB 50857相关项目编码列项。

过梁、墙、楼板的钢（塑料）套管，应按《通用安装工程工程量计算规范》GB 50856附录K采暖、给排水、燃气工程相关项目编码列项。

除锈、刷漆（补刷漆除外）、保护层安装，应按《通用安装工程工程量计算规范》GB 50856附录M刷油、防腐蚀、绝热工程相关项目编码列项。

由国家或地方检测验收部门进行的检测验收应按《通用安装工程工程量计算规范》GB 50856附录N措施项目编码列项。

2. 计量规则

（1）控制设备及低压电器安装

本分部工程包括控制屏，继电、信号屏，模拟屏，低压开关柜（屏），弱电控制返回屏，箱式配电室，硅整流柜，可控硅柜，低压电容器柜，自动调节励磁屏，励磁灭磁屏，蓄电池屏（柜），直流馈电屏，事故照明切换屏，控制台，控制箱，配电箱，插座箱，控制开关，低压熔断器，限位开关，控制器，接触器，磁力启动器，Y-△自耦减压启动器，电磁铁（电磁制动器），快速自动开关，电阻器，油浸频敏变阻器，分流器，小电器，端子箱，风扇，照明开关，插座，其他电器等共36个分项工程。

工程量计算规则：均按设计图示数量计算。

计量单位：

① 控制屏，继电、信号屏，模拟屏，低压开关柜（屏），弱电控制返回屏，硅整流柜，可控硅柜，低压电容器柜，自动调节励磁屏，励磁灭磁屏，蓄电池屏（柜），直流馈电屏，事故照明切换屏，控制台，控制箱，配电箱，插座箱，控制器，接触器，磁力启动器，Y-△自耦减压启动器，电磁铁（电磁制动器），快速自动开关，油浸频敏变阻器，端子箱，风扇这26个分项工程为台。

② 箱式配电室为套；

③ 控制开关，低压熔断器，限位开关，分流器，照明开关，插座这6个分项工程为个。

④ 电阻器为箱。

⑤ 小电器，其他电器这2个分项工程为个、套或台。

说明：

① 控制开关包括：自动空气开关、刀型开关、铁壳开关、胶盖刀闸开关、组合控制开关、万能转换开关、风机盘管三速开关、漏电保护开关等。

② 小电器包括：按钮、电笛、电铃、水位电气信号装置、测量表计、继电器、电磁锁、屏上辅助设备、辅助电压互感器、小型安全变压器等。

③ 其他电器安装指：本节未列的电器项目。

④ 其他电器必须根据电器实际名称确定项目名称，明确描述工作内容、项目特征、计量单位、计算规则。

⑤ 盘、箱、柜的外部进出电线预留长度见表2.2.2.1-1。

盘、箱、柜的外部进出电线预留长度　　表2.2.2.1-1

序号	项　目	预留长度（m）	说明
1	各种箱、柜、盘、板、盒	高+宽	盘面尺寸
2	单独安装的铁壳开关、自动开关、刀开关、启动器、箱式电阻器、变阻器	0.5	从安装对象中心算起
3	继电器、控制开关、信号灯、按钮、熔断器等小电器	0.3	从安装对象中心算起
4	分支接头	0.2	分支线预留

⑥ BIM软件配电箱柜三维视图见图2.2.2.1-1。

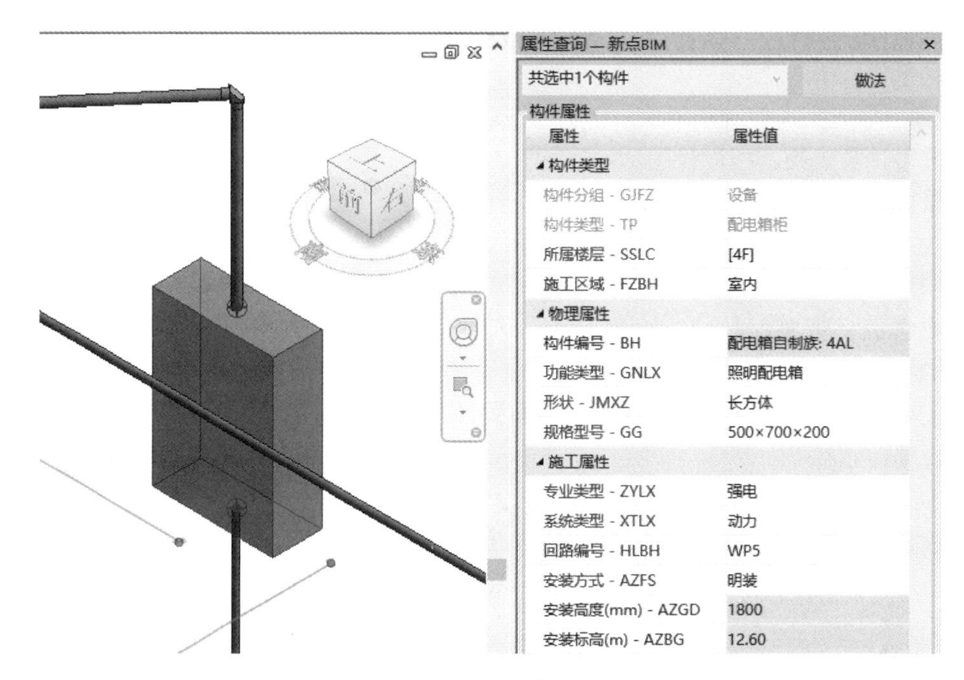

图 2.2.2.1-1 配电箱三维视图

（2）电机检查接线及调试

本分部工程包括发电机，调相机，普通小型直流电动机，可控硅调速直流电动机，普通交流同步电动机，低压交流异步电动机，高压交流异步电动机，交流变频调速电动机，微型电机、电加热器，电动机组，备用励磁机组，励磁电阻器等共 12 个分项工程。

工程量计算规则：均按设计图示数量计算。

计量单位：

① 电动机组，备用励磁机组这 2 个分项工程为组；

② 其余 10 个分项工程均为台。

说明：

① 可控硅调速直流电动机类型指一般可控硅调速直流电动机、全数字式控制可控硅调速直流电动机。

② 交流变频调速电动机类型指交流同步变频电动机、交流异步变频电动机。

③ 电动机按其质量划分为大、中、小型：3t 以下为小型，3～30t 为中型，30t 以上为大型。

（3）电缆安装

本分部工程包括电力电缆，控制电缆，电缆保护管，电缆槽盒，铺砂、盖保护板（砖），电力电缆头，控制电缆头，防火堵洞，防火隔板，防火涂料，电缆分支箱等共 11 个分项工程。其中：

① 电力电缆，控制电缆这 2 个分项工程：

工程量计算规则：按设计图示尺寸以长度计算（含预留长度及附加长度）。

计量单位：m。

② 电缆保护管，电缆槽盒，铺砂、盖保护板（砖）这 3 个分项工程：

工程量计算规则：按设计图示尺寸以长度计算。

计量单位：m。

③ 电力电缆头，控制电缆头，防火堵洞，电缆分支箱这4个分项工程：

工程量计算规则：按设计图示数量计算。

计量单位：

a. 电力电缆头，控制电缆头为个。

b. 防火堵洞为处。

c. 电缆分支箱为台。

④ 防火隔板：

工程量计算规则：按设计图示尺寸以面积计算。

计量单位：m^2。

⑤ 防火涂料：

工程量计算规则：按设计图示尺寸以质量计算。

计量单位：kg。

说明：

① 电缆穿刺线夹按电缆头编码列项。

② 电缆井、电缆排管、顶管，应按现行国家标准《市政工程工程量计算规范》GB 50857相关项目编码列项。

③ 电缆敷设预留长度及附加长度见表2.2.2.1-2。

电缆敷设预留长度及附加长度　　　　**表2.2.2.1-2**

序号	项　目	预留（附加）长度	说明
1	电缆敷设弛度、波形弯度、交叉	2.5%	按电缆全长计算
2	电缆进入建筑物	2.0m	规范规定最小值
3	电缆进入沟内或吊架时引上（下）预留	1.5m	规范规定最小值
4	变电所进线、出线	1.5m	规范规定最小值
5	电力电缆终端头	1.5m	检修余量最小值
6	电缆中间接头盒	两端各留2.0m	检修余量最小值
7	电缆进控制、保护屏及模拟盘、配电箱等	高+宽	按盘面尺寸
8	高压开关柜及低压配电盘、箱	2.0m	盘下进出线
9	电缆至电动机	0.5m	从电动机接线盒算起
10	厂用变压器	3.0m	从地坪算起
11	电缆绕过梁、柱等增加长度	按实计算	按被绕物的断面情况计算增加长度
12	电梯电缆与电缆架固定点	每处0.5m	规范规定最小值

④ BIM软件中电缆三维视图与计算见图2.2.2.1-2。

（4）防雷及接地装置

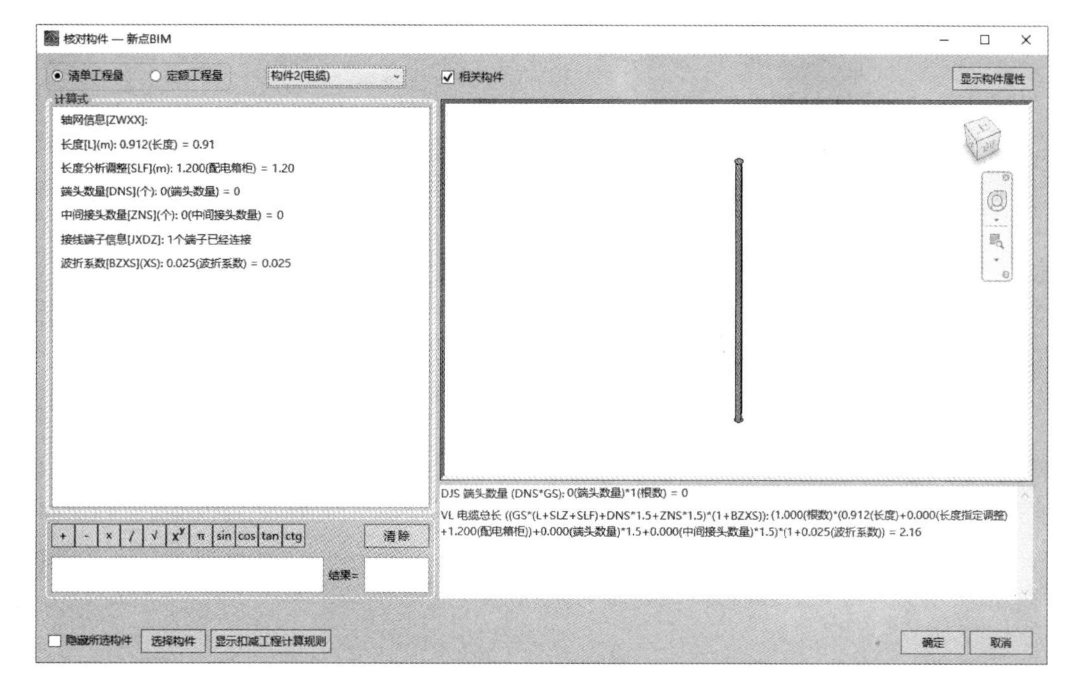

图 2.2.2.1-2 电缆三维视图与计算

本分部工程包括接地极，接地母线，避雷引下线，均压环，避雷网，避雷针，半导体少长针消雷装置，等电位端子箱、测试板，绝缘垫，浪涌保护器，降阻剂等共 12 个分项工程。其中：

① 接地极，避雷针，半导体少长针消雷装置，等电位端子箱、测试板，浪涌保护器这 5 个分项工程：

工程量计算规则：按设计图示数量计算。

计量单位：

a. 接地极为根或块。

b. 避雷针为根。

c. 半导体少长针消雷装置为套。

d. 等电位端子箱、测试板为台或块。

e. 浪涌保护器为个。

说明：利用桩基础作接地极，应描述桩台下桩的根数，每桩台下需焊接柱筋根数，其工程量按柱引下线计算；利用基础钢筋作接地极按均压环项目编码列项。

② 接地母线，避雷引下线，均压环，避雷网这 4 个分项工程：

工程量计算规则：按设计图示尺寸以长度计算（含附加长度）。

计量单位：m。

说明：

a. 柱筋作引下线的，需描述柱筋焊接根数。

b. 圈梁筋作均压环的，需描述圈梁筋焊接根数。

c. 电缆、电线作接地线，应按相关项目编码列项。

d. 母线、引下线、避雷网附加长度见表 2.2.2.1-3。

接地母线、引下线、避雷网附加长度　　表 2.2.2.1-3

项　目	附加长度	说　明
接地母线、引下线、避雷网附加长度	3.9%	按接地母线、引下线、避雷网全长计算

③ 绝缘垫：

工程量计算规则：按设计图示尺寸以展开面积计算。

计量单位：m^2。

④ 降阻剂：

工程量计算规则：按设计图示以质量计算。

计量单位：kg。

(5) 配管、配线

本分部工程包括配管，线槽，桥架，配线，接线箱，接线盒等共 6 个分项工程。其中：

① 配管，线槽，桥架这 3 个分项工程：

工程量计算规则：按设计图示尺寸以长度计算。

计量单位：m。

说明：

a. 线槽安装不扣除管路中间的接线箱（盒）、灯头盒、开关盒所占长度。

b. 名称指电线管、钢管、防爆管、塑料管、软管、波纹管等。

c. 配置形式指明配、暗配、吊顶内、钢结构支架、钢索配管、埋地敷设、水下敷设、砌筑沟内敷设等。

d. 安装中不包括凿槽、刨沟，应按《通用安装工程工程量计算规范》GB 50856 附录 D.13 相关项目编码列项。

② 配线：

工程量计算规则：按设计图示尺寸以单线长度计算（含预留长度）。

计量单位：m。

说明：

a. 配线名称指管内穿线、瓷夹板配线、塑料夹板配线、绝缘子配线、槽板配线、塑料护套配线、线槽配线、车间带形母线等。

b. 配线形式指照明线路，动力线路，木结构，顶棚内，砖、混凝土结构，沿支架、钢索、屋架、梁、柱、墙，以及跨屋架、梁、柱。

c. 配线进入箱、柜、板的预留长度见表 2.2.2.1-4。

配线进入箱、柜、板的预留长度　　表 2.2.2.1-4

序号	项　目	预留长度（m）	说明
1	各种开关箱、柜、板	高+宽	盘面尺寸
2	单独安装（无箱、盘）的铁壳开关、闸刀开关、启动器、线槽进出线盒等	0.3	从安装对象中心算起
3	由地面管子出口引至动力接线箱	1.0	从管口计算
4	电源与管内导线连接（管内穿线与软、硬母线接点）	1.5	从管口计算
5	出户线	1.5	从管口计算

d. BIM 软件中配管三维视图与计算见图 2.2.2.1-3。

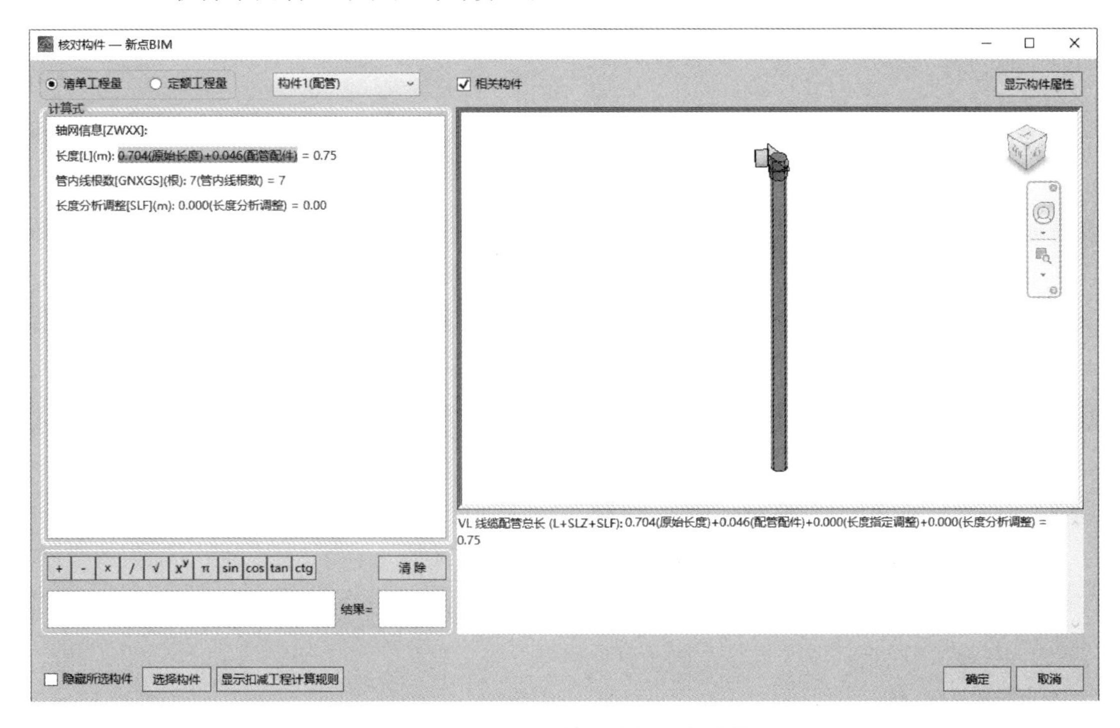

图 2.2.2.1-3　配管三维视图与计算

e. BIM 软件中电线三维视图与计算见图 2.2.2.1-4。

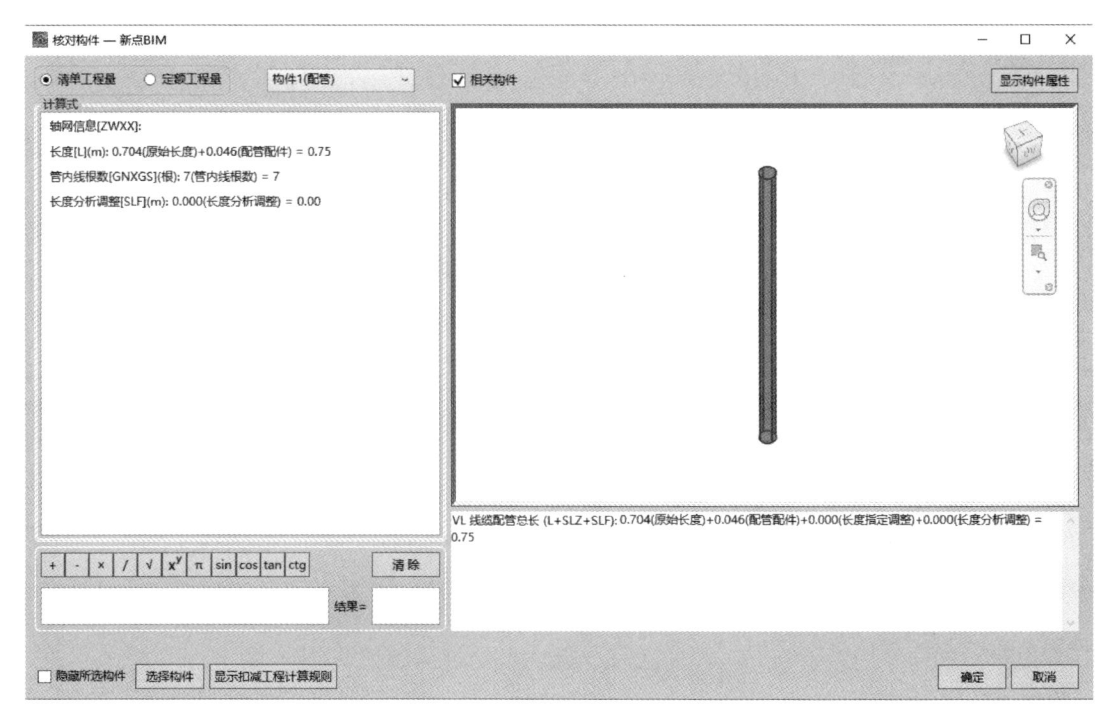

图 2.2.2.1-4　电线三维视图与计算

③ 接线箱、接线盒这 2 个分项工程：

工程量计算规则：按设计图示数量计算。

计量单位：个。

说明：

a. 配线保护管遇到下列情况之一时，应增设管路接线盒和拉线盒：

ⅰ管长度每超过 30m，无弯曲；

ⅱ管长度每超过 20m，有 1 个弯曲；

ⅲ管长度每超过 15m，有 2 个弯曲；

ⅳ管长度每超过 8m，有 3 个弯曲。

b. 垂直敷设的电线保护管遇到下列情况之一时，应增设固定导线用的拉线盒：

ⅰ管内导线截面为 $50mm^2$ 及以下，长度每超过 30m；

ⅱ管内导线截面为 $70\sim95mm^2$，长度每超过 20m；

ⅲ管内导线截面为 $120\sim240mm^2$，长度每超过 18m。

(6) 照明器具安装

本分部工程包括普通灯具、工厂灯、高度标志（障碍）灯、装饰灯、荧光灯、医疗专用灯、一般路灯、中杆灯、高杆灯、桥栏杆灯、地道涵洞灯等共 11 个分项工程。

工程量计算规则：按设计图示数量计算。

计量单位：套。

说明：

① 普通灯具包括圆球吸顶灯、半圆球吸顶灯、方形吸顶灯、软线吊灯、座灯头、吊链灯、防水吊灯、壁灯等。

② 工厂灯包括工厂罩灯、防水灯、防尘灯、碘钨灯、投光灯、泛光灯、混光灯、密闭灯等。

③ 高度标志（障碍）灯包括烟囱标志灯、高塔标志灯、高层建筑屋顶障碍指示灯等。

④ 装饰灯包括吊式艺术装饰灯、吸顶式艺术装饰灯、荧光艺术装饰灯、几何型组合艺术琴饰灯、标志灯、诱导装饰灯、水下（上）艺术装饰灯、点光源艺术灯、歌舞厅灯具、草坪灯具等。

⑤ 医疗专用灯包括病房指示灯、病房暗脚灯、紫外线杀菌灯、无影灯等。

⑥ 中杆灯是指安装在高度小于或等于 19m 的灯杆上的照明器具。

⑦ 高杆灯是指安装在高度大于 19m 的灯杆上的照明器具。

(7) 附属工程

本分部工程包括铁构件，凿（压）槽，打洞（孔），管道包封，人（手）孔砌筑，人（手）孔防水等共 6 个分项工程。其中：

① 铁构件：

工程量计算规则：按设计图示尺寸以质量计算。

计量单位：kg。

说明：铁构件适用于电气工程的各种支架、铁构件的制作安装。

② 凿（压）槽：

工程量计算规则：按设计图示尺寸以长度计算。

计量单位：m。

③ 打洞（孔）及人（手）孔砌筑这 2 个分项工程：

工程量计算规则：按设计图示数量计算。

计量单位：个。

④ 管道包封：

工程量计算规则：按设计图示长度计算。

计量单位：m。

⑤ 人（手）孔防水：

工程量计算规则：按设计图示防水面积计算。

计量单位：m^2。

（8）电气调整试验

本分部工程包括电力变压器系统，送配电装置系统，特殊保护装置，自动投入装置，中央信号装置，事故照明切换装置，不间断电源，母线，避雷器，电容器，接地装置，电抗器、消弧线圈，电除尘器，硅整流设备、可控硅整流装置，电缆试验等共 15 个分项工程。其中：

① 电力变压器系统，送配电装置系统，事故照明切换装置，不间断电源，硅整流设备、可控硅整流装置这 5 个分项工程：

工程量计算规则：按设计图示系统计算。

计量单位：系统。

② 特殊保护装置，自动投入装置，中央信号装置，母线，避雷器，电容器，电抗器、消弧线圈，电除尘器，电缆试验这 9 个分项工程：

工程量计算规则：按设计图示数量计算。

计量单位：

a. 特殊保护装置为台或套。

b. 自动投入装置为系统、台或套。

c. 中央信号装置为系统或台。

d. 母线为段。

e. 避雷器，电容器，电除尘器这 3 个分项工程为组。

f. 电抗器、消弧线圈为台。

g. 电缆试验为次、根或点。

③ 接地装置：

工程量计算规则：按设计图示系统计算或按设计图示数量计算。

计量单位：系统或组。

说明：

① 功率大于 10kW 电动机及发电机的启动调试用的蒸汽、电力和其他动力能源消耗及变压器空载试运转的电力消耗及设备需烘干处理应说明。

② 配合机械设备及其他工艺的单体试车，应按《通用安装工程工程量计算规范》GB 50856 附录 N 措施项目相关项目编码列项。

③ 计算机系统调试应按本规范附录 F 自动化控制仪表安装工程相关项目编码列项。

3. 工程计算示例

本工程为某二层办公楼局部的照明系统，层高 3.3m。图 2.2.2.1-5 为该工程的照明平面图，图 2.2.2.1-6 为该工程的配电系统图，图 2.2.2.1-7 为该工程的照明系统三维图。

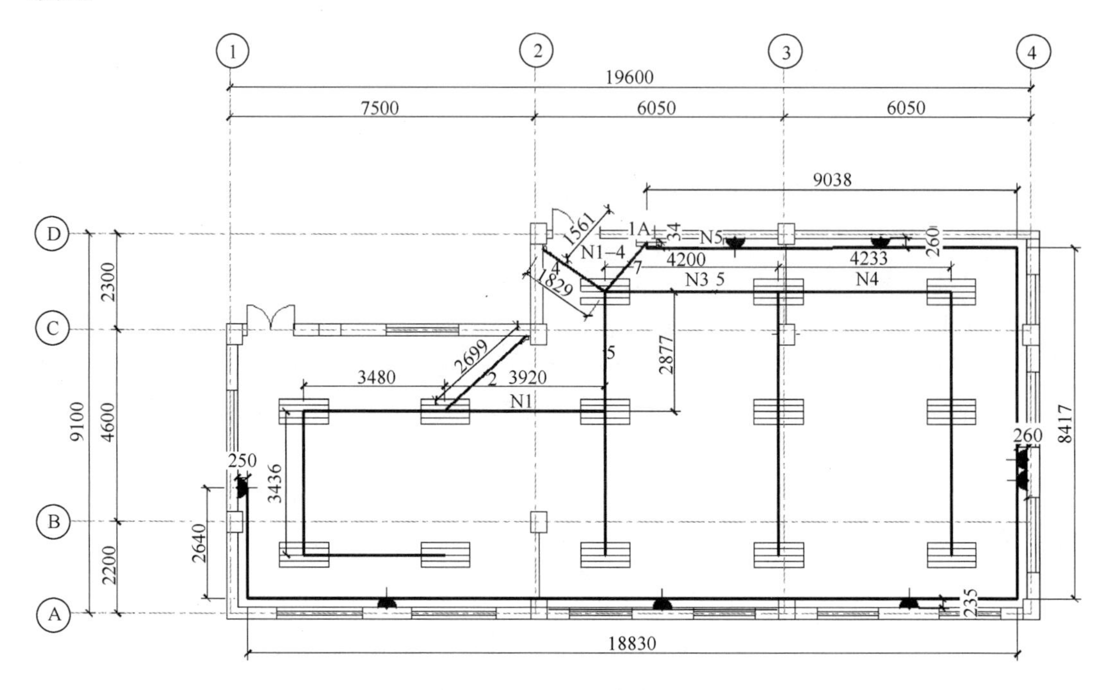

图 2.2.2.1-5　照明平面图

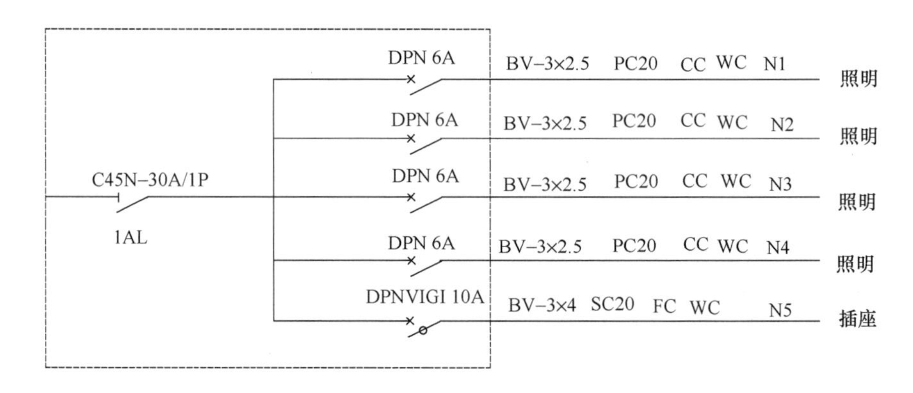

图 2.2.2.1-6　配电系统图

工程的施工说明：

在房间内设一配电箱 1AL，安装高度为 1.8m（下口距地），配电箱尺寸为 500mm×700mm×200mm。配电箱有 5 路输出线，分别为 N1、N2、N3、N4、N5，其中照明线路 N1 、N2、N3、N4 全部采用 BV-2.5mm^2 电线，穿 PC20 管沿墙沿顶暗敷；插座线路 N5 采用 BV-4mm^2 电线，穿 SC20 管沿墙沿地暗敷。

荧光灯嵌入式安装在吊顶上，吊顶高度 0.8m。

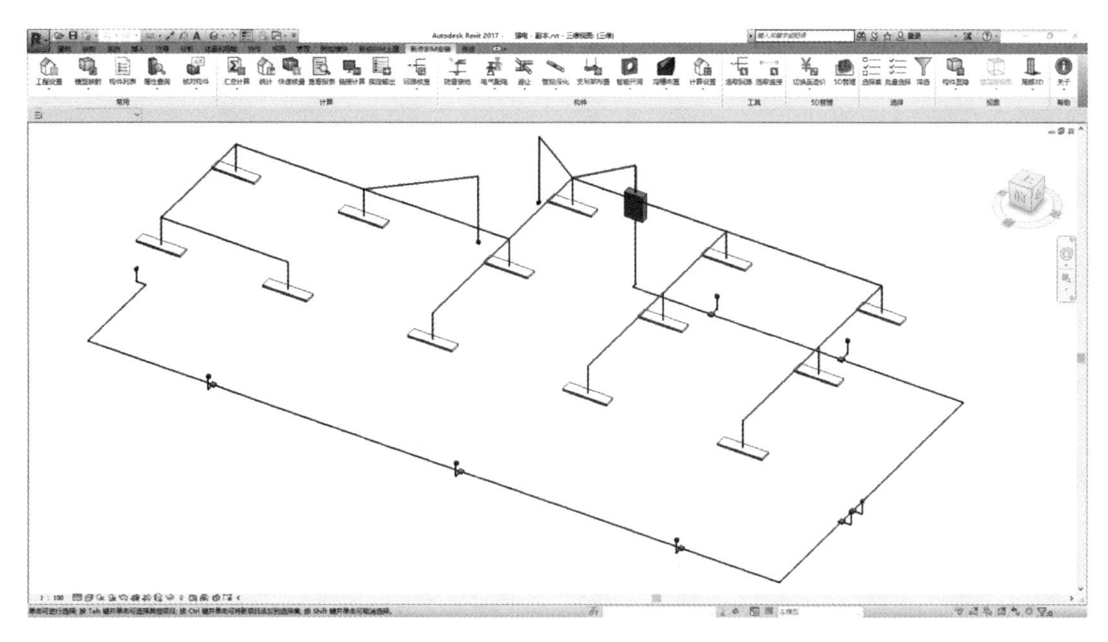

图 2.2.2.1-7 照明系统三维视图

开关为三联单控开关和单联单控开关，安装高度距地 1.4m。

插座为单项五孔插座，安装高度距地 0.3m。

配电箱电源线不在本次计算范围内。

【解】

1AL 配电箱：1 台

照明回路：

BV-2.5mm^2 电线：[3.25m(管线水平安装高度)－1.8m(配电箱安装高度)－0.7m(配电箱高)＋(0.5m＋0.7m)(预留长度)＋1.56m(1AL 配电箱至灯具)]×7 根＋(2.88m＋4.2m)(灯具间水平距离)×5 根＋[1.83m(灯具至三联开关)＋(3.25m－1.4m)(管线水平高度至开关安装高度)]×4 根＋[2.7m(灯具至单联开关距离)＋(3.25m－1.4m)(管线水平高度至开关安装高度)]×2 根＋(4.23m＋2.87m×2＋3.44m×4＋3.48m×2)(灯具间水平距离)×3 根＝3.51×7＋7.08×5＋3.68×4＋4.55×2＋30.69×3＝175.86m

PC20：(2.88＋4.2)＋[1.83＋(3.25－1.4)]＋[2.7＋(3.25－1.4)]＋ (4.23m＋2.87m×2＋3.44m×4＋3.48m×2)＝46m

PC25：3.25－1.8－0.7＋1.56＝2.31m

插座回路：

BV-4mm^2 电线：{1.8m(配电箱安装高度)－(－0.05m)(管线水平高度)＋(0.5m＋0.7m)(预留长度)＋(0.13m)(配电箱引出水平距离)＋(9.04m＋8.42m＋18.83m＋2.64m)(插座间水平距离)＋(0.26m ×4×2＋0.24m ×3×2＋0.25m)(主管线至插座水平距离)＋[0.3m(插座安装高度)－(－0.05m)(管线水平高度)]×8×2}×3 根＝(1.8＋0.05＋1.2＋0.13＋38.93＋3.77＋5.6)×3＝154.44m

SC20：1.8m－(－0.05)＋0.13＋(9.04m＋8.42m＋18.83m＋2.64m)＋(0.26 m ×4

×2＋0.24 m ×3×2＋0.25m)＋[0.3m－(－0.05m)]×8×2＝1.8＋0.05＋0.13＋38.93＋3.77＋5.6＝50.28m

嵌入式荧光灯：13 套

单联单控开关：1 个　　三联单控开关：1 个

单项五孔插座：8 个

开关盒：2 个　插座盒：8 个　灯头盒：13 个

分部分项工程量清单表见表 2.2.2.1-5。

分部分项工程量清单表　　**表 2.2.2.1-5**

序号	项目编码	项目名称	项目特征	计量单位	工程量
1	030404017001	配电箱	照明配电箱 500×700×200	台	1
2	030404034001	照明开关	单联单控开关	个	1
3	030404034002	照明开关	三联单控开关	个	1
4	030404035001	插座	单项五孔插座	个	8
5	030411001001	配管	PC25，暗配	m	2.31
6	030411001002	配管	PC20，暗配	m	46
7	030411001003	配管	SC20，暗配	m	50.28
8	030411004001	配线	BV2.5mm^2，管内穿线	m	175.86
9	030411004002	配线	BV4mm^2，管内穿线	m	154.44
10	030411006001	接线盒		个	23
11	030412005001	荧光灯	嵌入式荧光灯	套	13

2.2.2.2 通风空调工程

1. 说明

通风空调工程适用于通风（空调）设备及部件、通风管道及部件的制作安装工程。

冷冻机组站内的设备安装、通风机安装及人防两用通风机安装，应按《通用安装工程工程量计算规范》GB 50856 附录 A 机械设备安装工程相关项目编码列项。

冷冻机组站内的管道安装，应按《通用安装工程工程量计算规范》GB 50856 附录 H 工业管道工程相关项目编码列项。

冷冻站外墙皮以外通往通风空调设备的供热、供冷、供水等管道，应按《通用安装工程工程量计算规范》GB 50856 附录 K 给排水、采暖、燃气工程相关项目编码列项。

设备和支架的除锈、刷漆、保温及保护层安装，应按《通用安装工程工程量计算规范》GB 50856 附录 M 刷油、防腐蚀、绝热工程相关项目编码列项。

2. 计算规则

（1）通风及空调设备及部件制作安装

本分部工程包括空气加热器（冷却器），除尘设备，空调器，风机盘管，表冷器，密闭门，挡水板，滤水器、溢水盘，金属壳体，过滤器，净化工作台，风淋室，洁净室，除湿机，人防过滤吸收器等共 15 个分项工程。其中：

① 空气加热器（冷却器），除尘设备，风机盘管，表冷器，净化工作台，风淋室，洁净室，除湿机，人防过滤吸收器这 9 个分项工程：

工程量计算规则：按设计图示数量计算。

计量单位：台。

② 空调器：

工程量计算规则：按设计图示数量计算。

计量单位：台或组。

③ 密闭门，挡水板，滤水器、溢水盘，金属壳体这4个分项工程：

工程量计算规则：按设计图示数量计算。

计量单位：个。

④ 过滤器：

工程量计算规则：按设计图示数量计算或按设计图示尺寸以过滤面积计算

计量单位：台或m^2。

说明：

① 通风空调设备安装的地脚螺栓按设备自带考虑。

② BIM软件中风机盘管三维视图见图2.2.2.2-1。

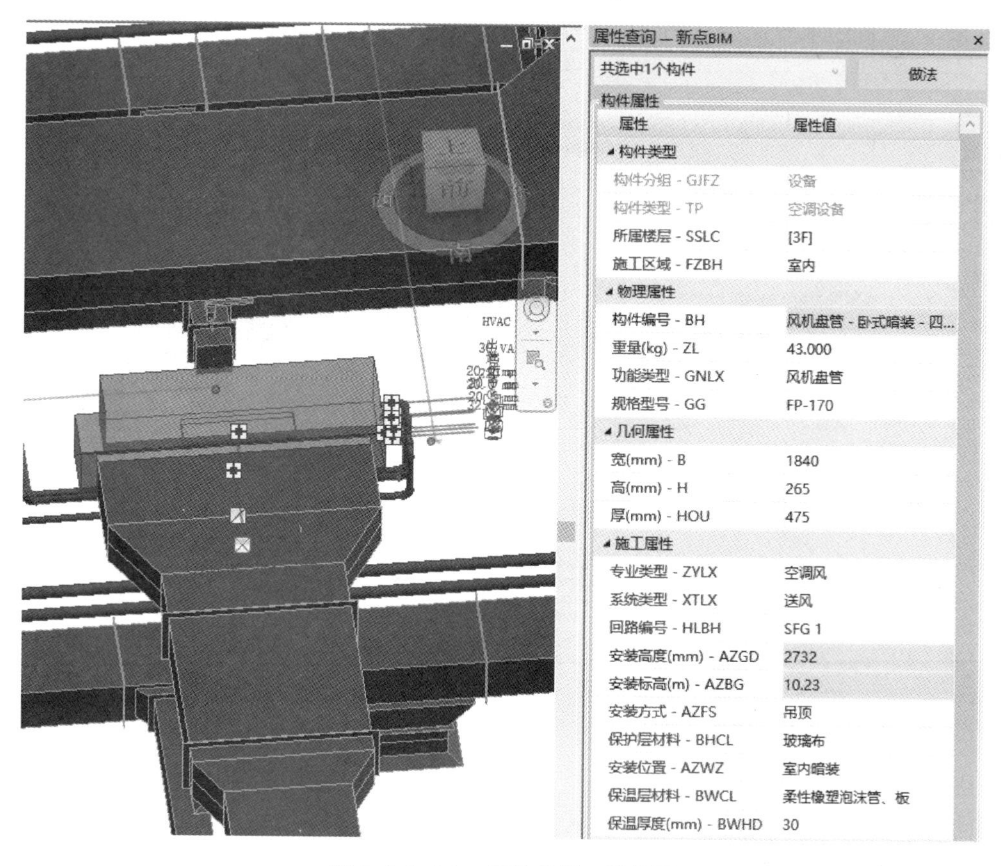

图2.2.2.2-1 风机盘管三维视图

(2) 通风管道制作安装

本分部工程包括碳钢通风管道，净化通风管道，不锈钢板通风管道，铝板通风管道，塑料通风管道，玻璃钢通风管道，复合型风管，柔性软风管，弯头导流叶片，风管检查孔，温度、风量测定孔等共 11 个分项工程。其中：

① 碳钢通风管道，净化通风管道，不锈钢板通风管道，铝板通风管道，塑料通风管道这 5 个分项工程：

工程量计算规则：按设计图示内径尺寸以展开面积计算。

计量单位：m^2。

说明：

a. 风管展开面积，不扣除检查孔、测定孔、送风口、吸风口等所占面积；风管长度一律以设计图示中心线长度为准（主管与支管以其中心线交点划分），包括弯头、三通、变径管、天圆地方等管件的长度，但不包括部件所占的长度。风管展开面积不包括风管、管口重叠部分面积。风管渐缩管：圆形风管按平均直径；矩形风管按平均周长。

b. 穿墙套管按展开面积计算，计入通风管道工程量中。

c. 通风管道的法兰垫料或封口材料，按图纸要求应在项目特征中描述。

d. 净化通风管的空气洁净度按 100000 级标准编制，净化通风管使用的型钢材料如要求镀锌时，工作内容应注明支架镀锌。

e. BIM 软件中风管三维视图与计算见图 2.2.2.2-2。

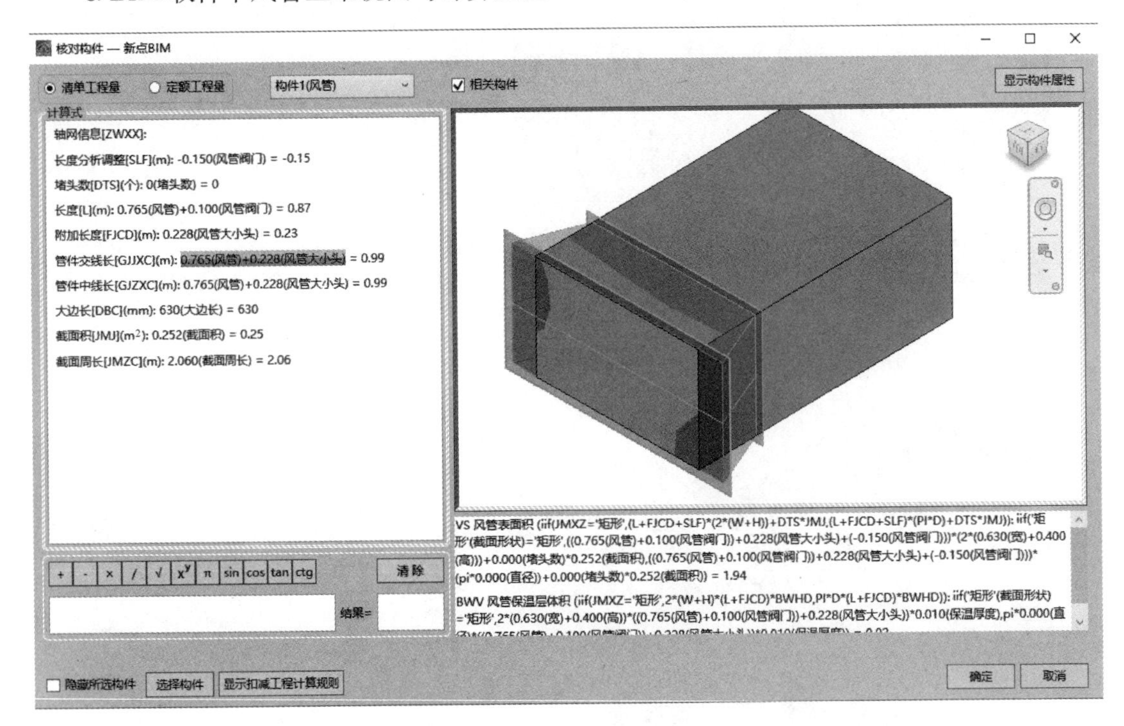

图 2.2.2.2-2　风管三维视图与计算

② 玻璃钢通风管道及复合型风管：

工程量计算规则：按设计图示外径尺寸以展开面积计算。

计量单位：m^2。

③ 柔性软风管：

工程量计算规则：按设计图示中心线以长度计算或按设计图示数量计算。

计量单位：m 或节。

④ 弯头导流叶片：

工程量计算规则：按设计图示以展开面积计算或按设计图示数量计算。

计量单位：m^2 或组。

说明：

a. 弯头导流叶片数量，按设计图纸或规范要求计算。

b. BIM 软件中风管导流片计算设置见图 2.2.2.2-3。

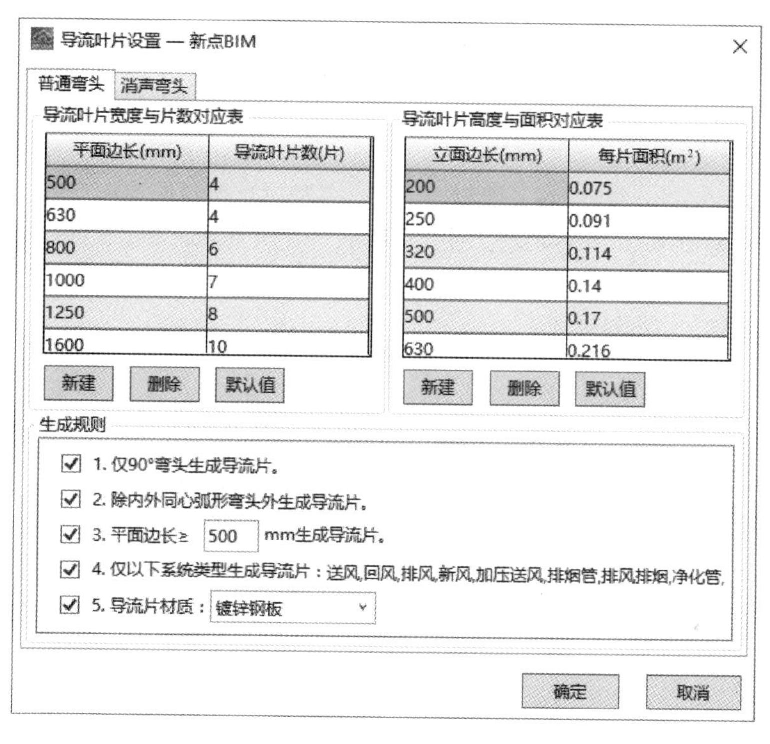

图 2.2.2.2-3 风管导流片计算设置

⑤ 风管检查孔：

工程量计算规则：按风管检查孔质量计算或按设计图示数量计算。

计量单位：kg 或个。

⑥ 温度、风量测定孔：

工程量计算规则：按设计图示数量计算。

计量单位：个。

说明：风管检查孔、温度测定孔、风量测定孔数量，按设计图纸或规范要求计算。

（3）通风管道部件制作安装

本部分主要包括碳钢阀门，柔性软风管阀门，铝蝶阀，不锈钢蝶阀，塑料阀门，玻璃钢蝶阀，碳钢风口、散流器、百叶窗，不锈钢风口、散流器、百叶窗，塑料风口、散流器、百叶窗，玻璃钢风口，铝及铝合金风口、散流器，碳钢风帽，不锈钢风帽，塑料风帽，铝板伞形风帽，玻璃钢风帽，碳钢罩类，塑料罩类，柔性接口，消声器，静压箱，人防超压自动排气阀，人防手动密闭阀，人防其他部件等共 24 个分项工程。其中：

① 碳钢阀门，柔性软风管阀门，铝蝶阀，不锈钢蝶阀，塑料阀门，玻璃钢蝶阀，碳钢风口、散流器、百叶窗，不锈钢风口、散流器、百叶窗，塑料风口、散流器、百叶窗，玻璃钢风口，铝及铝合金风口、散流器，碳钢风帽，不锈钢风帽，塑料风帽，铝板伞形风帽，玻璃钢风帽，碳钢罩类，塑料罩类，消声器，人防超压自动排气阀，人防手动密闭阀这21个分项工程：

工程量计算规则：按设计图示数量计算。

计量单位：个。

说明：

a. 碳钢阀门包括：空气加热器上通阀、空气加热器旁通阀、圆形瓣式启动阀、风管蝶阀、风管止回阀、密闭式斜插板阀、矩形风管三通调节阀、对开多叶调节阀、风管防火阀、各型风罩调节阀等。

b. 塑料阀门包括：塑料蝶阀、塑料插板阀、各型风罩塑料调节阀。

c. 碳钢风口、散流器、百叶窗包括：百叶风口、矩形送风口、矩形空气分布器、风管插板风口、旋转吹风口、圆形散流器、方形散流器、流线型散流器、送吸风口、活动算式风口、网式风口、钢百叶窗等。

d. 碳钢罩类包括：皮带防护罩、电动机防雨罩、侧吸罩、中小型零件焊接台排气罩、整体分组式槽边侧吸罩、吹吸式槽边通风罩、条缝槽边抽风罩、泥心烘炉排气罩、升降式回转排气罩、上下吸式圆形回转罩、升降式排气罩、手锻炉排气罩。

e. 塑料罩类包括：塑料槽边侧吸罩、塑料槽边风罩、塑料条缝槽边抽风罩。

f. 消声器包括：片式消声器、矿棉管式消声器、聚酯泡沫管式消声器、卡普隆纤维管式消声器、弧形声流式消声器、阻抗复合式消声器、微穿孔板消声器、消声弯头。

g. 通风部件如图纸要求制作安装或用成品部件只安装不制作，这类特征在项目特征中应明确描述。

h. BIM软件中风管阀门三维视图见图2.2.2.2-4。

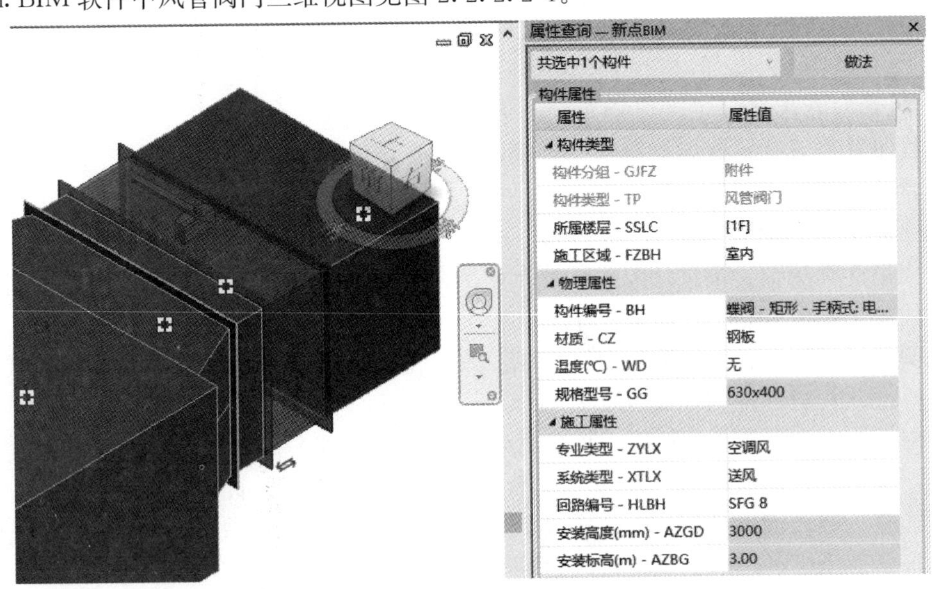

图2.2.2.2-4　风管阀门三维视图

② 柔性接口：

工程量计算规则：按设计图示尺寸以展开面积计算。

计量单位：m^2。

说明：柔性接口包括：金属、非金属软接口及伸缩节。

③ 静压箱：

工程量计算规则：按设计图示数量计算或按设计图示尺寸以展开面积计算。

计量单位：个或 m^2。

说明：静压箱的面积计算：按设计图示尺寸以展开面积计算，不扣除开口的面积。

④ 人防其他部件：

工程量计算规则：按设计图示数量计算。

计量单位：个或套。

（4）通风工程检测、调试

本分部工程包括通风工程检测、调试，风管漏光试验、漏风试验等共 2 个分项工程。

① 通风工程检测、调试：

工程量计算规则：按通风系统计算。

计量单位：系统。

② 风管漏光试验、漏风试验：

工程量计算规则：按设计图纸或规范要求以展开面积计算。

计量单位：m^2。

3. 工程计算示例

本工程为某二层办公楼局部的通风系统，层高 4.2m。图 2.2.2.2-5 为该工程的通风平面图，图 2.2.2.2-6 为该工程的剖面图，图 2.2.2.2-7 为该工程的通风三维图。

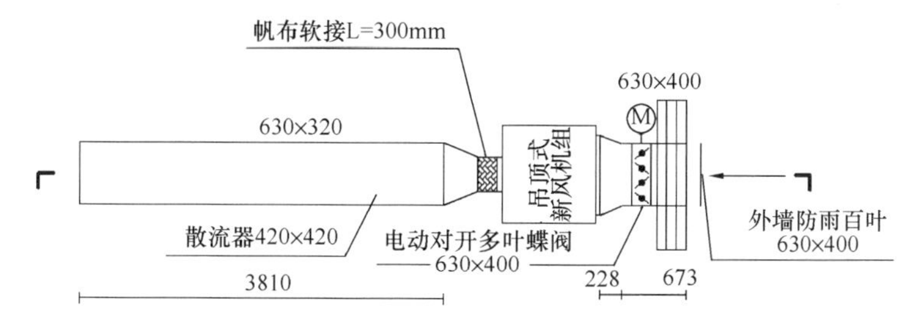

图 2.2.2.2-5 通风平面图

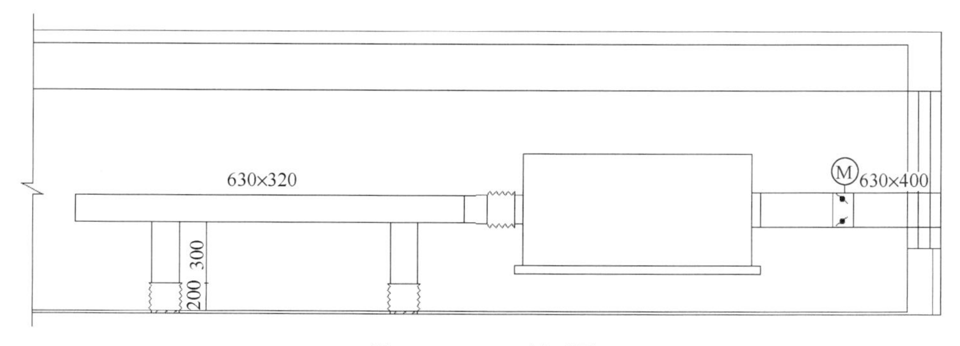

图 2.2.2.2-6 剖面图

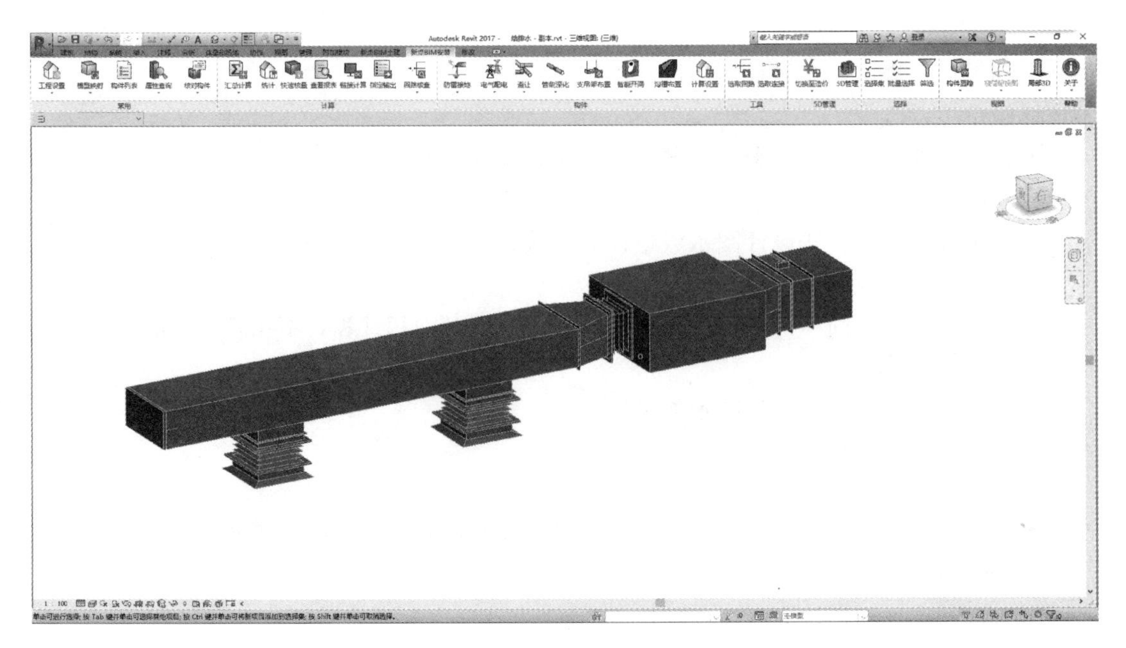

图 2.2.2.2-7　通风三维视图

工程的施工说明：

本工程的风管采用镀锌薄钢板，咬口连接。其中：矩形风管 348mm×348mm，矩形风管 630mm×320mm，矩形风管 630mm×400mm，镀锌铁皮 δ=0.6mm；矩形风管 814mm×400mm，镀锌铁皮 δ=0.75mm。

图中电动对开多叶蝶阀、外墙防雨百叶、散流器均按成品考虑。

吊顶式新风机组，主风管（630mm×320mm）上设温度测定孔和风量测定孔各一个。

本工程暂不计主材费、管道刷油、保温、高层建筑增加费等内容。

未尽事宜均参照有关标准或规范执行。

图中标高以“m”计，其余以“mm”计。

【解】

镀锌薄钢板风管 630mm×400mm：[0.67m(水平长度，不扣除风阀所占长度)－0.15m(阀门长度规定扣减值)＋0.11m(风管变径长度的一半)]×(0.63m＋0.4m)×2(矩形风管截面周长)＝0.63×2.06＝1.3m²

镀锌薄钢板风管 814mm ×400mm：0.11 m(风管变径长度的一半)×(0.81m＋0.4m)×2(矩形风管截面周长)＝0.11×2.42＝0.27m²

镀锌薄钢板风管 630mm ×320mm：[3.81m(水平长度)＋0.17m(风管变径长度的一半)]×(0.63m＋0.32m)×2(矩形风管截面周长)＝3.98×1.9＝7.56m²

镀锌薄钢板风管 348mm ×348mm：0.17m(风管变径长度的一半)×0.35m×4(矩形风管截面周长)＝0.17×1.4＝0.24m²

镀锌薄钢板风管 420mm ×420mm：[0.3m(垂直距离)＋0.16m(竖直风管到水平风管中心线长度)]× 0.42m×4(矩形风管截面周长)＝0.46×1.68＝0.77m²

镀锌薄钢板风管封堵 630mm×320mm：0.63m(风管宽)×0.32m(风管高)×1(个数)

$=0.2m^2$

帆布软接：0.3m(长度)×0.35m×4(矩形帆布软接截面周长)+0.2m×2(长度×个数)×0.42m×4(矩形帆布软接截面周长)=0.42+0.67=1.09m^2

吊顶式新风机组：1台

电动对开多叶蝶阀630mm×400mm：1个

外墙防雨百叶630mm×400mm：1个

散流器420mm×420mm：2个

温度测定孔：1个

风量测定孔：1个

分部分项工程量清单表见表2.2.2.2-1。

分部分项工程量清单表 **表2.2.2.2-1**

序号	项目编码	项目名称	项目特征	计量单位	计算式	工程量
1	030701003001	空调器	吊顶式新风处理机组	台	1	1
2	030702001001	碳钢通风管道	镀锌薄钢板，δ=0.6mm，周2000mm以下，咬口连接	m^2	7.56+0.24+0.77+0.2	8.77
3	030702001002	碳钢通风管道	镀锌薄钢板，δ=0.6mm，周长4000mm以下，咬口连接	m^2	1.3	1.3
4	030702001003	碳钢通风管道	镀锌薄钢板，δ=0.75mm，周长4000mm以下，咬口连接	m^2	0.27	0.27
5	030701011001	温度、风量测定孔		个	2	2
6	030703001001	碳钢阀门	电动对开多叶蝶阀，630mm×400mm	个	1	1
7	030703007001	碳钢风口、散流器、百叶窗	外墙防雨百叶，630mm×400mm	个	1	1
8	030703007002	碳钢风口、散流器、百叶窗	散流器，420mm×420mm	个	2	2
9	030703019001	柔性接口	帆布软接	m^2	1.09	1.09

2.2.2.3 消防工程

1. 说明

管道界限的划分：喷淋系统水灭火管道，消火栓管道：室内外界限应以建筑物外墙皮1.5m为界，入口处设阀门者应以阀门为界；其中喷淋系统水灭火管道，设在高层建筑物内消防泵间管道应以泵间外墙皮为界。与市政给水管道的界限：以与市政给水管道碰头点（井）为界。消防管道如需进行探伤，按《通用安装工程工程量计算规范》GB 50856附录H工业管道工程相关项目编码列项。

消防管道上的阀门、管道及设备支架、套管制作安装，按《通用安装工程工程量计算规范》GB 50856附录K给排水、采暖、燃气工程相关项目编码列项。

本章管道及设备除锈、刷油、保温除注明者外，均应按《通用安装工程工程量计算规范》GB 50856附录M刷油、防腐蚀、绝热工程相关项目编码列项。

消防工程措施项目，应按《通用安装工程工程量计算规范》GB 50856附录N措施项目相关项目编码列项。

2. 计算规则

（1）水灭火系统

本分部工程包括水喷淋钢管，消火栓钢管，水喷淋（雾）喷头，报警装置，温感式水幕装置，水流指示器，减压孔板，末端试水装置，集热板制作安装，室内消火栓，室外消火栓，消防水泵接合器，灭火器，消防水炮等共 14 个分项工程。其中：

① 水喷淋钢管，消火栓钢管这 2 个分项工程：

工程量计算规则：按设计图示管道中心线长度计算。

计量单位：m。

说明：水灭火管道工程量计算，不扣除阀门、管件及各种组件所占长度以延长米计算。

② 其余 12 个分项工程：

工程量计算规则：均按设计图示数量计算。

计量单位：

a. 水喷淋（雾）喷头，水流指示器，减压孔板这 3 个分项工程为个。

b. 报警装置，温感式水幕装置，末端试水装置这 3 个分项工程为组。

c. 室内消火栓，室外消火栓，消防水泵接合器这 3 个分项工程为套。

d. 灭火器为具或组。

e. 消防水炮为台。

说明：

① 水喷淋（雾）喷头安装部位应区分有吊顶、无吊顶。BIM 软件中喷淋头三维视图见图 2.2.2.3-1。

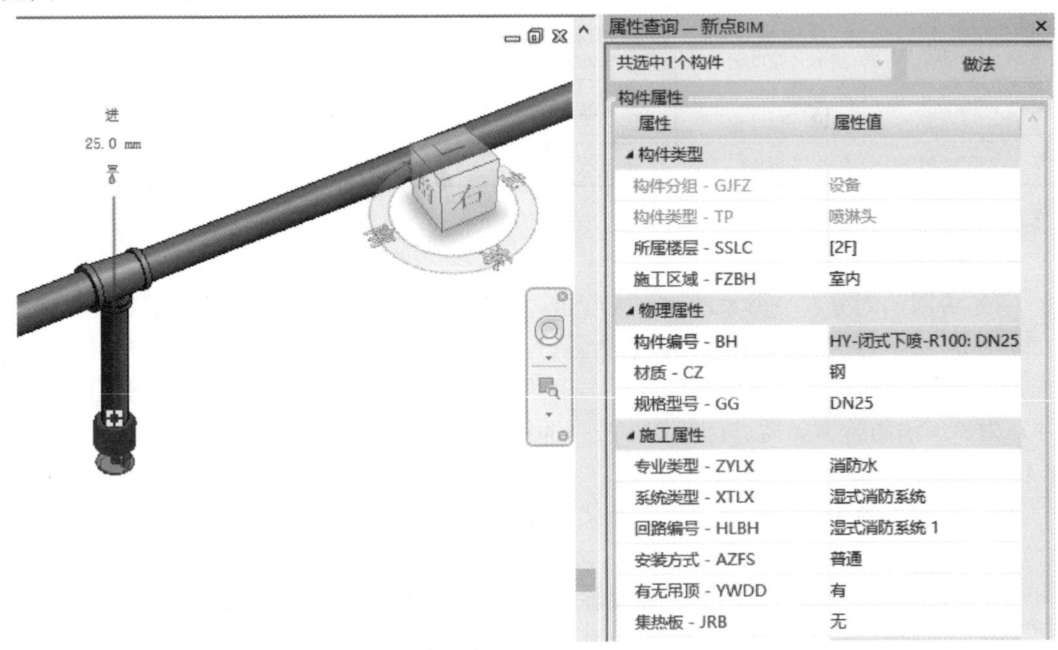

图 2.2.2.3-1　喷淋头三维视图

② 报警装置适用于湿式报警装置、干湿两用报警装置、电动雨淋报警装置、预制作用报警装置等报警装置安装。报警装置安装包括装配管（除水力警铃进水管）的安装，水力警铃进水管并入消防管道工程量。其中：

a. 湿式报警装置包括内容：湿式阀、蝶阀、装配管、供水压力表、装置压力表、试验阀、泄放试验阀、泄放试验管、试验管流量计、过滤器、延时器、水力警铃、报警截止阀、漏斗、压力开关等。

b. 干湿两用报警装置包括内容：两用阀、蝶阀、装配管、加速器、加速器压力表、供水压力表、试验阀、泄放试验阀（湿式、干式）、挠性接头、泄放试验管、试验管流量计、排气阀、截止阀、漏斗、过滤器、延时器、水力警铃、压力开关等。

c. 电动雨淋报警装置包括内容：雨淋阀、蝶阀、装配管、压力表、泄放试验阀、流量表、截止阀、注水阀、止回阀、电磁阀、排水阀、手动应急球阀、报警试验阀、漏斗、压力开关、过滤器、水力警铃等。

d. 预作用报警装置包括内容：报警阀、控制蝶阀、压力表、流量表、截止阀、排放阀、注水阀、止回阀、泄放阀、报警试验阀、液压切断阀、装配管、供水检验管、气压开关、试压电磁阀、空压机、应急手动试压器、漏斗、过滤器、水力警铃等。

③ 温感式水幕装置，包括给水三通至喷头、阀门间的管道、管件、阀门、喷头等全部内容的安装。

④ 末端试水装置，包括压力表、控制阀等附件安装。末端试水装置安装中不含连接管及排水管安装，其工程量并入消防管道。

⑤ 室内消火栓，包括消火栓箱、消火栓、水枪、水龙头、水龙带接扣、自救卷盘、挂架、消防按钮；落地消火栓箱包括箱内手提灭火器。

⑥ 室外消火栓，安装分地上式和地下式；地上式消火栓安装包括地上式消火栓、法兰接管、弯管底座；地下式消火栓安装包括地下式消火栓、法兰接管、弯管底座或消火栓三通。

⑦ 消防水泵接合器，包括法兰接管及弯头安装，接合器井内阀门、弯管底座、标牌等附件安装。

⑧ 消防水炮：分普通手动水炮、智能控制水炮。

(2) 气体灭火系统

本分部工程包括无缝钢管，不锈钢管，不锈钢管管件，气体驱动装置管道，选择阀，气体喷头，贮存装置，称重检漏装置，无管网气体灭火装置等共9个分项工程。其中：

① 无缝钢管，不锈钢管，气体驱动装置管道这3个分项工程：

工程量计算规则：按设计图示管道中心线以长度计算。

计量单位：m。

说明：

a. 气体灭火管道工程量计算，不扣除阀门、管件及各种组件所占长度以延长米计算。

b. 气体灭火介质，包括七氟丙烷灭火系统、IG541灭火系统、二氧化碳灭火系统等。

c. 气体驱动装置管道安装，包括卡、套连接件。

② 不锈钢管管件，选择阀，气体喷头，贮存装置，称重检漏装置，无管网气体灭火装置这6个分项工程：

工程量计算规则：按设计图示数量计算。

计量单位：

a. 不锈钢管管件，选择阀，气体喷头这3个分项工程为个。

b. 贮存装置，称重检漏装置，无管网气体灭火装置这3个分项工程为套。

说明：

a. 贮存装置安装，包括灭火剂存储器、驱动气瓶、支框架、集流阀、容器阀、单向阀、高压软管和安全阀等贮存装置和阀驱动装置、减压装置、压力指示仪等。

b. 无管网气体灭火系统由柜式预制灭火装置、火灾探测器、火灾自动报警灭火控制器等组成，具有自动控制和手动控制两种启动方式。无管网气体灭火装置安装，包括气瓶柜装置（内设气瓶、电磁阀、喷头）和自动报警控制装置（包括控制器，烟、温感，声光报警器，手动报警器，手/自动控制按钮）等。

（3）泡沫灭火系统

本分部工程包括碳钢管，不锈钢管，铜管，不锈钢管管件，铜管管件，泡沫发生器，泡沫比例混合器，泡沫液贮罐等共8个分项工程。其中：

① 碳钢管，不锈钢管，铜管这3个分项工程：

工程量计算规则：按设计图示管道中心线以长度计算。

计量单位：m。

说明：泡沫灭火管道工程量计算，不扣除阀门、管件及各种组件所占长度以延长米计算。

② 不锈钢管管件，铜管管件，泡沫发生器，泡沫比例混合器，泡沫液贮罐这5个分项工程：

工程量计算规则：按设计图示数量计算。

计量单位：

a. 不锈钢管管件及铜管管件为个。

b. 泡沫发生器，泡沫比例混合器，泡沫液贮罐为台。

说明：

① 泡沫发生器、泡沫比例混合器安装，包括整体安装、焊法兰、单体调试及配合管道试压时隔离本体所消耗的工料。

② 泡沫液贮罐内如需充装泡沫液，应明确描述泡沫灭火剂品种、规格。

（4）火灾自动报警系统

本分部工程包括点型探测器，线型探测器，按钮，消防警铃，声光报警器，消防报警电话插孔（电话），消防广播（扬声器），模块（模块箱），区域报警控制箱，联动控制箱，远程控制箱（柜），火灾报警系统控制主机，联动控制主机，消防广播及对讲电话主机（柜），火灾报警控制微机（CRT），备用电源及电池主机（柜），报警联动一体机等共17个分项工程。其中：

① 线性探测器：

工程量计算规则：按设计图示长度计算。

计量单位：m。

② 其余16个分项工程：

工程量计算规则：按设计图示数量计算。

计量单位：

a. 点型探测器，按钮，消防警铃，声光报警器，消防广播（扬声器）这5个分项工程为个。

b. 消防报警电话插孔（电话）为个或部。

c. 模块（模块箱）为个或台。

d. 区域报警控制箱，联动控制箱，远程控制箱（柜），火灾报警系统控制主机，联动控制主机，消防广播及对讲电话主机（柜），火灾报警控制微机（CRT），报警联动一体机这8个分项工程为台。

e. 备用电源及电池主机（柜）为套。

说明：

① 消防报警系统配管、配线、接线盒均应按《通用安装工程工程量计算规范》GB 50856附录D电气设备安装工程相关项目编码列项。

② 消防广播及对讲电话主机包括功效、录音机、分配器、控制柜等设备。

③ 点型探测器包括火焰、烟感、温感、红外光束、可燃气体探测器等。

④ BIM软件中火灾自动报警系统三维视图见图2.2.2.3-2。

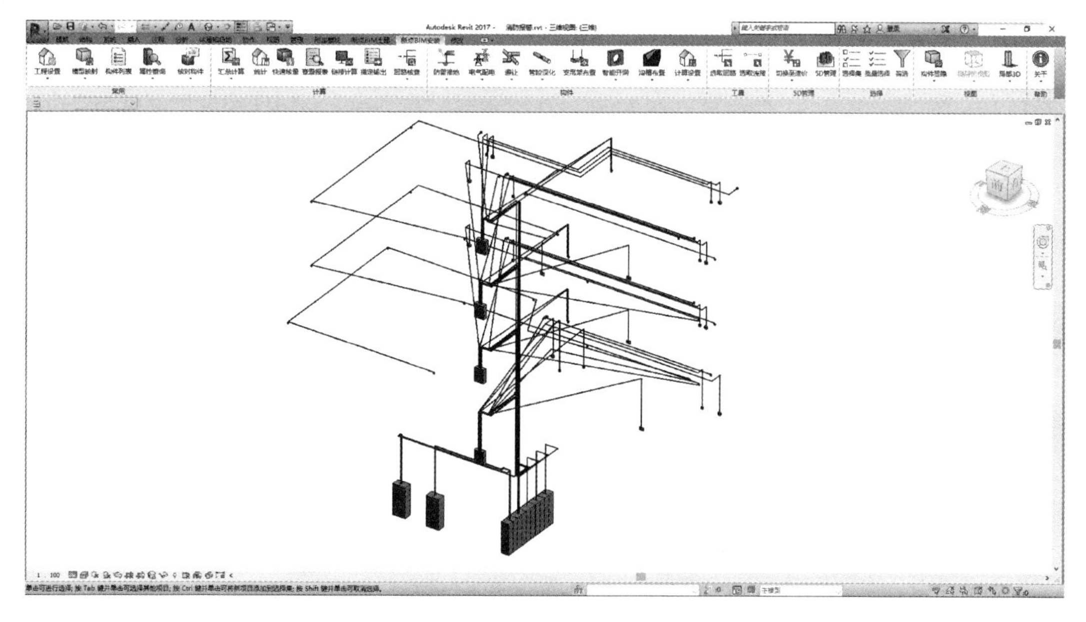

图2.2.2.3-2 火灾自动报警系统三维视图

（5）消防系统调试

本分部工程包括自动报警系统调试，水灭火控制装置调试，防火控制装置调试，气体灭火系统装置调试等共4个分项工程。其中：

① 自动报警系统调试：

工程量计算规则：按系统计算。

计量单位：系统。

说明：自动报警系统，包括各种探测器、报警器、报警按钮、报警控制器、消防广播、消防电话等组成的报警系统；按不同点数以系统计算。

② 水灭火控制装置调试：

工程量计算规则：按控制装置的点数计算。

计量单位：点。

说明：水灭火控制装置，自动喷洒系统按水流指示器数量以点（支路）计算；消火栓系统按消火栓启泵按钮数量以点计算；消防水炮系统按水炮数量以点计算。

③ 防火控制装置调试：

工程量计算规则：按设计图示数量计算。

计量单位：个或部。

说明：防火控制装置，包括电动防火门、防火卷帘门、正压送风阀、排烟阀、防火控制阀、消防电梯等防火控制装置；电动防火门、防火卷帘门、正压送风阀、排烟阀、防火控制阀等调试以个计算，消防电梯以部计算。

④ 气体灭火系统装置调试：

工程量计算规则：按调试、检验和验收所消耗的试验容器总数计算。

计量单位：点。

说明：气体灭火系统调试，是由七氟丙烷、IG541、二氧化碳等组成的灭火系统；按气体灭火系统装置的瓶头阀以点计算。

3. 工程计算示例

本工程为某二层办公楼的自动喷淋消防系统，一层层高 4.2m，二层层高 3.3m。图 2.2.2.3-3 为该工程的一层自动喷淋系统平面图，图 2.2.2.3-4 为二层自动喷淋系统平面图，图 2.2.2.3-5 为自动喷淋系统图，图 2.2.2.3-6 为自动喷淋系统三维视图。

一楼吊顶的安装高度为 3.8m，二楼吊顶的安装高度为 2.8m。喷淋为闭式下喷。

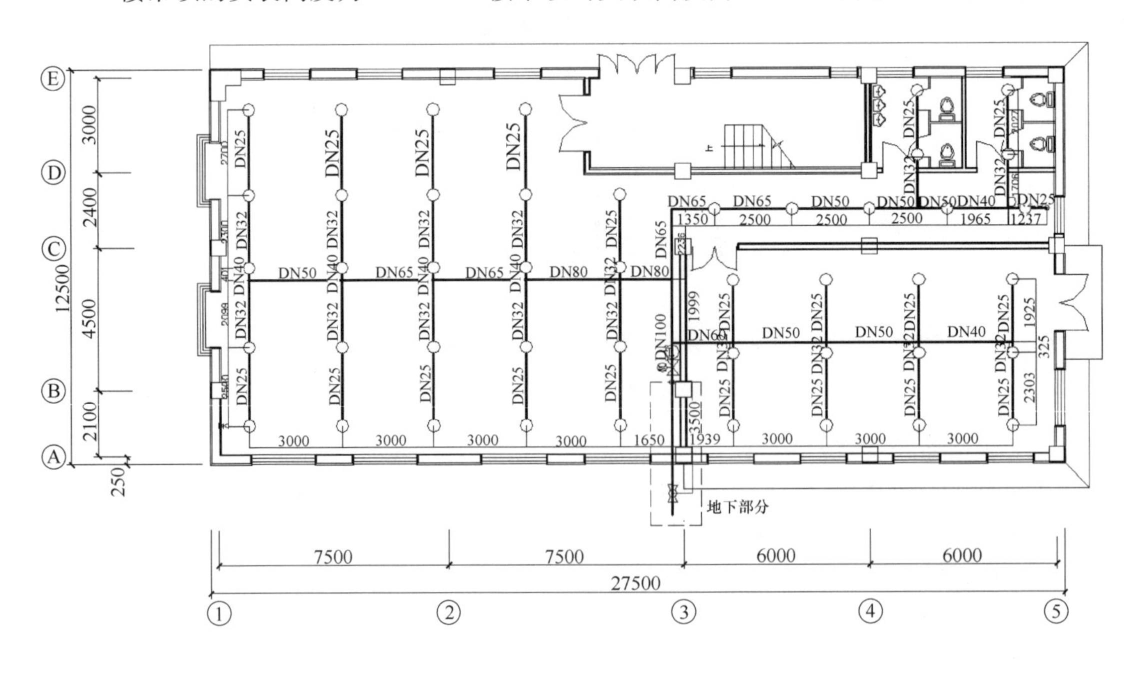

图 2.2.2.3-3　一层自动喷淋系统平面图

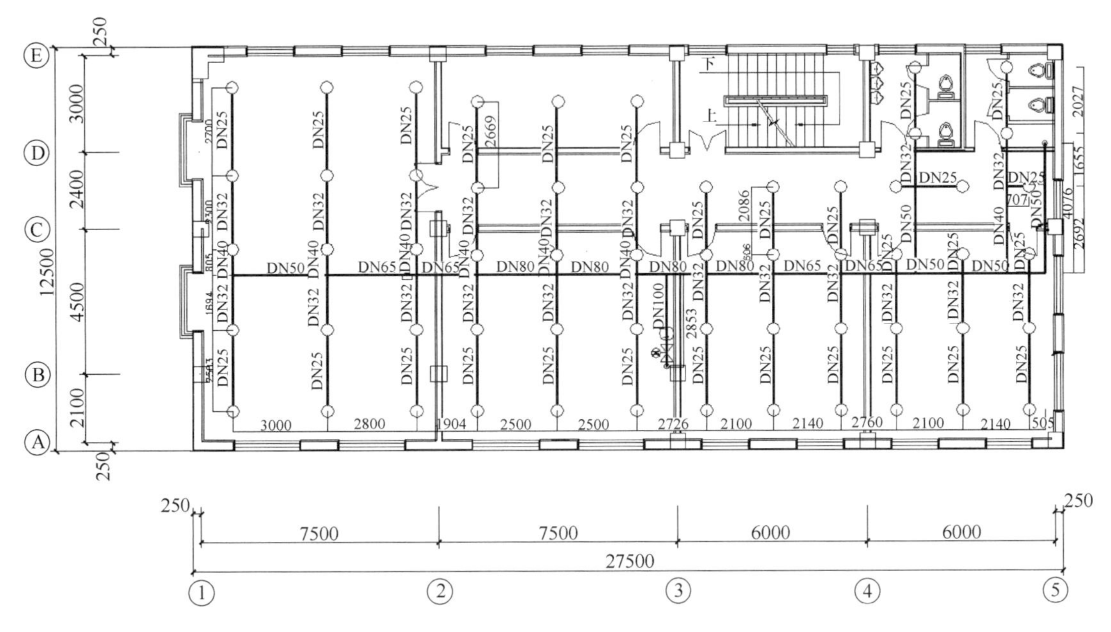

图 2.2.2.3-4 二层自动喷淋系统平面图

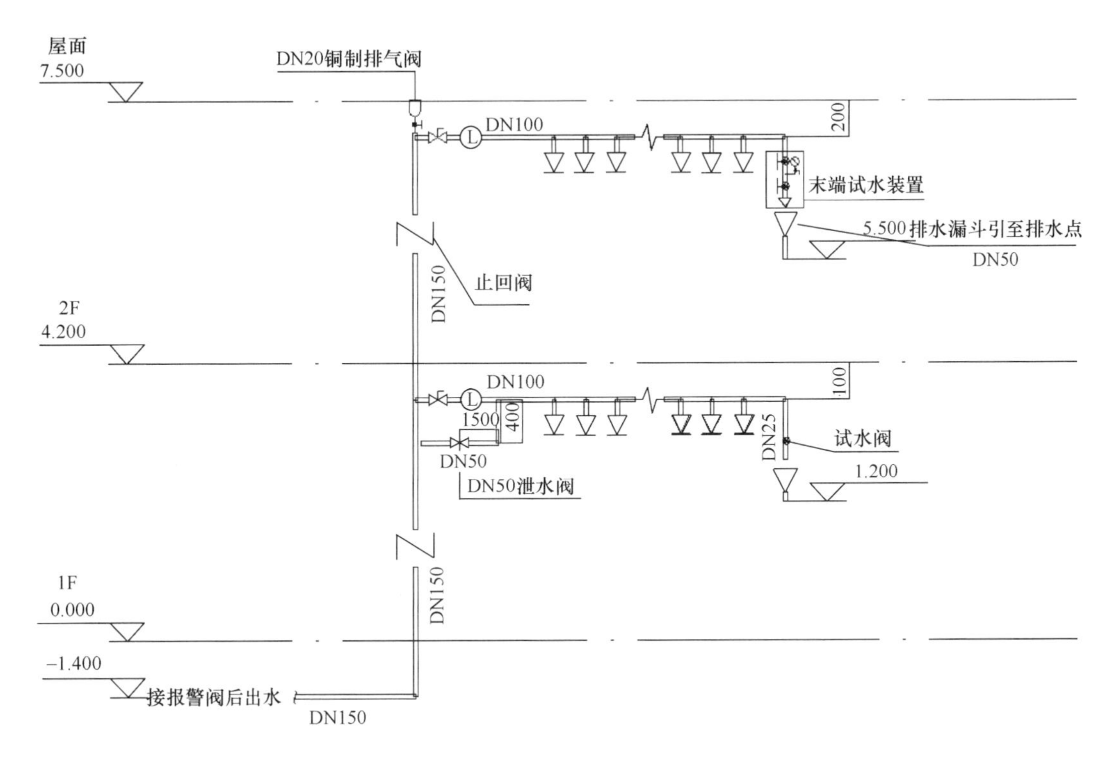

图 2.2.2.3-5 自动喷淋系统图

工程的施工说明：

自动喷淋系统管道入户处设置湿式报警阀，每个楼层立管设置止回阀，管道最高点设置自动排气阀，立管进入每个楼层后设置信号蝶阀和水流指示器，一层喷淋管道末端设置试水阀，二层喷淋管道末端设置末端试水装置，此外一层还有泄水阀以保护管路安全。

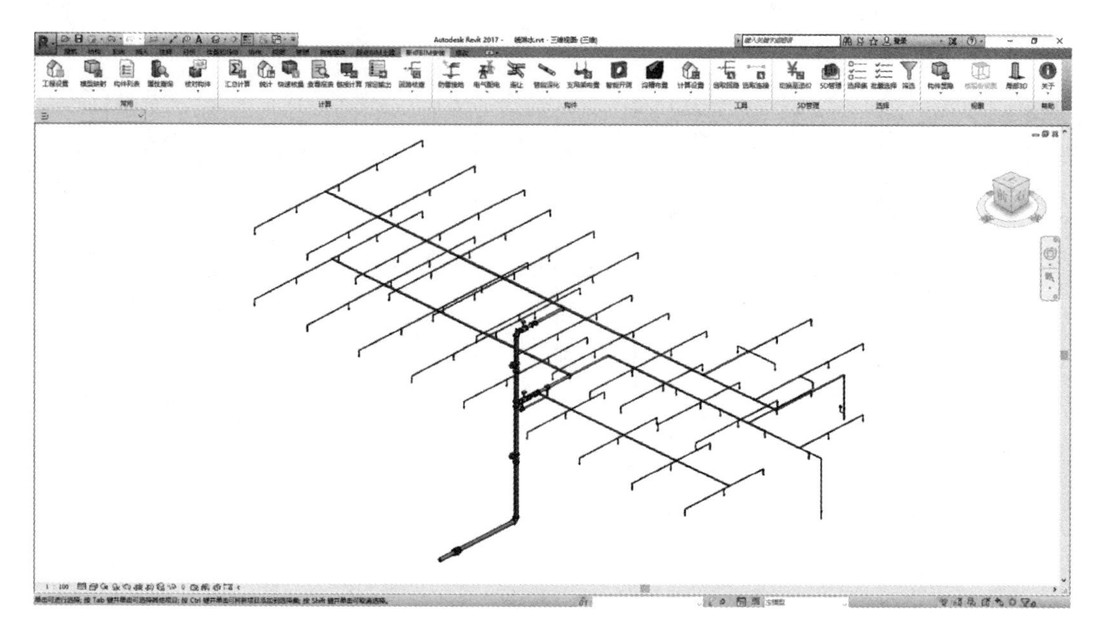

图 2.2.2.3-6　自动喷淋系统三维视图

自动喷淋管道连接方式：管道直径小于 100mm 时为螺纹连接；大于等于 100mm 时为法兰连接。

本工程暂不计管道支吊架、自动喷淋管道支管套管等内容。

【解】

水喷淋管道：

水喷淋镀锌钢管 DN150：(1.4m+4.2m+3.3m−0.2m)(立管长度)+3.5m(干管水平长度)=8.7+3.5=12.2m

水喷淋镀锌钢管 DN100：一层：2m(干管水平长度)

二层：2.85m(干管水平长度)

合计：4.85m

水喷淋镀锌钢管 DN80：一层：1.65m(干管水平长度)

二层：2.5m×2+2.23m+2.1m(干管水平长度)=9.33m

合计：10.98m

水喷淋镀锌钢管 DN65：一层：3m×2+2.24m+1.35m+2.5m+1.4m(干管水平长度)=13.49m

二层：2.8m+1.9m+2.14m+1.76m(干管水平长度)=8.6m

合计：22.09m

水喷淋镀锌钢管 DN50：一层：(3m+2.5m×2+3×2m)(干管水平长度)+1.5m(安装泄水阀水平管道长度)+0.4m(安装泄水阀垂直管道长度)=15.9m

二层：(3m+2.1m+2.14m+2.7m+0.51m+4.03m)(干管水平长度)+1.8m(立管长度)=14.48m

合计：30.38m

水喷淋镀锌钢管 DN40：一层：(3m+1.97m)(干管水平长度)+0.4m×4(支管水平

长度)=6.57m

二层：0.81m×3+0.61m×3+2.69m(支管水平长度)=6.95m

合计：13.52m

水喷淋镀锌钢管 DN32：一层：2.3m×4+0.4m+2.1m×5+1.71m×2+0.33m×4(支管水平长度)=24.84m

二层：2.3m×3+2.09m×3+0.61m×3+1.69m×12+1.66m×2(支管水平长度)=6.9+6.27+1.83+20.28+3.32=38.6m

合计：63.44m

水喷淋镀锌钢管 DN25：一层：(2.7m×4+2.3m+2.5m×5+2.03m×2+1.24m+1.98m×4+2.3m×4)(支管水平长度)+0.3m×45(喷淋头立管长度)+2.8m(立管长度)=64.32m

二层：(2.7m×3+2.67m×3+2.09m×3+0.61m×3+2.1m+0.71m+2.03m×2+2.5m×12)(支管水平长度)+0.3m×58(喷淋头立管长度)=8.1+8.01+6.27+1.83+2.1+0.71+4.06+30+17.4=78.48m

合计：142.8m

自动喷淋头 DN25：一层：5×4+4+5+2×2+3×4=45个

二层：5×3+5×3+4×3+4+3+3×3=58个

合计：103个

阀门：自动排气阀 DN20：1个

泄水阀 DN50：1个

止回阀 DN150：2个

信号蝶阀 DN100：2个

水流指示器 DN100：2个

湿式报警阀 DN150：1个

试水阀 DN25：1个

末端试水装置 DN50：1组

套管：刚性防水套管 DN250：1个

一般钢套管 DN250：2个

分部分项工程量清单表见表2.2.2.3-1。

分部分项工程量清单表 **表2.2.2.3-1**

序号	项目编码	项目名称	项目特征	计量单位	工程量
1	030901001001	水喷淋钢管	DN150，法兰连接	m	12.2
2	030901001001	水喷淋钢管	DN100，法兰连接	m	4.85
3	030901001001	水喷淋钢管	DN80，螺纹连接	m	10.98
4	030901001001	水喷淋钢管	DN65，螺纹连接	m	22.09
5	030901001001	水喷淋钢管	DN50，螺纹连接	m	30.38
6	030901001001	水喷淋钢管	DN40，螺纹连接	m	13.52
7	030901001001	水喷淋钢管	DN32，螺纹连接	m	63.44

续表

序号	项目编码	项目名称	项目特征	计量单位	工程量
8	030901001001	水喷淋钢管	DN25，螺纹连接	m	142.8
9	030901003001	水喷淋（雾）喷头	下喷，有吊顶，DN25	个	103
10	030901006001	水流指示器	DN100，法兰连接	个	2
11	030901008001	末端试水装置	DN50，螺纹连接	个	1
12	031003001001	螺纹阀门	自动排气阀，DN20	个	1
13	031003001002	螺纹阀门	泄水阀，DN50	个	1
14	031003001003	螺纹阀门	试水阀，DN25	个	1
15	031003003001	焊接法兰阀门	止回阀，DN150	个	2
16	031003003002	焊接法兰阀门	信号蝶阀，DN100	个	2
17	031003003003	焊接法兰阀门	湿式报警阀，DN150	个	1
18	031002003001	套管	刚性防水套管，DN250	个	1
19	031002003002	套管	一般过楼板钢套管，DN250	个	2

2.2.2.4 给排水、采暖工程

1. 说明

给水管道室内外界线划分：以建筑物外墙皮1.5m为界，入口处设阀门者以阀门为界。

排水管道室内外界限划分：以出户第一个排水检查井为界。

采暖管道室内外界限划分：以建筑物外墙皮1.5m为界，入口处设阀门者以阀门为界。

燃气管道室内外界限划分：地下引入室内的管道以室内第一个阀门为界，地上引入室内的管道以墙外三通为界。

管道热处理、无损探伤，应按《通用安装工程工程量计算规范》GB 50856附录H工业管道工程相关项目编码列项。

医疗气体管道及附件，应按《通用安装工程工程量计算规范》GB 50856附录H工业管道工程相关项目编码列项。

管道、设备及支架除锈、刷油、保温除注明者外，应按《通用安装工程工程量计算规范》GB 50856附录M刷油、防腐蚀、绝热工程相关项目编码列项。

凿槽（沟）、打洞项目，应按《通用安装工程工程量计算规范》GB 50856附录D电气设备安装工程相关项目编码列项。

2. 计算规则

（1）给排水、采暖、燃气管道

本分部工程包括镀锌钢管、钢管、不锈钢管、铜管、铸铁管、塑料管、复合管、直埋式预制保温管、承插陶瓷缸瓦管、承插水泥管、室外管道碰头等共11个分项工程。其中：

① 镀锌钢管、钢管、不锈钢管、铜管、铸铁管、塑料管、复合管、直埋式预制保温管、承插陶瓷缸瓦管、承插水泥管这10个分项工程：

工程量计算规则：按设计图示管道中心线以长度计算。

计量单位：m。

说明：

a. 安装部位，指管道安装在室内、室外。

b. 输送介质包括给水、排水、中水、雨水、热媒水、燃气、空调水等。

c. 方形补偿器制作安装，应含在管道安装综合单价中。

d. 铸铁管安装适用于承插铸铁管、球墨铸铁管、柔性抗震铸铁管等。

e. 塑料管安装适用于 UPVC、PVC、PP-C、PP-R、PE、PB 管等塑料管材。

f. 复合管安装适用于钢塑复合管、铝塑复合管、钢骨架复合管等复合型管道安装。

g. 直埋保温管包括直埋保温管件安装及接口保温。

h. 排水管道安装包括立管检查口、透气帽。

i. 管道工程量计算不扣除阀门、管件（包括减压器、疏水器、水表、伸缩器等组成安装）及附属构筑物所占长度；方形补偿器以其所占长度列入管道安装工程量。

j. 压力试验按设计要求描述试验方法，如水压试验、气压试验、泄露性试验、闭水试验、通球试验、真空试验等。

k. 吹、洗按设计要求描述吹扫、冲洗方法，如水冲洗、消毒冲洗、空气吹扫等。

BIM 软件中管道三维视图与计算如图 2.2.2.4-1 所示。

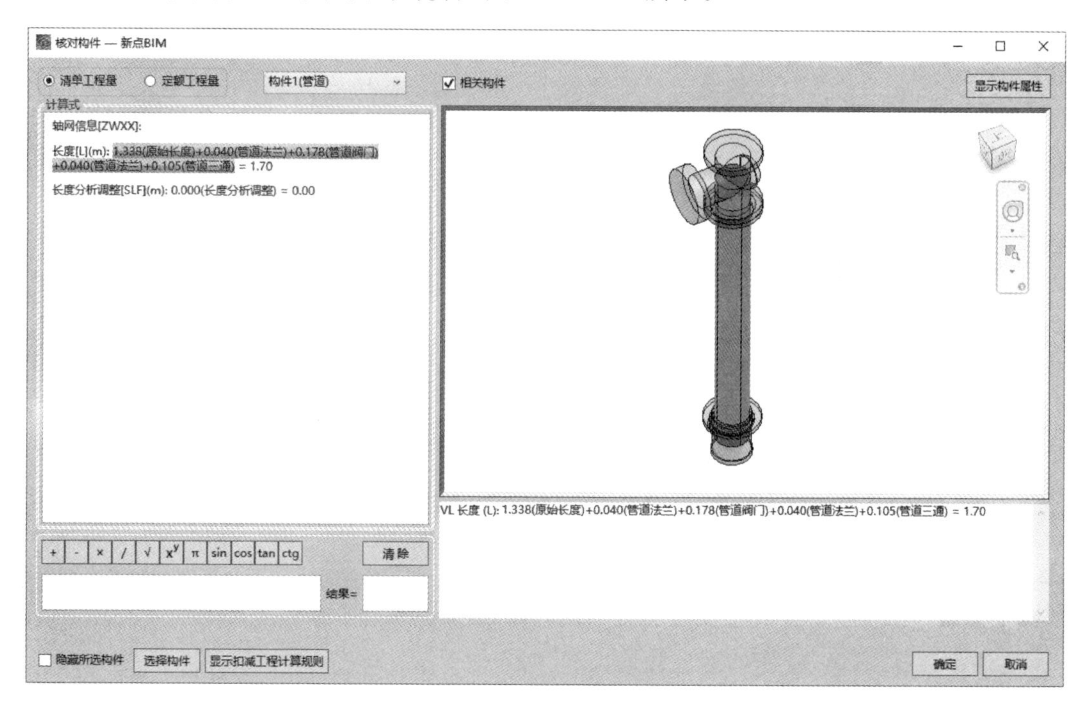

图 2.2.2.4-1　管道三维视图与计算

② 室外管道碰头：

工程量计算规则：按设计图示以处计算。

计量单位：处。

说明：

a. 适用于新建或扩建工程热源、水源、气源管道与原（旧）有管道碰头。

b. 室外管道碰头包括挖工作坑、土方回填或暖气沟局部拆除及修复。

c. 带介质管道碰头包括开关闸、临时放水管线铺设等费用。

d. 热源管道碰头每处包括供、回水两个接口。

e. 碰头形式指带介质碰头、不带介质碰头。

（2）支架及其他

本分部工程包括管道支架、设备支架、套管共 3 个分项工程。其中：

① 管道支架、设备支架这 2 个分项工程：

工程量计算规则：按设计图示质量计算或按设计图示数量计算。

计量单位：kg 或套。

说明：

a. 单件支架质量 100kg 以上的管道支吊架执行设备支吊架制作安装。

b. 成品支架安装执行相应管道支吊架或设备支架项目，不再计取制作费，支架本身价值含在综合单价中。

c. BIM 软件中管道支吊架三维视图见图 2.2.2.4-2。

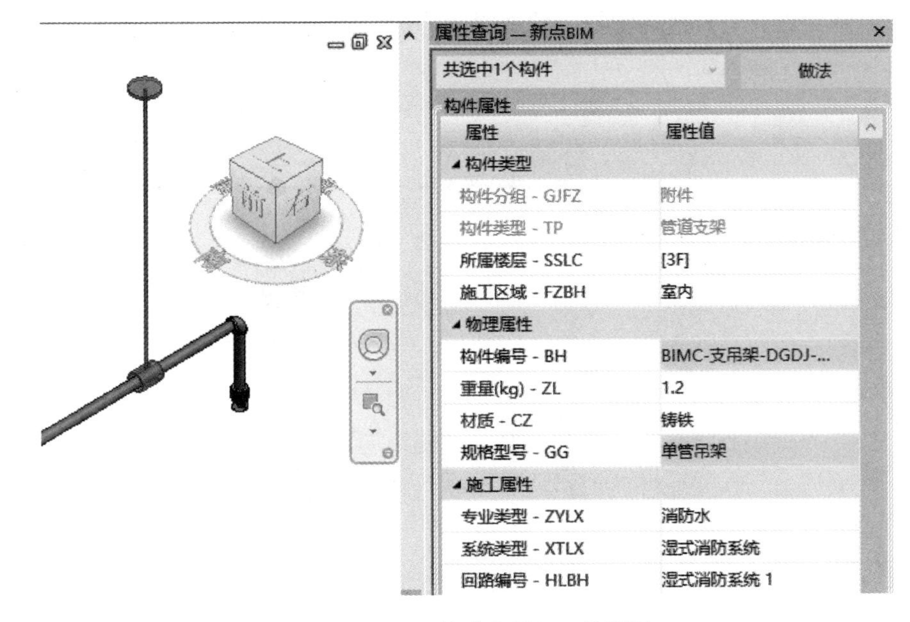

图 2.2.2.4-2　管道支吊架三维视图

② 套管：

工程量计算规则：按设计图示数量计算。

计量单位：个。

说明：

a. 套管制作安装，适用于穿基础、墙、楼板等部位的防水套管、填料套管、无填料套管及防火套管等，应分别列项。

b. BIM 软件中套管三维视图见图 2.2.2.4-3。

（3）管道附件

本分部工程包括螺纹阀门、螺纹法兰阀门、焊接法兰阀门、带短管甲乙阀门、塑料阀

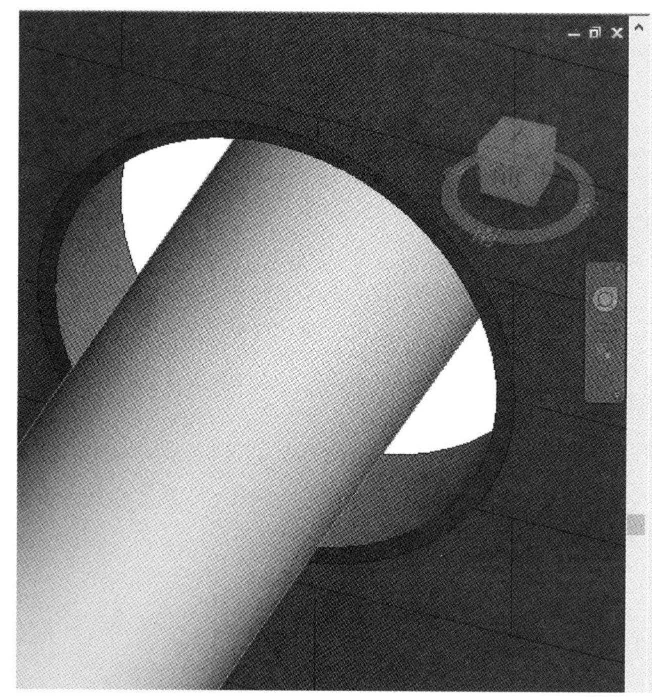

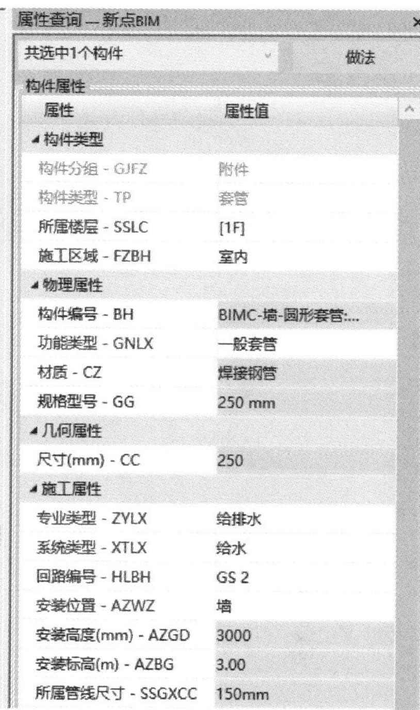

图 2.2.2.4-3　套管三维视图

门、减压器、疏水器、除污器（过滤器）、补偿器、软接头（软管）、法兰、倒流防止器、水表、热量表、塑料排水管消声器、浮标液面计、浮漂水位标尺等共 17 个分项工程。

工程量计算规则：按设计图示数量计算。

计量单位：

① 各式阀门、补偿器、软接头（软管）、塑料排水管消声器这 4 个分项工程为个。

② 减压器、疏水器、除污器（过滤器）、浮标液面计这 4 个分项工程为组。

③ 水表为个或组。

④ 法兰为副或片。

⑤ 倒流防止器、浮漂水位标尺这 2 个分项工程为套。

⑥ 热量表为块。

说明：

① 法兰阀门安装包括法兰连接，不得另计。阀门安装如仅为一侧法兰连接时，应在项目特征中描述。

② 塑料阀门连接形式需注明热熔连接、粘接、热风焊接等方式。

③ 减压器规格按高压侧管道规格描述。

④ 减压器、疏水器、倒流防止器等项目包括组成与安装工作内容，项目特征应根据设计要求描述附件配置情况，或根据××图集或××施工图做法描述。

⑤ BIM 软件中阀门三维视图见图 2.2.2.4-4。

（4）卫生器具

本分部工程包括浴缸，净身盆，洗脸盆，洗涤盆，化验盆，大便器，小便器，其他成

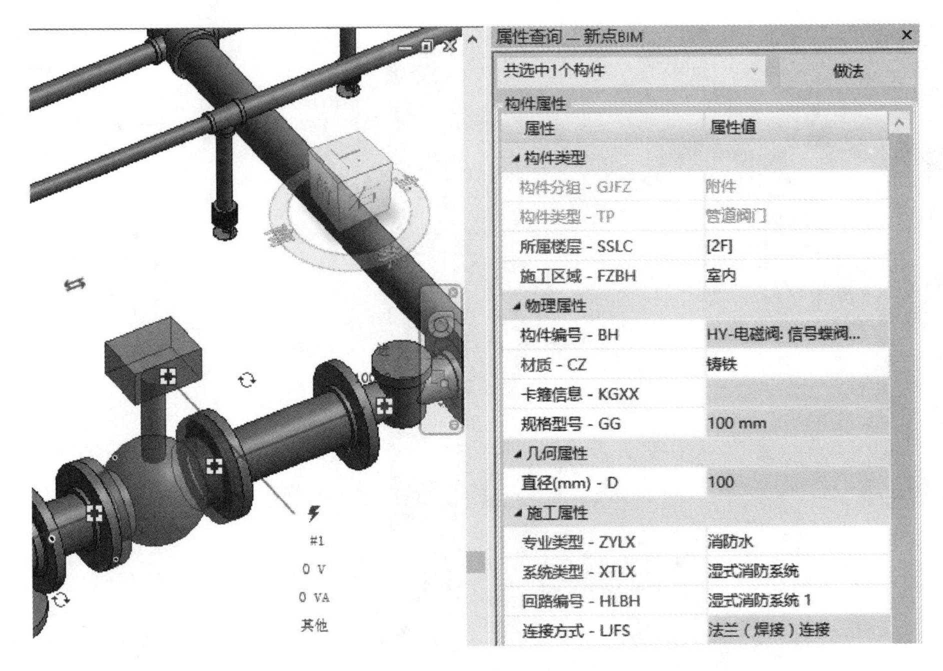

图 2.2.2.4-4　阀门三维视图

品卫生器具，烘手器，淋浴器，淋浴间，桑拿浴房，大、小便槽自动冲洗水箱，给、排水附（配）件，小便槽冲洗管，蒸汽-水加热器，冷热水混合器，饮水器，隔油器等共 19 个分项工程。其中：

① 小便槽冲洗管：

工程量计算规则：按设计图示长度计算。

计量单位：m。

② 其余 18 个分项工程：

工程量计算规则：按设计图示数量计算。

计量单位：

a. 浴缸、净身盆、洗脸盆、洗涤盆、化验盆、大便器、小便器和其他成品卫生器具这 8 个分项工程为组。

b. 淋浴器，淋浴间，桑拿浴房，大、小便槽自动冲洗水箱，蒸汽-水加热器，冷热水混合器，饮水器，隔油器这 8 个分项工程为套。

c. 烘手器为个。

d. 给、排水附（配）件为个或组。

说明：

① 成品卫生器具项目中的附件安装，主要指给水附件包括水嘴、阀门、喷头等，排水配件包括存水弯、排水栓、下水口等以及配备的连接管。

② 浴缸支座和浴缸周边的砌砖、瓷砖粘贴，应按现行国家标准《房屋建筑与装饰工程工程量计算规范》GB 50854 相关项目编码列项；功能性浴缸不含电机接线和调试，应按《通用安装工程工程量计算规范》GB 50856 附录 D 电气设备安装工程相关项目编码列项。

③ 洗脸盆适用于洗脸盆、洗发盆、洗手盆安装。

④ 器具安装中若采用混凝土或砖基础，应按现行国家标准《房屋建筑与装饰工程工程量计算规范》GB 50854 相关项目编码列项。

⑤ 给、排水附（配）件是指独立安装的水嘴、地漏、地面扫出口等。

⑥ BIM 软件中卫生器具三维视图见图 2.2.2.4-5。

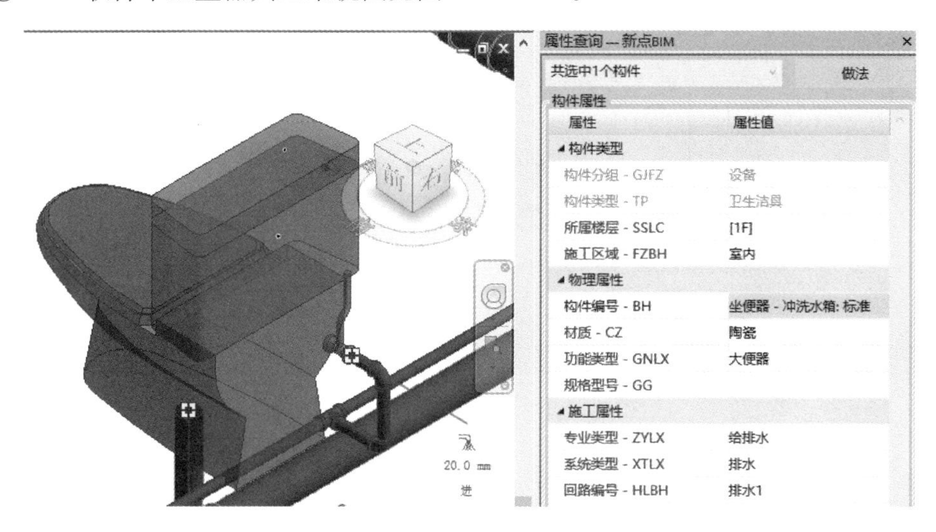

图 2.2.2.4-5　卫生器具三维视图

（5）采暖、空调水工程系统调试

本分部工程包括采暖工程系统调试与空调水工程系统调试 2 个分项工程。

工程量计算规则：分别按采暖或空调水工程系统计算。

计量单位：系统。

说明：

① 由采暖管道、阀门及供暖器具组成采暖工程系统。

② 由空调水管道、阀门及冷水机组组成空调水工程系统。

③ 当采暖工程系统、空调水工程系统中管道工程量发生变化时，系统调试费用应做相应调整。

3. 工程计算示例

本工程为某二层办公楼局部卫生间给排水系统，层高 4.2m，室内一层地面与室外地坪高差为 0.5m。图 2.2.2.4-6 为该工程的给水工程平面图，图 2.2.2.4-7 为该工程的排水工程平面图，图 2.2.2.4-8 为给水系统图，图 2.2.2.4-9 为该工程的排水系统图，图 2.2.2.4-10 为该工程的给排水三维视图。

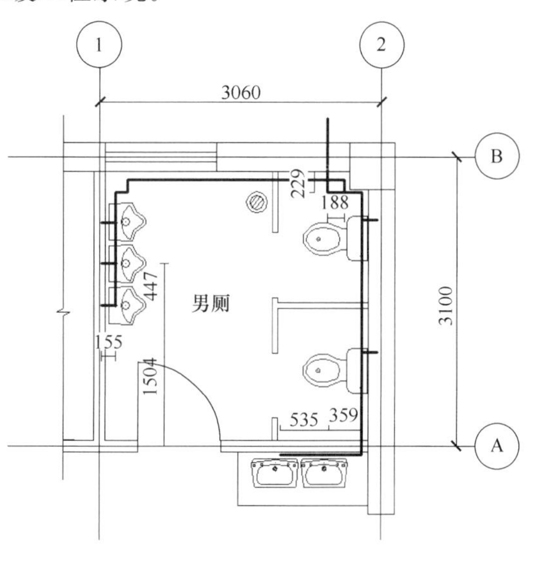

图 2.2.2.4-6　一层给水工程平面图

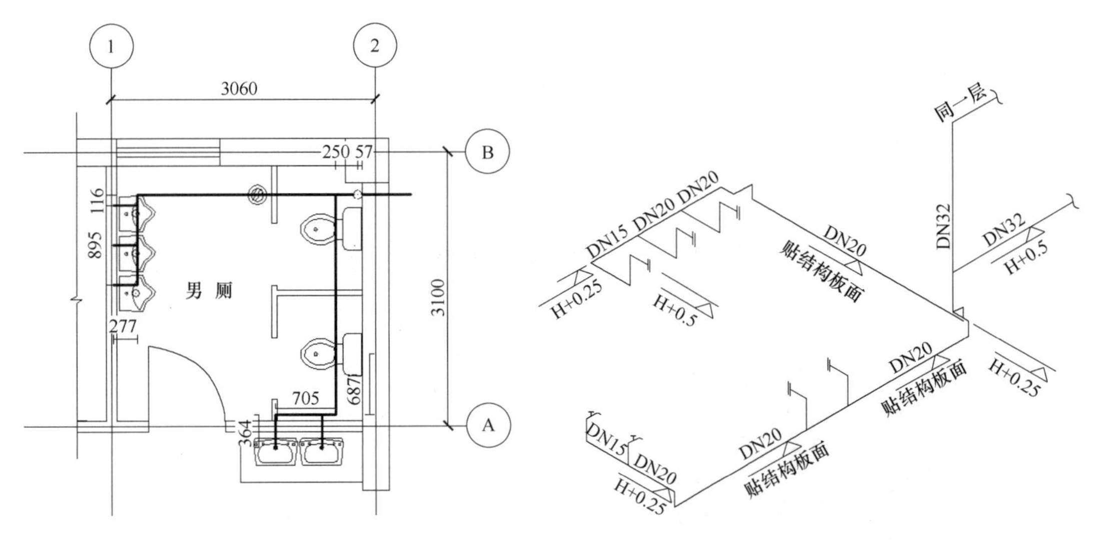

图 2.2.2.4-7　一层排水工程平面图

图 2.2.2.4-8　给水系统图

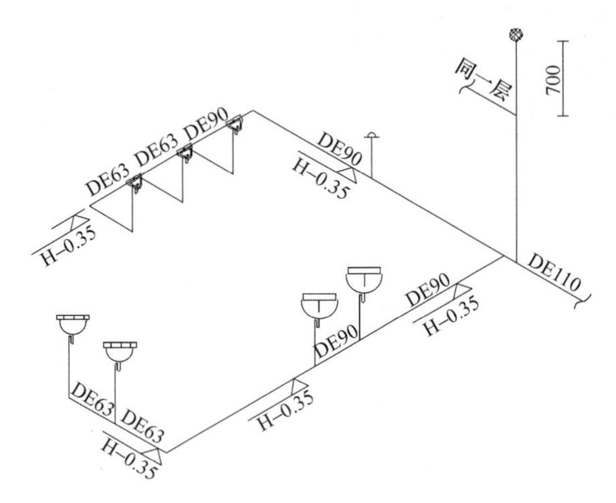

图 2.2.2.4-9　排水系统图

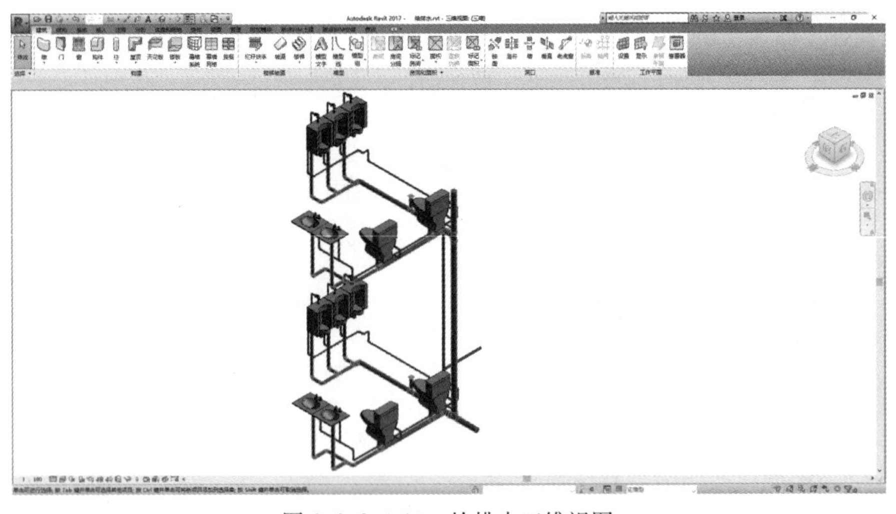

图 2.2.2.4-10　给排水三维视图

工程的施工说明：

本工程给水管道采用镀锌钢管，螺纹连接；排水管道采用 PVC-U 塑料管，粘接连接。

排水管道出户管的第一个排水检查井距建筑外墙 1.5m。外墙厚为 300mm，内墙厚为 120mm。

给水管道中心距墙的安装距离分别为：距 A 轴 98mm、距 2 轴 217mm、距 B 轴 248mm、距 1 轴 173mm。排水管道中心距墙的安装距离为：距 A 轴 126mm、距 2 轴 509mm、距 B 轴 485mm、距 1 轴 295mm。

小便器给水支管安装长度距水平干管的距离为 155mm，大便器给水支管安装长度距水平干管的距离为 167mm；小便器排水支管安装长度距水平干管的距离为 277mm，洗脸盆排水支管安装长度距水平干管的距离为 364mm。

本工程的卫生器具皆为成品。

本工程暂不计管道支吊架、主材费、管道刷油、保温、高层建筑增加费等内容。

未尽事宜均参照有关标准或规范执行。

图中标高以“m”计，其余以“mm”计。

【解】

（1）给水系统：

① DN32 镀锌钢管：1.5m(进户管至外墙皮)＋0.3m(外墙厚)＋0.23m(立管到外墙皮内侧 0.23)＋0.19(B 轴线上 DN32 给水干管 0.19)＋4.2m(从标高 0.25m 处至标高 4.2＋0.25m 处)＝1.5＋0.3＋0.23＋0.19＋4.2＝6.42m

② DN20 镀锌钢管：[0.25 m ×4(从标高 0m 处至标高 0.25m 处四根立管)＋2.67m(B 轴线距离 3.06，减去两边给水管道中心距墙的安装距离 0.17＋0.22)＋0.9m(1 轴线距离 3.1，减去两边给水管道中心距墙的安装距离 0.25＋1.5＋0.45)＋2.91m(2 轴线距离 3.1，减去一边给水管道中心距墙的安装距离 0.25，加上一边给水管道中心距离墙的安装距离 0.06)＋0.36m(A 轴线上 DN20 给水管道长度 0.36)]×2(两层楼)＝(1＋2.67＋0.9＋2.91＋0.36)×2＝15.68m

③ DN15 镀锌钢管：[0.45m(1 轴线上 DN15 给水管道长度)＋0.16m×3(给水管道至小便器给水点水平距离)＋0.8m×3(小便器角阀高度距给水管道高度 1.05－0.25)＋0.17m×2(给水管道至大便器给水点水平距离)＋0.15m×2(大便器角阀高度距给水管道高度 0.15－0)＋0.54m(A 轴线上 DN15 给水管道长度 0.54)＋0.2m×2(洗脸盆角阀高度距给水管道高度 0.45－0.25)]×2(两层楼)＝(0.45＋0.48＋2.4＋0.34＋0.3＋0.54＋0.4)×2＝9.82m

（2）排水系统：

① DE110PVC-U 塑料管：0.7m(高出屋面通气管长度)＋4.55m(从标高－0.35m 处到层高 4.2m 处)＋0.06m(立管到外墙皮内侧)＋0.3m(外墙厚)＋1.5m(外墙皮到检查井)＋[0.25m(水平干管)]×2(两层楼)＝0.7＋4.55＋0.06＋0.3＋1.5＋0.5＝7.61m

② DE90PVC -U 塑料管：[0.12m(1 轴线排水管道 DE90 长度)＋2.25m(B 轴线距离 3.06，减去两边排水管道中心距墙的安全距离 0.3＋0.51)＋1.79m(B 轴线距离 3.1，减去两边排水管道中心距墙的安全距离 0.49＋0.69＋0.13)]×2(两层楼)＝(0.12＋2.25＋

1.79)×2=8.32m

③ DE63PVC-U 塑料管：[0.9m(1 轴线排水管道 DE63 长度)+ 0.69m(2 轴线排水管道 DE63 长度)+0.71 m(A 轴线排水管道 DE63 长度)+0.28m×3(大便器接管水平部分)+0.36m×2(洗脸盆接管水平部分)+0.35m×3(小便器接管垂直部分算至楼地面高度)+0.25m(地漏接管垂直部分算至楼地面高度下 0.1m，0.35−0.1)+0.35m×2(大便器接管垂直部分算至楼地面高度)+0.45m×2(洗脸盆接管垂直部分楼地面高度上 0.1m，0.35+0.1)]×2(两层楼)=(0.9+0.69+0.71+0.84+0.72+1.05+0.25+0.7+0.9)×2=13.52m

④ 挂式小便器：3 组×2(两层楼)=6 组

⑤ 坐式大便器：2 组×2(两层楼)=4 组

⑥ 洗脸盆：2 组×2(两层楼)=4 组

⑦ DN50 地漏：1 个×2(两层楼)=2 个

刚性防水套管 DN50：1 个

一般钢套管 DN50：1 个

分部分项工程量清单表见表 2.2.2.4-1。

分部分项工程量清单表　　　　**表 2.2.2.4-1**

序号	项目编码	项目名称	项目特征	计量单位	工程量
1	031001001001	镀锌钢管	DN32，螺纹连接	m	6.42
2	031001001002	镀锌钢管	DN20，螺纹连接	m	15.68
3	031001001003	镀锌钢管	DN15，螺纹连接	m	9.82
4	031001006001	塑料管	DE110，粘接	m	7.61
5	031001006001	塑料管	DE90，粘接	m	8.32
6	031001006001	塑料管	DE63，粘接	m	13.52
7	031002003001	套管	刚性防水套管，DN50	个	1
8	031002003002	套管	一般过楼板钢套管，DN50	个	1
9	031004003001	洗脸盆	成品	组	4
10	031004006001	大便器	坐式大便器，成品	组	4
11	031004007001	小便器	挂式小便器，成品	组	6
12	031004014001	给、排水附（配）件	地漏，DN50	个	2

小节练习题

1.（单选）电缆敷设弛度、波形弯度、交叉的附加长度按电缆全长的(　　)计算。

A. 2.5%　　　　B. 2%

C. 1.5%　　　　D. 1.0%

2.（单选）下列哪种通风管道不是以设计图示内径尺寸为展开面积计算的(　　)。

A. 碳钢通风管道　　　　B. 玻璃钢通风管道

C. 不锈钢通风管道　　　　D. 塑料通风管道

3.（多选）下列哪些构件的长度包含在管道工程量内(　　)。

A. 套管　　　　B. 管件

C. 阀门　　　　D. 水表

4.（问答）本工程为某办公楼的局部空调水系统，该层层高 3.3m。风机盘管与新风机安装高度 2.8m，空调水管安装高度 2.65m。此处管道均为空调水管道，螺纹连接。图 1 为空调水平面图，图 2 为空调水原理图，计算空调水管道的工程量。

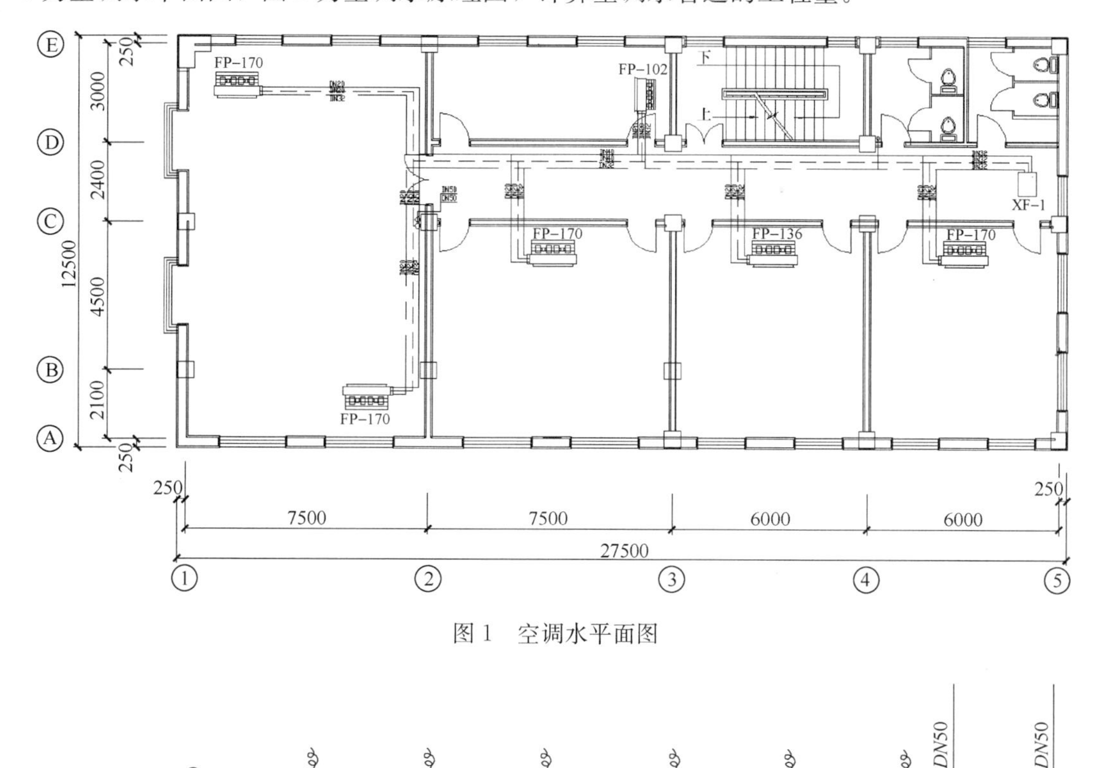

图 1　空调水平面图

图 2　空调水原理图

参考答案：

1. A；2. B；3. BCD；

4. DN20：62.99m；DN32：77.8m；DN40：13.62m；DN50：5.46m。

2.3　BIM 技术的算量软件实物操作

2.3.1　建筑与装饰工程

导语：本节主要讲解建筑与装饰工程基于 BIM 专业算量软件计量的实物操作，并辅以大量功能图片以及功能讲解，让读者明白软件设置这些功能的原因以及如何在软件中实现功能。

与传统算量相比，BIM 算量最大的特点是将设计、施工等多阶段共用一个模型，应用于工程设计、施工管理、成本控制等多个环节，有效地避免重复建模，实现了“一模多用”，从而消除多种软件之间由于模型互导造成的数据丢失、不一致问题。节约传统算量软件重复建模的时间，大幅提高工作效率及工程量计算的精度，并按照不同地区清单、定额计算规则计算工程量。

2.3.1.1　流程介绍

传统模式下算量通常采用手工算量或者采用传统算量软件通过 CAD 识别的方式创建算量模型完成工程量的计算，而引入 BIM 技术后不再需要创建算量模型，而是直接利用上游传递的设计、施工模型，直接完成本土化的工程计量。这样既提升劳动效率，免去了重复建模时间，也消除了由于图纸理解的差异造成模型不统一的问题。在能拿到完善的模型情况下，BIM 专业算量仅需四步即可出量：工程设置、模型映射、汇总计算、查看报表，见图 2.3.1.1-1。实际工作中很多情况下，并不能拿到非常完善的模型，此时需通过智能布置、装饰布置等模块功能完成模型的快速补充。

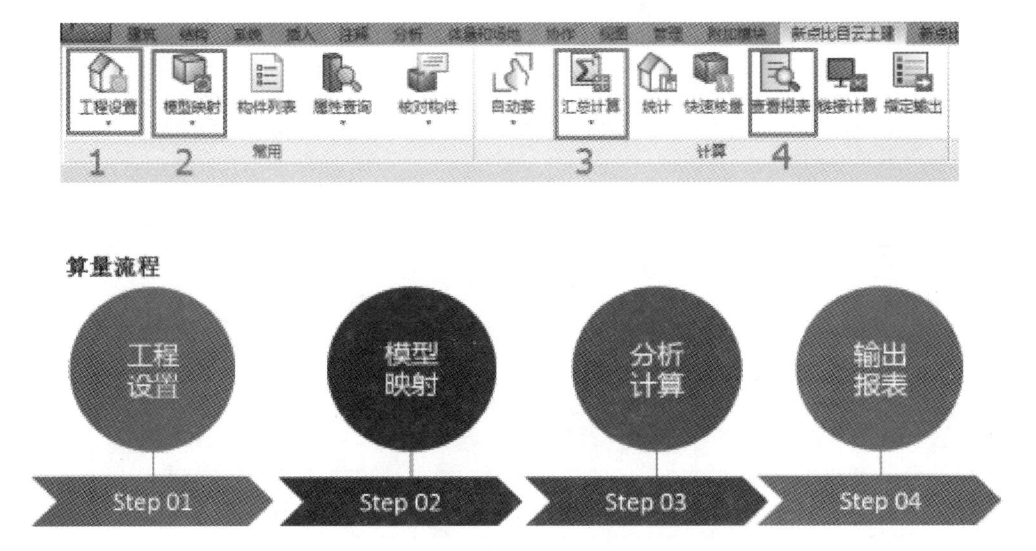

图 2.3.1.1-1　基于 BIM 专业算量软件计量流程图

下面讲在拿不到完善模型的情况下我们应当如何操作。

首先，在工程设置中选择项目所需的清单、定额库，定义构件的楼层归属、材料以及计算规则等（通常不用调整设置），然后通过模型映射将构件按照算量所需类型重新分类，当模型不全的时候，通过智能布置快速补充模型中缺失的构件。装饰部分由于 Revit 系统族自带装饰对柱面、梁面等位置的支持尚需完善，通常为满足三维视觉效果而创建的装饰模型并不能满足预算所需，因此采用视觉表达与算量分离的方式解决计算问题。按房间自动布置功能可自动抓取模型中所有已经创建的房间，只需要定义并指定各房间所对应的装饰做法，即可完成装饰的自动布置，装饰以二维线的形式在平面视图中创建，这样在不干扰三维表达的前提下，完成精确的工程量计算。通过上述布置命令完成模型补充后，可以得到完善模型的实物量，如此时还需要出清单、定额量，则需在构件列表中对构件套用做法或采用自动套完成做法的挂接。最后通过汇总计算将构件按照计算规则分类汇总统计，弹出的统计界面可以直接查看计算结果，如需按照不同类型查看数据，则通过查看报表选择所需样式。

2.3.1.2　功能详解

1. 工程设置

菜单选择位置：BIM 算量→工程设置，执行命令后弹出“工程设置”对话框，如图 2.3.1.2-1 所示，分为计量模式、楼层设置、映射规则、结构说明、工程特征五个模块。

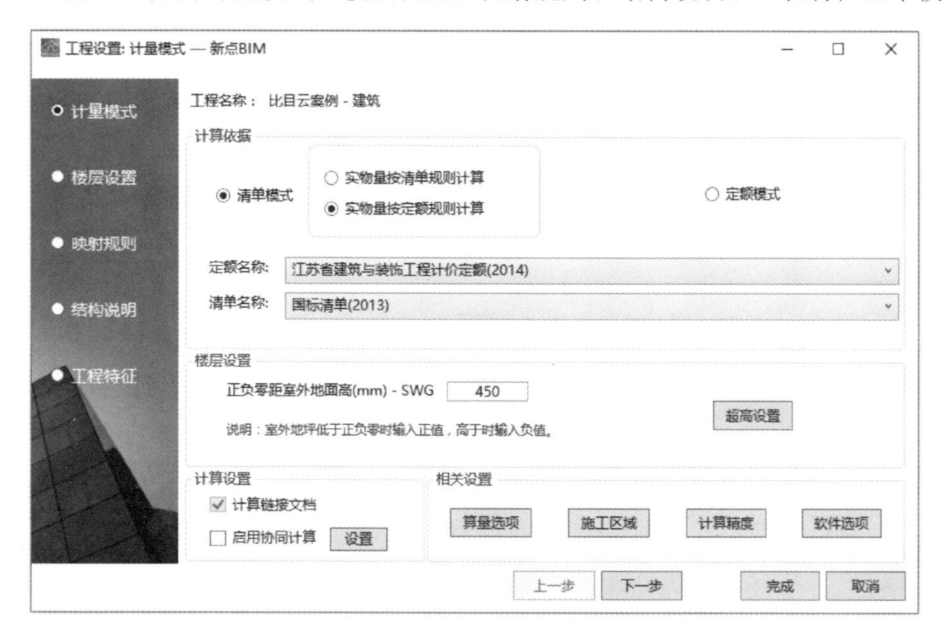

图 2.3.1.2-1　工程设置

2. 计量模式

计量模式的操作界面如图 2.3.1.2-1 所示。

工程名称：软件将自动读取 Revit 工程文件的工程名称指定本工程的名称。

计算依据：分为清单、定额两种模式。清单模式下，对构件可以挂接清单、定额做法；定额模式下，只可对构件挂接定额做法。当构件不需要挂接清单或定额时，可以以实物量的方式快速输出工程量。清单模式下，实物量可以按照清单规则计算输出，也可以按照定额规则计算输出；定额模式下，实物量只能按照定额规则计算输出。模式选择完成后，在下方选择对应省份的清单库、定额库。

楼层设置：设置正负零距室外地面的高差值用于定义土方开挖的坑顶高度。

超高设置：设置定额规定的柱、梁、墙、板的标准高度，水平高度超过了此处定义的标准高度时，其超出部分就是超高高度。点击按钮弹出对话框，如图 2.3.1.2-2 所示。

计算精度：设置算量的计算精度，点击按钮弹出对话框，如图 2.3.1.2-3 所示。这里的缺省值按“全国统一建筑工程预算工程量计算规则”第 1.0.4 条默认。

图 2.3.1.2-2　超高设置

图 2.3.1.2-3　计算精度

算量选项：用于定义或者调整工程量计算相关的规则，包含工程量输出、扣减规则、参数规则、规则条件取值、工程量优先顺序五个模块。

工程量输出：设置构件需要输出的哪些工程量，如图 2.3.1.2-4 所示。

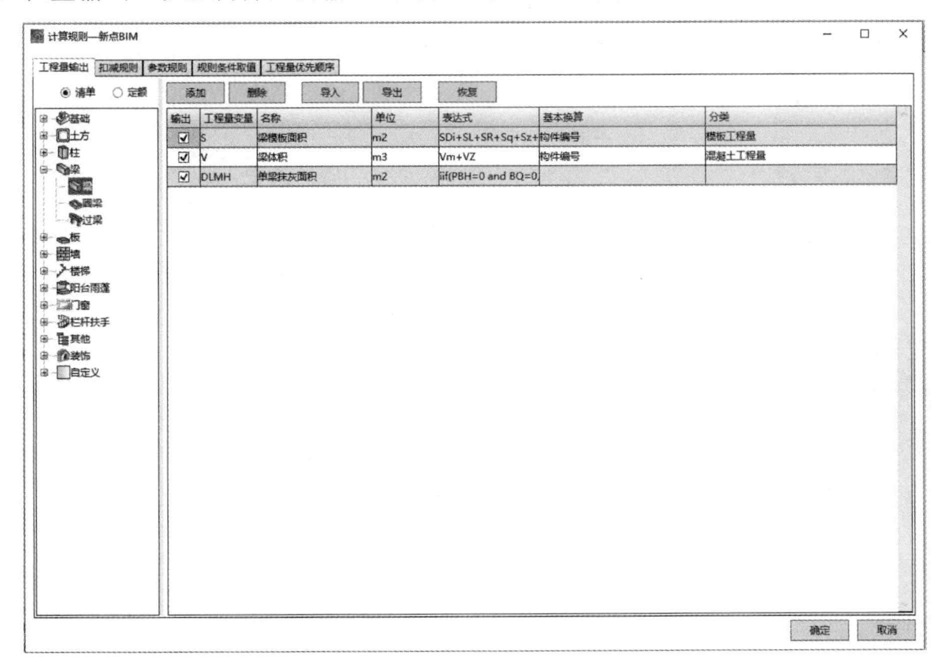

图 2.3.1.2-4　工程量输出

扣减规则：按照清单、定额分别设置构件计算的构件扣减关系，如图 2.3.1.2-5 所示。

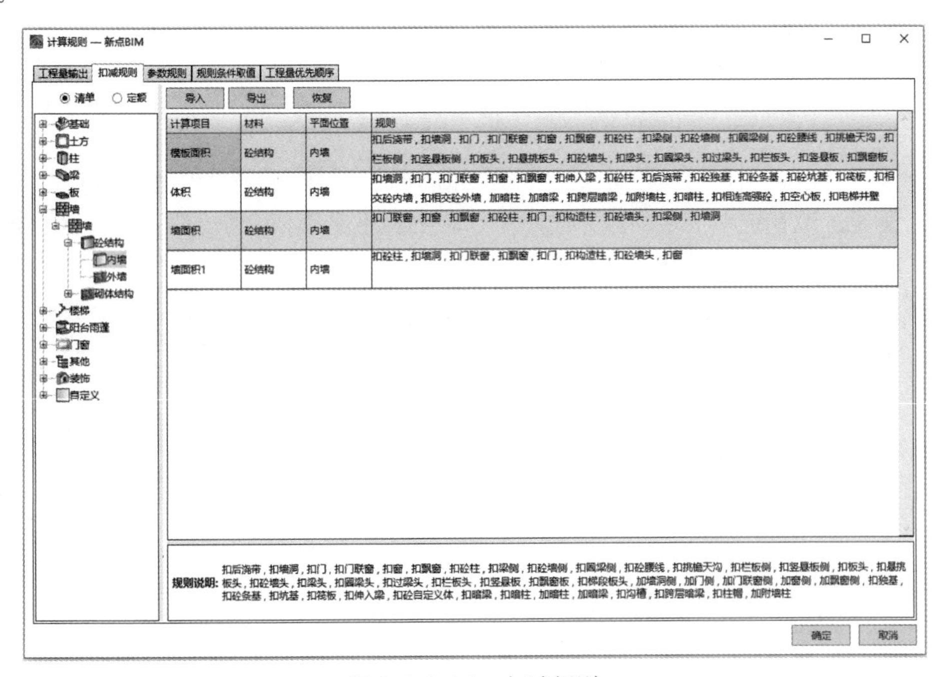

图 2.3.1.2-5　扣减规则

参数规则：用于定义构件计算过程中，满足一些特殊参数条件下需要特殊处理，如图2.3.1.2-6 所示。

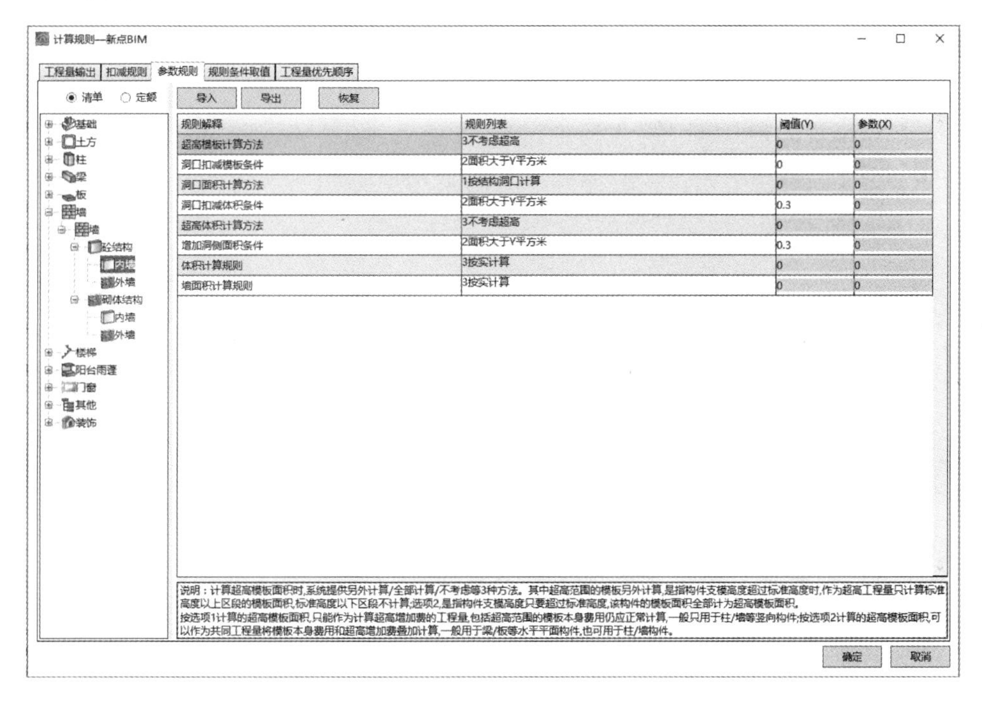

规则解释	规则列表	阈值(Y)	参数(X)
超高模板计算方法	3不考虑超高	0	0
洞口扣减模板条件	2面积大于Y平方米	0	0
洞口面积计算方法	1按结构洞口计算	0	0
洞口扣减体积条件	2面积大于Y平方米	0.3	0
超高体积计算方法	3不考虑超高	0	0
增加洞侧面积条件	2面积大于Y平方米	0.3	0
体积计算规则	3按实计算	0	0
墙面积计算规则	3按实计算	0	0

图 2.3.1.2-6 参数规则

规则条件取值：定义坑槽不同条件下的工作面宽、放坡系数的取值条件，如图2.3.1.2-7 所示。

计算规则—新点BIM

工程量输出 扣减规则 参数规则 规则条件取值 工程量优先顺序

恢复

<table>
<tr><th>属性变量</th><th>项目名称</th><th>构件名</th><th>条件</th><th>取值</th></tr>
<tr><td>DCK</td><td>工作面宽</td><td>垫层</td><td>砼垫层,支模板</td><td>300</td></tr>
<tr><td>GZMK</td><td>工作面宽</td><td>坑槽</td><td>SXLX=砼结构,支模板(无砖模)</td><td>300</td></tr>
<tr><td>GZMK</td><td>工作面宽</td><td>坑槽</td><td>SXLX=砌体结构,CLMC=毛石|方整石|粗料石|细料石</td><td>150</td></tr>
<tr><td>GZMK</td><td>工作面宽</td><td>坑槽</td><td>SXLX=砌体结构,CLMC=标准红砖|实心石渣(水泥)砖</td><td>200</td></tr>
<tr><td>FPXS</td><td>放坡系数</td><td>坑槽</td><td>KWXS=人工开挖,AT=一,二类土,HWT>1200</td><td>0.5</td></tr>
<tr><td>FPXS</td><td>放坡系数</td><td>坑槽</td><td>KWXS=人工开挖,AT=四类土,HWT>2000</td><td>0.25</td></tr>
<tr><td>FPXS</td><td>放坡系数</td><td>坑槽</td><td>KWXS=人工开挖,AT=三类土,HWT>1500</td><td>0.33</td></tr>
<tr><td>FPXS</td><td>放坡系数</td><td>坑槽</td><td>KWXS=机械坑上开挖,AT=一,二类土,HWT>1200</td><td>0.75</td></tr>
<tr><td>FPXS</td><td>放坡系数</td><td>坑槽</td><td>KWXS=机械坑上开挖,AT=四类土,HWT>2000</td><td>0.33</td></tr>
<tr><td>FPXS</td><td>放坡系数</td><td>坑槽</td><td>KWXS=机械坑上开挖,AT=三类土,HWT>1500</td><td>0.67</td></tr>
<tr><td>FPXS</td><td>放坡系数</td><td>坑槽</td><td>KWXS=机械坑内开挖,AT=一,二类土,HWT>1200</td><td>0.33</td></tr>
<tr><td>FPXS</td><td>放坡系数</td><td>坑槽</td><td>KWXS=机械坑内开挖,AT=四类土,HWT>2000</td><td>0.1</td></tr>
<tr><td>FPXS</td><td>放坡系数</td><td>坑槽</td><td>KWXS=机械坑内开挖,AT=三类土,HWT>1500</td><td>0.25</td></tr>
</table>

确定 取消

图 2.3./1.2-7 规则条件取值

工程量优先顺序：描述构件间的扣减优先级，如图 2.3.1.2-8 所示。

图 2.3.1.2-8　工程量优先顺序

3. 楼层设置

通常工程量统计、对比的时候需要以楼层作为标准单元，而 Revit 仅有标高和视图而没有楼层的概念。为了解决这个问题，提供楼层设置命令通过勾选工程中的标高，上下两个标高划分空间的方法，构造出楼层的概念。右侧的表格中的楼层信息根据所选标高自动生成，可编辑归属楼层名称，操作页面如图 2.3.1.2-9 所示。

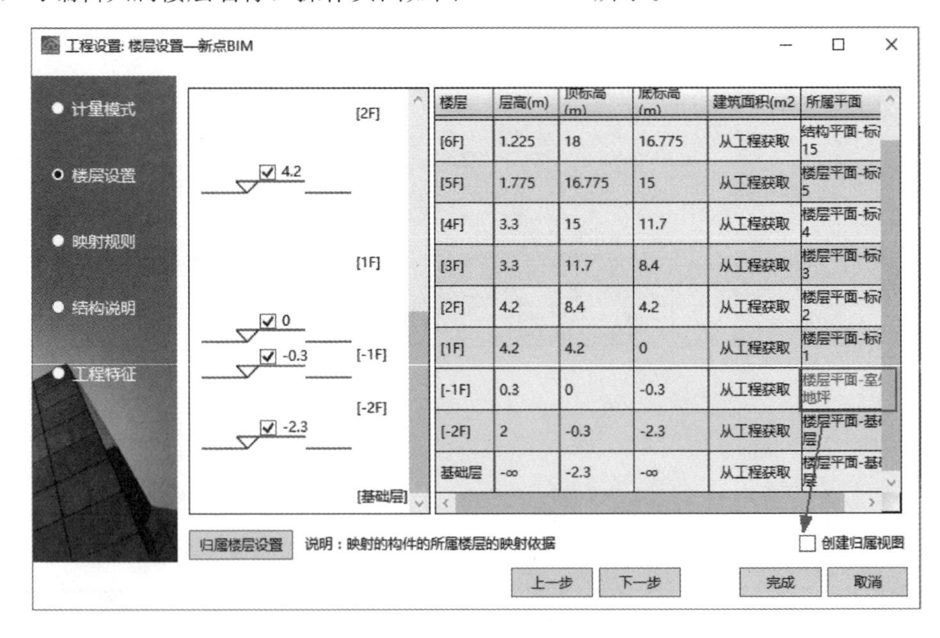

楼层	层高(m)	顶标高(m)	底标高(m)	建筑面积(m2	所属平面
[6F]	1.225	18	16.775	从工程获取	结构平面-标 15
[5F]	1.775	16.775	15	从工程获取	楼层平面-标 5
[4F]	3.3	15	11.7	从工程获取	楼层平面-标 4
[3F]	3.3	11.7	8.4	从工程获取	楼层平面-标 3
[2F]	4.2	8.4	4.2	从工程获取	楼层平面-标 2
[1F]	4.2	4.2	0	从工程获取	楼层平面-标 1
[-1F]	0.3	0	-0.3	从工程获取	楼层平面-室 地坪
[-2F]	2	-0.3	-2.3	从工程获取	楼层平面-基 层
基础层	-∞	-2.3	-∞	从工程获取	楼层平面-基 层

图 2.3.1.2-9　楼层设置

创建归属视图：若楼层对应的标高未创建相应视图，则以红色字体显示，此时勾选创建归属视图将未创建视图的标高，创建其相应视图平面。

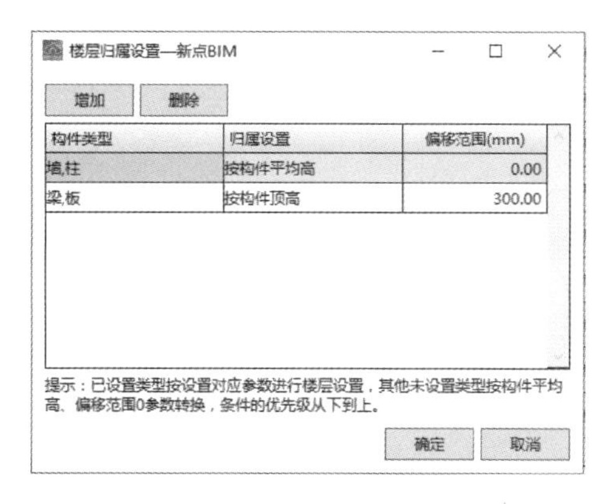

图 2.3.1.2-10　楼层归属设置

归属楼层设置：仅对空间进行划分是不足以完成对构件楼层归属的判断，例如一根柱顶高超过了层顶 30cm，以构件的顶作为判断条件，则这根柱归属于上一层，而这不是我们想要的结果，因此软件柱默认取构件中，就算局部高或者低于平面一定距离，其高度方向的中点标高仍然处于上下标高之间。点击按钮，弹出对话框，如图 2.3.1.2-10 所示。

4. 映射规则

映射规则是用于设计模型按照算量所需，重新划分类型以族类型名称作为判断条件，依据内置的规则模糊匹配，以便后续不同构件类型采用不同统计和计算方法。映射规则界面如图 2.3.1.2-11 所示，对话框按钮选项解释如下。

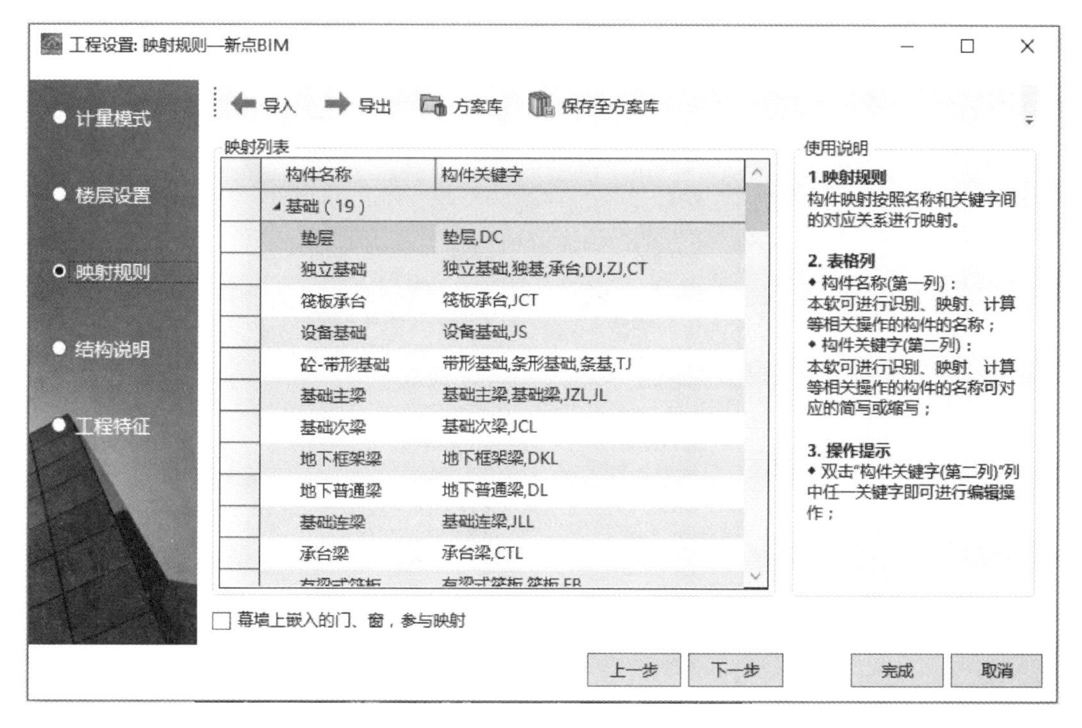

图 2.3.1.2-11　映射规则

构件名称：映射类型的构件分类名称。

构件关键字：从族类型名称中模糊匹配的关键字条件。操作：双击构件关键字可添加、修改关键字，如图 2.3.1.2-12 所示。

方案库：用于映射规则的存储、复用。点击按钮，弹出对话框，如图 2.3.1.2-13 所示。

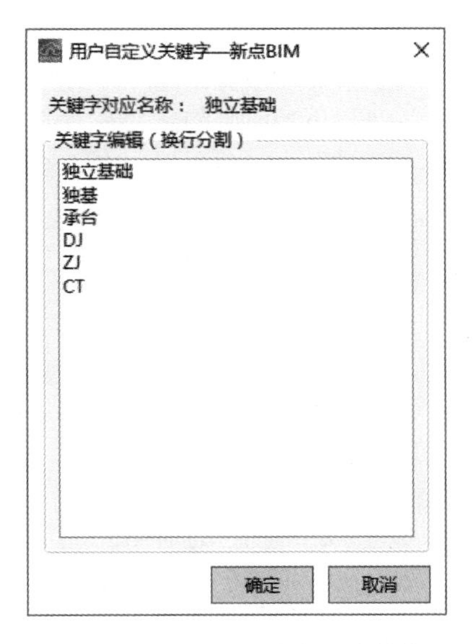

图 2.3.1.2-12　用户定义关键字

图 2.3.1.2-13　方案管理

5. 结构说明

结构说明用于统一赋予不同楼层的主体构件材质，也可通过材质映射从模型中直接获取，操作界面如图 2.3.1.2-14 所示。

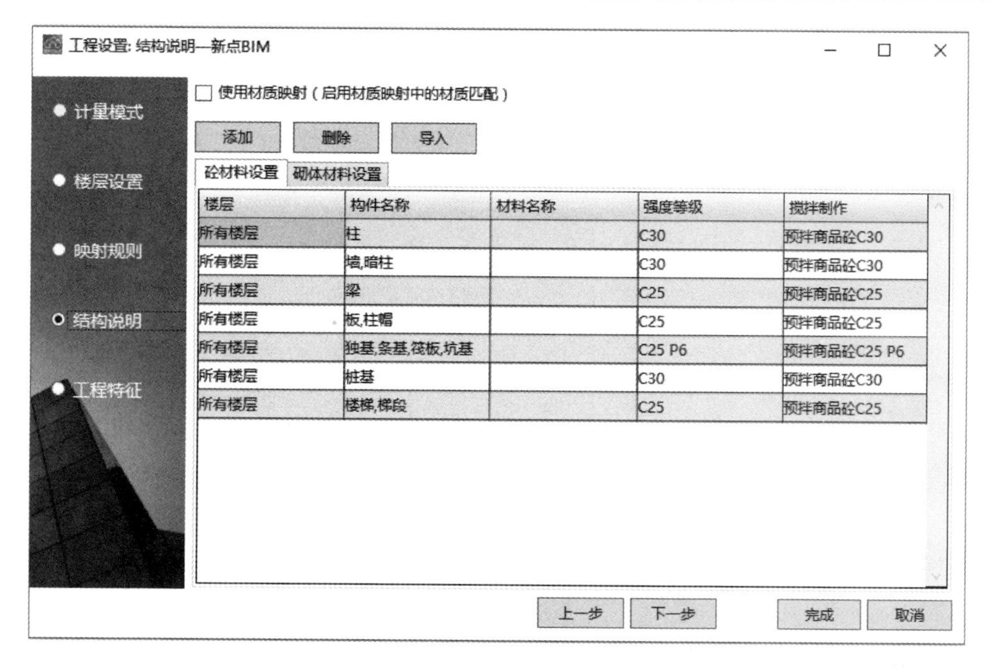

图 2.3.1.2-14　结构说明

混凝土材料设置：设置哪些楼层、构件类型范围，采用何种材料、强度等级、搅拌制作方式。

楼层选择：点击楼层单元格后的“...”，弹出对话框，如图 2.3.1.2-15 所示，勾选所需楼层，点击“确定”即可，也可借用底部的全选、全清、反选按钮进行快速选择。

构件选择：点击构件名称单元格后的“...”，弹出对话框，如图 2.3.1.2-16 所示，操作方法同“楼层选择”。

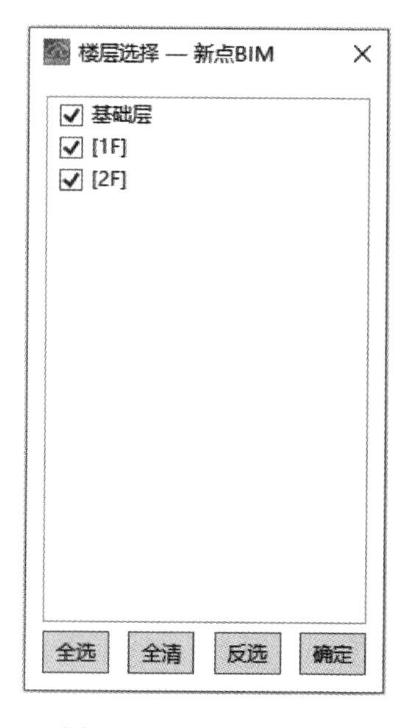

图 2.3.1.2-15　楼层选择

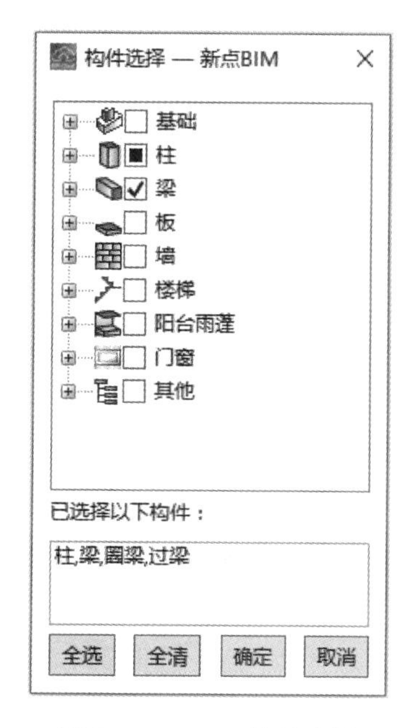

图 2.3.1.2-16　构件选择

材料名称：点击材料名称单元格后的“…”，弹出对话框，如图 2.3.1.2-17 所示。

强度等级：点击强度等级单元格后的“…”，弹出对话框，如图 2.3.1.2-18 所示。

搅拌制作：点击搅拌制作单元格后的“…”，弹出对话框，如图 2.3.1.2-19 所示。

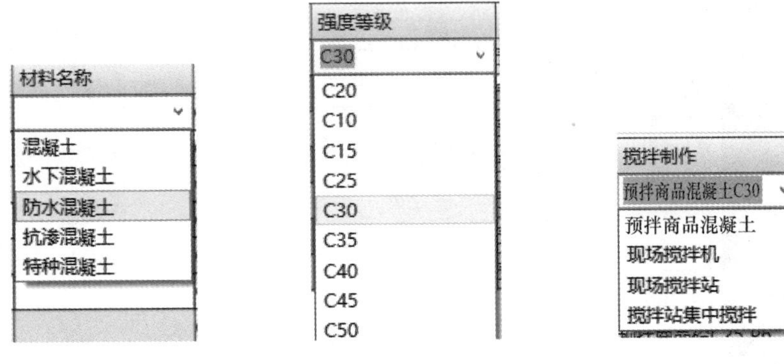

图 2.3.1.2-17　材料名称　　图 2.3.1.2-18　强度等级　　图 2.3.1.2-19　搅拌制作

砌体材料设置：操作方法和混凝土材料设置基本一样。

材料名称：点击材料名称单元格后的“…”，弹出对话框，如图 2.3.1.2-20 所示。

强度等级：点击强度等级单元格后的“…”，弹出对话框，如图 2.3.1.2-21 所示。

搅拌制作：点击搅拌制作单元格后的“…”，弹出对话框，如图 2.3.1.2-22 所示。

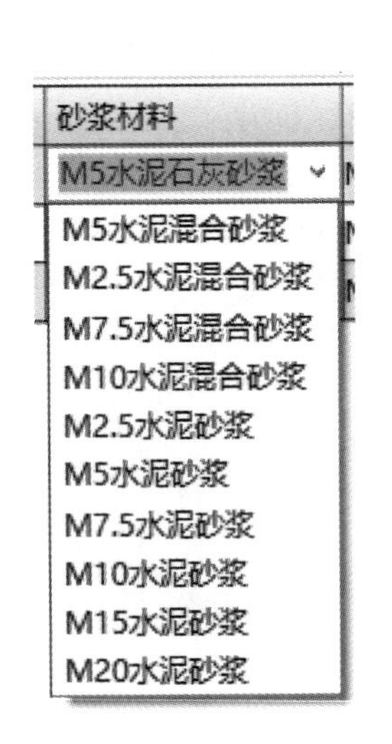

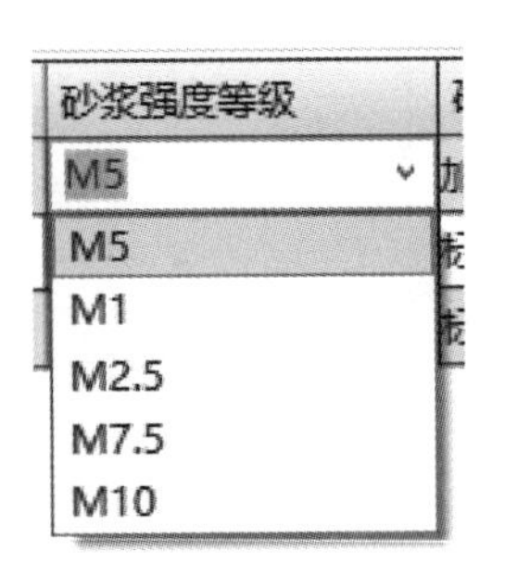

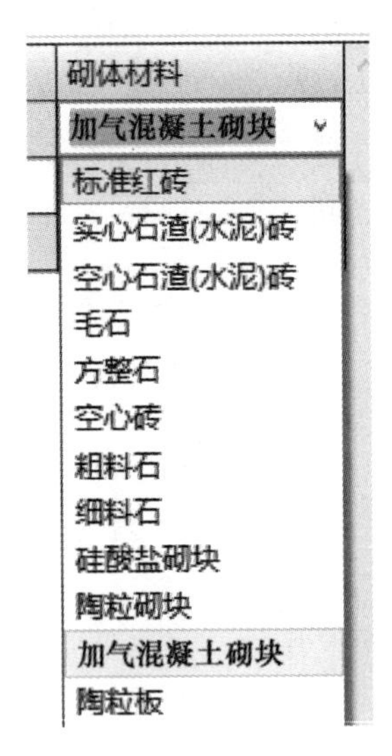

图 2.3.1.2-20　材料名称　　图 2.3.1.2-21　强度等级　　图 2.3.1.2-22　搅拌制作

材质映射：用于从 revit 构件上提取相关信息，赋予到构件算量所需的材质中，如图 2.3.1.2-23 所示。

软件提供三种类型的材质读取，分别为：族类型名、类型属性、实例属性，可根据实际需要选用。族类型名是从族的族类型名称中获取材质信息；类型属性是从 Revit 族类型的属性中获取材质信息；实例属性是从 Revit 模型构件实例的属性中获取材质信息。

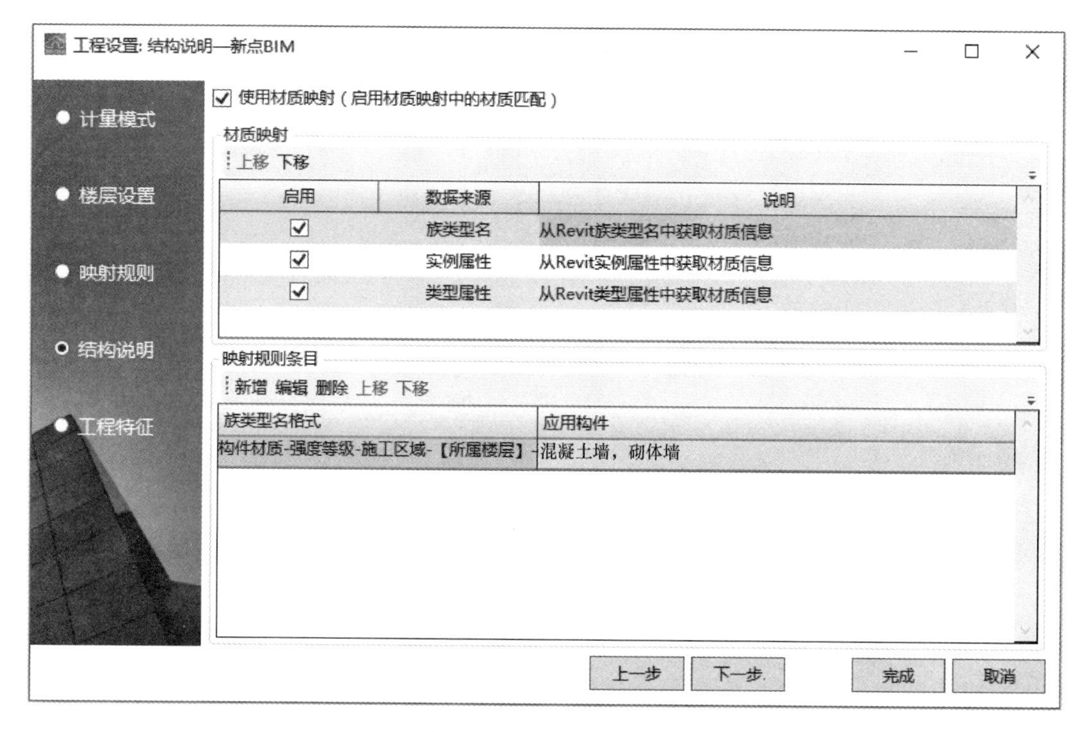

图 2.3.1.2-23　材质映射

采用族类型名映射见图 2.3.1.2-24，族类型名格式依据项目族名称的命名规范设置参数。应用构件是指哪些构件类型采用这种格式拆分读取材质。

映射规则条目

新增 编辑 删除 上移 下移

族类型名格式	应用构件
【构件类型】-构件材质-强度等级	混凝土墙
【构件类型】-构件材质-砂浆材料	砌体墙

图 2.3.1.2-24　族类型名映射

点击新增按钮，弹出“族类型名格式设置”对话框，如图 2.3.1.2-24 所示。左侧编辑族类型名称的命名方法，右侧应用构件选择符合该命名的构件类型。

采用类型属性、实例属性方式进行材质映射如图 2.3.1.2-25 所示，构件名称设置需要材质映射的构件类型，Revit 属性用于指定从属性名称为×××的属性中抓取信息，映射类型用于指定抓取的信息放置中提取的信息，引用到哪条算量属性中。

6. 工程特征

工程特征用于设置工程的通用信息，填写栏中的内容可手动填写，也可在下拉选择列表中选择。蓝颜色标识属性为工程量计算所需的必要信息，需准确填写。例如：地下水位

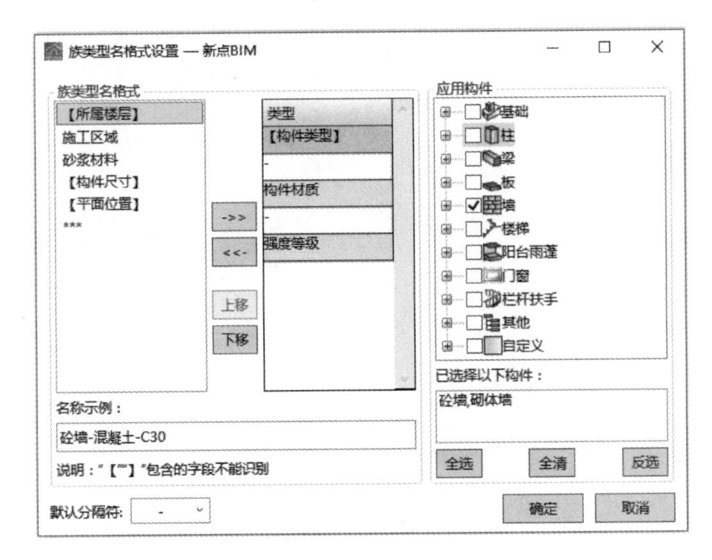

图 2.3.1.2-25　族类型名格式设置

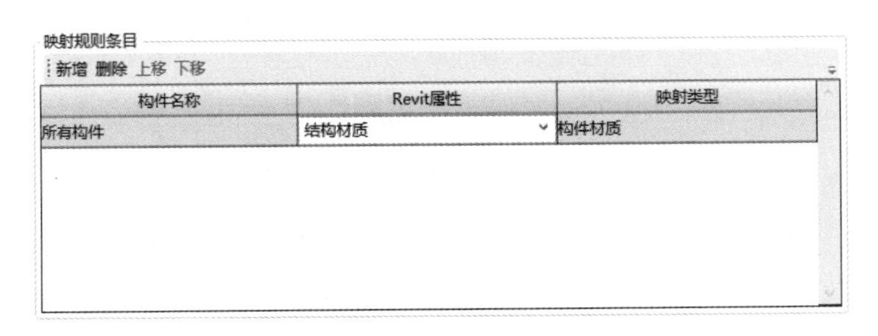

图 2.3.1.2-26　映射规则条目

深在计算挖土方时用于划分干、湿土的范围。

工程概况包含工程中的建筑面积、结构特征、总楼层数量等内容，如图 2.3.1.2-27 所示。

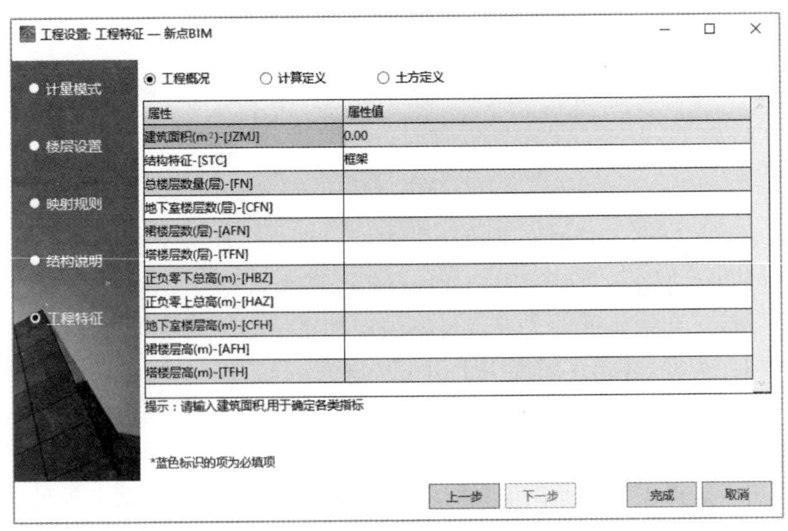

图 2.3.1.2-27　工程概况

计算定义用于设置模板类型、钢丝网贴缝宽、阴角是否计算钢丝网、外墙是否满铺钢丝网等内容，如图 2.3.1.2-28 所示。

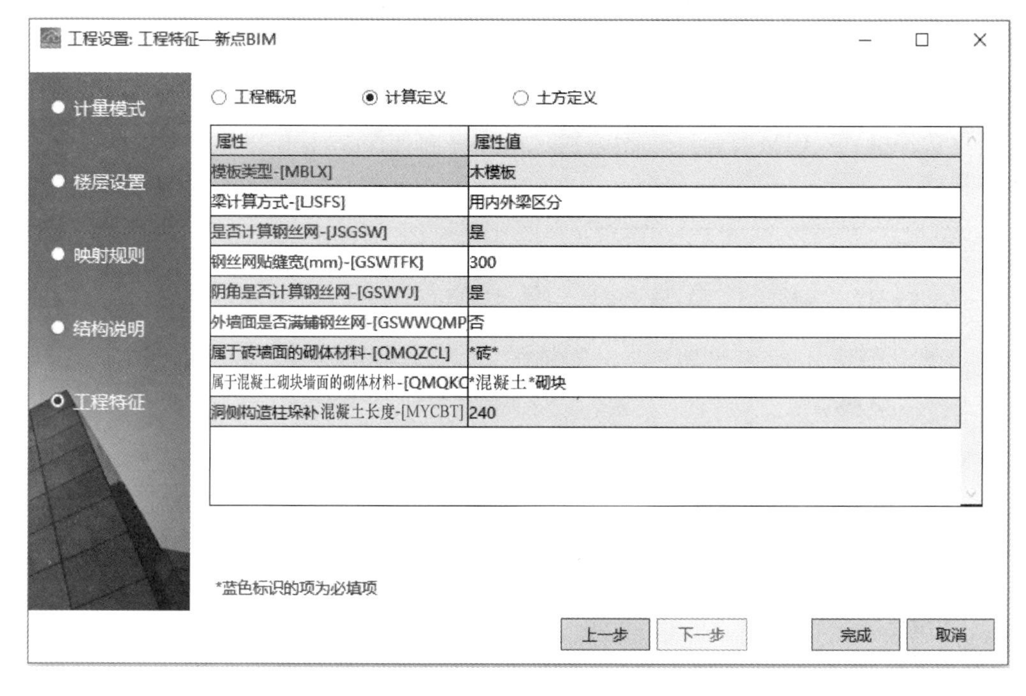

图 2.3.1.2-28　计算定义

土方定义：定义大开挖开挖形式、土壤类别、坑槽开挖形式、地下水位深、坑槽垫层工作面宽、坑槽混凝土垫层施工方式等内容，如图 2.3.1.2-29 所示。

图 2.3.1.2-29　土方定义

7. 模型映射

模型映射是将当前模型中创建的所有族类型名称，按照软件内置符合我国工程量计算规则的分类方法进行多层次模糊匹配，自动按照算量类型划分构件，匹配后如发现不妥，可手动进行类型调整。构件类型的准确划分，为后续按照不同的计算规则，构件分门别类的准确计量提供了有力保障。

菜单选择位置：BIM 算量→模型映射，操作界面如图 2.3.1.2-30 所示，对话框按钮选项解释如下。

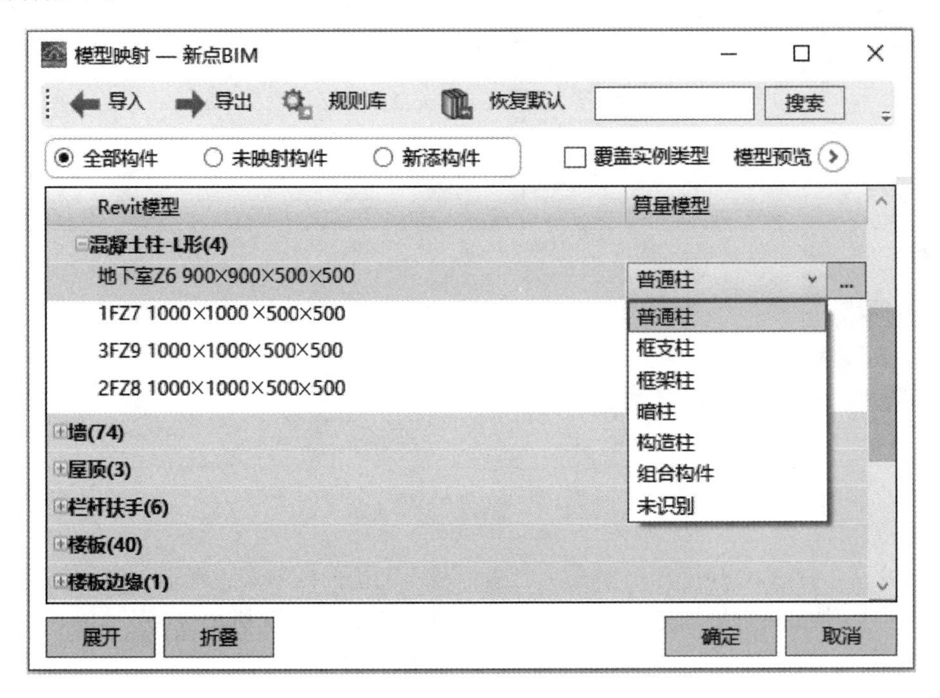

图 2.3.1.2-30　模型映射

全部构件：显示全部构件。

未映射构件：仅显示工程中未映射的构件。

新添构件：仅显示工程在上次映射后，新增构件。

搜索：按照关键字定位列表中所在位置。

覆盖实例类型：覆盖通过属性查询调整构件类型的实例。

Revit 模型：把模型中创建的所有构件按族类别、族名称、族类型分类。

算量模型：按照预算相关规范，将 Revit 构件转化为算量的构件分类。

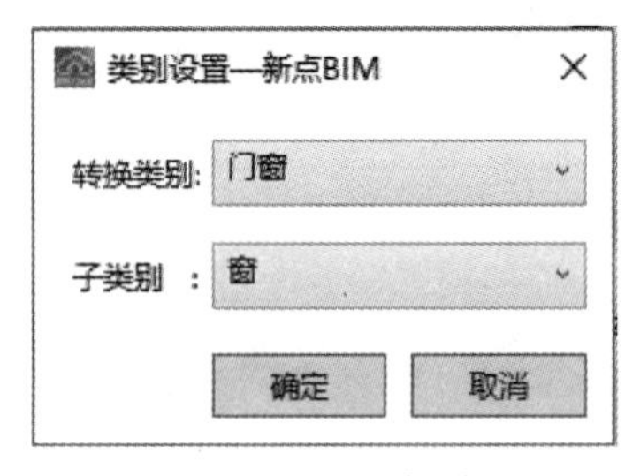

图 2.3.1.2-31　类别设置

表格中可以使用 ctrl 或 shift 键选择多个类型统一。如果下拉的默认构件类别无法满足需要，可以点击单元格后的按钮来进行类别设置，弹出的对话框如图 2.3.1.2-31 所示。

规则库是用于定义构件自动匹配类型的规则，如图 2.3.1.2-32 所示。软件将构件的族类型名称与列表中的关键字进行匹配，完成算量所需类型的划分，其中默认

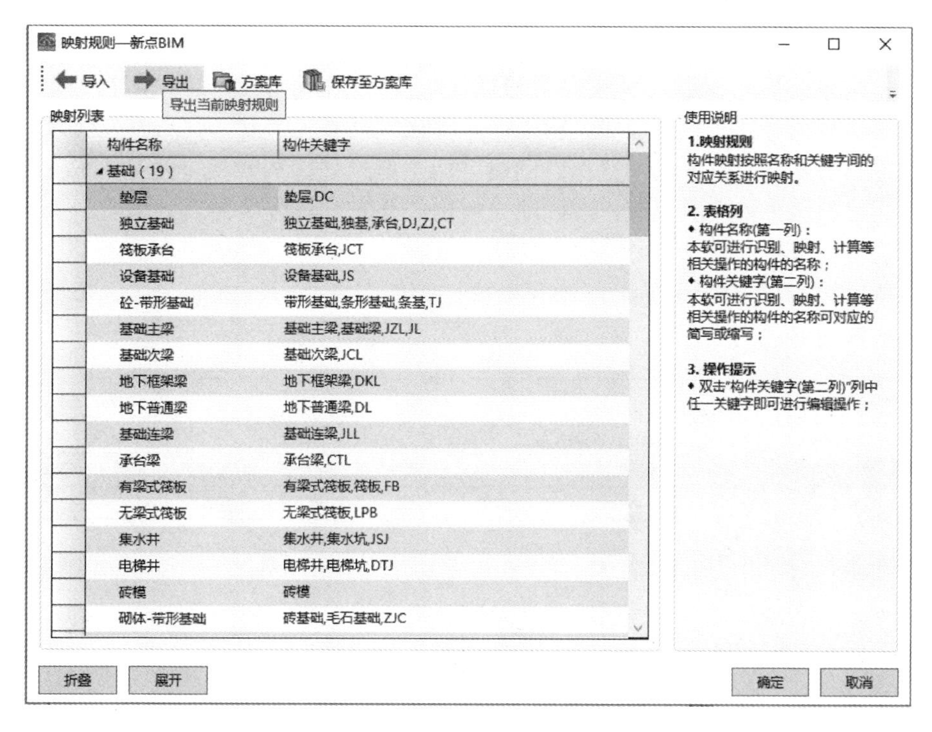

图 2.3.1.2-32　映射规则

的关键字为依据相关规范术语与相关行业俗语，可以根据项目实际情况适当调整。

方案库是将映射规则库以模板的形式储存，在不同情景下选用所需的样板，还可多人协同作业，通过导入导出传递样板文件，如图 2.3.1.2-33 所示。

图 2.3.1.2-33　方案管理

8. 智能布置

通常采用 Revit 软件进行 BIM 模型的创建，柱、梁、墙、板等大部分构件可以通过系统自带的功能完成创建，但垫层、构造柱、圈梁、过梁、土方、后浇带等构件由于建模效率低、定位困难等原因造成模型难以创建，而这些构件作为建筑的重要组成不可或缺，为此软件通过智能布置模块快速、准确地完成构件补充，具体包含以下功能：

（1）构造柱智能布置

菜单位置：BIM 算量→智能布置→构造柱智能布置，对话框如图 2.3.1.2-34 所示，按钮选项解释如下。

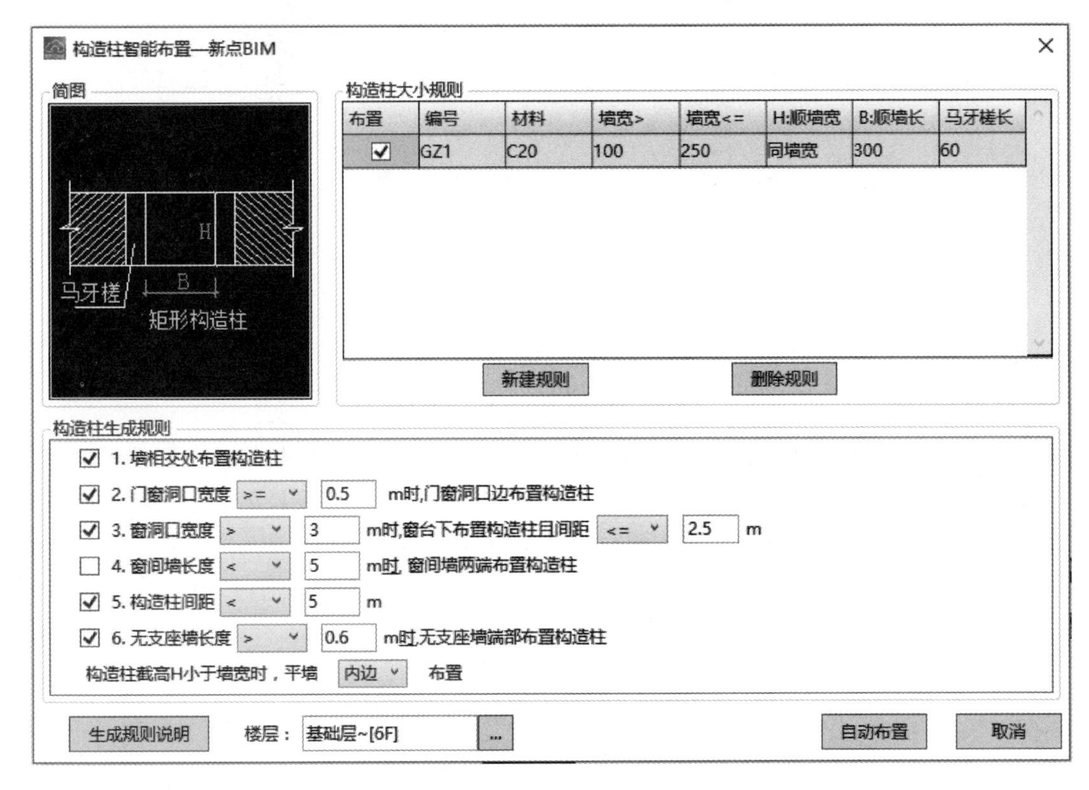

图 2.3.1.2-34 构造柱智能布置

构造柱大小规则：用于定义查找墙厚的范围内生成的构造柱编号与规格。

构造柱生成规则：设置墙厚范围、洞宽、构造柱间距等生成的条件后，软件将自动检索模型中符合条件的墙体及洞口，并在规则设置的位置创建构件。

楼层：用于设置参与构造柱布置的楼层范围。

生成规则说明：构造柱生成说明。

操作说明：在构造柱大小规则中设置构造柱布置的条件，然后选择需要布置的楼层范围，最后点击自动布置按钮即可。

（2）过梁智能布置

菜单位置：BIM 算量→智能布置→过梁智能布置，对话框如图 2.3.1.2-35 所示，按钮选项解释如下。

过梁布置规则：设置墙厚、洞宽等生成的条件后，软件将自动检索符合条件的墙体、

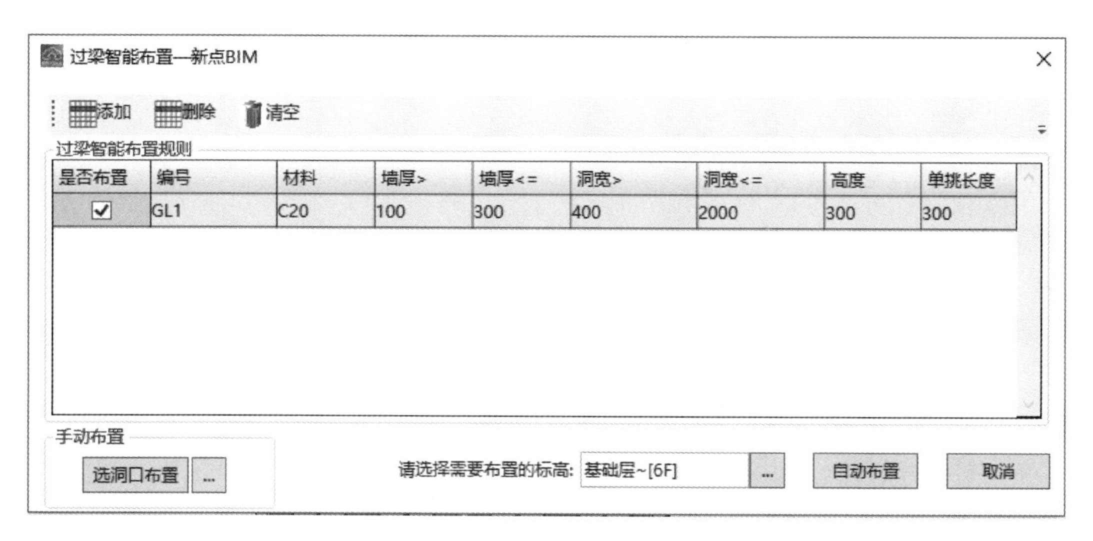

图 2.3.1.2-35　过梁智能布置

洞口，并在对应的洞口上方放置相应过梁。

请选择需要布置过梁的标高：选择布置的楼层范围。

选洞口布置：直接在模型中选择洞口布置过梁。

操作说明：编辑好过梁布置规则，可以编辑现有规则也可以添加规则，完成后选择需要布置的楼层，最后点击自动布置即可。

压顶智能布置

菜单位置：BIM 算量→智能布置→压顶智能布置，对话框如图 2.3.1.2-36 所示，按钮选项解释如下。

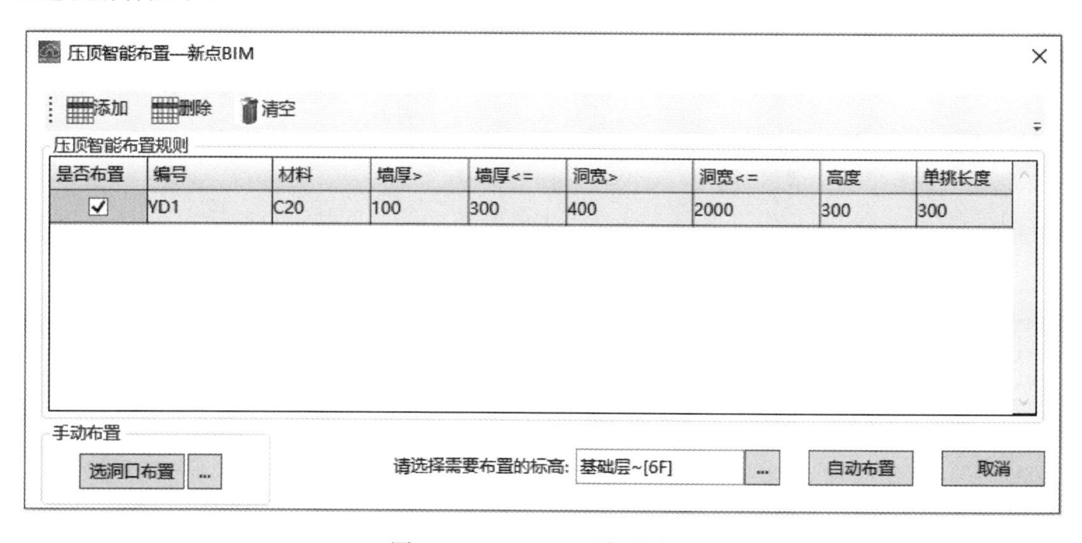

图 2.3.1.2-36　压顶智能布置

添加、删除、清空：编辑表格中的布置规则。

压顶布置规则：设置墙厚、洞宽等生成的条件后，软件将自动检索符合条件的墙体，并在对应的洞口下方放置相应压顶。

请选择需要布置的标高：选择布置的楼层范围。

选洞口布置：直接在模型中选择洞口布置压顶。

操作说明：编辑软件可以用系统提供的默认规则，则也可以新增规则，完成后选择需要布置的楼层范围，最后点击自动布置即可。

圈梁智能布置

菜单位置：BIM 算量→智能布置→圈梁智能布置，对话框如图 2.3.1.2-37 所示，按钮选项解释如下。

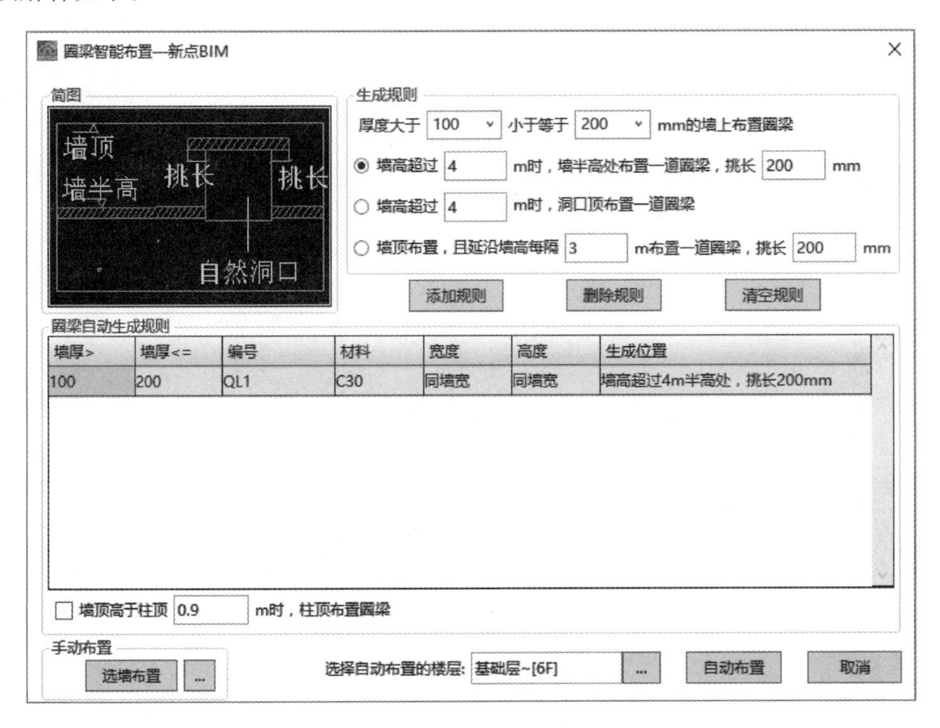

图 2.3.1.2-37　圈梁智能布置

简图：圈梁智能生成的简图，标识圈梁相关信息。

圈梁自动生成规则：设置墙厚、墙高等生成的条件后，软件将自动检索符合条件的墙体，并在设置好的位置放置相应圈梁。

生成规则：编辑圈梁生成规则条件。

操作说明：圈梁自动生成规则调整后，设置楼层布置范围，点击“自动布置”即可完成模型的创建。根据项目特点，如需要多种条件才能满足工程需要，可以通过“生成规则”中设置条件，然后点击“添加规则”按钮，即可将新的条件加入到下方的“圈梁自动生成规则”，当新添加规则与“圈梁自动生成规则”中墙厚区间相同时，则新添规则覆盖已有规则。

垫层智能布置

垫层构件位置分布比较分散、构件的尺寸需要外扩，绘制起来比较繁琐。因此提供垫层智能布置功能，以创建板的形式替代垫层，自动检索符合条件的基础构件，并在其下方放置相应规格的垫层。

菜单位置：BIM算量→智能布置→垫层智能布置，对话框如图2.3.1.2-38所示，按钮选项解释如下。

添加、删除：用于添加或删除垫层的布置条件。

生成方式：提供自动、手动方式。

依附构件：为所选构件类型将生成垫层。

操作说明：通常情况下设置好依附构件后点击“确定”即可完成模型的创建。如设计采用多层垫层做法时，点击“添加”按钮定义多层垫层同时布置，生成的垫层位置与列表顺序一致，由基础垫层依次向下生成。

砖模智能布置

提供砖模布置的原因同垫层，符合条件的基础构件，并将生成相应规格的砖模。

菜单位置：BIM算量→智能布置→砖模智能布置，对话框如图2.3.1.2-39所示，按钮选项解释如下。

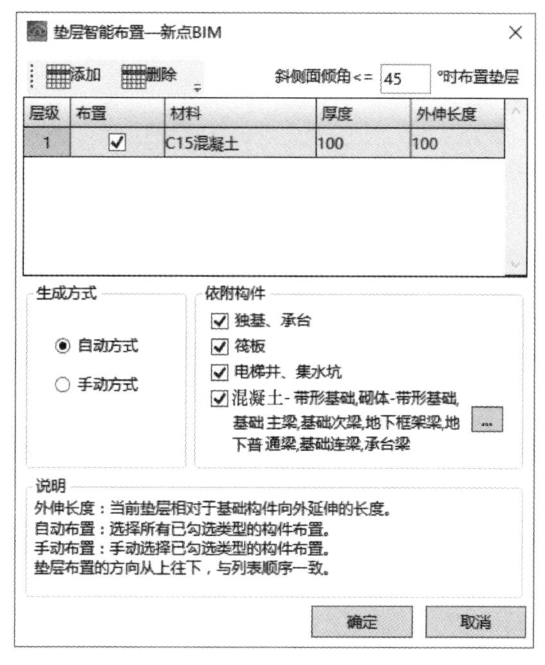

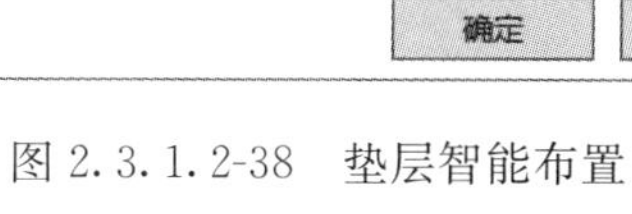

图2.3.1.2-38　垫层智能布置

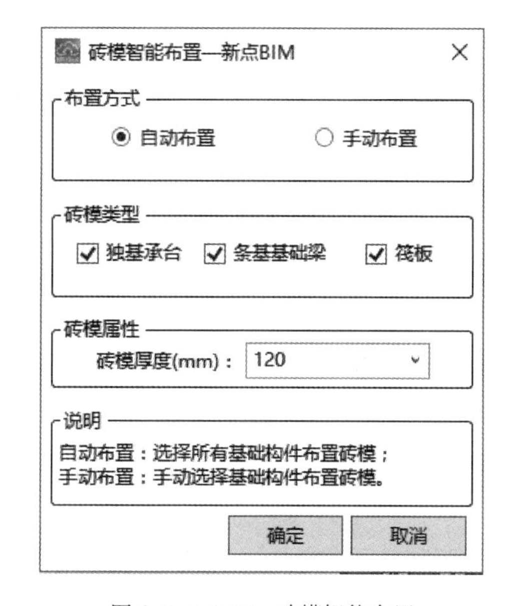

图2.3.1.2-39　砖模智能布置

布置方式：自动、手动两种模式布置。

砖模类型：为所选构件类型将生成砖模。

砖模属性：定义砖模的厚度。

操作说明：自动布置模式下，勾选需要布置砖模的构件类型及砖模厚度，点击“确定”即可。手动布置模式则在点击“确定”后，拾取需要布置砖模构件并点击“完成”。

坑槽智能布置

基础构件需要计算其土方开挖的工程量，软件通过坑槽智能布置命令，检索符合条件的基础构件迅速创建坑槽的可视化实体。

菜单位置：BIM 算量→智能布置→坑槽智能布置，对话框如图 2.3.1.2-40 所示，按钮选项解释如下。

布置方式：分为自动、手动布置两种模式。

坑槽类型：选择需要生成坑槽的构件类型。

坑槽属性：定义坑槽的编号、工作面宽、放坡系数和挖土深度。

操作说明：自动布置模式定义“坑槽属性”，选择需要布置坑槽的“构件类型”，点击“确定”即可。手动布置则点击“选择”按钮，拾取需要布置的基础构件后点击“完成”。

大开挖布置

通常情况下采用坑槽智能布置完成土方的建模，对于部分情况下土方开挖并不依赖主体构件时，采用大开挖自由绘制开挖的范围。

菜单位置：BIM 算量→智能布置→大开挖布置，对话框如图 2.3.1.2-41 所示，点击 ... 按钮，在构件列表中新建大开挖构件定义，如图 2.3.1.2-42 所示。

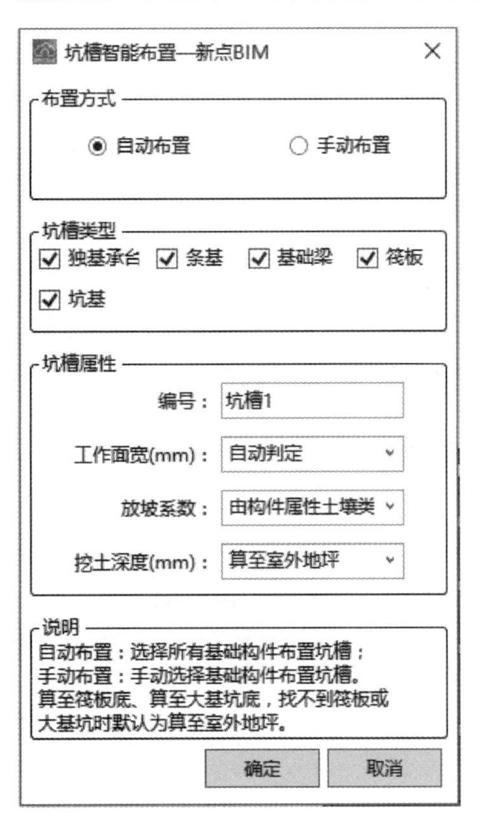

图 2.3.1.2-40　坑槽智能布置

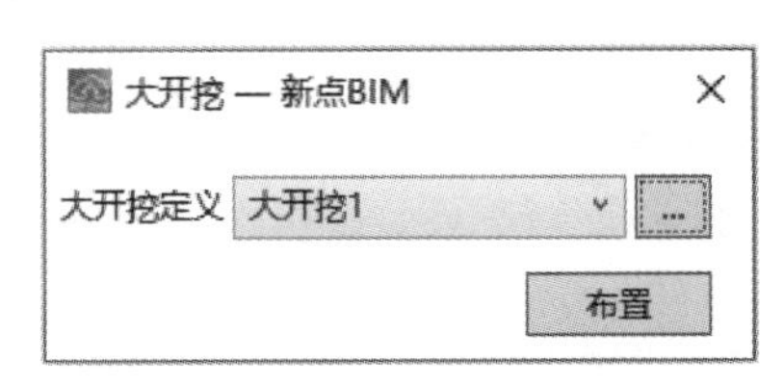

图 2.3.1.2-41　大开挖布置图

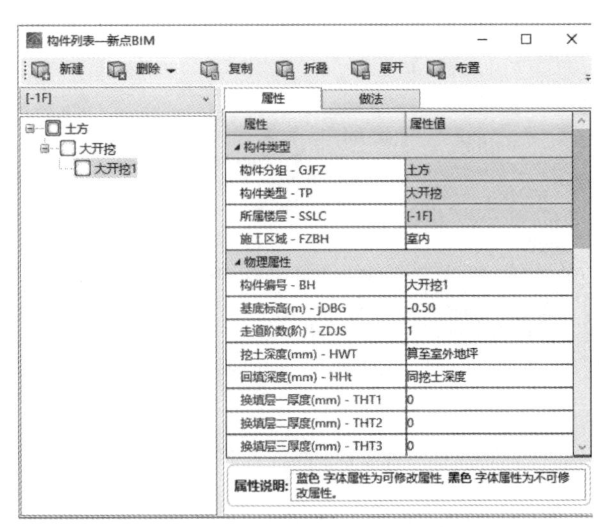

图 2.3.1.2-42　构件列表

操作说明：新建构件定义相关参数后，点击“布置”按钮，选择一个视图平面绘制坑底轮廓，按 ESC 结束命令即可。

非回填区域布置

通常情况下，回填土的工程量采用开挖量扣除构件埋设在土中所占体积，也会出现地下室停车场这种所占空间不需要回填的情况，此时绘制非回填区域，则停车场所占空间不参与土方回填量的计算。

菜单位置：BIM算量→智能布置→非回填区域布置，对话框如图2.3.1.2-43所示，定义名称后，以体量的形式创建不需要回填的区域范围。

装饰布置

Revit中提供墙、板饰面效果，但对于柱、梁等位置的饰面仍需完善。为满足视觉效果创建的模型有时候并不能同时满足装饰计算所需，因此提供了独立的装饰布置功能，下面具体介绍布置方法：

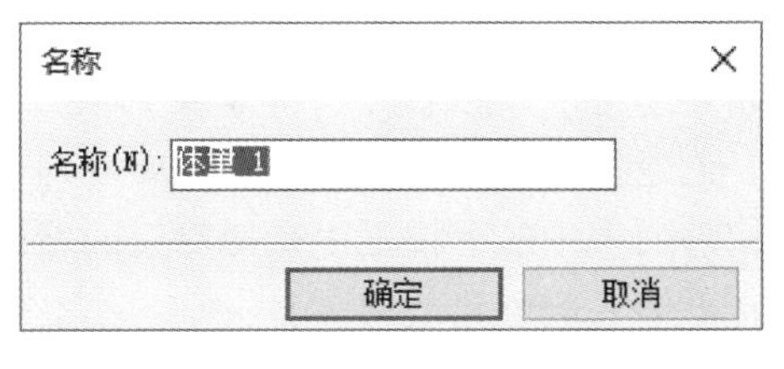

图2.3.1.2-43 体量布置

房间装饰自动布置

菜单位置：BIM算量→装饰→房间装饰自动布置，对话框如图2.3.1.2-44所示。选择需要布置的楼层，软件将列出楼层中已创建的房间名称，在构件定义列表下定义墙面、墙裙、踢脚等装饰做法，然后在构件定义中指定房间属性，选择各个房间对应的装饰，全部编辑完成后点击布置即可，完成后可在楼层平面查看布置结果。

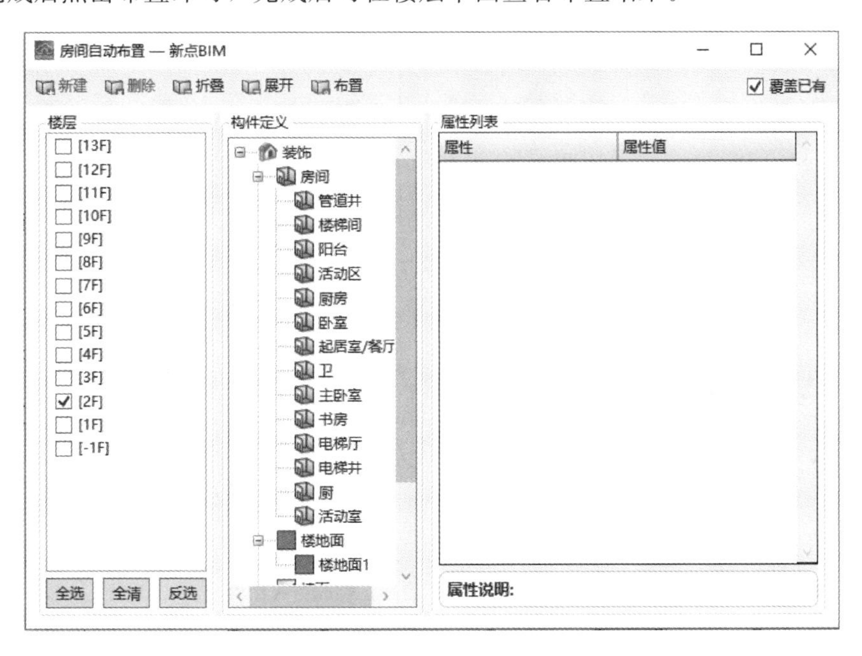

图2.3.1.2-44 房间自动布置

房间装饰手动布置

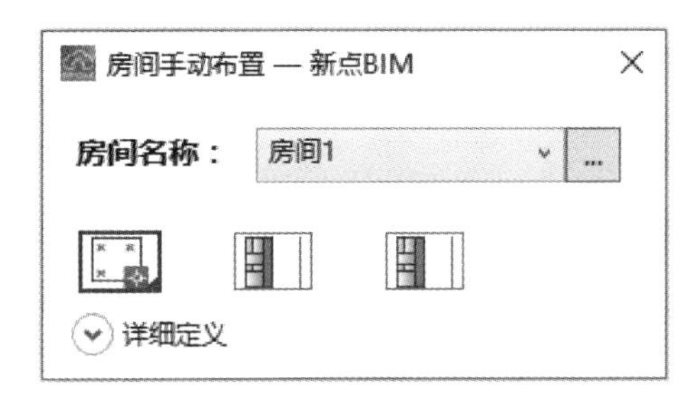

图2.3.1.2-45 房间装饰手动布置

菜单位置：BIM算量→装饰→房间装饰手动布置，对话框如图2.3.1.2-45所示。首先点击右侧按钮，在构件列表对话框中新建房间及装饰做法，在房间属性里设置房间对应的墙面、天棚、楼地面等装饰做法，最后点击布置按钮在房间装饰手动布置界面，选择需要布置的房间名称。房间手动布置有三种方式：点击房间内一点布置、选墙布置、拆分房间装饰，选择好布置方式后在楼层平面操作即可完成房间布置。

外墙装饰布置

菜单位置：BIM 算量→装饰→外墙装饰布置，对话框如图 2.3.1.2-46 所示。勾选需要布置的楼层，然后在构件定义列表下创建装饰定义。右键点击装饰类型，创建装饰定义。创建构件定义后，可在右侧属性列表中编辑装饰属性。外墙装饰定义都编辑完成后，在构件列表中的下拉框中选择对应的墙面、踢脚、墙裙、其他面，最后点击布置按钮，自动在外墙外侧创建装饰。

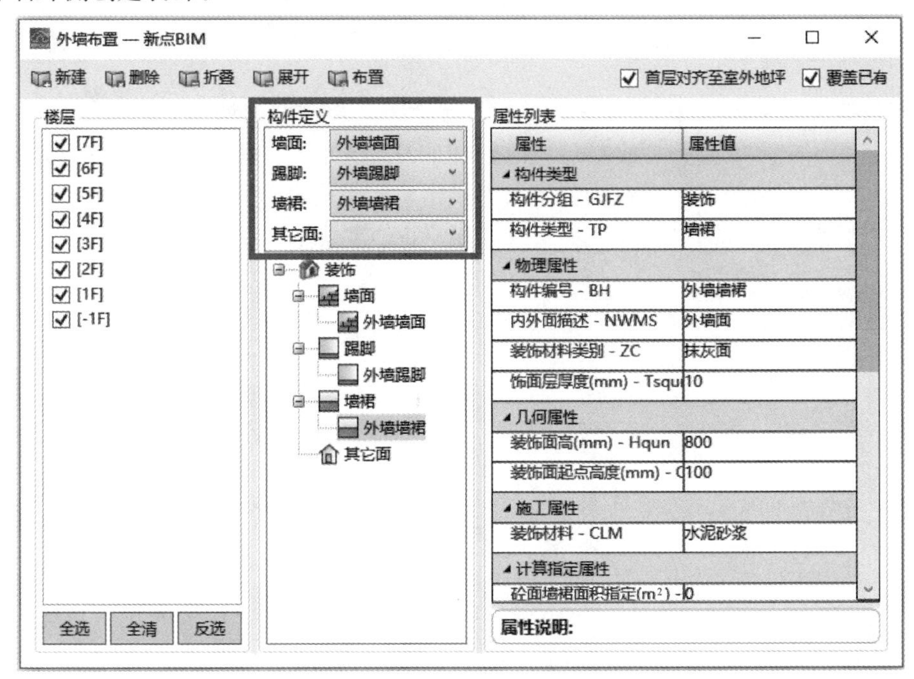

图 2.3.1.2-46　外墙布置图

墙面布置

菜单位置：BIM 算量→装饰→墙面布置，对话框如图 2.3.1.2-47 所示。点击右侧按钮创建装饰定义，选择需要布置定义后，点击布置按钮，在楼层平面中沿着墙侧面绘制墙面，完成绘制后按 ESC 结束编辑。

墙裙布置

菜单位置：BIM 算量→装饰→墙面布置，对话框如图 2.3.1.2-48 所示，操作说明同墙面。

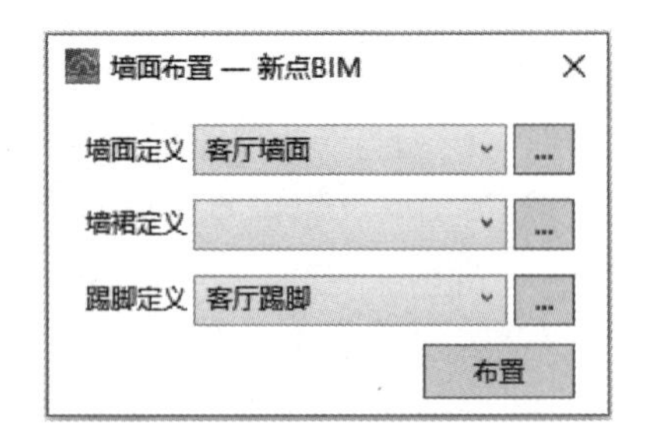

图 2.3.1.2-47　墙面手动布置图

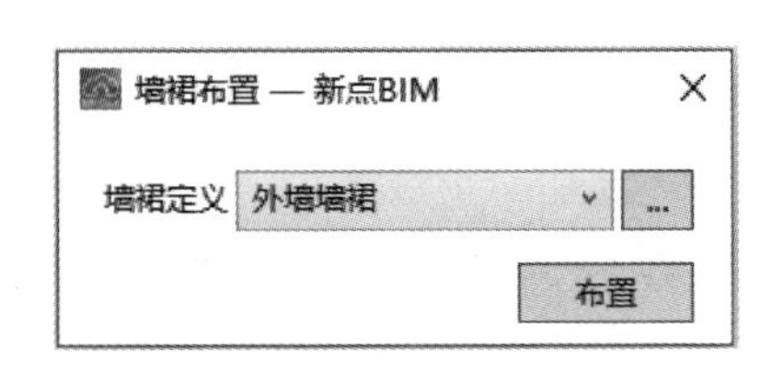

图 2.3.1.2-48　墙裙布置图

踢脚布置

菜单位置：BIM 算量→装饰→墙面布置，对话框如图 2.3.1.2-49 所示，操作说明同墙面。

选柱布置

菜单位置：BIM 算量→装饰→选柱布置，对话框如图 2.3.1.2-50 所示，操作说明同墙面。

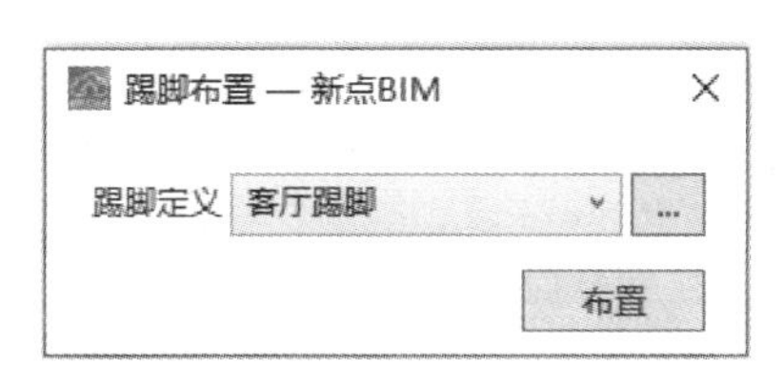

图 2.3.1.2-49 踢脚布置图

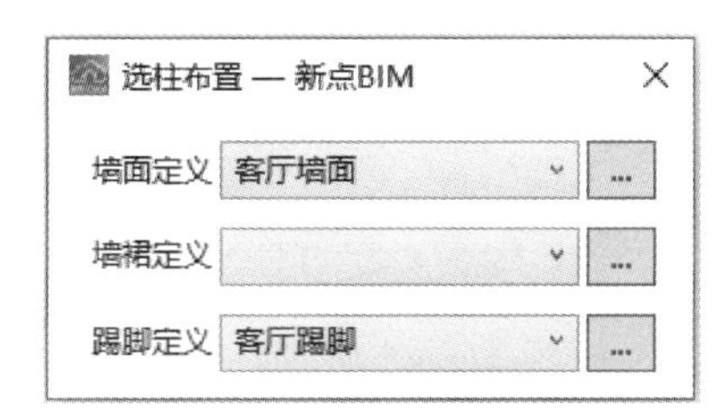

图 2.3.1.2-50 选柱布置图

地面布置

菜单位置：BIM 算量→装饰→地面布置，对话框如图 2.3.1.2-51 所示。在下拉列表中选择需要布置的装饰定义，若不存在点击右侧按钮创建装饰定义。选择完成后，点击布置按钮，在楼层平面中绘制地面的轮廓线，完成绘制后按 ESC 结束编辑。

天棚布置

菜单位置：BIM 算量→装饰→天棚布置，对话框如图 2.3.1.2-52 所示，操作说明同地面。

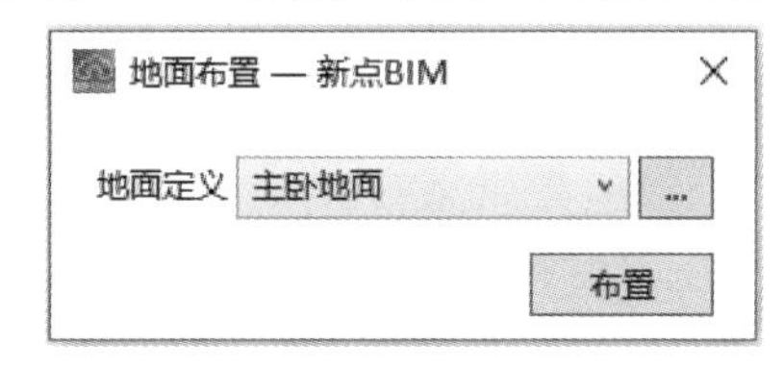

图 2.3.1.2-51 地面布置

图 2.3.1.2-52 天棚布置

屋面布置

菜单位置：BIM 算量→装饰→屋面布置，对话框如图 2.3.1.2-53 所示。在下拉列表中选择需要布置的装饰定义，若没有合适的定义，点击右侧按钮创建装饰定义。选择完成后，点击布置按钮，在楼层平面中绘制屋顶的轮廓线，完成绘制后按 ESC 结束编辑。

套用做法

BIM 算量可以在不挂接清单、定额的时候直接出实物工程量，那么需要出清单、定额量又该如何操作，下面详细介绍挂接做法的几种方式：

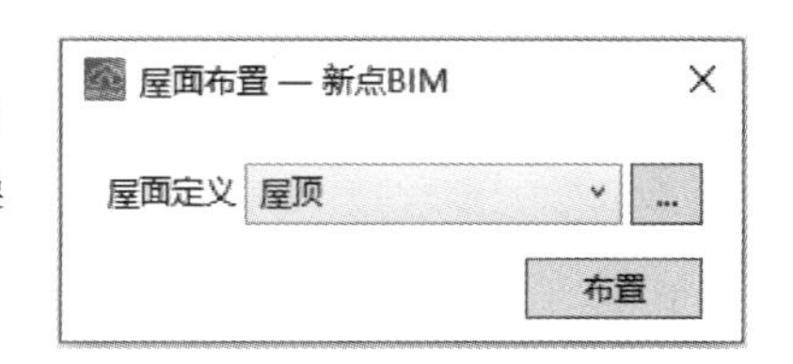

图 2.3.1.2-53 屋面布置

构件列表套用做法

构件列表上挂接做法为主要的方式之一，在列表中选择构件类型，逐个定义挂接做法。

菜单位置：BIM 算量→构件列表，在做法页面挂接做法，界面如图 2.3.1.2-54 所示。

操作比较简单，先点击左侧选择需要定义做法的构件，右侧做法界面选择所需清单、

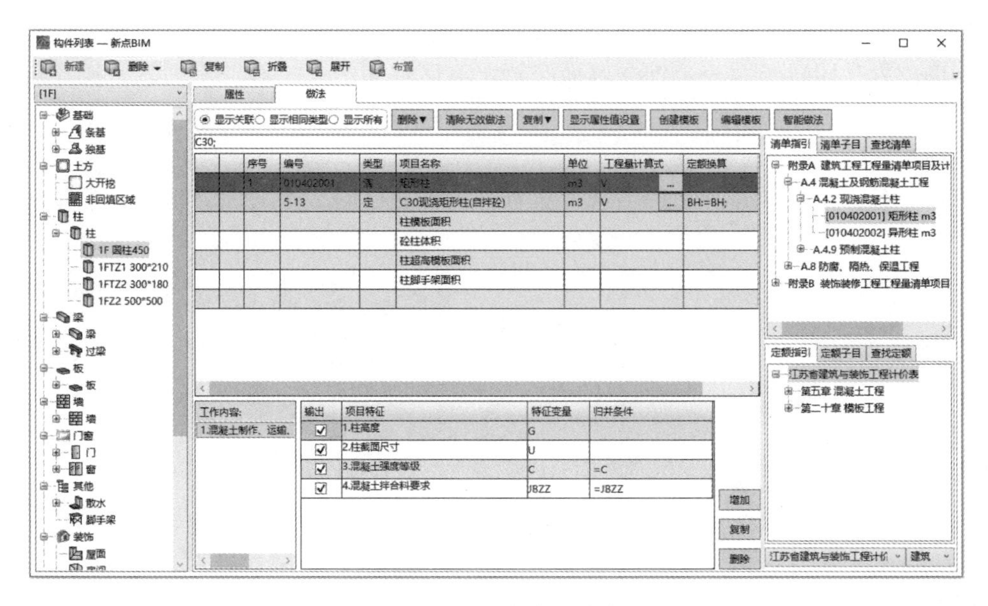

图 2.3.1.2-54　构件列表做法

定额双击即可完成做法的挂接。

其中右侧清单的挂接提供了清单指引、清单子目、查找清单三种方式。清单指引根据所选构件类型仅列举推荐清单项；清单子目则列举全部清单项自行选择；查找清单可以通过录入清单编号或名称完成筛选。

挂接好的清单下方将显示出该清单的项目特征，可根据需要调整特征描述及变量。

套完清单后再套定额，具体操作与清单类似。

套完清单定额后，需要检查工程量计算式是否正确。如需要更改，点击单元格右侧按钮，在表达式对话框中进行修改。

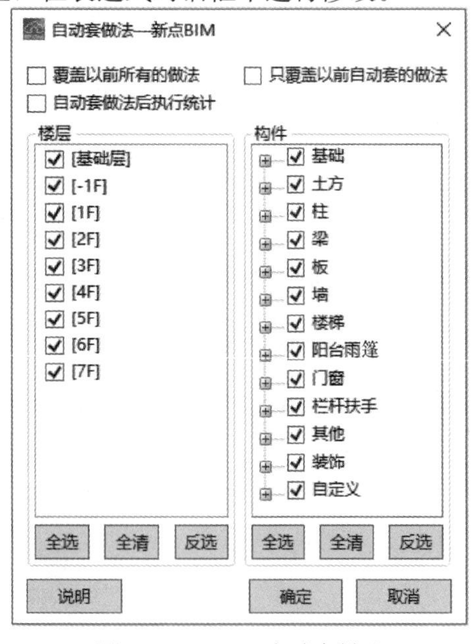

图 2.3.1.2-55　自动套做法

构件做法套好后可以使用复制功能，将当前构件的做法复制给其他做法相同的构件，也可应用其他已经挂接好的构件做法。

自动套做法

自动套做法为挂接做法的另一种方式，将所选楼层和构件类型范围的构件，按照做法维护规则的条件进行自动完成做法挂接。

菜单位置：BIM 算量→自动套，弹出的对话框如图 2.3.1.2-55 所示。

自动套做法界面还提供了覆盖以前所有做法、覆盖以前自动套的做法两种覆盖工程中残留做法的方式。

① 勾选覆盖以前所有做法，系统将清空工程中以任何形式挂接的历史做法，并自动套挂接新的做法。

② 勾选覆盖以前自动套的做法，系统仅清空之前采用自动套挂接的做法，然后对未挂接做法构件自动挂接做法。

③ 勾选自动套做法后执行统计，系统自动套做法后执行统计命令。

做法维护

做法维护功能用于定义及管理自动套的做法套用模板，各省份规则不同模板库也不同，根据自身理解调整模板。若构件不满足做法维护里的判断条件，或者无对应构件类型规则条件，则该不挂接做法，此时若想挂接则在维护中进行补充。

菜单位置：BIM 算量→自动套→做法维护，对话框如图 2.3.1.2-56 所示，操作说明如下。

图 2.3.1.2-56 做法维护

在左侧构件列表中选择需要修改做法模板的构件类型。

做法名称表格中列出该构件类型下的所有做法，包括做法名称以及套做法条件判定，自动套时按照该列表顺序进行做法匹配。

项目特征表格中列出做法项目选中清单下的项目特征，包括项目特征、特征变量、归并条件，根据情况勾选输出。

新增一个做法名称，默认会给出序号、清单名称标识和构件名称，手动编辑做法名称以及套做法条件判定，做法名称不能和已有名称重复。

做法项目中选中清单条目，可以增加、删除、复制项目特征条目。

做法维护提供了导入导出功能，方便做法模板数据的共享。

做法清空

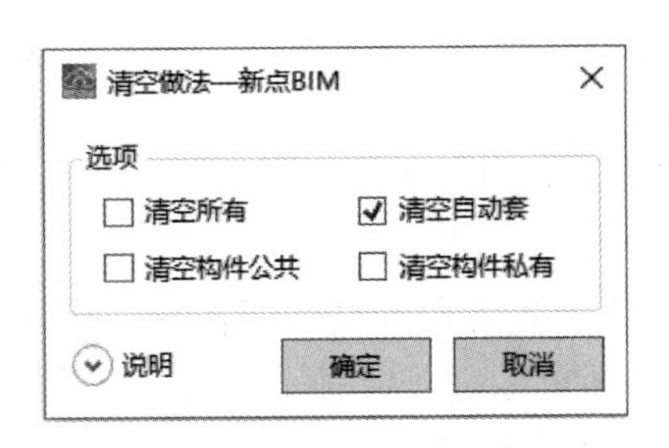

图 2.3.1.2-57　清空做法

在做法数据套用有误，模型中残留之前的做法，这时可使用清空做法命令，再重新完成做法的挂接。菜单位置：BIM算量→自动套→清空做法，对话框如图 2.3.1.2-57 所示。清空所有为清除模型中挂接的所有做法。清空自动套则仅清除自动套挂接的做法。清空构件私有则仅清空属性查询中挂接的做法。

汇总计算

汇总计算是按照工程量计算规则，根据所选的楼层、区域、构件类型、进度等条件完成工程量计算，操作界面如图 2.3.1.2-58 所示。

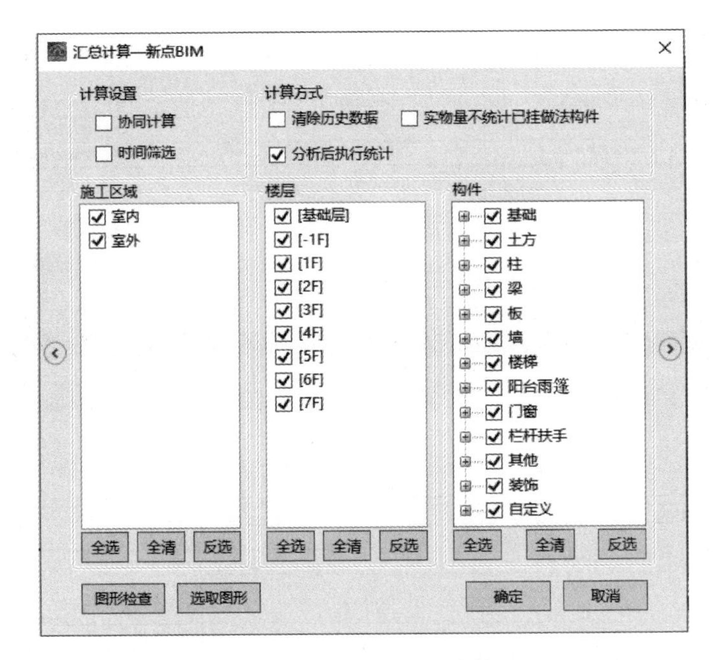

图 2.3.1.2-58　汇总计算

清除历史数据：勾选后汇总计算之前会清除历史计算数据，选中的所有构件重新计算。

分析后执行统计：勾选后汇总计算结束后直接进行工程量统计。

实物量不统计已挂做法构件：勾选后统计实物量时跳过已经挂接做法的构件，只统计没有做法的构件。

统计输出

构件汇总计算结束后，执行统计命令，菜单位置：BIM算量→统计，弹出对话框，如图 2.3.1.2-59 所示，该对话框主要是筛选需要统计输出的构件，还提供了浏览上次结果功能，方便快速查看统计结果。

点击确定后，进行统计，弹出进度条，如图 2.3.1.2-60 所示，工程量统计包括两个内容：实物量归并、清单工程量归并，同时显示归并进度以及当前归并构件信息。

统计结束后，弹出工程量分析统计对话框，对话框主要包括两页，分别是实物工程

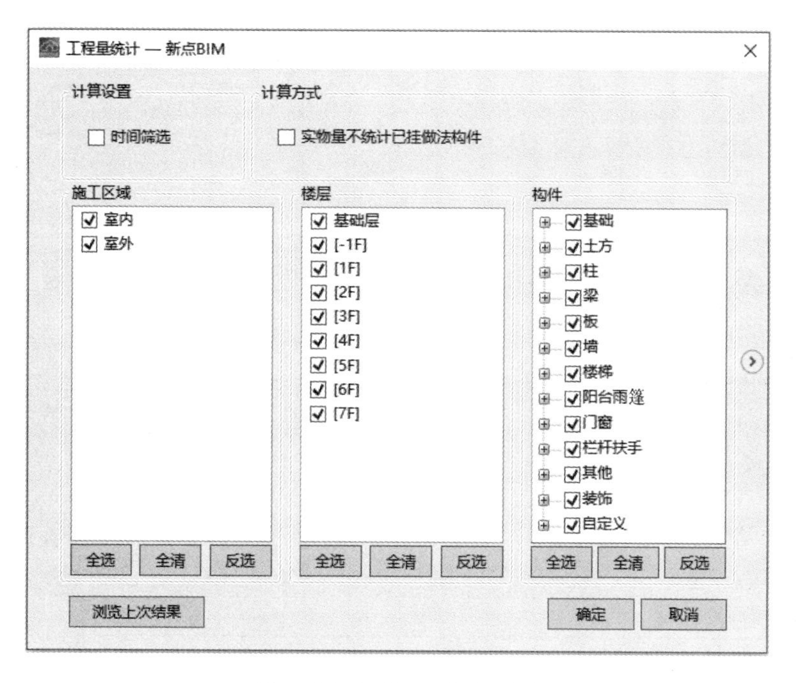

图 2.3.1.2-59　工程量统计

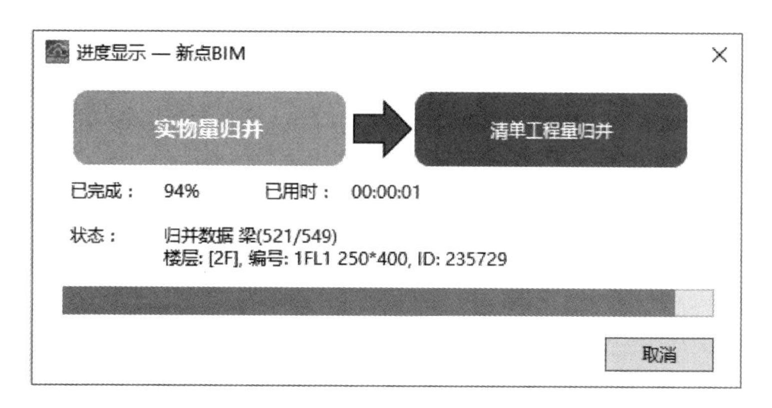

图 2.3.1.2-60　统计进度条

量、清单工程量，如图 2.3.1.2-61、图 2.3.1.2-62 所示。

实物工程量，主要是显示实际模型工程量，按照工程设置的工程量输出规则来统计归并需要输出的构件实物量。在该表格中，双击或者右键点击汇总实物量条目也可挂接做法，这种在实物量上直接挂接做法的方法，方便快速出做法量。

清单工程量选项卡：包括工程量清单、清单定额、定额子目汇总、措施定额汇总。工程量清单只显示清单条目；清单定额显示所有挂接的清单条目、定额条目；定额子目汇总只显示挂接在清单下的定额子目；措施定额汇总显示所有的措施定额条目。对话框中还显示出当前选中做法条目下对应的构件及其基本信息。

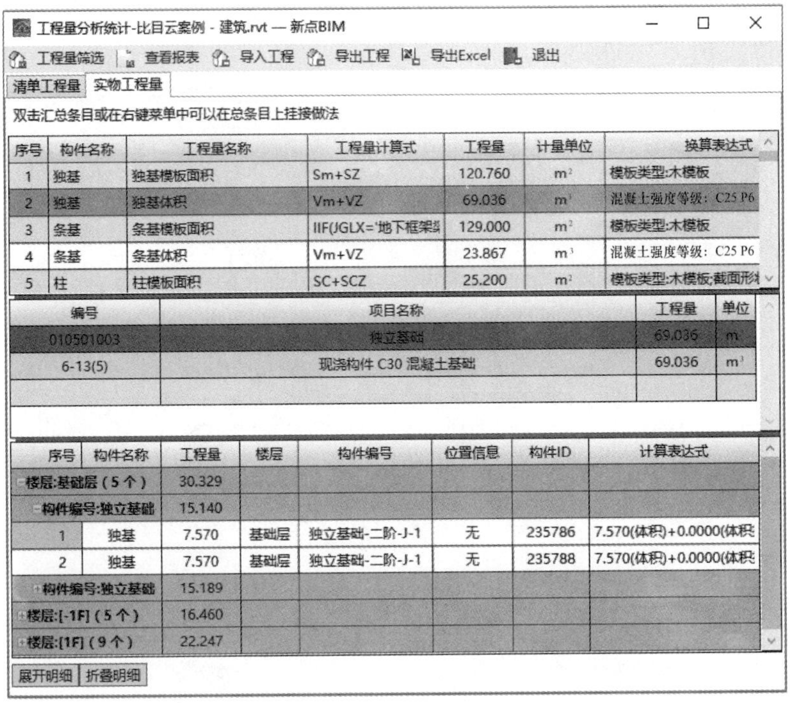

工程量分析统计-比目云案例 - 建筑.rvt — 新点BIM

工程量筛选 | 查看报表 | 导入工程 | 导出工程 | 导出Excel | 退出

清单工程量 | 实物工程量

双击汇总条目或在右键菜单中可以在总条目上挂接做法

序号	构件名称	工程量名称	工程量计算式	工程量	计量单位	换算表达式
1	独基	独基模板面积	Sm+SZ	120.760	m²	模板类型:木模板
2	独基	独基体积	Vm+VZ	69.036	m³	混凝土强度等级：C25 P6
3	条基	条基模板面积	IIF(JGLX='地下框架	129.000	m²	模板类型:木模板
4	条基	条基体积	Vm+VZ	23.867	m³	混凝土强度等级：C25 P6
5	柱	柱模板面积	SC+SCZ	25.200	m²	模板类型:木模板;截面形

编号	项目名称	工程量	单位
010501003	独立基础	69.036	m³
6-13(5)	现浇构件 C30 混凝土基础	69.036	m³

序号	构件名称	工程量	楼层	构件编号	位置信息	构件ID	计算表达式
楼层:基础层（5 个）		30.329					
构件编号:独立基础		15.140					
1	独基	7.570	基础层	独立基础-二阶-J-1	无	235786	7.570(体积)+0.0000(体积
2	独基	7.570	基础层	独立基础-二阶-J-1	无	235788	7.570(体积)+0.0000(体积
构件编号:独立基础		15.189					
楼层:[-1F]（5 个）		16.460					
楼层:[1F]（9 个）		22.247					

展开明细 | 折叠明细

图 2.3.1.2-61　实物工程量

工程量分析统计-比目云案例 - 建筑.rvt — 新点BIM

工程量筛选 | 查看报表 | 导入工程 | 导出工程 | 导出Excel | 退出

清单工程量 | 实物工程量

显示方式

◉ 工程量清单　○ 清单定额　○ 定额子目汇总　○ 措施定额汇总

项目编码	项目名称(含特征描述)	工程数量	单位	施工区域
10402001002	砌块墙 1.空心砖、砌块品种、规格、强度:加气混凝土砌块; 2.墙体厚度:0.18m; 3.砂浆强度等级:M5; 4.墙体类型:内墙;	74.221	m3	室内
10402001003	砌块墙 1.空心砖、砌块品种、规格、强度:加气混凝土砌块; 2.墙体厚度:0.12m; 3.砂浆强度等级:M5; 4.墙体类型:内墙;	12.554	m3	室内

构件名称	构件编号	楼层	工程量	构件Id	计算表达式
楼层:[1F]（3 个）			14.948		
构件编号:1FQT2 180（3			14.948		
墙	1FQT2 180	[1F]	4.399	225736	iif('砌体墙'(结构类型)='幕墙' or '砌体墙'(结构类型)=
墙	1FQT2 180	[1F]	8.501	200208	iif('砌体墙'(结构类型)='幕墙' or '砌体墙'(结构类型)=
墙	1FQT2 180	[1F]	2.048	200205	iif('砌体墙'(结构类型)='幕墙' or '砌体墙'(结构类型)=
楼层:[2F]（3 个）			7.105		
楼层:[3F]（8 个）			23.746		
楼层:[4F]（8 个）			23.738		

展开明细 | 折叠明细

图 2.3.1.2-62　清单工程量

输出报表

软件内置了多种样式报表，包含实物量汇总表、实物量明细表、做法明细表等，用户根据实际情况选择。菜单位置：BIM算量→查看报表，也可以直接点击统计界面的查看报表按钮，弹出的对话框如图2.3.1.2-63所示，按钮选项解释如下。

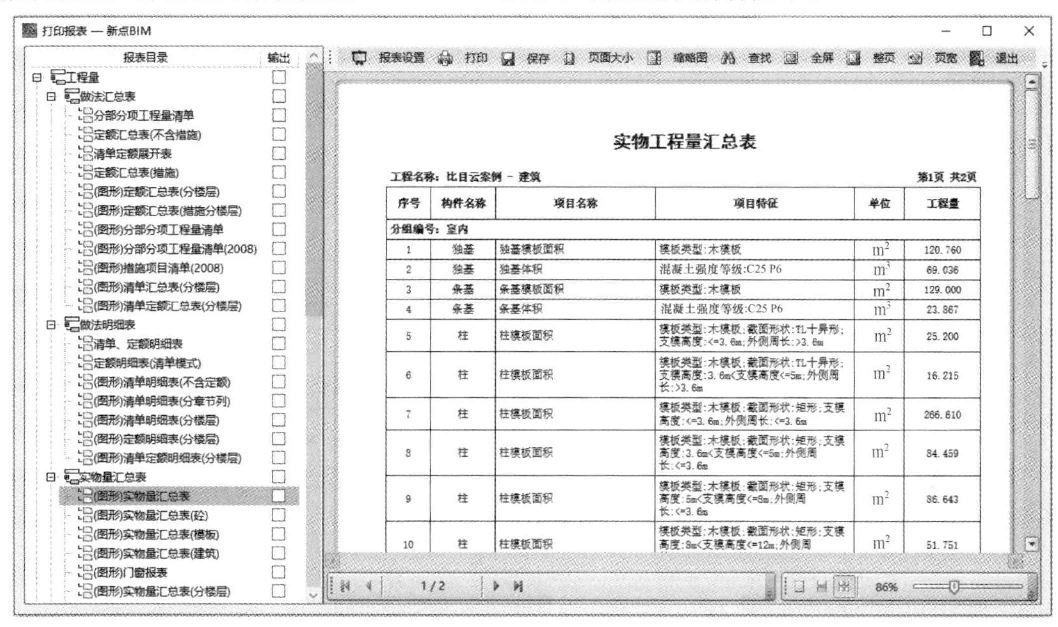

实物工程量汇总表

工程名称：比目云案例 - 建筑　　第1页 共2页

序号	构件名称	项目名称	项目特征	单位	工程量
分组编号：室内					
1	独基	独基模板面积	模板类型:木模板	m^2	120.760
2	独基	独基体积	混凝土强度等级:C25 P6	m^3	69.036
3	条基	条基模板面积	模板类型:木模板	m^2	129.000
4	条基	条基体积	混凝土强度等级:C25 P6	m^3	23.867
5	柱	柱模板面积	模板类型:木模板;截面形状:TL十异形;支模高度:<=3.6m;外侧周长:>3.6m	m^2	25.200
6	柱	柱模板面积	模板类型:木模板;截面形状:TL十异形;支模高度:3.6m<支模高度<=5m;外侧周长:>3.6m	m^2	16.215
7	柱	柱模板面积	模板类型:木模板;截面形状:矩形;支模高度:<=3.6m;外侧周长:<=3.6m	m^2	266.610
8	柱	柱模板面积	模板类型:木模板;截面形状:矩形;支模高度:3.6m<支模高度<=5m;外侧周长:<=3.6m	m^2	84.459
9	柱	柱模板面积	模板类型:木模板;截面形状:矩形;支模高度:5m<支模高度<=8m;外侧周长:<=3.6m	m^2	86.643
10	柱	柱模板面积	模板类型:木模板;截面形状:矩形;支模高度:8m<支模高度<=12m;外侧周	m^2	51.751

图2.3.1.2-63　打印报表

报表设置：勾选显示的报表列。

打印：弹出打印对画框，打印左侧勾选输出的报表。

保存：可以将报表保存为Excel、Pdf、Word格式。

页面大小：设置报表页面的尺寸。

小节练习题

1.（单选）当基础底有垫层时，坑槽布置界面中的挖土深度是指从（　　）算到室外地坪的高度。

A. 垫层底　　B. 垫层顶

C. 基础底　　D. 都可以

2.（单选）下列选项中不属于智能布置的是（　　）。

A. 构造柱　　B. 坑槽

C. 模板　　D. 圈梁

3.（多选）以下哪些构件需要计算模板工程量（　　）软件？

A. 现浇混凝土柱　　B. 砌体墙

C. 圈梁　　D. 剪力墙

参考答案：

1. D；2. C；3. ACD。

2.3.2 安装工程

导语：本节主要讲安装工程基于BIM专业算量软件计量的实物操作，并辅以大量功能图片以及功能的讲解，让读者明白软件设置这些功能的原因以及功能是如何在软件中实现的。

2.3.2.1 流程介绍

运用BIM 5D算量软件完成一栋建筑安装模型的算量工作基本应遵循图2.3.2.1-1所示的算量工作流程：

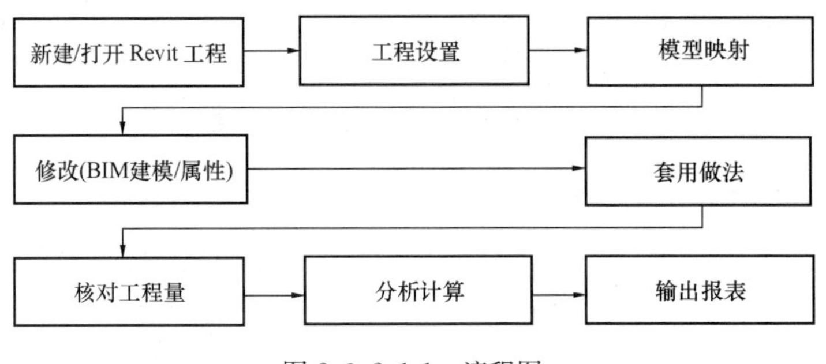

图2.3.2.1-1 流程图

下面就主要步骤作一个简单的说明，具体操作因为在建筑与装饰工程部分已经作了详细介绍，这里不再赘述。

工程设置：选择计量模式，设置楼层、映射规则、工程特征等。

模型映射：调整映射规则，将Revit模型转换为工程量分析模型。

分析计算：汇总计算工程量，可查看工程量计算式，输出工程量。

输出报表：按专业输出工程量报表，以便用户对计算结果有详细的了解。

2.3.2.2 功能详解

安装算量的主要操作流程与操作方法与土建相同，通用部分不再赘述，这里仅针对安装算量的特有功能进行说明。

系统定义

功能说明：Revit中没有集中控制与管理构件系统与回路的功能，并且缺少电气专业的系统与回路。因此软件提供了功能，用于对工程中的专业、系统以及回路进行统一的设置与管理。软件提供了默认的系统数据，用户可以根据实际需要选择性地应用到当前工程，同时软件会读取Revit工程已有的系统数据。用户可以根据需要灵活调整，以便在算量中更好地运用。

菜单位置：【BIM安装】→【工程设置】→【系统定义】

操作步骤：设置所需的系统类型、回路编号等信息，勾选是否启用Revit视图过滤器后点击确定。功能如下图2.3.2.2-1所示。

其中：

左侧类型名称树节点显示的是所有的专业类型，其节点下显示的是系统类型，以及右侧的回路编号等信息。在软件中所有构件的系统分为三个节点：专业类型、系统类型、回路编号，他们之间呈上下级关系。

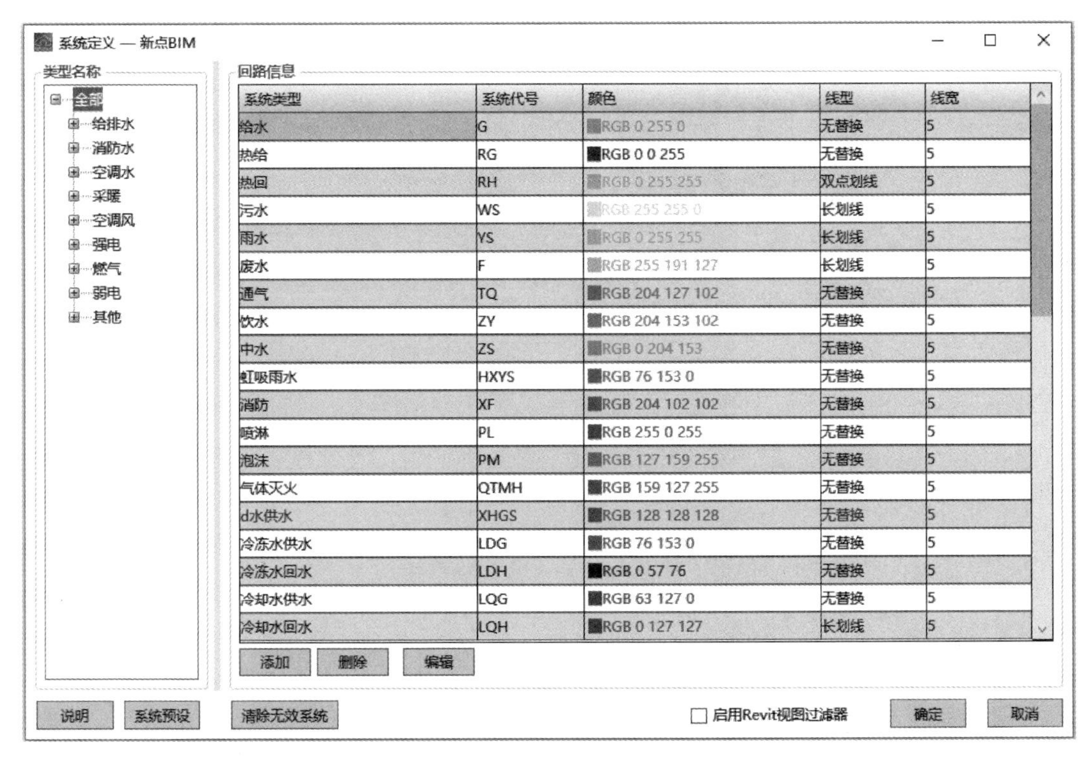

图 2.3.2.2-1　系统定义图

【清除无效系统】：清除当前工程中未应用到的系统类型和回路编号。

【启用 Revit 视图过滤器】：使用 Revit 视图过滤器的方式给回路着色。

【系统预设】：软件默认系统类型数据。

构件布置

防雷接地

① 防雷接地线布置

功能说明：Revit 中没有布置防雷接地线的功能，因此软件提供了防雷接地线布置功能，让用户可以在平面视图中布置防雷接地线。

菜单位置：【BIM 安装】→【防雷接地】→【防雷接地线布置】

操作步骤：点击功能按钮，新建/使用已有防雷接地线定义，然后在映射的楼层视图内布置。功能如下图 2.3.2.2-2、图 2.3.2.2-3、图 2.3.2.2-4 所示。

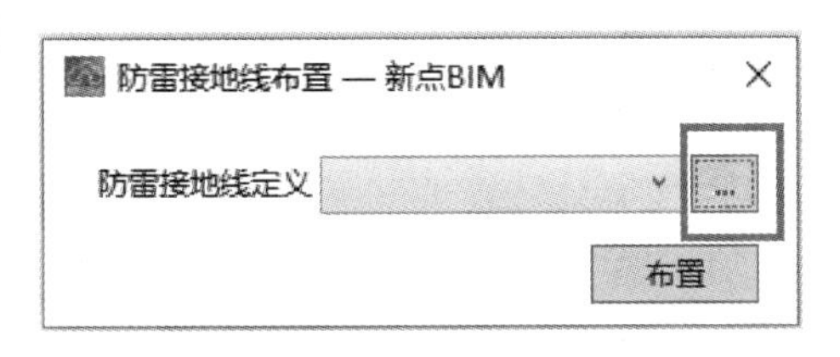

图 2.3.2.2-2　布置防雷接地线布置

② 防雷接地设备布置

功能说明：Revit 中没有布置防雷接地设备的功能，因此软件提供了防雷接地设备布置功能，让用户可以在平面视图中布置防雷接地设备。

菜单位置：【BIM 安装】→【防雷接地】→【防雷接地设备布置】

操作步骤：同防雷接地线布置。功能如图 2.3.2.2-5、图 2.3.2.2-6 所示。

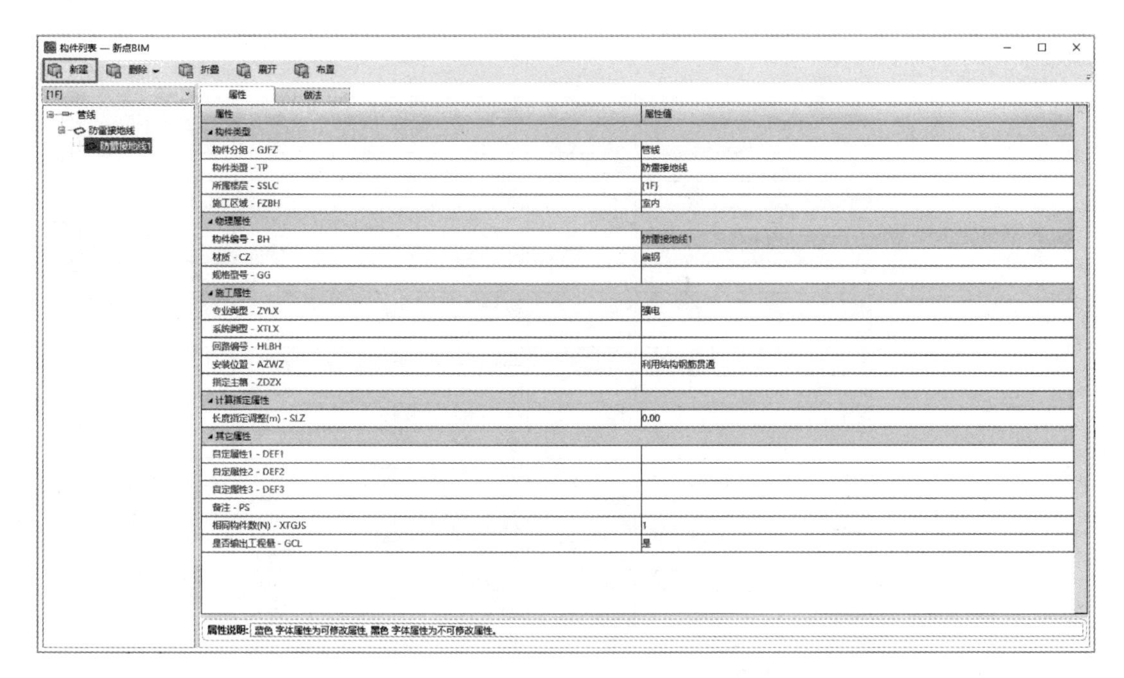

图 2.3.2.2-3　新建防雷接地线定义

图 2.3.2.2-4　防雷接地线效果图

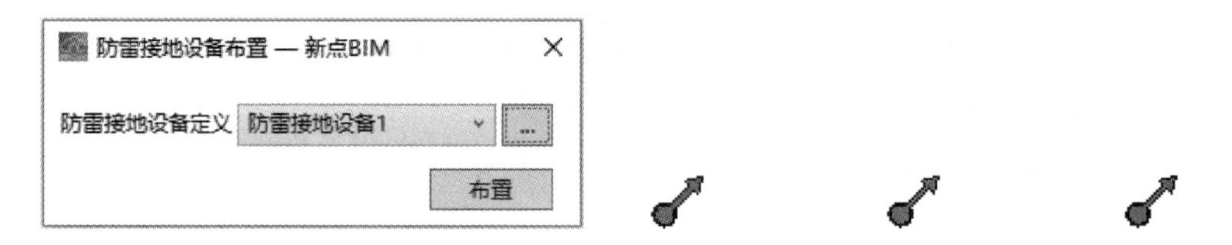

图 2.3.2.2-5　布置防雷接地设备　　　　图 2.3.2.2-6　防雷接地设备效果图

电气配电

由于 Revit 中仅提供了二维的电线功能，可视化较弱且无法创建竖向构件，因此软件提供了按照配电系统快捷创建电线、电缆实体系列功能，并可赋予配电系统信息。

① 配电系统管理

功能说明：Revit 中缺少电气专业的系统与回路，因此软件提供了功能，可以根据传统的电气系统图习惯，以配电箱柜为单位对回路编号和线管组合进行定义和管理。

菜单位置：【BIM 安装】→【电气配电】→【配电系统管理】

设置负荷名称、回路编号、线管组合后添加到配电箱柜中。功能如图 2.3.2.2-7 所示。

【回路编号】：新建/删除回路编号。

【线管组合】：新建/删除线管组合。

此外，还可选择新添加的回路数据进行编辑，功能包括删除、复制至、移动至。删

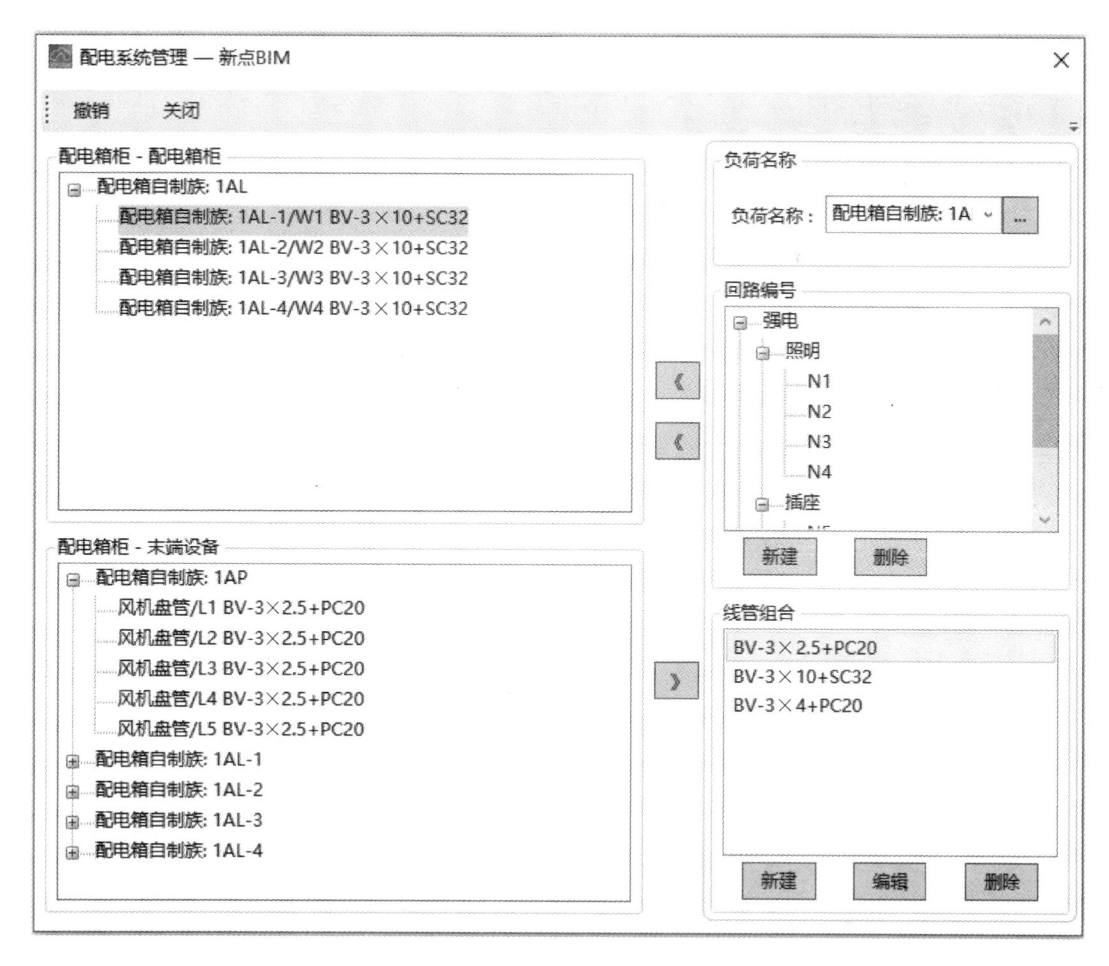

图 2.3.2.2-7　配电系统管理

除：将选中项删除。复制至：将选中项复制到指定的节点下，双击完成。移动至：将选中项移动到指定的节点下，双击完成。

② 设备连线

功能说明：通过该功能选择两个设备后，可依据所选敷设方式自动沿层底或层顶生创建电线/电缆模型。

菜单位置：【BIM 安装】→【电气配电】→【设备连线】

操作步骤：选取所需布置的配电系统回路，设置相关参数后，选取设备连接。功能如下图 2.3.2.2-8、2.3.2.2-9 所示。

【灯具竖向管线设置】：设置灯具管线竖向根数（仅当设备为灯具时起作用）。

③ 桥架配线

功能说明：Revit 中缺少可以布置实体电线电缆的方式，并且缺少快捷的通过桥架进行布线的功能，因此软件提供了功能，通过引入端与引出端的设置，自动生成路径，从而实现桥架快捷配线。

菜单位置：【BIM 安装】→【电气配电】→【桥架配线】

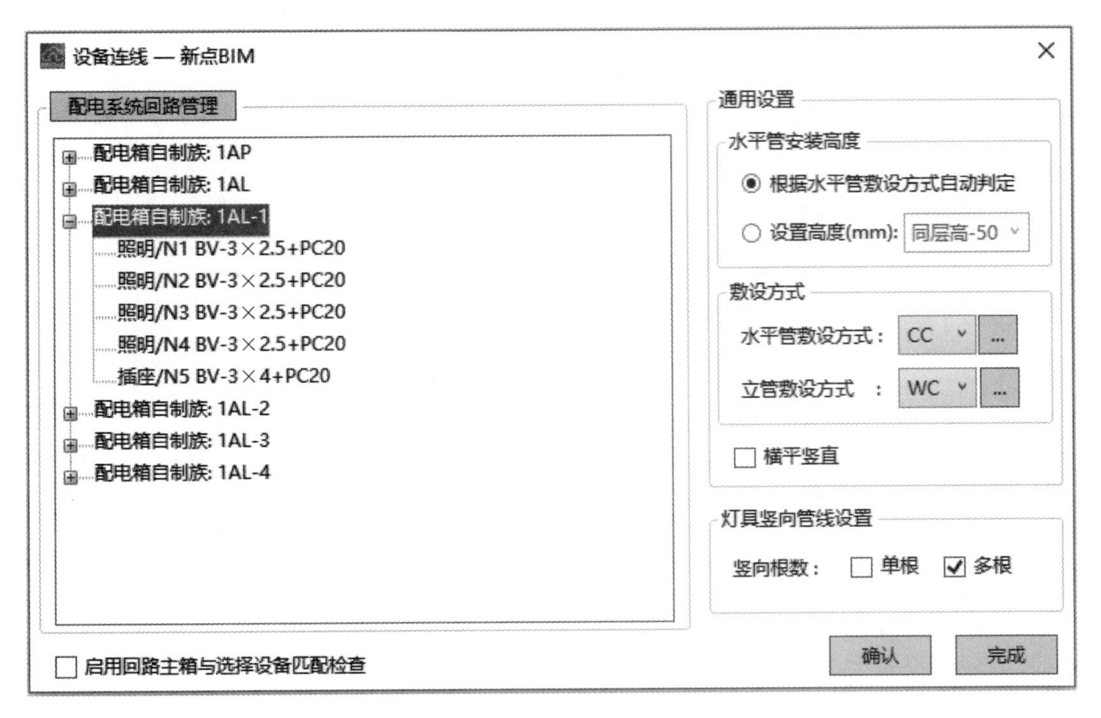

图 2.3.2.2-8　设备连线

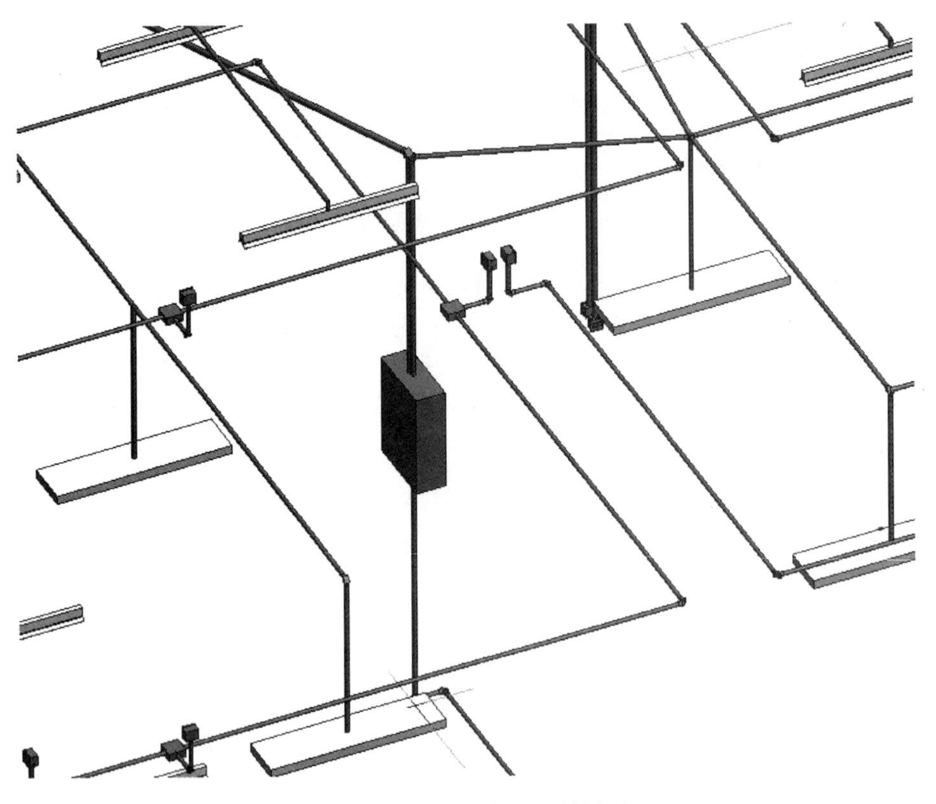

图 2.3.2.2-9　设备连线效果图

操作步骤：设置引入/引出端后，选择路径，设置所需配置的电线电缆及线管，完成配线。功能如下图 2.3.2.2-10～图 2.3.2.2-13 所示。

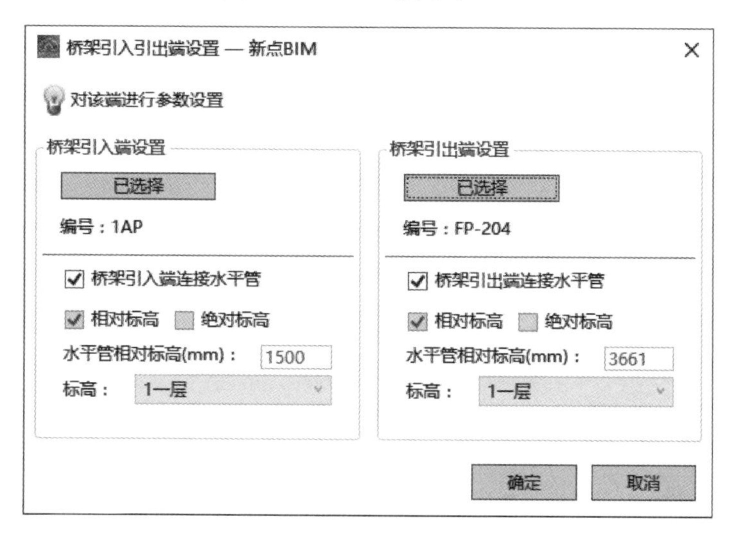

图 2.3.2.2-10　桥架引入引出端设置

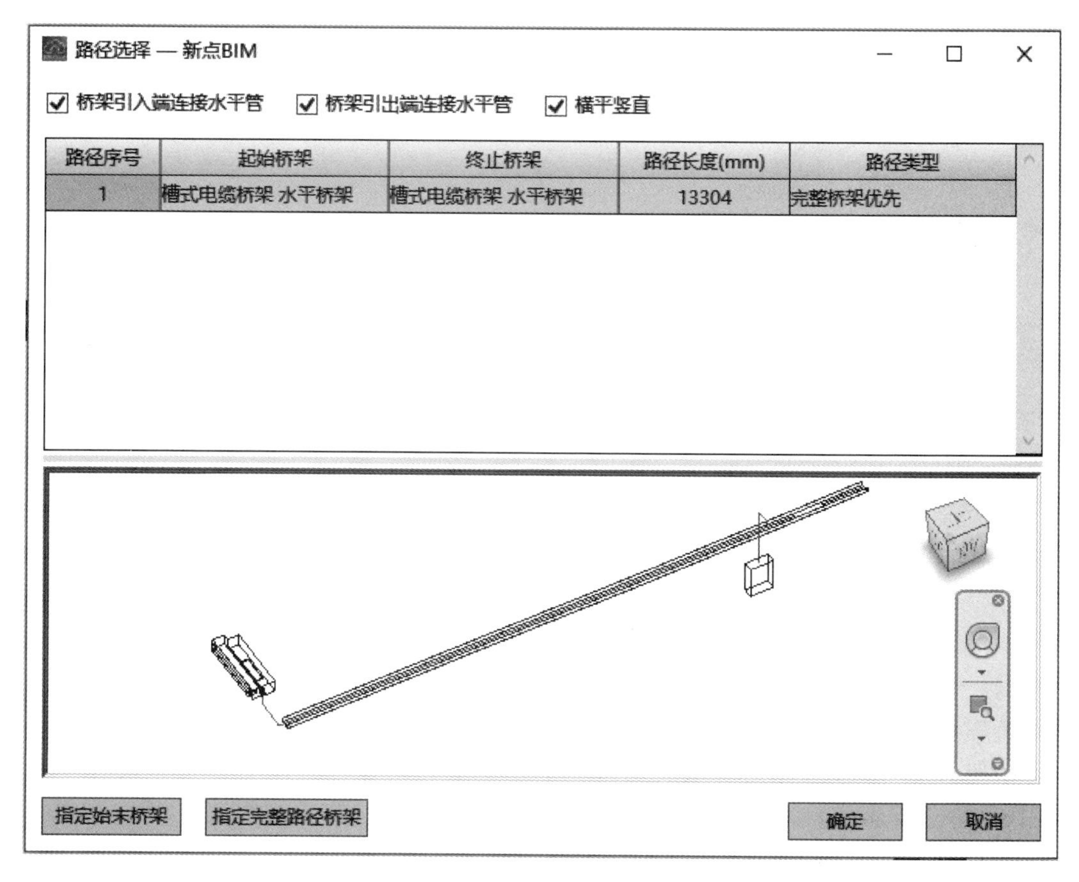

图 2.3.2.2-11　路径选择

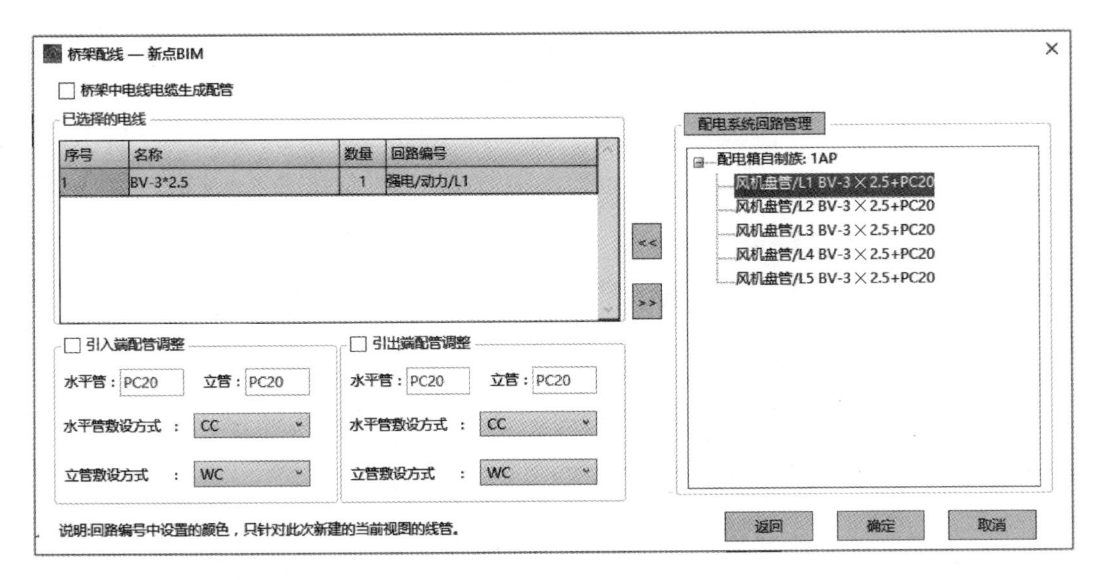

图 2.3.2.2-12　桥架配线设置

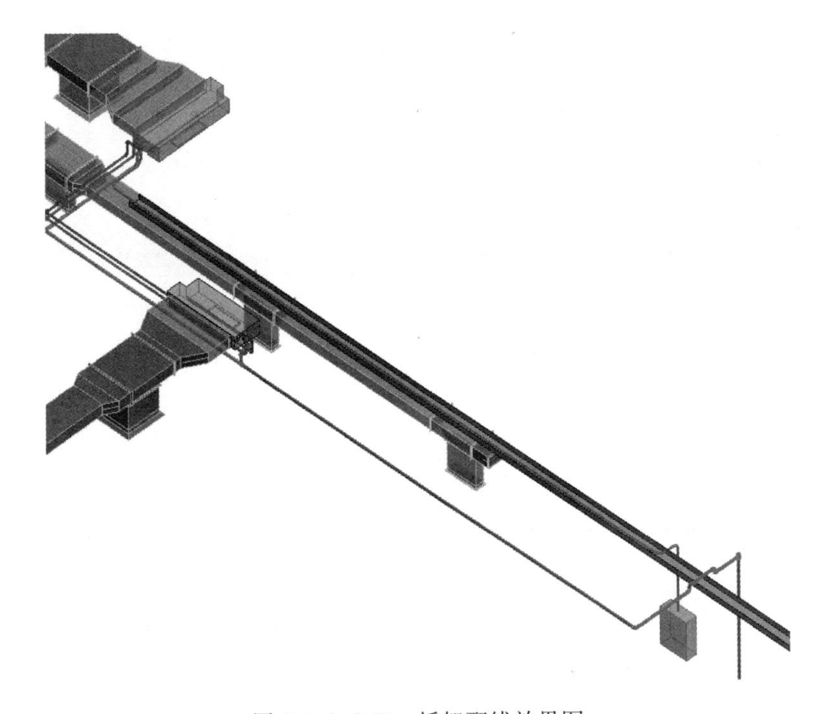

图 2.3.2.2-13　桥架配线效果图

桥架引入/引出端设置信息栏：

桥架引入/引出端连接水平管：勾选，表示与桥架直接连接的是水平管，此时自动计算水平管的安装高度；不勾选，可手动设置水平管的安装高度。

相对标高：勾选，设置水平管相对高度。

水平管相对标高（mm）：水平管相对于指定标高的高度。

标高：在平面图中桥架配线，默认当前标高，可自行选择标高。

绝对标高：勾选，设置水平管绝对高度。

水平管绝对标高（m）：水平管的绝对高度。

路径选择：软件自动计算并列出两设备之间通过桥架的所有路径信息，用户可以点击表格中任意一行路径数据，可在界面中显示该路径经过的所有桥架。选定需要配线的路径，单击【确定】按钮。

④手动布线

功能说明：Revit中缺少实体电线/电缆构件类型，因此软件提供了手动布线功能，可以通过手动布置功能实现，可在布置前定义配电系统和敷设方法，布置后即可创建附带配电信息的电线/电缆。

菜单位置：【BIM安装】→【电气配电】→【手动布线】

操作步骤：选取所需布置的配电系统回路，选择敷设方式，在视图中手动绘制线路。功能如图2.3.2.2-14所示。

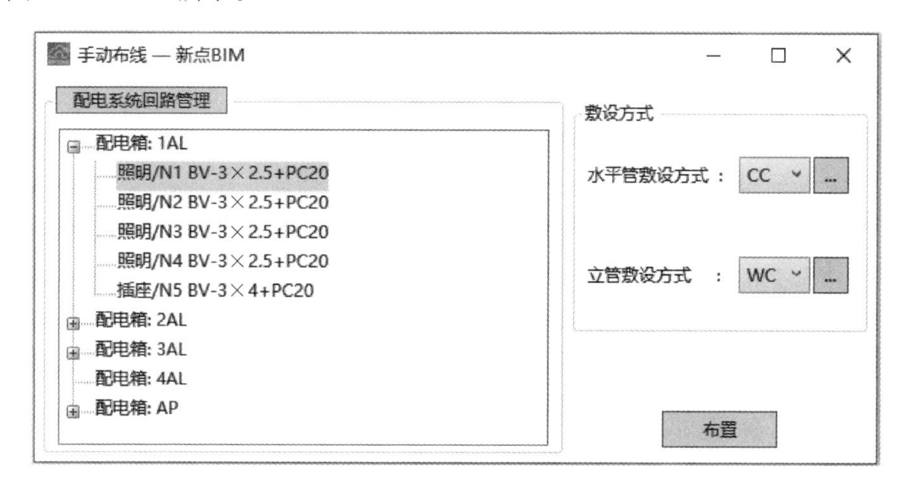

图2.3.2.2-14 手动布线

⑤ 设备端口连接

功能说明：建模过程中，设备连接管线布置起来复杂且会出现连接的接口位置不正确需要调整的情况，同时也常会出现连接接口时没有连接上的情况，布置及调整比较麻烦，通过设备端口连接功能选取设备与管线，软件自动生成路径，快速地完成线与设备端口之间连接。

菜单位置：【BIM安装】→【电气配电】→【设备端口连接】

操作步骤：选择设备，选择管线，软件生成连接线路预览，选择连接线路，最后就生成了设备端口连接。功能如图2.3.2.2-15、图2.3.2.2-16所示。

避让

① 管道避让

功能说明：项目模型中错综复杂的各种系统管线往往存在空间重叠或交叉问题，Revit本身有碰撞检查功能，能检查各个碰撞点，但缺少对这些碰撞点的解决办法。本功能可以快捷的实现碰撞管线避让处理。用户可根据工程实际情况，设置避让的尺寸及模式后单个或批量进行管线的避让。

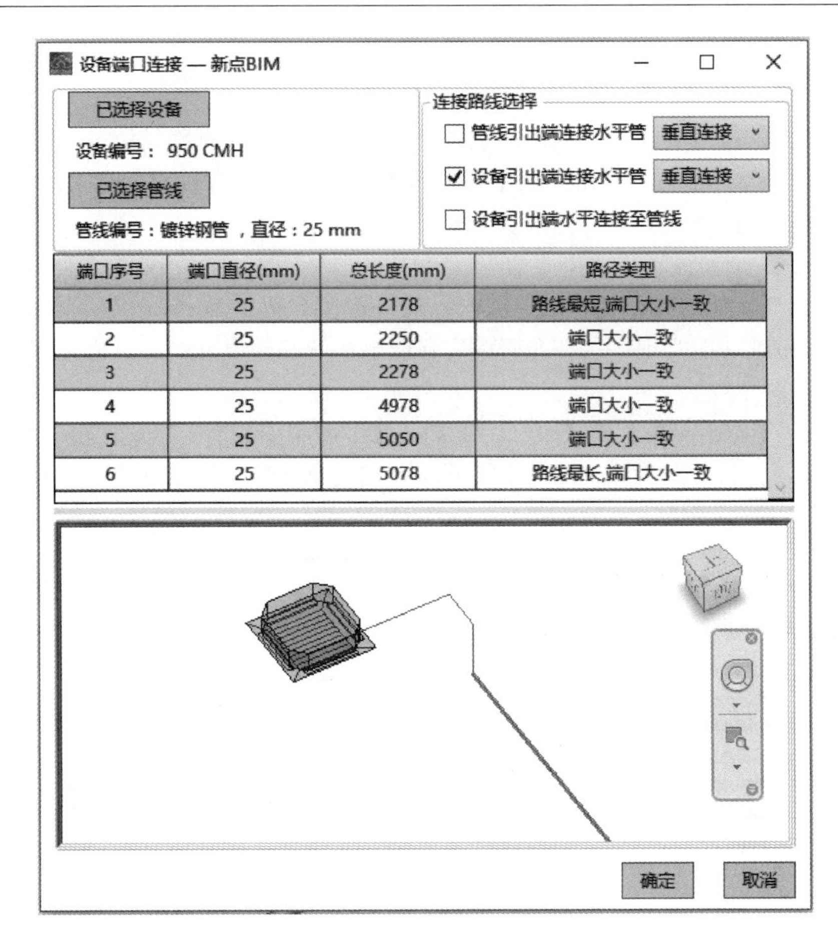

图 2.3.2.2-15　设备端口连接

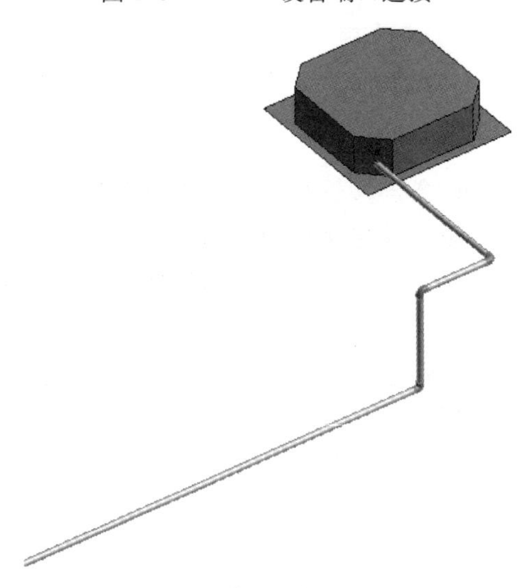

图 2.3.2.2-16　设备端口连接效果图

菜单位置:【BIM 安装】→【避让】→【管道避让】

操作步骤：设置参数，选择偏移模式，选择管线，生成避让。功能如图 2.3.2.2-17 所示。

其中：

a.【设置】：设置管道避让的角度、偏移距离与定位长度。

b.【偏移模式】：选择单侧或是双侧偏移模式。

c.【避让规则说明】：对多管避让规则进行说明。

d.【选择】：选择所需避让的管道。

e.【多管选择】：选择多根需要避让的管道，按照避让规则同时进行避让。

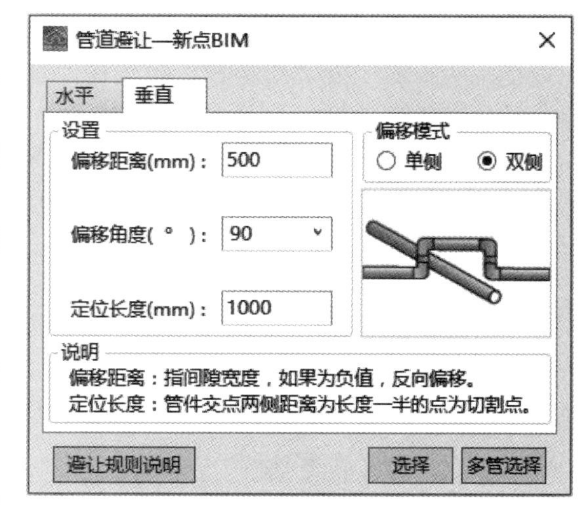

图 2.3.2.2-17 管道避让图

② 管道拉直

功能说明：当管道避让效果不符合需求，或想要快速连接位于同一中心线上的管线时，软件提供功能，用户可以快速对管道进行拉直。

菜单位置：【BIM 安装】→【避让】→【管道拉直】

操作说明：选取位于同一中心线上的两根管线，生成拉直。功能如图 2.3.2.2-18、图 2.3.2.2-19 所示。

图 2.3.2.2-18 拉直前图

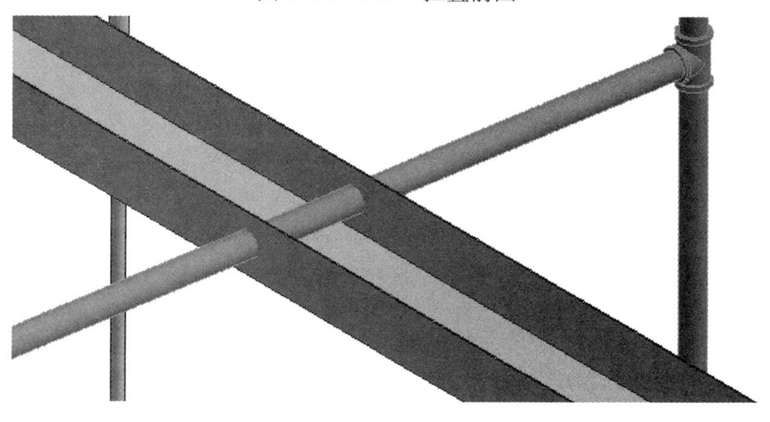

图 2.3.2.2-19 拉直后图

③ 避让柱梁

功能说明：Revit中管线与柱梁建筑构件碰撞时，使用常规功能进行避让操作繁琐，因此软件提供功能，用户可以在设置参数后，一键避让柱梁。

菜单位置：【BIM安装】→【避让】→【避让柱梁】

操作步骤：设置参数，框选与管线相交的柱梁，生成避让。功能如图2.3.2.2-20～图2.3.2.2-22所示。

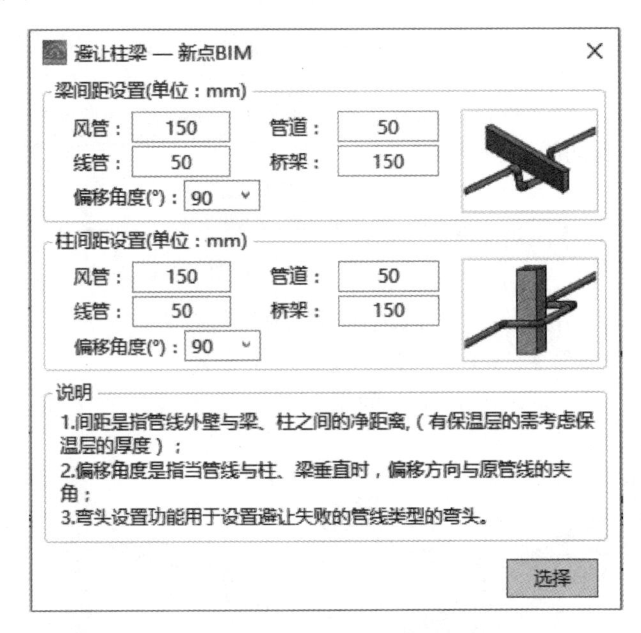

图2.3.2.2-20　避让柱梁图

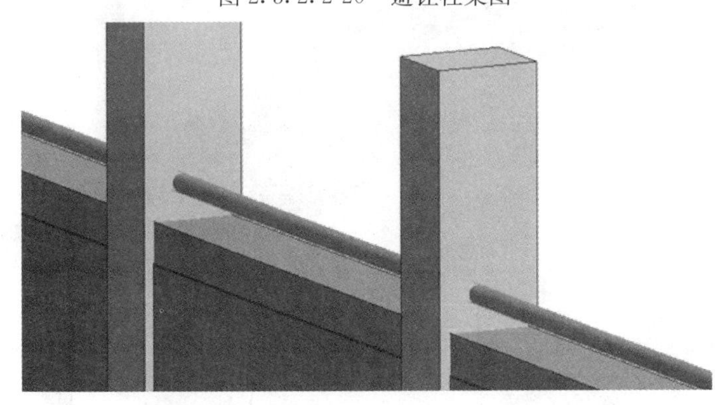

图2.3.2.2-21　避让前图

④避让错误报告

功能说明：当管道避让和避让柱梁失败时，软件提供功能查看失败原因，并进行调整，进而快速对避让错误的管线重新避让。

菜单位置：【BIM安装】→【避让】→【避让错误报告】

操作步骤：在管道避让或避让柱梁后，如果出现避让失败，则会自动弹出“避让错误详细信息”对话框，也可在有失败数据的前提下通过点击【避让错误报告】按钮弹出。功

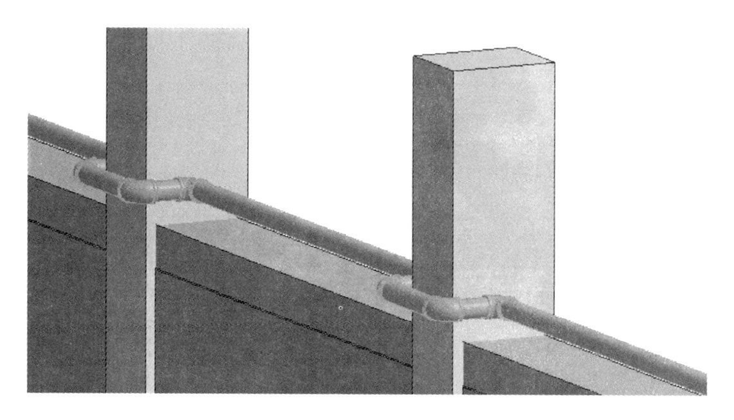

图 2.3.2.2-22 避让后图

能如图 2.3.2.2-23 所示。

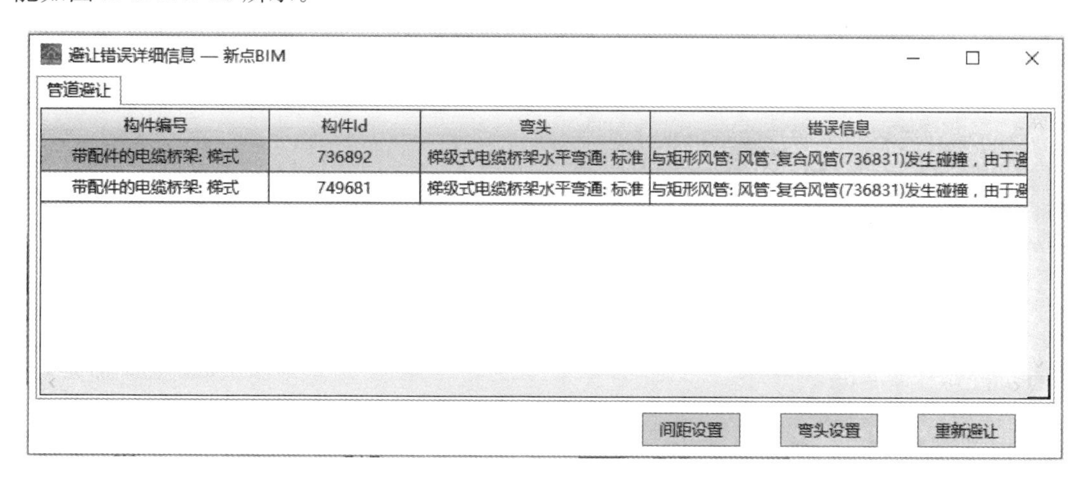

构件编号	构件Id	弯头	错误信息
带配件的电缆桥架: 梯式	736892	梯级式电缆桥架水平弯通: 标准	与矩形风管: 风管-复合风管(736831)发生碰撞，由于
带配件的电缆桥架: 梯式	749681	梯级式电缆桥架水平弯通: 标准	与矩形风管: 风管-复合风管(736831)发生碰撞，由于

图 2.3.2.2-23 避让错误详细信息

其中：

双击选中行，进行构件反查，包含需要避让的管道和与之相交的柱梁，通过按钮切换查看构件并返回“避让错误详细信息”窗口 。

点击【间距设置】按钮，可根据当前选择的界面，对避让间距等进行重新设置。

点击【弯头设置】按钮，可对避让失败的管道设置弯头。

在对间距和弯头重新设置后，点击【重新避让】按钮，对当前表格中避让错误的管道重新进行避让。

管段深化

① 管段深化

功能说明：为便利现场的施工或用于机电安装工程预制件，就需要解决线性构件的切割问题，因此软件提供功能，用户可以快速、准确的按照定尺长度分割管线并添加连接件。

菜单位置：【BIM 安装】→【管段深化】

操作步骤：选择专业类型，设置深化规则，选择标高/楼层，最后点击自动深化完成操作。功能如图 2.3.2.2-24～图 2.3.2.2-26 所示。

图 2.3.2.2-24　管段深化图

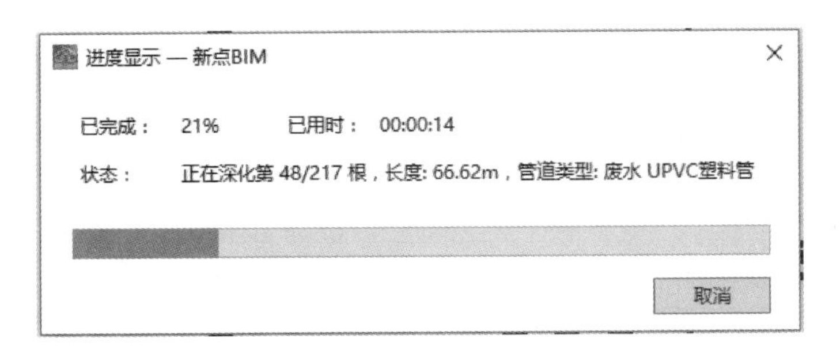

图 2.3.2.2-25　自动布置进度条图

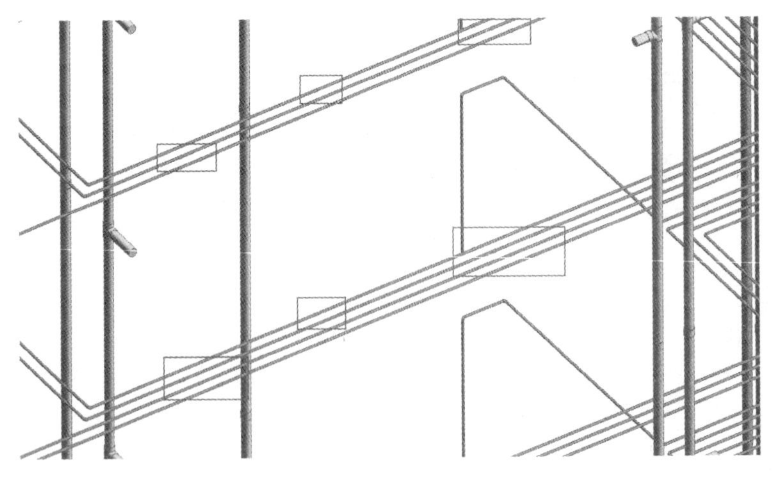

图 2.3.2.2-26　自动布置完成图

其中：

深化规则：根据设置的定尺长度，进行截断，在截断处布置连接件保持其原有回路连接。

批量设置，多选数据行，弹出“设置信息”对话框，选择连接件类型、该类型下选用的连接件与定尺长度。

② 管线分层

功能说明：一段立管通常会跨越好几个楼层，而作为一个构件其工程量只能归并到一个楼层中，而在与传统算量对比时，需要口径一致，因此软件提供功能，可以将管线分割后归并到对应的楼层中去。

菜单位置：【BIM 安装】→【管段深化】→【管线分层】

操作步骤：选择楼层/标高，然后手动分层或自动分层。功能如图 2.3.2.2-27～图 2.3.2.2-29 所示。

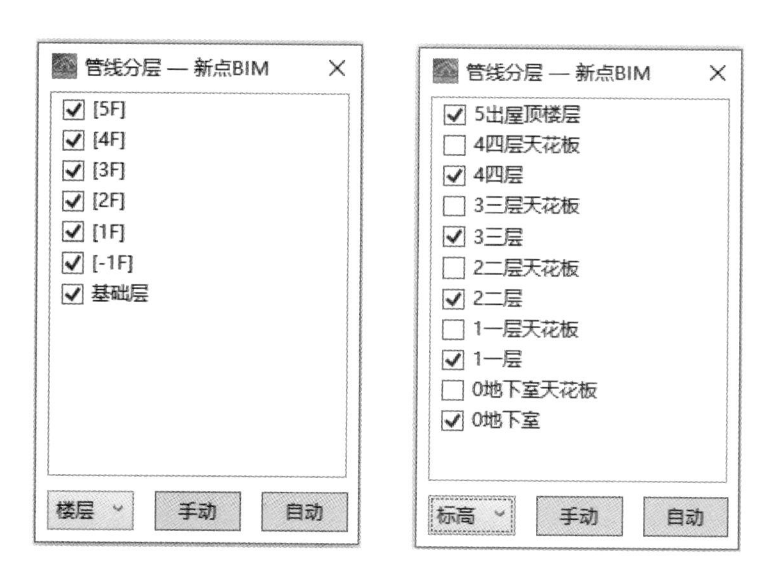

图 2.3.2.2-27　按楼层分管线分层图

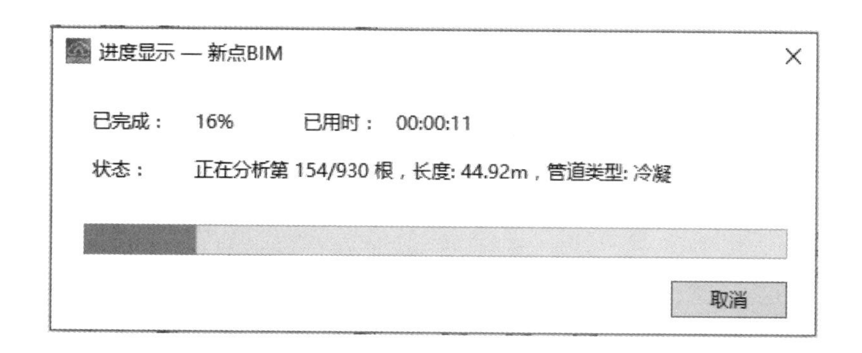

图 2.3.2.2-28　自动分层进度显示图

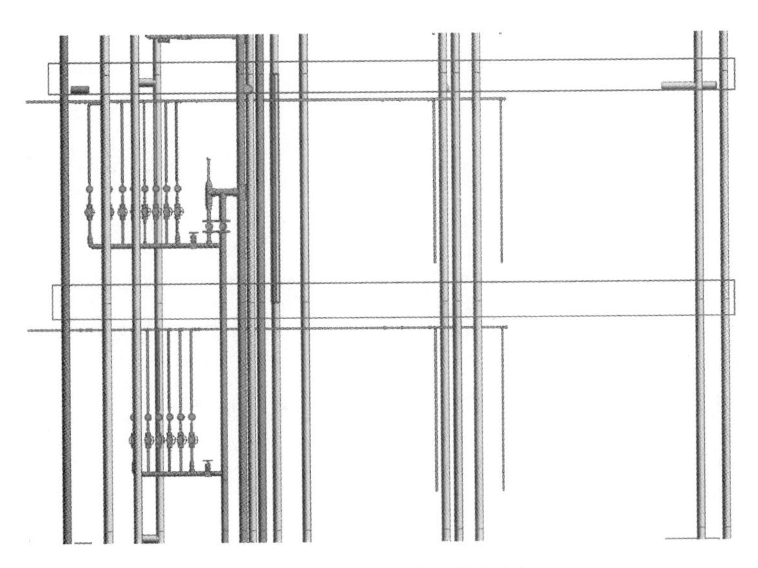

图 2.3.2.2-29　分层效果图

点击【手动】按钮，可手动选择需要分层的竖直管线。

点击【自动】按钮，对工程中所有竖直管线执行分层操作。

③ 深化报表

功能说明：在管段深化后管线的尺寸发生变化，可在此功能下查看深化后的不同规格、长度的管段信息。

菜单位置：【BIM 安装】→【管段深化】→【深化报表】

操作步骤：打开功能就可显示深化结果，此外还可选择专业类型，设置显示列、排序，将深化结果导出 Excel 等操作。功能如图 2.3.2.2-30 所示。

深化报表 — 新点BIM

专业类型　列设置　排序　导出Excel

管线汇总表
管线明细表
管件明细表
失败列表

序号	构件编号	管线材质	规格型号	单根长度(mm)	数量	管段深化
240	矩形风管: 镀锌薄钢板风管 100		1000x200	816	3	已深化
241	矩形风管: 镀锌薄钢板风管 100		1000x200	902	1	已深化
242	管道类型: 镀锌钢管 DN20	钢，碳钢 - Schedule 40	20 mm	1200	1	已深化
243	管道类型: 镀锌钢管 DN20	钢，碳钢 - Schedule 40	20 mm	1202	1	已深化
244	管道类型: 镀锌钢管 DN20	钢，碳钢 - Schedule 40	20 mm	1576	2	已深化
245	管道类型: 镀锌钢管 DN20	钢，碳钢 - Schedule 40	20 mm	1578	2	已深化
246	管道类型: 镀锌钢管 DN20	钢，碳钢 - Schedule 40	20 mm	1829	2	已深化
247	管道类型: 镀锌钢管 DN20	钢，碳钢 - Schedule 40	20 mm	1967	2	已深化
248	管道类型: 镀锌钢管 DN20	钢，碳钢 - Schedule 40	20 mm	3000	4	已深化
249	管道类型: 镀锌钢管 DN25	钢，碳钢 - Schedule 40	25 mm	1871	1	已深化
250	管道类型: 镀锌钢管 DN25	钢，碳钢 - Schedule 40	25 mm	3000	2	已深化
251	管道类型: 镀锌钢管 DN32	钢，碳钢 - Schedule 40	32 mm	1189	1	已深化
252	管道类型: 镀锌钢管 DN32	钢，碳钢 - Schedule 40	32 mm	1478	2	已深化
253	管道类型: 镀锌钢管 DN32	钢，碳钢 - Schedule 40	32 mm	1479	4	已深化
254	管道类型: 镀锌钢管 DN32	钢，碳钢 - Schedule 40	32 mm	1502	1	已深化

说明：不同颜色代表不同的专业类型；可选择专业类型，显示不同专业类型数据；可通过列设置显示需要的列。

确定

图 2.3.2.2-30　深化报表图

支吊架布置

功能说明：在 Revit 中布置支吊架时，需自己创建或载入需要的族，构件放置时的平面定位与标高都难以控制，且逐一放置非常繁琐。支吊架布置功能通过拾取管线的定位信息按照间距自动创建。

菜单位置：【BIM 安装】→【支吊架布置】

操作步骤：事先支吊架定义，然后选择布置方式，设置参数设置，最后使用不同的布置按钮进行布置。功能如图 2.3.2.2-31～图 2.3.2.2-33 所示。

图 2.3.2.2-31 支吊架手动布置图

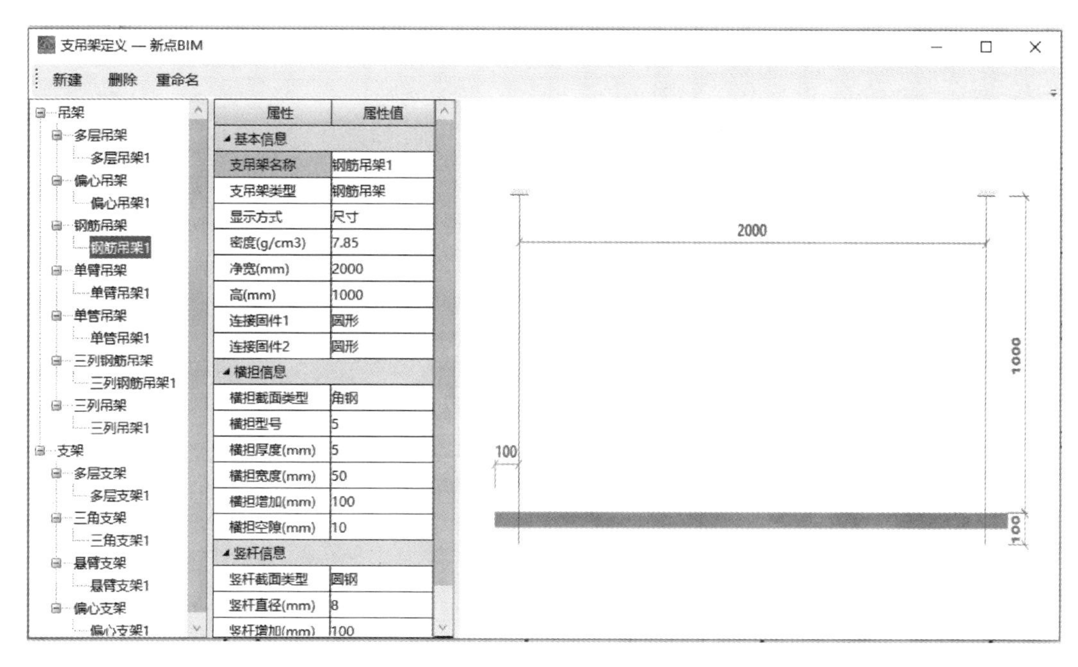

图 2.3.2.2-32 支吊架定义图

支吊架定义：在专门的定义页面中，对需布置的支吊架进行定义设置。

多管布置：针对同一标高内平行管道布置支吊架。

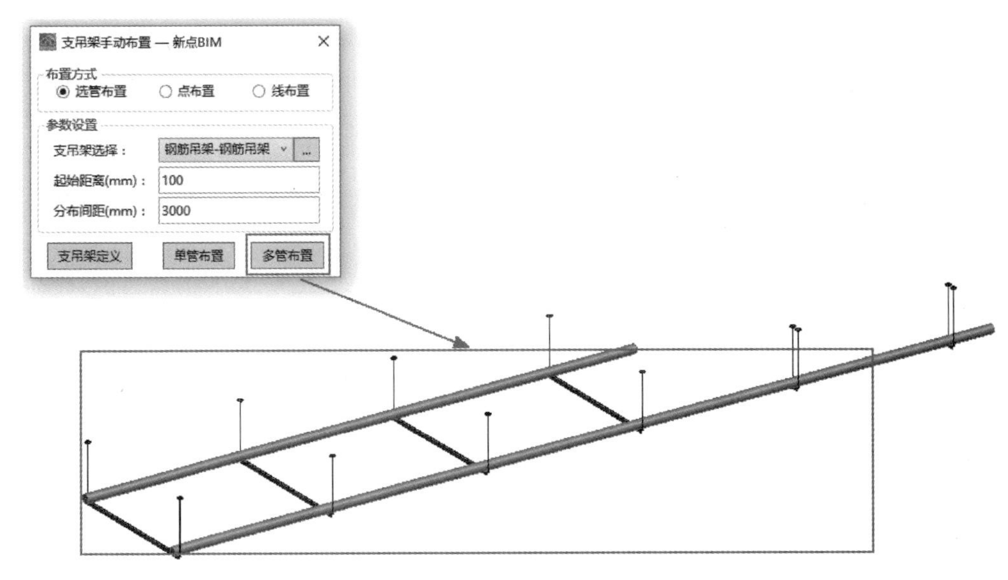

图 2.3.2.2-33　多管布置图

智能开洞

① 管线开洞

功能说明：在施工过程中洞口的预留作为质量控制的关键之一，传统模式下翻阅图纸查找预留位置，容易造成遗漏、预留位置错误等问题。而在 BIM 模式下完全可以避免这些问题，管线开洞功能可以智能检测出工程中风管、水管、桥架与建筑构件的碰撞点，精准定位生成洞口、套管并可在平面图上标注洞口的定位信息。

菜单位置：【BIM 安装】→【智能开洞】→【管线开洞】

操作步骤：先在“管线开洞”页面设置开洞的范围、类型及标注，然后有需要的情况下可以进行开洞设置，最后点击自动布置/手动布置。功能如图 2.3.2.2-34～图 2.3.2.2-36 所示。

管线开洞 — 新点BIM

墙上开洞　板上开洞　梁上开洞

布置	穿洞构件	套管	开洞类型	洞口标注
☑砼墙				
☑	风管	☐	开洞	☑
☑	水管	☑	开洞	☑
☑	桥架	☐	开洞	☑
☐砌体墙				
☐幕墙				

☐ 自动布置时，清除之前布置的洞口　开洞设置　自动布置　手动布置

图 2.3.2.2-34　开洞范围选择

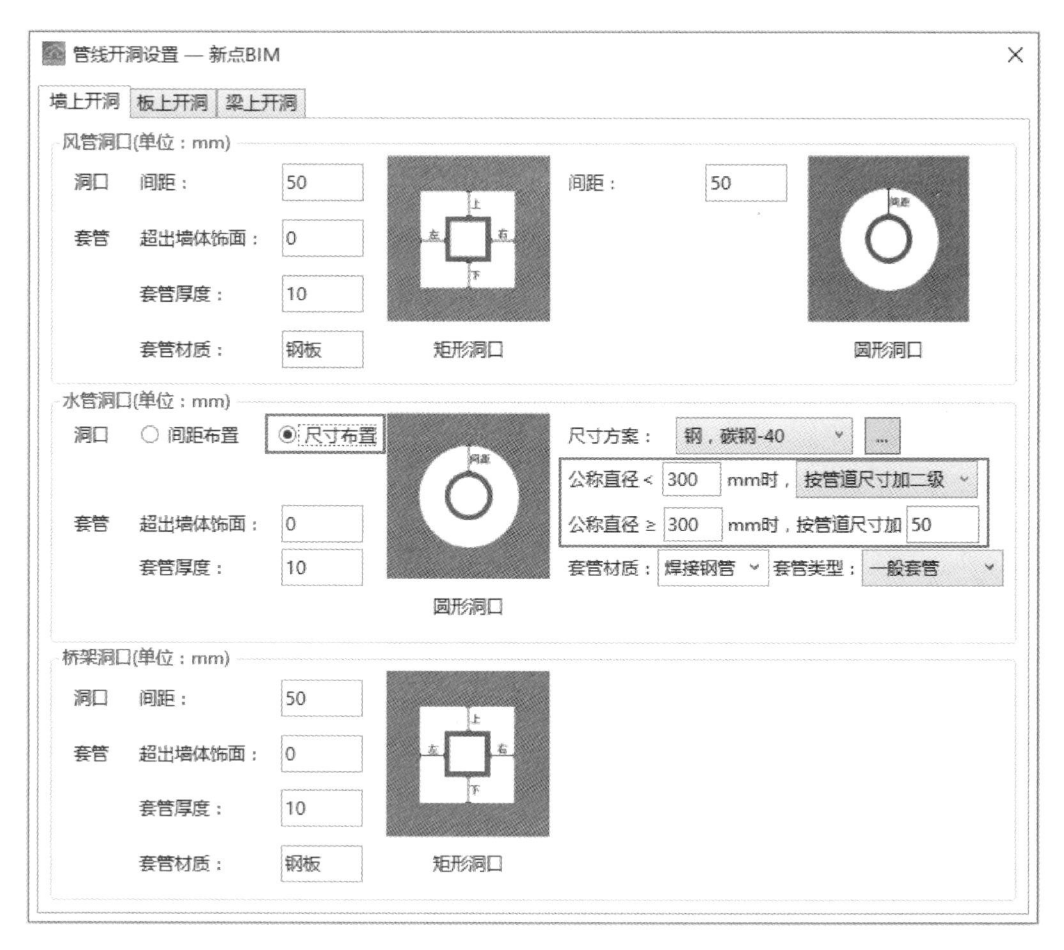

图 2.3.2.2-35　管线开洞设置

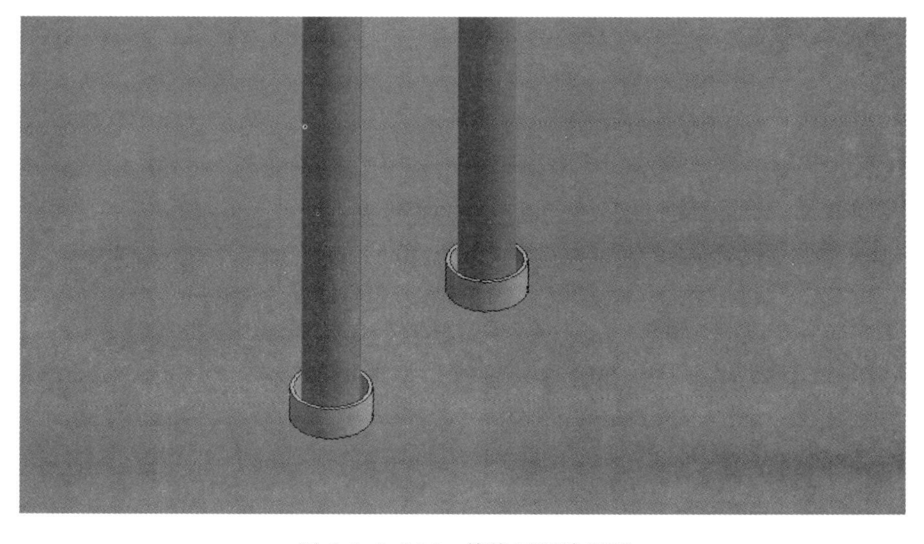

图 2.3.2.2-36　管线开洞效果图

自动布置中，只有墙体需要开洞时，可将板上开洞与梁上开洞勾选取消。

勾选“自动布置时，清除之前布置的洞口”，则在自动布置时，会将工程中原先布置的洞口与套管删除，进行重新布置。

水管洞口有特殊的布置方式：尺寸布置，可以按管道尺寸加级进行布置。

墙上开洞“管线开洞设置”完成后，关闭窗口，返回管线开洞界面，点击布置。

② 管线开槽

功能说明：管线本身不能直观反映出其敷设的方式，是否需要开槽，因此软件提供功能，快捷形象的墙板上开槽，并能统计出开槽的工程量。

菜单位置：【BIM 安装】→【智能开洞】→【管线开槽】

操作步骤：设置洞口尺寸，选择主体构件、管线类型，选择标高，最后自动布置/手动布置。功能如图 2.3.2.2-37 所示。

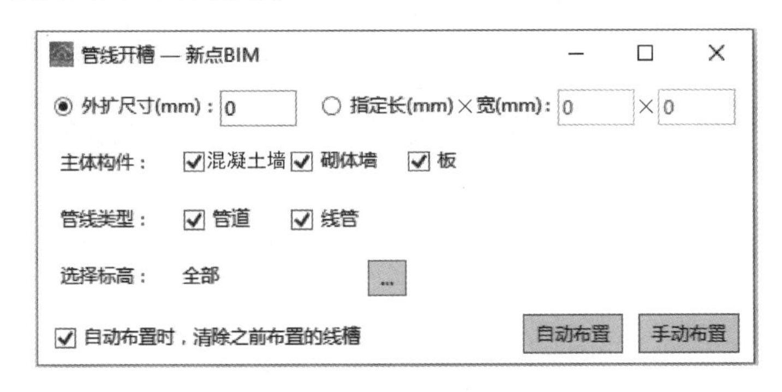

图 2.3.2.2-37　管线开槽

勾选“自动布置时，清除之前布置的线槽”，则在自动布置时，会将工程中原先布置的线槽清除，进行重新布置。

设置完成后，布置效果如图 2.3.2.2-38 所示：

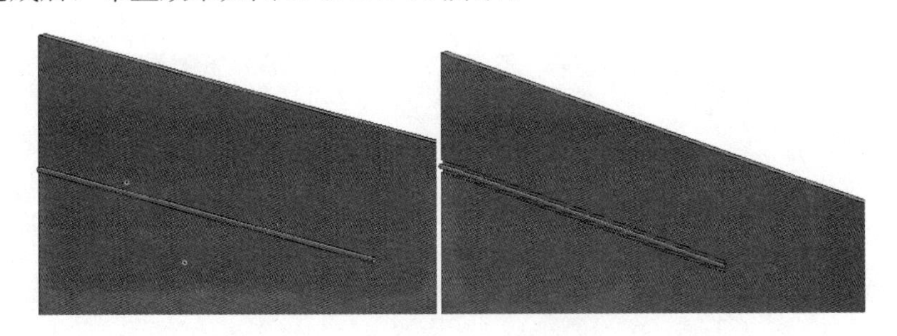

图 2.3.2.2-38　开槽前图

③ 设备开洞

功能说明：除管线开洞和管线开槽外，当设备嵌入式安装在墙上时，也需要快速开洞的功能。

菜单位置：【BIM 安装】→【智能开洞】→【设备开洞】

操作步骤：设置洞口尺寸，选择标高，最后自动布置/手动布置。功能如图 2.3.2.2-39 所示。

设置完成后，布置效果如图 2.3.2.2-40 所示。

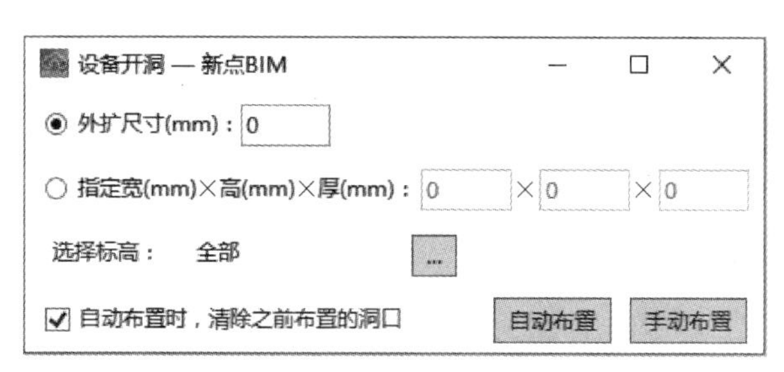

图 2.3.2.2-39　设备开洞

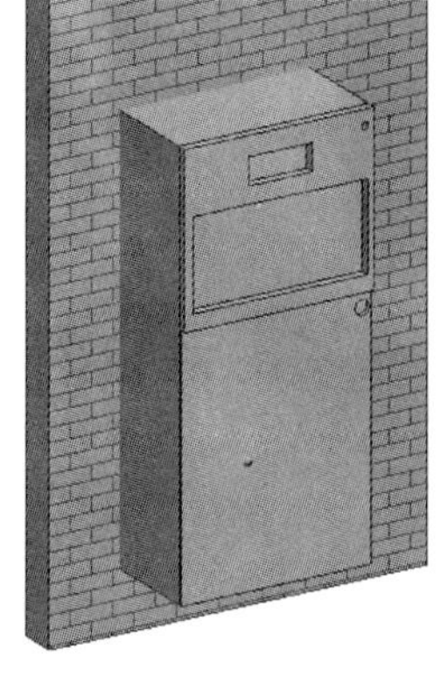

图 2.3.2.2-40　开洞前图

沟槽布置

① 沟槽智能布置

功能说明：Revit 缺少便捷的布置沟槽的功能，因此软件提供功能，用户设置参数后即可对沟槽智能布置。

菜单位置：【BIM 安装】→【沟槽布置】→【沟槽智能布置】

操作步骤：选择沟槽类型，进行参数设置，最后自动布置/选管布置。功能如图 2.3.2.2-41、图 2.3.2.2-42 所示。

图 2.3.2.2-41　沟槽智能布置

图 2.3.2.2-42　布置效果图

② 沟槽手动布置

功能说明：Revit 缺少便捷的布置沟槽的功能，因此软件提供功能，用户设置参数后即可对沟槽手动布置。

菜单位置：【BIM 安装】→【沟槽布置】→【沟槽手动布置】

操作步骤：选择沟槽类型，进行参数设置，最后手动绘制沟槽的路径，生成沟槽。功能如图 2.3.2.2-43、图 2.3.2.2-44 所示。

图 2.3.2.2-43　沟槽手动布置

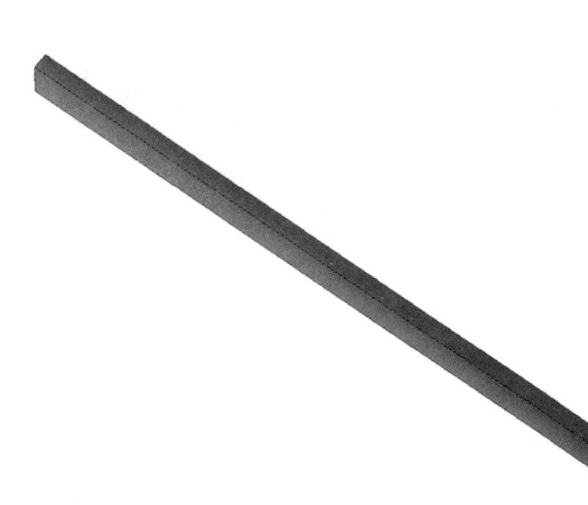

图 2.3.2.2-44　布置效果图

计算设置

① 导流叶片设置

功能说明：Revit 中布置风管弯头时很少有人建族添加导流叶片的，添加导流叶片也很难用于计算，因此软件提供了功能，用户可以对风管弯头的导流叶片进行设置，设置完成后，可以联动属性，并且应用到计算中去。

菜单位置：【BIM 安装】→【计算设置】→【导流叶片设置】

操作步骤：设置参数对应表，勾选生成规则，点击确定后，数据就应用到了风管弯头的属性和工程量统计分析表中。功能如图 2.3.2.2-45 所示。

② 沟槽卡箍设置

功能说明：Revit 中布置管道时，不易布置沟槽连接件，因此软件提供了功能，无需布置，进行沟槽卡箍设置后，就可以联动属性中，并且应用到计算中去。

菜单位置：【BIM 安装】→【计算设置】→【沟槽卡箍设置】

操作步骤：选择专业类型，设置沟槽连接管道范围，点击确定后，数据就应用到了管道的属性和工程量统计分析表中。功能如图 2.3.2.2-46 所示。

默认条件镀锌钢管≥100，沟槽卡箍连接方式，例如 DN150 的镀锌钢管与 DN80 的镀锌钢管垂直相交会生成一个沟槽式管道四通 150mm×80mm，两个 DN150 的沟槽连接件。

勾选“单片法兰生成连接件”，则在设置单片法兰时生成连接件。

回路核查

在查看工程量时，有时候查看单个工程量无法发现其中存在的问题，需要以“回路”作为核查对象，因此软件提供了功能，将回路上的设备及管线作为统计结果，并将数据与模型关联，实现检查过程中发现某一回路的工程量存在问题时，通过双击反查功能即可查看该回路模型中设备及管线的布置情况是否合理。

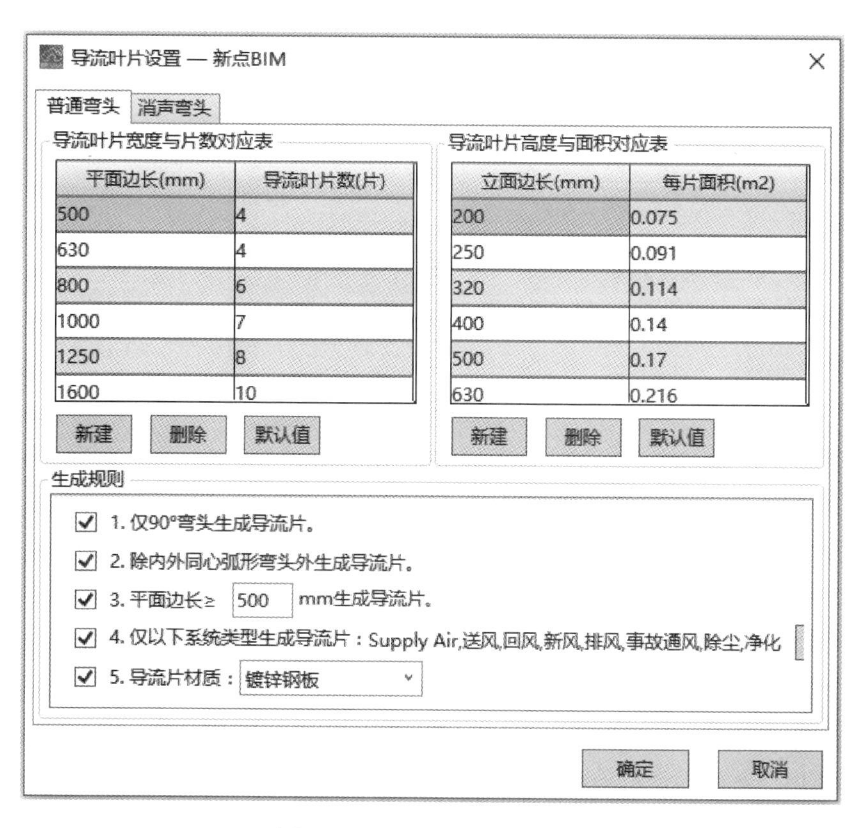

图 2.3.2.2-45 导流叶片设置

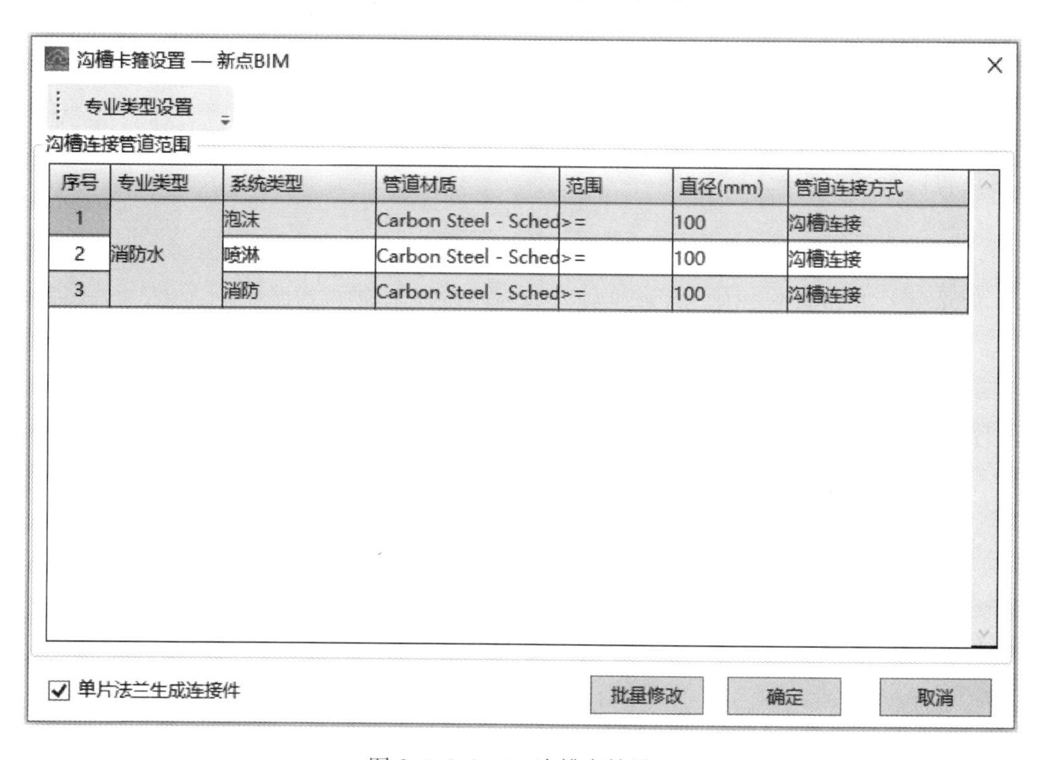

图 2.3.2.2-46 沟槽卡箍设置

菜单位置：【BIM 安装】→【回路核查】

操作步骤：选择显示模式，就可以进入页面进行核查。功能如图 2.3.2.2-47 所示。

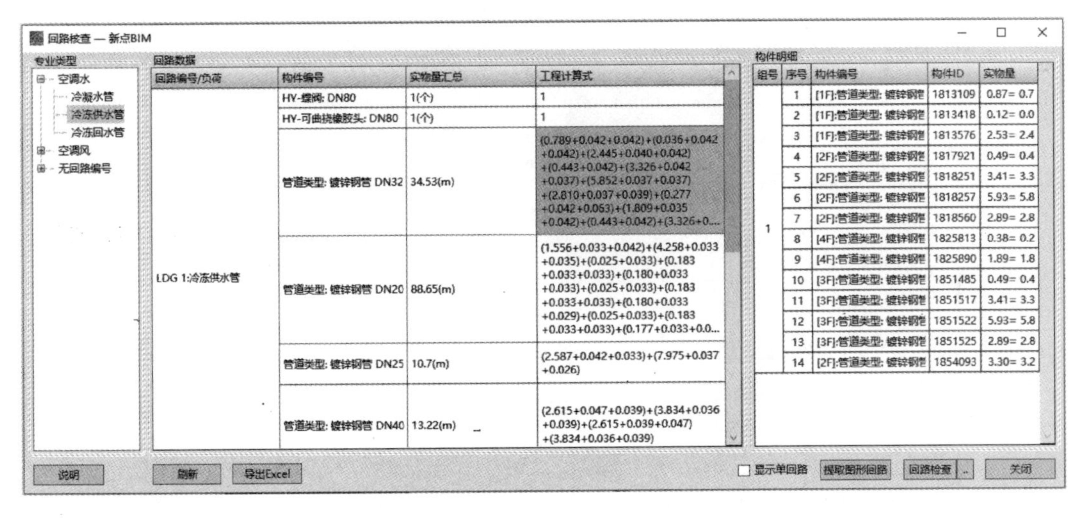

图 2.3.2.2-47　回路核查图

回路数据：显示选中专业类型中所有回路编号，以及这个回路编号下的所有构件的编号和实物量。双击任何一行回路数据，即可在项目中定位到所包含的所有构件的位置并高亮显示，这样用户就可以查看模型、核对构件等。

其中：

【显示单回路】：勾选后，双击定位到项目中去时隐藏其他回路的模型。

【提取图形回路】：点击后，到项目中选取构件进行图形回路提取，回路数据自动定位到相应回路。

【回路检查】：检查回路是否正常，如布置的回路构件是否形成闭合的回路，并根据设置颜色进行区别显示回路检查结果。

小 节 练 习 题

1. （单选）下列哪个 BIM 5D 算量软件的操作流程不属于主要步骤（　　）。

A. 工程设置　　B. 模型映射　　C. 套用做法　　D. 分析计算

2. （单选）下列哪种管线的洞口套管布置可以按照尺寸布置的方式，按管道尺寸加级进行布置（　　）

A. 风管　　B. 水管　　C. 桥架　　D. 线管

3. （多选）配电系统管理的数据可以应用到下列哪个功能中去（　　）。

A. 设备连线　　B. 桥架配线　　C. 手动布线　　D. 设备端口连接

参考答案：

1. C　2. B　3. ABC

2.3.3　钢筋工程

导语：本节主要讲钢筋工程基于 BIM 专业算量软件计量的实物操作，并辅以大量功能图片以及功能的讲解，让读者明白软件设置这些功能的原因以及功能是如何在软件中实现的。

目前国内大多数项目以钢筋混凝土结构为主，其中钢筋作为“三大主材”之一，工程造价占比极高，因此钢筋的准确计量对成本的控制至关重要。结合国内 BIM 应用发展现状，土建、机电模块发展的如火如荼，但钢筋模块如何准确计量一直难以解决。以主流 BIM 应用软件中 Revit 为例，软件提供了创建实体钢筋的命令，但建模效率低、工作量大，难以将所有钢筋按照平法准确创建，且创建后体量庞大，对机器运行要求较高，不能很好地解决当前的钢筋工程量计算问题。因此摒弃创建实体钢筋，通过 CAD 识别的形式对构件赋予钢筋信息，按照相应规则完成钢筋量的计算，同时可以通过节点三维的形式实现构件配筋的可视化。

2.3.3.1 流程简介

BIM 钢筋算量软件操作分为三个步骤：工程设置、CAD 识别、汇总计算，如图 2.3.3.1-1 所示。首先进行工程设置，选择钢筋规范、定义相关设置。接着通过 CAD 识别快速创建模型并赋予钢筋信息，最后通过汇总功能，按照计算规则与统计条件完成钢筋工程量的汇总。

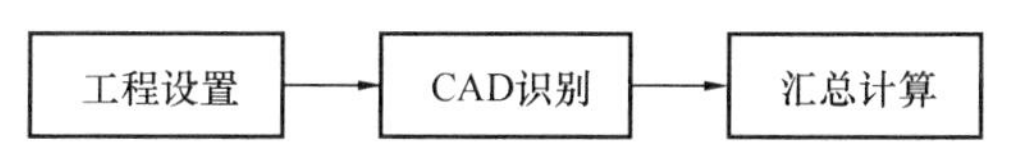

图 2.3.3.1-1 BIM 钢筋算量流程

2.3.3.2 功能详解

工程设置

钢筋算量设置主要包括钢筋基本设置、钢筋连接设置和钢筋计算设置三个部分，如图 2.3.3.2-1 所示：

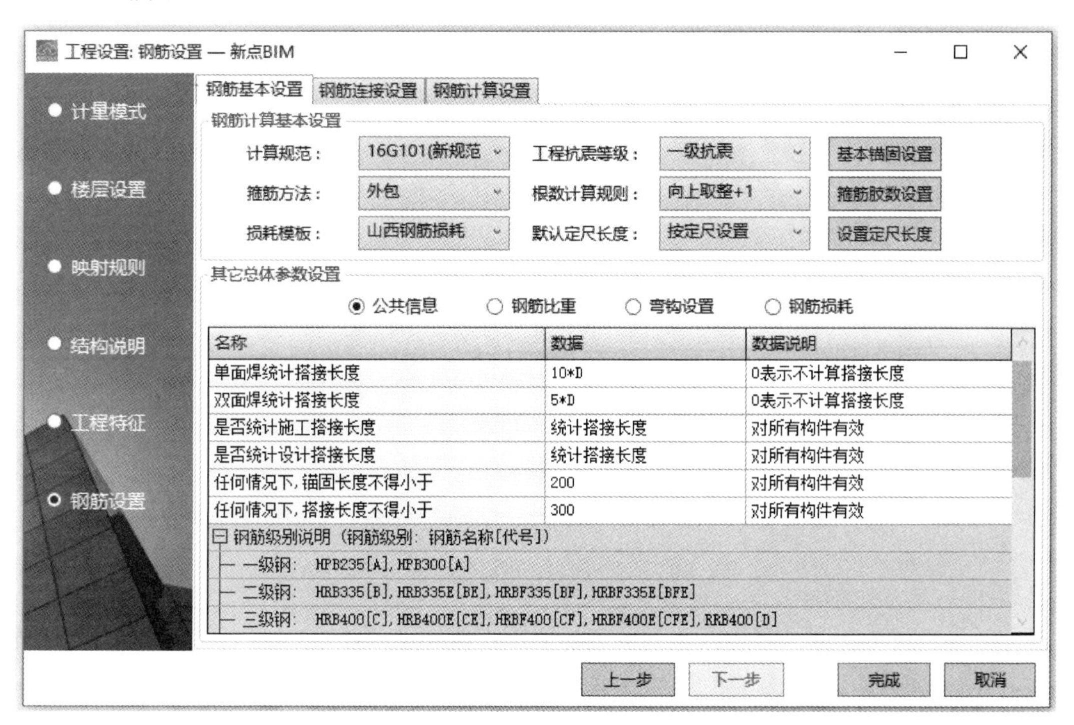

图 2.3.3.2-1 钢筋设置界面

钢筋基本设置主要包括：钢筋计算基本设置，其他总体参数设置（公共信息、钢筋比重、弯钩设置、钢筋损耗）两个部分：

（1）计算规范：指所选的钢筋图集，例如 16G101 钢筋图集，其中“16”指的是修编的年份，“G”代表钢筋工程，101 代表一系列图集包括剪力墙、坡屋面梁以及筏板基础等。

（2）工程抗震等级：以钢筋混凝土框架结构为例，抗震等级划分为一级至四级。

（3）箍筋方法：箍筋计算方法包括外包、内包或者是中心线，不同的算法结果有所不同。箍筋弯折部分按照弯折内边线计算即为内包，同理按照外边线即为外包，按照中心线即为中心线计量模式。

（4）根数计算规则：按照间距计算钢筋数量的时候，往往算出来的数量非整数，因此提供几种计算方法：小数往上取整；向下取整；取整后增加 1 根的方法。

（5）损耗模板：不计算损耗为钢筋净用量；计算损耗的模板就是钢筋包含损耗的消耗用量。通常情况下选择不计算损耗量作为挂接清单、定额的工程量。

（6）基本锚固设置：按照图集、规范配置的钢筋计算的必要参数，参见图 2.3.3.2-2 所示：

钢筋种类	抗震等级	混凝土强度等级								
		C20	C25	C30	C35	C40	C45	C50	C55	>C60
HPB235[A] HPB300[A]	一二级	(45)	(39)	(35)	(32)	(29)	(28)	(26)	(25)	(24)
	三级	(41)	(36)	(32)	(29)	(26)	(25)	(24)	(23)	(22)
	四级/非抗震	(39)	(34)	(30)	(28)	(25)	(24)	(23)	(22)	(21)
HRB335[B] HRB335E[BE] HRBF335[BF] HRBF335E[BFE]	一二级	(44)	(38)	(33)	(31)	(29)	(26)	(25)	(24)	(24)
	三级	(40)	(35)	(31)	(28)	(26)	(24)	(23)	(22)	(22)
	四级/非抗震	(38)	(33)	(29)	(27)	(25)	(23)	(22)	(21)	(21)
HRB400[C] HRB400E[CE] HRBF400[CF] HRBF400E[CFE] RRB400[D]	一二级	(46)	(46)	(40)	(37)	(33)	(32)	(31)	(30)	(29)
	三级	(42)	(42)	(37)	(34)	(30)	(29)	(28)	(27)	(26)
	四级/非抗震	(40)	(40)	(35)	(32)	(29)	(28)	(27)	(26)	(25)
HRB500[E] HRB500E[EE] HRBF500[EF] HRBF500E[EFE]	一二级	(55)	(55)	(49)	(45)	(41)	(39)	(37)	(36)	(35)
	三级	(50)	(50)	(45)	(41)	(38)	(36)	(34)	(33)	(32)
	四级/非抗震	(48)	(48)	(43)	(39)	(36)	(34)	(32)	(31)	(30)

受拉钢筋(抗震)锚固长度La(LaE)		
非抗震	抗震	注:抗震锚固长度修正系数(ξaE),一、二级取1.15 三级抗震取1.05 四级抗震取1.00
La=ξa*Lab	LaE=ξaE*La	
受拉钢筋锚固长度修正系数(ξa)		
锚固条件		ξa
带肋钢筋的公称直径大于25		(1.1)

纵向受拉钢筋绑扎搭接长度LL(LLE)			
非抗震	抗震	1、当直径不同的钢筋搭接时 LL、LLE按直径较小的钢筋计算 2、任何情况下不应小于300mm 3、式中ξL为纵向受拉钢筋搭接长度修正系数。	
LL=ξL*La	LLE=ξL*LaE		
纵向受拉钢筋绑扎搭接长度修正系数(ξL)			
搭接接头面积百分率	≤25	50	100
修正系数(ξL)	(1.2)	(1.4)	(1.6)

图 2.3.3.2-2　基本锚固设置

钢筋锚固长度需要依据钢筋外形、锚固形式、混凝土保护层厚度、设计计算面积与实际配筋面积的比值等条件的综合计算得出。

（7）箍筋肢数设置：通过该界面可以设置箍筋肢数，查看箍筋长度计算公式，如图

2.3.3.2-3 所示。

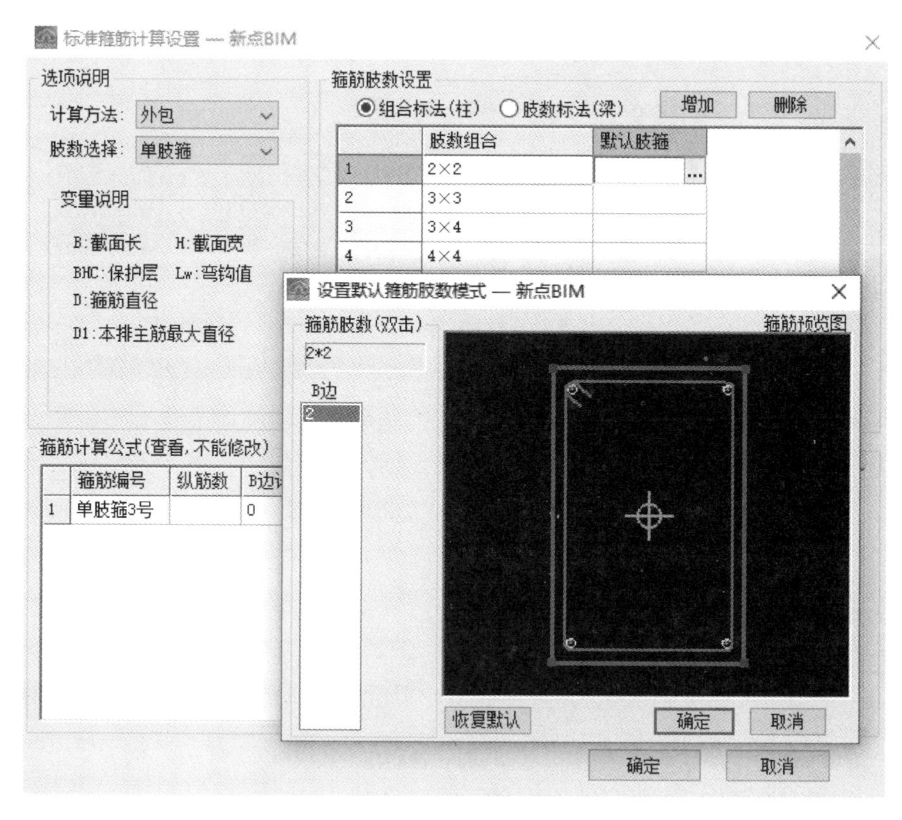

图 2.3.3.2-3 箍筋肢数设置

（8）钢筋定尺长度：在计算钢筋工程量时，定尺长度的不同，会造成不同接头数量，如采用绑扎形式则接头数量的增加会造成钢筋总量的增加。因此需根据工程实际情况，设置不同直径区间、不同级别的钢筋定尺长度，如图 2.3.3.2-4 所示。

设置定尺长度 — 新点BIM

设置定尺长度值

	一级钢	二级钢	三级钢	四级钢	其他
范围	2.5~8	2.5~8	2.5~8	2.5~8	2.5~8
长度	9	9	9	9	9
范围	8.2~25	8.2~25	8.2~25	8.2~25	8.2~25
长度	9	9	9	9	9
范围	28~40	28~40	28~40	28~40	28~40
长度	6	6	6	6	6

恢复默认值　确定　取消

图 2.3.3.2-4 钢筋定尺长度

（9）公共信息：定义了搭接长度和锚固长度计算和统计方式，并对钢筋的级别种类进行了说明。

（10）钢筋比重：配置不同种类钢筋不同直径钢筋的每米重量，例如直径 3mm 的普通钢筋其每米的理论重量为 0.055kg，其他钢筋比重如图 2.3.3.2-5 所示。

图 2.3.3.2-5 钢筋比重表

（11）钢筋弯钩：弯钩按照是否抗震、弯曲类型设置不同的计算方法，按照图 2.3.3.2-6 中所示。

图 2.3.3.2-6 弯钩设置

（12）钢筋损耗：在制作、安装、运输过程中会造成钢筋损耗，钢筋损耗量按照表设置的系数计算，具体损耗率如图 2.3.3.2-7 所示。

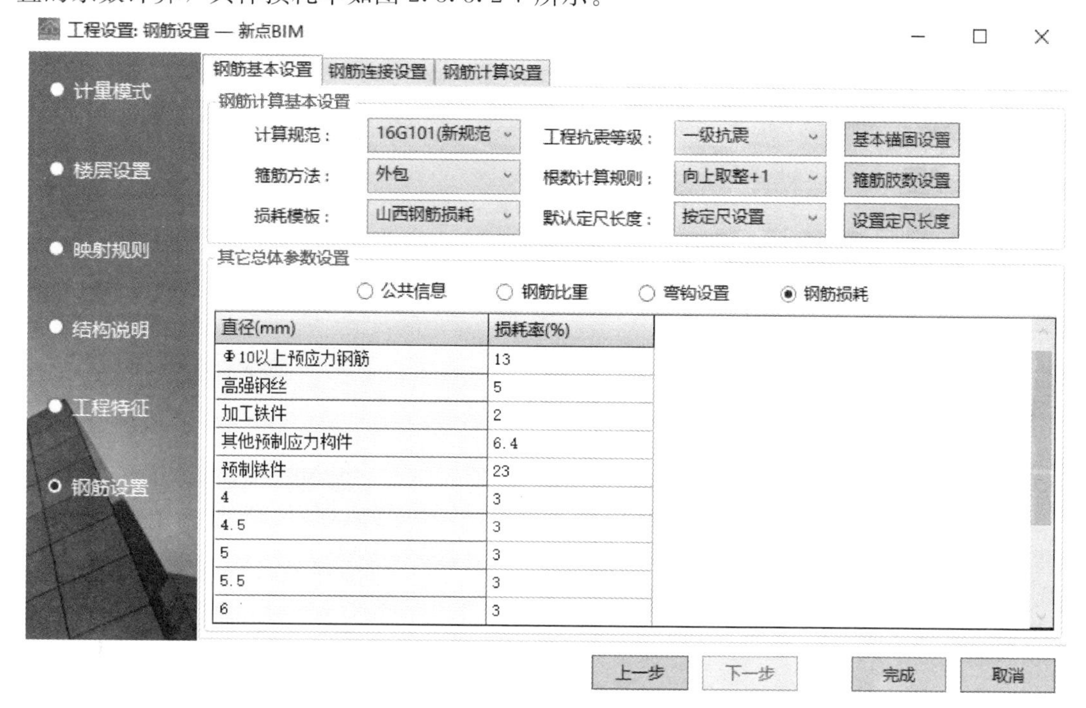

图 2.3.3.2-7　钢筋损耗

（13）钢筋连接设置：按照钢筋类型、级别、直径区间设置连接形式，如图2.3.3.2-8所示：

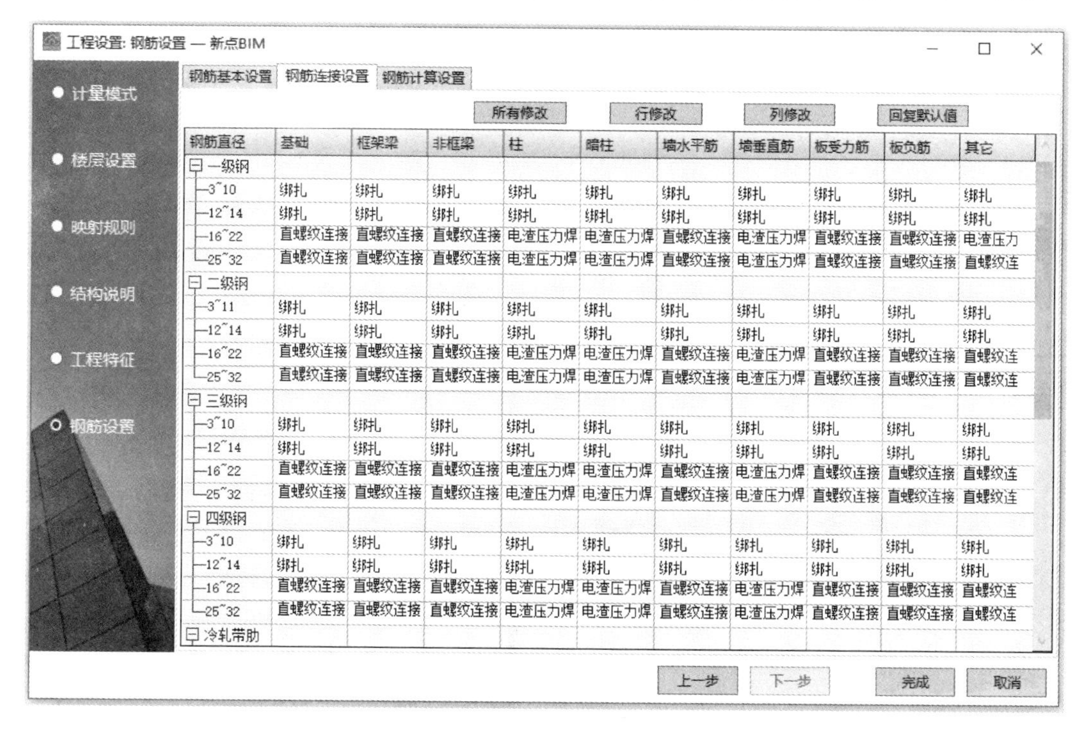

图 2.3.3.2-8　钢筋连接设置

（14）钢筋计算设置用于定义或查看不同构件类型的钢筋计算规则，如图 2.3.3.2-9 所示：

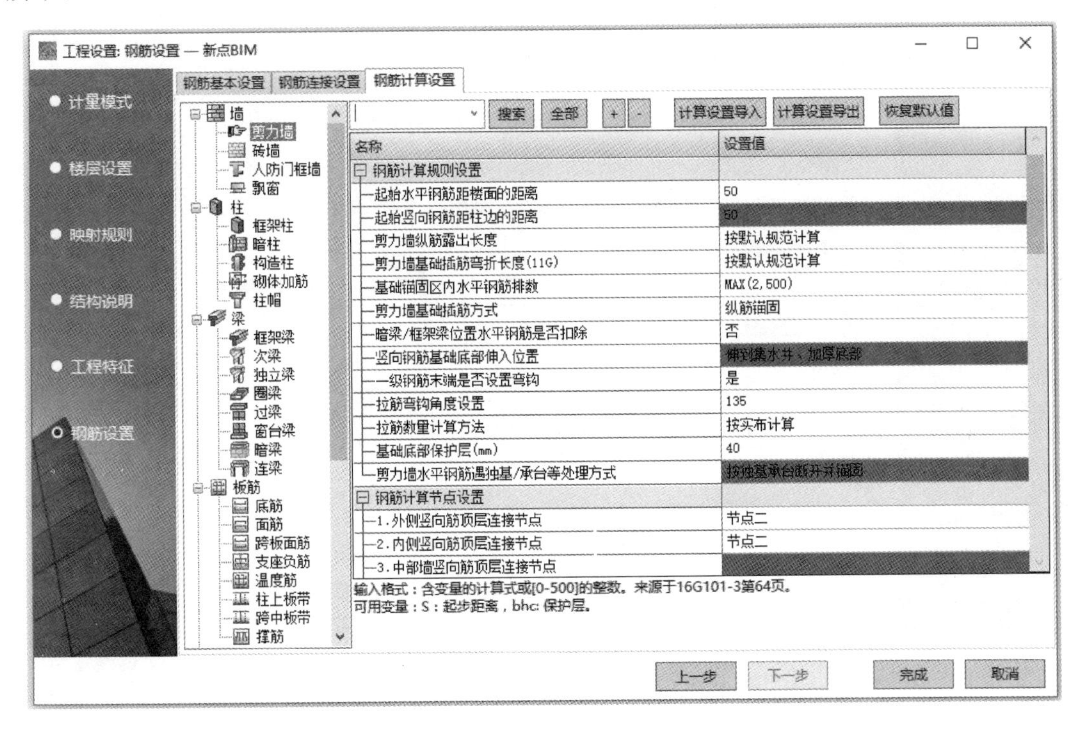

图 2.3.3.2-9　钢筋计算设置

CAD 识别结构及钢筋

CAD 识别功能包括识别轴网、识别柱、识别梁、识别墙、识别板、识别独基等。

（1）识别轴网的操作步骤如下：

第一步：点击主功能菜单 CAD 识别模块的“识别轴网”命令；

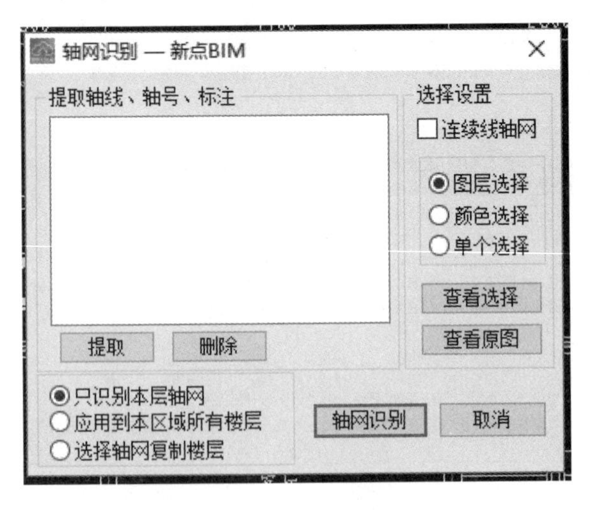

图 2.3.3.2-10　轴网识别

第二步：在弹出的“轴网识别”界面，根据实际情况设置相关选项，包括按哪种方式选择以及识别的楼层范围，如图 2.3.3.2-10 所示，然后点击“提取”按钮；

第三步：选中需要提取的轴网 CAD 图元，在图 2.3.3.2-10 中会显示已选择的轴线，然后点击“轴网识别”按钮，软件即会自动识别轴网构件。

（2）识别柱的操作步骤如下：

第一步：点击主功能菜单 CAD 识别模块的“识别柱”命令；

第二步：在弹出的“识别柱平面

图”界面，根据实际情况设置相关选项，包括设置识别的类型以及识别参数，如图 2.3.3.2-11 所示。

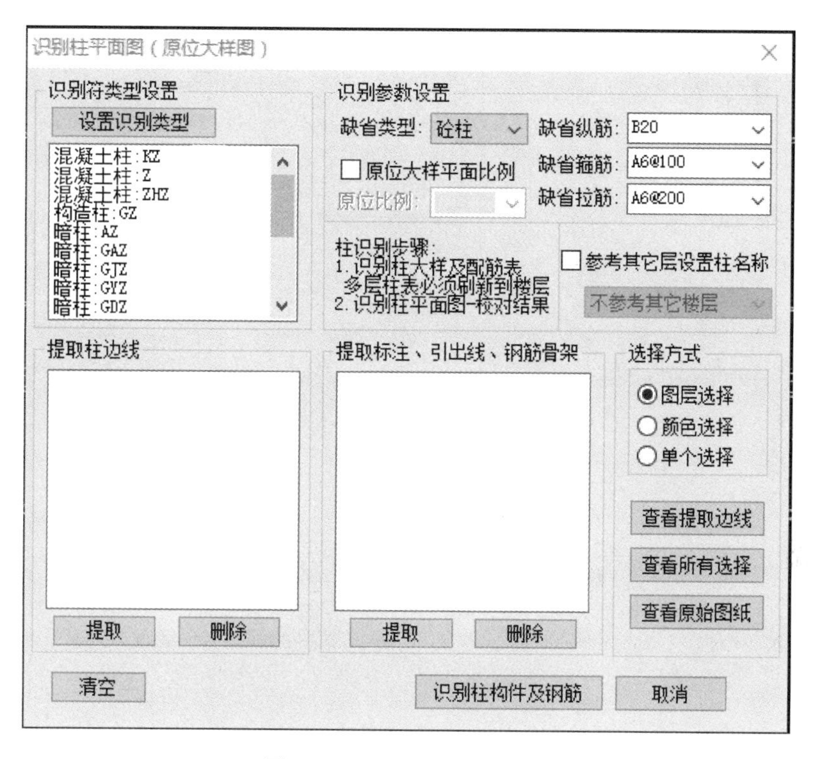

图 2.3.3.2-11　柱构件识别

第三步：点击左侧“提取”按钮获取柱边线，然后点击右边“提取”按钮获取标注、引出线、钢筋骨架。

第四步：选中需要提取的柱构件和钢筋 CAD 图元，在图 2.3.3.2-11 中会显示已选择的柱边线、标注、引线和钢筋骨架，然后点击“识别柱构件及钢筋”按钮，软件即会自动识别柱构件和钢筋。

（3）识别梁的操作步骤如下：

第一步：点击主功能菜单 CAD 识别模块的“识别梁”命令；

第二步：在弹出的“梁构件识别”界面，根据实际情况设置相关选项，包括设置识别的类型以及识别参数，如图 2.3.3.2-12 所示。

第三步：点击左侧“提取”按钮获取梁边线，然后点击右边“提取”按钮获取梁集中标注和原位标注。

第四步：选中需要提取的梁构件 CAD 图元，在图 2.3.3.2-12 中会显示已选择的梁边线、集中标注和原位标注，然后点击“识别梁构件及钢筋”按钮，软件即会自动识别梁构件和钢筋。

（4）识别墙的操作步骤如下：

第一步：点击主功能菜单 CAD 识别模块的“识别墙”命令；

第二步：在弹出的“墙构件识别”界面，根据实际情况设置相关选项，包括识别选项设置以及墙宽参数设置，如图 2.3.3.2-13 所示。

梁构件识别(请炸开分解标注块图元)
识别符类型设置
设置识别类型
屋面框架梁:WKL
楼层框架梁:KL
框支梁:KZL
次梁:L
圈梁:QL
连梁:LL
基础主梁:JZL
基础次梁:JCL
基础连梁:JLL
识别参数设置
最小宽度: 0　缺省高度: 0
最大宽度: 0　最大合并距离: 0
关闭默认宽度列表　设置默认宽度列表
缺省识别类型: 楼层框架梁
梁截面参数原位标注图纸
忽略梁名称中*号，KL1(2)和KL1*(2)认为同名称
提取梁边线　提取　删除
提取梁集中标注、原位标注　提取　删除
选择方式
图层选择
颜色选择
单个选择
查看构件边线
查看所有选择
查看原始图纸
清空　梁集中标注　识别梁构件及钢筋　取消

图 2.3.3.2-12　梁构件识别

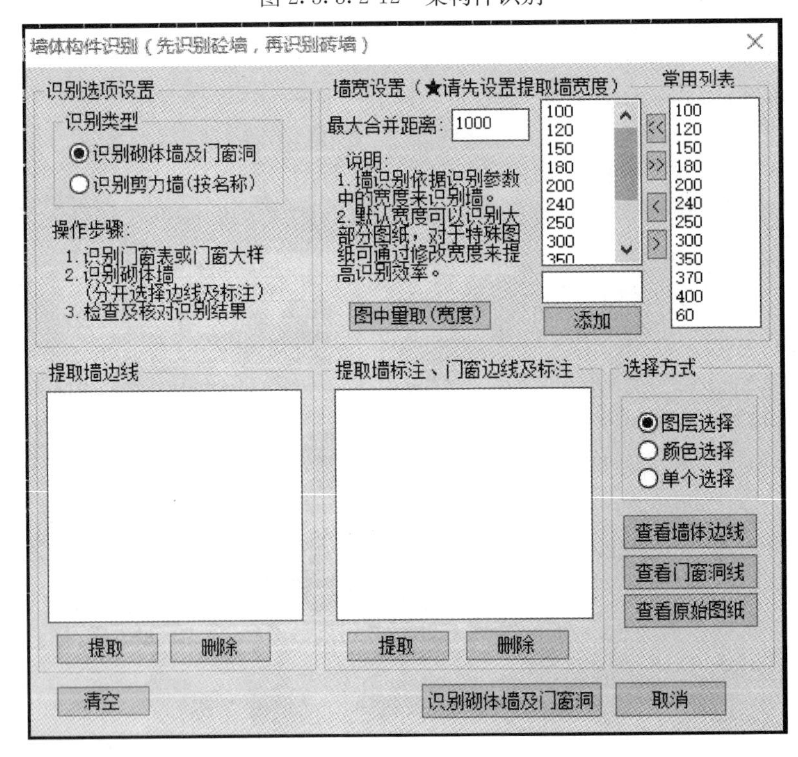

图 2.3.3.2-13　墙体构件识别

第三步：通过“添加”按钮可以动态的添加墙的宽度，使用“图中量取（宽度）”可以获取测量到的宽度。

第四步：点击左侧“提取”按钮获取墙边线，然后点击右边“提取”按钮获取墙标注、门窗边线及标注。

第五步：选中需要提取的墙构件CAD图元，在图2.3.3.2-13中会显示已选择的墙边线、墙标注。门窗边线及标注，然后点击“识别砌体墙及门窗洞”按钮，软件即会自动识别墙构件。

（5）识别板的操作步骤如下：

第一步：点击主功能菜单CAD识别模块的“识别板”命令；

第二步：在弹出的“板识别”界面，根据实际情况设置板的参数，可以勾选要识别的量，如图2.3.3.2-14所示，然后点击“提取”按钮。

第三步：选中需要提取的板CAD图元，在上图中会显示已选择的板的信息，然后点击“识别转换”按钮，软件即会自动识别板构件。

（6）识别芯模的操作步骤如下：

第一步：点击主功能菜单CAD识别模块的“识别空心楼盖芯模”命令；

第二步：在弹出的“识别空心楼盖-成孔芯模”界面中根据实际情况设置相关选项，如图2.3.3.2-15所示。

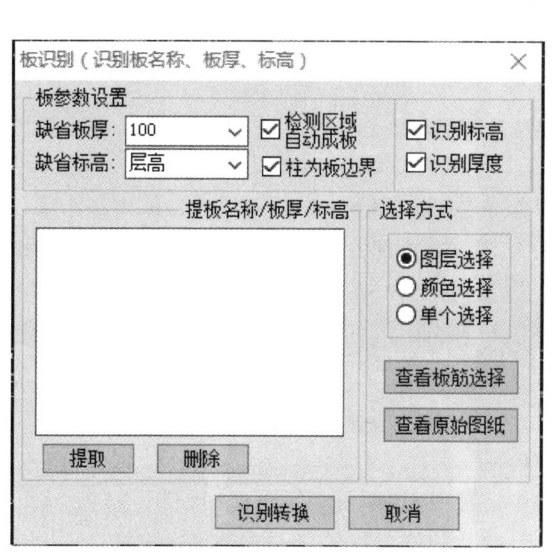

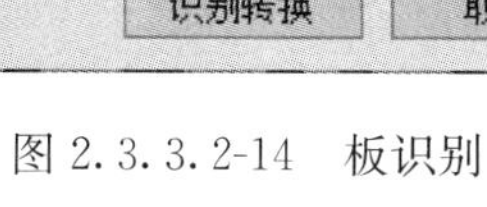

图2.3.3.2-14　板识别

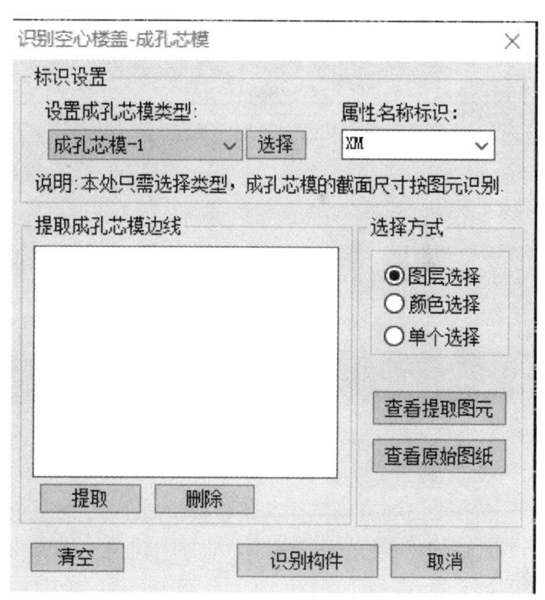

图2.3.3.2-15　芯模识别

第三步：点击“选择”按钮，设置成孔芯模的类型，如图2.3.3.2-16所示，设置完成后在主窗体中点击“提取”按钮。

第四步：选中需要提取的芯模CAD图元，在芯模识别窗体中会显示已选择的成孔芯模边线名称，然后点击“识别构件”按钮，软件即会自动识成孔芯模构件。

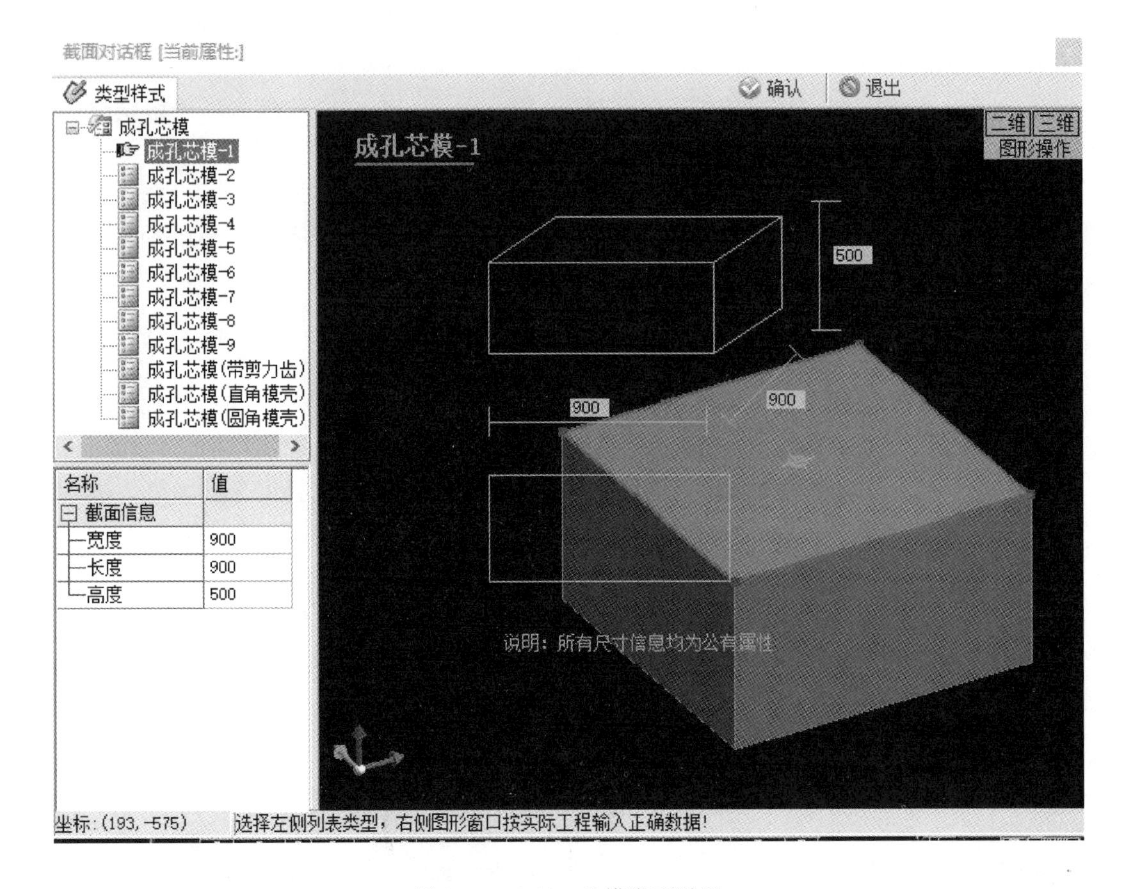

图 2.3.3.2-16　芯模类型设置

（7）识别主肋梁、次肋梁的操作步骤如下：

第一步：点击主功能菜单 CAD 识别模块的“识别主肋梁、次肋梁”命令，然后点击“主肋梁”按钮弹出“梁构件识别”界面，如图 2.3.3.2-17 所示。

第二步：点击“设置识别类型”按钮，对需要识别的主肋梁、次肋梁等类型进行修改、删除、添加操作，如图 2.3.3.2-18 所示。

第三步：参数设置完成后，点击左侧“提取”按钮获取梁边线，然后点击右边“提取”按钮获取梁集中标注和原位标注。

第四步：选中需要提取的主肋梁、次肋梁 CAD 图元，在上图中会显示已选择的梁边线、集中标注和原位标注，然后点击“识别梁构件及钢筋”按钮，软件即会自动识别主肋梁、次肋梁构件。

（8）识别独基的操作步骤如下：

第一步：点击主功能菜单 CAD 识别模块的“识别独基”命令；

第二步：在弹出的“（独基）构件识别”界面，根据实际情况设置相关选项，包括名称匹配设置和选择方式设置，如图 2.3.3.2-19 所示，然后点击“提取”按钮；

第三步：选中需要提取的独基 CAD 图元，在图 2.3.3.2-19 中会显示已选择的独基边线，然后点击“识别按钮”按钮，软件即会自动识别独基构件。

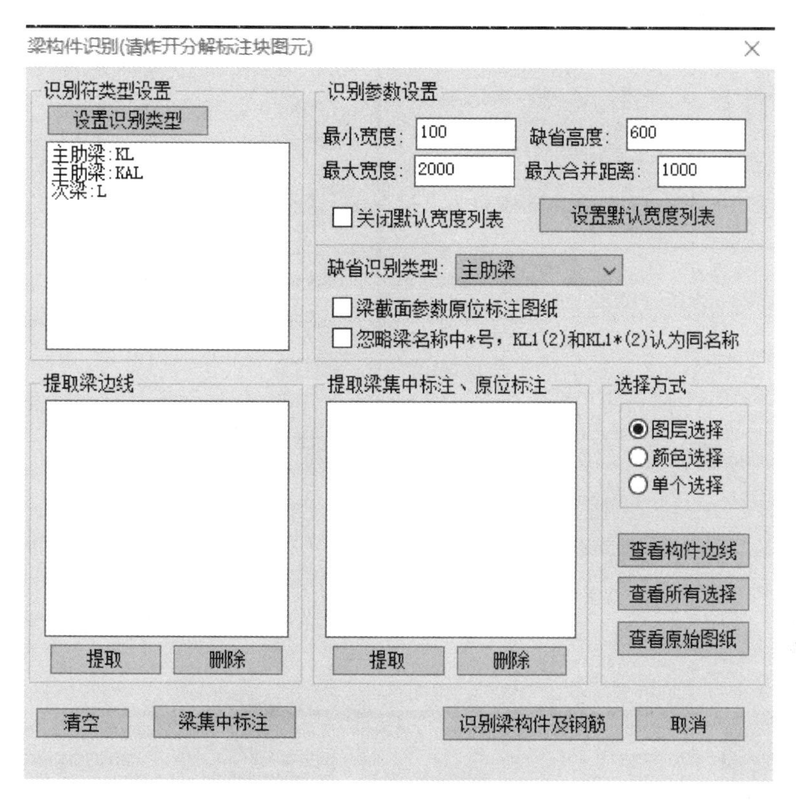

图 2.3.3.2-17　芯模类型设置（一）

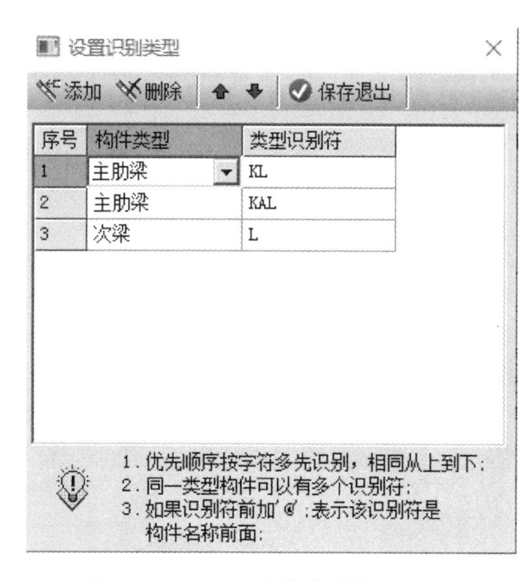

序号	构件类型	类型识别符
1	主肋梁	KL
2	主肋梁	KAL
3	次梁	L

图 2.3.3.2-18　芯模类型设置（二）

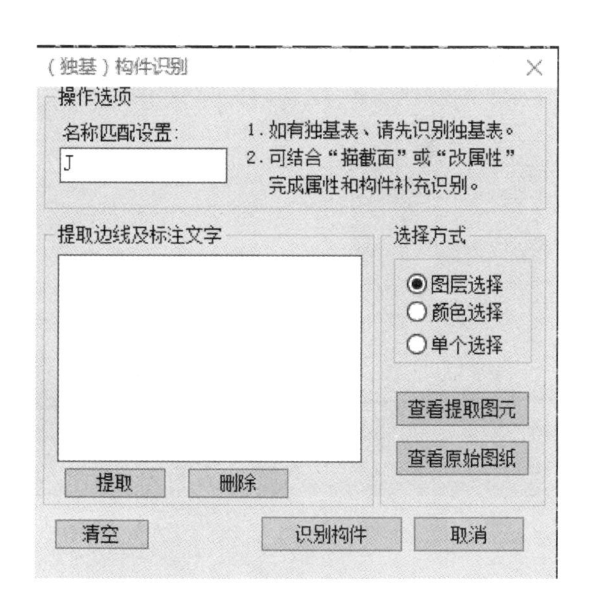

图 2.3.3.2-19　独基识别

（9）识别承台的操作步骤如下：

第一步：点击主功能菜单 CAD 识别模块的“识别承台”命令；

第二步：在弹出的“（承台）构件识别”界面，根据实际情况设置相关选项，包括名

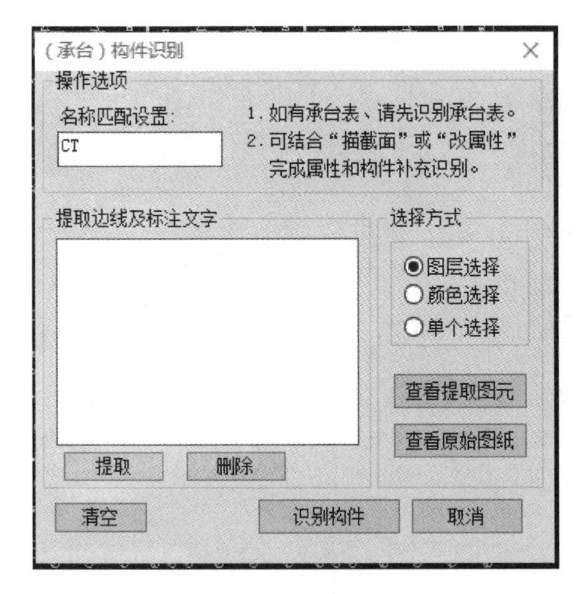

图 2.3.3.2-20　承台识别

称匹配设置和选择方式设置，如图 2.3.3.2-20 所示，然后点击"提取"按钮；

第三步：选中需要提取的承台 CAD 图元，在图 2.3.3.2-20 中会显示已选择的承台边线，然后点击"识别按钮"按钮，软件即会自动识别承台构件。

(10) 板筋识别为例，操作步骤如下：

第一步：点击主功能菜单 CAD 识别模块的"识别板筋"命令；

第二步：在弹出的"板钢筋识别"界面中，点击提取，然后提取图纸上的板底筋，支座钢筋和钢筋标注信息，右击回到识别界面，得到如图 2.3.3.2-21 的结果：

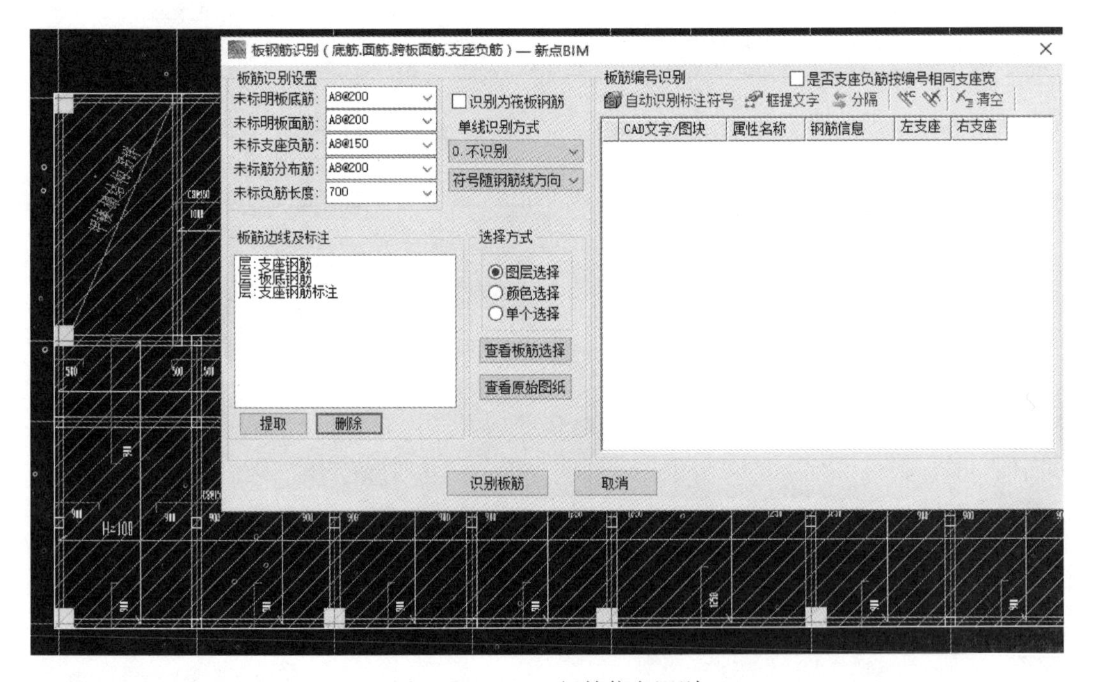

图 2.3.3.2-21　板筋信息识别

第三步：点击"识别转换"按钮，软件根据提取信息自动生成钢筋，如图 2.3.3.2-22 所示。

钢筋工程量核查

通过钢筋工程量核查命令，可以查看依据平法规则计算的钢筋三维模型，直观查看钢筋节点的处理情况及工程量计算明细。

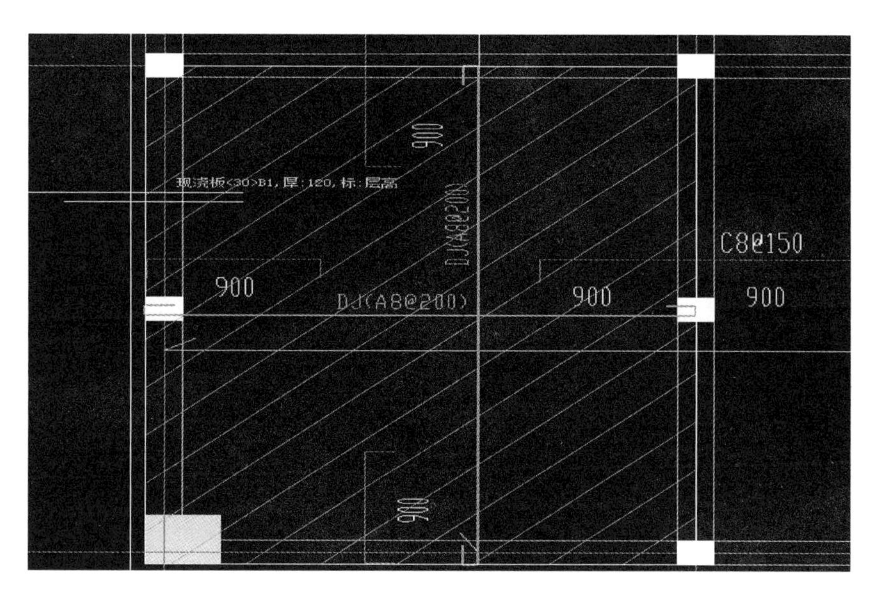

图 2.3.3.2-22　板筋平面图显示

汇总计算

汇总计算用于分区域、楼层、构件类型及专业等进行分类统计汇总。计算完成后，可以点击“【工程量-钢筋】报表”查看计算计算结果和报表统计，见图 2.3.3.2-24。

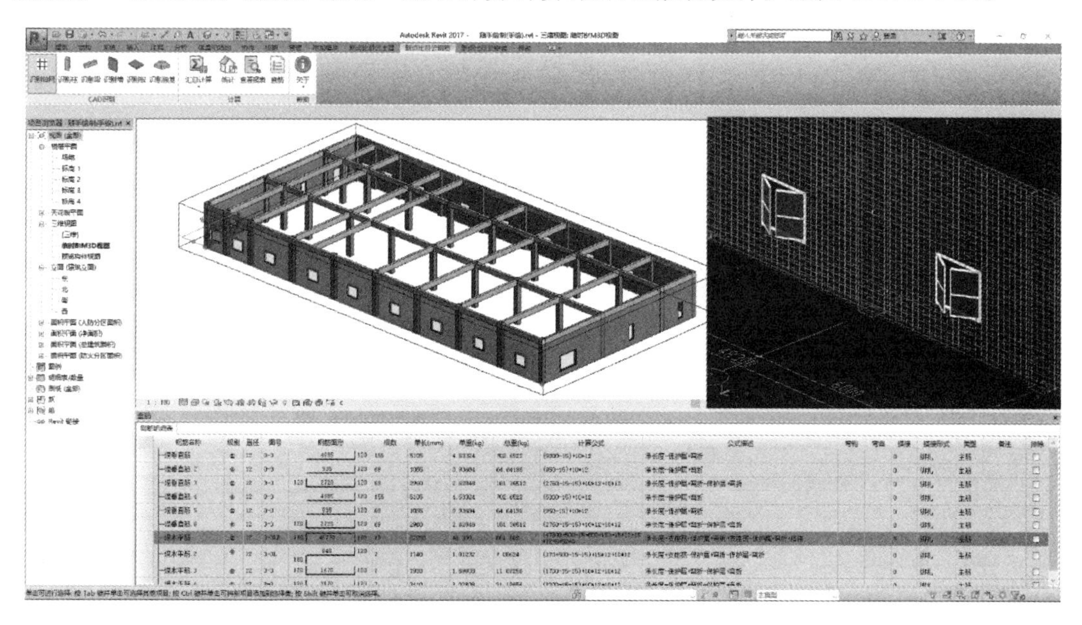

图 2.3.3.2-23　钢筋量核查及三维显示

钢筋报表包括钢筋明细表和钢筋汇总表，钢筋汇总表又分为按直径汇总和按直径范围汇总，见图 2.3.3.2-25 和图 2.3.3.2-26。

可以点击表格上方的工具栏里面的“反查钢筋”按钮，定位到工程中的模型中去；“折叠”、“展开”按钮可以折叠和展开表格中的行。

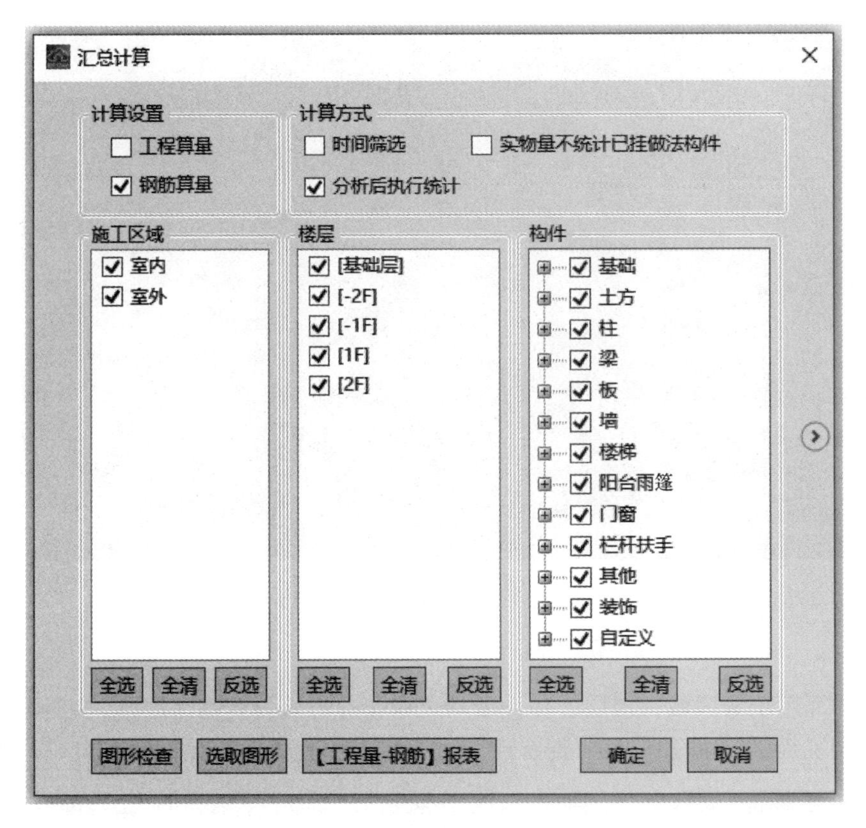

图 2.3.3.2-24　汇总计算

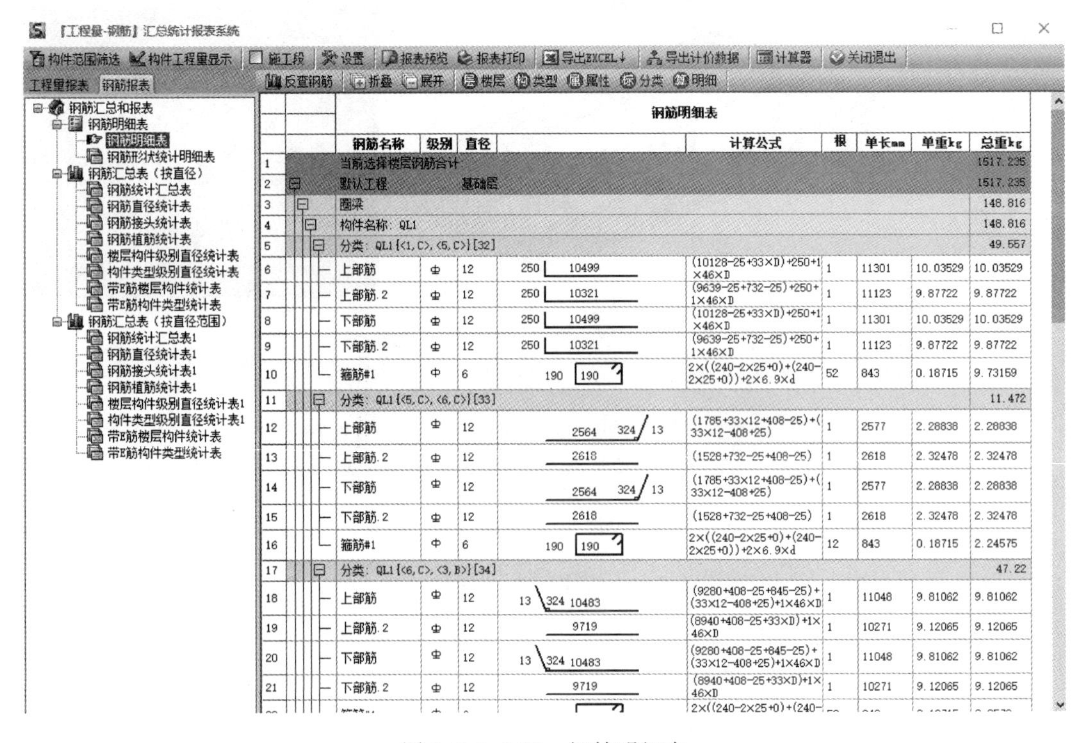

图 2.3.3.2-25　钢筋明细表

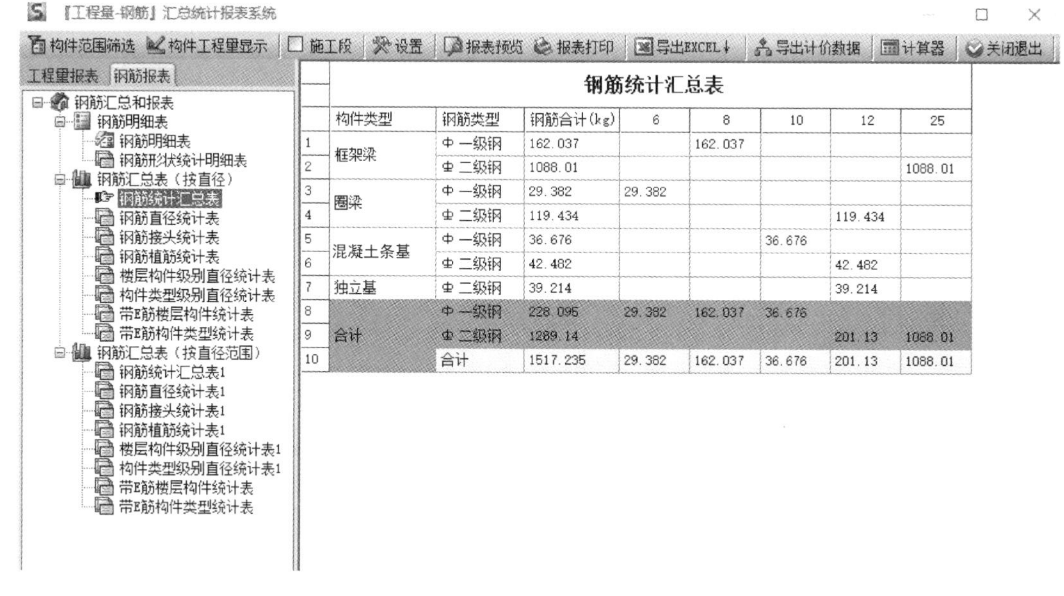

钢筋统计汇总表

	构件类型	钢筋类型	钢筋合计(kg)	6	8	10	12	25
1	框架梁	Φ一级钢	162.037		162.037			
2		Φ二级钢	1088.01					1088.01
3	圈梁	Φ一级钢	29.382	29.382				
4		Φ二级钢	119.434				119.434	
5	混凝土条基	Φ一级钢	36.676			36.676		
6		Φ二级钢	42.482				42.482	
7	独立基	Φ二级钢	39.214				39.214	
8	合计	Φ一级钢	228.095	29.382	162.037	36.676		
9		Φ二级钢	1289.14				201.13	1088.01
10		合计	1517.235	29.382	162.037	36.676	201.13	1088.01

图 2.3.3.2-26　钢筋汇总报表

小节练习题

1.（单选）在算量软件中，哪种钢筋不可以进行识别操作的是（　　）。

A. 板筋　　B. 梁筋　　C. 砌体墙拉结筋　　D. 柱筋

2.（单选）在算量软件中，设置钢筋连接形式时，不需要考虑的条件为（　　）。

A. 钢筋类型　　B. 级别　　C. 直径区间　　D. 钢筋长度

3.（多选）钢筋工程中，钢筋的连接方式主要有（　　）。

A. 绑扎搭接　　B. 机械连接　　C. 套管灌浆连接　　D. 焊接

参考答案：

1. D；2. D；3. ABCD。

第 3 章　BIM 计价操作实务

本章导读

本章介绍了国内造价计价的标准及规范，目前我国造价行业采用的是 2013 年 7 月 1 日起实施的 1 本计价规范（简称“13 清单计价规范”），讲解了工程计价方法及计价依据、建设工程定额与清单计价规范；BIM 专业化计价软件实务操作；BIM 计价之云计价方式。

3.1 国内造价计价的标准及规范

3.1.1 工程计价方法及计价依据

1. 工程计价概述

工程计价的概念及特点：

工程计价就是对建设工程造价的计算。工程建设是一项特殊的生产活动，它区别于一般工农业生产，具有周期长、物耗大；涉及面广和协作性强；建设地点固定，水文地质条件各异；生产过程单一性强，不能批量生产等特点。由于工程建设产品的这种特点和工程建设内部生产关系的特殊性，决定了工程建设造价不同于一般工农业产品的计价特点：

（1）单件性计价

每个建设工程项目都有特定的目的和用途，就会有不同的结构、造型和装饰，产生不同的建筑面积和体积，建设施工时还可采用不同的工艺设备、建筑材料和施工工艺方案。因此每个建设项目一般只能单独设计、单独建设。即使是相同用途和相同规模的同类建设项目，由于技术水平、建筑等级和建筑标准的差别，以及地区条件和自然环境与风俗习惯的不同也会有很大区别，最终导致工程造价的千差万别。因此，对于建设工程既不能像工业产品那样按品种、规格和质量成批定价，只能是单件计价；也不能由国家、地方、企业规定统一的造价，只能按各个项目规定的建设程序计算工程造价。建筑产品的个体差别性决定了每项工程都必须单独计算造价。

（2）多次性计价

建设工程的生产过程是一个周期长、规模大、造价高、物耗多的投资生产活动，必须按照规定的建设程序分阶段进行建设，才能按时、保质、有效地完成建设项目。为了适应项目管理的要求，适应工程造价控制和管理的要求，需要按照建设程序中各个规划设计和建设阶段多次性进行计价。从投资估算、设计概算、施工图预算等预期造价到承包合同价、结算价和最后的竣工决算价的实际造价，是一个由粗到细，由浅入深，最后确定建设工程实际造价的整个计价过程。这是一个逐步深化、逐步细化和逐步接近实际造价的过程。

（3）按工程构成的分部组合计价

工程造价的计算是分部组合而成，这一特征和建设项目的组合性有关。按照国家规定，工程建设项目根据投资规模大小可划分为大、中、小型项目，而每一个建设项目又可按其生产能力和工程效益的发挥以及设计施工范围逐级大小分解为单项工程、单位工程、分部工程和分项工程。建设项目的组合性决定了工程造价计价的过程是一个逐步组合的过程。在确定工程建设项目的设计概算和施工图预算时，则需按工程构成的分部组合由下而上地计价。就是要先计算各单位工程的概（预）算，再计算各单项工程的综合概（预）算，再汇总成建设项目的总概（预）算。而且单位工程的工程量和施工图预算一般是按分部工程、分项工程采用相应的定额单价、费用标准进行计算。这就是采用对工程建设项目由大到小进行逐级分解，再按其构件的分部由小到大逐步组合计算出总的项目工程造价。其计算过程和计算顺序是：分部分项工程单价——单位工程造价——单项工程造价——建设项目总造价。

（4）方法的多样性

不同阶段计价有着各不相同的计价依据，对造价准确性有不同的精度要求，这些决定了计价方法的多样性特征。计算和确定概预算造价有两种基本方法，即单价法和实物法。计算和确定投资估算的方法有设备系数法、生产能力指数估算法等。不同的方法各有利弊，适用条件也不同，因此计价时要充分考虑后加以选择。

（5）计价依据复杂

由于影响工程造价的因素很多，计价依据复杂，种类繁多。主要可以分为七类：

①计算设备和工程量依据，包括项目建议书、可行性研究报告、设计文件等。

②计算人工、材料、机械等实物消耗量依据，包括投资估算指标、概算定额、预算定额等。

③计算工程单价的价格依据，包括人工单价、材料价格、材料运杂费、机械台班费等。

④计算设备单价基于，包括设备原价、设备运杂费、进口设备关税等。

⑤计算其他直接费、现场经费、间接费和工程建设其他费用依据，主要是相关的费用定额和指标。

⑥政府规定的税、费。

⑦物价指数和工程造价指数。

2. 工程造价构成

（1）工程造价的概念

工程造价指的是工程建设项目的建造价格，工程造价的实质是工程建设项目在建筑市场上的交易价格。工程造价从交易的角度来说，有着买价和卖价两种含义。

①买价

工程造价是指建设某一工程项目预期或实际开支的全部固定投资，即一项工程经过建设形成的固定资产、无形资产所需要一次性费用的总和。该含义从投资者—业主的角度定义。投资者为了获得预期收益，拟定一个投资项目之后需要经过项目评估进行决策，投资决策后再进行设计招标、工程招标，经过施工建造直至竣工验收等一系列投资管理活动。投资活动中所支付的全部费用形成了固定资产和无形资产，这些费用就构成了工程造价。从这个角度来说，工程造价就是工程投资的费用，即投资单位购买工程建设项目的价格。

②卖价

工程造价就是工程建设的价格。为了建成一个工程，预计或者实际在土地市场、设备市场、技术劳务市场以及承包市场等交易活动中所形成的建筑安装工程的价格和建设工程总价格。该含义以建设工程的特定商品交易形式作为交易的对象，通过招投标、承发包或者其他交易形式，在多次预估的基础上最终形成市场交易价格。一般把该含义的工程造价认定为工程承发包价格，它是通过招投标由需求主体投资者和供给主体建筑商共同认可的价格，是承建单位认可卖出所建造的建设工程项目的价格。

区别两种工程造价含义的理论意义在于，为投资者和以承包商为代表的供应商在工程建设领域的市场行为提供理论依据。当业主提出要降低工程造价时，是站在投资者的角度充当市场需求的角色；当承包商提出要降低工程造价、提高利润率并获得更多的实际利润时，它是要实现市场供给主体的管理目标。这是市场运行机制下的必然，不同利益主体不能混为一谈。区别两种工程造价含义的现实意义在于，为实现不同的工程造价管理目标，需要从多角度考虑充实工程造价的管理内容，完善工程造价的管理方法，从而有利于工程建设市场的规范和健康完善发展。

（2）工程造价的构成

在住房城乡建设部与财政部关于印发《建筑安装工程费用项目组成》的通知（建标[2013] 44 号）中提到，为指导工程造价专业人员计算建筑安装工程造价，将建筑安装工程费用按费用构成要素组成划分为人工费、材料费、施工机具使用费、企业管理费、利润、规费和税金，其中人工费、材料费、施工机具使用费、企业管理费和利润包含在分部分项工程费、措施项目费、其他项目费中（具体划分结构见图 3.1.1-1）。按工程造价形成顺序划分为分部分项工程费、措施项目费、其他项目费、规费和税金，分部分项工程费、措施项目费。

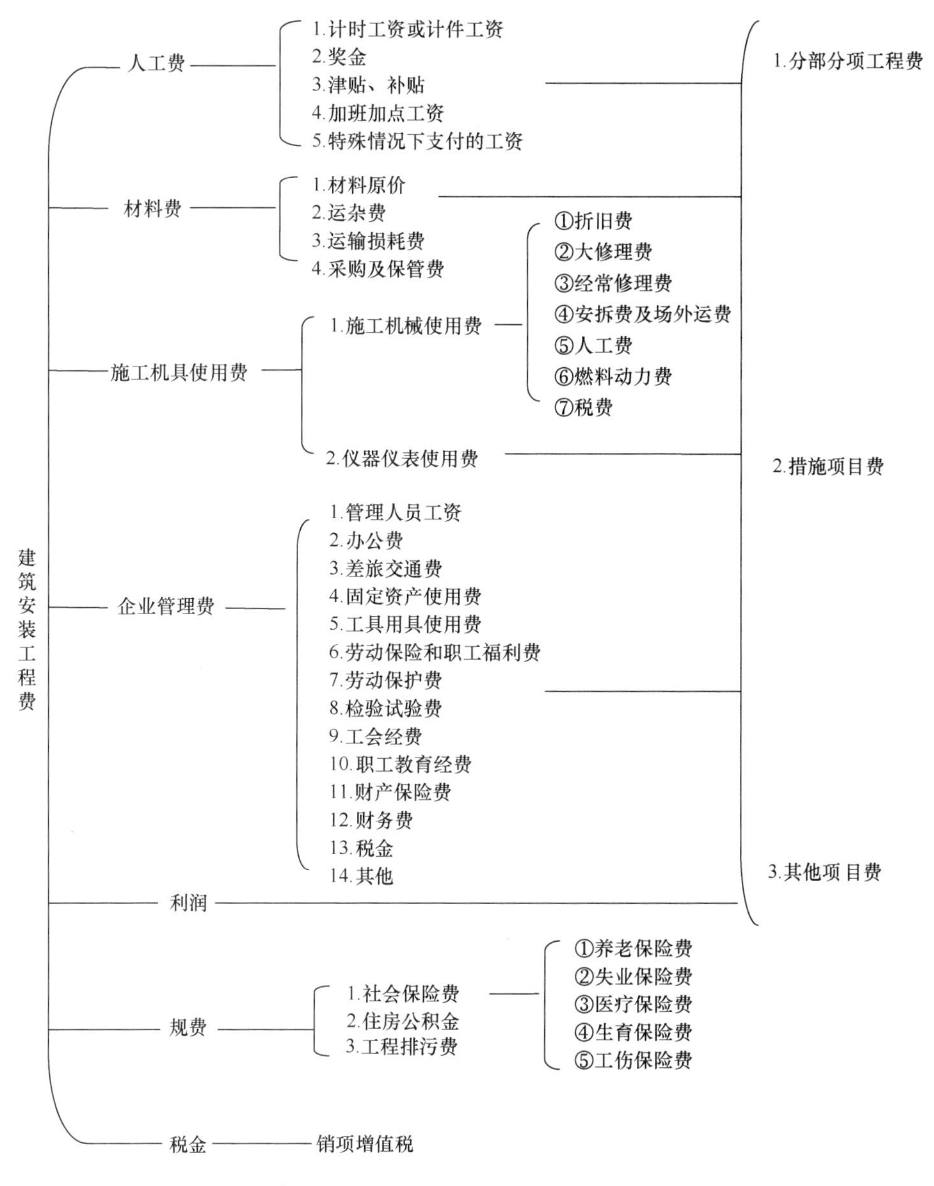

图 3.1.1-1　建筑安装工程费用项目组成（按费用构成要素划分）

其他项目费包含人工费、材料费、施工机具使用费、企业管理费和利润（具体划分结构见图3.1.1-2）。

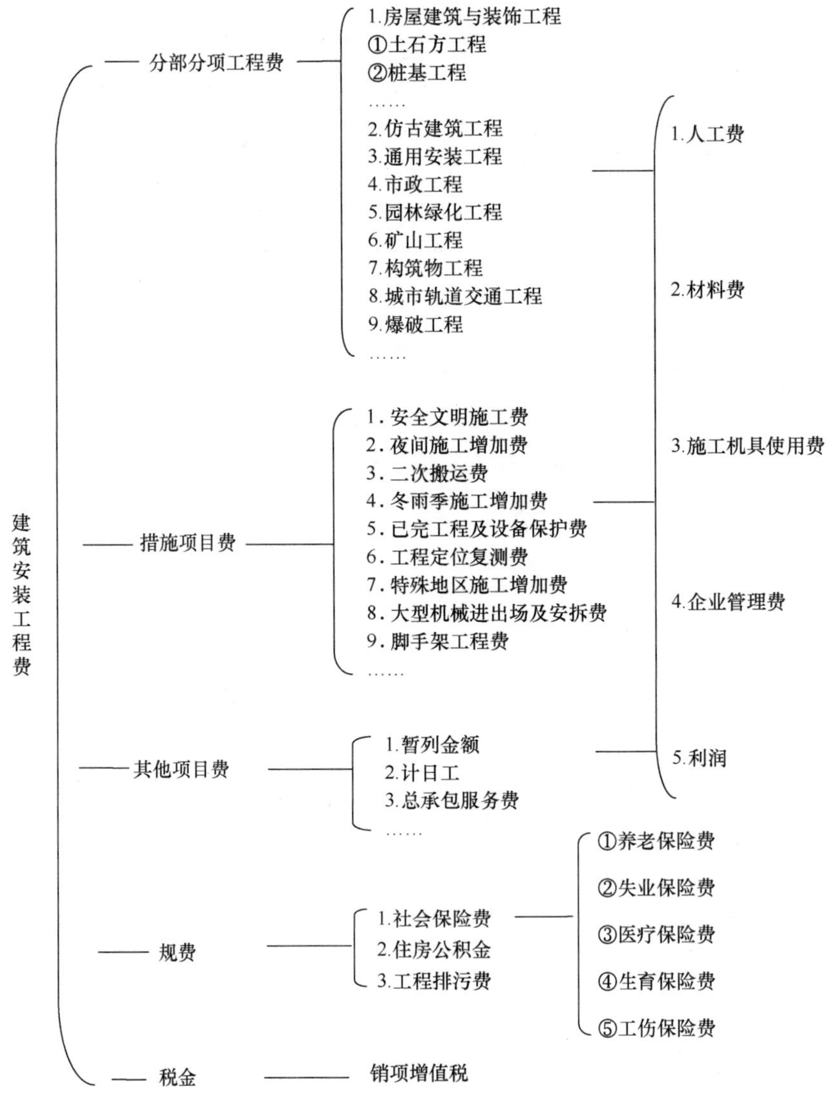

图3.1.1-2　建筑安装工程费用项目组成表（按造价形成划分）

各项费用说明：

1. 人工费：是指按工资总额构成规定，支付给从事建筑安装工程施工的生产工人和附属生产单位工人的各项费用。内容包括：

（1）计时工资或计件工资：是指按计时工资标准和工作时间或对已做工作按计件单价支付给个人的劳动报酬。

（2）奖金：是指对超额劳动和增收节支支付给个人的劳动报酬。如节约奖、劳动竞赛奖等。

（3）津贴补贴：是指为了补偿职工特殊或额外的劳动消耗和因其他特殊原因支付给个人的津贴，以及为了保证职工工资水平不受物价影响支付给个人的物价补贴。如流动施工津贴、特殊地区施工津贴、高温（寒）作业临时津贴、高空津贴等。

（4）加班加点工资：是指按规定支付的在法定节假日工作的加班工资和在法定日工作时间外延时工作的加点工资。

（5）特殊情况下支付的工资：是指根据国家法律、法规和政策规定，因病、工伤、产假、计划生育假、婚丧假、事假、探亲假、定期休假、停工学习、执行国家或社会义务等原因按计时工资标准或计时工资标准的一定比例支付的工资。

2. 材料费：是指施工过程中耗费的原材料、辅助材料、构配件、零件、半成品或成品、工程设备的费用。内容包括：

（1）材料原价：是指材料、工程设备的出厂价格或商家供应价格。

（2）运杂费：是指材料、工程设备自来源地运至工地仓库或指定堆放地点所发生的全部费用。

（3）运输损耗费：是指材料在运输装卸过程中不可避免的损耗。

（4）采购及保管费：是指为组织采购、供应和保管材料、工程设备的过程中所需要的各项费用，包括采购费、仓储费、工地保管费、仓储损耗。

工程设备是指构成或计划构成永久工程一部分的机电设备、金属结构设备、仪器装置及其他类似的设备和装置。

3. 施工机具使用费：是指施工作业所发生的施工机械、仪器仪表使用费或其租赁费。

（1）施工机械使用费：以施工机械台班耗用量乘以施工机械台班单价表示，施工机械台班单价应由下列 7 项费用组成：

①折旧费：指施工机械在规定的使用年限内，陆续收回其原值的费用。

②大修理费：指施工机械按规定的大修理间隔台班进行必要的大修理，以恢复其正常功能所需的费用。

③经常修理费：指施工机械除大修理以外的各级保养和临时故障排除所需的费用。包括为保障机械正常运转所需替换设备与随机配备工具附具的摊销和维护费用，机械运转中日常保养所需润滑与擦拭的材料费用及机械停滞期间的维护和保养费用等。

④安拆费及场外运费：安拆费指施工机械（大型机械除外）在现场进行安装与拆卸所需的人工、材料、机械和试运转费用以及机械辅助设施的折旧、搭设、拆除等费用；场外运费指施工机械整体或分体自停放地点运至施工现场或由一施工地点运至另一施工地点的运输、装卸、辅助材料及架线等费用。

⑤人工费：指机上司机（司炉）和其他操作人员的人工费。

⑥燃料动力费：指施工机械在运转作业中所消耗的各种燃料及水、电等。

⑦税费：指施工机械按照国家规定应缴纳的车船使用税、保险费及年检费等。

（2）仪器仪表使用费：是指工程施工所需使用的仪器仪表的摊销及维修费用。

4. 企业管理费：是指建筑安装企业组织施工生产和经营管理所需的费用。内容包括：

（1）管理人员工资：是指按规定支付给管理人员的计时工资、奖金、津贴补贴、加班加点工资及特殊情况下支付的工资等。

（2）办公费：是指企业管理办公用的文具、纸张、账表、印刷、邮电、书报、办公软件、现场监控、会议、水电、烧水和集体取暖降温（包括现场临时宿舍取暖降温）等费用。

（3）差旅交通费：是指职工因公出差、调动工作的差旅费、住勤补助费，市内交通费和误餐补助费，职工探亲路费，劳动力招募费，职工退休、退职一次性路费，工伤人员就医路费，工地转移费以及管理部门使用的交通工具的油料、燃料等费用。

（4）固定资产使用费：是指管理和试验部门及附属生产单位使用的属于固定资产的房屋、设备、仪器等的折旧、大修、维修或租赁费。

（5）工具用具使用费：是指企业施工生产和管理使用的不属于固定资产的工具、器具、家具、交通工具和检验、试验、测绘、消防用具等的购置、维修和摊销费。

（6）劳动保险和职工福利费：是指由企业支付的职工退职金、按规定支付给离休干部的经费，集体福利费、夏季防暑降温、冬季取暖补贴、上下班交通补贴等。

（7）劳动保护费：是企业按规定发放的劳动保护用品的支出。如工作服、手套、防暑降温饮料以及在有碍身体健康的环境中施工的保健费用等。

（8）检验试验费：是指施工企业按照有关标准规定，对建筑以及材料、构件和建筑安装物进行一般鉴定、检查所发生的费用，包括自设试验室进行试验所耗用的材料等费用。不包括新结构、新材料的试验费，对构件做破坏性试验及其他特殊要求检验试验的费用和建设单位委托检测机构进行检测的费用，对此类检测发生的费用，由建设单位在工程建设其他费用中列支。但对施工企业提供的具有合格证明的材料进行检测不合格的，该检测费用由施工企业支付。

（9）工会经费：是指企业按《工会法》规定的全部职工工资总额比例计提的工会经费。

（10）职工教育经费：是指按职工工资总额的规定比例计提，企业为职工进行专业技术和职业技能培训，专业技术人员继续教育、职工职业技能鉴定、职业资格认定以及根据需要对职工进行各类文化教育所发生的费用。

（11）财产保险费：是指施工管理用财产、车辆等的保险费用。

（12）财务费：是指企业为施工生产筹集资金或提供预付款担保、履约担保、职工工资支付担保等所发生的各种费用。

（13）税金：是指企业按规定缴纳的房产税、车船使用税、土地使用税、印花税等。

（14）其他：包括技术转让费、技术开发费、投标费、业务招待费、绿化费、广告费、公证费、法律顾问费、审计费、咨询费、保险费等。

5. 利润：是指施工企业完成所承包工程获得的盈利。

6. 规费：是指按国家法律、法规规定，由省级政府和省级有关权力部门规定必须缴纳或计取的费用。包括：

（1）社会保险费

①养老保险费：是指企业按照规定标准为职工缴纳的基本养老保险费。

②失业保险费：是指企业按照规定标准为职工缴纳的失业保险费。

③医疗保险费：是指企业按照规定标准为职工缴纳的基本医疗保险费。

④生育保险费：是指企业按照规定标准为职工缴纳的生育保险费。

⑤工伤保险费：是指企业按照规定标准为职工缴纳的工伤保险费。

（2）住房公积金：是指企业按规定标准为职工缴纳的住房公积金

（3）工程排污费：是指按规定缴纳的施工现场工程排污费。

其他应列而未列入的规费，按实际发生计取。

7. 税金：是指国家税法规定的应计入建筑安装工程造价的销项增值税。

各项费用解释：

1. 分部分项工程费：是指各专业工程的分部分项工程应予列支的各项费用。

（1）专业工程：是指按现行国家计量规范划分的房屋建筑与装饰工程、仿古建筑工程、通用安装工程、市政工程、园林绿化工程、矿山工程、构筑物工程、城市轨道交通工程、爆破工程等各类工程。

（2）分部分项工程：指按现行国家计量规范对各专业工程划分的项目。如房屋建筑与装饰工程划分的土石方工程、地基处理与桩基工程、砌筑工程、钢筋及钢筋混凝土工程等。

各类专业工程的分部分项工程划分见现行国家或行业计量规范。

2. 措施项目费：是指为完成建设工程施工，发生于该工程施工前和施工过程中的技术、生活、安全、环境保护等方面的费用。内容包括：

（1）安全文明施工费

①环境保护费：是指施工现场为达到环保部门要求所需要的各项费用。

②文明施工费：是指施工现场文明施工所需要的各项费用。

③安全施工费：是指施工现场安全施工所需要的各项费用。

④临时设施费：是指施工企业为进行建设工程施工所必须搭设的生活和生产用的临时建筑物、构筑物和其他临时设施费用。包括临时设施的搭设、维修、拆除、清理费或摊销费等。

（2）夜间施工增加费：是指因夜间施工所发生的夜班补助费、夜间施工降效、夜间施工照明设备摊销及照明用电等费用。

（3）二次搬运费：是指因施工场地条件限制而发生的材料、构配件、半成品等一次运输不能到达堆放地点，必须进行二次或多次搬运所发生的费用。

（4）冬雨季施工增加费：是指在冬季或雨季施工需增加的临时设施、防滑、排除雨雪，人工及施工机械效率降低等费用。

（5）已完工程及设备保护费：是指竣工验收前，对已完工程及设备采取的必要保护措施所发生的费用。

（6）工程定位复测费：是指工程施工过程中进行全部施工测量放线和复测工作的费用。

（7）特殊地区施工增加费：是指工程在沙漠或其边缘地区、高海拔、高寒、原始森林等特殊地区施工增加的费用。

（8）大型机械设备进出场及安拆费：是指机械整体或分体自停放场地运至施工现场或由一个施工地点运至另一个施工地点，所发生的机械进出场运输及转移费用及机械在施工现场进行安装、拆卸所需的人工费、材料费、机械费、试运转费和安装所需的辅助设施的费用。

（9）脚手架工程费：是指施工需要的各种脚手架搭、拆、运输费用以及脚手架购置费的摊销（或租赁）费用。

措施项目及其包含的内容详见各类专业工程的现行国家或行业计量规范。

3. 其他项目费

（1）暂列金额：是指建设单位在工程量清单中暂定并包括在工程合同价款中的一笔款项。用于施工合同签订时尚未确定或者不可预见的所需材料、工程设备、服务的采购，施工中可能发生的工程变更、合同约定调整因素出现时的工程价款调整以及发生的索赔、现场签证确认等的费用。

（2）计日工：是指在施工过程中，施工企业完成建设单位提出的施工图纸以外的零星项目或工作所需的费用。

（3）总承包服务费：是指总承包人为配合、协调建设单位进行的专业工程发包，对建设单位自行采购的材料、工程设备等进行保管以及施工现场管理、竣工资料汇总整理等服务所需的费用。

4. 规费：是指按国家法律、法规规定，由省级政府和省级有关权力部门规定必须缴纳或计取的费用。包括：

（1）社会保险费

①养老保险费：是指企业按照规定标准为职工缴纳的基本养老保险费。

②失业保险费：是指企业按照规定标准为职工缴纳的失业保险费。

③医疗保险费：是指企业按照规定标准为职工缴纳的基本医疗保险费。

④生育保险费：是指企业按照规定标准为职工缴纳的生育保险费。

⑤工伤保险费：是指企业按照规定标准为职工缴纳的工伤保险费。

（2）住房公积金：是指企业按规定标准为职工缴纳的住房公积金。

（3）工程排污费：是指按规定缴纳的施工现场工程排污费。

其他应列而未列入的规费，按实际发生计取。

5. 税金：是指国家税法规定的应计入建筑安装工程造价的销项增值税。

工程计价方法及“三价”关系概述

工程计价方法：

我国现行的两种工程计价方式为“定额计价模式”与“工程量清单计价模式”。其中，定额计价方式是我国使用了几十年的一种计价模式，其基本特征就是价格＝定额＋费用＋文件价格，并作为法定性的依据强制执行，不论是工程招标编制标底还是投标报价均以此为唯一的依据，承、发包双方共用一本定额和费用标准确定标底价和投标报价。定额计价是建立在以政府定价为主导的计划经济管理基础上的价格管理模式，它所体现的是政府对工程价格的直接管理和调控。定额计价的基本原理是国家通过颁布统一的估算指标、概算指标以及概算、预算定额，来对建筑产品价格进行有计划的管理。国家以单位合格的建筑安装产品为对象，制定统一的预算和概算定额，计算出每一单元子项的费用后，再综合形成整个工程的价格。定额计价的基本程序如图 3.1.1-3 所示：

随着我国改革开放的进一步加快，中国经济日益融入全球市场，特别是我国加入 WTO 后，行业壁垒下降，建设市场进一步对外开放，国外企业及投资项目越来越多地进入国内市场，我国企业走出国门在海外投资和经营的项目也在增加。为了适应这种对外开放建设市场的形势，就必须与国际通行的计价方法相适应，为建设市场主体创造一个与国际惯例接轨的市场竞争环境。在此背景下，工程量清单计价在我国开始使用并推广。工程量清单计价，其思路是“统一计算规则，有效控制算量，彻底放开价格”，正确引导企业

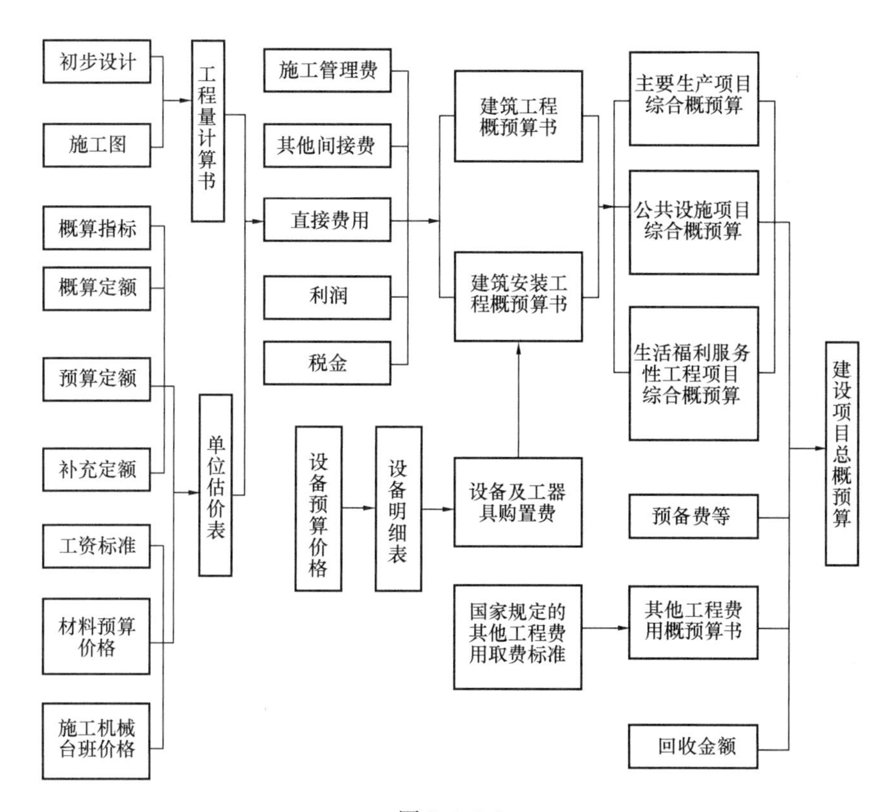

图 3.1.1-3

自主报价、市场有序竞争形成价格。跳出传统的定额计价模式，建立一种全新的计价模式，依靠市场和企业实力通过竞争形成价格。工程量清单计价的基本原理是在建设工程招投标中，招标人按照国家统一的计算规则（计价范围）提供工程数量，即工程量清单（工程量清单的编制流程如图 3.1.1-4 所示），由投标人依据工程量清单，自主报价，并经评审，低价中标的工程造价的计价方法。工程量清单计价的基本过程可以描述为：在统一的工程量清单计算规则的基础上，制定工程量清单项目名称，根据具体工程的施工图图纸计

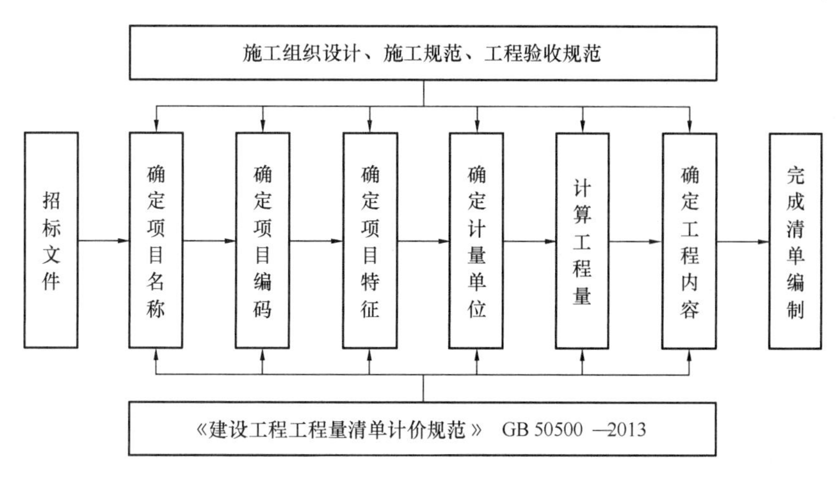

图 3.1.1-4

算出各个清单项目的工程量，再根据各种渠道所获得的工程造价信息和经验数据计算得到工程造价。工程量清单计价的程序如图 3.1.1-5 所示：

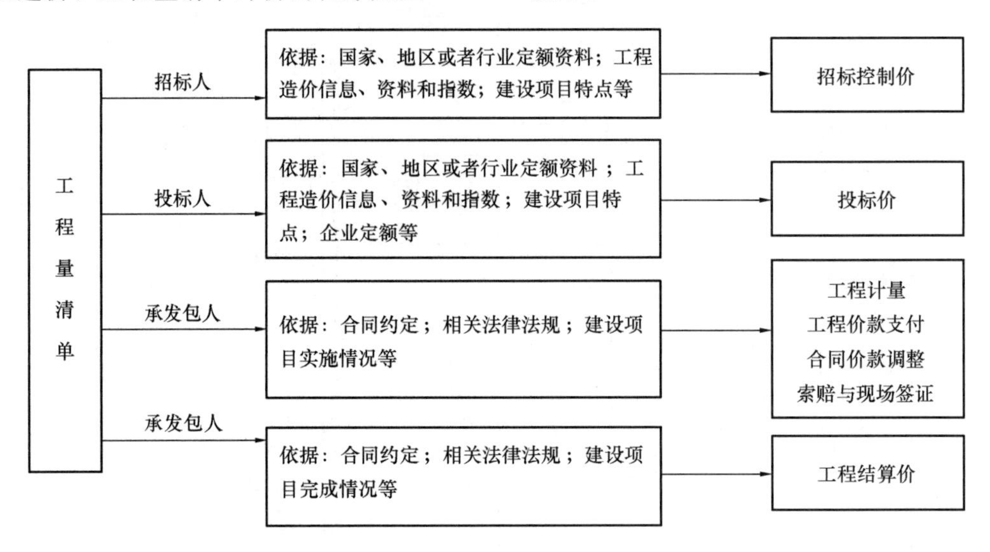

图 3.1.1-5

两种计价方法的区别：

定额计价模式和清单计价模式有着本质的区别，主要表现在以下几个方面：

1. 计价依据不同

按定额计价时增加：工程造价由直接工程费、间接费、利润、税金构成，计价时先计算直接费，再以直接费（或其中的人工费）为基数计算各项费用、利润、税金，汇总为单位工程造价。工程量清单计价时，造价由工程量清单费用（=∑清单工程量×项目综合单价）、措施项目清单费用、其他项目清单费用、规费、税金五部分构成，作这种划分的考虑是将施工过程中的实体性消耗和措施性消耗分开，对于措施性消耗费用只列出项目名称，由投标人根据招标文件要求和施工现场情况、施工方案自行确定，以体现出以施工方案为基础的造价竞争；对于实体性消耗费用，则列出具体的工程数量，投标人要报出每个清单项目的综合单价。

2. 分项工程单价构成不同

按定额计价时分项工程的单价是工料单价，即只包括人工、材料、机械费，工程量清单计价分项工程单价一般为综合单价，除了人工、材料、机械费，还要包括管理费（现场管理费和企业管理费）、利润和必要的风险费。采用综合单价便于工程款支付、工程造价的调整和工程结算，也避免了因为“取费”产生的一些无谓纠纷。综合单价中的直接费、费用、利润由投标人根据本企业实际支出及利润预期、投标策略确定，是施工企业实际成本费用的反映，是工程的个别价格。综合单价的报出是一个个别计价、市场竞争的过程。

3. 单位工程项目划分不同

按定额计价的工程项目划分即预算定额中的项目划分，一般土建定额有几千个项目，其划分原则是按工程的不同部位、不同材料、不同工艺、不同施工机械、不同施工方法和材料规格型号，划分十分详细。工程量清单计价的工程项目划分较之定额项目的划分有较大的综合性，新规范中土建工程只有177个项目，它考虑工程部位、材料、工艺特征，但不考虑具体的施工方法或措施，如人工或机械、机械的不同型号等，同时对于同一项目不再按阶段或过程分为几项，而是综合到一起，如混凝土，可以将同一项目的搅拌（制作）、运输、安装、接头灌缝等综合为一项，门窗也可以将制作、运输、安装、刷油、五金等综合到一起，这样能够减少原来定额对于施工企业工艺方法选择的限制，报价时有更多的自主性。工程量清单中的量应该是综合的工程量，而不是按定额计算的“预算工程量”。综合的量有利于企业自主选择施工方法并以之为基础竞价，也能使企业摆脱对定额的依赖，建立起企业内部报价及管理的定额和价格体系。

4. 计价依据不同

这是清单计价和按定额计价的最根本区别。按定额计价的唯一依据就是定额，而工程量清单计价的主要依据是企业定额，包括企业生产要素消耗量标准、材料价格、施工机械配备及管理状况、各项管理费支出标准等。目前可能多数企业没有企业定额，但随着工程量清单计价形式的推广和报价实践的增加，企业将逐步建立起自身的定额和相应的项目单价，当企业都能根据自身状况和市场供求关系报出综合单价时，企业自主报价、市场竞争（通过招投标）定价的计价格局也将形成，这也正是工程量清单所要促成的目标。工程量清单计价的本质是要改变政府定价模式，建立起市场形成造价机制，只有计价依据个别化，这一目标才能实现。

5. 采用的计价模式不同

工程量清单计价，是实行投标人依据企业自己的管理能力、技术装备水平和市场行情，自主报价，定额其所报的工程造价实际上是社会平均价。

6. 采用的单价方法不同

工程量清单计价，采用综合单价法，综合单价是指完成规定计量单位项目所需的人工费、材料费、机械使用费、管理费、利润，并考虑风险因素，是除规费和税金的全费用单价。工程预算定额计价，采用工料单价法，工料单价是指分部分项工程量的单价为直接费，直接费以人工、材料、机械的消耗量及其相应的价格确定；间接费、利润和税金按照有关规定另行计算。

7. 反映的成本价不同

工程量清单计价，反映的是个别成本，工程预算定额计价，反映的是社会平均成本。

8. 结算的要求不同

工程量清单计价，是结算时按合同中事先约定综合单价的规定执行，综合单价基本上是包死的。工程预算定额计价，结算时按定额规定工料单价计价，往往调整内容较多，容易引起纠纷。

9. 风险处理的方式不同

工程量清单计价，使招标人与投标人风险合理分担，投标人对自己所报的成本、综合单价负责，还要考虑各种风险对价格的影响，综合单价一经合同确定，结算时不可以调整（除工程量有变化），且对工程量的变更或计算错误不负责任；招标人相应在计算工程量时要准确，对于这一部分风险应由招标人承担，从而有利于控制工程造价。工程预算定额计价，风险只在投资一方，所有的风险在不可预见费中考虑；结算时，按合同约定，可以调整。可以说投标人没有风险，不利于控制工程造价。

10. 项目的划分不同

工程量清单计价，项目划分以实体列项，实体和措施项目相分离，施工方法、手段不列项，不设人工、材料、机械消耗量。这样加大了承包企业的竞争力度，鼓励企业尽量采用合理的技术措施，提高技术水平和生产效率，市场竞争机制可以充分发挥。工程预算定额计价，项目划分按施工工序列项、实体和措施相结合，施工方法、手段单独列项，人工、材料、机械消耗量已在定额中规定，不能发挥市场竞争的作用。

11. 工程量计算规则不同

工程量清单计价，清单项目的工程量是按实体的净值计算，这是当前国际上比较通行的做法。工程预算定额计价，工程量是按实物加上人为规定的预留量或操作等因素。

12. 计量单位不同

工程量清单计价，清单项目是按基本单位计量。工程预算定额计价，计量单位可以不采用基本单位。

如今，国内的大部分已建、在建、将建工程均采用工程量清单计价模式。《建设工程工程量清单计价规范》（GB 50500—2013）中也规定：国有资金投资的建设工程招标，招标人必须编制招标控制价。可见，单一、僵化、一成不变的定额计价模式明显已经不适用于市场化经济下的工程建设项目计价需要，而工程量清单计价作为一种能够有效控制工程建设消耗量，由市场供求关系确定价格，有利于业主投资控制的计价模式更加有利于我国建设市场的发展。

工程计价“三价：

通常我们把单位估价表中的人工工日单价、机械台班单价以及材料预算单价简称为“三价”。其中，人工单价指施工企业平均技术熟练程度的生产工人在每工作日（国家法定工作时间内）按规定从事施工作业应得的日工资总额；机械台班单价指一台施工机械，在正常运转条件下一个工作班中所发生的全部费用，按 8h 工作制计算；材料预算单价指材料从其来源地到达施工工地仓库后出库的综合平均价格。

一般将人工消耗量、材料消耗量、机械台班消耗量简称为“三量”，单位估价表是通过将“三量”和“三价”的因素分别结合起来，得出个分部分项的人工费、材料费以及机械台班费，最后汇总起来就是工程概预算单价。

“三量”根据全国或者地区的相应预算定额中人工、材料、机械的实物消耗量取定，“三价”根据地区人工、材料、机械台班单价取定。通常一个地区范围以内的人工单价、机械台班单价较为稳定、统一，而材料预算单价较相对不统一、不稳定，在确定材料预算单价的时候要综合考虑各方面因素。

3.1.2 建设工程定额计价规范

建设工程定额

建设工程定额的概念及分类

建设工程定额，即规定的消耗量标准，是指按照国家有关规定的产品标准，设计规范和施工验收规范，质量评定标准，并参考行业，地方标准以及有代表性的工程设计，施工资料确定的工程建设过程中完成规定计量单位产品所消耗的人工、材料、机械等消耗量的标准。这种规定的额度所反映的是在一定的社会生产力发展水平下，完成某项工程建设产品与各种生产消耗之间的特定的数量关系，考虑的是正常的施工条件，大多数施工企业的技术装备程度，施工工艺和劳动组织，反映的是一种社会平均消耗水平。建设工程定额按照生产要素消耗内容可分为劳动消耗定额、机械消耗定额以及材料消耗定额；按照编制程序和用途可分为投资估算指标、概算指标、概算定额、预算定额以及施工定额；按照主编单位和管理权限可分为全国统一定额、行业统一定额、地区统一定额、企业定额以及补充定额；按照专业性质可分为全国通用定额、行业通用定额以及专业通用定额。各种定额之间的关系如表 3.1.2-1 所示：

建设工程定额的概念及分类　　表 3.1.2-1

定额分类	投资估算指标	概算指标	概算定额	预算定额	施工定额
对象	单独的单项工程或者完整的工程项目	整个建筑物或者构筑物	扩大的分项工程	分项工程	工序
用途	编制投资估算	编制初步设计概算	编制设计概算	编制施工图预算	编制施工预算
项目划分	很粗	平均	较粗	细	很细
定额水平	平均	平均	平均	平均	平均先进
定额性质	计价性定额				生产性定额

我国建设工程定额的发展历程：

我国的建设工程定额是在新中国成立后逐渐建立和不断发展起来的。在 20 世纪 50 年代吸取了苏联定额编制工作的经验，20 世纪 70 年代后期又参考和借鉴了欧美和日本等国家对定额进行科学管理的方法。在不同历史时期，结合我国建设生产实际情况，编制了符合本国国情的定额。1955 年建工部编制了全国统一的建筑安装工程预算定额。1957 年国家建委在此基础上进行了修订。这以后国家又将预算定额的编制和管理工作下放到省、市、自治区。1963 年建工部、1981 年国家建委组织编制了全国建筑工程预算定额。而后各省市、自治区又在此基础上先后修订本地区预算定额。

定额计价的基本程序：

计量、套价、调差、汇总，定额计价的基本程序，定额计价是是以概预算定额、各种费用定额为依据，按照规定的计价程序确定工程造价的特殊计价方法。

建设工程定额的分类：

在建筑安装的施工生产过程，要根据不同的需要去选择和使用不同的定额。从不同角度可把建设工程定额分成如下种类：

1. 按定额所反映的生产要素消耗内容分类

（1）劳动消耗定额，简称劳动定额

（2）材料消耗定额，简称材料定额

（3）机械消耗定额

2. 按定额的编制程序和用途分类

（1）施工定额（包括劳动消耗定额、材料消耗定额和机械消耗定额）

（2）预算定额（单位估价表）

（3）概算定额

（4）概算指标

（5）投资估算指标

3. 按专业性质分类

（1）全国通用定额

（2）行业通用定额

（3）专业专用定额

4. 按照主编单位和管理权限分类

（1）全国统一定额

（2）行业统一定额

（3）地区统一定额

（4）企业定额

（5）补充定额

建设工程定额特点：

建设工程定额具有以下几个特点：

1. 科学性特点

工程建设定额的科学性包括两重含义。一重含义是指工程建设定额和生产力发展水平相适应，反映出工程建设中生产消费的客观规律。另一重含义，是指工程建设定额管理在理论、方法和手段上适应现代科学技术和信息社会发展的需要。

工程建设定额的科学性，首先表现在用科学的态度制定定额，尊重客观实际，力求定额水平合理；其次表现在制定定额的技术方法上，利用现代科学管理的成就，形成一套系统的、完整的、在实践中行之有效的方法；第三表现在定额制定和贯彻的一体化。

2. 统一性特点

工程建设定额的统一性，主要是由国家对经济发展的有计划的宏观调控职能决定的。为了使国民经济按照既定的目标发展，就需要借助于某些标准、定额、参数等，对工程建设进行规划、组织、调节、控制。

工程建设定额的统一性按照其影响力和执行范围来看，有全国统一定额，地区统一定额和行业统一定额等；按照定额的制定、颁布和贯彻使用来看，有统一的程序、统一的原则、统一的要求和统一的用途。

3. 系统性特点

工程建设定额是相对独立的系统。它是由多种定额结合而成的有机的整体。它的结构复杂，有鲜明的层次，有明确的目标。

工程建设定额的系统性是由工程建设的特点决定的。按照系统论的观点，工程建设就是庞大的实体系统。工程建设定额是为这个实体系统服务的。因而工程建设本身的多种类、多层次就决定了以它为服务对象的工程建设定额的多种类、多层次。从整个国民经济来看，进行固定资产生产和再生产的工程建设，是一个有多项工程集合体的整体。

4. 权威性特点

工程建设定额具有很大权威，这种权威在一些情况下具有经济法规性质。权威性反映统一的意志和统一的要求，也反映信誉和信赖程度以及反映定额的严肃性。

工程建设定额的权威性的客观基础是定额的科学性。只有科学的定额才具有权威。但是在社会主义市场经济条件下，它必然涉及各有关方面的经济关系和利益关系。

5. 稳定性与时效性

工程建设定额中的任何一种都是一定时期技术发展和管理水平的反映，因而在一段时间内都表现出稳定的状态。保持定额的稳定性是维护定额的权威性所必需的，更是有效的贯彻定额所必要的。工程建设定额的稳定性是相对的。

建设工程定额的作用：

建设工程定额的作用有以下几点：

（1）是提高劳动生产率的重要手段；

（2）是组织和协调社会化大生产的工具；

（3）是宏观调控的依据；

（4）在实现分配，兼顾效率与公平方面有巨大作用。

基础定额的概念及分类：

建设工程中的大部分定额的编制工作都是在基础定额的基础上进行的。所谓基础定额，是指建设工程中，按照生产要素，规定的在正常施工条件和合理的劳动组织、合理使用材料及机械等条件下，完成单位合格产品所必须消耗的人工、材料、机械台班的数量标准。它由劳动定额、材料消耗定额和机械台班消耗定额组成。按国家建设行政主管部门要求，应规范建筑安装工程造价项目内容、工程项目划分、计量单位和工程量计算规则。编制建筑工程人工、材料、机械消耗量的基础定额，供确定标底和投标报价时做参考，并作为宏观调控的手段。劳动力、材料、机械等价格由市场调节。同时要引导施工企业编制自己的定额，自主投标报价。

1. 人工定额

人工定额规定了在正常施工条件下某工种、某等级工人在单位时间内完成合格产品的数量或完成单位合格产品所需的劳动时间。按其表现形式的不同，可分为时间定额和产量定额。

（1）时间定额

时间定额指某工种某一等级工人或工人小组在合理的劳动组织与施工技术条件下，完成单位合格产品所必须消耗的工作时间。时间定额以工日为单位。常用单位是：工日/m^3、工日/m^2 等。其计算公式为：

时间定额＝消耗的总工日数/产品数量

时间定额包括准备与结束时间、基本工作时间、辅助工作时间、不可避免的中断时间和工人必需的休息时间。

①准备与结束时间。指为工作开始作准备和工作结束后整理工作所必需消耗的时间。如接受任务、研究施工图、技术交底和竣工验收所需时间。

②基本工作时间。指工人完成一合格产品的施工工艺过程所必须消耗的时间。如浇筑

混凝土。

③辅助工作时间。指为保证基本工作能够顺利完成进行的辅助工作所必需消耗的时间，其与工作量大小没有关系。如工具的维修、机械的调整、施工过程中机械上油等消耗的时间。

④不可避免的中断时间。指由于工程本身或施工工艺特点引起的工作中断所必须消耗的时间。如起重机在吊预制构件时，安装工的等待时间。它不包括由于劳动组织不合理因素引起的中断时间。在施工过程中，应尽量缩短此项时间。

⑤不可避免的休息时间。指工人工作过程中由于劳累所必须短暂的、合理的休息时间。休息时间的长短与劳动条件有关，劳动越繁重、越紧张、劳动条件越差，需要休息的时间越长。

以上5种是必须消耗时间，构成定额时间。除此，还有非定额时间（损失时间），包括多余和偶然工作时间，如返工、抹灰工填补遗留的墙洞；停工时间（施工造成的和非施工造成的）和违背劳动纪律损失的时间，这些时间，有的在定额中给予合理考虑。如非施工本身造成的停工。

（2）产量定额

产量定额指某工种某等级的工人或工人小组在合理的劳动组织与施工技术条件下，在单位时间内完成合格产品的数量。产量定额常用单位是：m^3/工日、m^2/工日等。公式为：

产量定额=产品数量/消耗的总工日数

时间定额与产量定额互为倒数关系。产量定额单位以每工日完成的数量表示，形象、直观具体，易为工人所理解和接受。因此，产量定额适用于向班组下达生产任务。时间定额以工日/m^3 等为单位，完成不同工作内容都具有相同的时间单位，因此定额完成量可以相加，故时间定额适于劳动量计划的编排和统计工作需要。

（3）劳动定额的作用

①是编制企业定额、预算定额的依据；

②是计划管理的基础；

③是合理组织施工生产和提高劳动生产率的重要手段。

（4）劳动定额的编制方法

①经验估计法。根据施工技术和管理人员的经验，对生产某一产品或完成某工作所需的人工进行分析，并最终确定定额的方法。

②统计计算法。运用测定、统计的方法统计完成某项单位产品时间消耗的数据的一种方法。

③技术测定法。根据现场测定资料编制时间消耗定额的一种科学方法。如计时观察法。计时观察法是研究工作时间消耗的一种技术测定法。它以工时消耗为对象，以观察测时为手段，通过密集抽样和粗放抽样等技术进行直接的时间研究。又分为写实记录法、测时法和工作日写实法。

④比较类推法。首先选择有代表性的典型项目，用技术测定法编制出时间消耗定额，然后根据测定的时间定额用类推方法编制出其他相同或相似类型项目时间消耗定额的一种方法。

（5）劳动定额计算公式

已知基本工作时间和辅助工作时间消耗的具体数据，已知其他三种时间占整个定额时间的百分率。则定额时间的计算公式为：

定额时间＝基本工作时间＋辅助工作时间＋准备与结束时间＋不可避免中断时间＋不可避免休息时间

2. 材料消耗定额

材料消耗定额指在正常的施工条件和合理使用材料的情况下，完成合格的单位产品所必须消耗的建筑安装材料（原材料、燃料、半成品等）的数量标准。在工程建设中，材料费用占整个工程造价的60％～70％左右，因此必须重视节约材料，降低消耗。

（1）净用量定额与损耗量定额

材料消耗定额包括：

①直接用于建筑安装工程上的材料

②不可避免产生的施工废料

③不可避免的材料施工操作损耗

其中直接构成合格建筑安装产品实体的材料称为材料消耗净用量定额。不可避免的施工废料和材料施工操作中的损耗量称为材料损耗量定额。

材料消耗定额、净用量定额与损耗量定额之间有如下关系：

材料消耗总量定额＝材料消耗净用量＋材料损耗量

或　　材料消耗总量定额＝材料消耗净用量定额/(1－材料定额损耗率)

实际工作中，为简化而用下式计算材料消耗量：

总消耗量＝净用量×(1＋损耗率)

式中　损耗率＝损耗量/净用量

（2）材料消耗定额的作用

①是企业进行材料核算，促进材料合理使用的重要手段；

②是编制企业定额、预算定额的依据；

③是企业向工人班组签发限额领料单的依据；

④是计算材料需用量的依据。

（3）编制材料消耗定额的方法

①直接性消耗材料的材料消耗定额的确定。编制材料消耗量定额，确定材料消耗净用量定额和材料损耗量定额的计算数据，是通过以下四种方法获得的：

a. 现场技术测定法。材料消耗中的净用量比较容易确定，但损耗量不能随意确定，需通过现场技术测定来区分哪些属于难以避免的损耗，哪些是可以避免的损耗，从而确定比较准确的材料损耗量标准。

b. 实验室试验法。该方法是在实验室内采用专门的仪器设备、通过实验的方法对材料强度等与各种材料的消耗数量进行观察、测定和计算工作，来确定材料消耗定额的一种方法。该方法精度较高但易于脱离实际。

c. 现场统计法。通过对现场进料、用料的大量统计资料进行分析计算的一种方法。该方法可获得材料消耗的各项数据。

d. 理论计算法。运用理论计算公式计算材料消耗量，确定消耗定额的一种方法。该方法适于对不易产生损耗且易确定废料的材料提供编制材料消耗定额的数据。

②周转性材料消耗量计算。建筑工程中有些材料在施工中随着使用次数的增加而逐渐被耗用完，故称为周转性材料。其在定额中是按照多次使用、分次摊销的方法计算。

3. 施工机械台班定额

（1）概念

施工机械台班定额指在正常施工条件、合理的劳动组织和合理使用施工机械的条件下，完成单位合格产品所必需的一定品种、规格的施工机械台班数量的标准。

（2）施工机械台班定额的作用

是施工机械生产率的反映；是合理组织机械化施工，有效地利用施工机械，进一步提高机械生产率的必备条件。

（3）施工机械台班定额消耗量的确定方法

①确定正常的施工条件

主要是拟定工作地点的合理组织和合理的工人编制。工作地点的合理组织就是对施工地点机械和材料的放置位置、工人从事操作的场所，做出科学合理的平面布置和空间安排。拟定合理的工人编制就是根据施工机械的性能和设计能力，工人的专业分工和劳动工效，合理确定操纵机械的工人和直接参加机械化施工过程的工人的编制人数。

②确定机械纯工作1小时正常生产率

确定机械正常生产率时，必须先确定出机械纯工作1小时的正常生产效率，就是在正常施工组织条件下，具有必需的知识和技能的技术工人操纵机械1小时的生产率。

③确定施工机械的正常利用系数

指机械在工作班内对工作时间的利用率。确定机械正常利用系数，首先要拟定机械工作班的正常工作状况，要计算工作班正常状况下准备与结束工作，机械启动与维护等工作所必需消耗的时间及机械的有效工作时间。从而进一步计算出机械在工作班内的纯工作时间和机械正常利用系数。

机械正常利用系数＝机械在一个工作班内纯工作时间/一个工作班延续时间（8小时）

④计算施工机械台班定额。计算公式如下：

施工机械台班产量定额＝机械纯工作1小时正常生产率×工作班纯工作时间

或施工机械台班产量定额＝机械纯工作1小时正常生产率×工作班延续时间×机械正常利用系数

施工机械时间定额＝1/机械台班产量定额

4. 定额人工、材料、机械费单价

（1）人工单价

①概念

单位估价表中的人工费指根据统一定额中规定的完成该分部、分项工程或结构构件的合格产品所消耗的各种人工数量与相应的人工单价的乘积之和。单位估价表中的人工费包括基本用工、辅助用工、其他用工和机械操作用工等人工费用；人工单价则包括了生产工人的基本工资和工资性补贴。

②影响人工单价的因素

a. 社会平均工资水平取决于经济发展水平

b. 生产消费指数的提高会影响人工单价的提高

c. 劳动力市场供需变化

d. 政府推行的社会保障和福利政策

③计算方法

a. 公式1：

人工费=∑（工日消耗量×日工资单价）

$$日工资单价=\frac{生产工人平均月工资（计时、计件）+平均月（奖金+津贴补贴+特殊情况下支付的工资）}{年平均每月法定工作日}$$

注：公式1主要适用于施工企业投标报价时自主确定人工费，也是工程造价管理机构编制计价定额确定定额人工单价或发布人工成本信息的参考依据。

b. 公式2：

人工费=∑（工程工日消耗量×日工资单价）

日工资单价是指施工企业平均技术熟练程度的生产工人在每工作日（国家法定工作时间内）按规定从事施工作业应得的日工资总额。

工程造价管理机构确定日工资单价应通过市场调查、根据工程项目的技术要求，参考实物工程量人工单价综合分析确定，最低日工资单价不得低于工程所在地人力资源和社会保障部门所发布的最低工资标准的：普工1.3倍、一般技工2倍、高级技工3倍。

工程计价定额不可只列一个综合工日单价，应根据工程项目技术要求和工种差别适当划分多种日人工单价，确保各分部工程人工费的合理构成。

注：公式2适用于工程造价管理机构编制计价定额时确定定额人工费，是施工企业投标报价的参考依据。

（2）材料单价

①概念

材料单价指材料（构件、成品及半成品等）从其来源地（或交货地）到达施工工地仓库或堆放场地后的出库价格。

②组成

材料单价一般由材料原价、供销部门手续费、包装费、运输费、采购及保管费等组成。

a. 材料原价。指按照国家规定的产品出厂价、交货地点价格、市场批发价格及进口材料的调拨价格等。

b. 供销部门手续费。指材料不能直接从生产厂家采购、订货，必须经过当地物资部门或供销部门供应时所附加的手续费。

c. 包装费。为便于运输而对材料进行包装发生的净费用，但不包括已计入材料原价的包装费。

d. 运输费。指材料由采购地点至工地仓库的全程运输费用。

e. 采购及保管费。指为组织材料的采购、供应和保管所发生的各项必要费用。

③计算方法

材料费=∑(材料消耗量×材料单价)

材料单价=[(材料原价+运杂费)×〔1+运输损耗率(%)〕]×[1+采购保管费率(%)]

工程设备费

$$工程设备费=\sum(工程设备量\times工程设备单价)$$

$$工程设备单价=(设备原价+运杂费)\times[1+采购保管费率(\%)]$$

（3）施工机械台班单价

①概念

施工机械台班单价也称为施工机械台班预算价格，指一台施工机械在正常运转下一个工作班中所发生的分摊和支出费用。

②组成

a. 折旧费；

b. 大修理费；

c. 经常修理费；

d. 安拆费及场外运输费；

e. 燃料动力费；

f. 人工费；

g. 养路费及车船使用税。

③计算方法

a. 施工机械使用费

$$施工机械使用费=\sum(施工机械台班消耗量\times机械台班单价)$$

$$机械台班单价=台班折旧费+台班大修费+台班经常修理费+台班安拆费及场外运费+台班人工费+台班燃料动力费+台班车船税费$$

注：工程造价管理机构在确定计价定额中的施工机械使用费时，应根据《建筑施工机械台班费用计算规则》结合市场调查编制施工机械台班单价。施工企业可以参考工程造价管理机构发布的台班单价，自主确定施工机械使用费的报价，如租赁施工机械，公式为：施工机械使用费=∑（施工机械台班消耗量×机械台班租赁单价）

b. 仪器仪表使用费

$$仪器仪表使用费=工程使用的仪器仪表摊销费+维修费$$

5. 定额计价方法

“定额计价法”是依据施工图纸计算出各分项工程的工程量，以实现编制好的在一个时期固定的工程预算定额单位估价表为基础的计算建筑产品价格的计价方法。具体来说，就是先根据工程项目的实际内容和实际工程量，套用相应的国家或各省、自治区、直辖市等颁布实施的统一定额，计算得出工程的定额直接费，然后，以其为基础，按工程类别对应的费率计取工程的其他直接费、现场经费、间接费、计划利润和税金，从而得出工程的总造价。

定额计价的基本程序：

我国的定额计价的基本过程为：首先按定额划分的分部分项子目逐项计算其工程量，然后根据单位估价表计算出各子目费用，接着将其汇总计算出定额直接费，依据规定的取费标准计算出管理费、规费、利润和税金，再加上材料差价调整值和应考虑的风险，最后经汇总即可计算出其预算或招标控制价，而招标控制价可作为评标和定标的参考依据。工程定额计价的基本流程图如图 3.1.2-1 所示：

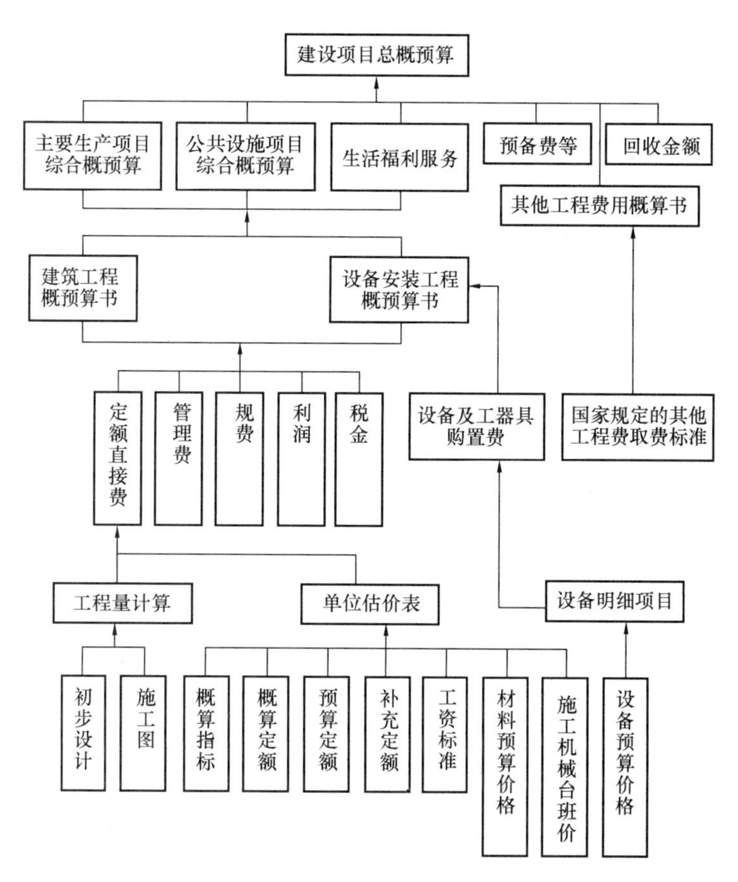

图 3.1.2-1 工程定额计价的基本流程图

定额计价的计算程序如表 3.1.2-2 所示：

定额计价的计算程序 **表 3.1.2-2**

序号	费用项目		计算方法
1	分部分项工程费		1.1+1.2+1.3
1.1	其中	人工费	Σ（人工费）
1.2		材料费	Σ（材料费）
1.3		施工机具使用费	Σ（施工机具使用费）
2	措施项目费		2.1+2.2
2.1	单价措施项目费		2.1.1+2.1.2+2.1.3
2.1.1	其中	人工费	Σ(人工费）
2.1.2		材料费	Σ(材料费）
2.1.3		施工机具使用费	Σ(施工机具使用费）
2.2	总价措施费		2.2.1+2.2.2
2.2.1	其中	安全文明施工费	(1.1+1.3+2.1.1+2.1.3)×费率
2.2.2		其他总价措施项目费	(1.1+1.3+2.1.1+2.1.3)×费率
3	总包服务费		项目价值×费率

续表

序号	费 用 项 目	计 算 方 法
4	企业管理费	(1.1+1.3+2.1.1+2.1.3)×费率
5	利润	(1.1+1.3+2.1.1+2.1.3)×费率
6	规费	(1.1+1.3+2.1.1+2.1.3)×费率
7	索赔与现场签证	索赔与现场签证费用
8	不含税工程造价	1+2+3+4+5+6+7
9	税金	8×费率
10	含税工程造价	8+9

3.1.3 建设工程清单计价规范

(1) 工程量清单计价规范概述

①概念

工程量清单是表达拟建工程的分部分项工程项目、措施项目、其他项目、规费项目和税金项目的名称和相应数量的明细清单。

工程量清单是由招标人或者其委托的招标代理机构按照招标要求和施工设计图纸要求规定将拟建招标工程的全部项目和内容，依据《建设工程工程量清单计价规范》中的项目编码、项目名称、项目特征、计量单位和工程量计算规则进行编制的，是招标文件的重要组成部分，是承包商进行投标报价的主要参考依据之一。

②《建设工程工程量清单计价规范》的来源

《建设工程工程量清单计价规范》GB 50500—2013 是 2013 年 7 月 1 日中华人民共和国住房和城乡建设部编写颁发的文件。内容根据《中华人民共和国建筑法》、《中华人民共和国合同法》、《中华人民共和国招投标法》等法律以及最高人民法院《关于审理建设工程施工合同纠纷案件适用法律问题的解释》(法释 200414 号)，按照我国工程造价管理改革的总体目标，本着国家宏观调控、市场竞争形成价格的原则制定的。

③清单计价规范的主要内容

2013 版工程量清单计价规范全套一共 10 本，包括：《建设工程工程量清单计价规范》、《房屋建筑与装饰工程工程量计算规范》、《仿古建筑工程工程量计算规范》、《通用安装工程工程量计算规范》、《市政工程工程量计算规范》、《园林绿化工程工程量计算规范》、《矿山工程工程量计算规范》、《构筑物工程工程量计算规范》、《城市轨道交通工程工程量计算规范》、《爆破工程工程量计算规范》。

规范中的基本概念：

a. 分部分项工程——分项工程是指分部工程的组成部分，是施工图预算中最基本的计算单位，它又是概预算定额的基本计量单位，故也称为工程定额子目或工程细目，将分部工程进一步划分的。它是按照不同的施工方法、不同材料的不同规格等确定的。

b. 措施项目——为了完成工程施工，发生于该工程施工前和施工过程主要技术、生活、安全等方面的非工程实体项目主要包括混凝土及钢筋混凝土模板及支架、垂直运输、桩架调面及移动、构件吊装机械、脚手架工程、施工排水、降水、环境保护、文明施工、安全施工、临时设施、夜间施工、冬雨季施工措施、二次搬运、已完工程及设备保护等。

c. 暂列金额——暂列金额是指招标人在工程量清单中暂定并包括在合同价款中的一笔款项。用于施工合同签订时尚未确定或者不可预见的所需材料、设备、服务的采购，施工中可能发生的工程变更、合同约定调整因素出现时的工程价款调整以及发生的索赔、现场签证确认等的费用。

d. 暂估价——暂估价是指发包人在工程量清单或预算书中提供的用于支付必然发生但暂时不能确定价格的材料、工程设备的单价、专业工程以及服务工作的金额。招标投标中的暂估价是指总承包招标时不能确定价格而由招标人在招标文件中暂时估定的工程、货物、服务的金额。

e. 规费——规费是指按国家法律法规授权由政府有关部门对公民、法人和其他组织进行登记、注册、颁发证书时所收取的证书费、执照费、登记费等。

f. 招标控制价——招标人根据国家或省级、行业建设主管部门颁发的有关计价依据和办法，以及拟定的招标文件和招标工程量清单，结合工程具体情况编制的招标工程的最高投标限价。国有资金投资的工程建设项目应实行工程量清单招标，并应编制招标控制价。

g. 投标价——投标价是指投标人依据招标文件要求对标价工程量清单汇总的总价。

h. 综合单价——综合单价是完成一个规定清单项目所需的人工费、材料和工程设备费、施工机具使用费和企业管理费、利润，以及一定范围内的风险的费用。

i. 工程造价信息——工程造价机构根据调查和测算发布的建设工程人工、材料、工程设备、施工机械台班的价格信息，以及各类工程造价指数、指标。

j. 单价合同——单价合同是承包人在投标时，按招投标文件就分部分项工程所列出的工程量表确定各分部分项工程费用的合同类型。这类合同的适用范围比较宽，其风险可以得到合理的分摊，并且能鼓励承包商通过提高工效等手段节约成本，提高利润。这类合同能够成立的关键在于双方对单价和工程量技术方法的确认。在合同履行中需要注意的问题则是双方对实际工程量计量的确认。

k. 总价合同——总价合同是指根据合同规定的工程施工内容和有关条件，业主应付给承包商的款额是一个规定的金额，即明确的总价。总价合同也称作总价包干合同，即根据施工招标时的要求和条件，当施工内容和有关条件不发生变化时，业主付给承包商的价款总额就不发生变化。

l. 工程量清单——工程量清单是建设工程的分部分项工程项目、措施项目、其他项目、规费项目和税金项目的名称和相应数量等的明细清单。由分部分项工程量清单、措施项目清单、其他项目清单、规费税金清单组成。

m. 招标工程量清单——招标人根据国家标准、招标文件、设计文件以及施工现场实际情况编制的，随招标文件发布供投标报价的工程量清单，包括其说明和价格。

④招标工程量清单的表格体系

a. 招标工程量清单封面 B. 1

b. 招标工程量清单扉页 C. 1

c. 工程计价说明 D

d. 建设项目招标控制价汇总表 E. 1

e. 单项工程招标控制价汇总表E.2

f. 单项工程招标控制价汇总表E.3

g. 分部分项工程和单价措施项目清单与计价表F.1

h. 综合单价分析表F.2

i. 总价措施项目清单与计价表F.4

j. 其他项目清单与计价汇总表G.1

k. 暂列金额明细表G.2

l. 材料（工程设备）暂估价及调整表G.3

m. 专业工程暂估价及结算价表G.4

n. 计日工表G.5

o. 总承包服务费计价表G.6

⑤清单计价规范中的费用构成

工程量清单计价的工程费用均采用综合单价法计算

a. 分部分项工程量清单计价合计费用计算公式：综合单价＝规定计量单位的"人工费＋材料费＋机械使用费＋取费基数×(企业管理费费率＋利润率)＋风险费用"。

分项清单合价＝综合单价×工程数量　分部清单合价＝Σ分项清单合价

分部分项工程量清单计价合计费用＝Σ分部清单合价

b. 措施项目清单计价合计费用：施工技术措施费应按照综合单价法计算。施工组织措施费，按照各地相关规定计算。

c. 其他项目清单计价合计费用。

d. 规费计算公式：规费＝[分部分项工程量清单计价合计费用＋措施项目清单计价合计费用＋其他项目清单计价合计费用]×规定费率或按照各地规定计算。

e. 税金计算公式：税金＝[分部分项工程量清单计价合计费用＋措施项目清单计价合计费用＋其他项目清单计价合计费用＋规费]×规定税率。

工程量清单计价的工程费用＝分部分项工程量清单计价合计费用＋措施项目清单计价合计费用＋其他项目清单计价合计费用＋规费＋税金。

计价方法的说明：

a. 综合单价法的工程数量应根据省清单计价规范有关规定计算。

b. 规定计量单位项目人工费＝Σ(人工消耗量×单价)规定计量单位项目材料费＝Σ(材料消耗量×单价)规定计量单位项目机械使用费＝Σ(机械台班消耗量×单价)。

人工、材料、机械台班的消耗量，可按照企业定额或各地建设工程消耗量定额，并结合工程情况分析确定。

人工、材料、机械台班单价，可依据自行采集的市场价格或省、市工程造价管理机构发布的市场价格信息，并结合工程情况确定。

c. 取费基数是指综合单价法规定的计量单位，分部分项工程量清单项目费和施工技术措施费中的人工费与机械使用费合计数。

d. 利润等费率，可依据"企业定额"或"各地建设工程清单计价费用定额"，并结合工程情况决定。

e. 规费标准和税金，根据各地建设工程清单计价费用定额的统一标准和方法计算。

（2）工程单价

①概念

工程单价是指建筑工程单位产品的基本直接费用，常是指分部分项工程的预算单价，亦称为定额基价。工程单价是根据预算定额所确定的人工、材料和机械台班消耗数量，乘以人工工资单价、材料预算价格的机械台班预算价格汇总而成。工程单价按综合程度分为：基本直接费单价、全费用单价和综合单价。

②综合单价法的计价程序

综合单价法是分部分项工程单价为全费用单价，全费用单价经综合计算后生成，其内容包括直接工程费、间接费、利润和税金（措施费也可按此方法生成全费用价格）。各分项工程量乘以综合单价的合价汇总后，生成工程承发包价，见图 3.1.3-1。

序号	编号	项目名称	工程量	单位	综合		人工	
					单价	合价	单价	合价
F目1	010401003001	实心砖墙	1	m³	486.31	486.31	165.73	165.73
F定1	AD0014	砖墙 混合砂浆（细砂） M5	0.1	10m³	4863.09	486.31	1657.28	165.73
		混合砂浆(细砂) M5	0.224	m³	261.22	58.51		
		标准砖	0.531	千匹	450.00	238.95		
		水泥 32.5	[40.096]	kg	0.48	19.25		
		石灰膏	[0.031]	m³	175.00	5.43		
		细砂	[0.26]	m³	130.00	33.80		
		水	0.121	m³	4.30	0.52		
		其他材料费	0.38	元	1.00	0.38		
		合计				486.31		165.73

计算模板　说明：单独修改 01 综合单价简单优惠模板【综合】

费用编号	费用名称	计算公式	费率	金额（元）	计价表字段	单价分析变量
A	人工费	A.1+A.2		1657.28	人工费	
A.1	定额人工费	定额人工费		1315.30		
A.2	人工费调整	定额人工费*费率+人工价差	26%	341.98		
B	材料费	B.1+B.2+B.3		2983.64	材料费	
B.1	定额材料费	定额材料费		2487.28		
B.2	材料费调整	材料价差		496.36		
B.3	地区材料综合调整	定额材料费*费率				
C	机械费	C.1+C.2		6.90	机械费	
C.1	定额机械费	定额机械费		6.90		
C.2	机械费调整	机械价差				
D	综合费	定额综合费*费率	100%	215.27	综合费	
D.1	企业管理费	D*费率				%管理费%
D.2	利润	D*费率				%利润%
E	综合单价	A+B+C+D		4863.09	综合单价	

图 3.1.3-1　综合单价法计算工程承发包价

（3）工程造价信息

工程造价信息是一切有关工程造价的特征、状态及其变动的消息的组合。在工程承发包市场和工程建设过程中，工程造价总是在不停地运动着、变化着，并呈现出种种不同特征。人们对工程承发包市场和工程建设过程中工程造价运动的变化，是通过工程造价信息来认识和掌握的。

在工程承发包市场和工程建设中，工程造价是最灵敏的调节器和指示器，无论是工程造价主管部门还是工程承发包者，都要通过接收工程造价信息来了解工程建设市场动态，预测工程造价发展，决定政府的工程造价政策和工程承发包价格。因此，工程造价主管部门和工程承发包者都要接收、加工、传递和利用工程造价信息，工程造价信息作为一种新的计价依据在工程建设中的地位日趋明显，特别是随着我国开始推行工程量清单计价，以及工程招标制、工程合同制的深入推行，工程造价主要由市场定价的过程中，工程造价信息起着举足轻重的作用。

①工程造价信息的分类

对工程造价信息进行分类的原则包括：稳定性；兼容性；可扩展性；综合实用性。

从形式来分，可以分为文件式工程造价信息和非文件式工程造价信息；

从时态上来划分，可分为过去的工程造价信息，现在的工程造价信息和未来工程造价信息；

按传递方向来划分，可以分为横向传递的工程造价信息和纵向传递的工程造价信息；

按反映面来分，分为宏观工程造价信息和微观工程造价信息；

按稳定程度来划分，可以分为固定工程造价信息和流动工程造价信息。

工程造价信息包括的内容：

价格信息包括各种建筑材料、装修材料、安装材料、人工工资、施工机械等的最新市场价格。这些信息是比较初级的，一般没有经过系统的加工处理，也可以称其为数据。

a. 材料价格信息

在材料价格信息的发布中，应披露材料类别、规格、单价、供货地区、供货单位以及发布日期等信息。

b. 机械价格信息

机械价格信息包括设备市场价格信息和设备租赁市场价格信息两部分。相对而言，后者对于工程计价更为重要。

c. 人工价格信息

人工价格信息又分为两类：建筑工程实物工程量人工价格信息和建筑工种人工成本信息。

d. 已完工程信息

已完或在建工程的各种造价信息，可以为拟建工程或在建工程造价提供依据。这种信息也可称为是工程造价资料。

e. 指数

主要指根据原始价格信息加工整理得到的各种工程造价指数，该内容将在下面的部分重点讲述。

②工程造价资料积累的内容和运用

建设项目和单项工程造价资料。包括：对造价有主要影响的技术经济条件；主要的工程量、主要的材料量和主要设备的名称、型号、规格、数量等；投资估算、概算、预算、竣工决算及造价指数等。

其他。主要包括有关新材料、新工艺、新设备、新技术分部分项工程的人工工日，主要材料用量，机械台班用量。

单位工程造价资料。包括工程的内容、建筑结构特征、主要工程量、主要材料的用量和单价、人工工日和人工费以及相应的造价。

3.2 BIM专业化计价软件实务操作

3.2.1 BIM专业化计价软件实务操作

1. 概述

本节主要介绍Revit算量软件与计价软件的衔接，从而打通算量与计价软件之间的壁垒，把BIM工程中"量"与"价"进行结合，为成本的动态控制提供有利的支撑。BIM算量软件与计价软件的衔接具体内容包括：输出至造价、算量衔接、构件反查、5D管理、造价模块等操作。计价软件操作主要结合案例对清单套定额、措施费调整、人、材、机价格调整、规费和税金费率调整等基本常用操作进行介绍和学习。

BIM算量与造价融为一体是通过BIM算量软件将挂接做法（即描述清单项目特征）的清单工程量导入计价软件中，进行计价部分操作。BIM算量与造价关系的示意图，如图3.2.1-1所示。

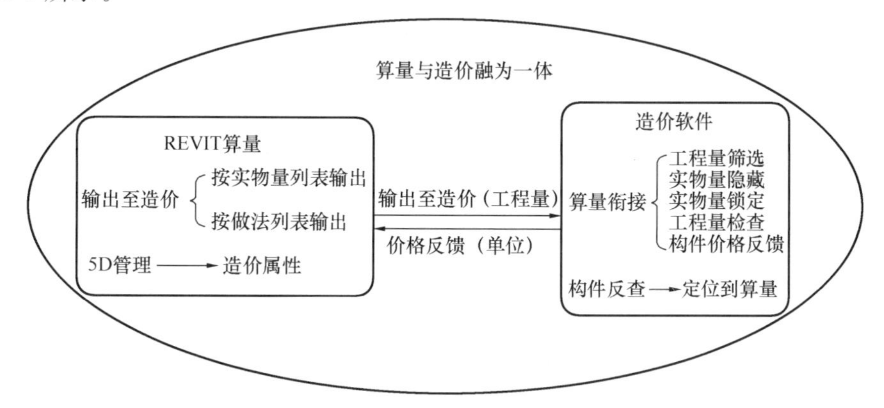

图3.2.1-1 算量与造价关系的示意图

2. BIM算量输出至计价软件操作流程

将BIM算量输出至计价软件的操作，需要在BIM算量软件中根据自己选择的分组、楼层、构件进行汇总计算，并按实物量列表或做法列表将统计的数据传递到造价软件中。

具体流程可以分为三步：BIM算量软件中算量→切换至造价→输出至造价。

完成BIM算量工作后，首先需要点击BIM算量软件中切换至造价软件按钮，如图3.2.1-2所示。

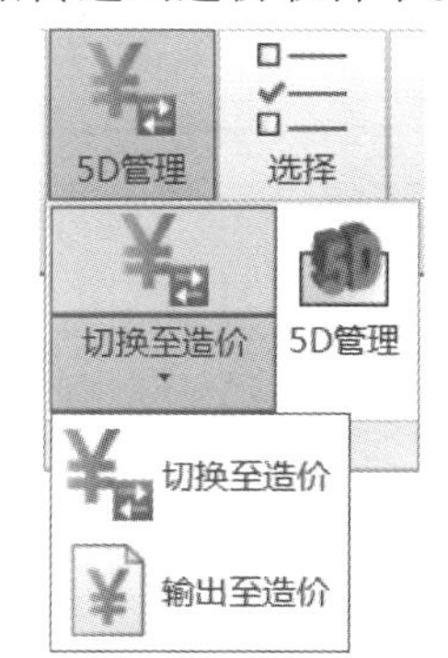

图3.2.1-2 切换至造价操作图

然后执行命令后弹出"汇总计算"对话框，如图3.2.1-3所示。

"输出至造价"操作在BIM算量软件中有两种方式，分别为"按实物量列表输出"和"按做法列表输出"。"按实物量列表输出"用于在BIM算量软件中并未挂接做法的情况，此时可在计价模块中的实物量下挂接做法。反之，"按做法列表输出"用于已在BIM算量软件中完成做法的挂接，此时可以直接将挂接好的做法同步至计价模块。

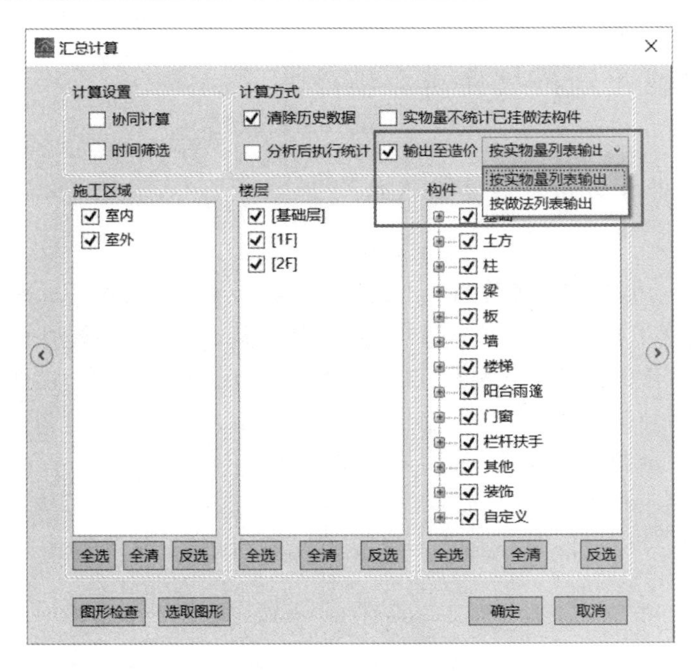

图 3.2.1-3　汇总计算操作图

注："分析后执行统计"和"输出至造价"这两个功能不能同时勾选；"分析后执行统计"勾选时，软件统计完成后，将进入统计界面；"输出至造价"勾选时，软件统计完成后，将进入计价软件界面。

3. 按实物量列表输出

算量软件将汇总统计的全部实物量传递至造价，并在计价软件上进行挂接做法。具体操作如下：

（1）在输出至造价下拉框选择"按实物量列表输出"，如图 3.2.1-4 所示。

图 3.2.1-4　按实物量列表输出操作图

（2）点击“确定”按钮，进行汇总计算，进度如图 3.2.1-5 所示。

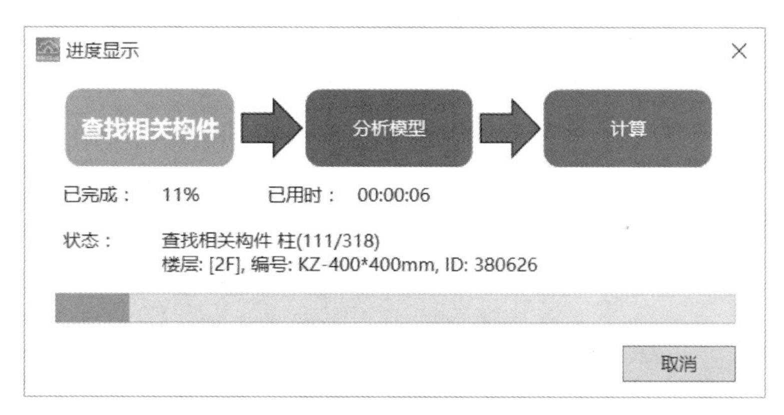

图 3.2.1-5 进度显示图

（3）计算完成后，软件自动打开造价管理软件（以江苏造价软件为例），如图3.2.1-6所示。

图 3.2.1-6 转入造价管理软件示意图

（4）计价软件接收算量文件，软件会自动打开单位工程，如图 3.2.1-7 和图 3.2.1-8所示。

（5）打开单位工程后的界面，如图 3.2.1-9 所示。

进入计价软件主界面，我们可以看到算量中的实物量已全部传递至造价部分，并可以在实物量上挂接做法，清单、定额子目将直接记成实物量的工程量，如图 3.2.1-10 和图3.2.1-11 所示。

4. 按做法列表输出

即在算量模块已经通过构建列表、自动套等方式完成做法挂接（即描述清单项目特征）的操作后，可执行此方式直接将挂接好的做法同步至计价软件内，具体操作如下：

（1）在输出至造价下拉框选择“按做法列表输出”，如图 3.2.1-12 所示。

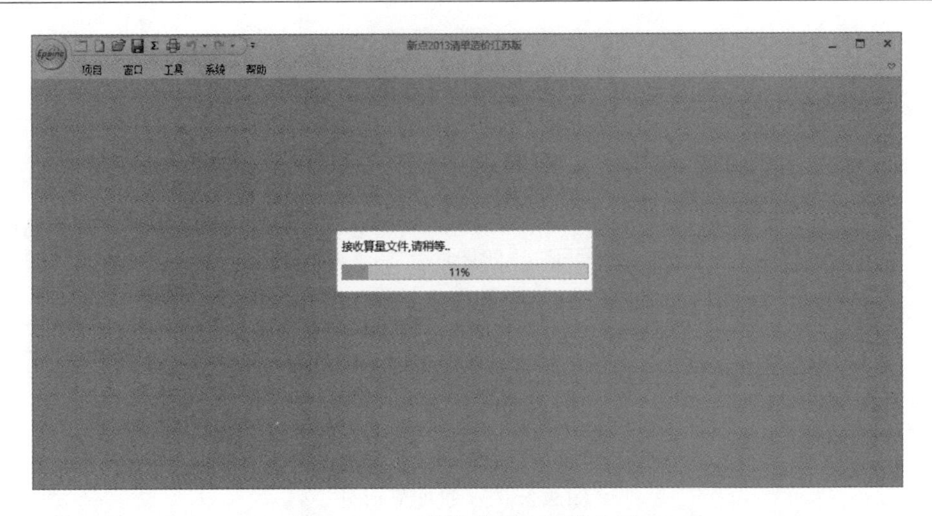

图 3.2.1-7　接收算量文件操作图

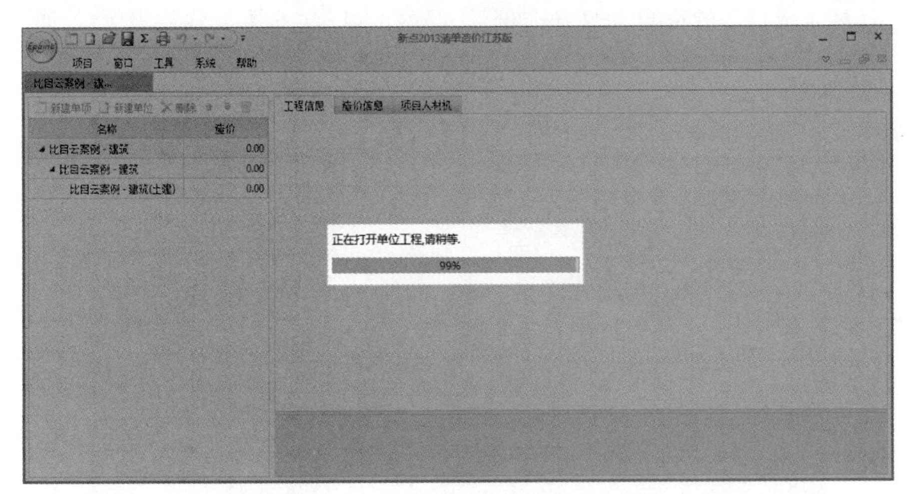

图 3.2.1-8　打开单位工程操作图

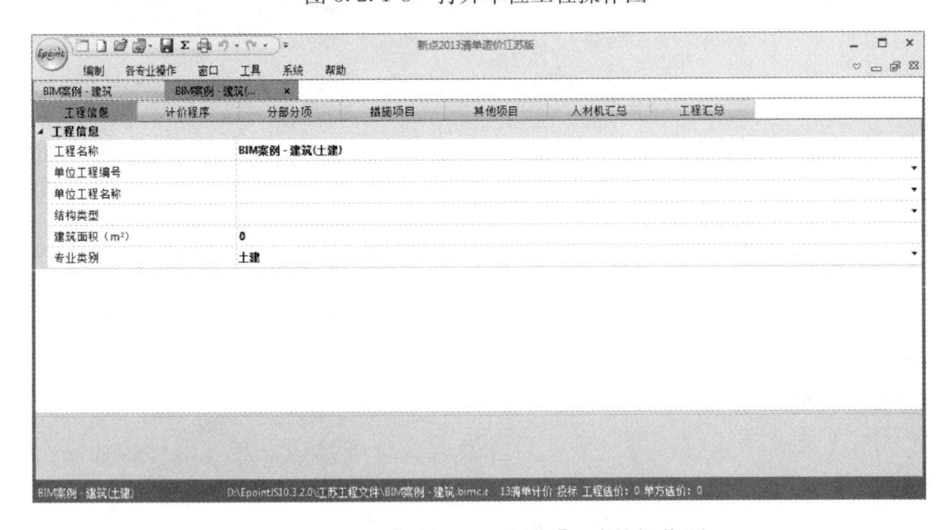

图 3.2.1-9　［实物量（清单）］-建筑操作图

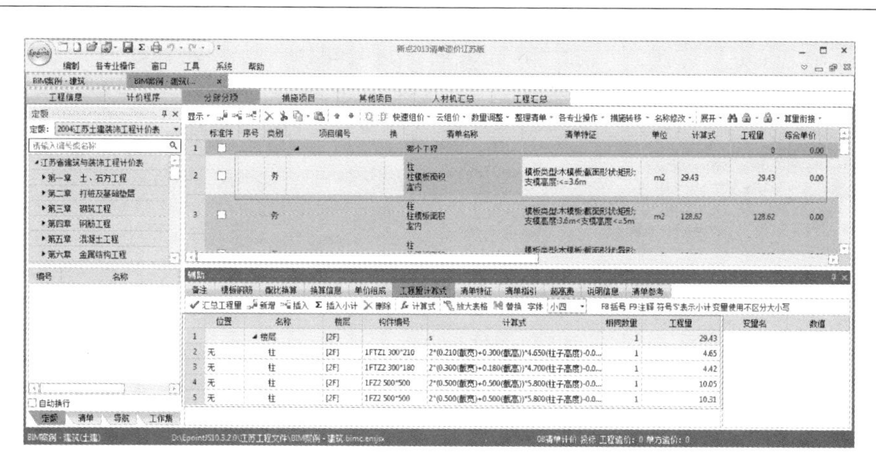

图 3.2.1-10 主界面操作图

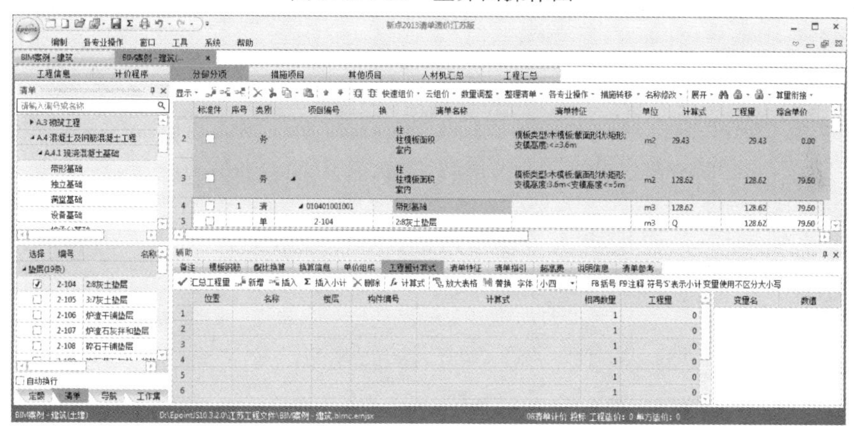

图 3.2.1-11 挂接做法操作图

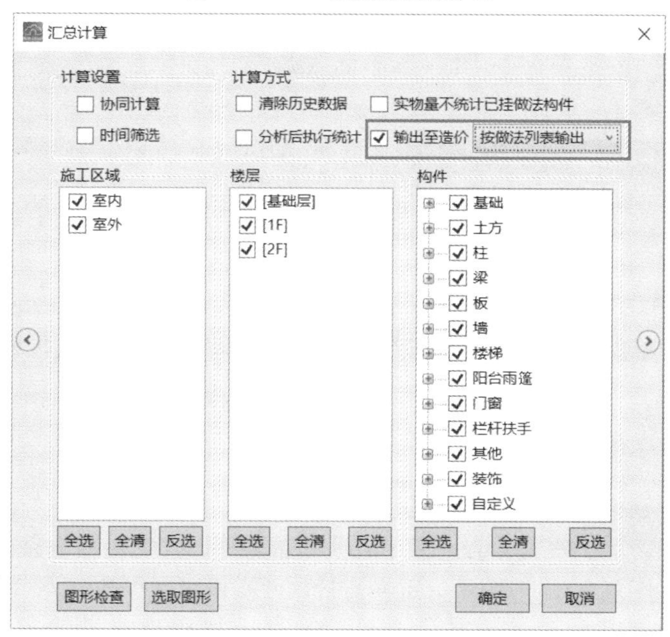

图 3.2.1-12 按做法列表输出操作图

（2）点击“确定”按钮，汇总计算完成后，打开单位工程界面，如图 3.2.1-13 所示。

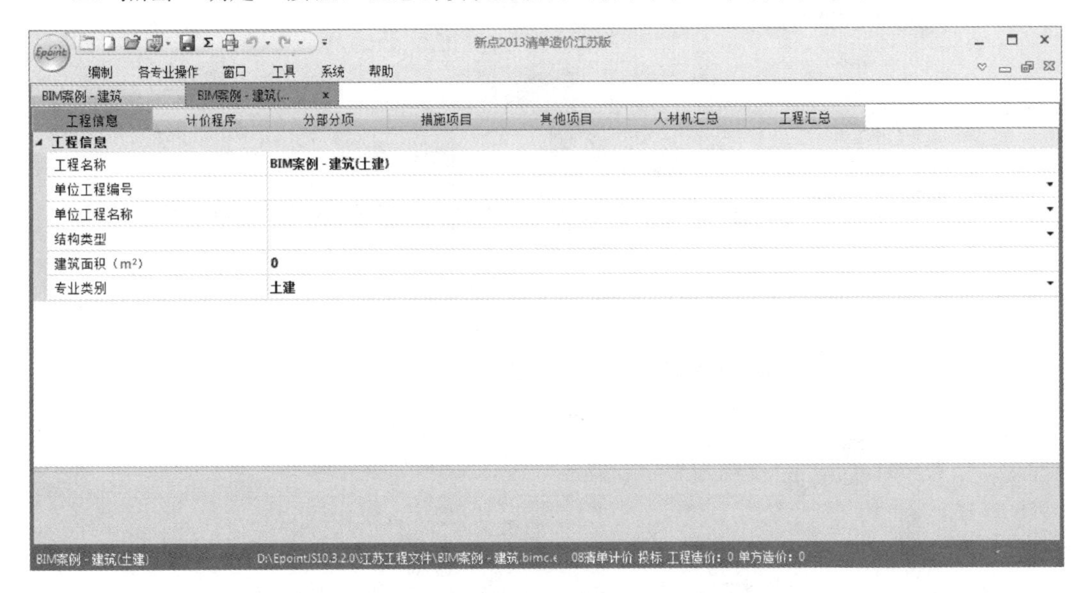

图 3.2.1-13　［实物量（清单）］-建筑操作图

（3）算量界面挂接的做法成功传递至造价，如图 3.2.1-14 所示。此时可以看到挂接做法后会在计价软件中显示的清单项目特征。

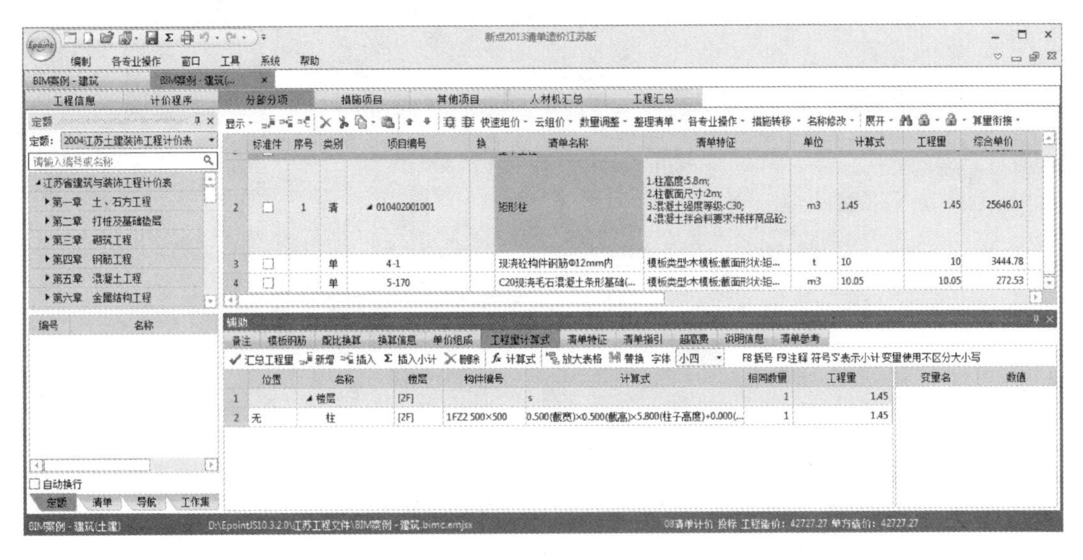

图 3.2.1-14　计价软件主界面操作图

5. 算量衔接

按实物量列表输出方式的算量衔接包含 5 部分，即构件价格反馈、工程量筛选、实物量隐藏、实物量锁定、工程量检查。其中，实物量隐藏、实物量锁定只在按实物量列表输出方式下使用，如图 3.2.1-15 所示，可在造价软件操作页面中找到算量衔接功能。

说明：

（1）工程量筛选：可根据项目需求，按楼层、构件类型、分组等方式快速筛分构件，

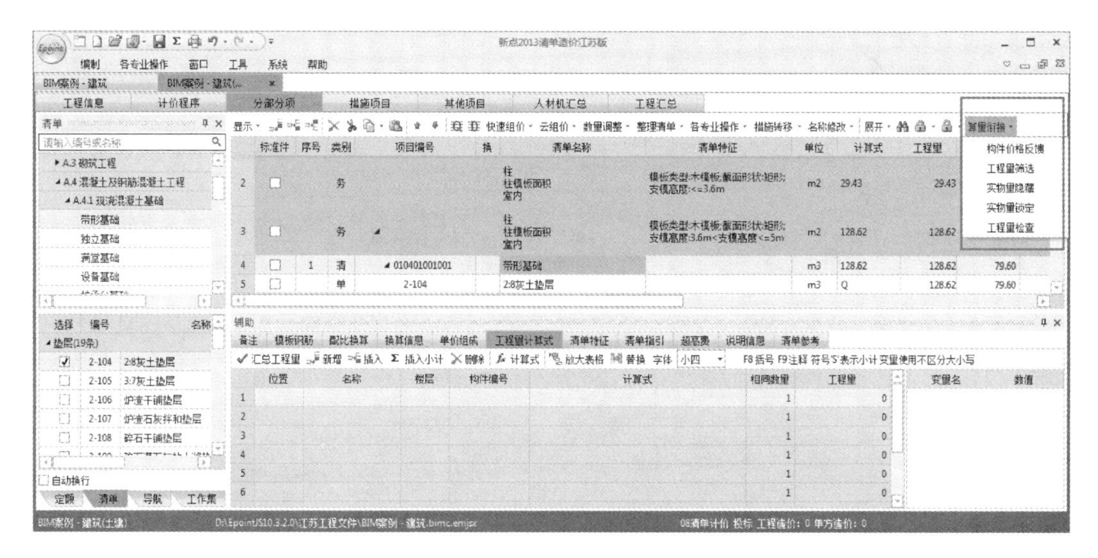

图 3.2.1-15　算量衔接操作图

便于进度款结算，产值的统计，消耗量的跟踪及成本的动态控制等。

（2）实物量隐藏：在实物量下挂接了清单、定额后，执行实物量隐藏命令，工程中的实物量所在行将被隐藏，还原计价模块的原始状态，隐藏后主界面如图 3.2.1-16 所示。

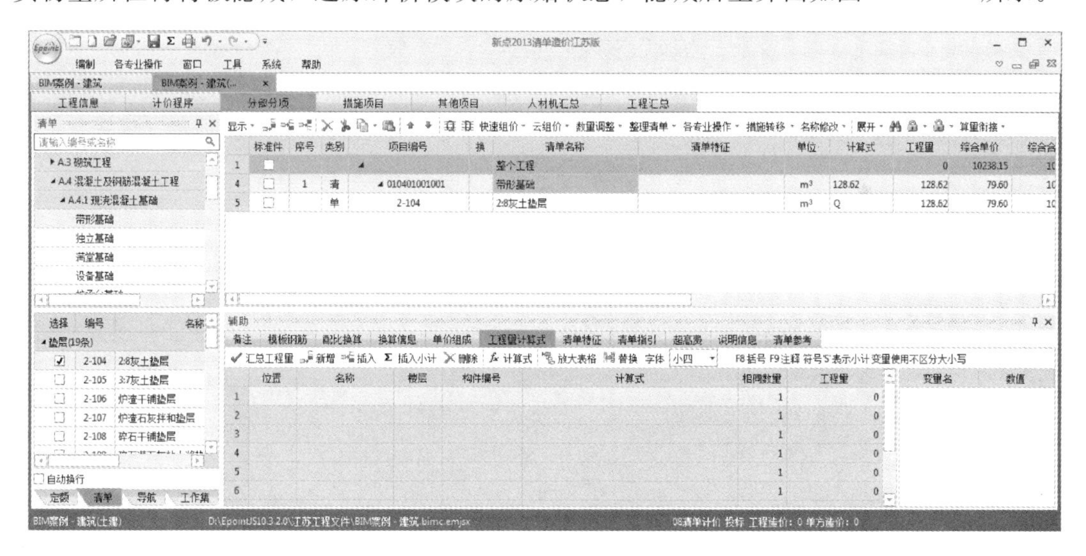

图 3.2.1-16　实物量隐藏操作图

（3）实物量锁定：可根据需求将所有实物量进行锁定，锁定状态的实物量不可修改，如需修改，先执行解锁功能，锁定后主界面如图 3.2.1-17 所示。

（4）工程量检查：用于快速校验计价中的工程量与模型分析得到的工程量是否一致，不一致的部分将以红色标识出来，执行命令后的提示框如图 3.2.1-18 和图 3.2.1-19 所示。

（5）构件价格反馈：将造价中的清单、定额及价格信息反馈至算量软件中的每一个构件上，结合 5D 管理中造价属性功能，可即时查看每个构件对应的清单、定额及价格信息，构件价格反馈成功提示框如图 3.2.1-20 所示。

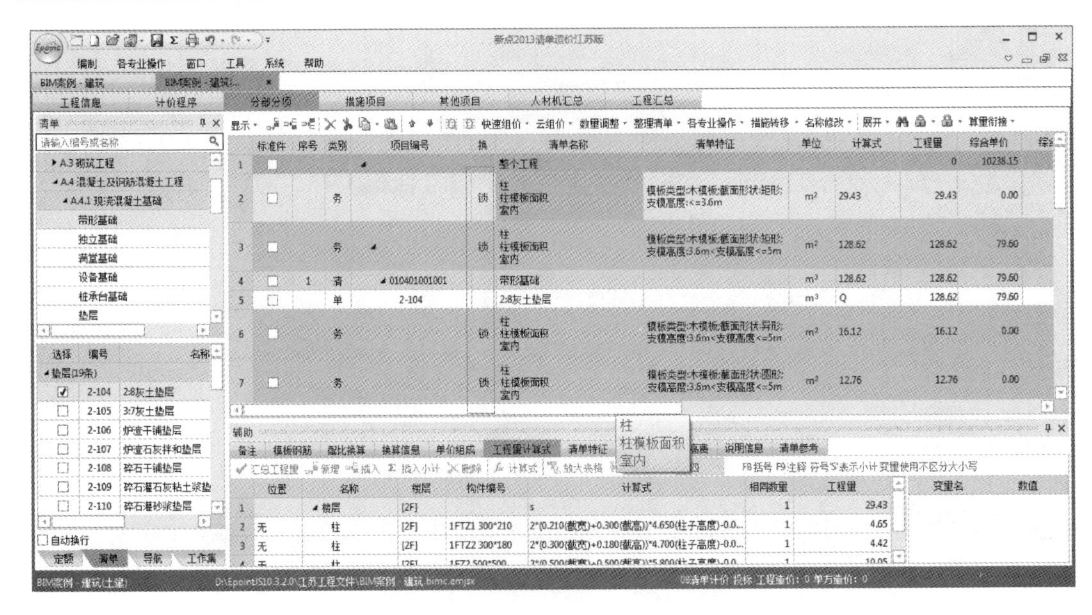

图 3.2.1-17　实物量锁定操作图

图 3.2.1-18　工程量检查提示框

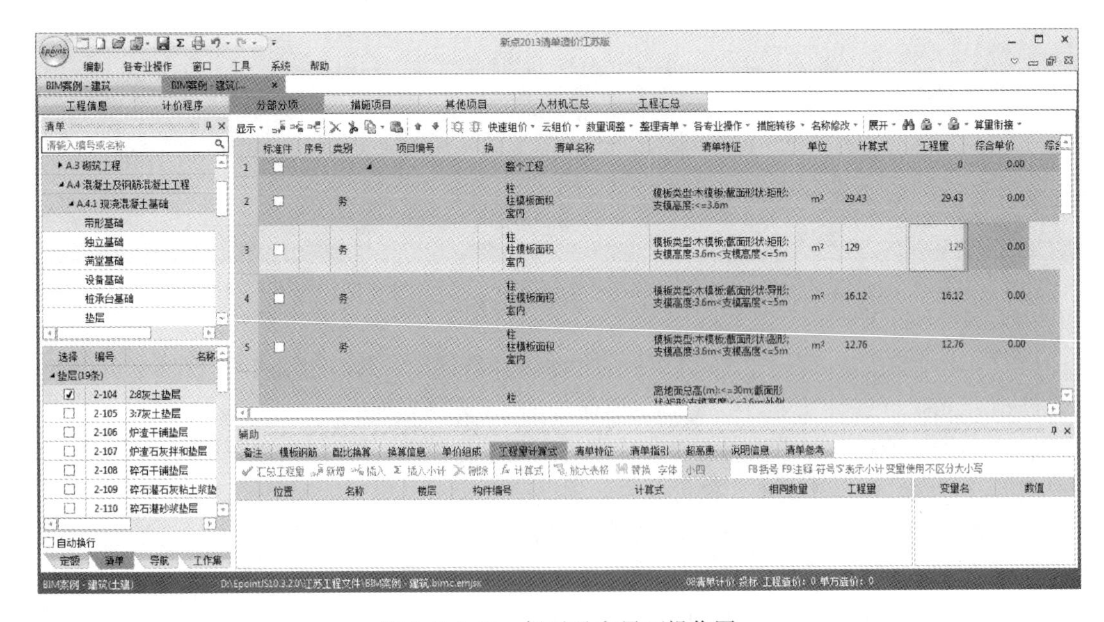

图 3.2.1-19　提示及主界面操作图

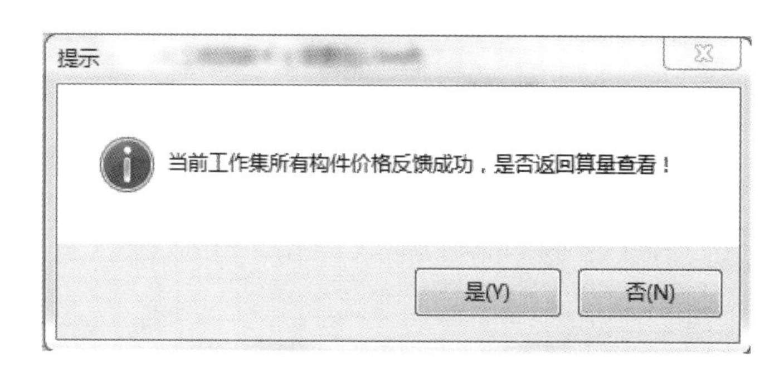

图 3.2.1-20 提示操作图

点击按钮“是”，返回算量界面查看，选择某一构件，示意图如图 3.2.1-21 所示；若点击按钮“否”，则停留在造价界面。

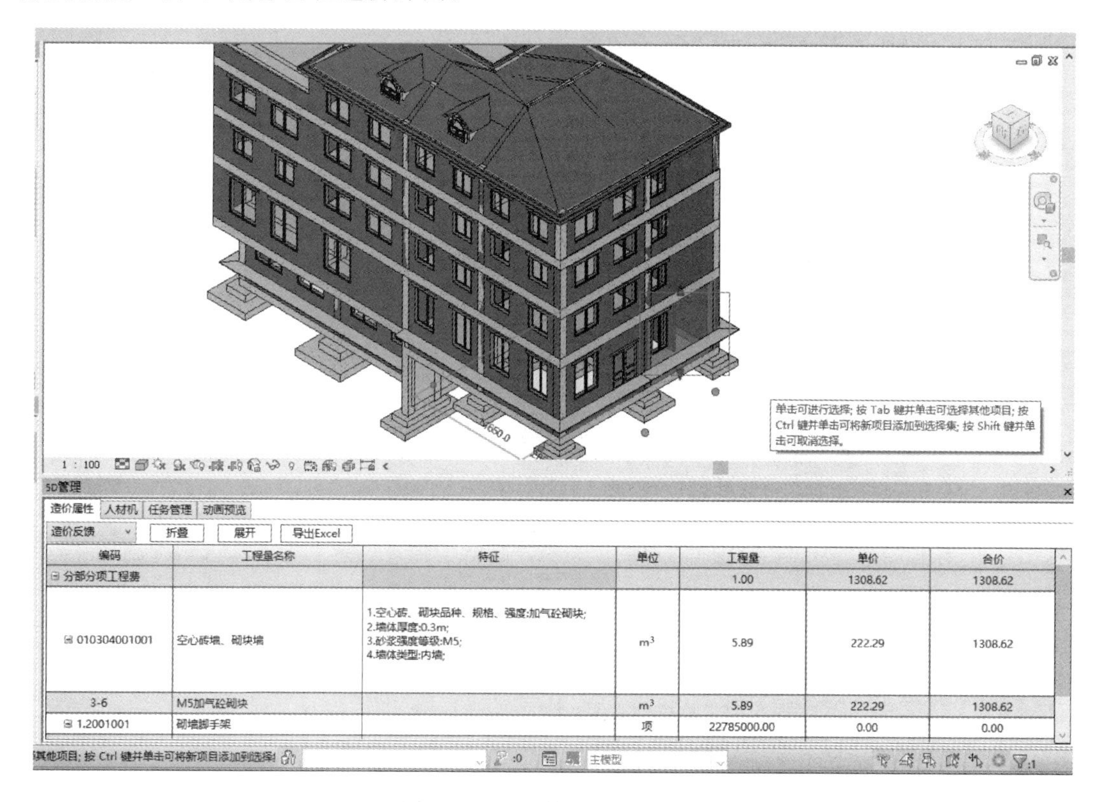

图 3.2.1-21 算量界面操作图

6. 构件反查

切换至“工程量计算式”界面，选择其中某一构件，鼠标右击执行命令“定位到算量”，软件将切换至算量界面，将对应构件选中并高亮显示，如图 3.2.1-22 和图 3.2.1-23 所示。

7. 计价软件中清单计价操作

在将 BIM 算量输出至计价软件操作后，接下来便进入计价软件内进行套取定额、价费调整，使量与价得到结合，最终形成工程造价。

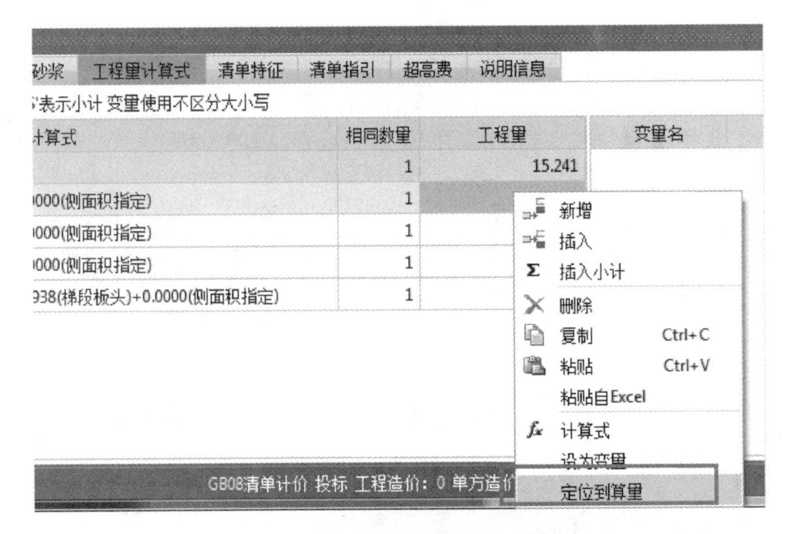

图 3.2.1-22　定位到算量操作图

图 3.2.1-23　构件反查操作图

计价软件中操作主要包括：输出至计价软件、工程量类别调整、清单下定额套价、措施费调整、其他项目费调整、人、材、机费用调整、规费税金调整及报表输出这八个部分。以下将结合案例操作对计价软件的主要操作部分及注意事项进行说明。

【例 1】 如图 3.2.1-24 所示为某项目部分柱和墙平面布置图，其中柱和墙均采用 C30 现浇混凝土浇筑。BIM 算量软件中效果图见图 3.2.1-25 所示，且在 BIM 算量软件中已经

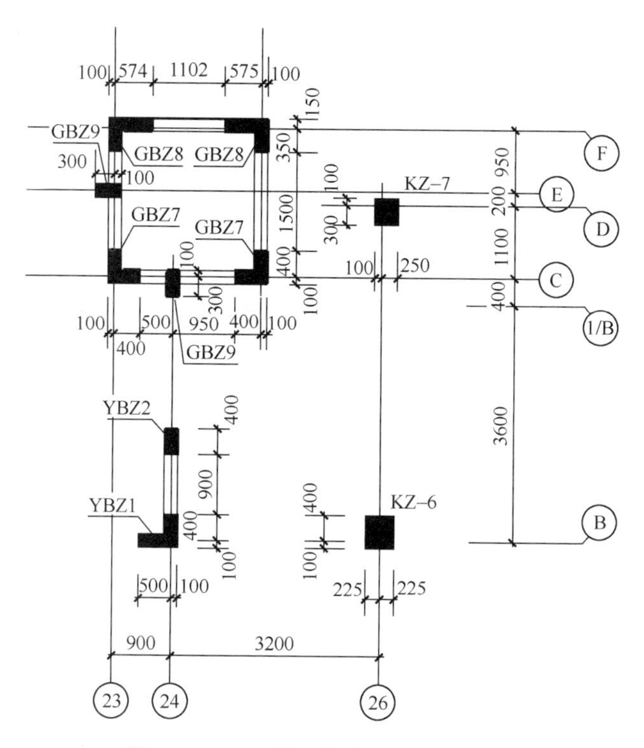

图 3.2.1-24　柱和剪力墙平面布置图

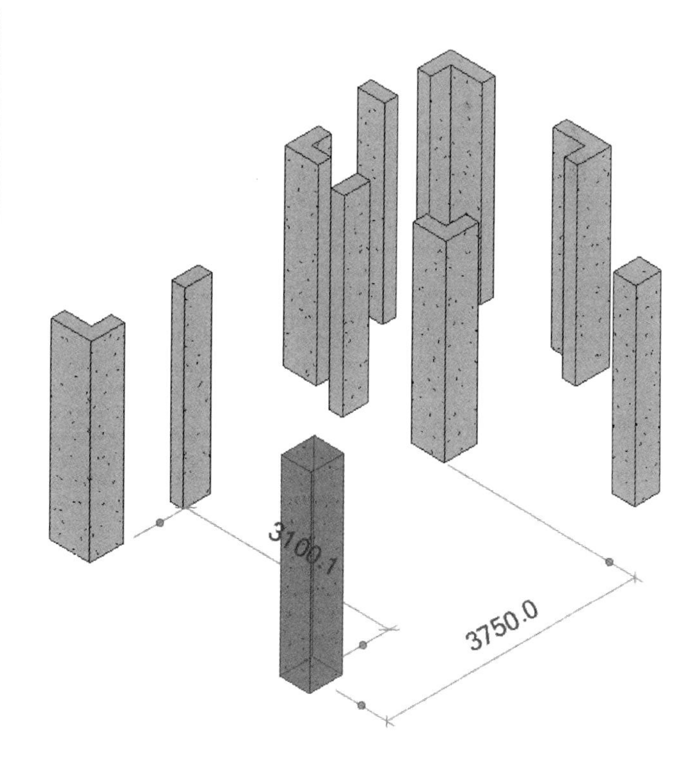

图 3.2.1-25　BIM 算量软件中效果图

对其根据清单工程量进行清单描述，见图3.2.1-26所示。本工程管理费、利润取值分别为26%、12%，综合人工：91元/工日。材料价格见表3.2.1-1市场资源价格表，其余材料价格不调整。项目所在省安全文明措施费基本费率为3.1%，施工中临时设施费率为1.5%，其余费率不取。社会保险费率为3.2%，公积金费率为0.53%，税金以除税工程造价为计取基础，费率为11%。

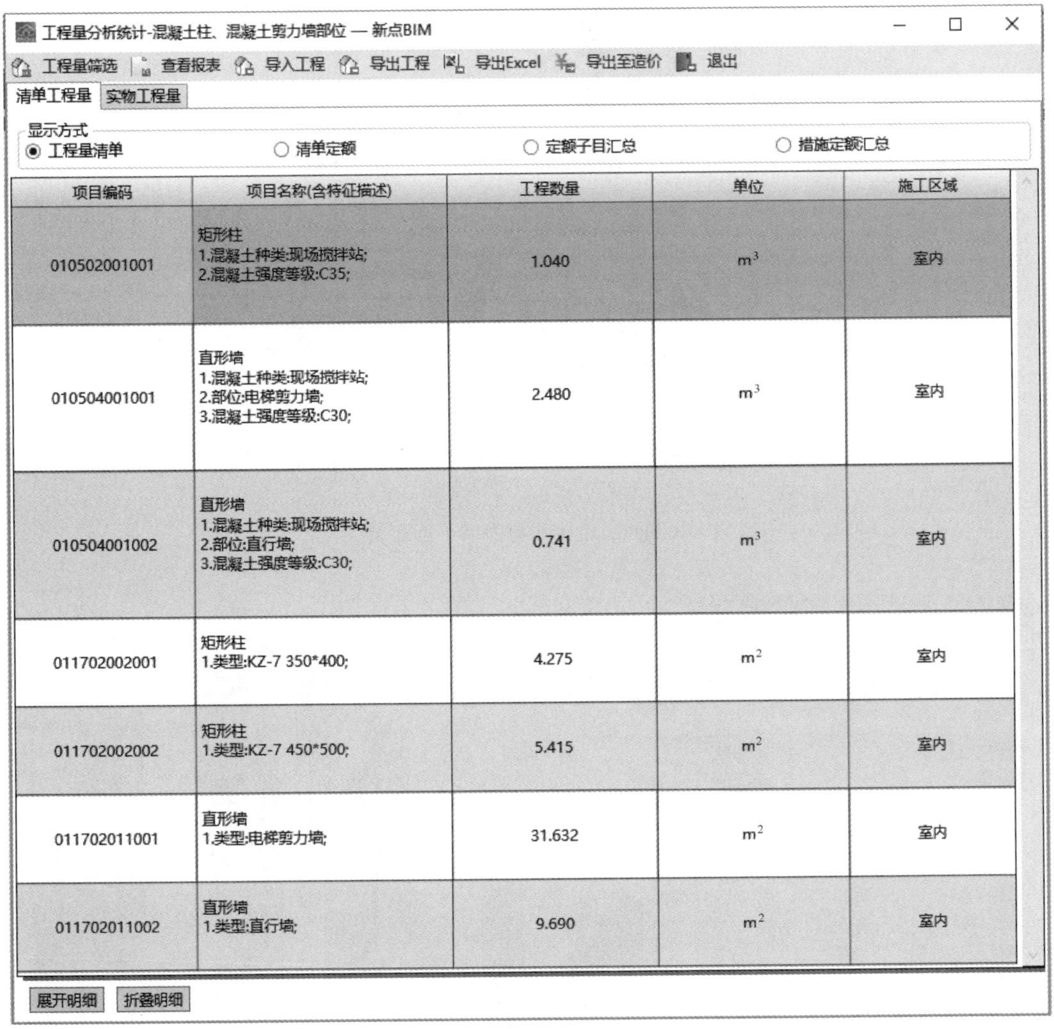

工程量分析统计-混凝土柱、混凝土剪力墙部位 — 新点BIM

工程量筛选 | 查看报表 | 导入工程 | 导出工程 | 导出Excel | 导出至造价 | 退出

清单工程量 | 实物工程量

显示方式：◉ 工程量清单　○ 清单定额　○ 定额子目汇总　○ 措施定额汇总

项目编码	项目名称(含特征描述)	工程数量	单位	施工区域
010502001001	矩形柱 1.混凝土种类:现场搅拌站; 2.混凝土强度等级:C35;	1.040	m^3	室内
010504001001	直形墙 1.混凝土种类:现场搅拌站; 2.部位:电梯剪力墙; 3.混凝土强度等级:C30;	2.480	m^3	室内
010504001002	直形墙 1.混凝土种类:现场搅拌站; 2.部位:直行墙; 3.混凝土强度等级:C30;	0.741	m^3	室内
011702002001	矩形柱 1.类型:KZ-7 350*400;	4.275	m^2	室内
011702002002	矩形柱 1.类型:KZ-7 450*500;	5.415	m^2	室内
011702011001	直形墙 1.类型:电梯剪力墙;	31.632	m^2	室内
011702011002	直形墙 1.类型:直行墙;	9.690	m^2	室内

展开明细　折叠明细

图3.2.1-26　BIM算量软件中工程量清单计算结果

市场资源价格表　　**表3.2.1-1**

序号	资源名称	单位	含税价格	除税价格
1	中粗砂	t	83.03	80.00
2	细砂	t	61.61	59.19
3	石子综合	m^3	80.99	78.02
4	电焊条	kg	4.58	4.03
5	铁钉	kg	6.00	5.15

续表

序号	资源名称	单位	含税价格	除税价格
6	黑铁丝 8-12#	kg	4.38	3.75
7	复合硅酸盐水泥 32.5 级	t	314.2	270.28
8	复合模板	m^2	40.00	34.30
9	钢板综合	t	3946.18	3385.84
10	角钢 L50×5	t	3573.93	3066.5
11	水	m^3	4.70	4.57
12	电	kW·h	0.89	0.76
13	氧气	m^3	4.19	3.64
14	乙炔气	m^3	12.97	11.13
15	汽油	kg	9.58	8.22
16	柴油	kg	7.43	6.37

(1) 针对【例 1】利用 BIM 算量软件进行输出至计价软件中的操作，如图 3.2.1-27 所示。

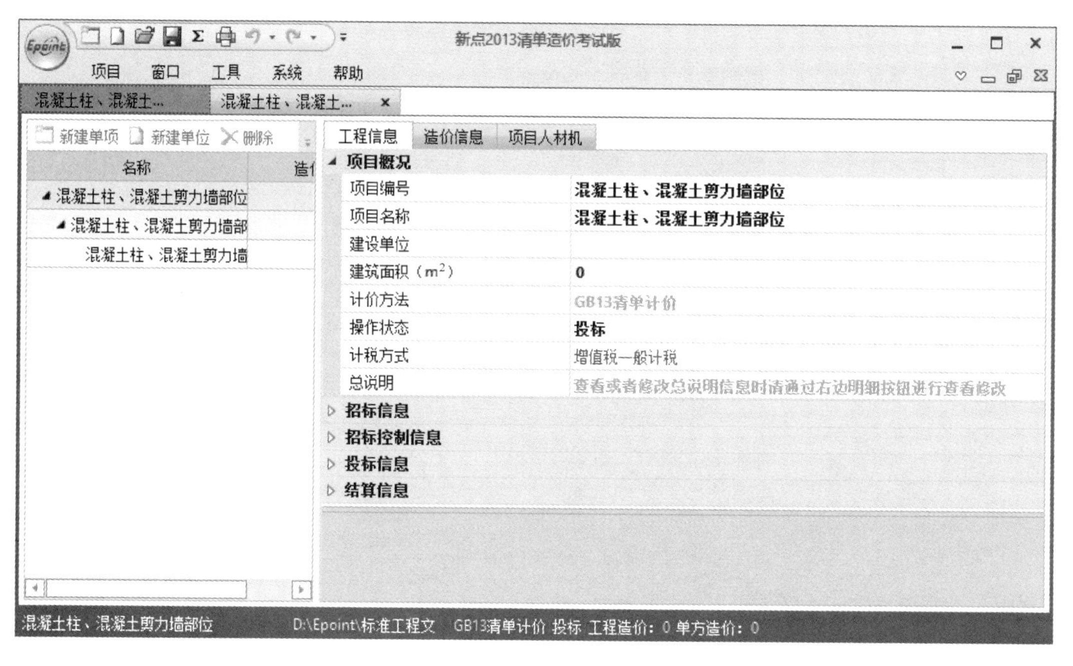

图 3.2.1-27 输出至计价软件

(2) 工程类别调整

首先需要确定工程所属的工程类别，在“计价程序”一栏中先点击确认勾选“建筑工程”，然后点击“按工程类别统一调整费率”勾选“三类工程”确认，如图 3.2.1-28 所示。

(3) 清单下套定额操作

①本题中，根据题意可知，BIM 算量操作结果中只含有清单工程量和清单描述，需要对清单下套定额进行操作可以点击计价软件中“分部分项”页面，然后查看到分部分项中“项目编码”、“清单名称”、“清单特征”等信息，如图 3.2.1-29 所示。

计价程序		管理费(%)	利润(%)
1	建筑工程	32	12
2	单独预制构件制作	15	6
3	打预制桩、单独构件吊装	11	5
4	制作兼打桩	17	7
5	大型土石方工程	7	4
6	独立费	0	0

名称	管理费(%)	利润(%)	备注
建筑工程(3条)			
一类工程	32	12	计算基础：人工费+机械费
二类工程	29	12	计算基础：人工费+机械费
三类工程	26	12	计算基础：人工费+机械费
单独预制构件制作(3条)			
一类工程	15	6	计算基础：人工费+机械费
二类工程	13	6	计算基础：人工费+机械费

图 3.2.1-28　工程类别调整操作

	标准件	序号	类别	项目编号	换	清单名称	清单特征	单位	计算式	工程量
2	☐	1	清	010502001001		矩形柱	1.混凝土种类:现场搅拌站; 2.混凝土强度等级:C35;	m^3	1.04	1.04
3	☐	2	清	010504001001		直形墙	1.混凝土种类:现场搅拌站; 2.部位:电梯剪力墙; 3.混凝土强度等级:C30;	m^3	2.48	2.48
4	☐	3	清	010504001002		直形墙	1.混凝土种类:现场搅拌站; 2.部位:直行墙; 3.混凝土强度等级:C30;	m^3	0.741	0.741
5	☐	4	清	011702002001		矩形柱	1.类型:KZ-7 350*400;	m^2	4.275	4.275
6	☐	5	清	011702002002		矩形柱	1.类型:KZ-7 450*500;	m^2	5.415	5.415
7	☐	6	清	011702011001		直形墙	1.类型:电梯剪力墙;	m^2	31.632	31.632
8	☐	7	清	011702011002		直形墙	1.类型:直行墙;	m^2	9.69	9.69

图 3.2.1-29　分部分项表部分

通过分析清单及项目特征可以得出："矩形柱"需要套用基础定额 5-401，"直行墙-电梯井壁"需要套用基础定额 5-413，"直行墙"需要套用基础定额 5-412，在计价软件中分别套用相应定额。点击输入定额时可以对基础定额中的混凝土等级进行换算，具体如图

3.2.1-30所示。

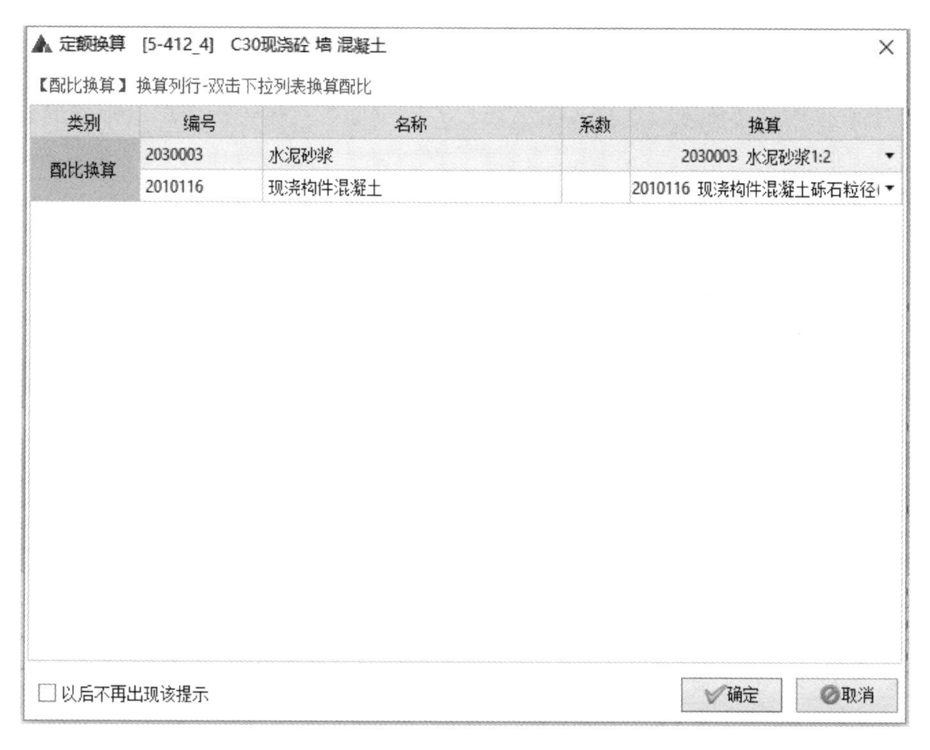

图3.2.1-30 混凝土材料换算界面

注：如果定额需要换算，要对定额进行相应的换算调整，当定额工程量与清单工程量计算规则不同时，也需要对定额工程量进行调整。

清单下套定额结果如图3.2.1-31所示。

	标准件	序号	类别	项目编号	换	清单名称	清单特征	单位	计算式	工程量	综合单价	综合合价
1	☐			▲		整个工程				0	976.05	976.05
2	☐	1	清	▲ 010502001001		矩形柱	1.混凝土种类:现场搅拌站; 2.混凝土强度等级:C35;	m^3	1.04	1.04	230.44	239.66
3	☐		单	5-401_4		C30现浇混凝土 柱 矩形		$10m^3$	Q/10	0.104	2304.39	239.66
4	☐	2	清	▲ 010504001001		直形墙	1.混凝土种类:现场搅拌站; 2.部位:电梯剪力墙; 3.混凝土强度等级:C30;	m^3	2.48	2.48	230.45	571.52
5	☐		单	5-413_4		C30现浇混凝土电梯井壁直形墙		$10m^3$	Q/10	0.248	2304.50	571.52
6	☐	3	清	▲ 010504001002		直形墙	1.混凝土种类:现场搅拌站; 2.部位:直行墙; 3.混凝土强度等级:C30;	m^3	0.741	0.741	222.50	164.87
7	☐		单	5-412_4		C30现浇混凝土墙 混凝土		$10m^3$	Q/10	0.0741	2224.99	164.87

图3.2.1-31 清单下完成套定额

②BIM 算量软件中进行挂接做法时，同时可以对清单下定额进行输入，且在进入计价软件后无须再做调整，详细操作见“第二章 2.3.1.2 功能详解中（3）做法维护”部分。

（4）措施费部分调整

①点击软件中“措施项目”进入措施项目调整页面，首先进行单项措施费的输入，如图 3.2.1-32 所示。

分部分项 | 措施项目 | 其他项目 | 人材机汇总 | 工程汇总

显示 · 总价措施 · 展开 ·

	序号	类别	项目编号	换	清单名称	单位	计算式	工程量	计算基础	费率(%)	综合单价	综合合价
1			◢		总价措施项目		0	0		0	196.10	196.10
2	1		◢ 011707001001		安全文明施工费	项	1	1		100	77.62	77.62
3	1.1				基本费	项	1	1	分部分项合计+单价措施项目合计-设备费	3.1	63.32	63.32
4	1.2				增加费	项	1	1	分部分项合计+单价措施项目合计-设备费	0.7	14.30	14.30
5	2		011707002001		夜间施工	项	1	1	分部分项合计+单价措施项目合计-设备费	0.05	1.02	1.02
6	3		011707003001		非夜间施工照明	项	1	1	分部分项合计+单价措施项目合计-设备费	0.2	4.09	4.09
7	4		011707004001		二次搬运	项	1	1	分部分项合计+单价措施项目合计-设备费	0	0.00	0.00
8	5		011707005001		冬雨季施工	项	1	1	分部分项合计+单价措施项目合计-设备费	0.125	2.55	2.55
9	6		011707006001		地上、地下设施、建筑物的临时保护设施	项	1	1	分部分项合计+单价措施项目合计-设备费	0	0.00	0.00
10	7		011707007001		已完工程及设备保护	项	1	1	分部分项合计+单价措施项目合计-设备费	0.025	0.51	0.51
11	8		011707008001		临时设施	项	1	1	分部分项合计+单价措施项目合计-设备费	1.65	33.70	33.70
12	9		011707009001		赶工措施	项	1	1	分部分项合计+单价措施项目合计-设备费	1.3	26.56	26.56
13	10		011707010001		工程按质论价	项	1	1	分部分项合计+单价措施项目合计-设备费	2.05	41.88	41.88
14	11		011707011001		住宅分户验收	项	1	1	分部分项合计+单价措施项目合计-设备费	0.4	8.17	8.17
15	12		011707012001		特殊条件下施工增加费	项	1	1	分部分项合计+单价措施项目合计-设备费	0	0.00	0.00
16			◢		单价措施项目		0	0		0	1066.65	1066.65
17	1	清	◢ 011702002001		矩形柱	m²	9.7	9.7		0	21.49	208.45
18		单	5-60		现浇混凝土模板 矩形柱 复合木模板 钢支撑	100m²	Q/100	0.097		0	2148.59	208.41
19	2	清	◢ 011702011001		直形墙	m²	36.19	36.19		0	18.86	682.54
20		单	5-93		现浇混凝土模板 电梯井壁 复合木模板 钢支撑	100m²	Q/100	0.3619		0	1885.74	682.45
21	3	清	◢ 011702011002		直形墙	m²	10.83	10.83		0	16.22	175.66
22		单	5-89		现浇混凝土模板 直形墙 复合木模板 钢支撑	100m²	Q/100	0.1083		0	1621.88	175.65

图 3.2.1-32 单价措施费部分操作图

②再进行总价措施费部分调整，针对【例 1】中费率调整，其中安全文明措施费为不可竞争费，按各省规定费率输入，其余费率按题目要求调整，如图 3.2.1-33 所示。

分部分项 | 措施项目 | 其他项目 | 人材机汇总 | 工程汇总

显示 · 总价措施 · 展开 ·

	序号	类别	项目编号	换	清单名称	单位	计算式	工程量	计算基础	费率(%)	综合单价	综合合价
1			◢		总价措施项目		0	0		0	93.96	93.96
2	1		◢ 011707001001		安全文明施工费	项	1	1		100	63.32	63.32
3	1.1				基本费	项	1	1	分部分项合计+单价措施项目合计-设备费	3.1	63.32	63.32
4	1.2				增加费	项	1	1	分部分项合计+单价措施项目合计-设备费	0	0.00	0.00
5	2		011707002001		夜间施工	项	1	1	分部分项合计+单价措施项目合计-设备费	0	0.00	0.00
6	3		011707003001		非夜间施工照明	项	1	1	分部分项合计+单价措施项目合计-设备费	0	0.00	0.00
7	4		011707004001		二次搬运	项	1	1	分部分项合计+单价措施项目合计-设备费	0	0.00	0.00
8	5		011707005001		冬雨季施工	项	1	1	分部分项合计+单价措施项目合计-设备费	0	0.00	0.00
9	6		011707006001		地上、地下设施、建筑物的临时保护设施	项	1	1	分部分项合计+单价措施项目合计-设备费	0	0.00	0.00
10	7		011707007001		已完工程及设备保护	项	1	1	分部分项合计+单价措施项目合计-设备费	0	0.00	0.00
11	8		011707008001		临时设施	项	1	1	分部分项合计+单价措施项目合计-设备费	1.5	30.64	30.64
12	9		011707009001		赶工措施	项	1	1	分部分项合计+单价措施项目合计-设备费	0	0.00	0.00
13	10		011707010001		工程按质论价	项	1	1	分部分项合计+单价措施项目合计-设备费	0	0.00	0.00
14	11		011707011001		住宅分户验收	项	1	1	分部分项合计+单价措施项目合计-设备费	0	0.00	0.00
15	12		011707012001		特殊条件下施工增加费	项	1	1	分部分项合计+单价措施项目合计-设备费	0	0.00	0.00
16			◢		单价措施项目		0	0		0	1066.65	1066.65

图 3.2.1-33 总价措施费部分调整操作图

(5)“其他项目”部分调整

如图 3.2.1-34 所示，本题中暂未涉及此部分调整。在实际工程中，可以根据项目实际情况，进行填写输入。

图 3.2.1-34 其他项目部分调整页面图

(6)“人、材、机汇总”调整

“人、材、机”直接影响综合单价的高低。本题中根据市场资源价格表表 3.2.1-1 进行输入调整，如图 3.2.1-35～图 3.2.1-37 所示。

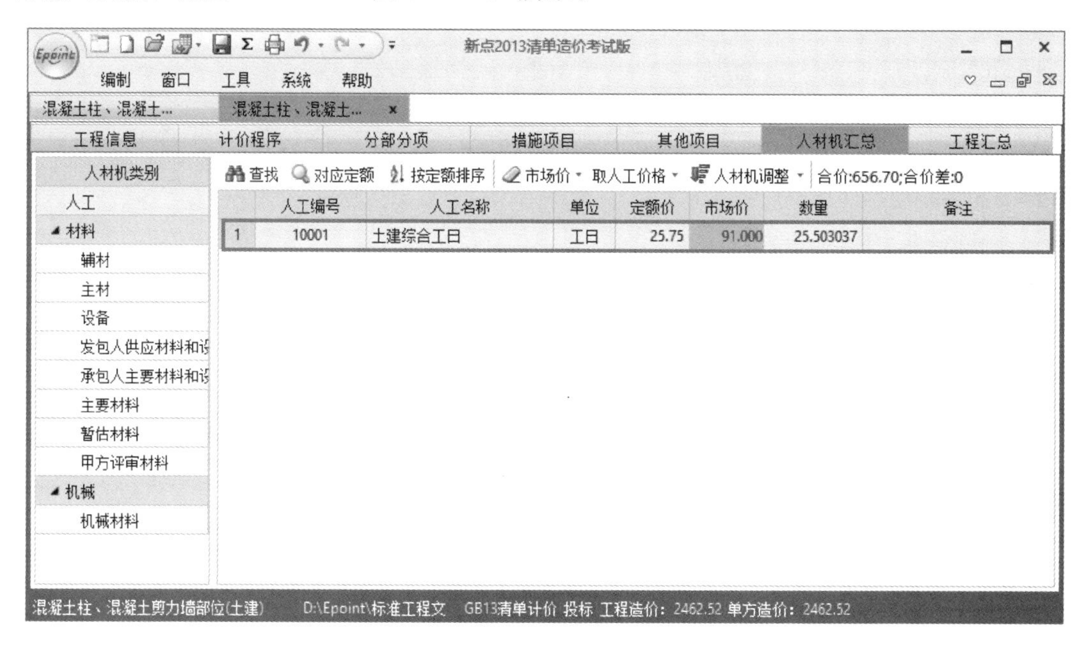

图 3.2.1-35 人工价格调整

注：①输入材料费时，注意单位变化，如材料表中是“t”，计价软件中单位是“kg”。

②注意除税价和含税价的区分，填写到相应位置。

③机械费中有机械人工需要填写时，注意不要漏项。

④计价软件中对于价格发生变化部分，字体颜色会改变，方便区分是否调整。

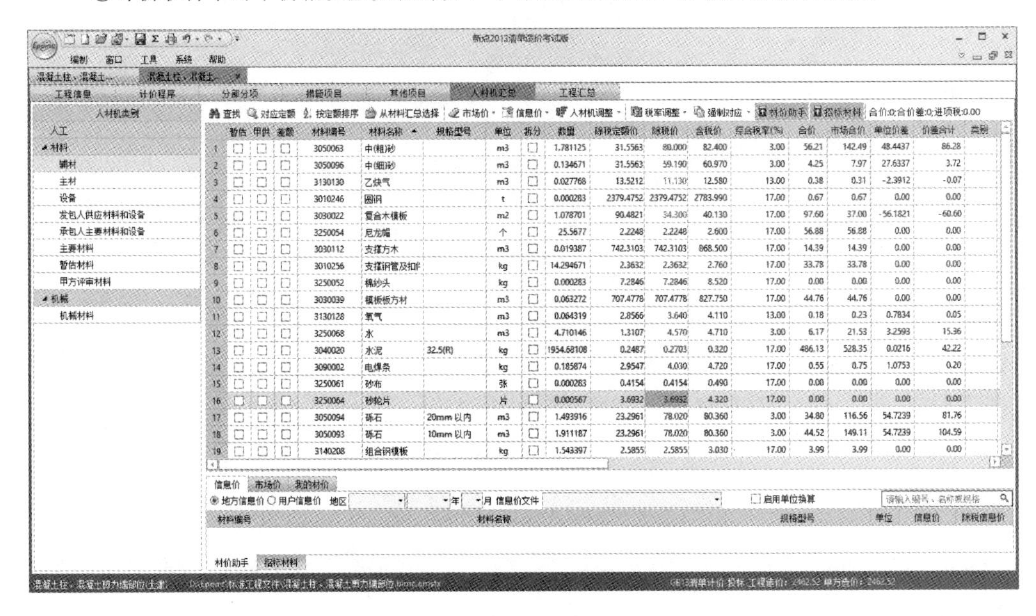

图 3.2.1-36　材料费价格调整

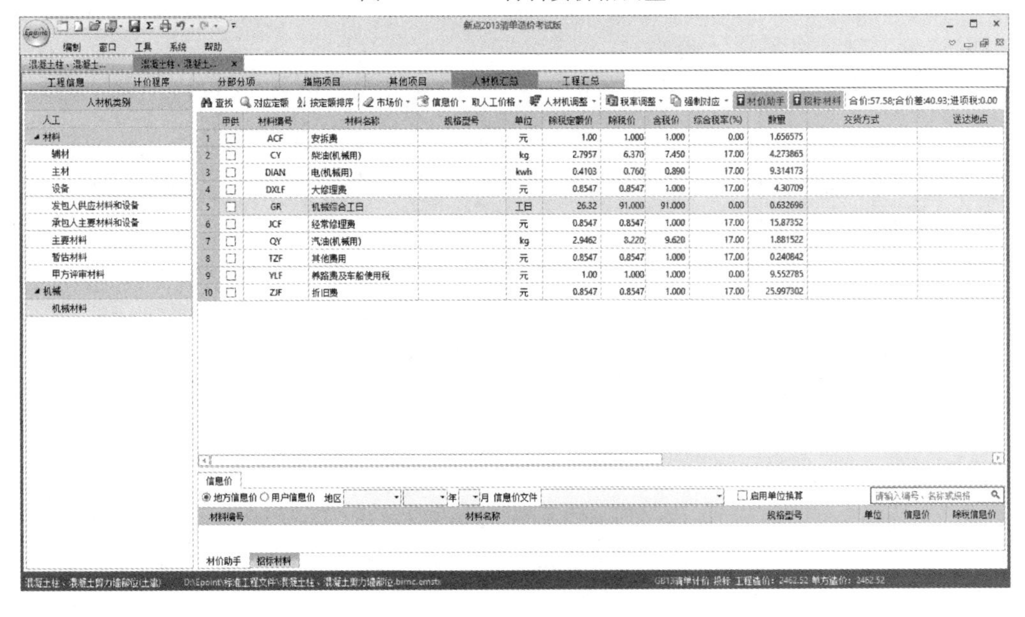

图 3.2.1-37　机械费调整

（7）规费、税金调整

点击“工程汇总”页面，在这个页面中可以看到工程造价组成及各部分费用的计算汇总方式。规费及税金等费率可在页面中进行调整，如图 3.2.1-38 所示。

（8）输出报表

完成清单计价操作后，利用软件“工程自检”功能进行检查，排查清单操作中的问题并及时进行修改。在“项目”功能中，点击“工程自检”，弹出对话框，如图 3.2.1-39 所示。

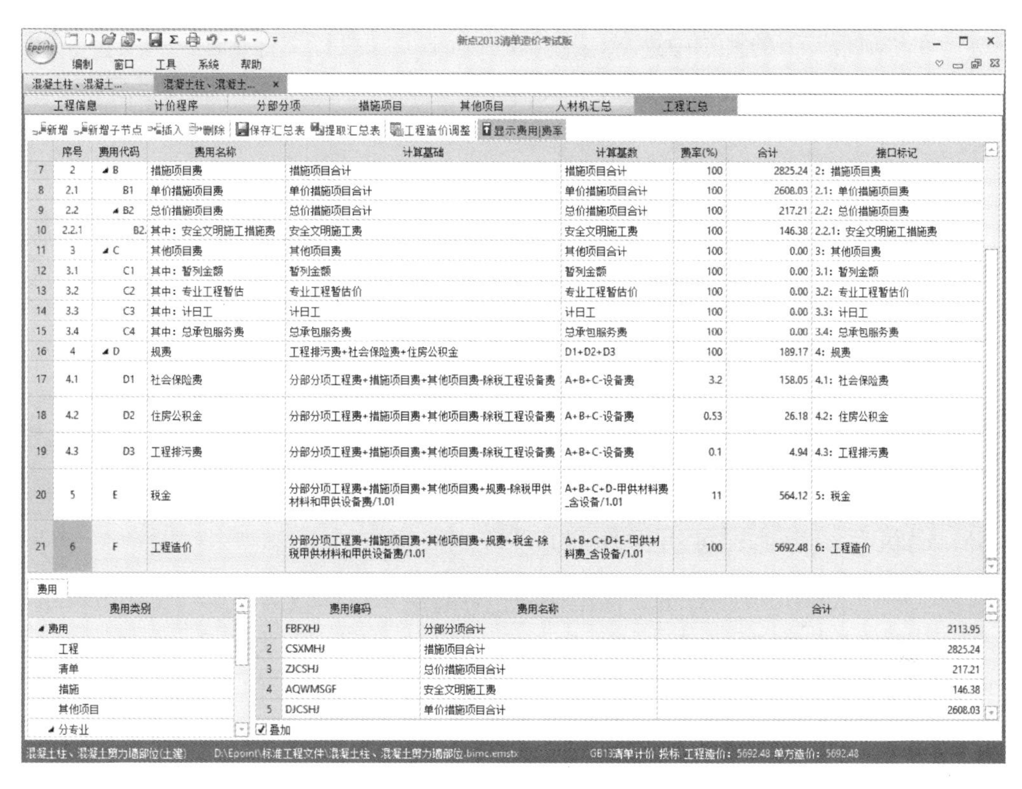

	序号	费用代码	费用名称	计算基础	计算基数	费率(%)	合计	接口标记
7	2	B	措施项目费	措施项目合计	措施项目合计	100	2825.24	2: 措施项目费
8	2.1	B1	单价措施项目费	单价措施项目合计	单价措施项目合计	100	2608.03	2.1: 单价措施项目费
9	2.2	B2	总价措施项目费	总价措施项目合计	总价措施项目合计	100	217.21	2.2: 总价措施项目费
10	2.2.1	B2.	其中：安全文明施工措施费	安全文明施工费	安全文明施工费	100	146.38	2.2.1: 安全文明施工措施费
11	3	C	其他项目费	其他项目费	其他项目合计	100	0.00	3: 其他项目费
12	3.1	C1	其中：暂列金额	暂列金额	暂列金额	100	0.00	3.1: 暂列金额
13	3.2	C2	其中：专业工程暂估	专业工程暂估价	专业工程暂估价	100	0.00	3.2: 专业工程暂估价
14	3.3	C3	其中：计日工	计日工	计日工	100	0.00	3.3: 计日工
15	3.4	C4	其中：总承包服务费	总承包服务费	总承包服务费	100	0.00	3.4: 总承包服务费
16	4	D	规费	工程排污费+社会保险费+住房公积金	D1+D2+D3	100	189.17	4: 规费
17	4.1	D1	社会保险费	分部分项工程费+措施项目费+其他项目费-除税工程设备费	A+B+C-设备费	3.2	158.05	4.1: 社会保险费
18	4.2	D2	住房公积金	分部分项工程费+措施项目费+其他项目费-除税工程设备费	A+B+C-设备费	0.53	26.18	4.2: 住房公积金
19	4.3	D3	工程排污费	分部分项工程费+措施项目费+其他项目费-除税工程设备费	A+B+C-设备费	0.1	4.94	4.3: 工程排污费
20	5	E	税金	分部分项工程费+措施项目费+其他项目费+规费-除税甲供材料和甲供设备费/1.01	A+B+C+D-甲供材料费_含设备/1.01	11	564.12	5: 税金
21	6	F	工程造价	分部分项工程费+措施项目费+其他项目费+规费+税金-除税甲供材料和甲供设备费/1.01	A+B+C+D+E-甲供材料费_含设备/1.01	100	5692.48	6: 工程造价

	费用编码	费用名称	合计
1	FBFXHJ	分部分项合计	2113.95
2	CSXMHJ	措施项目合计	2825.24
3	ZJCSHJ	总价措施项目合计	217.21
4	AQWMSGF	安全文明施工费	146.38
5	DJCSHJ	单价措施项目合计	2608.03

图 3.2.1-38 工程汇总页面

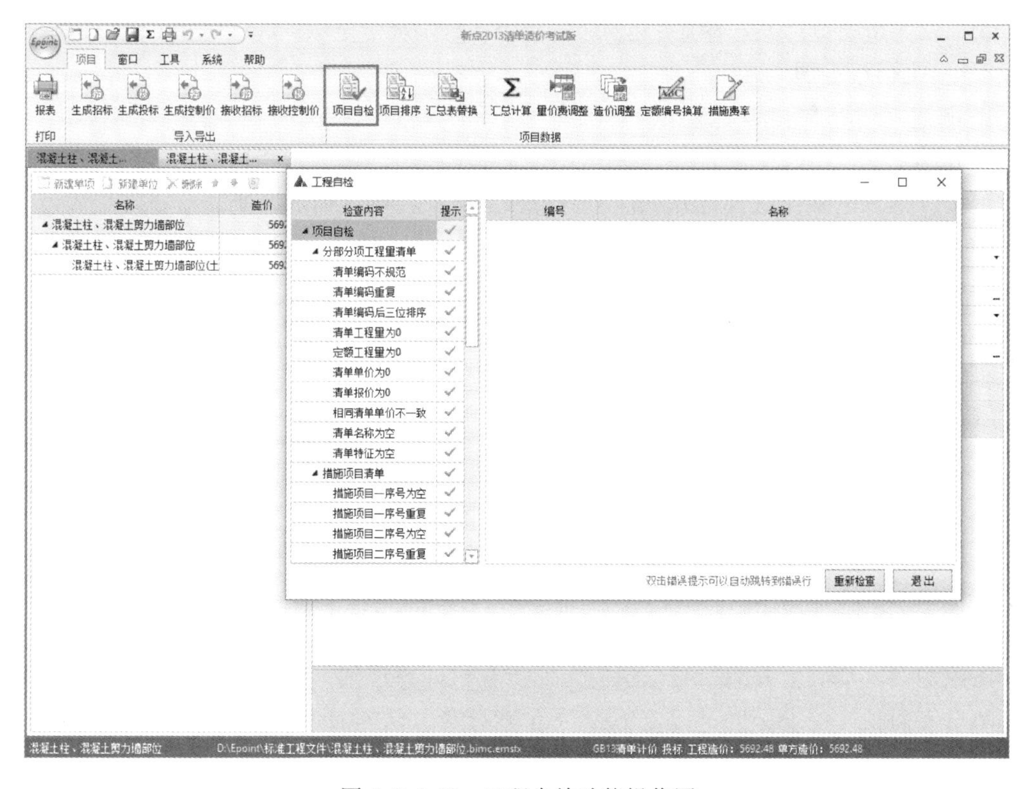

图 3.2.1-39 工程自检功能操作图

然后在“项目”下的菜单中进行“招标文件生成”、“投标文件生成”等文件导出操作或者打印相应报表，形成相应的招投标文件，如图3.2.1-40所示。也可以点击“报表”选择相应报表，打印或者导出相应报表。

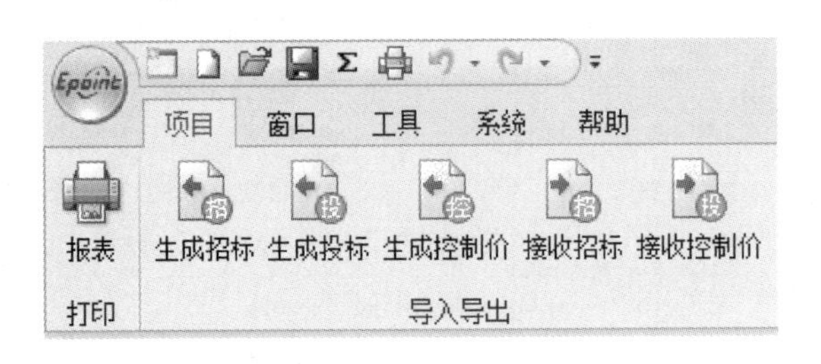

图3.2.1-40　招投标文件导出及报表打印操作

3.2.2　建筑与装饰工程计价操作总说明

本章主要介绍利用BIM算量软件操作后，针对清单工程量结果进行工程量清单计价的编制。对建筑及装饰工程分部分项工程，措施项目工程进行分类说明，归纳清单工程量计算规范与定额工程量计算规范的区别及计价要点，结合例题便于考生迅速掌握初步BIM造价软件中的计价操作。

本章清单规范依据《房屋建筑与装饰工程工程量计价规范》GB 50854—2013、定额规范依据《全国统一建筑工程基础定额》GJD—101—95、《全国统一建筑工程预算工程计算规则》GJDGZ—101—95、《全国统一建筑装饰装修工程消耗量定额》GYD—901—2002。

3.2.2.1　土石方工程

1. 概述

本分部主要包括人工土石方、机械土石方等，适用于建筑物和构筑物的土石方开挖及回填工程。本节主要介绍土石方工程中清单和定额工程量规则的区别、土石方工程计价要点等内容。

2. 土石方工程中清单和定额工程量规则的区别

（1）平整场地

平整场地定额工程量计算规则：按场地工程量按建筑物外墙外边线每边各加2m，以面积（m^2）计算。区别第二章中清单计算规则。

（2）挖一般土方

定额工程量与清单工程量计算规则相同，按设计图示尺寸以体积计算。计算时注意地下常水位的位置（以地下水位为准），以便区别干、湿土，套用相应的定额子目。

（3）挖基础土方

分挖沟槽、基坑土方和挖孔桩土方工程量。

①挖沟槽、基坑土方清单工程量与定额工程量计算规则不同。清单按设计图示尺寸以基础垫层底面积×挖土深度，以立方米（m^3）计算。定额计算需要考虑是否放坡和工作面，将这部分土方量计入总方量中，以立方米（m^3）计算。放坡系数及工作面宽度分别见表3.2.2.1-1和表3.2.2.1-2。

放坡系数表　　　　表3.2.2.1-1

土壤类别	放坡深度规定（m）	高与宽之比		
		人工挖土	机械挖土	
			坑内作业	坑上作业
一、二类土	超过1.20	1∶0.5	1∶0.33	1∶0.75
三类土	超过1.50	1∶0.33	1∶0.25	1∶0.67
四类土	超过2.00	1∶0.25	1∶0.10	1∶0.33

基础施工所需工作面宽度计算表　　　　表3.2.2.1-2

基础材料	每侧工作面宽度（mm）
砖基础	200
浆砌毛石、条石基础	150
混凝土基础垫层支模板	300
混凝土基础支模板	300
基础垂直面做防水层	500（防水面层）

②挖孔桩土方定额工程量与清单工程量计算规则也不同。清单按设计图示尺寸以基础垫层底面积×挖土方深度，以立方米（m^3）计。

定额计算按图示桩断面积×设计桩孔中心线深度计算。

注：需多查看定额计算规则上的说明，注意定额工程量计算时系数变化。

（4）土方回填

定额工程量与清单工程量计算规则相同，需要注意余土外运体积、挖土总体积、回填土总体积都是按天然密实体积计算。

3. 土石方工程计价要点及注意事项

（1）清单项目特征中土壤的分类应按清单规范中表A.1-1土壤分类表确定，若土壤类别不能准确划分，招标人可注明为综合，由投标人根据地勘报告决定报价。

（2）土方体积应按挖掘前的天然密实体积计算，非天然密实土方应按表A.1-2土方体积折算系数表进行折算。

（3）弃、取土运距项目特征可以不描述，但应注明由投标人根据施工现场实际情况自行考虑，决定报价。

（4）挖土方若需截桩头，应按柱基工程相关项目列项。

（5）平整场地可能出现±30cm以内的全部是挖土或全部是填方，需外运土方或取（购）土回填时，在工程量清单项目中应描述弃土运距（或弃土地点）或取土运距（或取土地点），这部分的运距应包括在“平整场地”项目报价内；若施工组织设计规定面积平整场地，超出部分面积的费用应包括在综合单价内。

（6）挖沟槽、基坑、一般土方因工作面和放坡增加的工程量（管沟工作面增加的工程量）是否并入各土方工程量中，应按各省、自治区、直辖市或行业建设主管部门的规定实施。

（7）因现场地质情况或设计变更引起的土石方工程量的变更，由业主与承包人双方现场确认，根据合同调整，计入清单计价中。

（8）回填土项目中基础土方工作面及放坡部分计入清单工程量，同时项目特征描述应注意以下几点：

①填方密实度要求，在无特殊要求情况下，项目特征可描述为满足设计和规范要求；

②填方材料品种可以不描述，但应注明由投标人根据设计要求验方后可填入，并符合相关工程的质量规范要求；

③填方粒径要求，在无特殊要求情况下，项目特征可以不描述；

④若需买土回填，应在项目特征填方来源中描述，并注明买土方数量。

4. 例题

【例1】 如图3.2.2.1-1所示，土壤类别为二类土，求建筑物人工平整场地工程量，并输入至计价软件中。

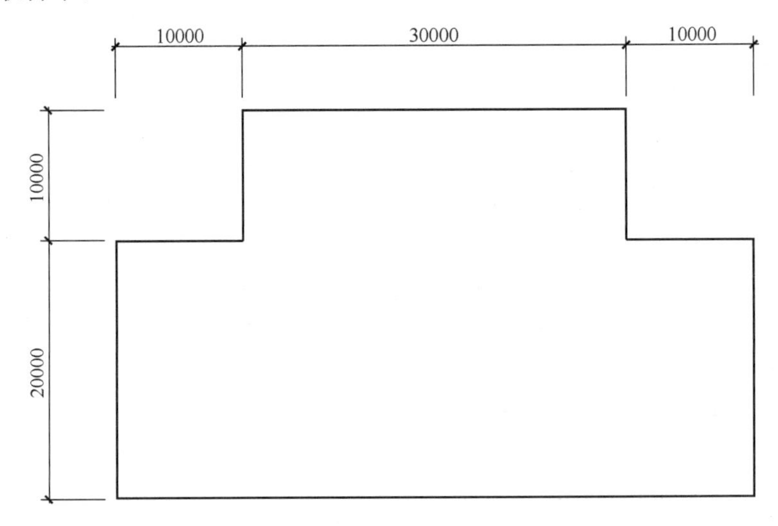

图3.2.2.1-1　某建筑物底层平面示意图

【解】（1）定额工程量

平整场地定额工程量：$(30\times50-20\times10\times2)+2\times(30+50)\times2+16=1436\text{m}^2$

注：计算公式 $S=S_{底}+2\times L_{外}+16$

（2）清单工程量

平整场地清单工程量：$30\times50-20\times10\times2=1100\text{m}^2$

套用基础定额1-48，计价软件操作如图3.2.2.1-2所示。

	标准件	序号	类别	项目编号	换	清单名称	清单特征	单位	计算式	工程量	综合单价	综合合价
2	☐	1	清	◢ 010101001001		平整场地	1. 土壤类别：三类土 2. 人工平整	m^2	1100	1100	1.47	1617.00
3	☐		单	1-48		平整场地		100m^2	14.36	14.36	111.93	1607.31

图3.2.2.1-2　平整场地计价软件操作

【例2】 根据第二章2.2.1.1中例题进行清单套价，输入计价软件中。

【解】（1）定额工程量

需考虑工作面和放坡部分增加的土方量，计算工程量见表2.2.1.1-8中工程量。

（2）清单工程量

根据计算规则按设计图示尺寸以基础垫层底面积乘以挖土深度计算。

分别套用基础定额 1-17、定额 1-46、定额 1-213。

注：根据 GB 50854—2013 建筑与装饰工程量计算规范中 P7 页注 9. 挖沟槽、基坑、一般土方因工作面和放坡增加的工程量（管沟工作面增加的工程量）是否并入各土方工程量中，应按各省、自治区、直辖市或行业建设主管部门的规定实施。如并入各土方工程量中，在办理工程结算时，按经发包人认可的施工组织设计规定计算，编制工程量清单时，可按表 A. 1-3～表 A. 1-5 规定计算。

本题考虑将工作面和放坡系数计算在土方工程量中，故清单工程量与定额工程量相同。

计价软件操作如图 3.2.2.1-3 所示。

	标准件	序号	类别	项目编号	换	清单名称	清单特征	单位	计算式	工程量	综合单价	综合合价
4	☐	2	清	◢ 010101004001		挖基坑土方	1．土壤类别：三类干土 2．挖土深度：2M 3．弃土运距：1Km	m^3	274.37	274.37	22.62	6206.25
5	☐		单	1-17		挖基坑 三类土 深度2m以内		$100m^3$	Q/100	2.7437	2262.56	6207.79
6	☐	3	清	◢ 010103001001		回填方	1．密实度要求：压实系数>0.95 2．填方材料品种：含水量符合压实系数的粘性土	m^3	235.79	235.79	12.58	2966.24
7	☐		单	1-46		回填土 夯填		$100m^3$	Q/100	2.3579	1258.25	2966.83
8	☐	4	清	◢ 010103002001		余方弃置	1．废弃料品种：开挖土 2．运距：1Km	m^3	38.58	38.58	16.43	633.87
9	☐		单	1-213		自卸汽车（载重8t）运距5km以内		$1000m^3$	Q/1000	0.0386	16415.87	633.65

图 3.2.2.1-3　挖基坑土方计价软件操作

3.2.2.2　地基处理及边坡支护工程

1. 概述

本分部主要包括强夯法加固地基、深层搅拌桩和分喷桩、高压旋喷桩、灰土挤密桩、压密注浆、基坑锚喷护壁、斜拉锚桩成孔、钢管支撑、打拔钢板桩等工程，适用于地基处理和基坑支护工程。本节主要介绍地基处理及边坡支护工程中清单和定额工程量规则的区别，地基处理及边坡支护工程计价要点等内容。

2. 地基处理及边坡支护工程中清单和定额工程量规则的区别

（1）强夯法加固地基

定额工程量与清单工程量计算规则相同，按设计图示处理范围以面积计算。

（2）打拔钢板桩

定额工程量计算规则：按钢板桩重量以吨计算。

清单工程量计算规则：当清单单位为吨时，计算规则同定额；当清单单位为 m^2 时，按设计图示墙中心线长乘以桩长以面积计算。

（3）砂石灌注桩

定额工程量计算规则：

①打孔灌注桩：

a. 混凝土桩、砂桩、碎石桩的体积，按设计规定的桩长（包括桩尖，不扣除桩尖虚体积）乘以钢管管箍外径截面面积计算。

b. 扩大桩的体积按单桩体积乘以次数计算。

c. 打孔后先埋入预制混凝土桩尖，再灌注混凝土者，桩尖按定额钢筋混凝土章节规定计算体积，灌注桩按设计长度（自桩尖顶面至桩顶面高度）乘以钢管管箍外径截面面积计算。

②钻孔灌注桩按设计桩长（包括桩尖，不扣除桩尖虚体积）增加0.25m乘以设计断面面积计算。

清单工程量计算规则以不同计算方式区分为两种：

①按设计图示尺寸以桩长（包括桩尖）计算。

②按设计桩截面乘以桩长以体积计算。

（4）灰土挤密桩

定额工程量计算规则：按设计图示尺寸以体积计算。

清单工程量计算规则：按设计图示尺寸以桩长（包括桩尖）计算。

注：《全国统一建筑工程基础定额GJD—101—95》中涉及地基处理及边坡支护工程类定额较少，定额与清单计算不同处按各地区定额计算规则为准。

3. 地基处理与边坡支护工程计价要点及注意事项

（1）涉及地层情况的项目特征，应根据岩土工程勘察报告按单位工程各地层所占比例（包括范围值）进行描述。对无法准确描述的地层情况，可注明由投标人根据岩土工程勘察报告自行决定报价。

（2）地下连续墙和喷射混凝土的钢筋网、咬合灌注桩的钢筋笼及钢筋混凝土支撑的钢筋制作、安装，按附录E混凝土及钢筋混凝土相关项目列项。

（3）有未列出的基坑与边坡支护的排桩可按附录C桩基工程的相关项目列项。其他如各类挡土墙等也应按其他相关章节的项目进行列项。

（4）“砂石桩”的砂石级配、密实系数均应包括在综合单价内。

（5）“钢板桩”在特征描述中应明确是否拔出，如不拔出钢板桩有无油漆保护等。

（6）“灰土挤密桩”的灰土级配、密实系数均应包括在综合单价内。

（7）“地下连续墙”项目中的导槽、土方、废泥浆外运、泥浆池，由投标人考虑在地下连续墙综合单价内；

（8）“锚杆（锚索）”项目中的钻孔、布筋、锚杆安装、灌浆、张拉等搭设的施工平台搭、拆费用，应列入综合单价内。

（9）深基础的支护结构：如钢板桩、混凝土挡墙、水平钢筋混凝土支撑、锚杆拉固、基坑外拉锚、排桩的圈梁、型钢桩之间的木挡板及施工降水等，应列入工程量清单措施项目费内。

4. 例题

【例1】某工程处地下水位以上的湿陷性黄土地基，采用灰土挤密桩法进行地基处理，共235根桩，计算其工程量并输入至造价软件中，如图3.2.2.2-1所示。

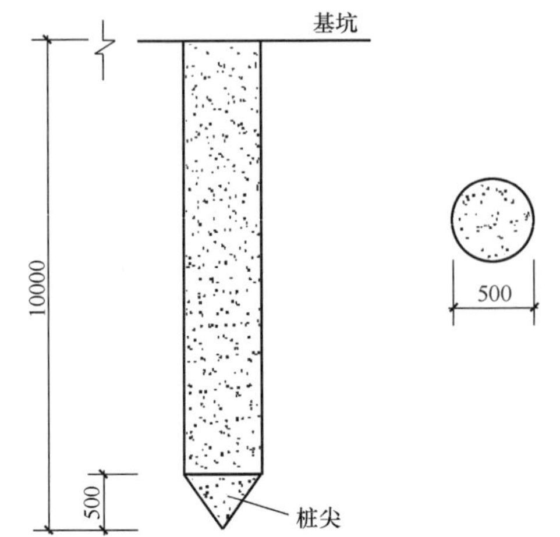

图3.2.2.2-1　灰土挤密桩断面图

【解】（1）定额工程量

按设计尺寸以体积计算：$\pi \times 0.25 \times 0.25 \times (10-0.5) \times 235 = 438.13m^3$

（2）清单工程量

按设计尺寸以桩长（包括桩尖）按长度计算：$10 \times 235 = 2350m$

套用基础定额 2-122，计价软件操作如图 3.2.2.2-2 所示。

	标准件	序号	类别	项目编号	换	清单名称	清单特征	单位	计算式	工程量	综合单价	综合合价
2	□	1	清	◢ 010201014001		灰土（土）挤密桩	1. 地层情况：二类土 2. 空桩长度、桩长：10m 3. 桩径：500mm	m	2350	2350	43.21	101543.50
3	□		单	2-122		灰土挤密桩 桩长在12m以内 二级土		$10m^3$	43.813	43.813	2317.45	101534.44

图 3.2.2.2-2 灰土挤密桩计价软件操作

3.2.2.3 桩基工程

1. 概述

本分部主要包括打预制桩、灌注桩和泥浆外运等工程。本节主要介绍桩基工程中清单和定额工程量规则的区别，桩基工程计价要点等内容。

2. 桩基工程中清单和定额工程量规则的区别

（1）预制钢筋混凝土桩：

定额工程量计算规则：按设计桩长（包括桩尖，不扣除桩尖虚体积）乘以桩截面面积计算，管桩的空心体积应扣除；如管桩的空心部分按设计要求灌注混凝土或其他填充材料时，应另行计算。

清单工程量计算规则：按设计图示尺寸以桩长（包括桩尖）或根数计算。

（2）预制钢筋混凝土方桩、接桩：

定额工程量计算规则：电焊接桩按设计接头以个计算；硫黄胶泥接桩按桩断面以 m^2 计算。

清单工程量计算规则以不同计算方式区分为三种：

①以 m 计量，按设计图示尺寸以桩长（包括桩尖）计算。

②以 m^3 计量，按设计图示截面积乘以桩长（包括桩尖）以实体积计算。

③以根计量，按设计图示以数量计算。

（3）混凝土灌注桩

定额工程量计算规则：

①打孔灌注桩：

a. 混凝土桩、砂桩、碎石桩的体积，按设计规定的桩长（包括桩尖，不扣除桩尖虚体积）乘以钢管管箍外径截面面积计算。

b. 扩大桩的体积按单桩体积乘以次数计算。

c. 打孔后先埋入预制混凝土桩尖，再灌注混凝土者，桩尖按定额钢筋混凝土章节规定计算体积，灌注桩按设计长度（自桩尖顶面至桩顶面高度）乘以钢管管箍外径截面面积计算。

②钻孔灌注桩，按设计桩长（包括桩尖，不扣除桩尖虚体积）增加 0.25m 乘以设计断面面积计算。

清单工程量计算规则：按设计图示尺寸以桩长（包括桩尖）或根数计算。

（4）砂石灌注桩

定额工程量计算规则：

①打孔灌注桩

a. 混凝土桩、砂桩、碎石桩的体积，按设计规定的桩长（包括桩尖，不扣除桩尖虚体积）乘以钢管管箍外径截面面积计算。

b. 扩大桩的体积按单桩体积乘以次数计算。

c. 打孔后先埋入预制混凝土桩尖，再灌注混凝土者，桩尖按定额钢筋混凝土章节规定计算体积，灌注桩按设计长度（自桩尖顶面至桩顶面高度）乘以钢管管箍外径截面面积计算。

②钻孔灌注桩按设计桩长（包括桩尖，不扣除桩尖虚体积）增加 0.25m 乘以设计断面面积计算。

清单工程量计算规则：按设计图示尺寸以桩长（包括桩尖）计算。

3. 桩基工程计价要点及注意事项

（1）涉及地层情况的项目特征，应根据岩土工程勘察报告，按单位工程各地层所占比例（包括范围值）进行描述。对无法准确描述的地层情况，可注明由投标人根据岩土工程勘察报告自行决定报价。

（2）预制桩项目是桩制作为购置成品桩，如果采用现场预制，应包括现场预制桩的所有费用。

（3）打试桩和打斜桩应按相应项目单独列项，并在项目特征中注明试桩和斜桩（斜率）。试桩与打桩之间的间歇时间以及机械在现场的停置都应包括在打试桩综合单价内。

（4）预制管桩桩顶与承台连接构造和灌注桩钢筋笼制作安装，按附录E混凝土与钢筋混凝土中相关项目编码列项。

（5）预制钢筋混凝土方桩、预制钢筋混凝土管桩项目以成品桩编制，应包括成品桩购置费，如果采用现场预制，应包括现场预制桩的所有费用。另外，接桩已列入预制桩项目的工作内容，编制清单时，应在项目特征中明确接桩方式。

（6）“预制钢筋混凝土管桩”、“钢管桩”项目中预制桩刷防护材料应包括在综合单价内。

（7）“灌注桩”项目中人工挖孔灌注桩采用的护壁（如：砖砌护壁、预制钢筋混凝土护壁、现浇钢筋混凝土护壁、钢模周转护壁、钢护桶护壁等）应包括在综合单价内。

（8）桩的工程量计算规则中，桩长不包含超灌部分长度，超灌应在清单综合单价中考虑。

（9）护壁泥浆的搅拌运输，泥浆池、泥浆沟槽的砌筑、拆除，应包括在综合单价内。

（10）各种桩（除预制钢筋混凝土桩）的充盈量，应包括在综合单价内。

4. 例题

【例1】某工程所处土壤类别为二类土，采用套管灌注桩，桩长11m，共计100根桩，计算其工程量并输入至造价软件中，如图3.2.2.3-1所示。

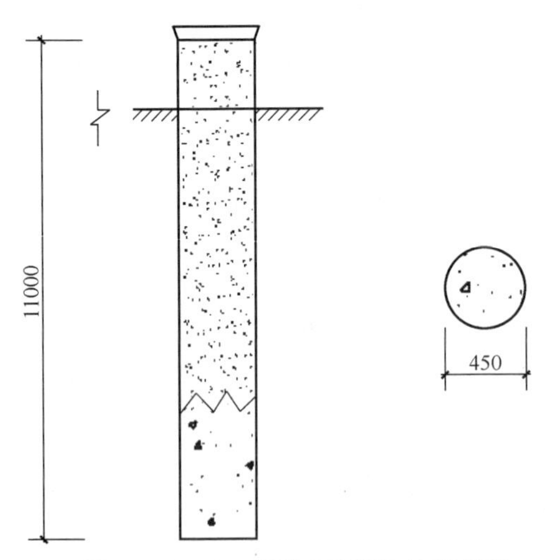

图3.2.2.3-1 套管成孔灌注桩断面图

【解】(1) 定额工程量

套管灌注桩体积：π×(0.45/2)2×11×100 = 174.86m³

(2) 清单工程量

套管灌注桩工程量按根计算共100根。

套用基础定额2-64，计价软件操作如图3.2.2.3-2所示。

	标准件	序号	类别	项目编号	换	清单名称	清单特征	单位	计算式	工程量	综合单价	综合合价
2	☐	1	清	◢ 010302002001		沉管灌注桩	1.地层情况：二类土 2.空桩长度、桩长：11m 3.桩径：450mm 4.沉管方法：套管成孔灌注桩	根	100	100	964.83	96483.00
3	☐		单	2-64		C25走管式柴油打桩机打桩 桩长在15m以内 二级土		10m³	17.486	17.486	5517.80	96484.25

图3.2.2.3-2　套管灌注桩计价软件操作

注：根据基础定额第二章中说明四“单位工程打（灌）桩工程量在下表规定数量以内时，其人工、机械量按相应定额项目乘以系数1.25计算”。由于打孔灌注混凝土桩工程量大于60m³，故人工和机械无需调整。

3.2.2.4 砌筑工程

1. 概述

本分部主要包括砖砌体、砌体砌块、石砌体等工程。本节主要介绍砌筑工程中清单和定额工程量规则的区别，砌筑工程计价要点等内容。

2. 砌筑工程清单工程量和定额工程量计算规则的区别

(1) 实心砖墙

定额工程量计算规则：按设计图示尺寸以体积（m³）计算，计算墙体时，应扣除门窗洞口、过人洞、空圈、嵌入墙身的钢筋混凝土柱、梁（包括过梁、圈梁、挑梁）、砖平石旋，平砌砖过梁和暖气包壁龛及内墙板头的体积，不扣除梁头、外墙板头、檩头、垫木、木楞头、沿椽木、木砖、门窗走头、砖墙内的加固钢筋、木筋、铁件、钢管及每个面积在0.3m² 以下的孔洞等所占的体积，突出墙面的窗台虎头砖、压顶线、山墙泛水、烟囱根、门窗套及三皮砖以内的腰线和挑檐等体积亦不增加。

外墙长度按外墙中心线长度计算，内墙长度按内墙净长线计算。

墙身高度：

①外墙墙身高度：斜（坡）屋面无檐口天棚者算至屋面板底；有屋架且内外均有天棚者，算至屋架下弦底面另加200mm；无天棚者算至屋架下弦底加300mm，出檐宽度超过600mm时，应按实砌高度计算；平屋面算至钢筋混凝土板底。

②内墙墙身高度：位于屋架下弦者，其高度算至屋架底；无屋架者算至天棚底另加100mm；有钢筋混凝土楼板隔层者算至板底；有框架梁时算至梁底面。

③内、外山墙墙身高度：按其平均高度计算。

④女儿墙高度：自外墙顶面至图示女儿墙顶面高度，分别不同墙厚并入外墙计算。

清单工程量计算规则：

①内墙高度：位于屋架下弦者，算至屋架下弦底；无屋架者算至天棚底另加100mm；有钢筋混凝土楼板隔层者算至楼板顶；有框架梁时算至梁底。

②女儿墙高度：从屋面板上表面算至女儿墙顶面（如有混凝土压顶时算至压顶下表面）。

③其他清单工程量计算规则同定额工程量计算规则。

（2）砖砌围墙

定额工程量计算规则：应分不同墙厚以体积（m^3）计算，砖垛和压顶等工程量并入墙身内计算。

清单工程量计算规则：高度算至压顶上表面（如有混凝土压顶时算至压顶下表面），围墙柱并入围墙体积内。

3. 砌筑工程计价要点及注意事项

（1）清单项目特征对标准砖、标准砖墙体尺寸和厚度做了明确要求。

（2）砌体内加强筋的制作、安装按附录E混凝土及钢筋混凝土工程相关项目编码列项。

（3）砖基础项目中应对基础类型在工程量清单中进行描述。

（4）实心砖墙项目中墙内砖平璇、砖拱璇、砖过梁的体积不扣除，应包括在综合单价内，应注意：

①砌块排列应上下错缝搭砌，如因搭错缝长度满足不了规定的压搭要求而设计了压砌钢筋网片措施，钢筋网片按附录F金属结构工程的相关项目编码列项。如设计无规定，在编制清单时，应注明由投标人根据工程实际情况自行考虑；

②砌体垂直灰缝大于30mm而采用细石混凝土灌实时，灌注的混凝土应按附录E混凝土及钢筋混凝土工程相关项目编码列项。

（5）砖检查井项目适用于各类砖砌窨井、检查井等。井内的爬梯和混凝土构件按附录E混凝土及钢筋混凝土工程相关项目编码列项。

（6）砖散水、地坪、砖地沟、明沟项目中包括挖土方挖、运、填的工作内容，费用应计入综合单价内。

（7）石基础项目包括剔打石料天、地座荒包等全部工序及搭拆简易起重架等，应全部计入综合单价内。

（8）石勒脚、石墙项目中石料天、地座打平、拼缝打平、打扁口等工序包括在综合单价内。

4. 例题

【例1】根据第二章2.2.1.4中例题进行清单下定额套价，输入计价软件中。

【解】定额工程量计算方法与清单工程量计算方法相同，根据图3.2.2.4-1，套用基础定额B4-7，输入计价软件操作，需要对定额默认的“水泥砂浆M5.0”和“蒸压灰砂砖”进行换算（材料价格此题不考虑调整），详见图3.2.2.4-2～图3.2.2.4-4所示。

完成计价软件中对清单进行定额套价，见图3.2.2.4-5所示。

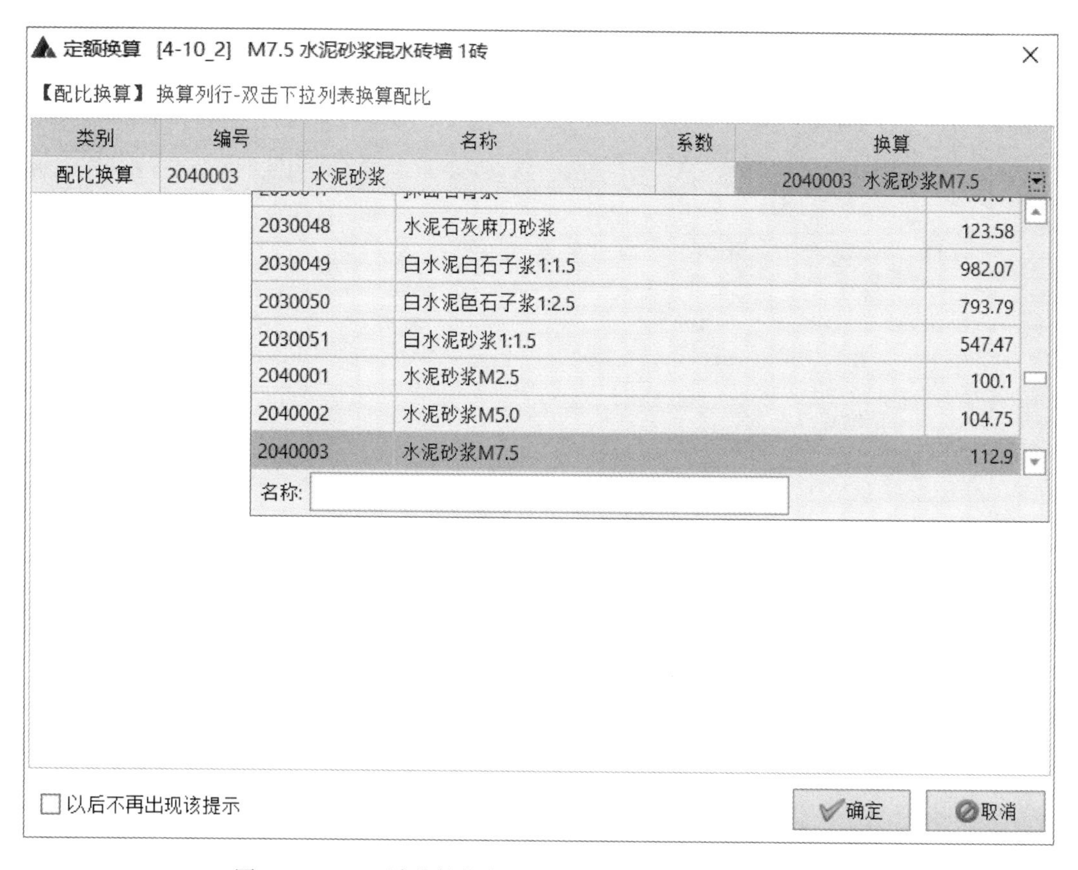

图 3.2.2.4-1 计价软件中对 B4-7 定额进行砂浆配合比换算

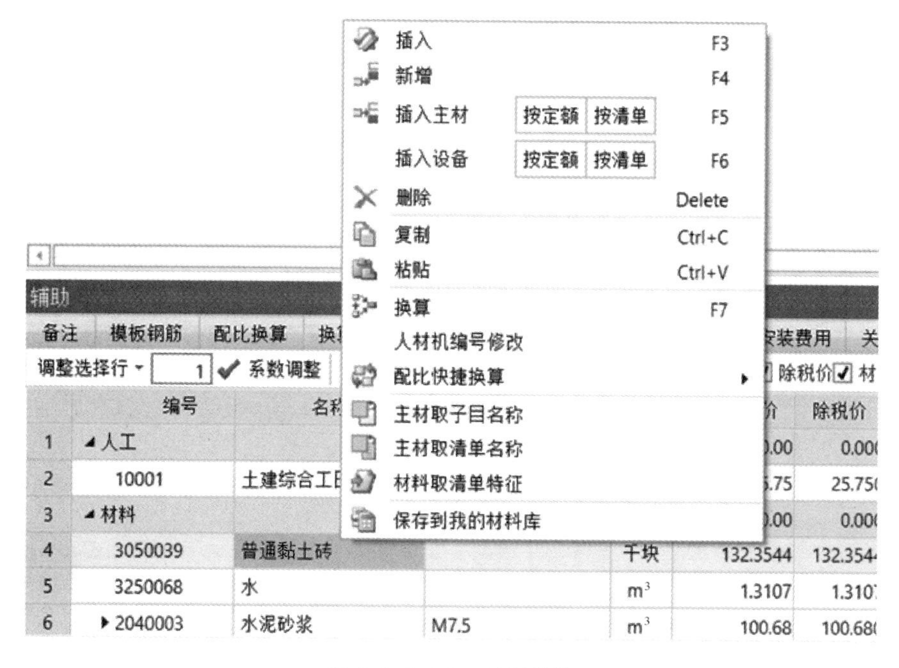

图 3.2.2.4-2 材料换算

辅助

备注 模板钢筋 配比换算 换算信息 人材机含量 计价程序 标准换算 安装费用 关联砂浆 工程量计算式 清单特征

调整选择行 1 系数调整 名称修改 全 人 材 机 同步修改 除税价 材料类别 主材定额名称 暂估名称

	编号	名称	规格	单位	除税定额价	除税价	含税价	数量	定额合价
2	10001	土建综合工日		工日	25.75	25.750	25.750	16.08	414.06
3	◢材料				0.00	0.000	0.000	0	857.11
4	3050003	标准砖	240×115×53	千块	116.5171	116.5171	136.330	5.4	629.19
5	3250068	水		m^3	1.3107	1.3107	1.350	1.06	1.39
6	▸2040003	水泥砂浆	M7.5	m^3	100.68	100.680	112.630	2.25	226.53
10	◢机械				0.00	0.000	0.000	0	18.27
11	▸4060008	灰浆搅拌机		台班	48.09	48.090	49.750	0.38	18.27
18		管理费			0.00	0.000	0.000	26	112.41
19		利润			0.00	0.000	0.000	12	51.88
20		综合单价			0.00	0.000	0.000	0	0.00

图 3.2.2.4-3 材料库中无蒸压灰砂砖先换算至类似材料标准砖

辅助

备注 模板钢筋 配比换算 换算信息 人材机含量 计价程序 标准换算 安装费用 关联砂浆 工程量计算式 清单特征

调整选择行 1 系数调整 名称修改 全 人 材 机 同步修改 除税价 材料类别 主材定额名称 暂估名称

	编号	名称	规格	单位	除税定额价	除税价	含税价	数量	定额合价
1	◢人工				0.00	0.000	0.000	0	414.06
2	10001	土建综合工日		工日	25.75	25.750	25.750	16.08	414.06
3	◢材料				0.00	0.000	0.000	0	857.11
4	3050003~1	蒸压灰砂砖	240×115×53	千块	116.5171	116.5171	136.330	5.4	629.19
5	3250068	水		m^3	1.3107	1.3107	1.350	1.06	1.39
6	▸2040003	水泥砂浆	M7.5	m^3	100.68	100.680	112.630	2.25	226.53
10	◢机械				0.00	0.000	0.000	0	18.27
11	▸4060008	灰浆搅拌机		台班	48.09	48.090	49.750	0.38	18.27
18		管理费			0.00	0.000	0.000	26	112.41
19		利润			0.00	0.000	0.000	12	51.88

图 3.2.2.4-4 将标准砖名称改成蒸压灰砂砖，便于后期材料价格调整区分

	标准件	序号	类别	项目编号	换	清单名称	清单特征	单位	计算式	工程量	综合单价	综合合价
2	☐	1	清	◢ 010401003001		实心砖墙	1. 砖品种、规格、强度等级：蒸压灰砂砖 240×115×53 2. 墙体类型：外墙 3. 砂浆强度等级、配合比：混合M7.5	m^3	43.74	43.74	145.38	6358.92
3	☐		单	4-10_2	换	M7.5 水泥砂浆混水砖墙 1砖		$10m^3$	Q/10	4.374	1453.73	6358.62
4	☐	2	清	◢ 010401003002		实心砖墙	1. 砖品种、规格、强度等级：蒸压灰砂砖 240×115×53 2. 墙体类型：内墙 3. 砂浆强度等级、配合比：混合M7.5	m^3	13.79	13.79	145.38	2004.79
5	☐		单	4-10_2	换	M7.5 水泥砂浆混水砖墙 1砖		$10m^3$	Q/10	1.379	1453.73	2004.69

图 3.2.2.4-5 蒸压灰砂砖软件操作

3.2.2.5 混凝土及钢筋混凝土工程

1. 概述

本分部主要包括现浇混凝土基础、柱、梁、墙、板、楼梯及其他构件；预制混凝土柱、梁、屋架、板、楼梯及其他构件；钢筋工程等。本节主要介绍混凝土及钢筋混凝土工程中清单和定额工程量规则的区别，混凝土及钢筋混凝土工程计价要点等内容。其中混凝土及钢筋混凝土模板工程在措施项目中做详细说明。

2. 混凝土及钢筋混凝土工程量计算规则的区别

（1）现浇混凝土阳台、雨篷（悬挑板）清单按体积计算，定额按水平投影面积计算。

（2）预制混凝土柱、预制混凝土梁清单工程量计算规则以体积（m^3）或数量（根）有两种方式，而定额只有以体积（m^3）计算。

（3）钢筋的计算规则不同，清单按设计图示钢筋（网）长度（面积）乘以单位理论质量以吨计算，而定额在搭接时还要计入搭接长度。

3. 混凝土及钢筋混凝土工程计价要点及注意事项

（1）使用预拌混凝土或现场搅拌混凝土时在项目特征描述时应注明。

（2）招标人在编制钢筋清单项目时，根据工程的具体情况，可按照计价定额的项目划分将不同种类、规格的钢筋分别编码列项。

（3）支撑钢筋（铁马）、螺栓、预埋铁件、机械连接项目中，在编制工程量清单时，若设计未明确，其工程数量可按暂估量计入，结算时按现场签证数量计算。

（4）预制构件项目特征内的安装高度，不需要在每个构件上都注明标高和高度，而是选择关键部件注明，以便投标人选择吊装机械和垂直运输机械。

（5）框架式基础中的柱、梁、墙、板应分别按附录E混凝土及钢筋混凝土工程相关项目编码列项。

（6）对于柱类清单，应注意：

①单独的薄壁柱根据其截面形状确定，以异形柱或矩形柱编码列项。

②柱帽的工程量计算在无梁板体积内。

③混凝土柱上的钢牛腿按规范附录F金属结构工程中F.6零星钢构件编码列项。

（7）混凝土板采用浇筑复合高强薄型空心管时，其工程量应扣除空心管所占体积，复合高强薄型空心管应包括在综合单价内。采用轻质材料浇筑在有梁板内，轻质材料应包括在综合单价内。

（8）散水、坡道项目需抹灰时，应包括在综合单价内。

（9）购入的商品构配件以商品价计入综合单价内。

（10）钢筋的制作、安装、运输损耗由投标人考虑在综合单价内。

（11）各类预制混凝土构件的工程量除了按体积计算外，还可以按构件数量计算，但在项目特征中必须描述单件体积。

（12）预制构件的吊装机械（除塔式起重机）包括在项目内，塔式起重机应列入措施项目费内。

（13）滑模的提升设备（如：千斤顶、液压操作台等）应列在模板及支撑费内。

4. 例题

【例1】 根据第二章2.2.1.5中例题进行清单下定额套价，输入计价软件中。

【解】定额工程量计算方法与清单工程量计算方法相同，根据表 2.2.1.5-2，分别套用基础定额 5-401 和 5-417，输入计价软件操作，需在计价软件中将定额中“C15”换成“C30”（材料价格此题不考虑调整），完成计价软件中对清单进行定额套价，如图 3.2.2.5-1 所示。

	标准件	序号	类别	项目编号	换	清单名称	清单特征	单位	计算式	工程量	综合单价	综合合价
2	☐	1	清	◢ 010502001001		矩形柱	1. 混凝土种类：现浇砼 2. 混凝土强度等级：C30	m^3	15.35	15.35	230.44	3537.25
3	☐		单	5-401	换	C30现浇混凝土 柱 矩形		$10m^3$	Q/10	1.535	2304.39	3537.24
4	☐	2	清	◢ 010505001001		有梁板	1. 混凝土种类：现浇砼 2. 混凝土强度等级：C30	m^3	79.06	79.06	200.14	15823.07
5	☐		单	5-417	换	C15现浇混凝土有梁板		$10m^3$	Q/10	7.906	2001.28	15822.12

图 3.2.2.5-1 柱及有梁板计价软件操作

【例 2】根据表 3.2.2.5-1，进行计价软件内清单计价操作。

某工程钢筋清单工程量计价 表 3.2.2.5-1

序号	项目编码	项目名称	项目特征	计量单位	工程量
1	010515001001	现浇钢筋构件	Φ14	t	5.6
2	010515001002	现浇钢筋构件	Φ22	t	10.5
3	010515001003	现浇钢筋构件	Φ10	t	3.4

【解】输入计价软件，如图 3.2.2.5-2 所示。

	标准件	序号	类别	项目编号	换	清单名称	清单特征	单位	计算式	工程量	综合单价	综合合价
6	☐	3	清	◢ 010515001001		现浇构件钢筋	钢筋种类、规格：Φ14	t	5.6	5.6	3097.40	17345.44
7	☐		单	5-309		现浇构件 螺纹钢筋 Φ14		t	Q	5.6	3097.40	17345.44
8	☐	4	清	◢ 010515001002		现浇构件钢筋	钢筋种类、规格：Φ22	t	10.5	10.5	2887.09	30314.45
9	☐		单	5-313		现浇构件 螺纹钢筋 Φ22		t	Q	10.5	2887.09	30314.45
10	☐	5	清	◢ 010515001003		现浇构件钢筋	钢筋种类、规格：Φ10	t	3.4	3.4	3116.46	10595.96
11	☐		单	5-307		现浇构件 螺纹钢筋 Φ10		t	Q	3.4	3116.46	10595.96

图 3.2.2.5-2 钢筋工程计价软件操作

注：注意钢筋规格、种类区分，进行相应定额套取。

3.2.2.6 金属构件工程

1. 概述

本分部主要包括钢柱、钢梁、钢屋架、钢平台等金属构件工程。本节主要介绍金属构件工程中清单和定额工程量规则的区别，金属构件工程计价要点等内容。

2. 金属构件工程量计算规则的区别

定额工程量与清单工程量计算规则相同，均按设计图示尺寸以质量（t）计算。当钢屋架清单单位为榀时，清单计算规格按设计图示以数量计算，定额按设计图示尺寸以吨计算。

3. 金属构件工程计价要点及注意事项

（1）金属构件的切边，不规则及多边形钢板发生的损耗在综合单价中考虑。

（2）项目特征中防火要求是指耐火极限。

（3）混凝土包裹型钢组成的柱、梁，以及将混凝土填入薄壁圆形钢管内形成组合结构的钢管混凝土柱，其混凝土和钢筋混凝土应按附录E混凝土及钢筋混凝土工程中相关项目编码列项。

（4）钢网架在地面组装后的整体提升、倒锥壳水箱在地面就位预制后的提升设备（如：液压千斤顶及操作台等）应列在措施项目（垂直运输费）内。

（5）钢管柱项目中钢管混凝土柱的盖板、底板、穿心板、横隔板、加强环、明牛腿、暗牛腿应包括在综合单价内。

（6）钢构件刷油漆包括在综合单价内。

（7）钢构件拼装台的搭拆和材料摊销应列入措施项目费。

4. 例题

【例1】某单层工业厂房屋面钢屋架12榀（使用钢材为L50×50×4），现场制作，该屋架每榀2.87t，刷红丹防锈漆一遍，构件安装，场内运输650m，轮胎式起重机安装高度6m，跨外安装，请用计价软件编制分部分项工程量清单，并进行定额套价。

【解】（1）定额工程量计算

根据题意可以得出，单榀钢屋架工程量为2.87t。

分析条件，需套用钢屋架制作、安装定额，构件运输定额，刷防锈漆、调和漆定额。分别套用基础定额12-8、6-416、6-73、11-595、11-575。

（2）清单工程量计算

清单工程量按榀计算共计12榀。

在计价软件中对清单进行定额套价，如图3.2.2.6-1所示。

	标准件	序号	类别	项目编号	换	清单名称	清单特征	单位	计算式	工程量	综合单价	综合合价
2	☐	1	清	◢ 010602001001		钢屋架	1. 钢材品种、规格：L50×50×4 2. 单榀质量：2.87 3. 屋架跨度、安装高度：屋架跨度10m，安装高度5.4m 4. 探伤要求：无探伤要求 5. 防火要求：防火漆两遍，调和漆两遍	榀	12	12	1252.57	15030.84
3	☐		单	12-8		钢屋架 3t以内		t	2.87	2.87	4586.62	13163.60
4	☐		单	6-416		钢屋架安装 每榀构件重量3t以内 轮胎式起重机		t	2.87	2.87	393.57	1129.55
5	☐		单	6-73		1类 金属结构构件运输 运距1km以内		10t	0.287	0.287	624.22	179.15
6	☐		单	11-595		红丹防锈漆一遍 其他金属面		t	2.87	2.87	82.75	237.49
7	☐		单	11-575		调和漆 二遍 其他金属面		t	2.87	2.87	111.84	320.98

图3.2.2.6-1 钢屋架计价软件操作

3.2.2.7 门窗工程

1. 概述

本分部主要包括木门、金属门、金属卷帘门、特种门、木窗、金属窗、百叶窗等，适用于门窗工程。本节主要介绍门窗工程中清单和定额工程量规则的区别，门窗工程计价要点等内容。

2. 门窗工程量计算规则的区别

（1）金属卷帘门

定额工程量计算规则：按洞口高度增加 600mm 乘以门实际宽度以面积（m^2）计算。

清单工程量计算规则：按设计图示数量或设计图示洞口尺寸以面积（m^2）计算。

（2）木组合窗

定额工程量计算规则：按普通窗上部带有半圆窗的工程量应分别按半圆窗和普通窗以面积（m^2）计算。

清单工程量计算规则：按设计图示数量或设计图示洞口尺寸以面积（m^2）计算。

（3）木窗帘盒

定额工程量计算规则：按设计图示尺寸以延长米，两端共加 300mm 计算。

清单工程量计算规则：按设计图示尺寸以长度计算。

（4）木窗台板

定额工程量计算规则：按设计图示尺寸以延长米，两端共加 100mm 乘以宽度以面积（m^2）计算。

清单工程量计算规则：按设计图示尺寸以展开面积计算。

3. 门窗工程计价要点

（1）以樘计量时，项目特征必须描述洞口尺寸；以 m^2 计量时，项目特征可不描述洞口尺寸。

（2）门窗工程项目特征根据施工图“门窗表”表现形式和内容，均增补门代号及洞口尺寸，同时取消与此重复的内容，例如：类型、品种、规格等。

（3）木门窗、金属门窗取消油漆品种、刷漆遍数，单独执行油漆章节。门窗（除个别门窗外）工程均按成品编制项目，若成品中已包含油漆，不再单独计算油漆。

（4）钢木大门项目中的钢骨架制作安装包括在报价内。

（5）防护材料分防火、防腐、防虫、防潮、耐磨、耐老化等材料，应根据清单项目要求计价。

4. 例题

【例 1】 如图 3.2.2.7-1 所示，为铝合金固定窗尺寸图，共计 12 樘，试计算在清单下定额套价，输入计价软件中。

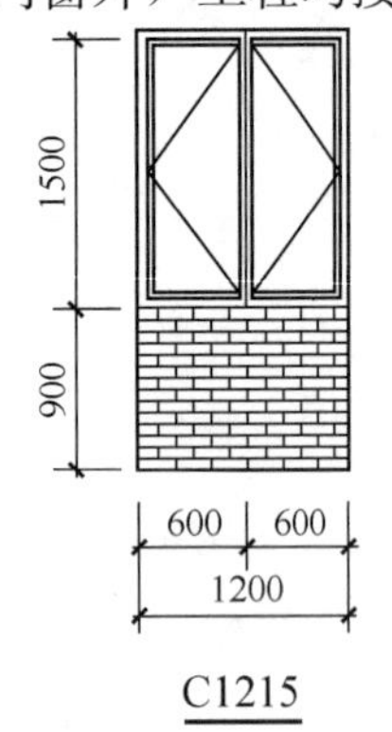

图 3.2.2.7-1 铝合金固定窗尺寸图

【解】（1）定额工程量

铝合金固定窗工程量：1.5×1.2×12＝21.6m^2

应套用基础定额 7-282。

（2）当清单单位为“樘”时，清单工程量共计 12 樘，在计价软件中对清单进行定额套价如下图 3.2.2.7-2 所示。

	标准件	序号	类别	项目编号	换	清单名称	清单特征	单位	计算式	工程量	综合单价	综合合价
2	□	1	清	◢ 010807001001		金属（塑钢、断桥）窗	1．窗代号及洞口尺寸：1200×1500 2．框、扇材质：铝合金固定窗	樘	12	12	265.83	3189.96
3	□		单	7-282		铝合金固定窗制作安装38系列		100m²	0.216	0.216	14768.75	3190.05

图 3.2.2.7-2 清单单位为“樘”时

（3）当清单单位为“m²”时，清单工程量计算方法同定额工程量为 21.6m²，在计价软件中对清单进行定额套价如下图 3.2.2.7-3 所示。

	标准件	序号	类别	项目编号	换	清单名称	清单特征	单位	计算式	工程量	综合单价	综合合价
4	□	2	清	◢ 010807001002		金属（塑钢、断桥）窗	1．窗代号及洞口尺寸：1200×1500 2．框、扇材质：铝合金固定窗	m²	21.6	21.6	147.69	3190.10
5	□		单	7-282		铝合金固定窗制作安装38系列		100m²	Q/100	0.216	14768.75	3190.05

图 3.2.2.7-3 清单单位为“m²”时

【例 2】根据表 3.2.2.7-1 和图 3.2.2.7-4，计算门类工程量，试计算在清单下定额套价，输入计价软件中。（清单单位按“m²”）

门 窗 表 表 3.2.2.7-1

类别	门窗名称	洞口尺寸（mm）	1F	2F	3F	小计	材质
门	M1024	1000×2400		10	8	18	钢制防盗门
	M1624	1600×2400	2			2	铝合金地弹簧门

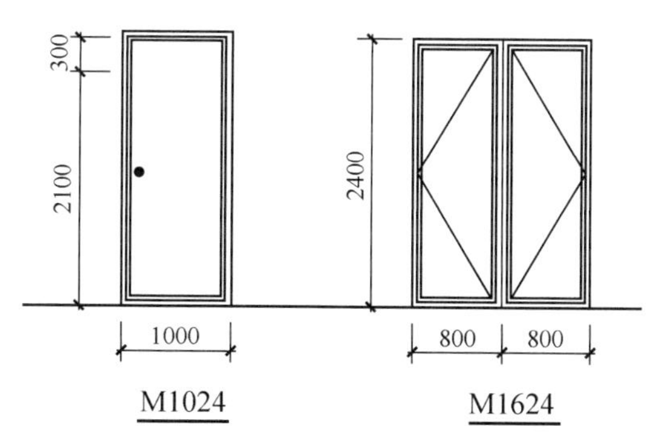

图 3.2.2.7-4 门窗详图

【解】定额工程量

M1024 工程量 1×2.4×18＝43.2m²

M1624 工程量 1.6×2.4×2＝7.68m²

分别套用基础定额 7-312、7-261，在计价软件中对清单进行定额套价如图 3.2.2.7-5 所示。

	标准件	序号	类别	项目编号	换	清单名称	清单特征	单位	计算式	工程量	综合单价	综合合价
6	☐	3	清	◢ 010802004001		防盗门	1. 门代号及洞口尺寸：M1024 2. 门框或扇外围尺寸：钢制防盗门	m^2	43.2	43.2	332.03	14343.70
7	☐		单	7-312		安装钢防盗门		$100m^2$	Q/100	0.432	33202.51	14343.48
8	☐	4	清	◢ 010802001001		金属（塑钢）门	1. 门代号及洞口尺寸：M1624 2. 门框或扇外围尺寸：铝合金地弹簧门	m^2	7.68	7.68	225.16	1729.23
9	☐		单	7-261		铝合金双扇地弹门制作安装 无上亮 无侧亮		$100m^2$	Q/100	0.0768	22515.64	1729.20

图 3.2.2.7-5 门类计价软件操作图

3.2.2.8 屋面及防水工程

1. 概述

本分部主要包括瓦屋面、型材屋面、屋面楼面防水、墙面防水、屋面排水等工程。本节主要介绍屋面及防水中清单和定额工程量规则的区别，屋面及防水计价要点等内容。

2. 屋面及防水工程量计算规则的区别及注意事项

（1）瓦屋面

①清单里诸如铺防水层安顺水条和挂瓦条，刷防护材料等工作内容已包括在瓦屋面的工程量内，无须另外单独列项计算。

②屋面坡度系数需根据具体的坡度，查屋面坡度系数表得到相应的数值。

（2）屋面的女儿墙、伸缩缝和天窗

定额计算规则里提到，屋面的女儿墙、伸缩缝和天窗等处的弯起部分，按图示尺寸并入屋面工程量内。如图纸无规定时，伸缩缝、女儿墙的弯起部分可按 250mm 计算，天窗弯起部分按 500mm 计算。清单计算规则里无明确说明，可根据实际情况合理取定。

（3）屋面小气窗

不论是瓦屋面、金属压型板，还是卷材屋面，均不扣除房上烟囱、风帽底座、风道、屋面小气窗和斜沟所占面积，屋面小气窗的出檐部分亦不增加。

（4）屋面排水天沟

定额工程量和清单工程量计算规则相同：按图示尺寸以面积（m^2）计算。应注意，铁皮和卷材天沟按展开面积计算。

（5）屋面排水管

①屋面排水管的清单工程量计算规则：按设计图示尺寸以长度计算。如设计未标注尺寸，以檐口至设计室外散水上表面垂直距离计算。

②屋面排水管的定额工程量计算规则：按图示尺寸以展开面积计算。如图纸没有说明尺寸，按《全国统一建筑工程预算工程量计算规则》里表 3.9.4 折算，咬口和搭接等已计入定额项目中，不另计算。

③清单里雨水斗、雨水箅子安装，排水管及配件安装、固定，已包括在屋面排水管的工程量中，无须另外单独列项计算。

（6）防水工程

①建筑物地面防水、防潮层，按主墙间净空面积计算，扣除凸出地面的构筑物、设备

基础等所占的面积，不扣除柱、垛、间壁墙、烟囱及 0.3m^2 以内孔洞所占面积，与防水墙面连接处高度在 500mm 以内者按展开面积计算，并入平面工程内；超过 500mm 时，按立面防水层计算。

②构筑物及建筑物地下室防水层，按实铺面积计算，但不扣除 0.3m^2 以内的孔洞面积。平面与立面交接处的防水层，其上卷高度超过 500mm 时，按立面防水层计算。

③防水卷材的附加层、接缝、收头、冷底子油等人工材料均已计入定额内，不另计算。

3. 屋面及防水工程计价要点及注意事项

（1）屋面混凝土垫层按附录 E.1 现浇混凝土基础相关项目列项；平面找平层按附录 L 楼地面装饰工程相关项目编码列项；立面砂浆找平层、墙面找平层按附录 M 的相关项目列项；保温找坡层按附录 K 保温隔热防腐工程相关项目编码列项。

（2）屋面、墙面的防水卷材搭接及附加层用量不另行计算，在综合单价中考虑。

（3）瓦屋面项目中屋面基层包括檩条、椽子、木屋面板、顺水条、挂瓦条等，应全部计入综合单价中。

（4）卷材屋面项目中综合单价组价时应注意

①基层处理（基层清理修补、刷基层处理剂）等应包括在综合单价内。

②屋面防水搭接及附加层用量不另行计算，在综合单价中考虑。

③浅色、反射涂料保护层、绿豆砂保护层、细砂、云母及蛭石保护层应包括在综合单价内。

（5）涂膜屋面项目中综合单价组价时应注意

①基层处理（基层清理修补、刷基层处理剂等）应包括在综合单价内。

②增强材料应包括在综合单价内。

③搭接及附加层材料应包括在综合单价内。

④浅色、反射涂料保护层、绿豆砂保护层、细砂、云母及蛭石保护层应包括在综合单价内。

（6）屋面排水管项目中综合单价组价时应注意

①排水管、雨水口、箅子板、水斗等应包括在综合单价内。

②埋设管卡箍、裁管、接嵌缝应包括在综合单价内。

（7）屋面天沟、沿沟项目中综合单价组价时应注意

①天沟、沿沟固定卡件、支撑件应包括在综合单价内。

②天沟、沿沟的接缝、嵌缝材料应包括在综合单价内。

（8）“卷材防水，涂膜防水”项目综合单价组价时应注意

①刷基础处理剂、刷胶粘剂、胶粘防水卷材应包括在综合单价内。

②防水搭接及附加层用量不另行计算，在综合单价中考虑。

（9）变形缝项目中的止水带安装、盖板制作、安装应包括在综合单价内。

4. 例题

【例 1】如图 3.2.2.8-1 所示为某工程屋面平面图，屋面坡度为 3%，防水构造详见图 3.2.2.8-2，试计算在清单下定额套价，输入计价软件中。

【解】（1）防水层工程量定额与清单计算方法相同，为水平投影面积乘以坡屋面延迟

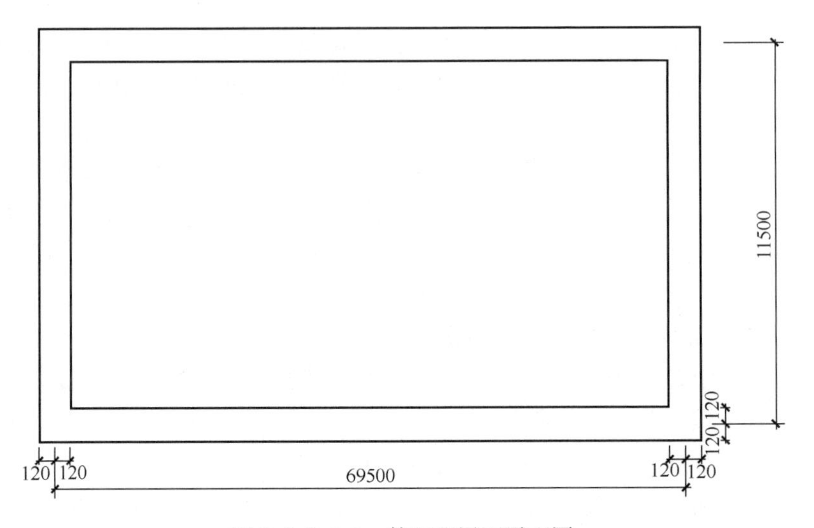

图 3.2.2.8-1　某工程屋面平面图

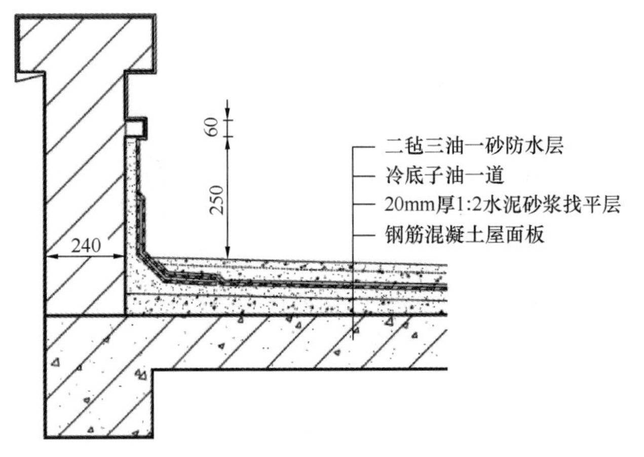

图 3.2.2.8-2　女儿墙防水构造节点图

系数加上女儿墙翻起高度部分面积之和。

防水层工程量：(69.5－0.24)×(11.5－0.24)×1.0308＋0.25×(69.5－0.24＋11.5－0.24)×2＝844.15m²

（2）水泥砂浆找平工程量定额与清单计算方法相同，为屋面净空面积。

水泥砂浆找平工程量：(69.5－0.24)×(11.5－0.24)×1.0308＝803.89m²

分别套用基础定额 9-15、8-18，在计价软件中对清单进行定额套价，如图 3.2.2.8-3 所示。

	标准件	序号	类别	项目编号	换	清单名称	清单特征	单位	计算式	工程量	综合单价	综合合价
2	☐	1	清	◢ 010902001001		屋面卷材防水	1. 卷材品种、规格、厚度：石油沥青玛蹄脂卷材 2. 防水层做法：冷底子油一道，二毡三油一砂防水层，坡度1：4	m²	844.15	844.15	25.97	21922.58
3	☐		单	9-15		石油沥青玛蹄脂卷材屋面 二毡三油一砂		100m²	Q/100	8.4415	2013.55	16997.38
4	☐		单	8-18		找平层 水泥砂浆 混凝土或硬基层上 20mm		100m²	8.0389	8.0389	612.73	4925.68

图 3.2.2.8-3　卷材防水计价软件操作

【例 2】某厂房屋面排水管工程量清单计算表如表 3.2.2.8-1 所示，请在计价软件中对清单进行定额套价。

工程量清单计算表　　　　表 3.2.2.8-1

序号	项目编码	项目名称	项目特征	计量单位	工程量
1	010902004001	屋面排水管	1. 玻璃钢排水管，管径 110mm； 2. 玻璃钢落水斗 12 个； 3. 密封胶连接。	m	216.6

【解】在计价软件中进行操作，如图 3.2.2.8-4 所示。

	标准件	序号	类别	项目编号	换	清单名称	清单特征	单位	计算式	工程量	综合单价	综合合价
5	☐	2	清	◢ 010902004001		屋面排水管	1. 排水管品种、规格：玻璃钢排水管，管径110mm 2. 雨水斗、山墙出水口品种、规格：玻璃钢落水斗12个 3. 接缝、嵌缝材料种类：密封胶连接	m	216.6	216.6	30.01	6500.17
6	☐		单	9-66		玻璃钢排水管 单屋面排水管系统 Φ110		10m	Q/10	21.66	298.82	6472.44
7	☐		单	9-70		玻璃钢排水部件 水斗(带罩)直径 Φ110		10个	0.12	0.12	239.55	28.75

图 3.2.2.8-4　屋面排水管工程计价软件操作

3.2.2.9　保温、隔热、防腐工程

1. 概述

本分部主要包括保温隔热、防腐面层等工程。适用于建筑的基础、楼地面、屋面、墙面部位。本节主要介绍保温、隔热、防腐工程中清单和定额工程量规则的区别，保温、隔热、防腐工程计价要点等内容。

2. 保温、隔热、防腐工程量计算规则的区别及注意事项

（1）屋面保温隔热

定额工程量计算规则：按保温隔热层的厚度乘以屋面面积以体积（m^3）计算。

清单工程量计算规则：按设计图示屋面面积（m^2）计算。

（2）天棚保温隔热

定额工程量计算规则：按天棚面面积乘以保温隔热层厚度以体积（m^3）计算，其中天棚面面积不扣除柱、垛所占面积。

清单工程量计算规则：按天棚面面积（m^2）计算，扣除面积>$0.3m^2$ 上柱、垛、孔洞所占面积。

（3）墙体保温隔热

定额工程量计算规则：按墙长乘以墙高乘以保温隔热层厚度以体积（m^3）计算。其中墙长（外墙按保温隔热层中心线，内墙按保温隔热层净长线计算），并且应扣除冷藏门洞口和管道穿墙洞口所占的体积。

清单工程量计算规则：按设计图示尺寸以面积（m^2）计算，扣除门窗洞口所占面积，增加门窗洞口侧壁做保温时的面积。

（4）地面保温隔热

定额工程量计算规则：按墙体间净面积乘以设计厚度以体积（m^2）计算，不扣除柱、

垛所占体积。

清单工程量计算规则：按主墙间净面积（m²）计算，扣除面积大于0.3m² 上柱、垛、孔洞所占面积。

（5）柱保温隔热：

定额工程量计算规则：按设计图示柱保温隔热层的中心线展开长度乘以保温隔热层高度乘以保温隔热层厚度以体积（m²）计算。

清单工程量计算规则：按设计图示柱断面保温隔热层的中心线展开长度乘以保温隔热层高度以面积（m²）计算。

3. 保温、隔热、防腐工程计价要点

（1）保温隔热装饰面层按其他附录的相关项目编码列项，找平层按附录L“平面砂浆找平层”或附录M“立面砂浆找平层”项目编码列项。

（2）防腐踢脚线应按附录L楼地面装饰工程“踢脚线”项目编码列项。

（3）保温隔热屋面项目中屋面保温隔热的找坡应包括在综合单价内，保温隔热层上的防水层应按防水项目单独列项。

（4）保温隔热天棚项目中下贴式如需底层抹灰时，应包括在综合单价内。清单工程量中柱帽保温隔热层应并入天棚保温隔热工程内。保温隔热材料加入药物防虫剂时，应在清单项目特征中进行描述。

（5）保温隔热墙项目综合单价组价时应注意

①外墙内保温和外保温的面层应包括在综合单价内。

②外墙内保温的内墙保温踢脚线应包括在综合单价内。

③外墙外保温、内保温、内墙保温的基层抹灰或刮泥子应包括在综合单价内。

④项目特征描述应列出保温层的主要做法，铺网、抹抗裂砂浆等。

（6）防腐涂料项目中如需刮泥子时应包括在综合单价内。还应注意：

①项目名称应对涂刷基层（混凝土、抹灰面）进行描述。

②应对涂料底漆层、中间漆层、面漆涂刷（或刮）遍数进行描述。

（7）块料防腐面层项目适用于地面、基础的各类块料防腐工程，还应注意：

①防腐蚀块料粘贴部位（地面、基础）应在清单项目中进行描述。

②防腐蚀块料的规范、品种（瓷板、铸石板、天然石板等）应在清单项目进行描述。

（8）防腐工程中需酸化处理时应包括在综合单价内。

（9）防腐工程中的养护应包括在综合单价内。

4. 例题

【例1】 如表3.2.2.9-1所示，为某工程墙体和屋面保温清单工程量，试对其进行计价软件操作。

某工程墙体和屋面保温清单工程量计算表　　　　表3.2.2.9-1

序号	项目编码	项目名称	项目特征	计量单位	工程量
1	011001003001	保温隔热墙面	外墙，10cm厚沥青玻璃棉	m²	413.7
2	011001001001	保温隔热屋面	屋面泡沫混凝土块保温，厚度：10cm	m²	315.5

【解】根据表3.2.2.9-1分析，需要分别套用基础定额10-216和基础定额10-196，由于基础定额10-216和基础定额10-196为“m^3”，需计算其定额工程量，故墙面保温定额工程量为413.7×0.1=41.37m^3（按保温层的平均厚度乘以墙面积），屋面保温定额工程量为315.5×0.1=31.55m^3（按保温层的平均厚度乘以屋面面积）。在计价软件中进行操作，如图3.2.2.9-1所示。

	标准件	序号	类别	项目编号	换	清单名称	清单特征	单位	计算式	工程量	综合单价	综合合价
2	☐	1	清	◢ 011001003001		保温隔热墙面	1. 保温隔热部位：外墙 2. 保温隔热材料品种、规格及厚度：10cm厚沥青玻璃棉	m^2	413.7	413.7	36.72	15191.06
3	☐		单	10-216		墙体保温 沥青玻璃棉 厚100mm		$10m^3$	4.137	4.137	3672.11	15191.52
4	☐	2	清	◢ 011001001001		保温隔热屋面	1. 保温隔热材料品种、规格、厚度：泡沫混凝土块 2. 厚度：10cm	m^2	315.5	315.5	13.76	4341.28
5	☐		单	10-196		容重300kg/m3屋面保温泡沫混凝土块100mm		$10m^3$	3.155	3.155	1375.74	4340.46

图3.2.2.9-1 保温工程计价软件操作

3.2.2.10 楼地面装饰工程

1. 概述

本分部主要包括整体面层及找平、块料面层、其他面层、踢脚线、楼梯面层、台阶装饰、零星装饰等项目，适用于建筑的楼地面、楼梯、台阶等部位。本节主要介绍楼地面装饰工程中清单和定额工程量规则的区别，楼地面装饰工程计价要点等内容。

2. 楼地面装饰工程量计算规则的区别及注意事项

（1）整体面层及找平层

定额工程量计算规则：按主墙间净空面积以m^2计算。应扣除凸出地面构筑物、设备基础、室内管道、地沟等所占面积，不扣除柱、垛、间壁墙、附墙烟囱及面积在0.3m^2以内的孔洞所占面积，但门洞、空圈、暖气包槽、壁龛的开口部分亦不增加。

清单工程量计算规则：按设计图示尺寸以面积计算。扣除凸出地面构筑物、设备基础、室内铁道、地沟等所占面积，不扣除间壁墙及≤0.3m^2柱、垛、附墙烟囱及孔洞所占面积，门洞、空圈、暖气包槽、壁龛的开口部分不增加面积。

注意：清单是“不扣除间壁墙及≤0.3m^2柱、垛、附墙烟囱及孔洞所占面积”。定额是“不扣除柱、垛、间壁墙、附墙烟囱及面积在0.3m^2以内的孔洞所占面积”需注意区分。

（2）水泥砂浆踢脚线

定额工程量计算规则：水泥砂浆踢脚线按延长米计算，洞口、空圈长度不予扣除，洞口、空圈、附墙烟囱等侧壁长度亦不增加。

清单工程量计算规则：水泥砂浆踢脚线按设计图示长度乘以高度以面积计算。

（3）石材踢脚线

定额工程量计算规则：石材踢脚线按延长米计算，洞口、空圈长度不予扣除，洞口、空圈、垛、附墙烟囱等侧壁长度亦不增加。

清单工程量计算规则：石材踢脚线按设计图示长度乘以高度以面积计算。

（4）现浇水磨石踢脚线

定额工程量计算规则：现浇水磨石踢脚线按延长米计算，洞口、空圈长度不予扣除，洞口、空圈、垛、附墙烟囱等侧壁长度亦不增加。

清单工程量计算规则：现浇水磨石踢脚线按设计图示长度乘以高度以面积计算。

注：踢脚线部分定额工程量与清单工程量计算最大区别在于定额工程量按延长米计算，且洞口、空圈长度不扣除，洞口、空圈、附墙烟囱等侧壁长度亦不增加；清单工程量按设计图示长度乘以高度以面积计算，应扣除门洞、空圈长度，同时增加门洞、空圈、垛、附墙烟囱等侧壁长度（门厚忽略不计）。

（5）楼梯

计算规范中无论是块料面层还是整体面层，均按水平投影面积计算，包括500mm以内的楼梯井宽度。

（6）台阶

计算规范中无论是块料面层还是整体面层，均按水平投影面积计算，包括踏步及最上一层踏步沿300mm。

（7）零星装饰项目

定额工程量计算规则：散水、防滑坡道按图示尺寸以面积（m^2）计算；明沟按图示尺寸以延长米计算。

清单工程量计算规则：按设计图示尺寸以面积（m^2）计算。

零星装饰项目工程量计算时，明沟定额工程量按图示尺寸以延长米计算，清单工程量按设计图示尺寸以面积（m^2）计算；其他零星装饰均按设计图示尺寸以面积（m^2）计算。

3. 楼地面装饰工程计价要点

（1）楼地面装饰是指构成楼地面的找平层（在垫层、楼板上或填充层上起找平、找坡或加强作用的构造层）、结合层（面层与下层相结合的中间层）、面层（直接承受各种荷载作用的表面层）等。楼地面工程中，防水工程项目按附录J屋面及防水工程相关项目编码列项。

构成楼地面的基层、垫层、填充层和隔离层在其他章节设置。如混凝土垫层按“E.1现浇混凝土基础中的垫层”编码列项，除混凝土外的其他材料垫层按“D.4垫层”编码列项。

（2）间壁墙指墙厚不大于120mm的墙。

（3）找平层是指水泥砂浆找平层，有特殊要求的可采用细石混凝土、沥青砂浆、沥青混凝土等材料铺设。整体面层、块料面层中包括抹找平层，单独列项的“平面砂浆找平层”仅做找平层的平面抹灰。

（4）结合层是指冷油、纯水泥浆、细石混凝土等面层与下层相结合的中间层。

（5）面层是指整体面层（水泥砂浆、现浇水磨石、细石混凝土、菱苦土等面层）、块料面层（石材、陶瓷地砖、橡胶、塑料、竹、木地板）等面层。

（6）面层中其他材料是指：

①防护材料是指耐酸、耐碱、耐臭氧、耐老化、防火、防油渗等材料。

②嵌条材料是用于水磨石的分格、作图案等的嵌条，如：玻璃嵌条、铜嵌条、铝合金嵌条、不锈钢嵌条。

③压线条是指地毯、橡胶板、橡胶卷材铺设的压线条，如：铝合金、不锈钢、铜压线条等。

④颜料是用于水磨石地面、楼梯、台阶和块料面层勾缝所需配制石子浆或砂浆内添加的颜料（耐碱的矿物颜料）。

⑤防滑条是用于楼梯、台阶踏步的防滑设施，如：水泥玻璃屑、水泥钢屑、铜、铁防滑条等。

⑥地毯固定配件是用于固型地毡的压棍脚和压棍。

⑦酸洗、打蜡、磨光水磨石、菱苦土、陶瓷块料等，均可采用草酸清洗油污、污渍，然后打蜡（蜡脂、松香水、鱼油、煤油等按设计要求配合）和磨光。

4. 例题

【例 1】如图 3.2.2.10-1 所示，为某酒店一楼大厅地面垫层上石材铺贴平面图，20mm 厚 1∶3 水泥砂浆找平，8mm 厚 1∶1 水泥砂浆结合层，大厅内有两根柱尺寸如下图，大厅中部有多彩大理石拼花，周边为黑色大理石走边。求地面石材铺贴工程量清单及清单造价，输入至计价软件中。

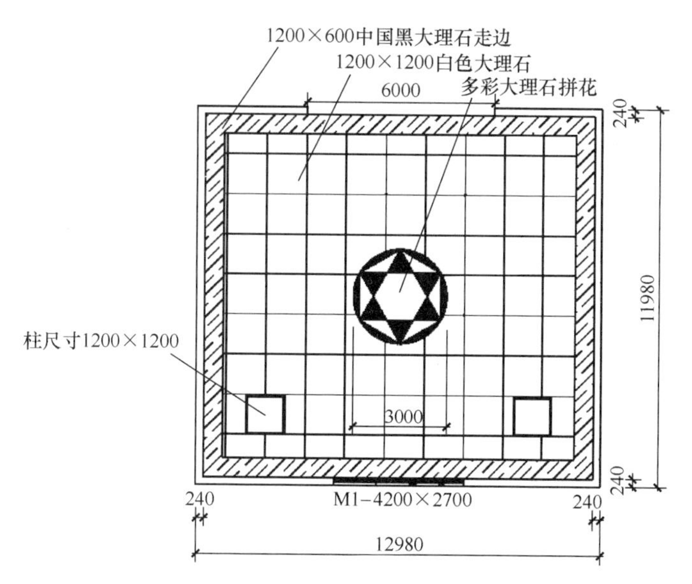

图 3.2.2.10-1　大厅地面石材铺贴平面图

【解】（1）定额工程量

多彩大理石拼花地面定额工程量：3.14×(3/2)2=7.07m^2

中国黑大理石走边定额工程量：(12.98−0.24×2−0.6+11.98−0.24×2−0.6)×2×0.6=27.36m^2

白色大理石地面定额工程量：(12.98−0.24×2−0.6×2)×(11.98−0.24×2−0.6×2)−1.2×1.2×2−7.07=106.44m^2

（2）清单工程量

多彩大理石拼花地面及中国黑大理石走边清单工程量同定额工程量。

白色大理石地面清单工程量：(12.98−0.24×2−0.6×2)×(11.98−0.24×2−0.6×2)−1.2×1.2×2−7.07=106.44m^2

套用消耗量定额，在计价软件中进行操作，如图 3.2.2.10-2 所示。

	标准件	序号	类别	项目编号	换	清单名称	清单特征	单位	计算式	工程量	综合单价	综合合价
2	☐	1	清	◢ 011102001001		石材楼地面	1. 找平层厚度、砂浆配合比：20mm厚1：3水泥砂浆 2. 结合层厚度、砂浆配合比：8mm厚1：1水泥砂浆 3. 面层材料品种、规格、颜色：多彩大理石拼花	m^2	7.07	7.07	71.68	506.78
3	☐		单	1-007		大理石楼地面 碎拼大理石		m^2	Q	7.07	71.68	506.78
4	☐	2	清	◢ 011102001002		石材楼地面	1. 找平层厚度、砂浆配合比：20mm厚1：3水泥砂浆 2. 结合层厚度、砂浆配合比：8mm厚1：1水泥砂浆 3. 面层材料品种、规格、颜色：1200×600中国黑大理石走边	m^2	27.36	27.36	270.03	7388.02
5	☐		单	1-003		大理石楼地面 周长大于3200mm 单色		m^2	Q	27.36	270.03	7388.02
6	☐	3	清	◢ 011102001003		石材楼地面	1. 找平层厚度、砂浆配合比：20mm厚1：3水泥砂浆 2. 结合层厚度、砂浆配合比：8mm厚1：1水泥砂浆 3. 面层材料品种、规格、颜色： 4. 找平层厚度、砂浆配合比：20mm厚1：3水泥砂浆 5. 结合层厚度、砂浆配合比：8mm厚1：1水泥砂浆 6. 面层材料品种、规格、颜色：1200×1200中国黑大理石走边白色大理石	m^2	106.44	106.44	270.03	28741.99
7	☐		单	1-003		大理石楼地面 周长大于3200mm 单色		m^2	Q	106.44	270.03	28741.99

图 3.2.2.10-2　石材楼地面计价软件操作

3.2.2.11　墙、柱面装饰与隔断、幕墙工程

1. 概述

本分部主要包括墙柱（梁）面抹灰、零星抹灰、墙柱（梁）面块料面层、墙柱（梁）面块料饰面、幕墙、隔断等项目，适用于建筑的墙、柱、梁等部位。本节主要介绍墙、柱面装饰与隔断、幕墙工程中清单和定额工程量规则的区别，墙、柱面装饰与隔断、幕墙工程计价要点等内容。

2. 墙、柱面装饰与隔断、幕墙工程量计算规则的区别及注意事项

（1）墙面抹灰

定额工程量计算规则与清单工程量计算规则相同：按设计图示以面积（m^2）计算。应扣除门窗洞口，墙裙和大于 0.3m^2 孔洞所占面积，不扣除踢脚板、挂镜线，0.3m^2 以内的孔洞和墙与构件交接处的面积，洞口侧壁面积不另增加，附墙垛、梁、柱侧面抹灰面积并入墙面抹灰工程量内计算。其中：

①外墙抹灰面积按外墙垂直投影面积计算。

②墙裙抹灰面积按其长度乘以高度计算。

③内墙抹灰面积按主墙间的净长乘以高度计算。

a. 无墙裙的，高度按室内楼地面至天棚底面计算。

b. 有墙裙的，高度按墙裙顶至天棚底面计算。

④内墙裙抹面按内墙净长乘以高度计算。

（2）墙面勾缝

定额工程量与清单工程量计算规则相同：按垂直投影面积计算。

（3）柱面抹灰

定额工程量与清单工程量计算规则相同：均按设计图示柱断面周长乘以高度以面积计算。

（4）零星项目抹灰

定额工程量与清单工程量计算规则相同：按设计图示面积计算。

（5）墙面块料面层

定额工程量与清单工程量计算规则相同：按设计图示尺寸以镶贴表面积计算。

（6）柱（梁）面镶贴块料

定额工程量与清单工程量计算规则相同：按设计图示尺寸以镶贴表面积计算。

（7）镶贴零星块料

定额工程量与清单工程量计算规则相同：按设计图示尺寸以镶贴表面积计算。

（8）墙饰面

定额工程量与清单工程量计算规则相同：按设计图示墙净长乘以净高以面积计算，扣除门窗洞口及单个大于 $0.3m^2$ 的孔洞所占面积。

（9）柱（梁）饰面

定额工程量与清单工程量计算规则相同：按设计图示饰面外围尺寸以面积计算，柱帽、柱墩并入相应柱饰面工程量内。

（10）隔断

定额工程量与清单工程量计算规则相同：按设计图示框外围尺寸以面积计算，扣除单个大于 $0.3m^2$ 的孔洞所占面积。

木隔断、墙裙、护壁板，均按图示尺寸长度乘以高度按实铺面积以 m^2 计算。玻璃隔墙按上横档顶面至下横档底面之间高度乘以宽度（两边立梃外边线之间）以平方米计算。浴厕木隔断，按下横档底面至上横档顶面高度乘以图示长度以 m^2 计算，浴厕门的材质与隔断相同时，门的面积并入隔断面积内。

（11）带骨架幕墙

定额工程量与清单工程量计算规则相同：按设计图示框外围尺寸以面积计算，与幕墙同材质的窗所占面积不扣除。

（12）全玻幕墙

定额工程量与清单工程量计算规则相同：按设计图示尺寸以带肋全玻幕墙按展开面积计算。

3. 墙、柱面装饰与隔断、幕墙工程计价要点

（1）一般抹灰包括石灰砂浆、水泥砂浆、混合砂浆、聚合物水泥砂浆、膨胀珍珠岩水泥砂浆和麻刀灰、纸筋石灰、石膏灰等。

（2）装饰抹灰包括水刷石、水磨石、斩假石（剁斧石）、干粘石、假面砖、拉条灰、拉毛灰、甩毛灰、扒拉石、喷毛灰等。

(3) 柱面抹灰项目、石材柱面项目、块料柱面项目适用于矩形柱、异形柱（包括圆形柱、半圆形柱等）。

(4) 零星抹灰和镶贴零星块料面层项目适用于不大于 0.5m^2 的少量分散抹灰和镶贴块料面层。

(5) 墙、柱（梁）面的抹灰项目，包括底层抹灰；墙、柱（梁）面的银贴块料项目，包括黏结层，本章列有立面砂浆找平层，柱、梁面砂浆找平及零星项目砂浆找平项目，只适用于仅做找平层的立面抹灰。

(6) 墙体类型指砖墙、石墙、混凝土墙、砌块墙以及内墙、外墙等。

(7) 底层、面层的厚度应根据设计规定（一般采用标准设计图）确定。

(8) 勾缝类型指清水砖墙、砖柱的加浆勾缝（平缝或凹缝），石墙、石柱的勾缝（如平缝、平凹缝、平凸缝、半圆凹缝、半圆凸缝和三角凸缝等）。

(9) 块料饰面板是指石材饰面板（天然花岗石、大理石、人造花岗石、人造大理石、预制水磨石饰面板等），陶瓷面砖（内墙彩釉面瓷砖、外墙面砖、陶瓷锦砖、大型陶瓷锦面板等），玻璃面砖（玻璃锦砖、玻璃面砖等），金属饰面板（彩色涂色钢板、彩色不锈钢板、镜面不锈钢饰面板、铝合金板、复合铝板、铝塑板等），塑料饰面板（聚氯乙烯塑料饰面板、玻璃钢饰面板、塑料贴面饰面板、聚酯装饰板、复塑中密度纤维板等），木质饰面板（胶合板、硬质纤维板、细木工板、刨花板、水泥木屑板、灰板条等）。

(10) 安装方式可描述为砂浆或黏合剂粘贴、挂贴、干挂等，不论哪种安装方式，都要详细描述与组价相关的内容。挂贴是对大规格的石材（大理石、花岗石、青石等）使用先挂后灌浆的方式固定于墙、柱面。干挂分直接干挂法（通过不锈钢膨胀螺栓、不锈钢挂件、不锈钢连接件、不锈钢钢针等将外墙饰面板连接在外墙墙面）和间接干挂法（通过固定在墙、柱、梁上的龙骨，再通过各种挂件固定外墙饰面板）。

(11) 嵌缝材料指嵌缝砂浆、嵌缝油膏、密封胶封水材料等。

(12) 防护材料指石材等防碱背涂处理剂和面层防酸涂剂等。

4. 例题

【例 1】 如图 3.2.2.11-1、图 3.2.2.11-2 所示，为某办公用房平面图和剖面图，内墙

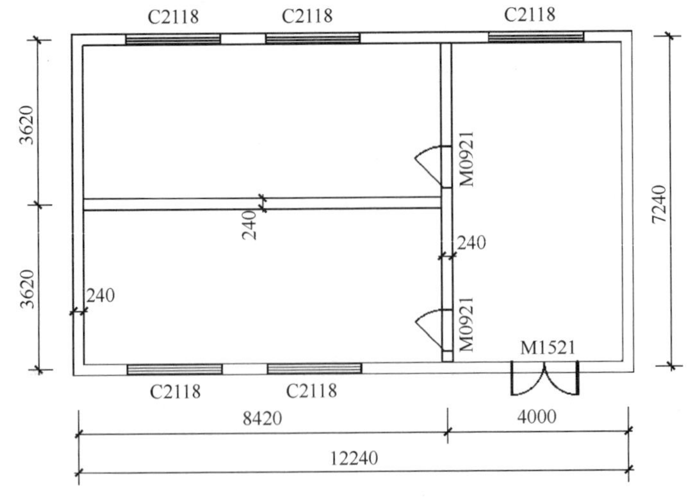

图 3.2.2.11-1 某办公用房平面图

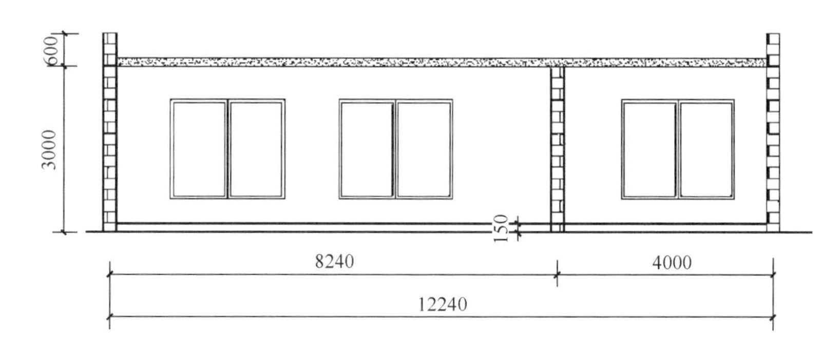

图 3.2.2.11-2 某办公用房剖面图

抹混合砂浆，具体做法为：1∶1∶6混合砂浆打底，1∶1∶4混合砂浆抹面。求内墙抹混合砂浆工程量清单及清单造价，输入至计价软件中。

【解】（1）定额工程量

内墙抹混合砂浆定额工程量：[(12.24－0.24×2)×2＋(7.24－0.24)×2＋(7.24－0.24×2)×2＋(8.24－0.24)]×3－0.9×2.1×2×2－1.5×2.1－2.1×1.8×5＝147.51m^2

注：不扣除踢脚线的面积。

套用基础定额11-36。

（2）清单工程量

清单工程量计算结果同定额工程量。

在计价软件中进行操作，如图3.2.2.11-3所示。

	标准件	序号	类别	项目编号	换	清单名称	清单特征	单位	计算式	工程量	综合单价	综合合价
1	☐			◢		整个工程				0	1129.93	1129.93
2	☐	1	清	◢ 011201001001		墙面一般抹灰	1. 墙体类型：内墙 2. 底层厚度、砂浆配合比：1:1:6混合砂浆 3. 面层厚度、砂浆配合比：1:1:4混合砂浆	m^2	147.51	147.51	7.66	1129.93
3	☐		单	11-36		墙面.墙裙 抹混合砂浆 14+6mm 砖墙		$100m^2$	Q/100	1.4751	764.99	1128.44

图 3.2.2.11-3 墙面抹灰计价软件操作

3.2.2.12 天棚工程

1. 概述

本分部主要包括天棚抹灰、天棚吊顶、天棚饰面等项目，适用于建筑的天棚装饰工程。本节主要介绍天棚工程中清单和定额工程量规则的区别，天棚工程计价要点等内容。

2. 天棚工程量计算规则的区别及注意事项

（1）天棚抹灰

定额工程量计算规则：按主墙间净空面积计算。

清单工程量计算规则：按设计图示尺寸以水平投影面积计算。

（2）天棚吊顶

定额工程量计算规则：按主墙间净空面积计算，不扣除间壁墙、检查口、附墙烟囱、柱、垛和管道所占的面积；天棚中的折线、跌落等圆弧形、高低吊灯槽等面积也不展开计算。

清单工程量计算规则：按设计图示尺寸以水平投影面积计算。天棚面中的灯槽及跌级、锯齿形、吊挂式、藻井式天棚面积不展开计算。不扣除间壁墙、检查口、附墙烟囱、柱、垛和管道所占面积，扣除单个 0.3m² 以外的孔洞、独立柱及与天棚相连的窗帘盒所占的面积。

3. 天棚工程计价要点

（1）天棚的检查孔、天棚内的检修走道等应包括在报价内。

（2）天棚吊顶的平面、跌级、锯齿形、阶梯形、吊挂式、藻井式以及矩形、弧形、拱形等应在清单项目特征中进行描述。

（3）天棚设置保温、隔热、吸声层时，按其他章节相关项目编码列项。

（4）天棚装饰刷油漆、涂料以及裱糊，按油漆、涂料、裱糊章节相应项目编码列项。

（5）天棚抹灰项目中的基层类型是指混凝土现浇板、预制混凝土板、木板条等。

（6）龙骨中距，指相邻龙骨中线之间的距离。

（7）基层材料，指底板或面层背后的加强材料。

（8）天棚面层适用于：石膏板（包括装饰石膏板、纸面石膏板、吸声穿孔石膏板、嵌装式装饰石膏板等）、埃特板、装饰吸声单面板（包括矿棉装饰吸声板、贴塑矿（岩）棉吸声板、膨胀珍珠岩装饰吸声制品、玻璃棉装饰吸声板等）、塑料装饰罩面板（钙塑泡沫装饰吸声板、聚苯乙烯泡沫塑料装饰吸声板、聚氯乙烯塑料天花板等）、纤维水泥加压板（包括轻质硅酸钙吊顶板等）、金属装饰板（包括铝合金单面板、金属微孔吸声板、铝合金单体构件等）、木质饰板（胶合板、薄板、板条、水泥木丝板、刨花板等）、玻璃饰面（包括镜面玻璃、激光玻璃等）。

（9）格栅吊顶面层适用于木格栅、金属格栅、塑料格栅等。

（10）吊筒吊顶适用于木（竹）质吊筒、金属吊筒、塑料吊筒以及圆形、矩形、扁钟形吊筒等。

（11）送风口、回风口适用于金属、塑料、木质风口。

4. 例题

【例1】根据第二章 2.2.1.12 中例题进行清单下定额套价，输入计价软件中。（天棚做法为抹水泥砂浆）

【解】根据 2.2.1.4 中例题结果可以得出天棚抹水泥砂浆清单工程量为 231.48m²，定额工程量计算工程量同清单工程量。

套用基础定额 11-288，在计价软件中进行操作，见图 3.2.2.12-1 所示。

	标准件	序号	类别	项目编号	换	清单名称	清单特征	单位	计算式	工程量	综合单价	综合合价
2	☐	1	清	◢ 011301001001		天棚抹灰	1. 基层类型：混凝土面 2. 抹灰厚度、材料种类：抹水泥砂浆	m²	231.48	231.48	8.84	2046.28
3	☐		单	11-288		混凝土面天棚 水泥砂浆 现浇		100m²	Q/100	2.3148	883.01	2043.99

图 3.2.2.12-1　天棚抹灰砂浆计价软件操作

【例 2】如图 3.2.2.12-2 所示，为某室内石膏板吊顶布置图，基层采用 U 型轻钢龙骨，面层为纸面石膏板（面层规格为 600mm×600mm）。求工程量清单及清单造价，输入至计价软件中。

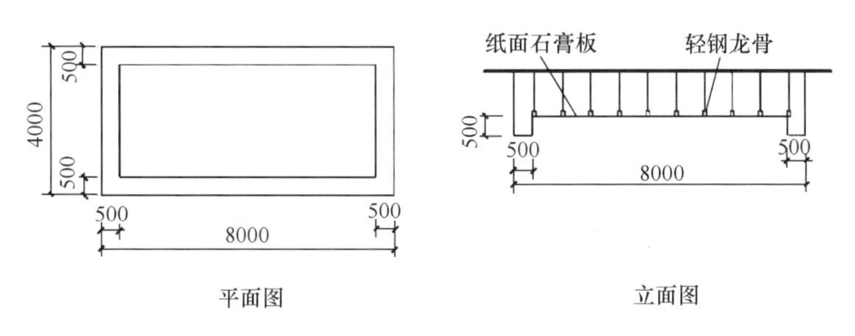

图 3.2.2.12-2　某室内石膏板吊顶示意图

【解】（1）定额工程量

纸面石膏板工程量：4×8+(4+8)×2×0.5=44m²(按实铺面积展开计算)

轻钢龙骨工程量：4×8=32m²(按主墙间净空面积计算)

分别应套用消耗量定额 3-097、3-026。

（2）清单工程量

天棚吊顶工程量：4×8=32m²

在计价软件中进行操作，见图 3.2.2.12-3 所示。

	标准件	序号	类别	项目编号	换	清单名称	清单特征	单位	计算式	工程量	综合单价	综合合价
4	□	2	清	◢ 011302001001		吊顶天棚	1. 吊顶形式、吊杆规格、高度：吊筋 2. 龙骨材料种类、规格、中距：U型轻钢龙骨（不上人） 3. 面层材料品种、规格、：纸面石膏板	m²	32	32	59.49	1903.68
5	□		单	3-097	换	石膏板天棚面层 安在U型轻钢龙骨上		m²	44	44	17.64	776.16
6	□		单	3-026		装配式U型轻钢天棚龙骨(不上人型) 面层规格(mm) 600×600 跌级		m²	Q	32	35.24	1127.68

图 3.2.2.12-3　吊顶天棚计价软件操作

注：由于天棚面层不在同一标高，为跌级天棚，其天棚面层人工系数需乘以系数 1.1，需要对定额 3-097 进行换算调整。

3.2.2.13　油漆、涂料、裱糊工程

1. 概述

本分部主要包括木材面油漆、金属面油漆、抹灰面油漆、喷涂涂料、裱糊等，适用于门窗油漆、金属、抹灰面油漆等工程。本节主要介绍油漆、涂料、裱糊工程中清单和定额工程量规则的区别及油漆、涂料、裱糊工程计价要点等内容。

2. 油漆、涂料、裱糊工程量计算规则的区别及注意事项

（1）门窗油漆

定额工程量计算规则：按单面洞口面积计算，并乘以相应系数以平方米计算。

清单工程量计算规则：按设计图示数量或设计图示洞口面积计算。

(2) 玻璃间壁露明墙筋油漆

定额工程量计算规则：按单面外围面积计算，并乘以系数1.6。

清单工程量计算规则：按设计图示尺寸以单面外围面积计算。

(3) 木材面、金属面油漆的定额工程量需根据《全国统一建筑装饰装修工程消耗量定额》第五章节中附表规定，乘以表列系数以平方米计算。清单工程量计算不考虑系数。

3. 油漆、涂料、裱糊工程计价要点

(1) 在计算规范中门窗油漆是以“樘”或“m^2”为计量单位，金属面油漆以“t”或“m^2”为计量单位，其余项目油漆基本按该项目的图示尺寸以长度或面积计算工程量；而在计价定额中很多项目工程量需根据相应项目的油漆系数表乘以折算系数后才能套用定额子目。

(2) 有线角、线条、压条的油漆、涂料面的工料消耗应包括在报价内。

(3) 空花格、栏杆刷涂料计算规范的计算规则是“按设计图示尺寸以单面外围面积计算”，应注意其展开面积工料消耗应包括在报价内。

4. 例题

【例1】假设图3.2.2.10-1中所有门为单层木质门，窗为双层（一玻一纱）硬木窗，按设计要求刷底油一遍，调和漆两遍。求油漆工程量清单及清单造价，并输入至计价软件中。

【解】(1) 定额工程量

木门油漆定额工程量：$1.5\times2.1+0.9\times2.1\times2=6.93m^2$

木窗油漆定额工程量：$2.1\times1.8\times1.36\times5=25.70m^2$（其中1.36为折算系数）

套用消耗量定额5-001、5-002。

(2) 清单工程量（计算规范中门窗油漆是以“樘”或“m^2”为计量单位，本题考虑以“m^2”为单位计算）

木门油漆清单工程量：$1.5\times2.1+0.9\times2.1\times2=6.93m^2$

木窗油漆清单工程量：$2.1\times1.8\times5=18.9m^2$

计价软件操作结果见图3.2.2.13-1。

	标准件	序号	类别	项目编号	换	清单名称	清单特征	单位	计算式	工程量	综合单价	综合合价
2	☐	1	清	◢ 011401001001		木门油漆	1. 门类型：单层木质门 2. 油漆品种、刷漆遍数：刷底油一遍，调和漆两遍	m^2	6.93	6.93	20.03	138.81
3	☐		单	5-001		底油一遍、刮腻子、调和漆二遍、磁漆一遍 单层木门		m^2	Q	6.93	20.03	138.81
4	☐	2	清	◢ 011402001001		木窗油漆	1. 窗类型：双层（一玻一纱）硬木窗 2. 油漆品种、刷漆遍数：刷底油一遍，调和漆两遍	m^2	18.9	18.9	24.38	460.78
5	☐		单	5-002		底油一遍、刮腻子、调和漆二遍、磁漆一遍 单层木窗		m^2	25.7	25.7	17.93	460.80

图3.2.2.13-1 门窗油漆计价软件操作

【例 2】如图 3.2.2.13-2 所示为某工程平面图，内墙刷乳胶漆，具体做法为：满批泥子两遍，刷乳胶漆两遍。楼层高度为 3m，楼面混凝土板厚为 120mm，门窗尺寸见平面图，空洞高 2.1m，孔洞直径为 300mm。求油漆工程量清单及清单造价，并输入至计价软件中。

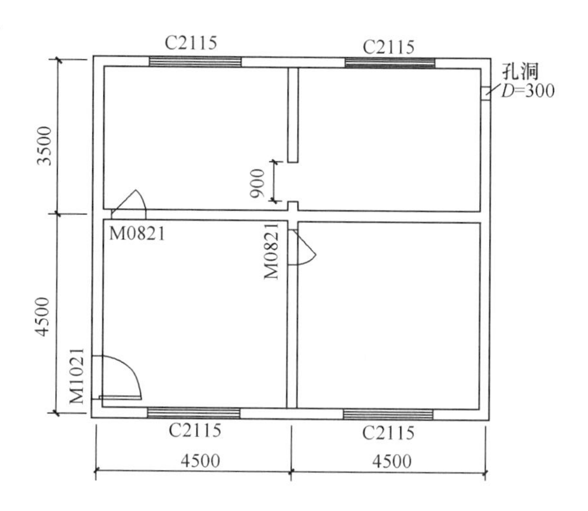

图 3.2.2.13-2 某工程内墙刷乳胶漆平面图

【解】(1) 定额工程量

内墙刷乳胶漆定额工程量：[(4.5×2−0.24×2)×4+(4.5+3.5−0.24×2)×4]×(3−0.12)−1×2.1−0.8×2.1×2×2 − 0.9 × 2.1 × 2 − 2.1 × 1.5 × 4 =159.58m²

注：孔洞 $D=300$，面积为 0.07m² <0.3m²，计算时不扣除面积。

套用消耗量定额 5-195。

(2) 清单工程量

清单工程量计算结果同定额工程量。

计价软件操作结果见图 3.2.2.13-3。

	标准件	序号	类别	项目编号	换	清单名称	清单特征	单位	计算式	工程量	综合单价	综合合价
6	☐	3	清	◢ 011406001001		抹灰面油漆	1. 油漆品种、刷漆遍数：满批腻子两遍，刷乳胶漆两遍 2. 部位：内墙	m²	159.58	159.58	6.67	1064.40
7	☐		单	5-195		乳胶漆 抹灰面 二遍		m²	Q	159.58	6.67	1064.40

图 3.2.2.13-3 内墙乳胶漆计价软件操作

3.2.2.14 其他装饰工程

1. 概述

《全国统一建筑工程基础定额》GJD—101—95 与《全国统一建筑装饰装修工程消耗量定额》GYD—901—2002 中，对于其他装饰工程如柜类、货架、压条、装饰线条、扶手、栏杆、栏板装饰板、暖气罩、浴厕配件、雨篷、旗杆、招牌、灯箱、美术字等项目涉及较少，本节主要介绍了其他装饰工程清单计价时需要的注意点。

2. 其他装饰工程计价要点

(1) 厨房壁柜和厨房吊柜以嵌入墙内为壁柜，以支架固定在墙上的为吊柜。台柜的规格以能分离的成品单体长、宽、高来表示，如：一个组合书柜分上下两部分，下部为独立的矮柜，上部为敞开式的书柜，可以上、下两部分分别标注尺寸。

(2) 压条、装饰线项目已包括在门扇、墙柱面、天棚等项目内的，不再单独列项。

(3) 洗漱台项目适用于石质（天然石材、人造石材等）、玻璃等。

(4) 旗杆的砌砖或混凝土台座，台座的饰面可按相关附录章节另行编码列项，也可纳入旗杆价内。旗杆高度是指旗杆台座上表面至杆顶的尺寸（包括球珠）。

（5）美术字不分字体，按大小规格分类。装饰线和美术字的基层类型是指装饰线、美术字依托体的材料，如砖墙、木墙、石墙、混凝土墙、墙面抹灰、钢支架等。

（6）柜类、货架、浴厕配件、雨篷、招牌、灯箱、美术字等单件项目，包括了刷油漆，主要考虑到整体性，不得单独将油漆分离，单列油漆清单项目；其他项目没有包括刷油漆，可单独按附录P相应项目编码列项。

（7）凡栏杆、栏板含扶手的项目，不得单独将扶手进行编码列项。

（8）镜面玻璃和灯箱等的基层材料是指玻璃背后的衬垫材料，如：胶合板、油毡等。

3.2.2.15　措施项目

1. 概述

清单规范中措施项目一共有7节52个项目。内容包括：脚手架工程、混凝土模板及支架（撑）、垂直运输、超高施工增加、大型机械设备进出场及安拆、施工排水降水、安全文明施工及其他措施项目。同时，清单规范将措施项目划分为两类：一类是可以计算工程量的项目，如脚手架、降水工程等，就以"量"计价，更有利于措施费的确定和调整，称为"单价措施项目"。单价措施项目清单及计价表是与分部分项工程项目清单及计价表合二为一的，计价规范附录F.1列出了"分部分项工程和单价措施项目清单与计价定额"；另一类是不能计算工程量的项目，如安全文明措施、临时设施等，就以"项"计价，称为"总价措施项目"。对此，计价规范附录F.4列出了"总价措施项目清单与计价定额"。本节主要介绍了单价措施项目需要注意事项及总价措施项目调整时计价软件中操作。

2. 单价措施项目

（1）脚手架工程清单中应注意

①"综合脚手架"系指整个房屋建筑结构及装饰施工常用的各种脚手架的总体。规范规定其适用于能够按"建筑面积计算规则"计算建筑面积的建筑工程脚手架，不适用于房屋加层、构筑物及附属工程脚手架。工程量是按建筑面积计算，应注意：使用综合脚手架时，不得再列出外脚手架、里脚手架等单项脚手架。特征描述要明确建筑结构形式和檐口高度。

②"外脚手架"系指沿建筑物外墙外围搭设的脚手架。常用于外墙砌筑、外装饰等项目的施工，工程量是按服务对象的垂直投影面积计算。

③"里脚手架"系指沿室内墙边等搭设的脚手架。常用于内墙砌筑、室内装饰等项目的施工，工程量计算同外脚手架。

④"悬空脚手架"多用于脚手板下需要留有空间的平顶抹灰、勾缝、刷浆等施工所搭设。工程量按搭设的水平投影面积计算，不扣除垛、柱所占面积。

⑤"挑脚手架"主要用于采用里脚手架砌外墙的外墙面局部装饰（檐口、腰线、花饰等）施工所搭设。工程量按搭设长度乘以搭设层数以延长米计算。

⑥"满堂脚手架"系指在工作面范围内满设的脚手架，多用于室内净空较高的天棚抹灰、吊顶等施工所搭设。工程量按搭设的水平投影面积计算。

⑦"整体提升架"多用于高层建筑外墙施工，工程量按所服务对象的垂直投影面积计算。应注意：整体提升架已包括2m高的防护架体设施。

⑧“外装饰吊篮”用于外装饰，工程量按所服务对象的垂直投影面积计算。

（2）混凝土模板及支架（撑）清单中应注意：

①个别混凝土项目规范未列的措施项目，例如垫层等，按混凝土及钢筋混凝土项目执行，其综合单价中包括模板及支撑。

②采用清水模板，应在项目特征中注明。

③现浇混凝土梁、板支撑高度搞过 3.6m 时，项目特征应描述支撑高度。

（3）垂直运输

垂直运输指施工工程在合理工期内所需的垂直运输机械。工程量计算规则设置了两种，一种是按建筑面积计算；另一种是按施工工期日历天数计算（具体可以根据各省市文件规定计算）。应注意：项目特征要求描述的建筑物檐口高度是指设计室外地坪至檐口滴水的高度（平屋面系指屋面板板底高度），突出主体建筑物屋顶的电梯机房、楼梯出口间、水箱间、瞭望塔、排烟机房等不计檐口高度。另外，同一建筑物有不同檐高时，按建筑物的不同檐高做纵向分割，分别计算建筑面积，以不同檐高分别编码列项。

（4）超高施工增加

超高施工增加费是指施工过程中，由于建筑物超高所导致的人工、机械的效率降低、消耗量增加，还需要增加加压水泵以及增加其他上下联系的工作，从而引起费用增加。单层建筑物檐口高度超过 20m，多层建筑物超过 6 层时，可按超高部分的建筑面积计算超高施工增加。应注意：计算层数时，地下室不计入层数。另外，同一建筑物有不同檐高时，可按不同高度的建筑面积分别计算建筑面积，以不同檐高分别编码列项。

（5）大型机械设备进出场

大型机械设备进出场及安拆是指各类大型施工机械设备在进入工地和退出工地时所发生的运输费和安装拆卸费用等。工程量是按使用机械设备的数量计算，应注意：项目特征需注明机械设备名称和规格型号。

（6）施工排水、降水

施工排水、降水仅有“成井”和“排水、降水”两个项目。“成井”项目特征需对成井方式、地层情况、直径等进行描述，工程量按设计图示尺寸以钻孔深度计算。“排水、降水”是指管道安拆、抽水、值班及设备维修等，工程量安排、降水日历天数计算。

3. 总价措施项目

（1）通用总价措施费项目

包括①安全文明措施费②夜间施工③二次搬运④冬雨季施工⑤地上、地下设施、建筑物的临时保护设施⑥已完工程及设备保护费⑦临时设施费⑧赶工措施费⑨工程按质论价⑩特殊条件下施工增加费。

（2）建筑与装饰工程专业措施费项目

包括①非夜间施工照明②住宅工程分户验收。

计价软件中总价措施费调整栏见图 3.2.2.15-1，措施费的费率可按当地行政主管部门规定计算和企业自行确定两种情况，其中安全文明措施费为不可竞争费用，按当地行政主管部门规定费率计算。

分部分项 | 措施项目 | 其他项目 | 人材机汇总 | 工程汇总

显示 · 总价措施 · 展开 ·

	序号	类别	项目编号	换	清单名称	单位	计算式	工程量	计算基础	费率(%)	综合单价
1			◢		总价措施项目		0	0		0	671.71
2	1		◢ 011707001001		安全文明施工费	项	1	1		100	265.88
3	1.1				基本费	项	1	1	分部分项合计+单价措施项目合计-设备费	3.1	216.90
4	1.2				增加费	项	1	1	分部分项合计+单价措施项目合计-设备费	0.7	48.98
5	2		011707002001		夜间施工	项	1	1	分部分项合计+单价措施项目合计-设备费	0.05	3.50
6	3		011707003001		非夜间施工照明	项	1	1	分部分项合计+单价措施项目合计-设备费	0.2	13.99
7	4		011707004001		二次搬运	项	1	1	分部分项合计+单价措施项目合计-设备费	0	0.00
8	5		011707005001		冬雨季施工	项	1	1	分部分项合计+单价措施项目合计-设备费	0.125	8.75
9	6		011707006001		地上、地下设施、建筑物的临时保护设施	项	1	1	分部分项合计+单价措施项目合计-设备费	0	0.00
10	7		011707007001		已完工程及设备保护	项	1	1	分部分项合计+单价措施项目合计-设备费	0.025	1.75
11	8		011707008001		临时设施	项	1	1	分部分项合计+单价措施项目合计-设备费	1.65	115.45
12	9		011707009001		赶工措施	项	1	1	分部分项合计+单价措施项目合计-设备费	1.3	90.96
13	10		011707010001		工程按质论价	项	1	1	分部分项合计+单价措施项目合计-设备费	2.05	143.44
14	11		011707011001		住宅分户验收	项	1	1	分部分项合计+单价措施项目合计-设备费	0.4	27.99
15	12		011707012001		特殊条件下施工增加费	项	1	1	分部分项合计+单价措施项目合计-设备费	0	0.00
16			◢		单价措施项目		0	0		0	5332.88
17	1	清	▸ 041102001001		垫层模板	m2	12	12		0	15.82
19	2	清	◢ 041102002001		基础模板	m2	256	256		0	20.09
20		单	5-14		现浇混凝土模板带形基础钢筋混凝土(板式)复合木模板 木支撑	100m2	Q/100	2.56		0	2009.80

图 3.2.2.15-1 计价软件中措施项目调整栏

3.2.3 安装工程计价操作

3.2.3.1 电气设备安装工程

1. 概述

本册定额适用于工业与民用新建、扩建工程中10kV以下变配电设备及线路安装工程、车间动力电气设备及电气照明器具、防雷及接地装置安装、配管配线、电梯电气装置、电气调整试验等安装工程。

本章内容主要依据的标准、规范包括《全国统一安装工程预算定额》(第二册电气设备安装工程GDY—202—2000)《通用安装工程工程量计算规范》GB 50856—2013与《建设工程计价设备材料划分标准》GB/T 50531—2009。

2. 主要安装电气专业设备和材料的划分界线

(1) 发电机、电动机、变频调速装置；调压器、移相器、电抗器、高压断路器、高压熔断器、稳压器、电源调整器、高压隔离开关、油开关；装置式（万能式）空气开关、电容器、接触器、继电器、蓄电池、主令（鼓形）控制器、磁力启动器、电磁铁、电阻器、变阻器、快速自动开关、交直流报警器、避雷器；成套供应高低压、直流、动力控制柜、屏、箱、盘及其随设备带来的母线、支持瓷瓶；太阳能光伏，封闭母线，35kV及以上输电线路工程电缆；舞台灯光、专业灯具等特殊照明装置等均为设备。

(2) 各种电缆、电线、母线、管材、型钢、桥架、立柱、托臂、线槽、灯具及其开关、插座、按钮、电扇、铁壳开关、电笛、电铃、电表；刀型开关、保险器、杆上避雷针、绝缘子、金具、电线杆、铁塔、锚固件、支架等金属构件；照明配电箱、电度表箱、插座箱、户内端子箱的壳体；防雷及接地导线；一般建筑、装饰照明装置和灯具、景观亮化饰灯等均为材料。

3. 定额计价表中主材用量表现形式

主材用量在计价表内有四种表现形式：计价表中带括号的耗用量、计价表中不带括号的耗用量、计价表附注中指明的未列入的耗用量、其他在计价表中未列入也未说明的主材。其中计价表内“带括号”的消耗量项目较多，该消耗量与预算单价的乘积构成主材的消耗价值。

4. 本册各项费用的规定

（1）脚手架搭拆费（10kV以下架空线路除外）按人工费的4%计算，其中人工工资占25%。

（2）工程超高增加费（已考虑了超高因素的定额项目除外）：操作物高度离楼地面5m以上、20m以下的电气安装工程，按超高部分人工费的33%计算。

（3）高层建筑增加费（指高度在6层或20m以上的工业与民用建筑）按表3.2.3.1-1计算（其中全部为人工工资）：

表3.2.3.1-1

层　数	9层以下（30m）	12层以下（40m）	15层以下（50m）	18层以下（60m）	21层以下（70m）	24层以下（80m）
按人工费的%	1	2	4	6	8	10
层　数	27层以下（90m）	30层以下（100m）	33层以下（110m）	36层以下（120m）	39层以下（130m）	42层以下（140m）
按人工费的%	13	16	19	22	25	28
层　数	45层以下（150m）	48层以下（160m）	51层以下（170m）	54层以下（180m）	57层以下（190m）	60层以下（200m）
按人工费的%	31	34	37	40	43	46

注：为高层建筑供电的变电所和供水等动力工程，如装在高层建筑的底层或地下室的，均不计取高层建筑增加费；装在6层以上的变配电工程和动力工程则同样计取高层建筑增加费。

（4）安装与生产同时进行时，安装工程的总人工费增加10%，全部为因降效而增加的人工费（不含其他费用）。

（5）在有害人身健康的环境（包括高温、多尘、噪声超过标准和在有害气体等有害环境）中施工时，安装工程的总人工费增加10%，全部为因降效而增加的人工费（不含其他费用）。

5. 本册定额注意事项

（1）本估价表不包括以下内容：

①10kV以上及专业项目的电气设备安装。

②电气设备（如电动机等）配合机械设备进行单体试运转和联合试运转工作。

（2）变压器安装

①油浸电力变压器安装定额同样适用于自耦式变压器、带负荷调压变压器及并联电抗器的安装。电炉变压器按同容量电力变压器定额乘以系数2.0、整流变压器按同容量电力变压器定额乘以系数1.60进行换算。

②变压器的器身检查：4000kVA以下是按吊芯检查考虑，4000kVA以上是按吊钟罩检查考虑，如果4000kVA以上的变压器需吊芯检查时，定额机械台班乘以系数2.0。

③干式变压器如果带有保护外罩时，人工和机械乘以系数1.2。

④整流变压器、消弧线圈、并联电抗器的干燥，按同容量变压器干燥定额执行，电炉

变压器按同容量变压器干燥定额乘以系数2.0。

⑤变压器油是按设备带来考虑的，但施工中变压器油的过滤损耗及操作损耗已包括在有关定额中。

⑥变压器安装过程中放注油、油过滤所使用的油罐，已摊入油过滤定额中。

⑦本章定额不包括下列工作内容：变压器干燥棚的搭拆工作，若发生时可按实际计算；变压器铁梯及母线铁构件的制作安装，执行本册铁构件制作、安装定额；瓦斯继电器的检查及试验已列入变压器系统调整试验定额内；端子箱、控制箱的制作安装，执行本册相应定额；二次喷漆发生时按本册相应定额执行。

（3）配电装置

①设备本体所需的绝缘油、六氟化硫气体、液压油等均按设备带有考虑。

②本章设备安装定额不包括下列工作内容，执行本册相应定额：端子箱安装；设备支架制作及安装；绝缘油过滤；基础槽（角）钢安装。

③组合型成套箱式变电站主要是指10kV以下的箱式变电站，一般布置形式为变压器在箱的中间，箱的一端为高压开关位置，另一端为低压开关位置。组合型低压成套配电装置其外形像一个大型集装箱，内装6～24台低压配电箱（屏），箱的两端开门，中间为通道，称为集装箱式低压配电室，列入本册第四章。

（4）母线、绝缘子

①本章定额不包括支架、铁构件的制作、安装，发生时执行本册相应定额。

②软母线、带形母线、槽型母线的安装定额内不包括母线、金具、绝缘子等主材，具体按设计数量加损耗计算。

③组合软导线安装定额不包括两端铁构件制作、安装和支持瓷瓶、带形母线的安装，发生时应执行本册相应定额。其中跨距是按标准跨距综合考虑，如实际跨距与定额不符时不作换算。

④软母线安装定额是按单串绝缘子考虑的，如设计为双串绝缘子，其定额人工需乘以系数1.08。

⑤软母线的引下线、跳线、设备连线均按导线截面分别执行定额，不区分引下线、跳线和设备连线。

⑥带形钢母线安装直接执行铜母线安装定额。

⑦带形母线伸缩节头和铜过渡板均按成品考虑，定额只考虑安装。

⑧高压共箱母线和低压封闭式插接母线槽均按制造厂供应的成品考虑，定额只包含现场安装。封闭式插接母线槽在竖井内安装时，人工和机械乘以系数2.0。

（5）控制设备及低压电器

①本章包括电气控制设备、低压电器的安装，盘、柜配线，焊（压）接线端子，穿通板制作安装，基础槽、角钢及各种铁构件、支架制作、安装。

②控制设备安装，除限位开关及水位电气信号装置外，其他均未包括支架制作、安装，发生时可执行本章相应定额。

③控制设备安装未包括的工作内容：二次喷漆及喷字；电器及设备干燥；焊、压接线端子；子板外部（二次）接线。

④屏上辅助设备安装，包括标签框、光字牌、信号灯、附加电阻、连接片等，但不包

括屏上开孔工作。

⑤设备的补充油，按设备考虑。

⑥各种铁构件制作，均不包括镀锌、镀锡、镀铬、喷塑等其他金属防护费用，发生时应另行计算。

⑦轻型铁构件系指结构厚度在3mm以内的构件。

⑧铁构件制作安装定额适用于本册范围内的各种支架、构件的制作、安装。

（6）蓄电池

①本章定额适用于220V以下各种容量的碱性和酸性固定型蓄电池及其防震支架安装、蓄电池充放电。

②蓄电池防震支架按随设备供货考虑，安装按地坪打眼装膨胀螺栓固定。

③蓄电池电极连接条、紧固螺栓、绝缘垫均按设备带来考虑。

④本章定额不包括蓄电池抽头连接用电缆及电缆保护管的安装，发生时应执行本册相应项目。

⑤碱性蓄电池补充电解液由厂家随设备供货，铅酸蓄电池的电解液已包括在定额内，不另行计算。

⑥蓄电池充放电电量已计入定额，不论酸性、碱性电池均按其电压和容量执行相应项目。

（7）电机

①本章定额中的专业术语“电机”系指发电机和电动机的统称，如小型电机检查接线定额，适用于同功率的小型发电机和小型电动机的检查接线，定额中的电机功率系指电机的额定功率。

②直流发电机组和多台一串的机组，可按单台电机分别执行相应定额。

③本章的电机检查接线定额，除发电机和调相机外，均不包括电机的干燥工作，发生时应执行电机干燥定额。本章的电机干燥定额系按一次干燥所需的人工、材料、机械消耗量考虑。

④单台电机重量在3t以下的电机为小型电机，单台电机重量超过3t至30t以下的电机为中型电机，单台重量在30t以上的电机为大型电机。大中型电机不分交、直流电机一律按电机重量执行相应定额。

⑤微型电机分为三类：驱动微型电机（分马力电机）系指微型异步电动机、微型同步电动机、微型交流换向器电动机、微型直流电动机等；控制微型电机系指自整角机、旋转变压器、交直流测速发电机、交直流伺服电动机、步进电动机、力矩电动机等；电源微型电机系指微型电动发电机组和单枢变流机等。其他小型电机凡功率在0.75kW以下的电机均执行微型电机定额，但一般民用小型交流电风扇安装执行风扇安装定额。

⑥各类电机的检查接线定额均不包括控制装置的安装和接线。

⑦电机的接地线材质至今技术规范尚无新规定，本定额仍沿用镀锌扁钢（25×4）编制，如采用铜接地线时，主材（导线和接头）应更换，但安装人工和机械不变。

⑧电机安装执行《机械设备安装工程》的电机安装定额，其电机的检查接线和干燥执行本定额。

⑨各种电机的检查接线，规范要求均需配有相应的金属软管，如设计有规定按设计规格和数量计算，譬如：设计要求用包塑金属软管、阻燃金属软管或采用铝合金软管接头

等，均按设计计算。设计没有规定时，平均每台电机配金属软管1～1.5m（平均按1.25m）。电机的电源线为导线时，执行压（焊）接线端子定额。

（8）滑触线装置

①起重机的电气装置系按未经生产厂家成套安装和试运考虑的，因此起重机的电机和各种开关、控制设备、管线及灯具等均按分部分项定额编制预算。

②滑触线支架的基础铁件及螺栓，按土建预埋考虑。

③滑触线及支架的油漆，均按涂一遍考虑。

④移动软电缆敷设未包括轨道安装及滑轮制作。

⑤滑触线的辅助母线安装，执行"车间带型母线"安装定额。

⑥滑触线伸缩器和坐式电车绝缘子支持器的安装，已分别包括在"滑触线安装"和"滑触线支架安装"定额内，不另行计算。

⑦滑触线及支架安装是按10m以下标高考虑，如超过10m时按本册说明的超高系数计算。

⑧铁构件制作执行本册的相应项目。

（9）电缆

①本章的电缆敷设定额适用于10kV以下的电力电缆和控制电缆敷设。定额系数按平原地区和厂内电缆工程的施工条件编制，未考虑在积水区、水底、井下等特殊条件下的电缆敷设，厂外电缆敷设工程按有关定额另计工地运输。

②电缆在一般山地、丘陵地区敷设时，其定额人工乘以系数1.3。该地段所需的施工材料如固定桩、夹具等按实另计。

③ 电缆敷设定额未考虑因波形敷设增加长度、弛度增加长度、电缆绕梁（柱）增加长度以及电缆与设备连接、电缆接头等必要的预留长度，该增加长度应计入工程量之内（详见《全国统一安装工程预算工程量计算规则》）。

④ 本章的电力电缆头定额均按铝芯电缆考虑，铜芯电力电缆头按同截面电缆头定额乘以系数1.2，双屏蔽电缆头制作、安装人工乘以系数1.05。

⑤ 电力电缆敷设定额均按三芯（包括三芯连地）考虑，5芯电力电缆敷设定额乘以系数1.3，6芯电力电缆乘以系数1.6，每增加一芯定额增加30%，以此类推。单芯电力电缆敷设按同截面电缆定额乘以0.67，截面400mm^{2}以上至800mm^{2}的单芯电力电缆敷设按400mm^{2}电力电缆定额执行，240mm^{2}以上的电缆头接线端子为异型端子，需要单独加工，应按实际加工价计算（或调整定额价格）。

⑥ 电缆沟挖填方定额亦适用于电气管道沟等的挖填方工作。

⑦ 桥架安装：

a. 桥架安装包括运输、组合、螺栓或焊接固定，弯头制作，附件安装，切割口防腐，桥式或托板式开孔，上管件隔板安装，盖板及钢制梯式桥架盖板安装。

b. 桥架支撑架定额适用于立柱、托臂及其他各种支撑架的安装。本定额已综合考虑了采用螺栓、焊接和膨胀螺栓三种固定方式，实际施工中，不论采用何种固定方式，定额均不作调整。

c. 玻璃钢梯式桥架和铝合金梯式桥架定额均按不带盖考虑，如这两种桥架带盖，则分别执行玻璃钢槽式桥架定额和铝合金槽式桥架定额。

d. 钢制桥架主结构设计厚度大于3mm时，定额人工、机械乘以系数1.2。

e. 不锈钢桥架按本章钢制桥架定额乘以系数1.1。

⑧ 本章电缆敷设系综合定额，已将裸包电缆、铠装电缆、屏蔽电缆等因素考虑在内，因此凡10kV以下的电力电缆和控制电缆均不分结构形式和型号，一律按相应的电缆截面和芯数执行定额。

⑨ 电缆敷设定额及其相配套的定额中均未包括主材（又称装置性材料），另按设计和工程量计算规则加上定额规定的损耗率计算主材费用。

⑩ 直径Φ100以下的电缆保护管敷设执行配管配线章有关定额。

⑪ 本章定额未包括下列工作内容：

a. 隔热层、保护层的制作、安装；

b. 电缆冬季施工的加温工作和在其他特殊施工条件下的施工措施费和施工降效增加费。

（10）防雷及接地装置

① 本章定额适用于建筑物、构筑物的防雷接地，变配电系统接地，设备接地以及避雷针的接地装置。

② 户外接地母线敷设定额系数按自然地坪和一般土质综合考虑，包括地沟的挖填土和夯实工作，执行本定额时不再计算土方量。如遇有石方、矿渣、积水、障碍物等情况时可另行计算。

③ 本章定额不适于采用爆破法施工敷设接地线、安装接地极，也不包括高土壤电阻率地区采用换土或化学处理的接地装置及接地电阻的测定工作。

④ 本章定额中，避雷针的安装、半导体少长针消雷装置安装均已考虑了高空作业的因素。

⑤ 独立避雷针的加工制作执行本册“一般铁构件”制作定额。

⑥ 防雷均压环安装定额是按利用建筑物圈梁内主筋作为防雷接地连接线考虑的。如果采用单独扁钢或圆钢明敷作均压环时，可执行“户内接母线敷设”定额。

⑦ 利用铜绞线作接地引下线时，配管、穿铜绞线执行本册第十二册中同规格的相应项目。

（11）10kV以下架空配电线路

① 本章定额按平地施工条件考虑，如在其他地形条件下施工时，其人工和机械按下列地形系数予以调整。

地形系数调整 **表3.2.3.1-2**

地形类别	丘陵（市区）	一般山地 泥沼地带
调整系数	1.20	1.60

② 地形划分的特征：

a. 平地：地形比较平坦、地面比较干燥的地带。

b. 丘陵：地形有起伏的矮岗、土丘等地带。

c. 一般山地：指一般山岭或沟谷地带、高原台地等。

d. 泥沼地带：指经常积水的田地或泥水淤积的地带。

③预算编制中，全线地形分几种类型时，可按各种类型长度所占百分比求出综合系数

进行计算。

④土质分类如下：

a. 普通土：指种植土、粘砂土、黄土和盐碱土等，主要利用锹、铲即可挖掘的土质。

b. 坚土：指土质坚硬难挖的红土、板状黏土、重块土、高岭土，必须用铁镐、条锄挖松，再用锹、铲挖掘的土质。

c. 松砂石：指碎石、卵石和土的混合体，各种不坚实砾岩、页岩、风化岩，节理和裂缝较多的岩石等（不需用爆破方法开采）需要镐、撬棍、大锤、楔子等工具配合才能挖掘者。

d. 岩石：一般指坚实的粗花岗岩、白云岩、片麻岩、玢岩、石英岩、大理岩、石灰岩、石灰质胶结的密实砂岩的石质，不能用一般挖掘工具进行开挖，必须采用打眼、爆破或打凿才能开挖者。

e. 泥水：指坑的周围经常积水，坑的土质松散，如淤泥和沼泽地等挖掘时因水渗入和浸润而成泥浆，容易坍塌，需用挡土板和适量排水才能施工者。

f. 流沙：指坑的土质为砂质或分层砂质，挖掘过程中砂层有上涌现象，容易坍塌，挖掘时需排水和采用挡土板才能施工。

⑤ 主要材料运输重量的计算按表3.2.3.1-3规定执行：

主要材料运输重量计算 **表3.2.3.1-3**

材料名称		单位	运输重量（kg）	备注
混凝土制品	人工浇制		2600	包括钢筋
	离心浇制		2860	包括钢筋
线材	导线	kg	W×1.15	有线盘
	钢绞线	kg	W×1.07	无线盘
木杆材料			450	包括木横担
金具、绝缘子		kg	W×1.07	
螺栓		kg	W×1.01	

注：1. W为理论重量。
2. 未列入者均按净重计算。

⑥ 线路一次施工工程量按5根以上电杆考虑，如5根以内者，其全部人工、机械乘以系数1.3。

⑦ 如果出现钢管杆的组立，按同高度混凝土杆组立的人工、机械乘以系数1.4，材料不调整。

⑧ 导线跨越架设：

a. 每个跨越间距均按50m以内考虑，大于50m而小于100m时按2处计算，以此类推。

b. 在同跨越档内，有多种（或多次）跨越物时，应根据跨越物种类分别执行定额。

c. 跨越定额仅考虑因跨越而多耗的人工、机械台班和材料，在计算架线工程量时，不扣除跨越档的长度。

⑨ 杆上变压器安装不包括变压器调试、抽芯、干燥工作。

（12）电气调整试验

① 本章内容包括电气设备的本体试验和主要设备的分系统调试。成套设备的整套启动调试按专业定额另行计算，主要设备的分系统内所含的电气设备元件的本体试验已包括在该分系统调试定额之内。如：变压器的系统调试中已包括该系统中的变压器、互感器、开关、仪表和继电器等一、二次设备的本体调试和回路试验。绝缘子和电缆等单体试验，只在单独试验时使用，不得重复计算。

② 本定额的调试仪表使用费系按“台班”形式表示，它与《全国统一安装工程施工仪器仪表台班费用定额》配套使用。

③ 送配电设备调试中的1kV以下定额适用于所有低压供电回路，如从低压配电装置至分配电箱的供电回路；但从配电箱直接至电动机的供电回路已包括在电动机的系统调试定额内。送配电设备系统调试包括系统内的电缆试验、瓷瓶耐压等全套调试工作，供电桥回路中的断路器、母线分段断路器皆作为独立的供电系统计算。定额皆按一个系统一侧配一台断路器考虑。若两侧皆有断路器时，则按两个系统计算。如果分配电箱内只有刀开关、熔断器等不含调试元件的供电回路，则不再作为调试系统计算。

④ 由于电气控制技术的飞跃发展，原定额成套电气装置（如桥式起重机电气装置等）的控制系统已发生了根本变化，至今尚无统一的标准。故本定额取消了原定额中成套电气设备的安装与调试。起重机电气装置、空调电气装置、各种机械设备的电气装置，如堆取料机、装料车、推煤车等成套设备的电气调试应分别按相应的分项调试定额执行。

⑤ 定额不包括设备的烘干处理和设备本身缺陷造成的元件更换修理和修改，亦未考虑因设备元件质量低劣对调试工作造成的影响。定额系按新的合格设备考虑，如遇以上情况时，应另行计算。经修配改或拆迁的旧设备调试，定额乘以系数1.1。

⑥ 本定额只限电气设备自身系统的调整试验，未包括电气设备带动机械设备的试运工作，发生时应按专业定额另行计算。

⑦ 调试定额不包括试验设备、仪器仪表的场外转移费用。

⑧ 本调试定额系按现行施工技术验收规范编制，凡现行规范（指定额编制时的规范）未包括的新调试项目和调试内容均应另行计算。

⑨ 调试定额已包括熟悉资料、核对设备、填写试验记录、保护整定值的整定和调试报告的整理工作。

⑩ 电力变压器如有“带负荷调压装置”，调试定额乘以系数1.12。三卷变压器、整流变压器、电炉变压器调试按同容量的电力变压器调试定额乘以系数1.2。3～10kV母线系统调试含一组电压互感器，1kV以下母线系统调试定额不含电压互感器，适用于低压配电装置的各种母线（包括软母线）的调试。

（13）配管、配线

配管工程均未包括接线箱、盒及支架制作安装。钢索架设及拉紧装置制作、安装，插接式母线槽支架制作，槽架制作及配管支架应执行铁构件制作定额。

（14）照明器具

① 各型灯具的引导线，除注明者外均已综合考虑在定额内，执行时不得换算。

② 路灯、投光灯、碘钨灯、氙气灯、烟囱或水塔指示灯，均已考虑了一般工程的高

空作业因素，其他器具安装高度如超过 5m，则应按本册说明中规定的超高系数另行计算。

③ 定额中装饰灯具项目均已考虑了一般工程的超高作业因素，并包括脚手架搭拆费用。

④ 装饰灯具定额项目与示意图号配套使用。

⑤ 定额内已包括利用摇表测量绝缘及一般灯具的试亮工作（但不包括调试工作）。

（15）电梯电气装置

① 本章适用于国内生产的各种客、货、病床和杂物电梯的电气装置安装，但不包括自动扶梯和观光电梯。

② 电梯是按每层一门为准，增或减时，另按增（减）厅门相应定额计算。

③ 电梯安装的楼层高度，是按平均层高 4m 以内考虑，如平均层高超过 4m 时，其超过部分可另按提升高度定额计算。

④ 两部或两部以上并行或群控电梯，按相应的定额分别乘以系数 1.2。

⑤ 本定额是以室内地平±0 以下为地坑（下缓冲）考虑，如遇有“区间电梯”（基站不在首层），下缓冲地坑设在中间层时，则基站以下部分楼层的垂直搬运应另行计算。

⑥ 电梯安装材料、电线管及线槽、金属软管、管子配件、紧固件、电缆、电线、接线箱（盒）、荧光灯及其他附件、备件等，均按设备带有考虑。

⑦ 小型杂物电梯是以载重量在 200kg 以内，轿厢内不载人为准。重量大于 200kg 的轿厢内有司机操作的杂物电梯，执行客货电梯的相应项目。

⑧ 定额中已经包括程控调试。

⑨ 本定额不包括下列各项工作：电源线路及控制开关的安装；电动发电机组的安装；基础型钢和钢支架制作；接地极与接地干线敷设；电气调试；电梯的喷漆；轿厢内的空调、冷热风机、闭路电视、步话机、音响设备；群控集中监视系统以及模拟装置。

6. 本册清单工程量与定额工程量计算规则注意点

接地装置安装：

清单工程量计算规则：按设计图示尺寸以长度计算（含附加长度）。

定额工程量计算规则：接地极制作安装以“根”为计量单位，其长度按设计长度计算。设计无规定时，每根长度按 2.5m 计算；接地母线、避雷线敷设，均按延长米计算，其长度按施工图设计水平和垂直规定长度另加 3.9% 的附加长度（包括转弯、上下波动、避绕障碍物、搭线头所占长度）计算。

7. 案例

（1）低压开关柜

【例 1】 配电室内设 3 台 PGL 型低压开关柜，其尺寸（宽×高×厚）为 1000×2000×800（mm）

安装在 10 号基础槽钢上，编制分部分项工程量清单表。

【解】 由定额可知：基础槽钢 10 号安装未包含在低压开关柜定额中，需单独套用定额。

定额工程量：基础槽钢 10 号[(1+0.8)×2]×3=10.8m

计价软件输出分部分项工程量清单，如图 3.2.3.1-1 所示。

（2）电力电缆

	标准件	序号	类别	项目编号	换	清单名称	清单特征	单位	计算式	工程量
1	☐			◢		整个工程				0
2	☐	1	清	◢ 030404004001		低压开关柜（屏）		台	3	3
3	☐		单	2-240		配电(电源)屏安装(低压开关柜)		台	Q	3
4	☐		单	2-356		基础槽钢安装		10m	1.08	1.08

图 3.2.3.1-1　低压开关柜计价软件操作图

【例 2】某电缆敷设工程，电缆从室外埋设至厂房动力箱 XL（F）－21（高 1.8m、宽 0.8m），箱距地面高 0.4m，电缆 YJV4×240 埋深 0.8 米，电缆图示尺寸为 100m（未含预留量）。编制分部分项工程量清单表。

【解】由定额计价规则可知：电力电缆工程量计算规则按设计图示尺寸＋预留长度及附加长度。清单工程量同定额工程量：[100＋0.8×2(埋深)＋0.4(箱距地面高)＋(1.8＋0.8)(箱宽＋高)]×(1＋2.5%)＝107.2m

户内干包式电力电缆头制作：2 个

计价软件输出分部分项工程量清单，如图 3.2.3.1-2 所示。

序号	类别	项目编号	换	清单名称	清单特征	单位	计算式	工程量
		◢		整个工程				0
1	清	◢ 030408001001		电力电缆	电力电缆YJV4×240	m	107.2	107.2
2	单	2-620		铜芯电力电缆敷设 截面240mm2以下		100m	1.072	1.072
3	单	2-628		户内干包式电力电缆头制作、安装 干包终端头 1kV以下截面240mm2以下		个	2	2

图 3.2.3.1-2　电力电缆计价软件操作图

（3）桥架

【例 3】某公寓楼电气配线如图 3.2.3.1-3 所示，需配置钢制槽式强电桥架 100×100、钢制槽式弱电桥架 300×100，桥架垂直地面为 2.7m，编制分部分项工程量清单。

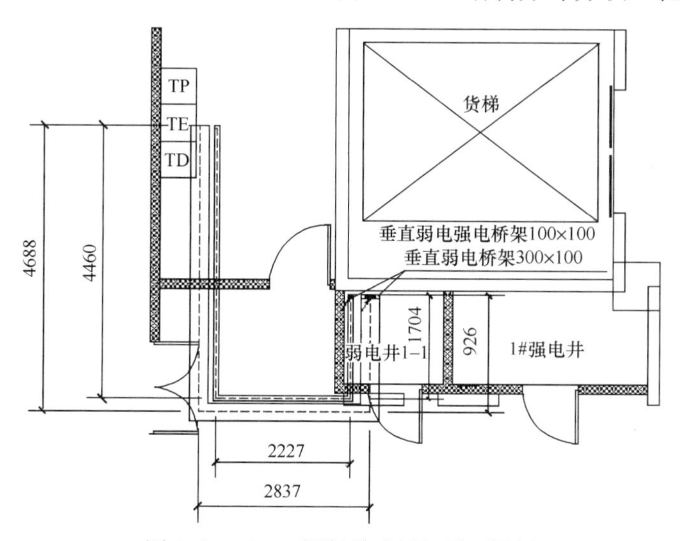

图 3.2.3.1-3　钢制槽式桥架平面图纸

【解】清单工程量：

钢制槽式桥架 100×100：4.46＋2.23＋1.7＋2.7＝11.09m

钢制槽式桥架 300×100：4.69＋2.84＋1.93＋2.7＝12.16m

计价软件输出分部分项工程量清单，如图 3.2.3.1-4 所示。

序号	类别	项目编号	换	清单名称	清单特征	单位	计算式	工程量
		◢		整个工程				0
1	清	◢ 030411003001		桥架	钢制槽式桥架 100×100	m	11.09	11.09
	单	2-543		钢制桥架 钢制槽式桥架安装(宽+高400mm以下)		10m	Q/10	1.109
2	清	◢ 030411003002		桥架	钢制槽式桥架 300×100	m	12.16	12.16
	单	2-543		钢制桥架 钢制槽式桥架安装(宽+高400mm以下)		10m	Q/10	1.216

图 3.2.3.1-4 桥架计价软件操作图

（4）电气安装综合性案例

【例 4】内容详见电气安装工程案例，将表 2.2.2.1-5 给出的清单工程量按照预算定额进行编制分部分项工程量清单。

计价软件输出分部分项工程量清单，如图 3.2.3.1-5 所示。

序号	类别	项目编号	换	清单名称	清单特征	单位	计算式	工程量
		◢		整个工程				0
1	清	◢ 030404017001		配电箱	照明配电箱 500×700×200	台	1	1
	单	2-265		成套配电箱安装 悬挂嵌入式半周长1...		台	1	1
	单	2-327		无端子外部接线 2.5		10个	12/10	1.2
	单	2-328		无端子外部接线 6		10个	3/10	0.3
2	清	◢ 030404034001		照明开关	单联单控开关	个	1	1
	单	2-1637		开关及按钮安装 扳式暗开关 单控单...		10套	0.1	0.1
3	清	◢ 030404034002		照明开关	三联单控开关	个	1	1
	单	2-1639		开关及按钮安装 扳式暗开关 单控三...		10套	0.1	0.1
4	清	◢ 030404035001		插座	单相五孔插座	个	8	8
	单	2-1670		插座安装 单相暗插座15A 5孔		10套	0.8	0.8
5	清	◢ 030411001001		配管	PC25，暗配	m	2.31	2.31
	单	2-1126		塑料管敷设 砖、混凝土结构暗配 刚...		100m	Q/100	0.0231
6	清	◢ 030411001002		配管	PC20，暗配	m	46	46
	单	2-1125		塑料管敷设 砖、混凝土结构暗配 刚性阻燃管公称口径 20mm以内		100m	Q/100	0.46
7	清	◢ 030411001003		配管	SC20，暗配	m	50.15	50.15
	单	2-1009		钢管敷设 砖、混凝土结构暗配 钢管...		100m	Q/100	0.5015
8	清	◢ 030411004001		配线	BV2.5mm2，管内穿线	m	175.86	175.86
	单	2-1172		管内穿线 照明线路 导线截面 2.5m...		100m单线	1.758	1.758
9	清	◢ 030411004002		配线	BV4mm2，管内穿线	m	154.44	154.44
	单	2-1173		管内穿线 照明线路 导线截面 4mm2...		100m单线	1.5444	1.5444
10	清	◢ 030411006001		接线盒	开关盒2个;插座盒8个;灯头盒13个	个	23	23
	单	2-1377		接线盒安装 暗装 接线盒		10个	2.1	2.1
	单	2-1378		接线盒安装 暗装 开关盒		10个	0.2	0.2
11	清	◢ 030412005001		荧光灯	嵌入式荧光灯	套	13	13
	单	2-1510		荧光艺术装饰灯具 组合荧光灯光带...		10m	13/10	1.3

图 3.2.3.1-5 电气安装综合性案例计价软件操作图

3.2.3.2 通风空调工程

1. 概述

本册定额适用于工业与民用建筑的新建、扩建项目中的通风空调工程。通风空调工程共设4个分部，包括通风及空调设备及部件制作安装、通风管道制作与安装、通风管道部件制作与安装、通风工程检测、调试。

本章内容主要依据的标准、规范包括《全国统一安装工程预算定额》（第九册 通风空调工程 GYD-209—2000）、《通用安装工程工程量计算规范 》（ GB 50856—2013 ）与《建设工程计价设备材料划分标准》（GB/T 50531—2009）。

2. 主要通风工程设备和材料的划分界线

（1）通风设备、除尘设备、空调设备、风机盘管、冷热空气幕、暖风机、制冷设备；订制的过滤器、消声器、工作台、风淋室、静压箱等均为设备。

（2）调节阀、风管、风口、风帽、散流器、百叶窗、罩类法兰及其配件、支吊架、加固框；现场制作的过滤器、消声器、工作台、风淋室、静压箱等均为材料。

3. 本册费用的规定

（1）脚手架搭拆费按人工费的3%计算，其中人工资占25%。

（2）高层建筑增加费（指高度在6层或20m以上的工业与民用建筑）按表3.2.3.2-1计算（其中全部为人工工资）：

表 3.2.3.2-1

层 数	9层以下 (30m)	12层以下 (40m)	15层以下 (50m)	18层以下 (60m)	21层以下 (70m)	24层以下 (80m)
按人工费的%	1	2	3	4	5	6
层 数	27层以下 (90m)	30层以下 (100m)	33层以下 (110m)	36层以下 (120m)	39层以下 (130m)	42层以下 (140m)
按人工费的%	8	10	13	16	19	22
层 数	45层以下 (150m)	48层以下 (160m)	51层以下 (170m)	54层以下 (180m)	57层以下 (190m)	60层以下 (200m)
按人工费的%	25	28	31	34	37	40

（3）超高增加费（指操作物高度距离楼地面6m以上的工程）按人工费的15%计算。

（4）系统调整费按系统工程人工费的13%计算，其中人工工资占25%。

（5）安装与生产同时进行增加的费用，按人工费的10%计算。

（6）在有害身体健康的环境中施工增加的费用，按人工费的10%计算。

4. 本册定额注意事项

（1）薄钢板通风管道制作安装

① 整个通风系统设计采用渐缩管均匀送风，圆形风管按平均直径，矩形风管按平均周长执行相应规格项目，其人工乘以系数2.5。

② 镀锌薄钢板风管项目中的板材是按镀锌薄钢板编制，如设计要求不用镀锌薄钢板者，板材可以换算，其他则不变。

③ 风管导流叶片不分单叶片和香蕉形双叶片，均使用同一项目。

④ 如制作空气幕送风管时，按矩形风管平均周长执行相应风管规格项目，其人工乘以系数3，其余不变。

⑤ 薄钢板通风管道制作安装项目中，包括弯头、三通、变径管、天圆地方等管件及法兰、加固框和吊托支架的制作用工，但不包括过跨风管落地支架。落地支架执行设备支架项目。

⑥ 薄钢板风管项目中的板材，如设计要求厚度不同者可以换算，但人工、机械不变

⑦ 软管接头使用人造革不使用帆布者可以换算。

⑧ 项目中的法兰垫料如设计要求使用材料品种不同者可以换算，但人工不变。使用泡沫塑料者每kg橡胶板换算为泡沫塑料0.125kg；使用闭孔乳胶海绵者每kg橡胶板换算为闭孔乳胶海绵0.5kg。

⑨ 柔性软风管适用于由金属、涂塑化纤织物、聚酯、聚乙烯、聚氯乙烯薄膜、铝箔等材料制成的软风管。

⑩ 柔性软风管安装按图示中心线长度以“m”为单位计算，柔性软风管阀门安装以“个”为单位计算。

（2）空调部件及设备支架制作安装

① 清洗槽、浸油槽、晾干架、LWP滤尘器支架制作安装执行设备支架项目。

② 风机减震台座执行设备支架项目，定额中不包括减震器用量，应按照设计图纸按实计算。

③ 玻璃挡水板执行钢板挡水板相应项目 ，其材料、机械均乘以系数0.45，人工不变。

④ 保温钢板密闭门执行钢板密闭门项目，其材料乘以系数0.5，机械乘以系数0.45，人工不变。

（3）通风空调设备安装

① 通风机安装项目内包括电动机安装，其安装形式包括A、B、C或D型，也适用不锈钢和塑料风机安装。

② 设备安装项目的基价中不包括设备费和应配备的地脚螺栓价值。

③ 诱导器安装套用风机盘管安装项目。

④ 风机盘管的配管执行第八册《给排水、采暖燃气工程》相应项目。

（4）净化通风管道及部件制作安装

① 净化通风管道制作安装子目中包括弯头、三通、变径管、天圆地方等管件及法兰、加固框和吊托支架，不包括过跨风管落地支架。落地支架执行设备支架项目。

② 净化风管子目中的板材，如设计厚度不同者可以换算，人工、机械不变。

③ 圆形风管执行本章矩形风管有关项目。

④ 风管涂密封胶是按全部口缝外表面涂抹考虑，如设计要求口缝不涂抹而只在法兰处涂抹者，每$10m^2$风管应减去密封胶1.5kg和人工0.37工日。

⑤ 过滤器安装项目中包括试装，如设计不要求试装者，其人工、材料、机械不变。

⑥ 风管及部件项目中，型钢未包括镀锌费，如设计要求镀锌时，另加镀锌费。

⑦ 铝制孔板风口如需电化处理时，另加电化费。

⑧ 低效过滤器指：M－A型、WL型、LWP型等系列。中效过滤器指：ZKL型、

YB型、M型、ZX—1型等系列。高效过滤器指：GB型、GS型、JX—20型等系列。净化工作台指：XHK型、BZK型、SXP型、SZP型、SZX型、SW型、SZ型、SXZ型、TJ型、CJ型等系列。

⑨ 洁净室安装以重量计算，执行第八章分段组装式空调器安装项目。

⑩ 本章定额按空气洁净度100000级编制。

（5）不锈钢板通风管道及部件制作安装

① 矩形风管执行本章圆形风管有关项目。

② 不锈钢吊托支架使用本章项目。

③ 风管凡以电焊考虑的项目，如需使用手工氩弧焊者，其人工乘以系数1.238，材料乘以系数1.163，机械乘以系数1.673。

④ 风管制作安装项目中包括管件，但不包括法兰和吊托支架；法兰和吊托支架应单独列项计算执行相应项目。

⑤ 风管项目中的板材如设计要求厚度不同者可以换算，人工、机械不变。

（6）铝板通风管道及部件制作安装

① 风管凡以电焊考虑的项目，如需使用手工氩弧焊者，其人工乘以系数1.154，材料乘以系数0.852，机械乘以系数9.242。

② 风管制作安装项目中包括管件，但不包括法兰和吊托支架；法兰和吊托支架应单独列项计算执行相应项目。

③ 风管项目中的板材如设计要求厚度不同者可以换算，人工、机械不变。

（7）塑料通风管道及部件制作安装

① 风管项目规格表示的直径为内径，周长为内周长。

② 风管制作安装项目中包括管件、法兰、加固框，但不包括吊托支架；吊托支架执行有关项目。

③ 风管制作安装项目中的主体，板材（指每10m^2定额用量为11.6m^2），如设计要求厚度不同者可以换算，人工、机械不变。

④ 项目中的法兰垫料如设计要求使用品种不同者可以换算，但人工不变。

⑤ 塑料通风管道胎具材料摊销费的计算方法：塑料风管管件制作的胎具摊销材料费未包括在定额内，按以下规定另行计算：风管工程量在30m^2以上的，每10m^2风管的胎具摊销木材为0.06m^3，按地区预算价格计算胎具材料摊销费；风管工程量在30m^2以下的，每10m^2风管的胎具摊销木材为0.09m^3，按地区预算价格计算胎具材料摊销费。

（8）玻璃钢通风管道及部件制作安装

① 玻璃钢通风管道安装项目中，包括弯头、三通、变径管、天圆地方等管件的安装及法兰、加固框和吊托架的制作安装，不包括过跨风管落地支架。落地支架执行设备支架项目。

② 本定额玻璃钢风管及管件按工程量加损耗外加工定做，其价值按实际价格；风管修补应由加工单位负责，其费用按实际价格发生，计算在主材费内。

③ 本册定额未考虑预留铁件的制作和埋设。如果设计要求用膨胀螺栓安装吊托支架者，膨胀螺栓可按实际调整，其余不变。

（9）玻璃钢通风管道及部件制作安装

① 风管项目规格表示的直径为内径，周长为内周长。

② 风管制作安装项目中包括管件、法兰、加固框、吊托支架。

5. 本册清单工程量和定额工程量计算规则的区别、易错点

(1) 塑料通风管道制作安装:

清单工程量计算规则:按设计图示内径尺寸以展开面积计算。

定额工程量计算规则:塑料通风管道制作安装所列规格直径为内径,周长为内周长。

(2) 碳钢调节阀制作安装:

清单工程量计算规则:按设计图示数量计算(包括空气加热器上通阀、空气加热器旁通阀、圆形瓣式启动阀、风管蝶阀、风管止回阀、密封式斜插板阀、矩形风管三通调节阀、对开多叶调节阀、风管防火阀、各型风罩调节阀制作安装等);若调节阀为成品时,制作不再计算,单位“个”。

定额工程量计算规则:制作按重量计算,单位“100kg”;安装按数量计算,单位“个”。

(3) 塑料风管阀门制作安装:

清单工程量计算规则:按设计图示数量计算(包括塑料蝶阀、塑料插板阀、各型风罩塑料调节阀)

定额工程量计算规则:制作按重量计算,单位“ 100kg”;安装按数量计算,单位“个”。

(4) 碳钢风口、散流器制作安装(百叶窗):

清单工程量计算规则:按设计图示数量计算,风口、分布器、散流器、百叶窗为成品时,制作不再计算,单位“个”。

定额工程量计算规则:制作按重量计算,单位“ 100kg”;安装按数量计算,单位“个”。

(5) 碳钢风帽制作安装:

清单工程量计算规则:按设计图示数量计算;若风帽为成品时,制作不再计算,单位“个”。定额工程量计算规则:按重量计算,单位“100kg”。

(6) 通风工程检测、调试:

通风工程检测、调试清单工程量按通风设备、管道及部件等组成的通风系统计算,单位“系统”。

(7) 风管制作安装

清单工程量计算规则:风管长度一律以设计图示中心线长度为准,包括弯头、三通、变径管、天圆地方等关键长度,但不包括部件(风管阀门、风帽、静压箱及消声器等)所占的长度。

注:通风部件长度L,当设计有规定时,按设计长度计算;设计没有规定时,按标准图长度计算或按规定计算,蝶阀L=150mm,止回阀L=300mm,密闭式对开多叶调节阀L=210mm,圆形风管防火阀L=D+240mm,矩形风管防火阀L=B(风管高度)+240mm,密闭式斜插板阀、塑料手柄式蝶阀尺寸、塑料拉链式蝶阀、塑料圆形插板阀等查阅有关规定。

定额工程量计算规则:同清单工程量计算规则。

6. 案例

(1) 渐缩管

【例 1】 如图 3.2.3.2-1 所示圆形渐缩风管（δ＝1.2mm 以内咬口）D1＝1000mm，D2＝500mm，D3＝500mm，吊顶空调器 0.15t，计算工程量及编制分部分项工程量清单。

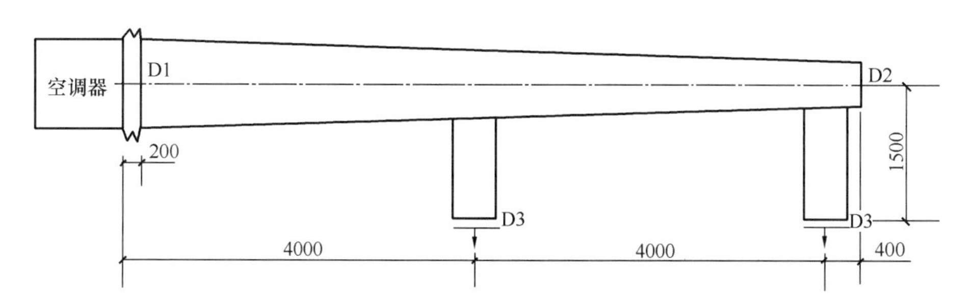

图 3.2.3.2-1 渐缩管示意图

【解】 ①清单工程量

a. 渐缩管（D1、D2）风管工程量计算：

长度 L＝[4－0.2(软管长)＋4＋0.4]＝8.2m

工程量 F＝πL(D1＋D2)/2＝3.14×8.2×(1＋0.5)/2＝19.31m^2

b. 分管支管(D3)的工程量：

长度 L1＝3×2(二个支管)＝6m

工程量 F1＝πL1D3＝3.14×6×0.5＝9.42m^2

c. 圆形直片散流器工程量：1×2＝2 个

d. 软接管 1 个，L2＝0.2m，F2＝πL2D1＝3.14×1×0.2＝0.63m^2

e. 空调器 1 台

② 定额工程量

a. 风管的清单工程量同定额工程量。

b. 圆形直片散流器查《新编建筑安装工程量速算手册》中国标准通风部件重量表，圆形直片散流器尺寸直径 500 的重量为 13.07kg/个，故散流器的工程量：13.07×2（2 个散流器）＝26.14kg

计价软件输出分部分项工程量清单，如图 3.2.3.2-2 所示。

(2) 通风空调系统综合案例

【例 2】 内容详见通风空调系统安装工程示例，将表 2.2.2.2-1 给出的清单工程量按照预算定额进行编制分部分项工程量清单。

【解】 计价软件输出分部分项工程量清单，如图 3.2.3.2-3 所示。

(3) 塑料风管

【例 3】 已知矩形塑料风管如图 3.2.3.2-4 所示：断面尺寸为 800×630（A×B），壁厚 5mm，长 2m，计算工程量及编制分部分项工程量清单。

【解】 塑料风管制作安装定额所列规格直径为内径，周长为内周长。

内周长 C：2×(A－2×0.005＋B－2×0.005)＝2×(0.8－0.01＋0.63－0.01)＝2.82m

序号	类别	项目编号	换	清单名称	清单特征	单位	计算式	工程量
		◢		整个工程				0
1	清	◢ 030701003001		空调器	空调器	台(组)	1	1
	单	9-235		空调器安装 吊顶式重量 0.15t...		台	1	1
2	清	◢ 030702001001		碳钢通风管道	圆形渐缩管，D1=1000mm,D2=500mm	m²	19.31	19.31
	单	9-3		镀锌薄钢板圆形风管(δ=1.2mm以内咬口) 直径 1120mm以下		10m²	Q/10	1.931
3	清	◢ 030702001002		碳钢通风管道	圆形风管，D3=500mm	m²	9.42	9.42
	单	9-2		镀锌薄钢板圆形风管(δ=1.2mm以内咬口) 直径 500mm以下		10m²	Q/10	0.942
4	清	◢ 030703007001		碳钢风口、散流器、百叶窗	圆形直片散流器，Φ500，13.07kg/个	个	2	2
	单	9-308		直片式散流器T235-1 10kg以上		100kg	0.2614	0.2614
5	清	◢ 030703019001		柔性接口	软管接口	m²	0.63	0.63
	单	9-41		软管接口		m²	Q	0.63

图 3.2.3.2-2　渐缩管计价软件操作图

序号	类别	项目编号	换	清单名称	清单特征	单位	计算式	工程量
		◢		整个工程				0
1	清	◢ 030701003001		空调器	吊顶式新风处理机组	台(组)	1	1
	单	9-235		空调器安装 吊顶式重量 0.15t...		台	1	1
2	清	◢ 030702001001		碳钢通风管道	镀锌薄钢板，δ=0.6mm，周长2000mm以下，咬口连接	m²	8.77	8.77
	单	9-249		镀锌薄钢板矩形净化风管(咬口) 周长 2000mm以下		10m²	Q/10	0.877
3	清	◢ 030702001002		碳钢通风管道	镀锌薄钢板，δ=0.6mm，周长4000mm以下，咬口连接	m²	1.3	1.3
	单	9-250		镀锌薄钢板矩形净化风管(咬口) 周长 4000mm以下		10m²	Q/10	0.13
4	清	◢ 030702001003		碳钢通风管道	镀锌薄钢板，δ=0.75mm，周长4000mm以下，咬口连接	m²	0.27	0.27
	单	9-250		镀锌薄钢板矩形净化风管(咬口) 周长 4000mm以下		10m²	Q/10	0.027
5	清	◢ 030702011002		温度、风量测定孔		个	2	2
	单	9-43		温度、风量测定孔T615		个	2	2
6	清	◢ 030703001001		碳钢阀门	电动对开多叶蝶阀，630mm×400mm	个	1	1
	单	9-84		调节阀安装对开多叶调节阀周长 2800mm以内		个	Q	1
7	清	◢ 030703007001		碳钢风口、散流器、百叶窗	外墙防雨百叶，630mm×400mm	个	1	1
	单	9-132		风口制作活动金属百叶风口J718-1		m²	0.252	0.252
8	清	◢ 030703007002		碳钢风口、散流器、百叶窗	散流器，420mm×420mm	个	2	2
	单	9-148		风口安装方形散流器周长2000mm以内		个	Q	2
9	清	◢ 030703019001		柔性接口	帆布软接	m²	1.09	1.09
	单	9-41		软管接口		m²	1.09	1.09

图 3.2.3.2-3　通风空调系统计价软件操作图

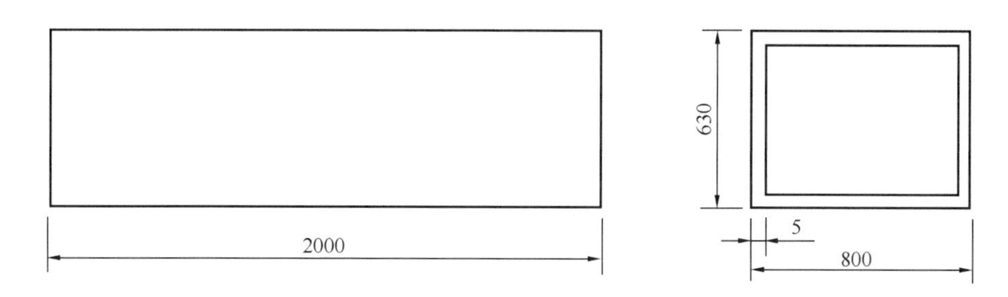

图 3.2.3.2-4　矩形塑料风管

$$F=L\times C=2\times 2.82=5.64m^2$$

计价软件输出分部分项工程量清单，如图 3.2.3.2-5 所示。

序号	类别	项目编号	换	清单名称	清单特征	单位	计算式
		◢		整个工程			
1	清	◢ 030702005001		塑料通风管道	塑料通风管道，800×630，壁厚5mm	m²	5.64
2	单	9-297		塑料矩形风管 周长×壁厚 3200以下×5mm		10m²	5.64/10

图 3.2.3.2-5　塑料风管计价软件操作图

3.2.3.3　消防工程

1. 概述

本册定额适用于工业与民用建筑的新建、扩建和整体更新改造工程中的消防安装工程。本册主要包括水灭火系统、气体灭火系统、泡沫灭火系统、火灾自动报警系统、消防系统调试等内容。

本章内容主要依据的标准、规范有《全国统一安装工程预算定额》(第七册 消防及安全防范设备安装工程 GDY-207—2000)《通用安装工程工程量计算规范》GB 50856—2013 与《建设工程计价设备材料划分标准》GB/T 50531—2009。

2. 主要消防专设备和材料的划分界线

(1) 消防及报警设备、遥控遥测设备、电源控制及配套设备、成套供应的附属设备等均为设备。

(2) 铁塔、电线、电缆、光缆、机柜、插头、插座、接头、支架、桥架、立杆、底座、灯具、管道、管件；现场制作安装的探测器、模块、控制器、水泵结合器等均为材料。

3. 本册各项费用的规定

(1) 脚手架搭拆费按人工费的 5%计算，其中人工工资占 25%。

(2) 高层建筑增加费（指高度在 6 层或 20m 以上的工业与民用建筑）按表 3.2.3.3-1 计算（其中全部为人工工资）：

(3) 安装与生产同时进行增加的费用，按人工费的 10%计算。

(4) 在有害身体健康的环境中施工增加的费用，按人工费的 10%计算。

高层建筑增加费　　表3.2.3.3-1

层 数	9层以下（30m）	12层以下（40m）	15层以下（50m）	18层以下（60m）	21层以下（70m）	24层以下（80m）
按人工费的%	1	2	4	5	7	9
层 数	27层以下（90m）	30层以下（100m）	33层以下（110m）	36层以下（120m）	39层以下（130m）	42层以下（140m）
按人工费的%	11	14	17	20	23	26
层 数	45层以下（150m）	48层以下（160m）	51层以下（170m）	54层以下（180m）	57层以下（190m）	60层以下（200m）
按人工费的%	29	32	35	38	41	44

（5）超高增加费：指操作物高度距离楼地面5m以上的工程，按其超过部分的定额人工费乘以表3.2.3.3-2系数：

表3.2.3.3-2

标高（m以内）	8	12	16	20
超高系数	1.10	1.15	1.2	1.25

4. 本册定额注意事项

（1）本定额与其他有关定额的划分

① 电缆敷设、桥架安装、配管配线、接线盒、动力、应急照明控制设备、应急照明器具、电动机检查接线、防雷接地装置等安装；设备支架、底座、基础的制作安装及铁构件的制作等均执行《电气设备安装工程》相应定额。

② 消火栓系统的管道、阀门安装；管道支架及钢套管的制作安装等；室外给水管道安装；水箱制作等均执行《给排水、采暖、燃气工程》相应定额。

③ 其他各种阀门、法兰安装；各种套管的制作安装；不锈钢管和管件、铜管和管件、泵间管道安装；管道系统强度试验、严密性试验和冲洗等执行《工业管道安装》相应定额。

④ 各种消防泵、稳压泵等机械设备安装及二次灌浆执行《机械设备安装工程》相应定额。

⑤ 各种仪表等的安装及带电讯号的阀门、水流指示器、压力开关、驱动装置及泄漏报警开关的接线、校线等执行《自动化控器仪表安装工程》相应定额。

⑥ 泡沫液储罐、设备支架制作安装等执行《静置设备与工艺金属结构制作安装工程》相应定额。

⑦ 设备及管道除锈、刷油及绝热工程执行《刷油、防腐蚀、绝热工程》相应定额。

⑧ 因本册定额只包括消防的专用设备、管道及各种组件等的安装，不足部分在使用其他有关定额项目时，各种系数（如超高费、高层建筑增加费、脚手架搭拆费等）及工程量计算规则等均执行各册定额的相应规定。

（2）水灭火系统

① 管道安装定额：包括工序内一次性水压试验；镀锌钢管法兰连接定额，管件是按成品、弯头两端是按接短管焊法兰考虑，定额中包括了直管、管件、法兰等全部安装工序内容，但管件、法兰及螺栓的主材数量应按设计规定另行计算；定额也适用于镀锌无缝钢管的安装。

② 喷头、报警装置及水流指示器安装定额均按管网系统试压、冲洗合格后安装考虑，

定额中已包括丝堵、临时短管的安装、拆除及其摊销。

③ 其他报警装置适用于雨淋、干湿两用及预作用报警装置。

④ 温感式水幕装置安装定额中已包括给水三通至喷头、阀门间的管道、管件、阀门、喷头等全部安装内容。但管道的主材数量按设计管道中心长度、另加损耗计算；喷头数量按设计数量另加损耗计算。

⑤ 集热板的安装位置：当高架仓库分层板上方有孔洞、缝隙时，应在喷头上方设置集热板。

⑥ 隔膜式气压水罐安装定额中地脚螺栓按设备带有考虑，定额中包括指导二次灌浆用工，但二次灌浆费用另计。

⑦ 管道支吊架制作安装定额中包括了支架、吊架及防晃支架。

⑧ 管网冲洗定额是按水冲洗考虑，若采用水压气动冲洗法时，可按施工方案另行计算，定额只适用于自动喷水灭火系统。

⑨ 本章不包括以下工作内容：

阀门、法兰安装、各种套管的制作安装、泵房间管道安装及管道系统强度试验、严密性试验；消火栓管道、室外给水管道安装及水箱制作安装；各种消防泵、稳压泵安装及设备二次灌浆等；各种仪表的安装及带电讯号的阀门、水流指示器、压力开关的接线、校线及单体调试；各种设备支架的制作安装；管道、设备、支架、法兰焊口除锈刷油；系统调试。

⑩ 其他有关规定：

设置于管道间、管廊内的管道，其定额人工乘以1.3；主体结构为现场浇注采用钢模施工的工程：内外浇注的定额人工乘以1.05，内浇外砌的定额人工乘以1.03。

（3）气体灭火系统

① 本章定额中的无缝钢管、钢制管件、选择阀安装及系统组件试验等均适用于卤代烷1211和1311灭火系统，二氧化碳灭火系统按卤代烷灭火系统相应定额乘以系数1.20。

② 管道及管件安装定额：

a. 无缝钢管和钢制管件内外镀锌及场外运输费用另行计算。

b. 螺纹连接的不锈钢管、铜管及管件安装时，按无缝钢管和钢制管件安装相应定额乘以系数1.20。

c. 无缝钢管螺纹连接定额中不包括钢制管件连接内容，应按设计用量执行钢制管件连接定额。

d. 无缝钢管法兰连接定额，管件是按成品、弯头两端是按接短管焊接法兰考虑，定额中包括了直管、管件、法兰等全部安装工序内容，但管件、法兰及螺栓的主材数量应按设计规定另行计算。

e. 气动驱动装置管道安装定额中卡套连接件的数量按设计用量另行计算。

③ 喷头安装定额中包括管件安装及配合水压试验安装拆除丝堵的工作内容。

④ 贮存装置安装，定额中包括灭火剂贮存容器和驱动气瓶的安装固定支框架、系统组件（集流管，容器阀，气液单向阀、高压软管），安全阀等贮存装置和阀驱动装置的安装及氮气增压。二氧化碳贮存装置安装时，不须增压，执行定额时，扣除高纯氮气，其余不变。

⑤ 二氧化碳称重检漏装置包括泄漏报警开关、配重及支架。

⑥ 系统组件包括选择阀，气液单向阀和高压软管。

⑦ 本章定额不包括的工作内容：

a. 管道支吊架的制作安装应执行本册定额的相应项目。

b. 不锈钢管、铜管及管件的焊接或法兰连接，各种套管的制作安装、管道系统强度试验、严密性试验和吹扫等均执行《工业管道工程》定额相应项目。

c. 管道及支吊架的防腐刷油等执行《刷油、防腐蚀、绝热工程》相应项目。

⑧系统调试执行本册定额的相应项目。

⑨ 电磁驱动器与泄漏报警开关的电气接线等执行《自动化控制仪表安装工程》相应项目。

(4) 泡沫灭火系统

① 泡沫发生器及泡沫比例混合器安装中包括整体安装、焊法兰、单体调试及配合管道试压时隔离本体所消耗的人工和材料，但不包括支架的制作、安装和二次灌浆的工作内容。地脚螺栓按本体带有考虑。

② 本章不包括的内容：

a. 泡沫灭火系统的管道、管件、法兰、阀门、管道支架等的安装及管道系统水冲洗、强度试验、严密性试验等执行《工业管道工程》相应项目。

b. 泡沫喷淋系统的管道、组件、气压水罐、管道支吊架等安装执行本册第二章相应项目及有关规定。

③ 消防泵等机械安装及二次灌浆执行《机械设备安装工程》相应项目。

④ 泡沫液贮罐、设备支架制作安装执行《静置设备与工艺金属结构制作安装工程》相应项目。

⑤ 油罐上安装的泡沫发生器及化学泡沫室执行《静置设备与工艺金属结构制作安装工程》相应项目。

⑥ 防锈、刷油、保温等均执行《刷油、防腐蚀、绝热工程》相应项目。

⑦ 泡沫液充装定额是按生产厂在施工现场充装考虑，若由施工单位充装时，可另行计算。

⑧ 泡沫灭火系统调试应按批准的施工方案另行计算。

(5) 火灾自动报警系统

① 本章定额中箱、机是以成套装置编制；柜式及琴台式安装均执行落地式安装相应项目。

② 本章不包括以下工作内容：设备支架、底座、基础的制作与安装；构件加工、制作；电机检查、接线及调试；事故照明及疏散指示控制装置安装；CRT 彩色显示装置安装。

(6) 消防系统调试

① 本章包括自动报警系统装置调试，水灭火系统控制装置调试，火灾事故广播、消防通讯、消防电梯系统装置调试，电动防火门、防火卷帘门、正压送风阀、排烟阀、防火阀控制系统装置调试，气体灭火系统装置调试等项目。

② 系统调试是指消防报警和灭火系统安装完毕且联通，并达到国家有关消防施工验收规范、标准所进行的全系统的检测、调整和试验。

③ 自动报警系统装置包括各种探测器、手动报警按钮和报警控制器、灭火系统控制装置包括消火栓、自动喷水、卤代烷、二氧化碳等固定灭火系统的控制装置。

④ 气体灭火系统调试试验时采取的安全措施，应按施工组织设计另行计算。

5. 本册安装工程清单工程量与定额工程量的计算规则的区别

（1）水喷淋镀锌钢管、水喷淋镀锌无缝钢管、消火栓镀锌钢管、无缝钢管、不锈钢管

清单工程量计算规则：按设计图示管道中心线长度以延长米计算，不扣除阀门、管件及各种组件所占长度。

定额工程量计算规则：按设计管道中心线长度，以“m”为计量单位，不扣除阀门、管件及各种组件所占长度，主材按定额用量计算。

（2）管道支架制作安装

清单工程量计算规则：按设计图示质量计算。

定额工程量计算规则：管道支吊架已综合支架、吊架及防晃支架的制作安装，均以“kg”为计量单位。

6. 案例

（1）水灭火系统

【例 1】内容详见消防工程案例，将表 2.2.2.3-1 给出的清单工程量按照预算定额进行编制分部分项工程量清单。

【解】计价软件输出分部分项工程量清单，如表 3.2.3.3-3 所示。

计价软件输出的分部分项工程量清单　　表 3.2.3.3-3

序号	类别	项目编号	换	清单名称	清单特征	单位	计算式
		◢		整个工程			
1	清	◢ 030901001001		水喷淋钢管	DN150，法兰连接	m	12.2
	单	7-74		管道安装 镀锌钢管(法兰连接) 直径150mm以内		10m	Q/10
2	清	◢ 030901001002		水喷淋钢管	DN100，法兰连接	m	4.85
	单	7-74		管道安装 镀锌钢管(法兰连接) 直径150mm以内		10m	Q/10
3	清	◢ 030901001003		水喷淋钢管	DN80，螺纹连接	m	10.98
	单	7-72		管道安装 镀锌钢管(螺纹连接) 直径80mm以内		10m	Q/10
4	清	◢ 030901001004		水喷淋钢管	DN65，螺纹连接	m	22.09
	单	7-71		管道安装 镀锌钢管(螺纹连接) 直径70mm以内		10m	Q/10
5	清	◢ 030901001005		水喷淋钢管	DN50，螺纹连接	m	30.38
	单	7-70		管道安装 镀锌钢管(螺纹连接) 直径50mm以内		10m	3.038
6	清	◢ 030901001006		水喷淋钢管	DN40，螺纹连接	m	13.52
	单	7-69		管道安装 镀锌钢管(螺纹连接) 直径40mm以内		10m	Q/10
7	清	◢ 030901001007		水喷淋钢管	DN32，螺纹连接	m	63.44
	单	7-68		管道安装 镀锌钢管(螺纹连接) 直径32mm以内		10m	Q/10

续表

8	清	◢ 030901001008	水喷淋钢管	DN25，螺纹连接	m	142.8	142.8
	单	7-67	管道安装 镀锌钢管(螺纹连接) 直径25mm以内		10m	Q/10	14.28
9	清	◢ 030901003001	水喷淋（雾）喷头	下喷，有吊顶，DN25	个	103	103
	单	7-77	系统组件安装 喷头安装 直径15mm以内 有吊顶		10个	Q/10	10.3
10	清	◢ 030901006001	水流指示器	DN100，法兰连接	个	2	2
	单	7-94	水流指示器安装 法兰连接 直径100mm以内		个	Q	2
11	清	◢ 030901008001	末端试水装置	DN50，螺纹连接	组	1	1
	单	7-103	其他组件安装 末端试水装置安装 直径32mm以内		组	Q	1
12	清	◢ 031003001001	螺纹阀门	自动排气阀，DN20	个	1	1
	单	8-300	阀门安装 自动排气阀 直径20mm		个	Q	1
13	清	◢ 031003001002	螺纹阀门	泄水阀，DN50	个	1	1
	单	6-1339	低压安全阀门 直径50mm以内		个	Q	1
14	清	◢ 031003001003	螺纹阀门	试水阀，DN25	个	1	1
	单	6-1319	低压调节阀门 直径25mm以内		个	Q	1
15	清	◢ 031003003001	焊接法兰阀门	止回阀，DN150	个	2	2
	单	6-1344	低压安全阀门 直径150mm以内		个	Q	2
16	清	◢ 031003003002	焊接法兰阀门	信号蝶阀，DN100	个	2	2
	单	6-1298	低压齿轮、液压传动、电动阀门 直径100mm以内		个	Q	2
17	清	◢ 031003003003	焊接法兰阀门	湿式报警阀，DN150	个	1	1
	单	7-81	系统组件安装 湿式报警装置安装 直径150mm以内		组	1	1
18	清	◢ 031002003001	套管	刚性防水套管，DN250	个	1	1
	单	6-2965	刚性防水套管安装 直径300mm以内		个	Q	1
19	清	◢ 031002003002	套管	一般过楼板钢套管，DN250	个	2	2
	单	6-2975	一般穿墙套管制作安装 直径250mm以内		个	Q	2

（2）消火栓

【例2】 如图所示3.2.3.3-1为室外地上式消火栓示意图，镀锌钢管直径为150mm，螺纹连接，室外消火栓承压1.0MPa浅150型，编制分部分项工程量清单。

【解】 计价软件输出分部分项工程量清单，如表3.2.3.3-4所示。

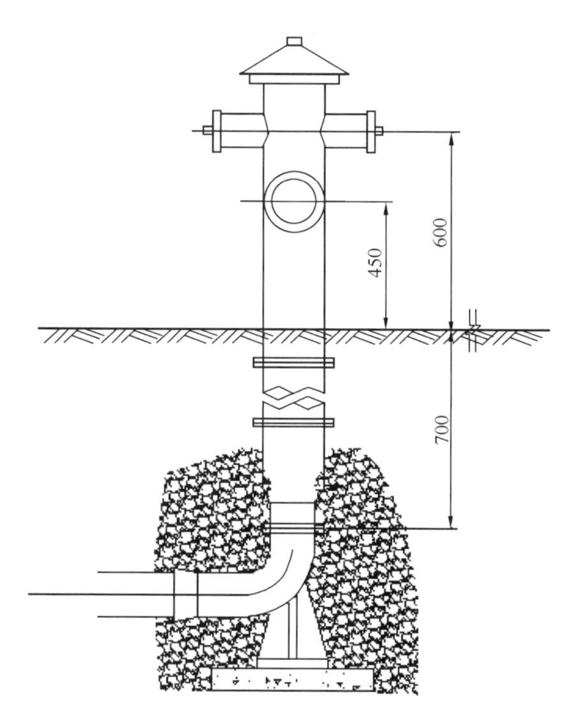

图 3.2.3.3-1 消火栓示意图

消火栓计价软件操作表 表 3.2.3.3-4

序号	类别	项目编号	换	清单名称	清单特征	单位	计算式	工程量
		◢		整个工程				0
1	清	◢ 030901011001		室外消火栓	室外消火栓1.0MPa,浅150型	套	1	1
	单	7-115		消火栓安装 室外地上式消火拴安装 1.0MPa 浅150型		套	Q	1

（3）消防水箱

【例 3】消防水箱一般置于建筑物顶楼或地下室，本案例为矩形消防水箱，箱重1000kg，水箱容积 10m²，编制分部分项工程量清单。

【解】计价软件输出分部分项工程量清单，如表 3.2.3.3-5 所示。

消防水箱 3 计价软件操作表 表 3.2.3.3-5

序号	类别	项目编号	换	清单名称	清单特征	单位	计算式	工程量
		◢		整个工程				0
1	清	◢ 031006015001		水箱	矩形钢板水箱，箱重1000kg,水箱容积为10m³	台	1	1
	单	8-539		矩形钢板水箱制作 每个箱重 701~1000kg		100kg	1000/100	10
	单	8-554		矩形钢板水箱安装 总容量12.4m³		个	1	1

（4）泡沫灭火系统

【例 4】某泡沫灭火系统采用泡沫比例混合器安装 PH32 环泵式负压 1 台，DN80 的低压电弧焊碳钢管150m，编制分部分项工程量清单。

【解】计价软件输出分部分项工程量清单，如表3.2.3.3-6所示。

泡沫灭火系统计价软件操作表 表3.2.3.3-6

序号	类别	项目编号	换	清单名称	清单特征	单位	计算式	工程量
		◢		整个工程				0
1	清	◢ 030903001001		碳钢管	DN80的低压电弧焊碳钢管	m	150	150
	单	6-32		低压管道 碳钢管(电弧焊) 直径80mm以内		10m	Q/10	15
2	清	◢ 030903007001		泡沫比例混合器	负压比例泡沫混合器	台	1	1
	单	7-191		泡沫比例混合器安装 环泵式负压PH32		台	Q	1

(5) 火灾自动报警

【例5】某大楼装有总线制火灾自动报警系统，有128点壁挂式报警控制器1台，有8只感烟探测器，报警按钮4只，警铃1只，接于同一回路，编制分部分项工程量清单。

【解】计价软件输出分部分项工程量清单，如表3.2.3.3-7所示。

火灾自动报警计价软件操作表 图3.2.3.3-7

序号	类别	项目编号	换	清单名称	清单特征	单位	计算式	工程量
		◢		整个工程				0
1	清	◢ 030904009001		区域报警控制箱	128点壁挂式报警控制器	台	1	1
	单	7-20		报警控制器安装 总线制(壁挂式)200点以下		台	1	1
2	清	◢ 030904005001		声光报警器	警铃	个	1	1
	单	7-51		警报装置安装 警铃		只	1	1
3	清	◢ 030904001001		点型探测器	感烟探测器	个	8	8
	单	7-6		探测器安装 点型探测器 总线制 感烟		只	8	8
4	清	◢ 030904003001		按钮	按钮	个	4	4
	单	7-12		按钮安装		只	4	4

3.2.3.4 给排水、采暖、燃气工程

1. 概述

本册定额适用于新建、扩建项目中的生活用给水、排水、燃气、采暖热源管道以及附件配件安装，小型容器制作安装。

本章内容主要依据的标准、规范包括《全国统一安装工程预算定额》(第八册给排水工程GDY-208—2000)《通用安装工程工程量计算规范》GB 50856—2013与《建设工程计价设备材料划分标准》GB/T 50531—2009。

2. 主要给排水、采暖、燃气设备和材料的划分界限

(1) 加氯机、水射器、管式混合器、搅拌器等投药、消毒处理设备；曝气器、生物转盘、压力滤池、压力容器罐、布水器、射流器、离子交换器、离心机、萃取设备、碱洗塔等水处理设备；除污机、消污机、捞毛机等拦污设备；吸泥机、撇渣机、刮泥机等排泥、撇渣、除砂设备，脱水机、压榨机、压滤机、过滤机等污泥收集、脱水设备；开水炉、电热水器、容积式热交换器、蒸汽－水加热器、冷热水混合器、太阳能集热器、消毒器

(锅)、饮水器、采暖炉、膨胀水箱；燃气加热设备、成品凝水缸、燃气调压装置等均为设备。

(2) 设备本体以外的各种滤网、钢板闸门、栅板及启闭装置的启闭架等；管道、阀门、法兰、卫生洁具、水表、自制容器、支架、金属构件等；散热器具、燃气表、气嘴、燃气灶具、燃气管道和附件等均为材料。

3. 以下内容执行其他册相应定额

(1) 工业管道、生产生活共用管道、锅炉房和泵类配管以及高层建筑物内加压泵间的管道执行《工业管道工程》相应项目。

(2) 刷油、防腐蚀、绝热工程执行《刷油、防腐蚀、绝热工程》相应项目。

(3) 埋地管道的土石方及砌筑工程执行《自治区建筑工程计价定额》相应项目。

(4) 各类泵、风机等传动设备安装执行《机械设备安装工程》相应项目。

(5) 锅炉安装执行《热力设备安装工程》相应项目。

(6) 消火栓、水泵接合器安装执行《消防及安全防落设备安装工程》相应项目。

(7) 压力表、温度计执行《自动化控制仪表安装工程》相应项目。

4. 关于下列各项费用的规定

(1) 脚手架搭拆费按人工费的5%计算，其中人工工资占25%。

(2) 高层建筑增加费（指高度在6层或20m以上的工业与民用建筑）按表3.2.3.4-1计算（其中全部为人工工资）：

高层建筑增加费 **表3.2.3.4-1**

层数	9层以下(30m)	12层以下(40m)	15层以下(50m)	18层以下(60m)	21层以下(70m)	24层以下(80m)
按人工费的%	1	2	4	6	8	1
层数	27层以下(90m)	30层以下(100m)	33层以下(110m)	36层以下(120m)	39层以下(130m)	42层以下(140m)
按人工费的%	13	16	19	22	25	28
层数	45层以下(150m)	48层以下(160m)	51层以下(170m)	54层以下(180m)	57层以下(190m)	60层以下(200m)
按人工费的%	31	34	37	40	43	46

(3) 超高增加费：定额中操作高度均以3.6m为界限，如超过3.6m时，其超过部分（指由3.6m至操作物高度）的定额人工费乘以下列系数，见表3.2.3.4-2。

超高增加费系数 **表3.2.3.4-2**

标高±(m)	3.6～8	3.6～12	3.6～16	3.6～20
超高系数	1.10	1.15	1.20	1.25

(4) 采暖工程系统调整费按采暖工程人工费的15%计算，其中人工工资占20%。

(5) 设置于管道间、管廊内的管道、阀门、法兰、支架安装，人工乘以系数1.3。

(6) 主体结构为现场浇注采用钢模施工的工程，内外浇注的人工乘以系数1.05，内浇外砌的人工乘以系数1.03。

5. 本册定额注意事项

(1) 界线划分

① 给水管道:

a. 室内外界线以建筑物外墙皮1.5m为界，入口处设阀门者以阀门为界。

b. 与市政管道界线以水表井为界，无水表井者，以与市政管道碰头点为界。

② 排水管道:

a. 室内外以出户第一个排水检查井为界。

b. 室外管道与市政管道以室外管道与市政管道碰头井为界。

③ 采暖热源管道:

a. 室内外以入口阀门或建筑物外墙皮1.5m为界。

b. 与工业管道界线以锅炉房或泵站外墙皮1.5m为界。

c. 工厂车间内采暖管道以采暖系统与工业管道碰头点为界。

d. 设在高层建筑内的加压泵间管道与本章项目的界线，以泵间外墙皮为界。

(2) 管道安装本章定额包括以下工作内容

① 管道及接头零件安装。

② 水压试验或灌水试验。

③ 室内DN32以内钢管包括管卡及托钩制作安装。

④ 钢管包括弯管制作与安装(伸缩器除外)，无论是现场煨制或成品弯管均不得换算。

⑤ 铸铁排水管、雨水管及塑料排水管均包括管卡及托吊支架、臭气帽、雨水漏斗制作安装。

⑥ 穿墙及过楼板铁皮套管安装人工。

(3) 本章定额不包括以下工作内容

① 室内外管道沟土方及管道基础，应执行《全国统一建筑工程基础定额》。

② 管道安装中不包括法兰，阀门及伸缩器的制作安装，执行定额时按相应项目另计。

③ 室内外给水、雨水铸铁管包括接头零件所需的人工，但接头零件价格另计。

④ DN32以上的钢管支架按本章管道支架另计

⑤过楼板的钢套管的制作安装工料，按室外钢管(焊接)项目计算。

(4) 阀门、水位标尺安装注意以下内容

① 螺纹阀门安装适用于各种内外螺纹连接的阀门安装。

② 法兰阀门安装适用于各种法兰阀门的安装，如仅为一侧法兰连接时，定额中的法兰、带帽螺栓及钢垫圈数量减半。

③ 各种法兰连接用垫片均按石棉橡胶板计算。如用其他材料，不做调整。

④ 浮标液面计FQ-II型安装是按《采暖通风国家标准图集》N102-3编制。

⑤ 水塔、水池浮漂水位标尺制作安装，是按《全国通用给水排水标准图集》S318编制。

(5) 低压器具、水表组成

① 减压器、疏水器组成与安装是按N108《采暖通风国家标准图集》N108编制，如实际组成与此不同时，阀门和压力表数量可按实调整，其余不变。

② 法兰水表安装是按《全国通用给水排水标准图集》S145编制。定额内包括旁通管及止回阀，如实际安装形式与此不同时，阀门及止回阀可按实际调整，其余不变。

（6）卫生器具制作与安装

① 本章所有卫生器具安装项目，均参照《全国通用给水排水标准图集》中有关标准图集计算，除以下说明外，无特殊设计要求均不作调整。

② 成组安装的卫生器具，定额均已按标准图计算了与给水、排水管道连接的人工和材料。

③ 浴盆安装适用于各种型号的浴盆，但浴盆支座和浴盆周边的砌砖、瓷砖粘贴可另行计算。

④ 洗脸盆、洗手盆、洗涤盆适用于各种型号。

⑤ 化验盆安装中的鹅颈水嘴、化验单嘴、双嘴适用于成品件安装。

⑥ 洗脸盆肘式开关安装不分单双把均执行同一项目。

⑦ 脚踏开关安装包括弯管和喷头的安装人工和材料。

⑧ 淋浴器铜制品安装适用于各种成品淋浴器安装。

⑨ 蒸汽一水加热器安装项目中，包括了莲蓬头安装，但不包括支架制作安装，阀门和疏水器安装可按相应项目另行计算。

⑩ 冷热水混合器安装项目中包括了温度计安装，但不包括支座制作安装，可按相应项目另行计算。

⑪ 小便槽冲洗管制作安装定额中，不包括阀门安装，可按相应项目另行计算。

⑫ 大、小便槽水箱托架安装已按标准图计算在定额内，不得另行计算。

⑬ 高（无）水箱蹲式大便器，低水箱坐式大便器安装，适用于各种型号。

⑭ 电热水器、电开水炉安装定额内只考虑了本体安装，连接管、连接件等可按相应项目另行计算。

⑮ 饮水器安装的阀门和脚踏开关安装，可按相应项目另行计算。

⑯ 容积式水加热器安装，定额内已按标准图计算其中的附件，但不包括安全阀安装，本体保温，刷油和基础砌筑。

（7）供暖器具安装

① 本章参照1993年《暖通空调标准图集》T9N112“采暖系统及散热器安装”编制。

② 各类型散热器不分明装或暗装，均按类型分别编制，柱形散热器为挂装时，可执行M132项目。

③ 柱型和M132型铸铁散热器安装用拉条时，拉条另行计算。

④ 定额中列出的接口密封材料，除圆翼汽包垫采用橡胶石棉板外，其余均采用成品汽包垫，如采用其他材料，不作换算。

⑤ 光排管散热器制作安装项目，单位每10m系指光排管长度，联管作为材料已列入定额，不得重复计算。

⑥ 板式、壁板式，已计算托钩的安装人工和材料，闭式散热器，如主材价不包括托钩者，托钩价格另行计算。

（8）小型容器制作安装

① 本章参照《全国通用给水排水标准图集》S151、S342及《全国通用采暖通风标准图集》T905、T906编制，适用于给排水、采暖系统中一般低压碳钢容器的制作和安装。

② 各种水箱连接管，均未包括在定额内，可按室内管道安装的相应项目执行。

③ 各类水箱均未包括支架制作安装，如为型钢支架，执行本册定额“一般管道支架”项目，混凝土或砖支座可按土建相应项目执行。

④ 水箱制作包括水箱本身及人孔的重量。水位计，内外人梯均未包括在定额内，发生时可另行计算。

（9）燃气管道、附件制作安装

① 编制预算时下列项目应另行计算：

a. 阀门安装，按本册定额相应项目另计。

b. 法兰安装，按本册定额相应项目另计（调长器安装，调长器与阀门联装，燃气计量表安装除外）。

c. 穿墙套管：铁皮管按本册定额相应项目计算；内墙用钢套管按本章室外钢管焊接定额相应项目计算；外墙钢套管按第六册《工业管道》定额相应项目计算。

d. 埋地管道的土方工程及排水工程执行相应预算定额。

e. 非同步施工的室内管道安装的打、堵洞眼，执行本地区相应预算定额。

f. 室外管道所有带气碰头。

g. 燃气计量表安装，不包括表托，支架，表底基础。

h. 燃气加热器具只包括器具与燃气管终端阀门连接，其他执行相应定额。

i. 铸铁管安装，定额内未包括接头零件，可按设计数量另计，但人工、机械不变。

② 承插煤气铸铁管以N1和X型接口形式编制。如果采用N型和SMJ型接口时，其人工乘系数1.05；当安装X型，ϕ400铸铁管接口时，每个口增加螺栓2.06套，人工乘系数1.08。

③ 燃气输送压力大于0.2MPA时，承插煤气铸铁管安装定额中人工乘系数1.3。燃气输送压力（表压）分级见表3.2.3.4-3。

燃气输送压力分级表 **表3.2.3.4-3**

名 称	低压燃气管道	中压燃气管道		高压燃气管道	
		B	A	B	A
压力（MPa）	P≤0.005	0.005<P≤0.2	0.2<P≤0.4	0.4<P≤0.8	0.8<P≤1.6

6. 本册清单工程量与定额工程量计算规则易错点

（1）管道支架制作安装

清单工程量计算规则：按设计图示质量以“kg”计算。

定额工程量计算规则：均按设计图示以“kg”计算。室内管道公称直径32mm以下的安装工程已包括在内，不得另行计算；公称直径32mm以上的，另行计算。

（2）螺纹阀门、焊接法兰阀门

清单工程量计算规则：按设计图示以数量计算（包括浮球阀、手动排气阀、不锈钢阀门、减压阀等）。

定额工程量计算规则：各种阀门安装均以“个”为计量单位，法兰阀门安装包括法兰连接。阀门安装如仅为一侧法兰连接时，应在项目特征中描述，定额所列法兰、带帽螺栓及垫圈数量减半，其余不变。

（3）减压器、疏水器

清单工程量计算规则：按设计图示以数量计算。

定额工程量计算规则：减压器、疏水器组成安装以“组”为计量单位。如设计组成与定额不同时，阀门和压力表数量可按设计用量进行调整，其余不变，其中减压器安装按高压侧的直径计算。

（4）水表、燃气表

清单工程量计算规则：按设计图示以数量计算。

定额工程量计算规则：法兰水表安装以“组”为计量单位，定额中旁通管及止回阀，如与设计规定的安装形式不同时，阀门及止回阀可按设计规定进行调整，其余不变。

（5）铸铁散热器

清单工程量计算规则：按设计图示数量以“片”为计量单位计算。

定额工程量计算规则：铸铁散热器包括拉条制作安装；钢制散热器结构形式，包括钢制闭式、板式、壁板式及柱式散热器等，应分别列项计算。钢制板式散热器安装、钢制壁式散热器安装、钢制柱式散热器安装以“组”为计量单位。

（6）光排管散热器制作安装

清单工程量计算规则：按设计图示数量以“m”为计量单位计算。

定额工程量计算规则：光排管散热器制作安装以“m”为计量单位，已包括联长制作安装，不得另行计算。

7. 案例

（1）给水系统

【例1】浴室给水系统如图3.2.3.4-1、3.2.3.4-2所示，室内给水管材采用镀锌钢管，螺纹连接，暗装管道，设淋浴器1套，洗涤盆1组，连体水箱坐便器1套，在计价软件中编制分部分项工程量清单。

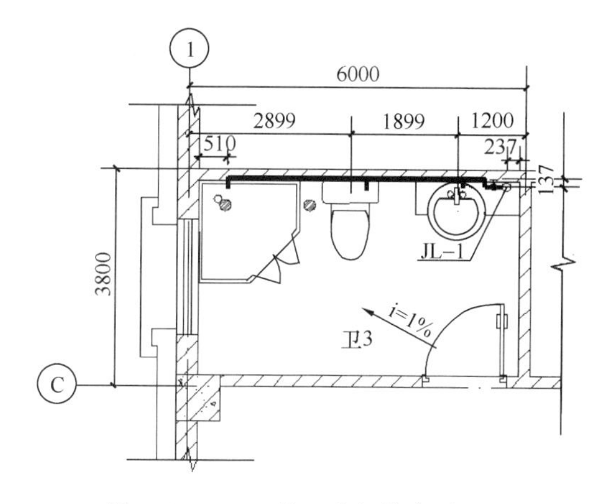

图3.2.3.4-1 某卫生间给水平面图

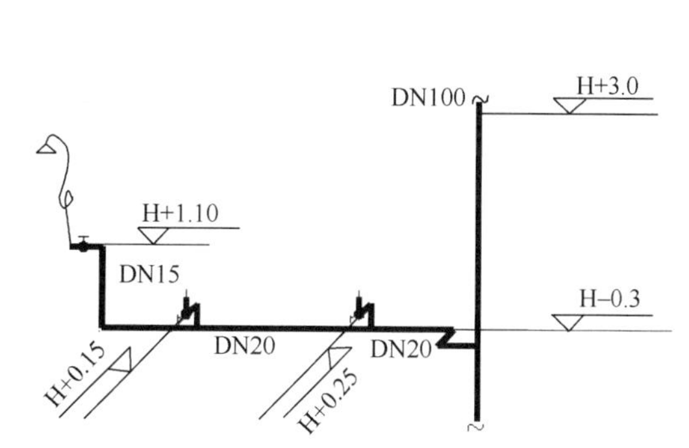

图3.2.3.4-2 某卫生间给水系统图

【解】清单工程量：

（1）DN100螺纹连接镀锌钢管（立管）：3.0+0.3=3.3m

（2）DN20螺纹连接镀锌钢管（水平管）：6−0.51−0.23+0.14=5.4m

（3）DN15螺纹连接镀锌钢管（立管）：0.15+0.3+0.25+0.3+1.1+0.3=2.4m

（4）淋浴器1套

（5）洗涤盆1组

（6）连体水箱坐便器1套

定额工程量同清单工程量，计价软件输出分部分项工程量清单，如表3.2.3.4-4所示。

给水系统计价软件操作表

表3.2.3.4-4

序号	类别	项目编号	换	清单名称	清单特征	单位	计算式	工程量
		◢		整个工程				0
1	清	◢ 031001001001		镀锌钢管	DN100螺纹连接镀锌钢管	m	3.3	3.3
	单	8-95		室内管道镀锌钢管(螺纹连接)直径100mm以内		10m	3.3/10	0.33
	单	8-231		管道消毒、冲洗 直径100mm以内		100m	Q/100	0.033
2	清	◢ 031001001002		镀锌钢管	DN20螺纹连接镀锌钢管	m	5.4	5.4
	单	8-88		室内管道镀锌钢管(螺纹连接)直径20mm以内		10m	Q/10	0.54
	单	8-230		管道消毒、冲洗 直径50m...		100m	Q/100	0.054
3	清	◢ 031001001003		镀锌钢管	DN15螺纹连接镀锌钢管	m	2.4	2.4
	单	8-87		室内管道镀锌钢管(螺纹连接)直径15mm以内		10m	Q/10	0.24
	单	8-230		管道消毒、冲洗 直径50m...		100m	Q/100	0.024
4	清	◢ 031004010001		淋浴器	淋浴器	套	1	1
	单	8-403		淋浴器组成、安装 钢管组成 冷水		10组	1/10	0.1
5	清	◢ 031004014001		给、排水附（配）件	洗涤盆	个(组)	1	1
	单	8-382		卫生器具制作安装 洗脸盆...		10组	1/10	0.1
6	清	◢ 031004013001		大、小便槽自动冲洗水箱	大便器安装 坐式 连体水箱坐便	套	1	1
	单	8-416		大便器安装 坐式 连体水箱...		10套	Q/10	0.1

（2）给排水工程案例

【例2】内容详见给排水工程案例，将表2.2.2.4-1给出的清单工程量按照预算定额进行编制分部分项工程量清单。

【解】计价软件输出分部分项工程量清单，如表3.2.3.4-5所示。

表 3.2.3.4-5

序号	类别	项目编号	换	清单名称	清单特征	单位	计算式	工程量
		◢		整个工程				0
1	清	◢ 031001001001		镀锌钢管	DN32，螺纹连接	m	6.42	6.42
	单	8-90		室内管道镀锌钢管(螺纹连接) 直径…		10m	Q/10	0.642
	单	8-230		管道消毒、冲洗 直径50mm以内		100m	Q/100	0.0642
2	清	◢ 031001001002		镀锌钢管	DN20，螺纹连接	m	15.68	15.68
	单	8-88		室内管道镀锌钢管(螺纹连接) 直径…		10m	Q/10	1.568
	单	8-230		管道消毒、冲洗 直径50mm以内		100m	Q/100	0.1568
3	清	◢ 031001001003		镀锌钢管	DN15，螺纹连接	m	9.82	9.82
	单	8-87		室内管道镀锌钢管(螺纹连接) 直径…		10m	Q/10	0.982
	单	8-230		管道消毒、冲洗 直径50mm以内		100m	Q/100	0.0982
4	清	◢ 031001006001		塑料管	DE110，粘接	m	7.61	7.61
	单	B8-92		承插塑料雨水管(零件粘接)公称直径(100mm以内)		10m	Q/10	0.761
5	清	◢ 031001006002		塑料管	DE90，粘接	m	8.32	8.32
	单	B8-91		承插塑料雨水管(零件粘接)公称直径(75mm以内)		10m	0.832	0.832
6	清	◢ 031001006003		塑料管	DE63，粘接	m	13.52	13.52
	单	B8-90		承插塑料雨水管(零件粘接)公称直径(50mm以内)		10m	Q/10	1.352
7	清	◢ 031002003001		套管	刚性防水套管，DN50	个	1	1
	单	8-25		室外管道钢管(焊接) 直径50mm以内		10m	0.3	0.3
8	清	◢ 031002003002		套管	一般过楼板钢套管，DN50	个	1	1
	单	8-25		室外管道钢管(焊接) 直径50mm以内		10m	0.3	0.3
9	清	◢ 031004003001		洗脸盆	洗脸盆	组	4	4
	单	8-383		卫生器具制作安装 洗脸盆安装 钢管组成冷水		10组	Q/10	0.4
10	清	◢ 031004006001		大便器	坐式大便器，成品	组	4	4
	单	8-416		大便器安装 坐式 连体水箱坐便		10套	0.4	0.4
11	清	◢ 031004007001		小便器	挂式小便器，成品	组	6	6
	单	8-418		小便器安装 挂斗式 普通式		10套	0.6	0.6
12	清	◢ 031004014001		给、排水附（配）件	地漏，DN50	个(组)	2	2
	单	8-447		地漏安装 DN50		10个	0.2	0.2

（3）疏水器

【例 3】疏水器作用是排除系统凝结水，同时阻止蒸汽通过，以使蒸汽在散热器中得以充分凝结放热，图 3.2.3.4-3 为疏水器 DN25 螺纹连接安装示意图，试编制分部分项工程量清单。

【解】计价软件输出分部分项工程量清单，如表 3.2.3.4-6 所示。

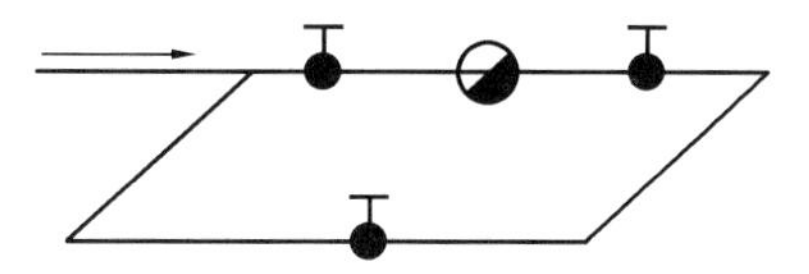

图 3.2.3.4-3 疏水器安装示意图

疏水器计价软件操作表 表 3.2.3.4-6

序号	类别	项目编号	换	清单名称	清单特征	单位	计算式	工程量
		◢		整个工程				0
1	清	◢ 031003007001		疏水器	DN25，螺纹连接	组	1	1
	单	8-344		疏水器组成、安装(螺纹连接) 直径20mm以内		组	Q	1

(4) 局部暖通系统

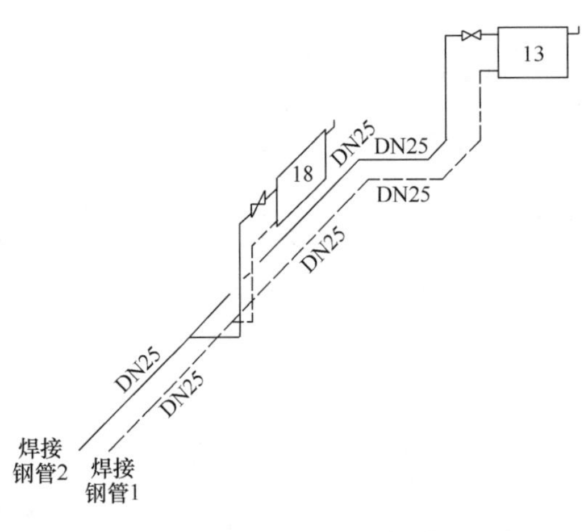

图 3.2.3.4-4 下行上给式局部采暖系统图

【例 4】 如图 3.2.3.4-4 所示为下行上给式局部采暖系统图，焊接钢管 1 图示尺寸 15.5m，焊接钢管 2 图示尺寸 13m 散热器为柱形铸铁散热器，DN25 截止阀螺纹连接，试编制分部分项工程量清单。

【解】

焊接钢管定额工程量：15.5＋13＝28.5m

阀门：DN25 截止阀 螺纹连接 2 个

柱形铸铁散热器：18＋13＝31 片

【注】

镀锌钢管清单工程量与定额工程量计算规则相同，均按设计图示管道中心线长度以延长米计算，不扣除阀门、管件（包括减压器、疏水器、水表、伸缩器等组成安装）及附属构筑物所占长度；方形补偿器以其所占长度列入管道安装工程量。

计价软件输出分部分项工程量清单，如表 3.2.3.4-7 所示。

局部暖通系统计价软件操作表 表 3.2.3.4-7

序号	类别	项目编号	换	清单名称	清单特征	单位	计算式	工程量
		◢		整个工程				0
1	清	◢ 031001002001		钢管	焊接钢管DN25	m	28.5	28.5
	单	8-100		室内管道焊接钢管(螺纹连接) 直径25mm以内		10m	Q/10	2.85
2	清	◢ 031003001001		螺纹阀门	DN25截止阀,螺纹连接	个	2	2
	单	8-243		阀门安装 螺纹阀 直径25mm以内		个	Q	2
3	清	◢ 031005001001		铸铁散热器	柱形铸铁散热器	片(组)	31	31
	单	8-491		铸铁散热器组成安装 型号 柱型		10片	31/10	3.1

3.3 BIM 计价之云计价

3.3.1 BIM 云计价概述

1. 概述

本节主要介绍云计价技术，利用大数据及云技术等最新技术结合造价软件，大幅度提高传统造价编制工作效率。结合智能检索技术，对招标文件的清单项目快速套用最优组方案，对项目所涉及的人材智能匹配合理价格方案，有效提高商务标编制30%～70%的工作效率，从而实现BIM造价软件工程量清单至综合单价组价的快速化输出。

云计价技术是应住建部推出的建筑业信息化发展纲要，以大数据分析作为核心技术所诞生的智能化产品。利用云服务器，将各类材价资源进行整合，大大提高传统造价工作的效率，如图3.3.1-1所示为云技术示意图。

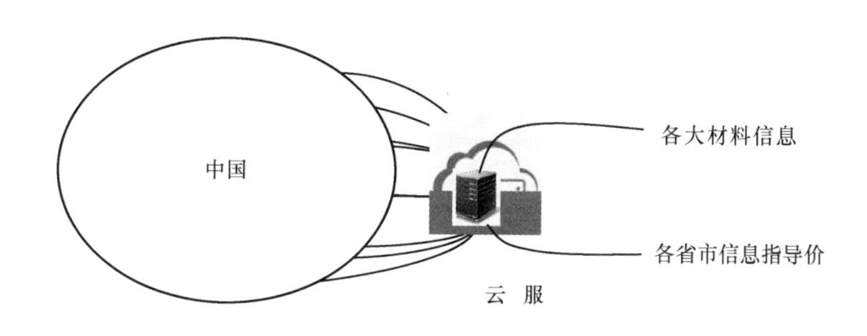

图3.3.1-1　云技术示意图

2. 传统计价步骤及弊端

在投标阶段，传统投标文件编制方式，可以分为以下6步，如图3.3.1-2所示。

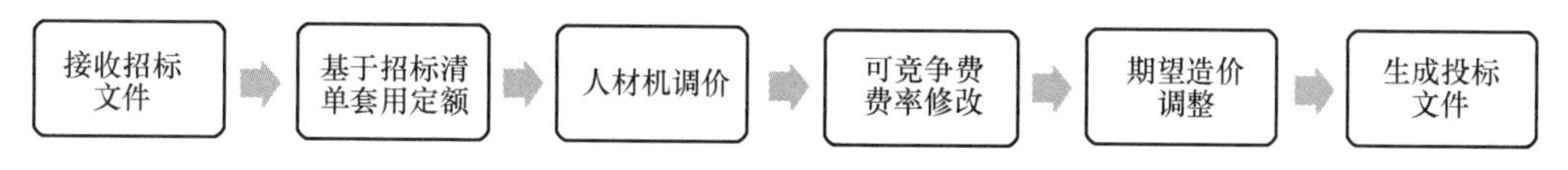

图3.3.1-2　传统投标文件编制方式

而基于招标清单套定额的方式，可以分为以下5步，如图3.3.1-3所示。

图3.3.1-3　传统招标清单套定额的方式

当前传统计价模式利用造价软件在定额套用阶段的实际操作方法，可以大致分为以下6步，如图3.3.1-4所示。

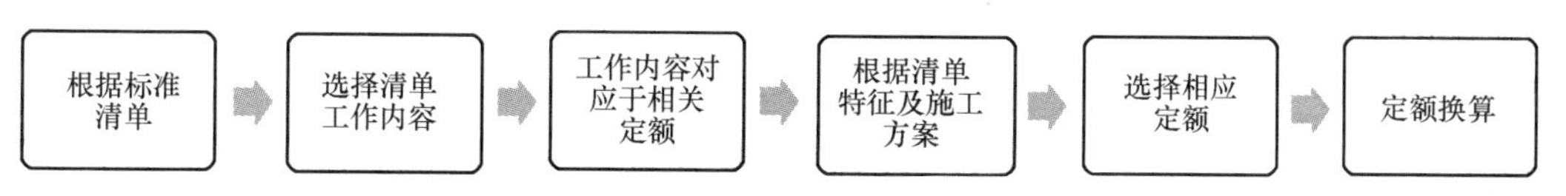

图3.3.1-4　传统造价软件在定额套用阶段实际操作方法

从中我们可以看出，传统造价模式有其特有的操作步骤。在分析历年实际招投标项目数据统计分析后发现，所有清单中真正常用的清单只占清单总数的8%，而这8%的常用清单在实际项目的所用工程量清单中占到89%。另外，平均一个工程中需要询价的材料占工程中材料总量的 10%～30%，工程专业不同，占比有所不同。例如土建需要询价的占比少些，装饰安装等需要询价的占比相对多些，而这部分材料的询价工作耗时占到整个工程材价调整用时的 60%以上。由此可见，传统造价工作中有 80%的工作时间在重复相同工作，往往花费大量的时间。

3. BIM 云计价的特点及原理

区别于传统造价，云计价有以下三个特点：

（1）以海量基础数据为基础，云技术为支撑。

（2）利用计算机进行智能化清单至定额的匹配。

（3）对人工、材料进行快速化价格调整。

云计价可以分为云组价和云材料两部分：

（1）云组价的基本原理可以理解为：每当接收到一份招标清单时软件会针对清单逐条分析，将清单的名称、清单的特征以及清单的单位与数据库已有的“清单组价数据”进行海量匹配，最终推送一种或几种匹配度较大的定额组价方案，在客户端自动按照本工程的实际情况进行工程量和配比材料的换算，即利用大数据进行智能组价。

（2）云材料的基本原理同样是通过匹配的机制，将材料名称、材料规格、材料类型、时效范围、取价地区等信息在云材料库进行匹配，快速取得材料市场价或信息价。

如表 3.3.1-1（以江苏 14 定额为例）所示，为某项目空心砖墙工程量清单表。

空心砖墙工程量清单表 **表 3.3.1-1**

序号	项目编码	项目名称	项目特征描述	计量单位	工程量	综合单价	合价
	010401005001	空心砖墙	1. 加气混凝土砌块砖墙， 2. 厚度 200， 3. B06 蒸压砂加气混凝土砌块， 4. Mb5 专用配套砂浆	m^3	2748.213		

根据清单进行云组价及云材料自动套定额、套价过程，如图 3.3.1-5 所示。

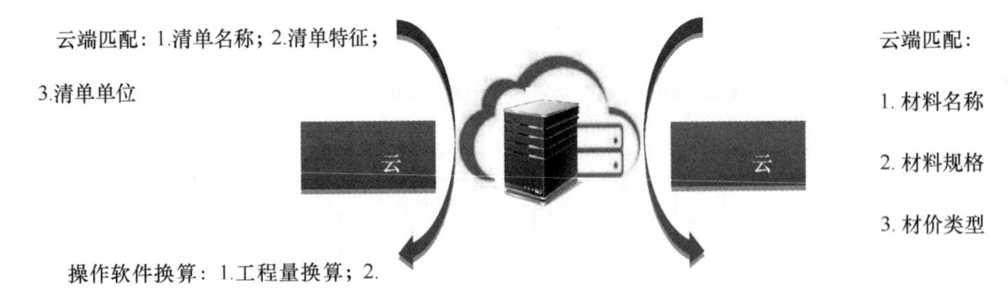

图 3.3.1-5 云组价、云材料操作过程图

经过云组价后完成对清单的定额套价，再完成综合单价，如表 3.3.1-2 所示。

所以，利用 BIM 云计价技术可以通过简单的操作，快速得到清单综合单价，大大提高造价的效率。

空心砖墙清单综合单价表　　表 3.3.1-2

序号	项目编码	项目名称	项目特征描述	计量单位	工程量	综合单价	合价
1	010401005001	空心砖墙	1. 加气混凝土砌块砖墙， 2. 厚度 200， 3. B06 蒸压砂加气混凝土砌块， 4. Mb5 专用配套砂浆	m^3	2748.213	543.68	1494148.44
2	4-15	薄层砂浆砌筑加气混凝土砌块墙 200 厚		m^3	2748.213	543.68	1494148.44

3.3.2 BIM 云计价软件介绍

1. 概述

BIM 云计价软件就是利用云计价技术，将 BIM 算量软件、BIM 造价软件进行有效的整合，从而快速、准确地得到清单造价结果，提升造价工作效率。

云计价软件的主要流程可以分为 3 步——云组价、云材料、智能组价。通过 3 步就可以在工程量清单基础上完成工程造价输出，如图 3.3.2-1 所示。

图 3.3.2-1　云计价软件流程图

2. BIM 云计价软件操作

（1）首先接收工程量清单文件，可以接收计价软件导出的工程量清单，在 BIM 端的应用，即完成由 BIM 算量软件→BIM 造价软件→BIM 云计价软操作，接收界面如图 3.3.2-2 所示。

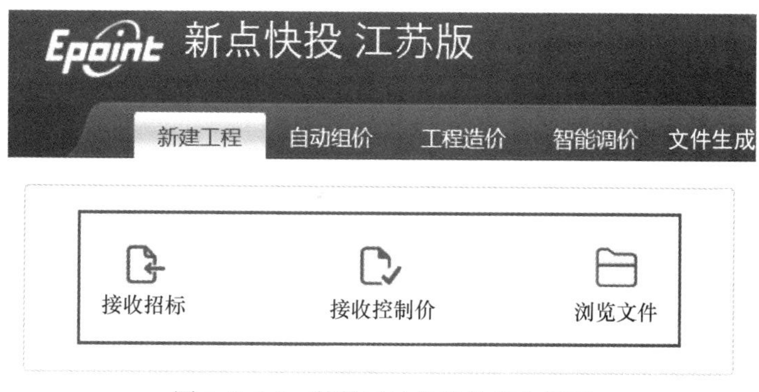

图 3.3.2-2　某款云计价软件接收界面

（2）进行云组价操作，通过软件内几步按键操作，使工序繁琐的组价过程简单化。之后可以通过云材料操作，针对云组价下套取的定额进行快速化的人材机价格匹配。匹配准确度以分数显示，可以直观地看出匹配结果。

云组价、云材料部分操作界面示意图，如图 3.3.2-3 所示。

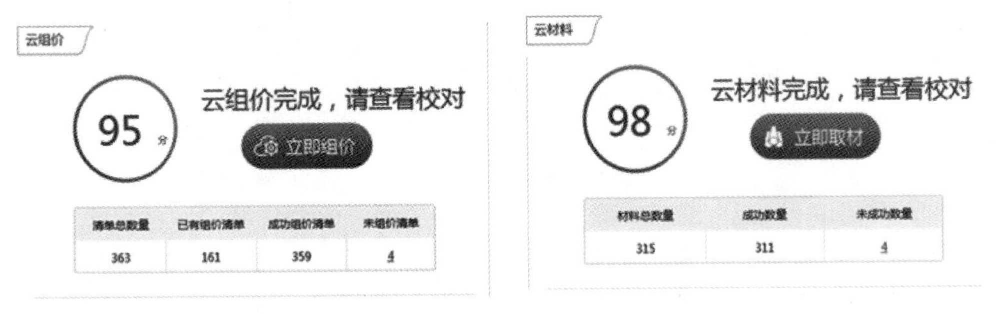

图 3.3.2-3　云组价、云材料操作界面

完成上述操作后，软件会根据清单特征完成对于清单的自动套定额，如图 3.3.2-4 所示。

项目编号	清单名称	清单特征	单位	计算式	工程量	综合单价	综合合价	计价程序
010507001001	散水、坡道	散水 1. 40厚C20细石混凝土，撒1:2水泥黄砂压实抹光 2. 120厚碎石或碎砖灌M2.5混合砂浆 3. 素土夯实，向外坡4% 4. 聚氯乙烯胶泥嵌缝断面40×20mm	m2	156.61	156.61	87.67	13730.00	建筑工程
1-99	原土打底夯 地面		10m²	Q/10	15.661	12.70	198.89	建筑工程
4-101	M2.5基础垫层 碎石 灌砂浆		m³	Q*0.12	18.7932	317.37	5964.40	建筑工程
13-18	C20细石混凝土找平层 厚40mm		10m²	Q/10	15.661	220.03	3445.89	建筑工程
13-26	水泥砂浆 加浆抹光随捣随抹 厚5mm		10m²	Q/10	15.661	92.76	1452.71	建筑工程
12-40	聚氯乙烯胶泥嵌缝断面 40×20mm		10m	(Q/0.6+Q/0.6	28.7118	92.81	2664.74	建筑工程

图 3.3.2-4　软件自动根据清单特征所套定额图

（3）智能调整及与计价软件的切换

当期望报价与云计价的结果存在一定高低偏差时，可以通过软件内智能调整，一键式完成对影响工程造价的人材机、管理费、利润等价格进行调整，调整页面如图 3.3.2-5 所示。

云计价软件同样也能和计价软件进行切换，可以在计价软件中进行各部分项目调整，如图 3.3.2-6 所示。

3. BIM 云计价软件未来趋势

随着大数据时代的到来，利用庞大数据资源，对可靠的数据进行精心筛选入库，清单的匹配精度将越来越精准。在 BIM 软件不断完善及构件名称规范化的同时，BIM 云计价

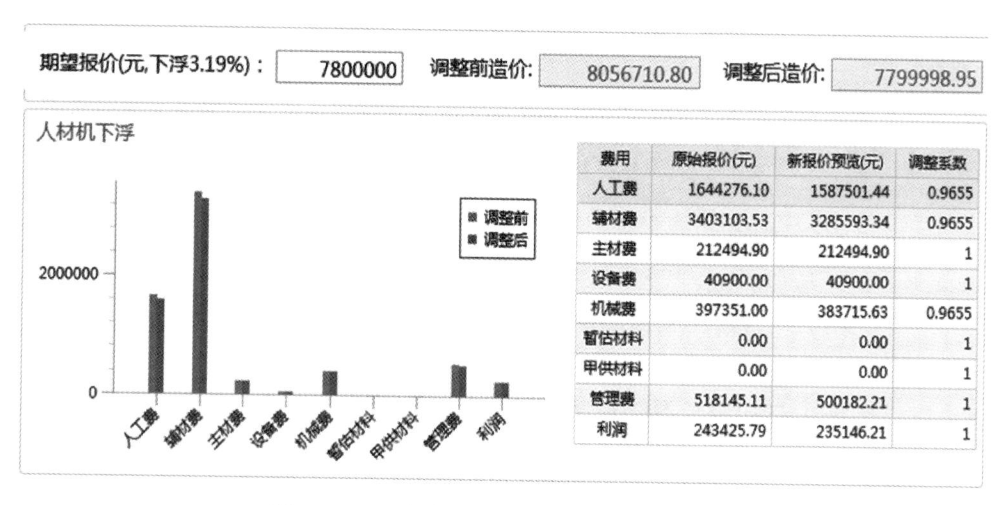

费用	原始报价(元)	新报价预览(元)	调整系数
人工费	1644276.10	1587501.44	0.9655
辅材费	3403103.53	3285593.34	0.9655
主材费	212494.90	212494.90	1
设备费	40900.00	40900.00	1
机械费	397351.00	383715.63	0.9655
暂估材料	0.00	0.00	1
甲供材料	0.00	0.00	1
管理费	518145.11	500182.21	1
利润	243425.79	235146.21	1

图 3.3.2-5　软件快速化调整报价操作界面图

图 3.3.2-6　切换至造价软件

软件必将越来越智能，越来越精准，必将极大地提高造价人员的工作效率，使繁琐的造价工作变得简单。

第 4 章　BIM 造价管理实务

本章导读

BIM 技术是应用于工程项目设计、施工、运行和维护的全生命周期过程中建造管理的数据化工具，通过参数模型整合各种项目的相关信息进行共享和传递，从而实现提高生产效率、节约成本和缩短工期等重要作用。

本章节内容，主要针对造价控制的四大阶段：设计阶段、招投标阶段、施工阶段、结算阶段。分阶段剖析，基于 BIM 技术的造价控制关键应用点，帮助学员能迅速把握 BIM 实施要素，更好的应用于实际项目管理中。

4.1 设计阶段 BIM 造价实战应用

设计阶段作为项目实施最初始的阶段，设计方案的优劣、设计质量的高低是影响整个项目投资的最根本因素。如何有效地把造价控制赢在初始阶段，BIM 技术的应用显得尤为重要，它打破了传统的二维设计阶段信息传递、共享的局限，直接带你进入了三维可视化的世界，清晰的表达各项建筑信息、各专业协同设计信息共享。

4.1.1 绿色节能分析

近年来，国家陆续出台相关指导性文件，大力推行绿色建筑，并提出明确发展目标：2020 年绿色建筑推广比例达到 50%。节能减排、可持续发展越来越受到建筑行业的重视，一个好的绿色建筑设计方案，可以为项目节省前期大量投资及后期运维成本，所以在概念设计阶段，我们可以通过建立参数化模型，进行建筑方案节能分析。

1. 场地风环境模拟

利用场地环境数据模型，使用分析软件结合当地气候进行四季风环境模拟，见图 4.1.1-1。

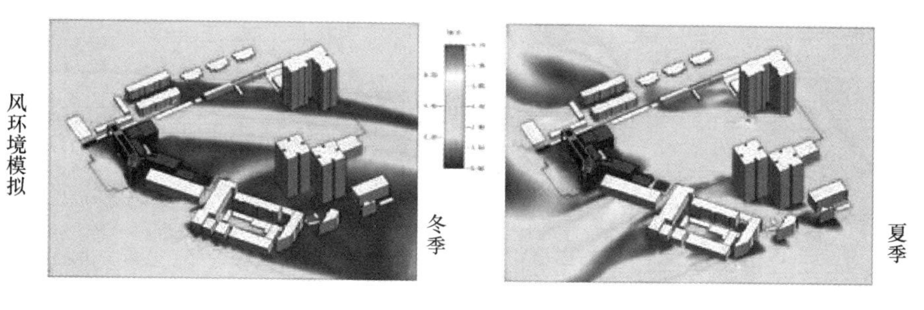

图 4.1.1-1 风环境模拟

2. 场地日照分析

利用场地环境数据模型，使用分析软件进行整个项目的日照分析，包括周边建筑的影响、一年四季日照的变化，最终确定最佳建筑物形体，见图 4.1.1-2。

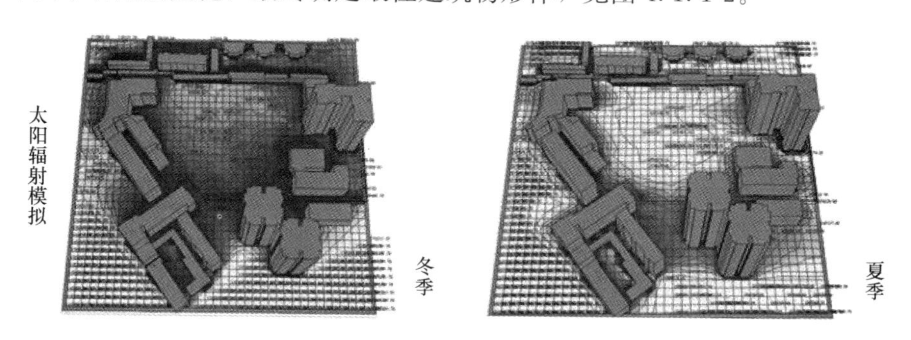

图 4.1.1-2 场地日照分析

通过概念设计阶段的节能分析，建筑方案得到了最佳的优化。不管是建筑物形体，还是建筑物布局，通过模拟迅速确定最优方案。时间成本、投资成本都得到的有效的管控。

4.1.2 辅助决策

项目在规划设计阶段可以通过BIM模型进行渲染，模拟建筑物周边环境、建筑物外立面风格、内部装修样式等。通过三维直观形象的BIM模型，辅助进行决策。

通过BIM模型进行辅助决策比起以往的效果图、动画等效果更加明显。效果图或者动画往往只能固定方向或者路线进行查看，而且经常会因为尺寸颜色等情况产生失真。在决策过程如果有不同方案和意见，也没有办法及时调整和展示。利用BIM模型，通过专业软件进行渲染后，可以进行周边环境漫游，建筑物内部漫游，通过不同角度查看建筑物整体情况。同时BIM模型提供的都是真实尺寸和比例，可以增加人员、绿化、车辆等做参照。最重要的是在决策过程中如果有不同意见可以快速进行调整，展示不同方案对比效果，减少决策时间。根据测算，通过BIM模型辅助决策可以提高至少2倍的协同效率。

1. 合理分配平面空间

每个建筑物都有其独特的使用功能，根据使用功能的不同，建筑物的空间分配变得尤为重要，基于BIM的数据模型可直接用于平面空间的分配，大大提高了设计效率和设计质量，见图4.1.2-1。

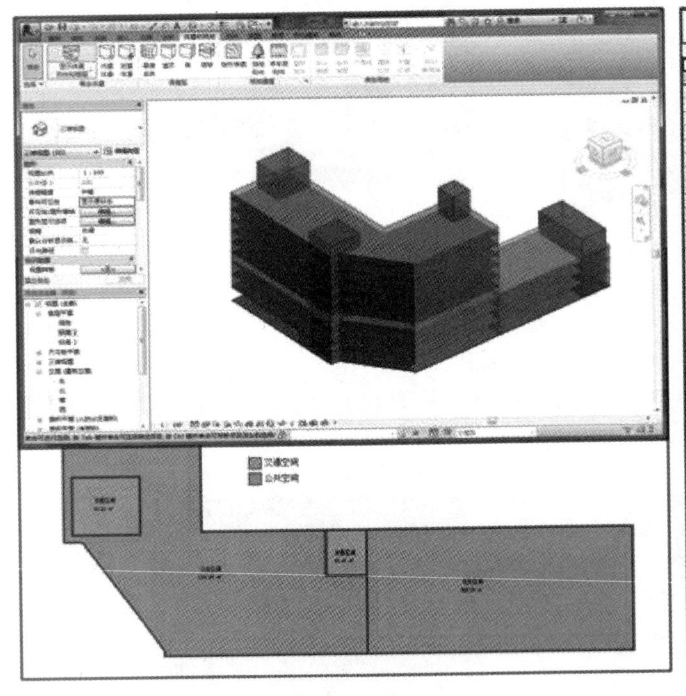

<房间明细表>

A	B	C	D
名称	标高	面积	周长
交通空间	标高 1	43.41	26490
交通空间	标高 1	93.86	38790
交通空间	标高 1	74.02	34663
交通空间	标高 2	43.41	26490
交通空间	标高 2	93.86	38790
交通空间	标高 2	74.02	34663
交通空间	标高 3	43.41	26490
交通空间	标高 3	93.86	38790
交通空间	标高 3	74.02	34663
交通空间	标高 4	43.41	26490
交通空间	标高 4	93.86	38790
交通空间	标高 4	74.02	34663
交通空间	标高 5	41.95	26090
交通空间	标高 5	93.86	38790
交通空间	标高 5	74.02	34663
交通空间	标高 6	41.95	26090
交通空间	标高 6	93.86	38790
交通空间	标高 6	74.02	34663
交通空间	标高 7	41.95	26090
交通空间	标高 7	93.86	38790
交通空间	标高 7	74.02	34663
交通空间	标高 8	41.95	26090
交通空间	标高 8	93.86	38790
交通空间	标高 8	74.02	34663
交通空间	标高 9	41.95	26090
交通空间	标高 9	93.86	38790
交通空间	标高 9	74.02	34663
交通空间	标高 10	41.95	26090
交通空间	标高 10	93.86	38790
交通空间	标高 10	74.02	34663
公共空间	标高 1	868.38	148934
公共空间	标高 1	802.29	120040
公共空间	标高 2	1391.06	209319
公共空间	标高 2	802.29	120040
公共空间	标高 3	1391.06	209319
公共空间	标高 3	802.29	120040
公共空间	标高 4	1391.06	209319
公共空间	标高 5	1388.54	208919
公共空间	标高 6	1388.54	208919
公共空间	标高 7	1388.54	208919
公共空间	标高 8	1388.54	208919
公共空间	标高 9	1388.54	208919
公共空间	标高 10	1388.54	208919

图4.1.2-1 合理分配平面空间

2. 能耗分析

确定平面空间分配后，我们可以进一步的就是使用分析软件进行能耗分析，从而达到节能的目的。例如通过更加针对性的日照分析，得到建筑物各个里面的最佳窗墙比。进一步分析风环境，得到不同高度、风速、风压下建筑物的情况，指导设计师最终敲定方案，见图 4.1.2-2 和图 4.1.2-3。

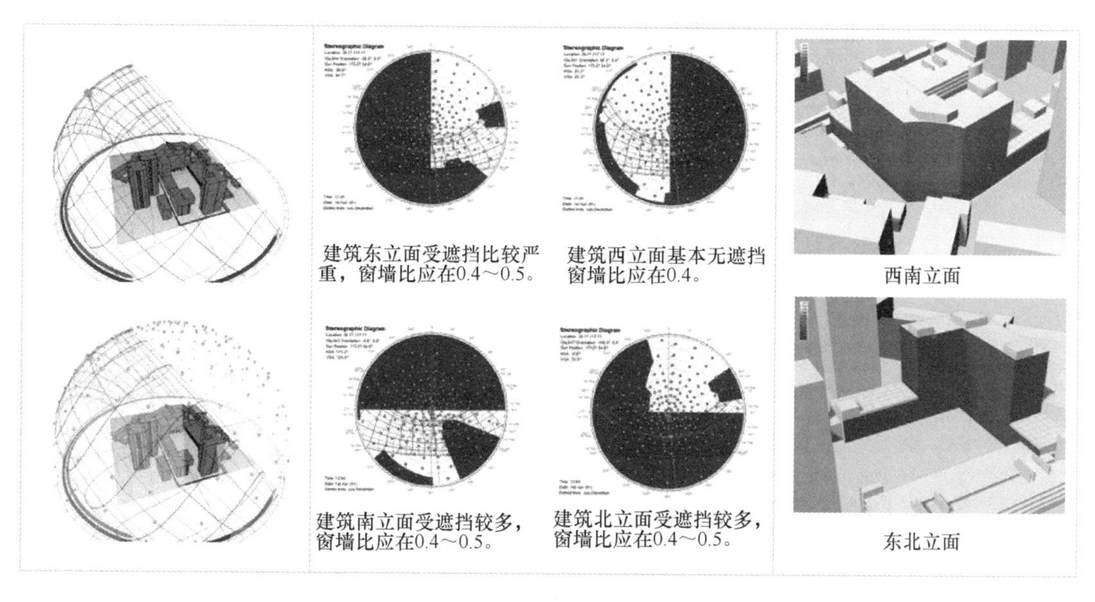

图 4.1.2-2　采光数据分析

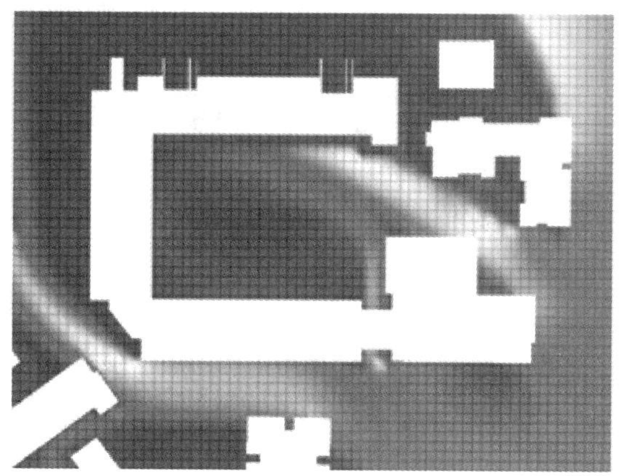

图 4.1.2-3　风环境分析

4.1.3　设计审核

设计阶段占工程成本的 70%，设计的质量非常关键。根据以往的经验，工程项目造价控制最大的难点就是设计变更，往往影响造价巨大。所以说设计图纸的质量直接关系到工程的总造价多少。

通过整合各个专业 BIM 模型，可以及时发现设计问题，确认无误后输出碰撞检测报告，针对不同专业、不同部位第一时间进行修改。一方面事前发现设计错误可以有效控制成本，另外一方面也提高了设计图纸的质量和进度，见图 4.1.3-1。

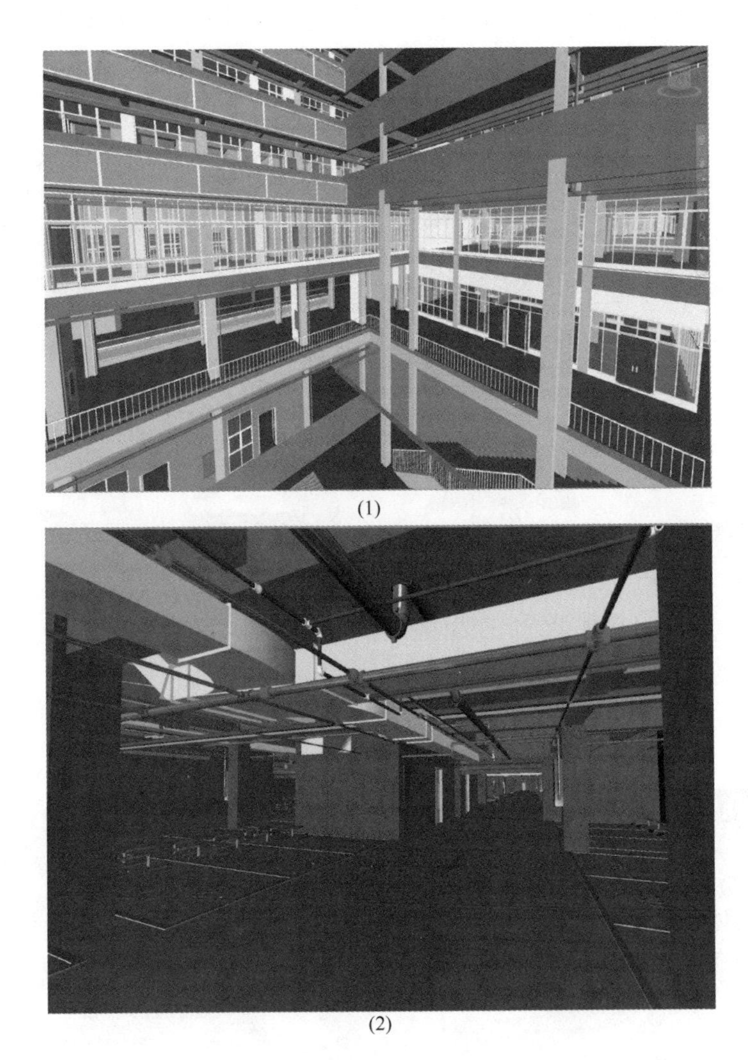

(1)

(2)

图4.1.3-1　徐州市某学校土建+安装BIM模型

在徐州市某学校BIM实施过程，通过设计阶段的设计审核，发现图纸设计问题126处，反馈设计修改68次，共节约造价近260万元。

4.1.4　限额设计（经济指标分析）

通过设计单位BIM数据库可以累计所有设计项目的历史指标，包括不同部位钢筋含量指标，混凝土含量指标，不同大类不同区域的造价指标等。

通过这些指标可以在设计前制定限额设计目标，并且在设计完成后快速利用模型工程量进行清单组价，分析核对指标是否在可控范围内。对成本费用的实时模拟和核算使得设计人员和造价师能实时地、同步地分析和计算所涉及的设计单元的造价，并根据所得造价信息对细节设计方案进行优化调整，可以很好地实现限额设计，见图4.1.4-1。

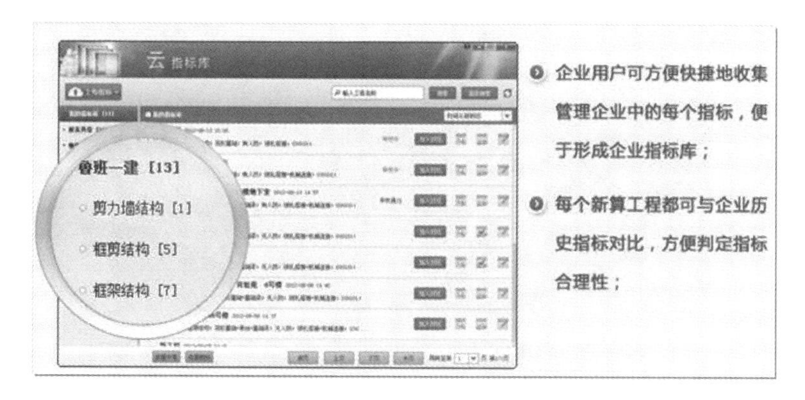

图 4.1.4-1 限额设计展示

4.2 招投标阶段 BIM 造价实战应用

招投标的阶段造价控制比较简单，主要围绕着预算价编制的质量而进行。高质量的预算价直接关系到工程直接成本，也可为项目实施的资金计划打好基础。

4.2.1 预算价精算、复核

招标阶段的成本控制，主要环节是需做好招标文件的编制工作，造价管理人员应收集、积累、筛选、分析和总结各类有价值的数据、资料，编制准确的招标文件，特别是与工程造价联系最密切的工程量清单。由于现在招标时间紧，造价咨询单位很难准确测算标底，这样就使施工单位有漏洞可钻，利用不平衡报价就可以抬高实际结算价格，给投资方造成损失。

通过建立各专业 BIM 模型，工程量快速统计分析，利用计价软件根据图纸做法要求迅速组价，形成准确的工程量清单。既可提前在模型中发现图纸问题，也能精确统计工程量，见图 4.2.1-1。

在徐州市某中学预算价复核中，增加造价约 1000 万元，减少造价约 500 万元，清单漏项约 1200 万元。预算价编制出现严重失误，通过预算价精确复核，及时挽回损失。

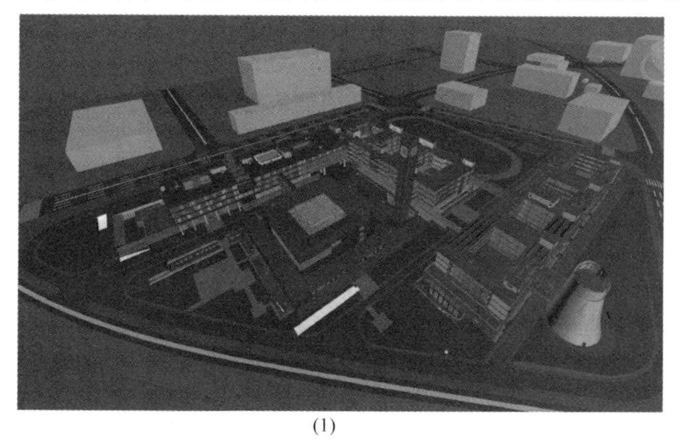

(1)

图 4.2.1-1 徐州市某中学 BIM 模型（一）

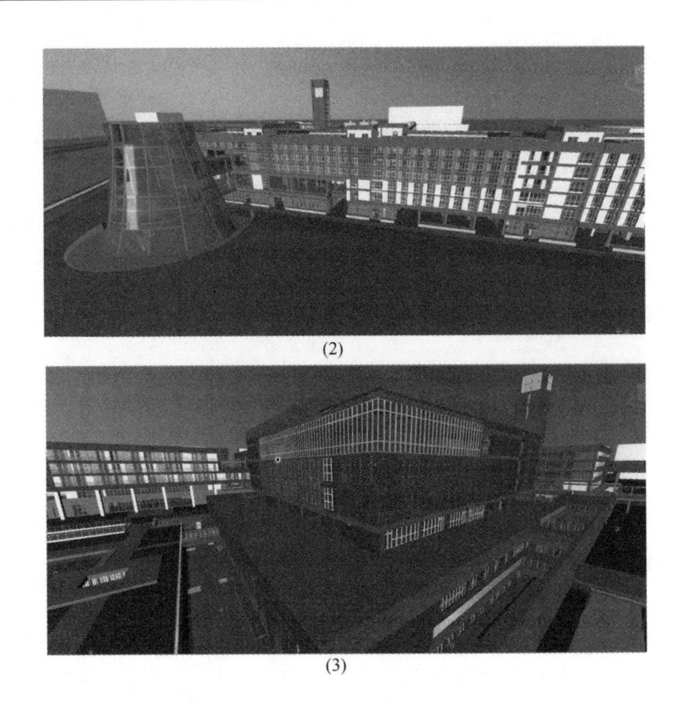

(2)

(3)

图 4.2.1-1 徐州市某中学BIM模型（二）

4.2.2 项目预算、资金计划

建立的BIM模型，我们利用BIM平台进度计划管理功能，把计划进度信息导进平台中，把每个模型构件都跟时间维度相结合，粗的可以按单体建筑来定义时间，细的可以按楼层、按大类甚至按区域和构件来定义时间。

通过计划开始时间和计划完成时间的定义，并结合项目造价就可以快速获得每个月甚至每天的项目造价情况。最后结合合同情况，就可以指定整个项目的资金计划，见图4.2.2-1。

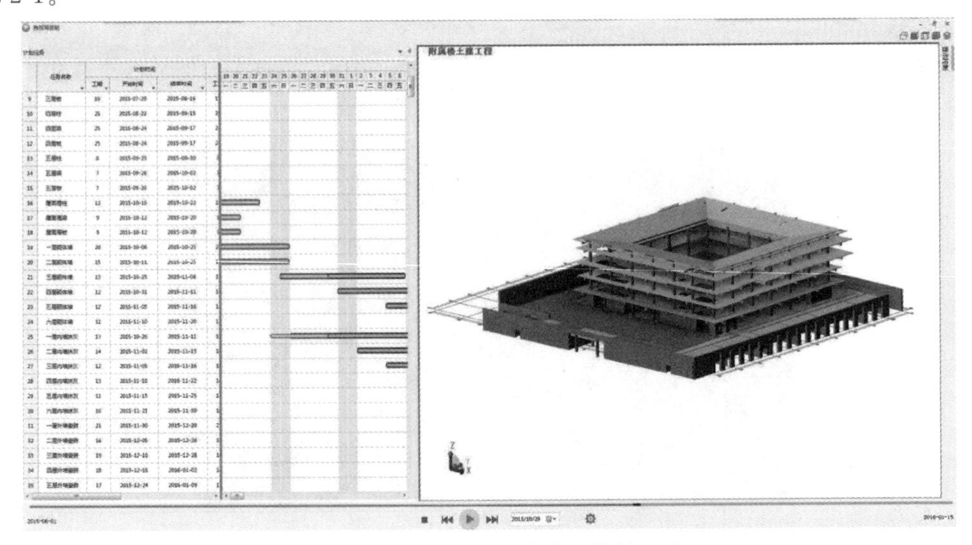

图 4.2.2-1 徐州市某中学文体楼工程

我们将建立的 BIM 模型跟时间维度相结合，并结合项目造价，快速获得每个月甚至每天的项目资金所需情况。一方面以此审核业主的资金计划的合理性；另一方面为业主单位制定资金计划提供参考。

4.3 施工阶段 BIM 造价实战应用

施工阶段是项目实施过程中，历时最长、造价控制最难的阶段。当前越来越多的项目设计复杂，技术难点多，工序繁杂。特别是超高层项目，依靠传统的作业方式与技术手段，项目实施风险系数很高。必须综合运用现代化的信息系统、BIM、云计算等技术手段，才能保证项目高效率、高质量、低成本地运行。特别是在上下游预结算，进度款支付等，投资的管理复杂，数据处理缓慢，容易失控。而且通常过程中很难发现问题，在最后结算才发现，为时已晚。

BIM 在施工阶段，利用“数据模型＋管理平台”实现建造阶段透明化管理。

4.3.1 支付审核

基于施工 BIM 模型，利用 BIM 软件可直接根据形象进度在 BIM 模型中框图即可完成进度款的汇总，做到对施工单位报的进度款心中有数，快速完成审核，避免超付，堵住成本漏洞，见图 4.3.1-1。

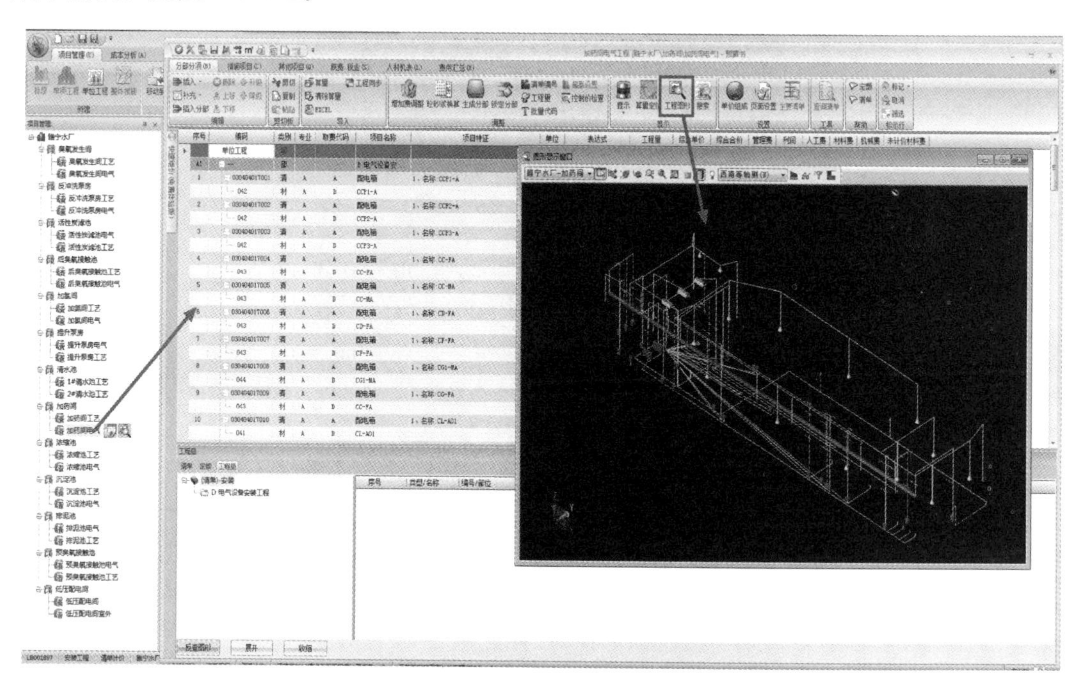

图 4.3.1-1　徐州市某水厂进度支付审核

根据施工合同的约定，利用 BIM 框图出价的强大功能，快速、精准的完成进度款审核工作。为各方节省大量时间。传统需要 7～15 天的审核工作，现在只需几分钟就完成了，大大提高工作效率。

4.3.2 建造阶段碰撞检查、预留洞口定位

根据图纸设计重点部位的结构标高，结合各专业整合深化后的机电综合排布方案（BIM模型），完成项目建造阶段的各专业（钢构、机电、土建结构等）碰撞检查，发现影响实际施工的碰撞点。在二次结构施工前利用整合后的模型直接定位需要预留孔洞的部位，避免后期施工过程中二次拆除造成的破坏和造价增加。

（1）深化设计：结合现场实际情况、施工工艺需对设计方案进行完善。

（2）施工方案：根据业主方、监理方、分包班组意见进行的方案调整、具体管道支架调整等。

（3）结构偏差：结构施工偏差、结构扰度。

在徐州市某中学项目施工过程中，施工前以施工部位为基准单位进行精细化碰撞复核，发现机电管道可优化点174处，提前定位预留孔洞389个，共计节约造价近135万元，见图4.3.2-1。

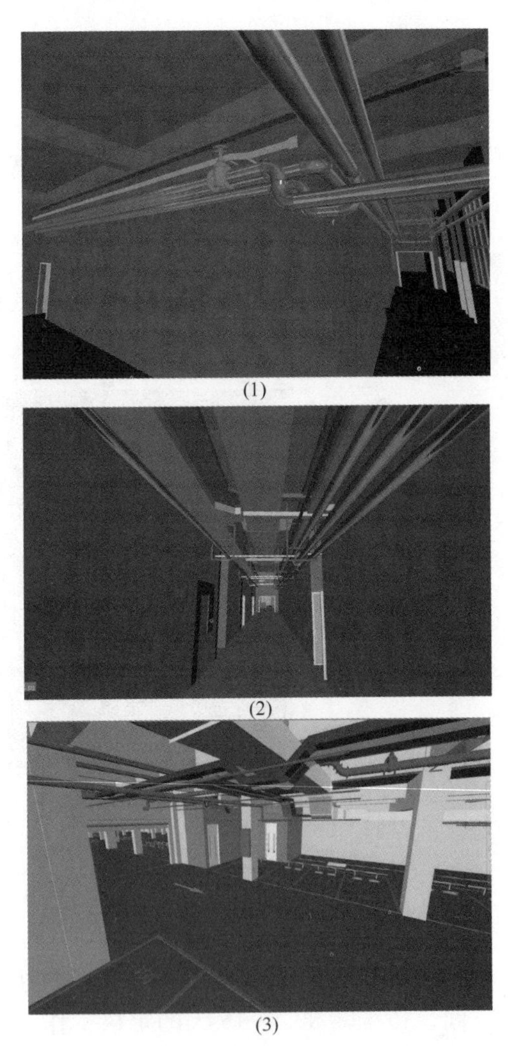

(1)

(2)

(3)

图4.3.2-1 徐州市某中学地下室碰撞检查

4.3.3　方案模拟

利用 BIM 多维度可视化的特点，对重要施工方案进行模拟，即利用 BIM 软件对关键部位进行精细化建模，制作虚拟仿真施工动画。项目各方可利用 BIM 模型进行讨论，调整方案，BIM 模型快速响应调整，最终确定最优的施工方案。避免施工过程中发现不合理再调整或者因为方案不合理，引发的质量、安全事故，对工程造价有直接的影响，见图 4.3.3-1。

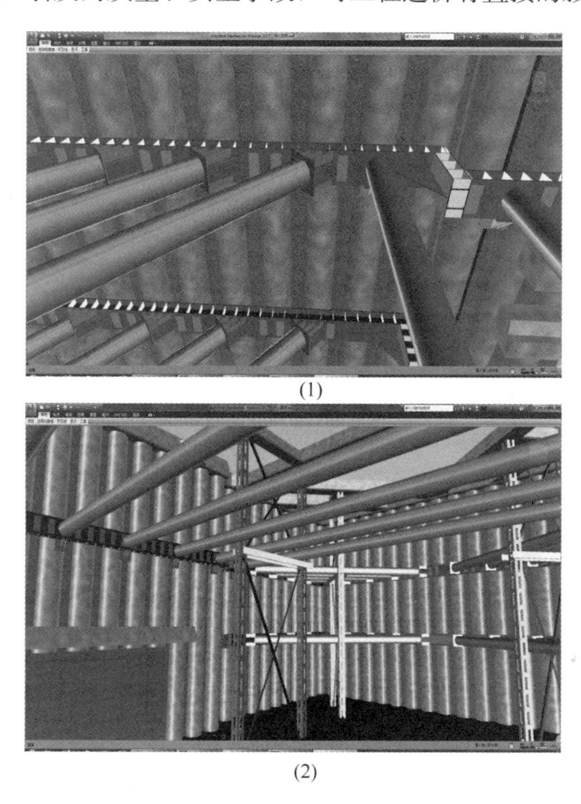

(1)

(2)

图 4.3.3-1　徐州市地铁某车站维护结构施工模拟

通过精细化模型建立与动画模拟，在本项目中节省方案审批近一个月时间。在后续施工中，有效规避有可能发生的质量、安全、进度问题。有效提高工程管理效率，见图 4.3.3-2。

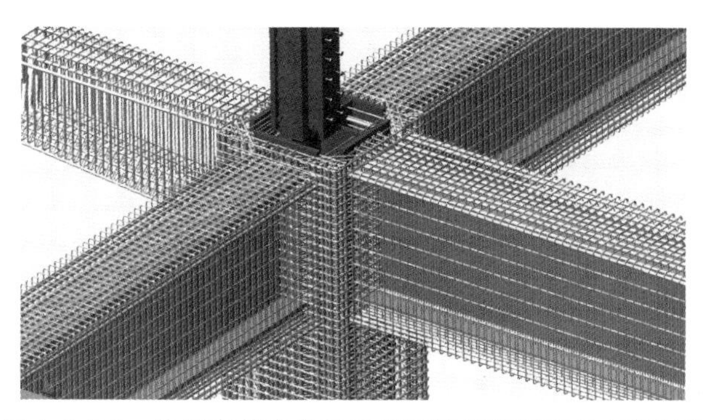

图 4.3.3-2　徐州市某中学教学楼钢结构柱梁节点方案模拟

4.3.4　进度模拟与监控

工期对于一个项目来说是一个重中之重。对于施工单位来说，直接关系资金的回笼；对于业主单位来说，直接影响到下一步使用或者营业。所以说工期控制得好，直接关系到整个项目的投资成本。

通过 BIM 平台进度工期管理功能，将工程总计划进度与相对应 BIM 模型构件进行一一关联，在实际施工过程中同时收集现场实际工期也与相对应 BIM 模型构件进行一一关联。当以工期“天”为单位进行虚拟建造过程中，就可以随时分析工期。

通过 BIM 技术实时展现项目计划进度与实际进度的模型对比，随时随地三维可视化监控进度进展，提前发现问题，并及时分析，针对不同情况采取对应的措施，保证项目工期。

在徐州市某中学项目实施过程中实时监控进度，严格按照施工合同工期违约索赔的条款，重点监控。重点分析进度超前和滞后原因，实时调整。共节约工期 110 余天，涉及成本超过 230 万元，见图 4.3.4-1。

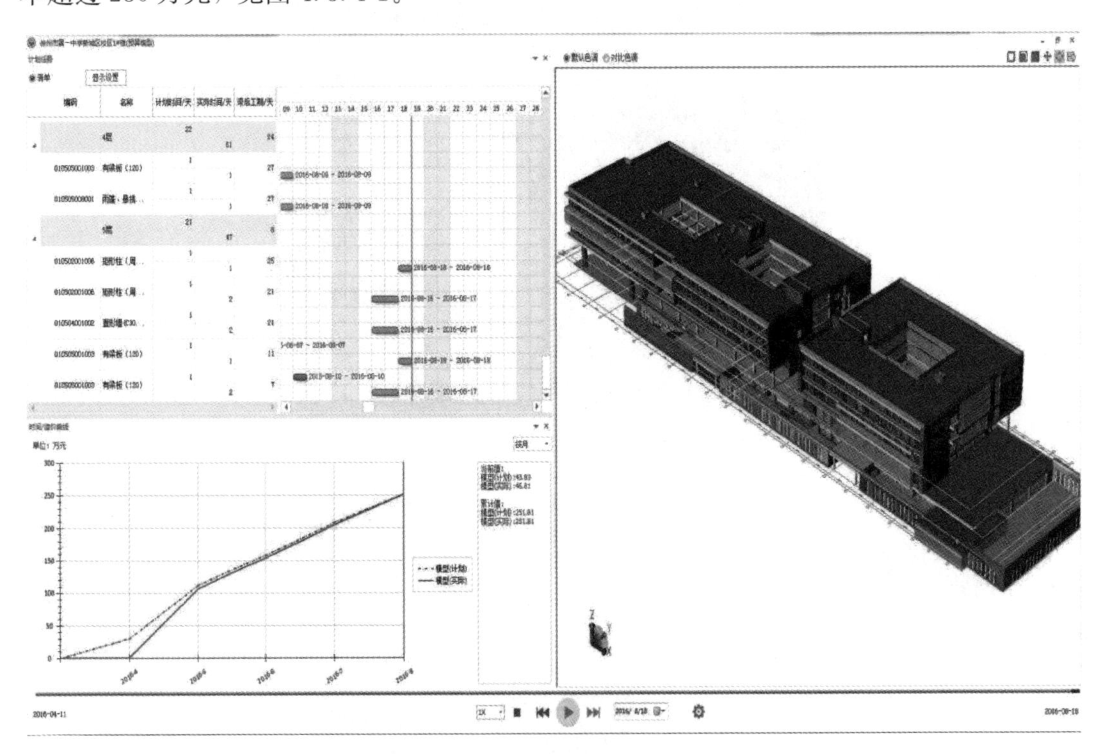

图 4.3.4-1　徐州市某中学行政楼进度管理

4.3.5　钢筋成本管控

通过钢筋 BIM 模型对钢筋下料数据及材料采购进行控制，运用 BIM 模型对钢筋排布进行模拟交底，结合 BV 系统客户端对现场钢筋进行管控，分阶段对数据进行对比。实现对现场钢筋用量控制，减少钢筋浪费。

通过对比分析，在徐州市某中学项目中，钢筋用量精细化管控节约成本近 90 余万元，见图 4.3.5-1。

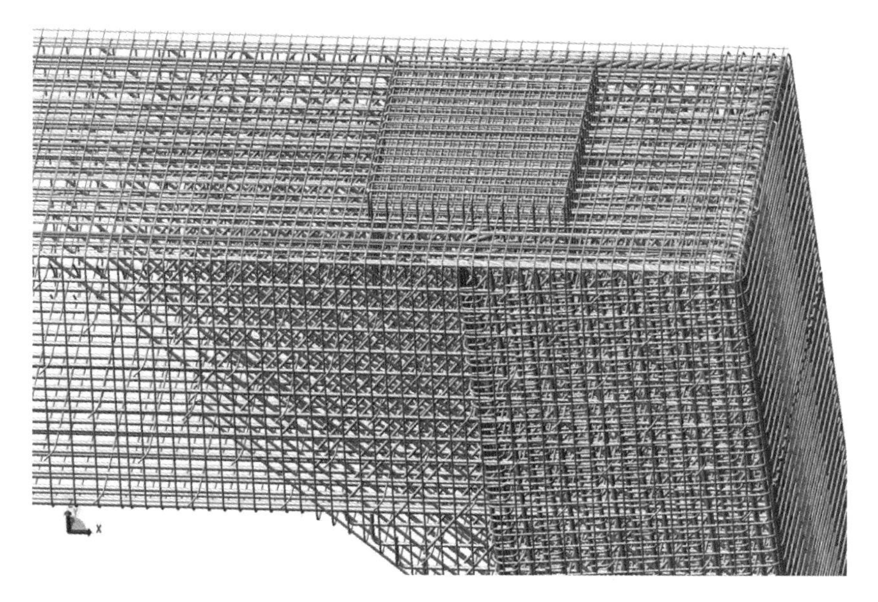

图 4.3.5-1 徐州市某中学体育馆梁柱节点钢筋分析

4.3.6 资料管理

基于 BIM 技术的档案资料协同管理平台，将施工管理中、项目竣工和运维阶段需要的资料档案（包括验收单、合格证、检验报告、工作清单、设计变更单等）等列入 BIM 模型中，实现高效管理与协同，见图 4.3.6-1。

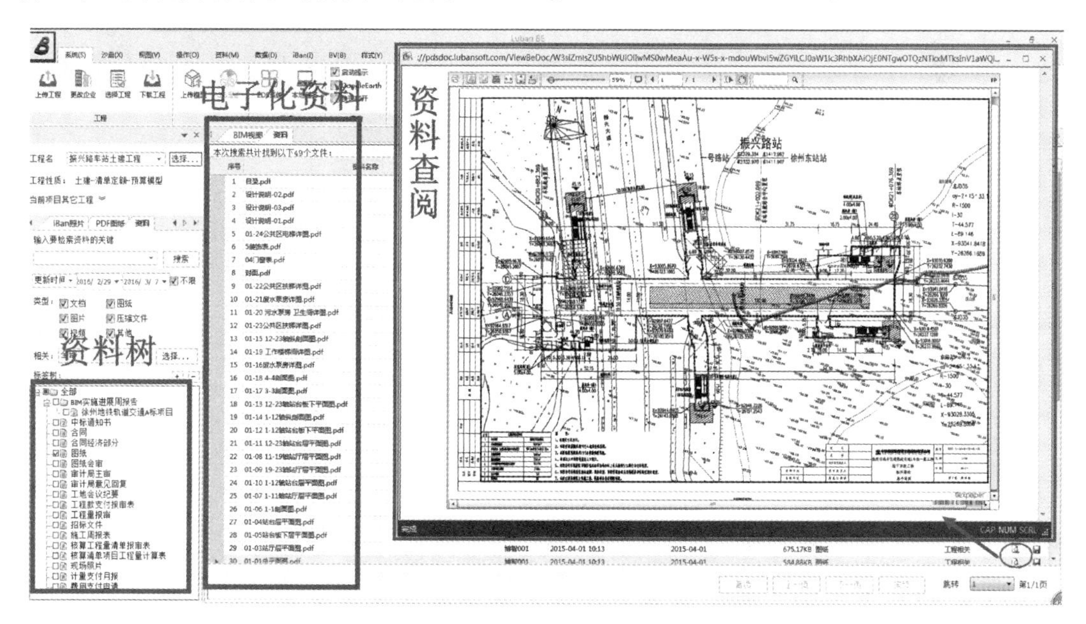

图 4.3.6-1 BIM 技术的档案资料管理

4.3.7　现场管理（移动端的应用）

施工过程中利用移动终端（智能手机、平板电脑）采集现场数据。不管是业主方、施工方、监理方在巡视现场的过程中，发现问题，随手拿出收集利用BIM平台手机端智能APP功能，拍张照片，简单录入相关信息，就会自动上传到BIM管理平台中，并与对应的模型构件关联。以此建立现场质量缺陷、安全风险、文明施工等数据资料，方便施工中、竣工后的质量缺陷等数据的统计管理。特别是涉及问题整改、费用索赔等情况的，做到追本溯源，见图4.3.7-1。BIM技术在现场管理中具备以下特点：

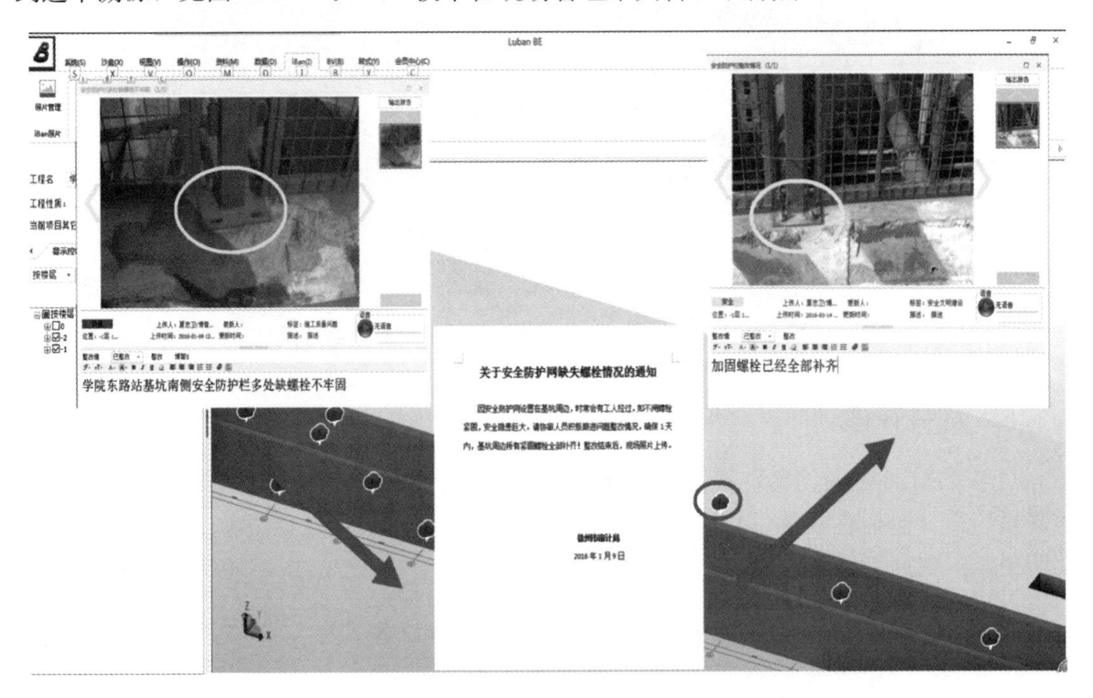

图4.3.7-1　BIM技术现场管理

（1）缺陷问题的可视化：现场缺陷通过拍照来记录，一目了然；

（2）将缺陷直接定位于BIM模型上：BIM模型定位模式，让管理者对缺陷的位置准确掌控；

（3）方便的信息共享；让管理者在办公室即可随时掌握现场的质量缺陷安全风险因素；

（4）有效的协同共享，提高各方的沟通效率：各方根据权限，查看属于自己的问题。

在本项目中，利用BIM协同平台，对现场实施高效实时管控，共发现质量问题100余个、安全问题40余个、进度问题50余个、资料管理问题70余个。通过BIM平台上传至平台与BIM模型有机关联，实时监督整改进度，确保整改资料和数据闭合。共计节约工期50余天，节约成本170余万元。实现提高项目50%的管理效率。

4.3.8　变更签证管理

通过BIM技术，实现对过程中签证、变更等资料的快速创建，方便在结算阶段追溯；

在 BIM 系统平台中，我们可以把每一张变更签证定位到模型中，实现变更部位透明、变更造价透明，方便结算时快速统计。

在徐州市某中学变更管理中，所有变更均定位于 BIM 模型中，点击变更部位即可查看变更资料、变更造价，见图 4.3.8-1。

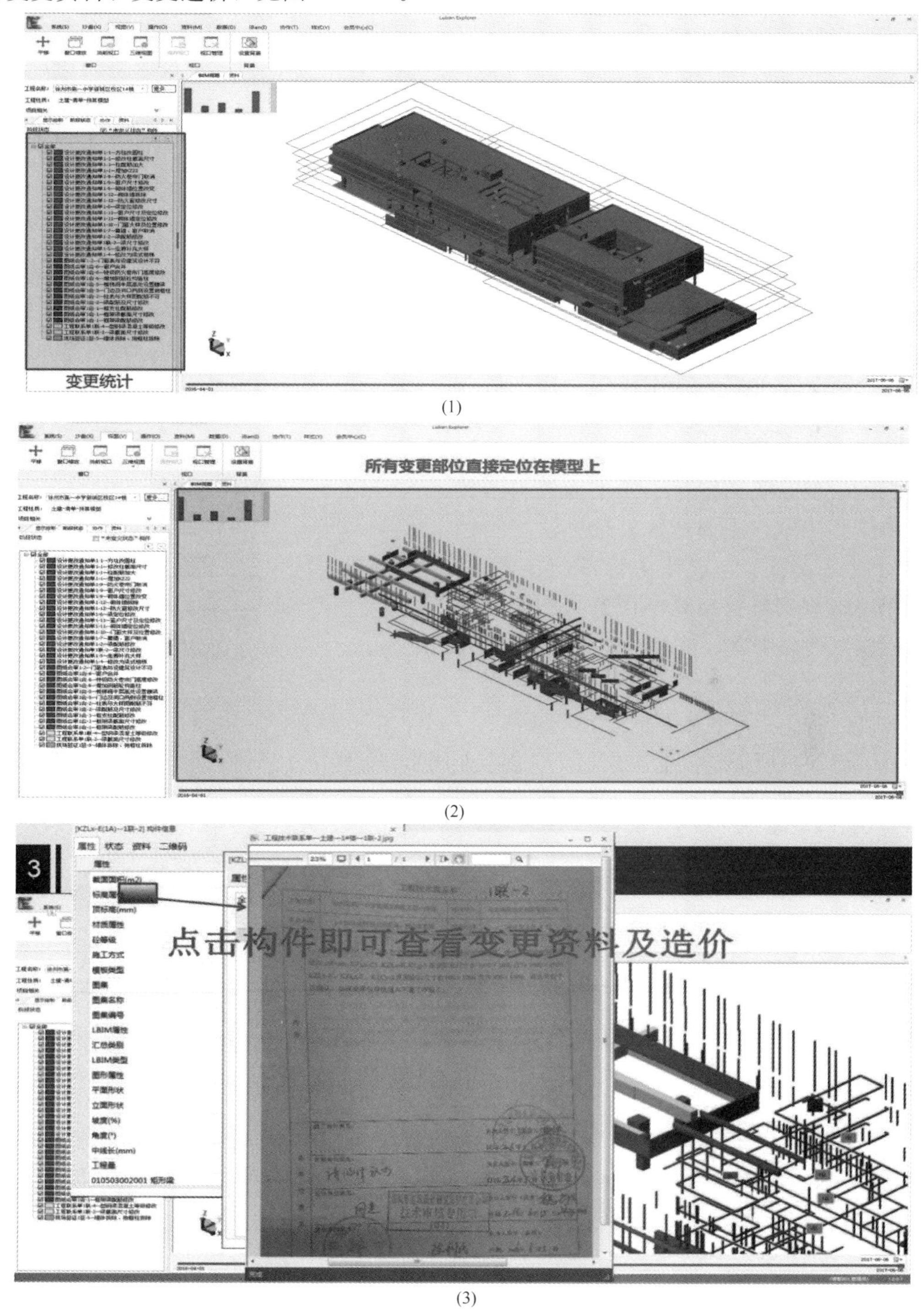

(1) (2) (3)

图 4.3.8-1　徐州市某中学工程变更管理

4.4　结算阶段 BIM 造价实战应用

建设工程竣工结算是建筑施工阶段最后一个环节，建设项目工程造价的最终体现，是工程造价控制的最后环节，并直接关系到建设单位和施工企业的切身利益，各参与方给予高度关注，按照竣工结算的一般原则和重点注意事项，结合 BIM（建筑信息模型）的优势功能，建立起基于 BIM 模型的竣工结算办法，一方面提高竣工结算申报与核对效率；另一方面提高对竣工结算依据的全面审查效力，实现竣工结算量、价、费的精细核算；最终取得全面高效、准确、客观的工程竣工结算成果。

1. 结算方法

和传统结算方法相比较，利用 BIM 技术进行结算，见图 4.4-1。

熟悉工程概况，规范本工程 BIM 实施流程，土建与安装专业建模标准、资料管理标准、结算核对标准等，统一思路，让工作无障碍推进。

除了熟悉合同、招标文件、图纸、签证等资料的同时，我们把每一份书面资料都整理成电子档格式。因为传统管理办法竣工档案容易损坏或遗失，审计主管部门、业主、施工单位很难实现对结算书面资料的有效保存和查阅，通过 BIM 系统，我们将所有结算资料，分类分专业上传到 BIM 系统，可以永久保留随时查阅，见图 4.4-2。

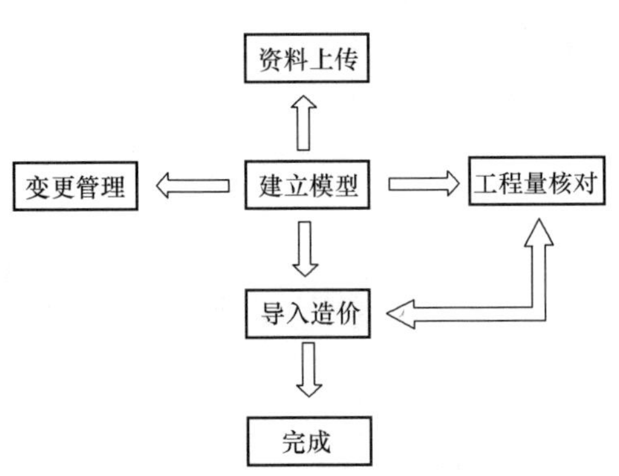

图 4.4-1　BIM 技术结算

在熟悉完各项资料，土建专业、安装专业同步开始建立 BIM 模型。

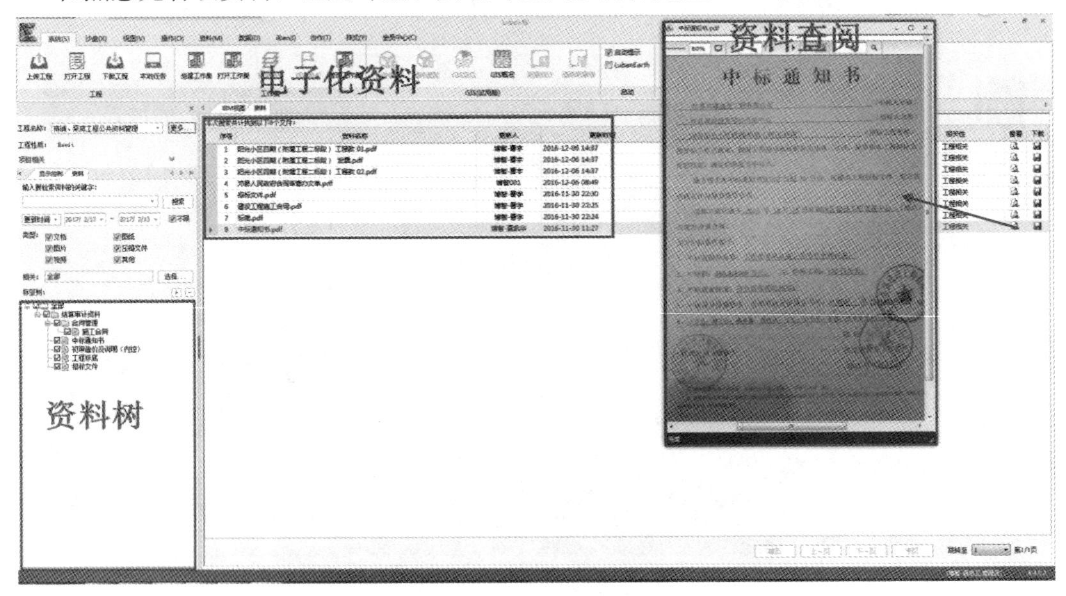

图 4.4-2　结算资料保存

BIM 模型的三维可视化，比传统二维图纸更直观，针对异型构件计算更精确。BIM 的云智能查错、强大报表，能快速的分解构件，并直观、准确地显示构件的外观、参数等。BIM 技术的应用使得复杂繁琐耗时耗力的工程量计算，变得高精准、高效率，见图 4.4-3。

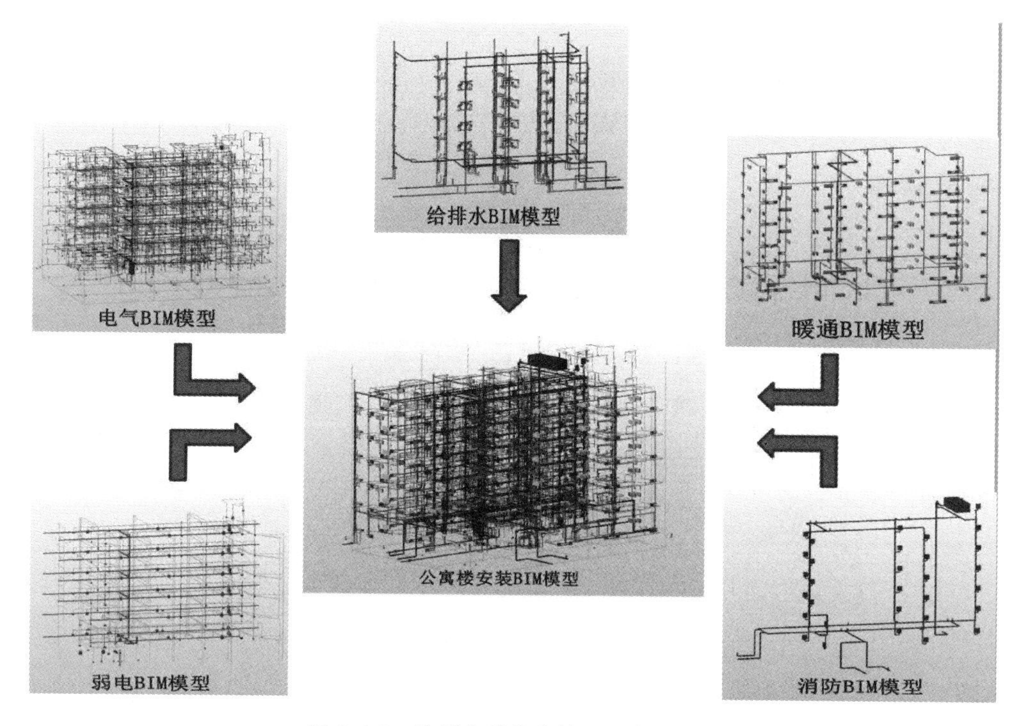

图 4.4-3 徐州市某公寓楼工程安装模型

模型建立完毕后，对于结算容易遗漏或重复计算的设计变更、技术核定单等的问题，将每一份变更的出现不仅仅依据变更，修改 BIM 模型做好记录，并且将“电子化”资料与 BIM 模型有机关联，通过 BIM 系统，工程项目变更的位置一览无余，更直观的还原了施工过程当中的变更情况，需要哪份资料，直接在 BIM 系统中检索便是，更有利于进行复核检查工作，见图 4.4-4。

模型建立过程中，定义构件属性的同时，每一个构件均套用好单价，模型结束，造价汇总亦完毕，精准高效。

复核方利用 BIM 数据和结算数据的比对，通过报送结算清单，在 BIM 建模平台中快速形成对比分析表，通过设置偏差百分率警戒值，可自动根据偏差百分率排序，迅速对数据偏差较大的分部分项工程项目进行锁定，再通过 BIM 软件的“反查”定位功能，对所对应的区域构件进行检查和分析，更直接准确地找到误差部位，大大节省核对时间。

2. 基于 BIM 的结算审计优势总结

（1）精确算量

拿到施工图后，迅速建模。BIM 模型的三维可视化，比传统二维图纸更直观，针对异型构件计算更精确。BIM 的云智能查错、强大报表，能快速的分解构件，并直观、准确地显示构件的外观、参数等。BIM 技术的应用使得复杂繁琐耗时耗力的工程量计算，

图 4.4-4　BIM 系统中显示各部分相关资料

变得高精准、高效率。

（2）快且准的抓住审核重点

作为审核方，利用 BIM 软件清单自动对比功能，快速定位结算报价漏洞，重点核对、重点把控。

（3）变更签证的管理。

将设计变更和签证资料与建筑模型有机关联，规避结算过程中少扣多算的风险。

（4）结算工作及进度实时共享。

在 BIM 系统中，建立了业主单位、施工单位、审计单位之间及时沟通汇报的平台，实现审多方对审计项目实时监督、实时检查。

（5）结算资料管理实现无纸化办公。

基于 BIM 技术的档案资料协同管理平台，可将施工管理中、项目竣工和运维阶段需要的资料档案（包括招标文件、合同、图纸、验收单、合格证、检验报告、工作清单、设计变更单等）及时扫描成照片模式列入 BIM 模型中，实现无纸化办公，后期追溯方便、快捷。

（6）快捷的造价分析。

BIM 系统的计价软件可以有效地和模型进行关联，可以调取任意构件、楼层、分部及各专业相应工程造价。通过 BIM 平台可以快速深入分析出结算工程的任意指标分析。

（7）项目竣工交付时，以往业主方拿到的除了实体建筑以外就是二维平面的竣工资料，二维平面的竣工资料存在以下弊端：保存困难，经常出现项目运行几年后完整的图纸都找不到；查询困难，碰到紧急事件需要处理，通过翻阅二维图纸很难准确定位；不准确，因为过程中大量深化设计和变更，导致最终的竣工图纸跟实际差别非常大。

结算工作结束以后，最终业主获得的是包含大量运维所需数据和资料的建筑信息模型。让 BIM 真正实现项目生命全周期的管理，为业主方提供及时、直观、完整、关联的项目信息服务和决策支持，见图 4.4-5。

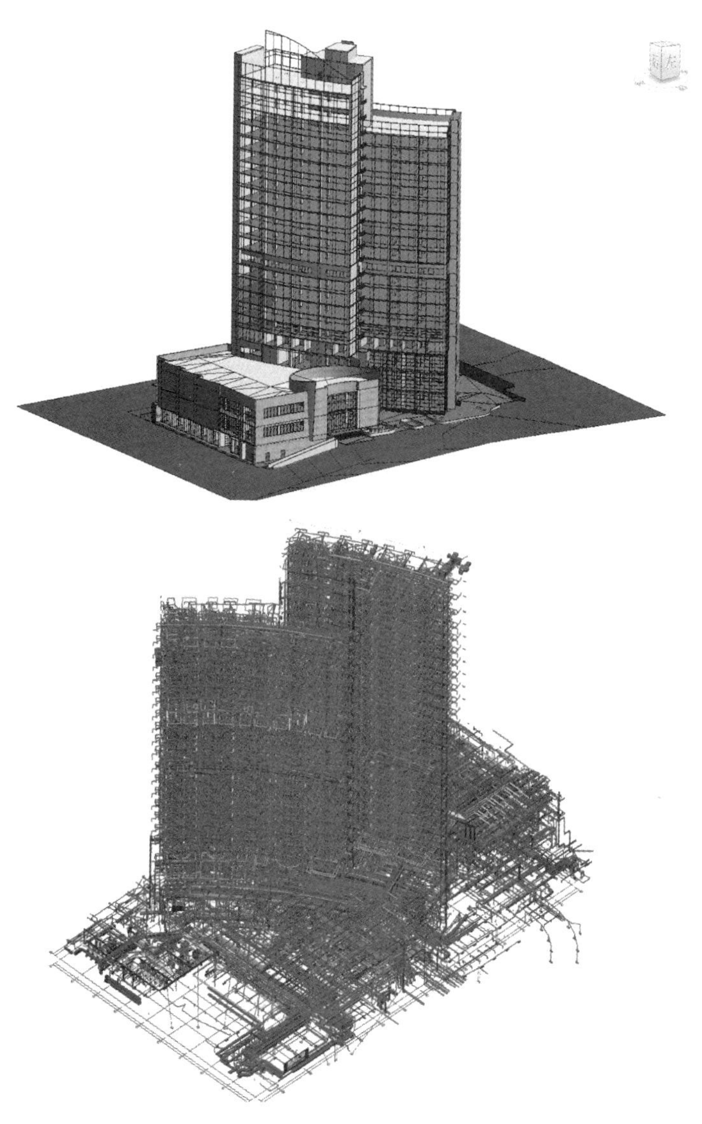

图 4.4-5 徐州市某国际宾馆竣工 BIM 模型

如果过程实施 BIM，结算阶段的工作直接进入 BIM 模型整理、变更签证累加、核对工作，结算阶段工作将直接被省略掉。

BIM 在竣工结算阶段在确定准确工程量、项目查漏项、缩短结算周期等方面可以发挥重要作用。

4.5　全过程造价控制阶段 BIM 造价的实战应用

4.5.1　BIM 全过程应用概述

项目全过程造价管理是为确保建设工程的投资效益，对工程建设从可行性研究开始经初步设计、扩大初步设计、施工图设计、承发包、施工、调试、竣工、投产、决算、后评估等的整个过程，围绕工程造价所进行的全部业务行为和组织活动。

采用传统造价管控方式在工程建设项目规划、设计、招投标、施工、结算各个阶段中，往往会出现数据的传递共享效果不佳的问题，而将 BIM 技术与传统造价手段相结合运用在项目成本管控上就可以极大程度上解决这一问题，使工程造价全过程乃至全寿命周期的造价管理（Building Lifecycle Management，BLM）成为现实。同时随着 BIM 技术在项目造价管控应用上的不断成熟和飞速发展也推动了一系列工程造价软件产品的开发应用。目前普及度较高的工程造价管理软件多数着眼于以二维平面获取图纸信息为基础转换三维模型用于造价信息层面的测算应用，在预算和结算方面上较为实用，但是对于实现对造价的动态管理方面的应用水平还有待提高。而 BIM 技术的兴起，极大地推进着工程造价相关管理应用软件的升级变革，在可视的建筑信息模型中，工程基础数据可以实时动态调整与查看，造价从业者以及业主需求单位可以更迅速准确直接地获得项目的造价信息。对于提升工程造价管理水平，乃至实现整个建设工程项目全寿命周期的信息化管理，BIM 技术在项目全过程造价控制阶段的应用与传统造价相比都有着无与伦比的优势。

1. BIM 技术造价控制在项目决策阶段的应用

BIM 技术的应用基础是 BIM 三维模型，基于 BIM 模型的建模原理以及项目数据库的信息化技术支持，在拟建项目的前期决策阶段可根据现有项目资料，选择调取相似度较高的模型构件，以此来完成类似项目简单的 BIM 模型搭建工作，这样便可迅速提取工程量，并结合 BIM 造价项目数据库内的信息，准确地查询调用人材机价格、各种经济指标。对于不具备建模条件的项目，也可对业主意向拟建项目方案通过对造价成本的估算进行方案成本分析，根据决策阶段相关资料并依托 BIM 数据库内已完成项目相关造价数据，进行拟建项目成本关键因素的识别提取和相似项目的类比及筛选工作，完成拟建项目的成本造价精确估算，这样在没有完整的图纸情况下，依然可以做出准确的决策、完成投资估算。同时在拟建项目造价成本估算成果的基础上，通过对业主预期的资金筹备方案、盈利收益模式分析，结合 BIM 数据库内同类项目的盈亏指数及相关行业领域的市场经济数据，完成对拟建项目未来建成后的经济量化评价，并据此对拟建项目的经济方案提供相应的咨询优化建议，因此，在决策阶段应用 BIM 技术，可以迅速便捷地编制项目投资估算书，使决策更加准确。基于 BIM 技术的投资估算借助造价师的经验，为决策提供了数据支撑，改变了传统模式。只有这样，才能使投资估算真正地为后期成本控制提供依据。

2. BIM 技术造价控制在项目设计阶段的应用

工程项目设计阶段对项目的最终造价起到决定性的影响，同时建设工程项目的施工进度、建筑效果、工程质量能否达到规范标准和业主所满意的效果，建成后能否给业主带来经济效益也都与工程设计环节的工作质量息息相关。工程设计这一关键环节对造价控制起着决定性作用。

在初步设计阶段，BIM 技术集中体现为两个方面的应用，一个是对于拟建项目编制概预算，使业主单位获得精确度更高的项目造价信息，以便整体把控项目的建设工作，另一方面就是通过对项目进行建筑性能分析以及提出建筑深化建议，以辅助设计单位完成拟建项目设计图纸的完善工作。

对于拟建项目概预算的编制，主要工作内容是需要根据设计图纸进行 BIM 模型的建立或完善修改工作，然后明细表汇总相应的工程量，再导入计价软件，实现工程基础信息准确链接。常用的 BIM 建模软件有 Revit、Tekla 等。利用价格信息平台可以提取人材机费用及各种经济指标，快速编制概预算，使价值工程分析及限额设计等过程拥有数据支撑。

而对于另一方面的应用，主要是依据搭建完毕的 BIM 模型，进行对拟建项目进行热、光、风、声、可视度、舒适度、疏散度等建筑性能水平的分析，以此为优化拟建项目的建造形式出具相应的分析报告，为拟建项目建成后的用户体验打下基础，也避免因建筑实际效果与预期差异过大而导致的设计修改而产生的项目返工，降低了造价重复支出的可能性。而依据专业工程深化设计和管线布置综合平衡深化设计的设计资料，对土建与机电模型进行深化、整合，在根据各专业要求及净高要求，对管线进行合规合理的调整，将问题解决在施工之前，尽可能地降低施工返工率，有效的控制净空，合理优化管线路由和减少各专业间的冲突碰撞，此部分的 BIM 应用有助于有效避免后期施工过程中由于签证变更导致的返工和成本损失的现象的发生。

3. BIM 技术造价控制在招标投标阶段的应用

在招投标阶段，BIM 技术的应用价值主要体现在工程量精算部分。根据算量手段的选择，制定出相应的建模标准，以此搭建 BIM 三维模型，导入相应的算量软件或采用建模软件中的工程量明细表功能进而完成工程量的精算。建设单位或者招标委托人就可以利用此模型快速提取工程量，结合我国清单规范就可以编制工程量清单，并与传统造价算量方式的成果进行比对。这样可以避免人工算量时错误的发生，有利于招标工作顺利地进行。编制完工程量清单后，可以将清单附加到 BIM 模型中，招标代理机构发出招标文件时，就可以将包含清单信息的模型一起发给投标人，这样就可以保证招标信息与设计信息的完整性与连续性。互联网技术与 BIM 平台有机地结合，更加有利于政府招投标管理部门一级业主单位的监督管理，有效地遏制了徇私舞弊等现象的发生，对于整个行业的健康发展十分有帮助。

4. BIM 技术造价控制在施工阶段的应用

在项目的施工阶段，造价控制的主要环节重点往往着眼于进度款的审核、工程变更费用的计算，造价人员都会努力挖掘造价的潜在价值来为业主达到节约成本或者增加收益的目的，控制项目的最终造价不能超过预期投资额。而在将 BIM 技术引入应用在施工环节后，对于传统造价管理效果起到了一定的提升作用。

（1）施工进度模拟

凭借 BIM 技术及相关软件的应用，结合拟建项目的施工进度安排可生成拟建项目的施工动画模拟，可对施工进程进行动态把控，时刻关注工程进展状态，有效了解施工工期的相关信息并可充分根据项目整体情况合理安排分配人力材料设备的使用情况以及辅助施工方优化施工组织设计等工作。资源协调规划作为施工组织设计中的重要组成部分，BIM 技术的应用突出了它的优势。为了避免施工过程中资源材料浪费现象的发生，可利用 BIM 可视性及模拟性的特点，根据施工进度高效地测算人工、材料、机械的需求量。另一方面，BIM 技术可以帮助施工方与业主的管理人员准确地理解施工方案与合理地完成进度安排，能够按计划地实施流水施工，安排施工队交叉施工、连续作业。以达到各施工工序间的无缝对接的程度，避免窝工现象而导致的成本浪费现象。

（2）动态成本分析

依据项目整体进度计划或标段计划测算项目现金流的目的，依靠本项目的 BIM 算量平台的进度-成本 5D 模拟及关联分析，将计划子项与工程量清单子目及模型构建分别关联，最终实现项目成本曲线，为项目的前期融资、现金流分析、施工过程人工、材料、机械及其他资源需求等提供参考。由此带来的好处是建设单位与承包方可以更直观地了解到资金的使用情况，有助于其根据实际情况及时调整相应的资金安排计划。同时在施工进行的过程中，业主更可针对各阶段的实际造价与目标金额进行对比，从中找出误差并分析原因已达到控制成本的效果。

（3）工程变更

工程变更的产生是项目建设过程中不可完全避免的现象。往往工程变更的出现会导致项目的工程量、施工进度安排发生相应的变化，进而造成对项目造价的影响。通过 BIM 技术的应用，可使项目实施过程中的变更、签证可视化、直观化，且便于验工计价或竣工结算阶段直接调用，项目的 BIM 管理平台可提供变更、签证辅助造价管理。即业主提供设计变更确认单，平台依据变更后的模型计算变更工程量，生成变更工程量清单及设计变更分析表。同时将变更资料储存于数据库中，便于验工计价或竣工结算阶段直接调用，及时的反映出工程变更的经济意义。

（4）进度款支付

通过 BIM 管理平台模型、成本、时间三方联动的功能，可针对每个进度款拨付周期内拟建项目的形象进度完成情况、进度款支付情况进行相应操作处理，可动态观察到拟建项目的实际工期及实际成本与预期的差异，便于业主及时控制项目进程，提高管理效率，改善了传统方式上来自二维 CAD 图纸的工程信息数据联系较差，工程造价拆分繁琐的情况，也为工程的结算环节的相关工作提供了有效的支持作用。

5. BIM 技术造价控制在竣工阶段的应用

通常传统模式下的工程结算主要是依据为二维 CAD 竣工图纸，往往采取此种方式而进行的结算工作周期较长，工序也较为繁琐。在工程量结算审核的环节中，造价咨询单位与承包方将会根据各自对于项目情况和项目资料以及工程量计算的理解进行对量工作，遇到差异较为明显的子目，必须对构件进行更深入细致的复核工作。虽然现阶段已有较为成熟的造价算量软件，但是由于结算相关人员对图纸信息理解能力的参差不齐导致的差异是无法消除的，最终导致结算的工程量与项目实际的工程量将会出现不同程度上的出入。而 BIM 技术的引用将会解决这一问题。由于 BIM 模型具有参数化的特点，使得其不仅含有建筑工程的空间几何信息还具有工程量信息、物理信息地质资料、成本数据、材料明细及项目进度信息。在设计与施工等阶段开展的过程中，现场签证和工程变更等信息不断完善，BIM 模型所包含的信息也在不断积累扩大，在工程竣工后模型的信息量将足够表示一个工程实体。运用 BIM 技术中验工计价及竣工结算辅助的功能，通过合同付款节点、工程形象进度、变更签证的完成情况进行进度结算管理，把过程中发生的变更工程量清单、现场签证、进度付款等与合同工程量清单进行汇总，协助完成项目竣工结算审核 BIM 模型的出现提高了结算速度和结算效率，减少了双方的纠纷，同时也能够很大程度地节约双方的结算成本。

总体来看，在决策阶段 BIM 造价咨询师运用 BIM 技术进行拟建项目的投资估算与经济评价，将会使作为后期成本控制基础的投资估算准确度更高，而 BIM 管理平台的引入以及在各阶段 BIM 应用的共同作用下，建设单位能够更加直观的了解施工进度，及时调整资金使用计划，通过动态管理的方式将估算预算结算的偏差降到最低，避免资金的浪费，而且在施工过程中遇到工程造价及其流程问题时，也可凭借 BIM 技术的可视性、可模拟性等特征应用来及时地解决争议，更将有利于政府对行业的监管，遏制了徇私舞弊现象。综上所述，BIM 技术应用将进一步推动工程造价领域在管理工作模式上不断升级以及服务产品形式的不断创新，而 BIM 技术的普及应用也将在工程造价管理领域是一个势在必行的趋势。

4.5.2 BIM 全过程造价管理项目应用

随着 BIM 技术的不断成熟以及在工程项目中陆续推广应用程度的不断深入，国内越来越多的工程项目都在某些阶段中一定程度上引入了相应的 BIM 技术。鉴于 BIM 技术的特点，目前 BIM 技术运用较为成功的案例多为大型商业综合体及基础设施类项目，而由于地铁轨道类项目的特殊性，国内越来越多的交通轨道项目逐渐采用 BIM 技术进行项目管控工作。本案例旨在介绍 BIM 在项目全过程的应用，从项目决策、设计、施工、竣工等各个阶段全面实际的介绍并解析 BIM 技术在造价分析控制方面的应用流程以及应用价值。

1. 项目背景

本 BIM 全过程造价咨询案例为华北地区某市地铁项目 D1，全程约 80km，全线 37 个站点、36 个正线区间以及部分车辆段、运营中心等附属建筑。该项目一期工程线路全程约 33.4km，其中地下段约 19.7km，高架段 13.7km，公设车站 15 座（地下 8 座，地上 7 座），平均站间距约为 2.36km，一期总投资计划为 573 亿，建设期约为 7 年。

2. BIM 应用介绍

（1）总体规划思路

BIM 设计标准贯穿于项目 BIM 技术实施过程中的各个阶段层面，其不仅仅只在保证 BIM 技术实际应用环节发挥规范操作以完成需求效果的目标，更在项目运用 BIM 技术实现项目全寿命管理过程中发挥着至关重要的作用，而相较于设计标准在技术层面为 BIM 技术实施落地所提供的保障功能，其更加深远的意义在于实现项目在整体运转过程中达到高效顺畅的效果，并且通过对本项目的数据及经验累积，结合业主的管理思维习惯方式，进行 BIM 应用设计标准的优化调整后，可在未来的类似项目中发挥可复制性强、可应用性高的以点带面重复使用的效果，帮助业主单位在日后面对相似类型的项目进行 BIM 技术应用的过程中做到效率更高、精度更高、成果更佳、针对性更强的项目管控水平。

BIM 设计在建筑项目管控中主要从流程规划、管理办法、技术实现三个方面发挥作用，做到保障在技术层面应用能顺利实现的基础之上进一步优化业主在运用 BIM 技术项目管理上流程方案，从业主需求出发明确 BIM 咨询设计战略方向和各阶段实施目标，在明确项目参与各主体岗位职责任务要求的同时合理分配协调可运用的人力物力资源，并设计具有高度普遍适用性的业主 BIM 实施管控操作流程指南，结合 BIM 技术运用过程中不断完善的建模标准、编码标准、运维标准等技术类标准，帮助业主梳理形成一套独立自主、匹配度高、拓展性强、应用延伸范围更广的 BIM 技术运用在全寿命周期内项目管控中各阶段应用的定制化操作办法。

（2）各阶段应用介绍

1）决策阶段

① BIM 应用目标

业主在 D1 项目决策阶段目标通过 BIM 技术的引入，可以获得针对项目的整体投资做到相较于传统方式维度更广、精度更高的估算成果，以此来控制 D1 项目的投入支出总额，对于 D1 项目资金的筹备方式、贷款比例以及建成后的收益情况进行相应的成本财务分析，结合多方分析数据结果来进行项目决策以及指导方案的修改工作，同时在此阶段需要 BIM 咨询单位结合业主需求制定相应的 BIM 应用及平台开发实施方案。

② BIM 应用服务

BIM 咨询评估服务内容：投资估算、经济评价

服务核心团队：咨询评估团队

服务流程：

a. 资料信息收集沟通环节：

由 BIM 项目负责人牵头，以咨询评估团队为核心服务人员，针对业主对 D1 项目上在决策阶段的设计方案需求以及资金投资计划进行深入会谈，在充分了解 D1 项目情况的基础上形成必要信息、资料、数据的汇总整理工作，并将此内容发至业主进行相关的确认工作，期间多次的沟通环节均要形成相应的会议纪要和测算信息联系单，保证后续 D1 项目决策阶段工作的数据具备较高的准确性和完整性。

b. 数据测算分析环节：

根据汇总整理确认完毕的测算信息联系单，根据 BIM 数据库中的项目特征标示、同类项目筛选等操作，对 D1 项目的成本确定因素进行识别和筛选工作，在 BIM 项目数据库中的项目中筛选出与 D1 项目的成本确定因素相似度较高的已竣工类似项目，通过类比法和指标法测算出相应的投资估算，由于 D1 项目此阶段收集到的项目设计信息较为具体全面，在投资估算进行初步测算后还具备进行估算修正的条件，针对此 D1 项目中的铝板、涂料、石材等消耗量较大的子目进行消耗量的调整修正处理，同时对于 D1 项目与对比项目中的差异项进行相应的量价处理，在资料信息的支持下，保证 D1 项目通过两次估算测量后得到精确度较高的估算金额。在此估算基础上从 D1 项目的整体建筑指标和人、材、机等细节要素两个层面上形成此阶段的主要分析数据，生成造价明细组成和各类指标数据的同时并对造价影响较大和未来业主应重点管控以及设计阶段主要关注的成本构成要素进行有针对性的分析。

基于精算后的投资估算，结合业主企业及 D1 项目的实际情况，在充分沟通关于 D1 项目的资金筹措、资金使用计划、项目建成后的运营模式以及其他相关信息的前提下，运

用 BIM 项目数据库中储备项目的经济指标分析模块的相关功能完成对拟建项目经济效益评价报告的编制工作，针对与 D1 项目未来盈利相关的影响因素和关注点进行相关的测评工作，从经济效益的角度去协助业主更好地进行项目的决策。

BIM 信息化、造价管控服务内容：平台需求确定、BIM 应用实施方案确定

服务核心团队：信息化团队、造价管控团队

服务流程：

a. 资料信息收集沟通环节：

由 BIM 项目负责人牵头，以信息化团队与造价管控团队为核心服务人员，针对业主对与 D1 项目上在全过程周期范围内运用 BIM 技术进行造价控制的需求想法进行充分深入地沟通并形成了相应的业主管理使用需求方案，期间对业主的 BIM 应用的功能需求、效果需求、操作需求、配置需求等进行分类细致的汇总，由业主单位确认后形成初步的平台开发需求。

b. 需求优化，方案制定环节：

在 BIM 负责人指挥下，BIM 信息化团队以及造价管控团队就整理完毕的需求联系单中的内容进行相应的需求实现方案研讨，形成逐项的需求反馈说明和 D1 项目的整体 BIM 应用实施方案，再与业主就此平台需求反馈说明和实施方案进行新一轮的沟通工作，调整需求优化实施流程方案，形成较为成熟的平台开发及 BIM 应用实施方案（BIM 管理平台开发工作的相关事宜不再描述，本部分内容只结合平台功能介绍 BIM 相关应用情况）。

c. 阶段应用分析

BIM（Building Information Modeling）意为建筑信息模型，通常情况下的理解就是将建筑的三维、时间、成本等各信息附于三维模型上，将模型作为一个项目各要素信息的载体，在项目各阶段的进行过程中供项目各参与方进行编辑、计算、查看等功能，可见三维模型在 BIM 应用中的重要性是无须赘述的。而在项目决策阶段的 BIM 应用，在一定程度上往往存在着应用上的条件限制，在这个阶段，业主对于拟建项目的想法还不够成熟，同时对于拟建项目的设计信息也较少，因此在此阶段想根据现有资料进行模型的搭建，进而完成对拟建项目成本造价的测算和控制，是较难实现的。不过 BIM 在建筑模型信息的概念外，如果拓展来看其实还可做另一番诠释，BIM（Building Information Management）也可作为建筑信息管理解释，而这一概念就很适合决策阶段运用 BIM 技术进行造价控制环境的工作。本身 BIM 倡导的就是信息数据共享的理念，通过对 BIM 数据库中储存项目模型数据的对照提取应用，可更加高效准确的测算拟建项目的造价成本，同时 BIM 数据库中所包含的不仅是建筑信息，对于建成项目后的运维信息以及各行业的市场信息情况也有相对完备准确的数据可供拟建项目在经济评价环节进行相应的参考。而在这两方面的应用上，BIM 技术的引用对投资估算和经济评价的影响相较于传统模式更大的优势是从计算深度和精度这两个方面入手的，就本身的计算逻辑和操作理念并未有过多的创新和颠覆突破。

相较于决策层面 BIM 相关应用的阶段性特点，BIM 造价管理平台与 BIM 实施方案这两个方面的应用却是贯穿整个项目全过程周期的。BIM 造价管理平台的作用主要是为业主单位在项目进行过程中可以更直观、更动态、更人性化的了解项目的造价成本状态，在 BIM 各服务方向的咨询团队在为业主进行 BIM 相关应用的过程中，存在大量的多软件协

作和数据处理的工作环节，可以说 BIM 技术应用的实施不仅仅是单一领域软件和单独某一参与方自行可完成的。而作为业主单位，其最关注和最有效的项目信息是经过处理加工后的最终数据，所以业主在项目管理过程中需要一个满足其针对性关注需求的载体，进行项目信息的实时获取，相当于后台所有的数据处理均交由 BIM 咨询服务团队和各项目参建团队协作完成，而业主更多的是通过平台的展示功能去直接了解知晓项目的最新动态，可以说 BIM 造价管理平台是将业主最关心的建筑信息以及最想达到的表现效果形式简单直接地呈现在业主面前的一个数据信息展示系统。

BIM 咨询服务在项目上的实施离不开顶层设计的实施方案规划和运用各协同软件进行服务落地的实操手段，这两者之间的关系极其密切并相互依存，实施方案规划是指导项目 BIM 咨询服务的主旨纲要，后续实操的各个环节都要遵守前期制定的 BIM 方案进行实际功能的实现，根据业主需求及项目实际情况编制适用于该项目全过程周期内的 BIM 技术对项目造价控制实施方案，其中涉及针对各阶段 BIM 技术应用的相应内容和形式、各阶段安排规划、技术难点分析及解决办法。

2）设计阶段

① BIM 应用目标

在经过决策阶段的投资估算精算和 D1 项目的经济评价分析后，在合理控制总投入的基础上，此阶段业主的意愿是希望通过在设计阶段运用 BIM 技术达到对项目的造价成本进行更细致更全面的控制效果，由于设计阶段对项目造价起到决定性的作用，因此在此阶段业主对 BIM 应用的要求较高，应用范围较广，而此部分的 BIM 应用同样也是 BIM 咨询团队在 D1 项目上关于造价成本层面控制的重要环节之一。

② BIM 应用服务

BIM 造价管控服务内容：模型搭建、概算分析、碰撞试验、设计优化

服务核心团队：造价管控团队

服务流程：

D1 项目中的 BIM 造价管控团队内部细分为建模小组和 BIM 应用小组两个部分，其中建模小组主要的服务内容为 D1 项目各专业三维模型建模标准方案的制定以及模型搭建工作，而 BIM 应用小组主要负责依据模型而开展的后续 BIM 各应用功能的实现工作。

a. 图纸资料汇总整理：

由于 BIM 咨询团队既是 D1 项目 BIM 咨询服务的总负责团队，同时也承担 D1 项目中相应部分站点、区间段的建模工作，所以在模型搭建环节的准备阶段，BIM 建模小组不仅仅只着眼于自己团队所承接的服务范围内的建模任务，也要对整个 D1 项目全线的模型搭建起到整体的规划和协同作用。

BIM 建模小组针对 D1 项目全线的施工图纸进行收集和分析，对于站点、区间段、车辆段以及附属用房等不同功能的单位工程都进行深度较高的图纸熟悉工作，从初步设计开始的图纸直到施工图设计的图纸，各个阶段各个版本的图纸均做到了标示管理，为同步进行的建模环节的资料准备工作打下了基础。

b. 建模规范商讨制定：

BIM 建模小组根据 D1 全线各功能建筑的图纸信息，结合造价成本控制的基本逻辑与原则，同时充分考虑模型后续 BIM 技术应用的情况以及业主的实际要求，制定出 D1 项目

各专业模型建模规则，其中明确规定了对各专业模型的构件绘制要求以及属性信息的录入形式。在业主单位的协调下，与设计单位和建模单位针对 BIM 建模小组制定的建模规则进行深入的商讨，最终在以满足业主需求和 BIM 技术应用的顺利实现以及充分考虑平衡建模难度的情况下，修改完成了 D1 项目的建模规范，要求所有建模单位在三维模型搭建的过程中严格按照此标准执行。

c. 各专业模型搭建整合：

BIM 建模小组将各专业模型汇总整合，将全专业 BIM 三维模型与 CAD 二维图纸中的设计信息进行核查对比工作，保证三维模型与二维图纸构件位置、尺寸、材质等相关信息一致性，同时对于全专业的三维模型是否按照建模规则严格执行搭建的水平进行审核，对于未按照建模规范的部分下达修改意见，要求相关建模人员进行模型修改，最终保证整合后的全专业模型在符合建模规则的前提下，与图纸所表述的信息完全一致。

d. 碰撞试验、管道综合以及建筑性能分析等设计优化：

BIM 建模小组将经过审核后的 D1 项目模型交由 BIM 应用小组，由 BIM 应用小组进行碰撞试验、管道综合、声、光、热、日照、疏散等建筑性能分析，并出具相应的数据分析报告至业主单位，依据业主单位的需求对报告中指出需设计修改的部分由设计单位进行相应的优化工作。

e. 概算成本分析：

针对设计阶段中初步设计（技术设计）环节的概算（修正概算），运用搭建好的 BIM 三维模型，通过软件中生成工程量明细报表的功能，汇总计算出在此设计精度下的概算，并对 D1 项目造价进行相应的成本分析，做到细至人材机程度的数据指标，帮助业主单位及时了解设计方案在成本维度的造价信息，辅助设计单位做好限额设计的相关工作，有助于在设计阶段对于成本做到提前预控的效果，见图 4.5.2-1。

③ 阶段应用分析

建设项目控制造价成本的关键阶段就是设计阶段，而 BIM 应用的基础载体—三维模型的搭建同样也是设计阶段的重要工作之一，可以说设计阶段三维模型的搭建质量直接影响着 BIM 技术的应用广度及深度，因此在设计阶段如何建模就成为后续 BIM 应用如何用模的关键性因素。

D1 项目中 BIM 咨询团队作为 BIM 咨询的总包单位，承担着为业主规划 BIM 实施方案和实现 BIM 各阶段应用的任务的同时也作为 D1 项目模型搭建参与方，深入到项目模型的实际搭建的工作中去，这样的好处更有利于 BIM 咨询方对项目的图纸信息达到更深的理解程度，对模型搭建的重要条件—建模规则的制定环节的工作也会起到十分积极的作用。由于在 D1 项目中，BIM 咨询团队的主要任务以及业主的应用需求出发点主要集中于造价控制，所以在规划建模环节的建模规则时，就必须结合当地的清单定额计算规则以及后续 BIM 算量软件的计算逻辑，通过与各建模单位进行深入的商讨，完成一套切实可行且建模复杂程度不太高的建模规则。业主在充分考虑 D1 项目的实际情况以及听取 BIM 咨询团队和各相关方意见后，决定采用 ITWO 软件作为整体造价管控软件。ITWO 软件相较于国内某些算量软件，更注重项目在成本管理上应用效果，但由于其源于德国，因此虽然 ITWO 软件具备功能强大，逻辑思路严谨，各 BIM 软件接口成熟的优势，但其同时也存在水土不服的现象。所以在明确模型后期的主要应用软件的后，如何在最大程度上发挥

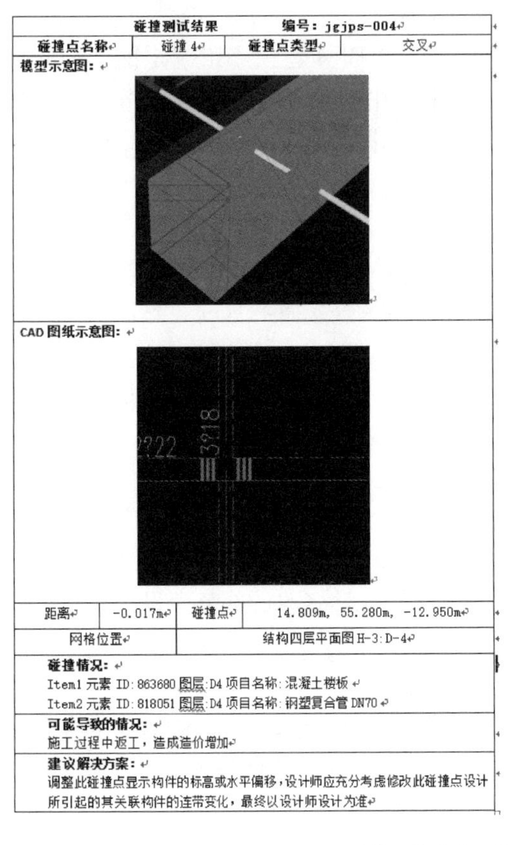

碰撞测试结果　编号：jgjps-004

碰撞点名称	碰撞 4	碰撞点类型	交叉

模型示意图：

CAD 图纸示意图：

距离	-0.017m	碰撞点	14.809m, 55.280m, -12.950m
网格位置	结构四层平面图 H-3:D-4		

碰撞情况：
Item1 元素 ID:863680 图层:D4 项目名称:混凝土楼板
Item2 元素 ID:818051 图层:D4 项目名称:钢塑复合管 DN70

可能导致的情况：
施工过程中返工，造成造价增加

建议解决方案：
调整此碰撞点显示构件的标高或水平偏移，设计师应充分考虑修改此碰撞点设计所引起的其关联构件的连带变化，最终以设计师设计为准

根据以上碰撞测试结果，结合项目概况及图纸设计理念，估算优化碰撞点可能产生的增量成本，根据我国现行施工工艺，估算未优化碰撞点增量成本，差额=未优化产生增量成本-优化后产生增量成本，差额越大则更应进行方案优化，按专业汇总分析如下：

碰撞专业	优化后产生增量成本	未优化产生增量成本	差额
结构与给排水专业	16000	27000	11000
结构与消防专业	15000	24500	9500
结构与暖通专业	12000	44000	32000
结构与电气专业	17000	47500	30500
建筑与给排水专业	12000	48000	36000
建筑与消防专业	16000	37000	21000
建筑与暖通专业	12000	29900	17900
建筑与电气专业	10000	29000	19000
给排水与消防专业	16000	27000	11000
给排水与暖通专业	-3500	32500	36000
给排水与电气专业	11000	28900	17900
合计	133500	375300	241800

图 4.5.2-1　碰撞阶段的成本分析

ITWO 强大的软件机能的情况下，进行可用性更高的模型搭建，建立完善的模型搭建规则体系就成为第一要务。

通常情况下算量软件的算量逻辑和原理与其软件内部的计算规则数据库具有不可分割的密切联系，而 ITWO 软件作为全球功能最全面，应用效果体验最佳的 BIM 造价管理软件之一，其软件的优势是在管理而非算量。因为 ITWO 软件中没有自带的清单定额库，不具备各类建筑项目相应的计算规则库，ITWO 是采用三维模型导入后，通过人为操作进行模型构件的筛选、关联清单、编辑公式、软件计算的流程方式进行工程量计算，所以相较于国内的算量软件来说，在工程量计算这个层面 ITWO 软件确实处于劣势，但深究其原因也是因为 ITWO 在采用此种算量方式（筛选、关联、公式）。目的是在于通过此步骤将三维模型、工程量清单进行灵活度和准确度更高的匹配关联，并以此为基础去实现 ITWO 在造价成本关联模块的高级应用，这也是 ITWO 逻辑强大且完整的体现之一。所以在了解模型后续应用软件的内在逻辑原理后，BIM 咨询团队进行了初步的 BIM 建模规范的制定，在充分理解 CAD 二维图纸信息的基础之上，对 D1 项目分类分专业如何在建模软件中进行模型搭建做了详尽的要求，并与各建模单位进行深入交流，以保障模型在 BIM 应用的可用性为前提，尽可能不增加过多的建模操作的情况之下，完成了深度达到专业构件级别的建模规则的制定工作，同时由于 ITWO 软件在算量模块的筛选和公式编辑可导出导入功能，BIM 咨询团队在制定建模规则的同时也完成了相应构件的选择集公式与算量公式的编辑工作，为接下来使用 ITWO 进行算量做好了充足的准备工作，而结合地铁类项目的站点和区间段设计重复性较高的特性，ITWO 软件在算量过程中只需要算出一个站点，导出此站点的相关算量参数模板，在建模单位严格按照建模规则搭建模型的前提下，将算量模板导入另一个站点的项目文件中，就可自动完成算量模板中同类构件的算量工作，这也大大缩短了后期算量的时间周期，而这一切功能效果的实现，有赖于 ITWO 软件的功能，更取决于建模规则的精细程度以及建模过程中对建模规则的执行贯彻程度。

BIM 建模的规则保证了 BIM 三维模型搭建完毕后的可用性，而 BIM 技术的应用效果的真实性就需要三维模型的正确性来做支持了。相比于传统的图纸的绘制方式，BIM 三维建模往往采用中心文件的模式进行各专业间协同建模，这种平行作业的方式可以缩短建模周期，节省时间成本，同时也有利于各专业间及时高效畅通的进行图纸修改及专业间问题的沟通协同工作，而且在模型整合后图审环节，进行设计审核的人员在 BIM 三维模型为对象的审核工作相比于传统的 CAD 二维图纸模式下准确度更高，这也确保最终搭建的 BIM 三维模型与 CAD 二维图纸所表述的设计信息统一准确（现阶段多为 CAD 二维转三维模型，未来设计阶段的 BIM 模型应是设计人员直接建模，然后通过建模软件进行 CAD 二维图纸的出图）。

签证变更洽商对于建设项目造价的影响是十分巨大的，而同城情况下签证变更洽商的产生往往是由于施工返工、建筑效果与业主预期有差异、对项目建设条件准备不足等原因，暂且不去深究这些原因所导致的增项责任方归属，但无疑此类问题的产生都会直接或间接的影响项目的顺利进行，而最终的受损失方往往也是业主单位，所以在设计阶段如何进行减少可避免的签证变更现象的发生以及如何根据业主预期和需求去深化设计对项目的造价控制起到了很大的影响。BIM 技术通过在设计阶段的碰撞试验、管道综合、建筑性能分析以及可视化模拟就能在一定程度上对上述问题起到预防的效果。对三维模型进行各专业间碰撞试验的检测，将模型导入相应的分析软件（如 NAVISWORKS），设置碰撞条件参数，可进行各专业间构件的软碰撞、硬碰撞检测，对于模型中反馈的碰撞提示进行及时有效的检查修正，降低在施工过程中发生此类现象的概率，从造价控制的源头—设计阶段控制在施工过程中增项费用的产生，同时可在造价控制的思路下进行优化管道的走向排布形式，进一步压缩建安成本。如今业主单位在强调建筑质量、安全、成本、工期的要求下，更加关注建筑的体验舒适度以及节能环保的绿色使用能力，而运用 BIM 技术在设计阶段进行建筑性能分析就能极大满足业主对于此方面的需求。针对设计方案进行声、光、热、疏散、通风等建筑性能的分析（如 ECOTECT、PATHFINDER），可保证项目建成后在其使用阶段的用户体验度，同时对项目节约运营成本也大有裨益，而通过可视化操作可令业主单位直观形象的了解项目建成后内部细节以及外部环境的整体面貌，大大减少返工现象的产生，进一步有效控制了造价成本的额外支出。

由于在初步设计阶段的设计信息与项目开工时施工图所包含的内容相比还有所不足，因此这个阶段的概算往往运用建模软件的工程量明细表计算工程量的方式来了解设计方案所体现的造价信息。当三维模型完成，相应的工程量也可及时获知，进行相关的配价后即可得到概算，这有助于设计单位进行限额设计，从造价成本的角度出发，优化设计方案。

3）招投标阶段

① BIM应用目标

基于施工图设计阶段完成的三维模型，对建筑项目的造价成本进行相关计算，与造价咨询单位及施工单位进行工程量清单的对比，达到核检精算工程量的目的，同时对于中标单位进行合同管理。

② BIM应用服务

BIM造价管控服务内容：工程量精算、合同管理

服务核心团队：造价管控团队

服务流程：

a. 模型检查、导入编辑：

BIM造价管控团队接收到施工图设计阶段的BIM三维模型后，先根据建模规则及选择配套的BIM算量软件进行三维模型的进一步算量可用性测试。期间D1项目中的三维模型部分存在不可算量的情况，经过再次商议和多次测试后，提出相应的解决办法，由建模单位进行相关的模型修改工作。在模型修改完毕，满足算量软件使用要求后，进行三维模型的格式转换，将模型格式转换成算量软件可使用的格式文件，再导入算量软件中进行相关的算量处理。

b. 工程量计算及配价：

造价管控团队将三维模型导入ITWO进行工程量计算后首先进行构件检测，对于ITWO中不可识别的构件需进行相关的属性分配，使其转化为ITWO可进行算量的构件。将工程量清单以EXCEL的形式进行相关格式调整后导入ITWO中，完成算量环节的准备工作。然后通过筛选将三维模型中的构件按清单项目进行分类筛选如混凝土灌注桩，需新建名为“混凝土灌注桩”的选择集，通过条件筛选将模型中为混凝土灌注桩的构件分配至“混凝土灌注桩”的选择集，完成清单内模型所包含的所有构件的分配工作。在完成筛选匹配的清单项目中编辑相应构件的工程量计算公式，公式中需包含计算类型、单位、扣减原则、计算范围等相关信息。最后进行工程量计算及清单更新操作，将计算后的三维模型中的构件工程量更新至工程量清单中，生成相应的BIM工程量。

在工程量清单中进行相应子目的配价操作与一般的配价软件大同小异，在ITWO软件中清单定额库中选取相关的配套定额进行组价工作。不过基于ITWO软件原理此部分计价工作存在明显缺陷，故D1项目中各综合单价选择手动输入方式。

c. 工程量精算金额对比：

BIM造价管控团队依据ITWO算量软件的算量成果与相关的造价咨询单位和施工单位进行D1项目的工程量对比工作，通过此环节的控制进一步精确合同范围内的工程量，确保工程量清单的准确性，以确保合同签订的内容完整性，见图4.5.2-2。

d. 合同管理：

将最终中标单位的标书导入进ITWO软件，进行分标段分工作内容的合同管理，以便于后续在施工阶段的签证变更管理和进度款支付，同时有助于业主可以更直观更清晰的掌握各承包单位在项目中的造价变化。

③ 阶段应用分析

在招投标阶段的BIM应用可以说是BIM技术应用在项目造价成本控制方面的初步应

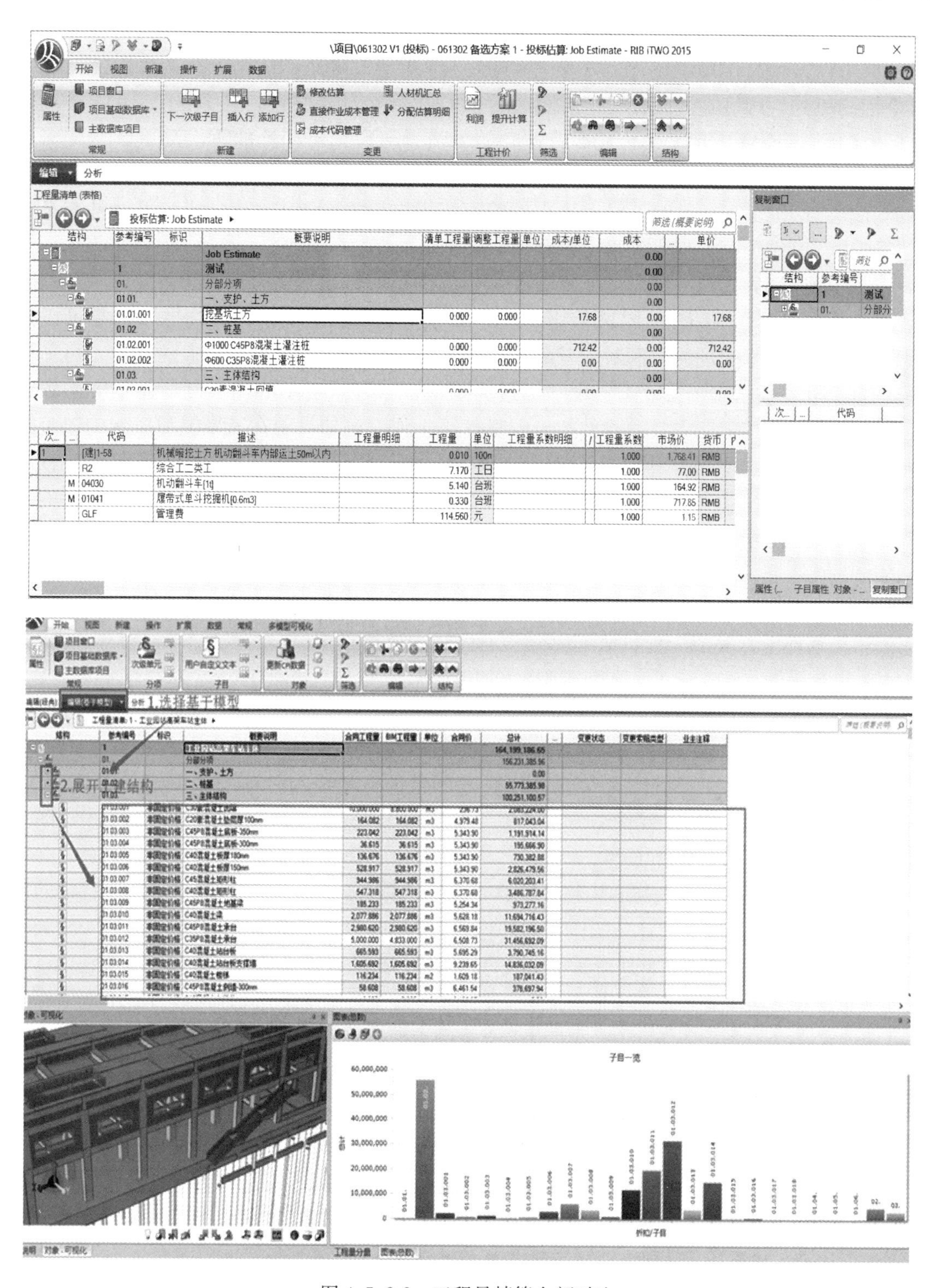

图 4.5.2-2　工程量精算金额对比

用，由于在设计阶段对于三维模型的建立已经做了相应的建模规则的要求，因此在此阶段进行工程量计算工作的时候，三维模型的可用性还是比较高的，但是也不排除搭建整合的三维模型还是会存在导入算量软件不可使用的情况出现，这主要是由于在设计建模规则的阶段对于模型的应用理解还是主要基于CAD二维图纸，可能还是会存在某些构件考虑不够全面的原因，因此在导入相关的算量软件进行工程量计算之前，还是应有BIM咨询团队中专门负责BIM应用（造价成本管控）的人员进行模型可用性的再次测试，相较于建模人员对于算量软件的理解，BIM应用人员具备更深的应用理解以及更丰富的应用经验，同时在其测试模型可用性时，针对发现的问题所提出相关的解决方案，也应及时补充至建模规则中，以避免同类现象的再次发生。

工程量计算的内容的准确度及完整度主要取决于项目三维模型建立的情况，一般情况下，针对现阶段较为主流的BIM应用软件，都可满足只要模型中有的构件，都是可以进行相应工程量计算处理的，而对于三维模型中无法绘制或者绘制难度极大的构件，可能依照现有的BIM技术水平就较难实现。不过为了保证工程量清单的完整性，还是应采取其他方式来进行此类未能建模的构件的工程量计算工作。例如目前在三维模型搭建中很难完成的钢筋部分的模型，由于项目三维模型中的钢筋模型在建模软件中操作极其复杂，且准确度不高，因此往往项目三维模型不考虑搭建钢筋模型，可通过将三维模型导入相关的算量软件，在算量软件中进行钢筋的反向编辑，在已绘制的三维模型构件中编辑添加相应构件内的钢筋信息，完成钢筋部分的计算工作。其他无法直接通过三维模型进行工程量计算的清单子目都可采取类似的方式通过其他算量软件进行工程量的计算，再将工程量输入至BIM算量软件中，完成工程量清单内全部工程量的计算工作。

在此阶段的另一个核心问题就是如何使用BIM算量软件的工程量。以目前BIM技术在建筑项目上的应用成熟度以及国内建设项目的规范要求，BIM工程量更多在项目造价成本控制中还是处于一个辅助的位置。可以说如果以BIM工程量作为招标文件中工程量清单的工程量还是较为困难（如果有造价咨询单位进行相关的工程量清单编制工作），而将BIM工程量与编制的工程量清单中的工程量进行工程量精算对比控制还是较为可行的，这也可以保证招标文件的准确性。

目前依据BIM技术进行项目工程量精算主要有两种方式，一种是通过建模软件自带的生成工程量明细表的功能去计算三维模型内的构件工程量，另一种就是将三维模型导入相关的BIM算量软件，通过算量软件实现工程量精算的过程。虽然这两种算量方式都可以达到计算构件工程量的目的，但是在适用范围、计算精度、操作流程上却有着不同程度上的差异。

首先，针对采用建模软件自动生成工程量的方式来看，此种算量手段更多是用在估算或概算精度层面，由于主流的建模软件的主要功能还是以CAD二维图纸转三维模型这一功能为主要目的，因此虽然例如REVIT等软件自带生成工程量明细报表的功能，但是其软件内部的工程量计算规则与清单定额的计算规则差异性较大，而且工程量计算的结果也与建模人员在绘制构件时的构件范围有关，因此运用此种算量方法计算出的工程量精度不高，且差异性较大，不适用于施工图预算和工程量清单的编制等算量精度要求较高的应用需求。因此如果采用这种方式进行工程量计算，如想满足较高的算量精度就需要建模人员在模型搭建的过程中结合清单定额的计算规则进行构件的绘制工作，在建模阶段就充分考虑到造价算量方面的需求，这无疑对建模人员的造价算量水平是个重要的考验，因此难度较高，不过随着相关建模插件的开发，可在建模人员进行模型建立后运用建模插件实现一键扣减，结合清单定额的计算规则将混凝土构件进行扣减处理，人为规范在建模软件进行工程量计算过程中混凝土构件间的扣减关系，这在一定程度上还是提高了此种算量方式的精度，不过涉及装饰装修，尤其是精装修程度的工程量计算，目前通过建模软件而获得的工程量计算效果还是往往与业主预期存在一定的差距。

其次，运用三维模型导入相关 BIM 算量软件的方式进行工程量计算在精度上会比第一种更高，但同时也存在一定程度上的问题需要注意。由于 BIM 算量软件都自带清单定额计算规则库，因此将三维模型导入算量软件无需担心工程量计算出的结果与实际的传统算量结果会存在较大差异，这可以说是此方式与第一种算量方式相比最大的优势，但相应的问题就转化为如何建模可使得 BIM 算量软件可以更完整更准确地将三维模型的构件进行识别筛选工作。所以在我们在建模阶段考虑三维模型的建模规则的时候，就必须将 BIM 算量软件的构件识别要求加入到模型构件的绘制规则中，而这无疑也给建模人员增加了工作难度。

总结来说，针对 BIM 算量这一功能来看，如果选择建模软件自动算量，那需要建模人员具备一定的造价技术水平，在模型构件的绘制过程中按照各构件在清单定额计算规则中的计算说明进行构件的绘制，或采用相关建模插件进行模型构件的整体修改，以消除建模软件在工程量计算中关于构件的计算范围、扣减关系等问题上的偏差。而如果选择以三维模型为载体，在建模人员不具备造价素质的情况之下，采用 BIM 算量软件进行工程量计算的方式，那建模人员需要在深刻理解 BIM 算量软件原理的基础上完善建模标准，并严格据此进行相应的模型搭建工作。当然在某些项目中在业主对于模型要求精度不是非常严格的情况下，也可采用某些算量软件进行模型的搭建，然后进行工程量的处理，尤其是在此算量软件的模型可在其相关 BIM 应用软件中顺利使用的情况下，也是一种在保证 BIM 应用效果且降低 BIM 应用难度的一种选择。

4）施工及结算阶段

① BIM 应用目标

D1 项目中业主需要 BIM 咨询方提供面对施工阶段的造价成本管控分析服务，通过 BIM 技术的运用，可以对各标段施工进行进度模拟以及技术难点的可视化预演，以此来进行工期的合理化排布和专项施工的方案优化，同时在施工阶段对于进度款支付以及签证变更的管理也需做到及时的跟踪、记录、测算、分析等内容，在 D1 项目施工进程中实时掌握资金的使用情况，根据动态成本分析完成资金使用的调整计划，并依据施工过程中的 BIM 信息辅助造价咨询单位完成工程结算的工作。

② BIM 应用服务

BIM 造价管控服务内容：施工进度及技术难点方案模拟、动态成本分析、进度款支付、变更签证管理、辅助结算

服务核心团队：造价管控团队

服务流程：

a. 模拟应用：

BIM 造价管控团队对 BIM 技术及相关软件的应用，利用将 D1 项目各承包单位提供的 PROJECT 施工进度安排文件导入相应的 BIM 应用软件，通过把进度安排文件中的子目与模型中对应构件相互管理，完成三维模型与时间维度信息的匹配，可生成 D1 项目中各承包单位的施工动画模拟。由此可对施工进程进行动态把控，时刻关注工程进展状态，

有效了解施工工期的相关信息并可充分根据项目整体情况合理安排分配人力材料设备的使用情况等工作。

对于施工过程中某些专项工程的施工方案的预演，通过与施工进度模拟相同的方法也可完成，这在一定程度上可协助施工方完成施工方案的优化，也避免了因施工方案的不合理导致的工期和成本的浪费，保障了项目有序顺利的施工进程。

b. 动态成本分析：

基于模拟应用的成果，在三维模型与工期信息关联处理完毕后，将各承包商的投标文件以 EXCEL 格式文件的形式上传至 BIM 应用软件中，将造价信息与关联了时间信息的三维模型进行进一步的信息加载，令三维模型真正达到了 5D 信息集成的标准，借此对项目整体进度计划或标段计划测算项目的现金流，实现项目成本曲线的绘制，为项目的资金储备、现金流分析、施工过程人工、材料、机械及其他资源需求等提供参考，见图 4.5.2-3。

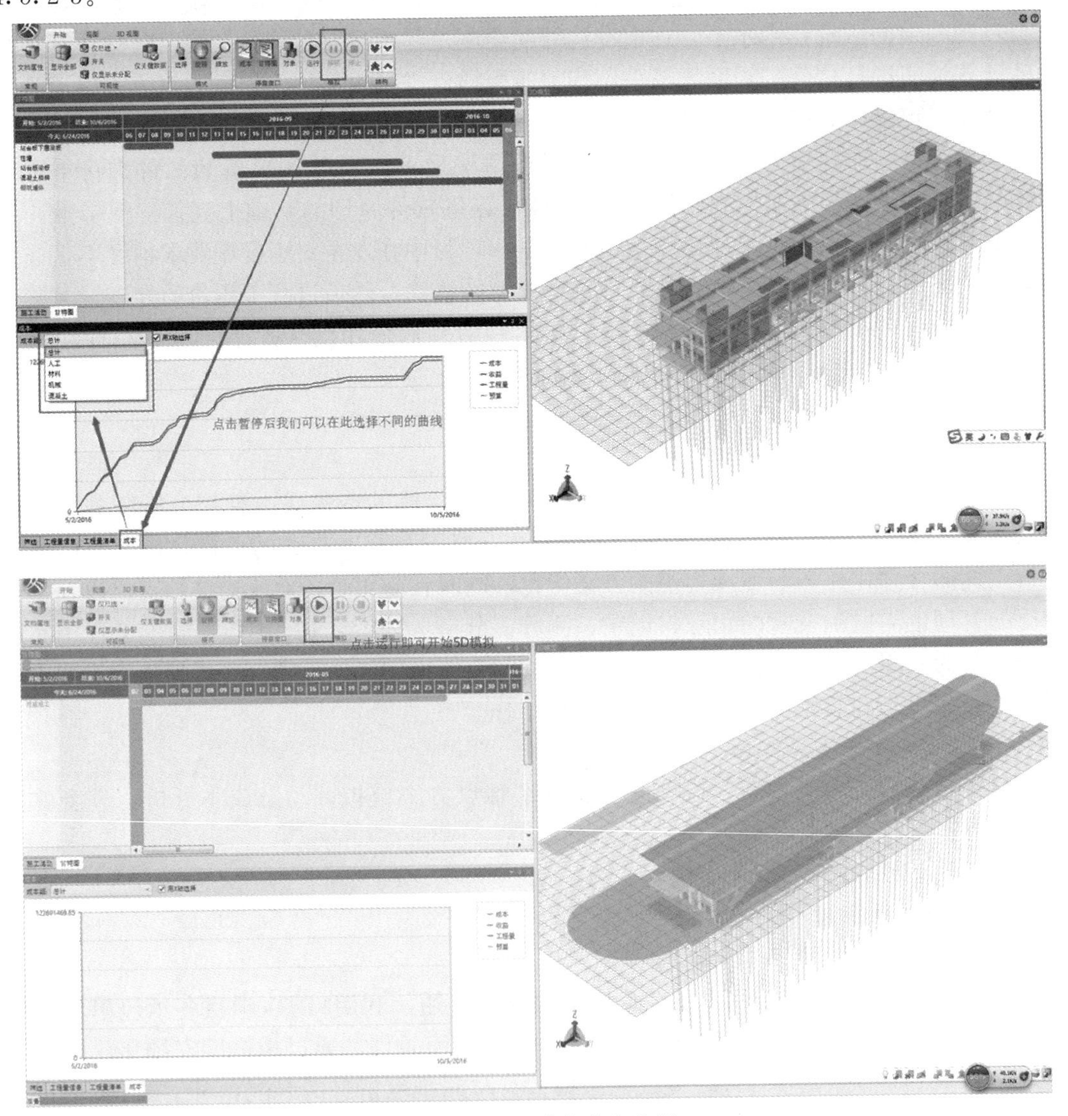

图 4.5.2-3　动态成本分析

c. 进度款支付、辅助结算：

通过 BIM 管理平台模型、成本、时间三方联动的功能，可针对每个进度款周期内拟建项目的形象进度完成情况、进度款支付情况进行相应操作处理，可动态观察到拟建项目的实际工期及实际成本与预期的差异，便于业主及时控制项目进程，提高管理效率。同时运用 BIM 技术完成项目内的进度款支付模块的功能，提高了项目进度工程量、结算工程量审核的精确性、客观性及可追溯性，D1 项目的 BIM 算量平台能够提供本项目验工计价及竣工结算辅助管理。即通过合同付款节点、工程形象进度、变更签证的完成情况进行进度结算管理。通过竣工资料、竣工模型，完成结算工程量清单编制，把过程中发生的变更工程量清单、现场签证、进度付款等与合同工程量清单进行汇总，协助完成项目竣工结算审核，见图 4.5.2-4。

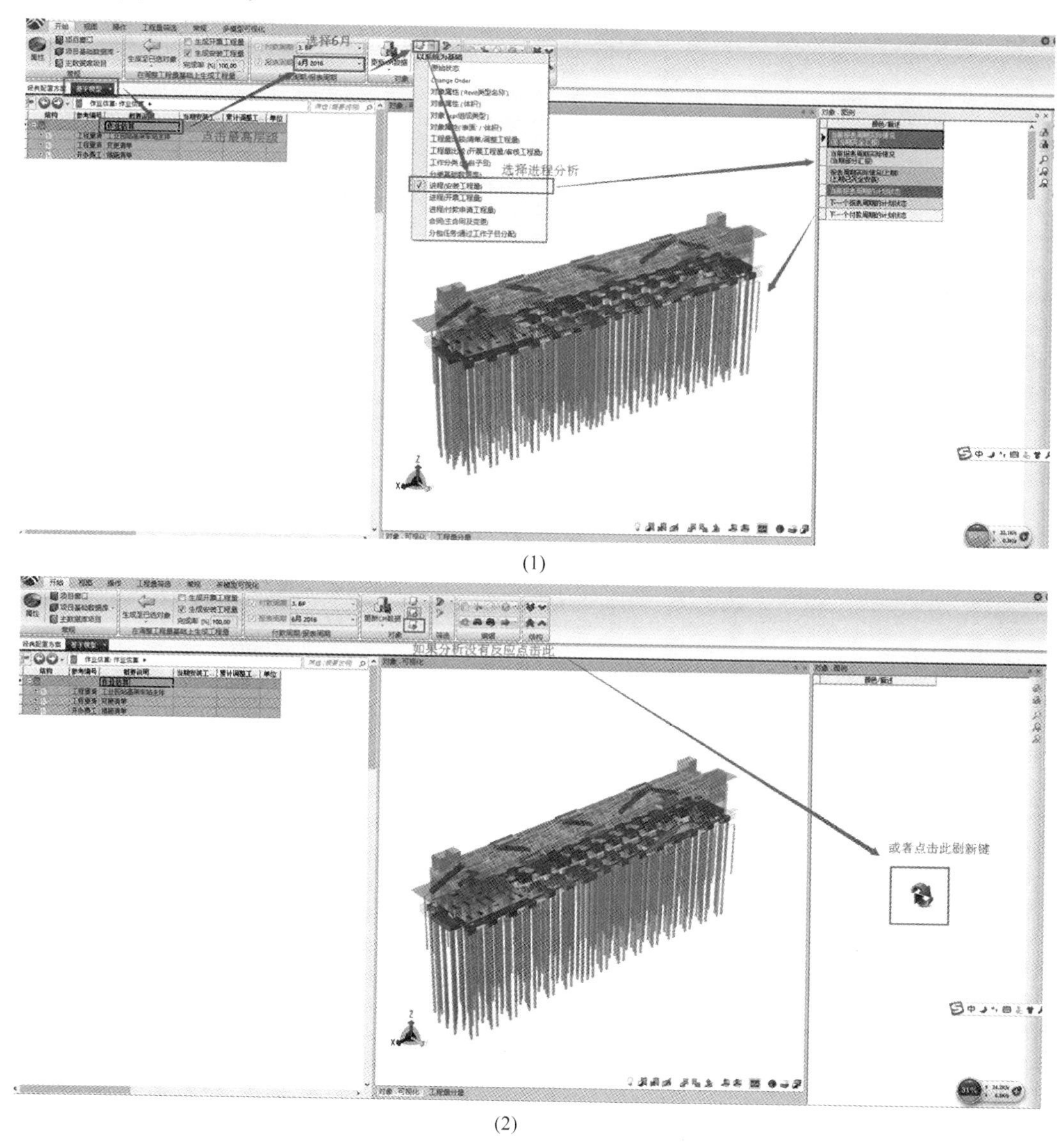

图 4.5.2-4　项目竣工结算审核（一）

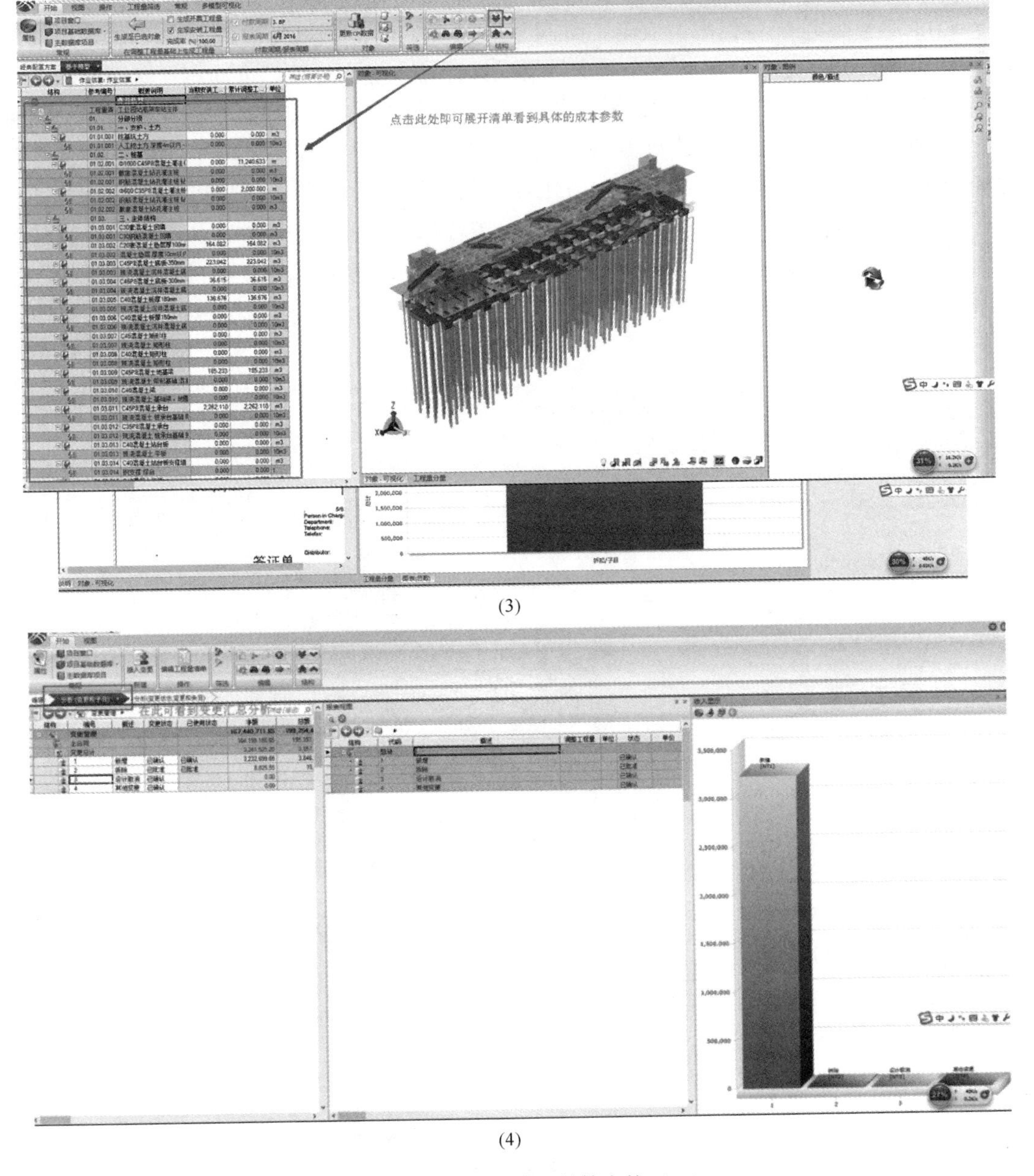

(3)

(4)

图 4.5.2-4　项目竣工结算审核（二）

d. 变更签证管理：

为使项目实施过程中的变更、签证可视化、直观化，且便于验工计价或竣工结算阶段直接调用，本项目的 BIM 管理平台可提供变更、签证辅助造价管理。即业主提供设计变更确认单，平台依据变更后的模型计算变更工程量，生成变更工程量清单及设计变更分析表。同时将变更资料储存于数据库中，便于验工计价或竣工结算阶段直接调用。

③ 阶段应用分析

BIM 技术应用在施工阶段以及结算阶段真正意义上发挥了 BIM 的信息共享以及动态

管理，尤其对建设项目造价成本方面的管控效果尤为明显。建设项目模拟功能层面的应用主要体现在施工进度流程的动态演示以及某些专项重点施工环节的方案模拟，而这一功能的实现无疑为业主在合理管控施工进程以及施工单位严谨设计施工方案等方面起到了不小的助力。同时在施工、结算阶段的 BIM 技术的使用是彼此存在内部联系的关系，在施工进度模拟时所将三维模型与施工进度计划挂接的作用不仅仅是可实现模型的动态动画展示，同样也在以三维模型为载体的基础上加载了时间维度和造价维度的信息，这样就可形成项目预计的进度、模型与成本的关系，在项目实际施工过程中，业主单位就可实时发现项目实际进程中进度和成本与预期的差异，及时发现可能存在的施工问题，对于可能会发生的情况也将有所预警，提前规划相应的解决方案，保障项目的顺利进行。在施工和结算方面的应用效果，主要取决于建模的精细程度，模型建立的构件越准确，在模拟阶段的效果越佳，对于成本管控的成果越显著，而这一层面的应用在现阶段 BIM 技术的条件下，也是比较成熟且实现较为容易的功能。

施工阶段的进度款支付可以通过 BIM 技术来实现形象进度的审查、快速汇总工程量以及相应的造价审核等功能。BIM 应用软件在已将三维模型、进度计划、造价信息关联完毕的基础上，根据每个周期施工单位上报的进度款申请单，通过对建筑项目形象进度的相关确认审查，可在 BIM 管理软件中实时提取相应的已完成的工程内容以及对应的造价成本信息，而且可将实际完成情况与预期计划进行时间维度和造价维度的多层面对比，在项目实际进程中对造价及工期进行管理的同时，BIM 管理软件更对进度款支付流程以及施工过程中的资料文件提供了相应的管理模块，此功能将大大提高施工管理的规范性，保障项目建设期内资料的完整性，对项目结算、决算以及可能存在的审计等环节提高了有力的支持。

造价成本中签证变更的管理是业主及造价咨询单位对项目成本管控的重点之一。通过 BIM 技术的运用可以针对每一张产生的签证变更单进行相应的三维模型更新，同时将此部分所影响的成本信息以及工期影响信息载入更新后的模型，可动态掌握项目进程中最准确的项目信息，有利于业主及各承包单位更好地了解项目情况。对于签证变更的资料文件以及申请批准流程等方面的应用也同样在 BIM 技术的支持下得到了线上操作的实现可能，从根本上改变了传统项目成本控制的管理形式。

第 5 章　BIM 造价应用案例

——陕西某互联网数据中心项目 B 区

本章导读

本章以陕西某互联网数据中心项目 B 区作为造价应用实战案例，介绍了该项目在实施过程中如何发挥基于 BIM 模型的造价优势，将算量工作大幅度简化，减少人为原因造成的计算错误，快速精确的计算结构、建筑、装饰、管线、机电设备等工程量。

5.1 项目信息

1. 工程名称

陕西省某数据中心项目 B 区。

2. 建设地点

陕西省某地块数据中心项目，数据机房区编号为 A～F 区，管理办公区编号为 G～H 区，其中 B 区占地面积 1977m^2，建筑面积 9470m^2，其中地上建筑面积 7049m^2。建筑各分区呈鱼骨状分布，通过运维走廊将数据机房区与管理办公区联系起来。

3. 工程概况

本工程为新建项目，B 区功能为数据机房区，建筑面积：9470m^2，层数 4/2，建筑高度为：23.9/13.4m，结构形式为钢筋混凝土框架结构。

4. 工程难点

本项目工期紧，甲方对施工质量要求高；原设计图纸建模中，土建模型与机电各专业管线间碰撞达 1377 处；地下室机电各专业系统众多繁杂，管综优化排布难度大。

5.2 基于 BIM 模型的造价优势

1. 快速精确的成本核算

BIM 是一个强大的工程信息数据库。进行 BIM 建模所完成的模型包含二维图纸中所有位置长度等信息，并包含了二维图纸中不包含的材料等信息，而这些的背后是强大的数据库支撑。因此，计算机通过识别模型中的不同构件及模型的几何物理信息（时间维度，空间维度等），对各种构件的数量进行汇总统计，这种基于 BIM 的算量方法，将算量工作大幅度简化，减少了因为人为原因造成的计算错误，大量节约了人力的工作量和花费时间。

2. 预算工程量动态查询与统计

工程预算存在定额计价和清单计价两种模式。建设工程招投标过程中以清单计价方法为主流。在清单计价模式下，预算项目是基于建筑构件进行项目物料的计算和计价，与建筑构件存在一定的对接关系，并且满足 BIM 模型以三维数字技术为基础的特征，所以用 BIM 技术进行预算工程量统计是有一定的优势：使用 BIM 模型来逐步取代二维图纸，直接生成所需材料的名称、数量和尺寸等信息，模型数据信息始终与设计保持一致，在设计出现变更时，该变更将自动反映到所有相关的材料明细表中，造价工程师使用的所有构件信息也会随之变化。

在基本信息模型的基础上增加工程预算信息，即形成了具有资源和成本信息的预算信息模型。预算信息模型包括建筑构件的清单项目类型、工程量清单，人力、材料、机械定额和费率等信息。通过此模型，系统能识别模型中的不同构件，并自动提取建筑构件的清单类型和工程量（如体积、质量、面积、长度等）等信息，自动计算建筑构件的资源用量及成本，用以指导实际材料物资的采购，节省不必要的资源浪费，达到成本管理的最终目的。

5.3　BIM 模型各专业算量

本项目分为土建专业和机电专业两大部分进行清单工程量计算和清单计价编制工作，Revit 各专业以协同工作方式—建立工作集模式建模完成后，导入 Navisworks 中综合 BIM 模型显示如图 5.3-1 所示。

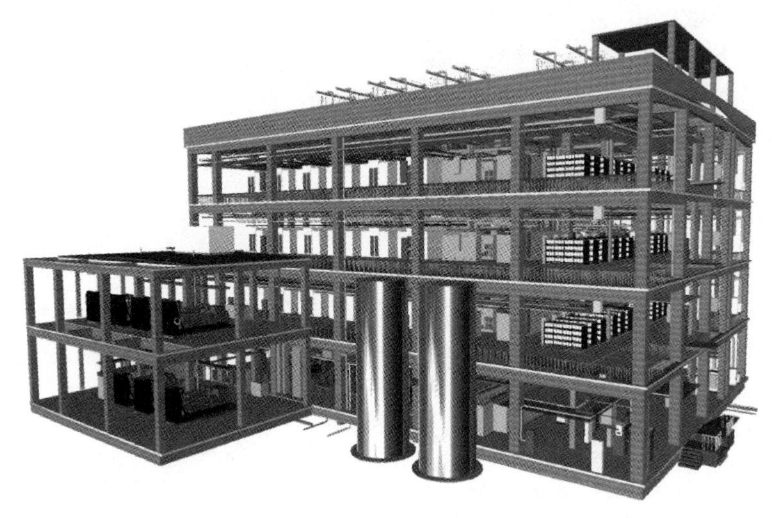

图 5.3-1　本项目土建和机电综合模型

5.3.1　土建 BIM 算量

1. 项目信息设置

(1) 项目信息设置

① 计量模式

点击图标，进入到“工程设置”界面，执行命令后，弹出工程设置对话框，如图 5.3.1-1 所示。

➢ 选项：

(工程名称)：软件将自动读取 Revit 工程文件的工程名称指定本工程的名称。

(计算依据)：定额模式是指仅按定额计算规则计算工程量，清单模式是指同时按照清单和定额两种计算规则计算工程量。模式选完后在对应下拉选项中选择对应陕西省省份的清单、定额库。

(楼层设置)：设置正负零距室外地面的高差值，此值用于计算土方工程量的开挖深度。

(超高设置)：点击按钮，弹出超高设置对话框如图 5.3.1-2 所示。

用于设置定额规定的柱、板、墙标准高度，水平高度超过了此处定义的标准高度时，其超出部分就是超高高度。

(算量选项)：用于用户自定义一些算量设置，显示工程中计算规则。包括 5 个内容，分别是工程量输出、扣减规则、参数规则、规则条件取值、工程量优先顺序，如图 5.3.1-3 所示。

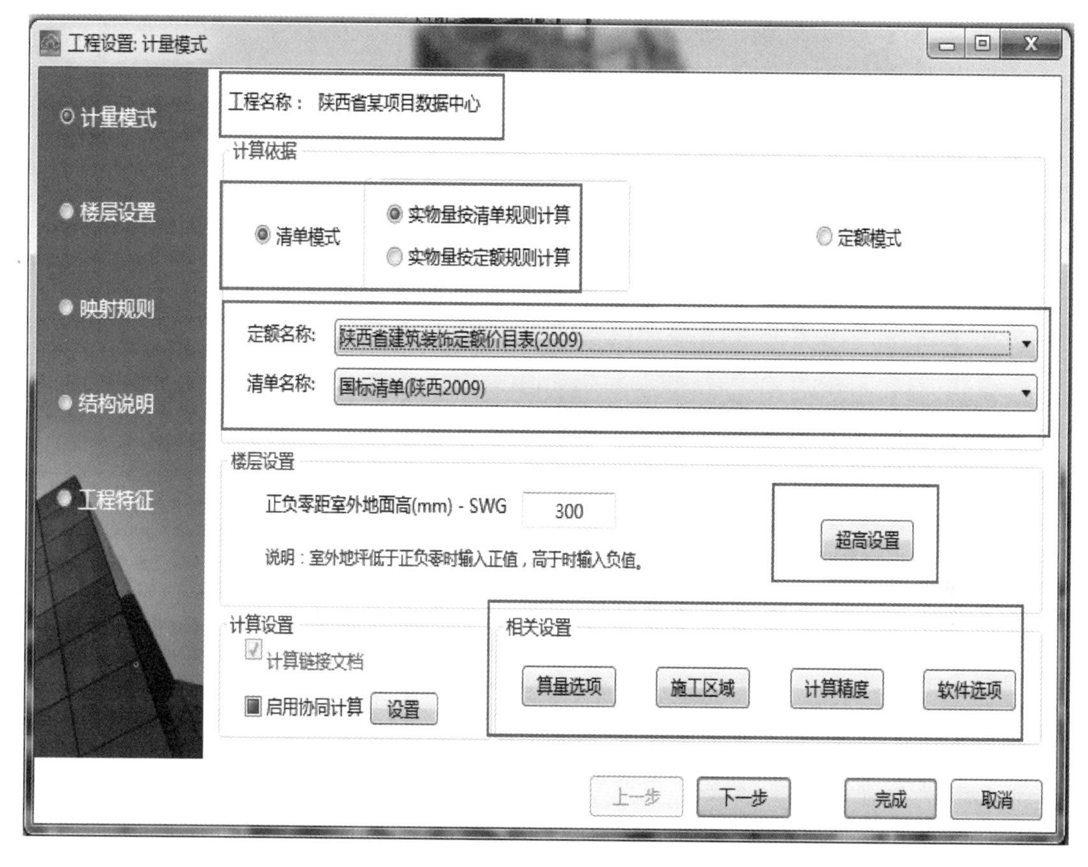

图 5.3.1-1　工程设置

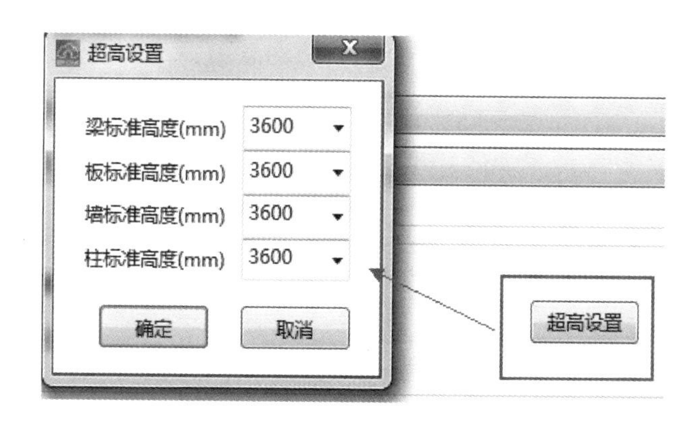

图 5.3.1-2　超高设置

(扣减规则)：显示工程的扣减规则，如图 5.3.1-4 所示。

参数规则：显示工程量中构件中参数计算规则，如图 5.3.1-5 所示。

② 楼层设置

楼层设置中，读取工程设置中数值，是将楼层分层设置。楼层设置中数值是根据勾选层高，系统根据本项目中的 BIM 模型中的楼层自动生成，不可改动，如图 5.3.1-6 所示。

③ 映射规则

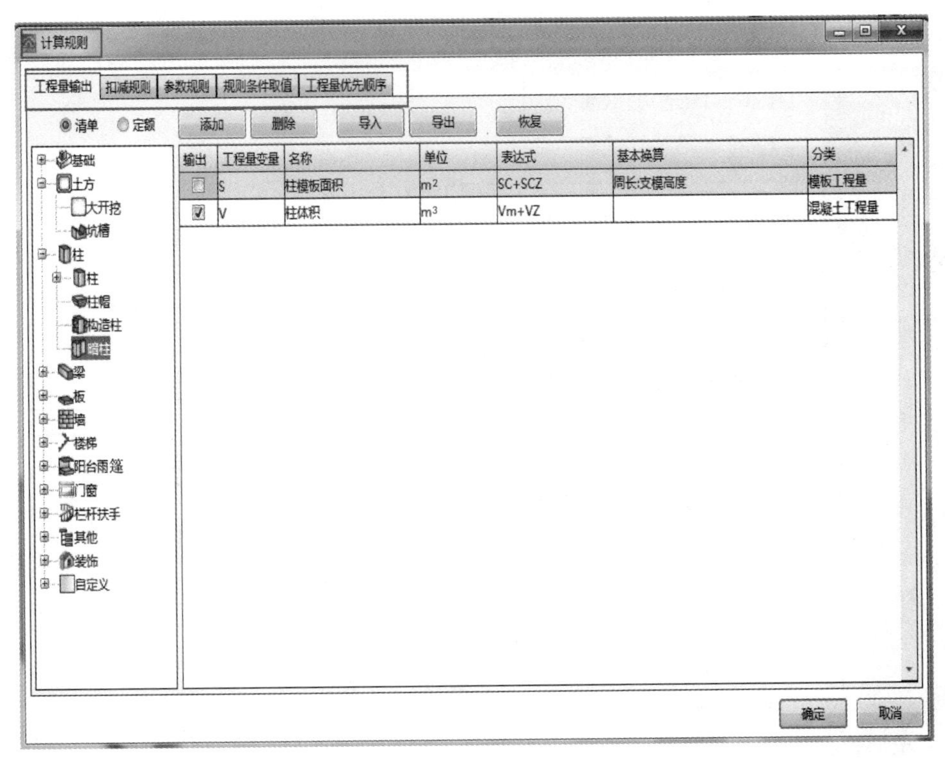

图 5.3.1-3　计算规则

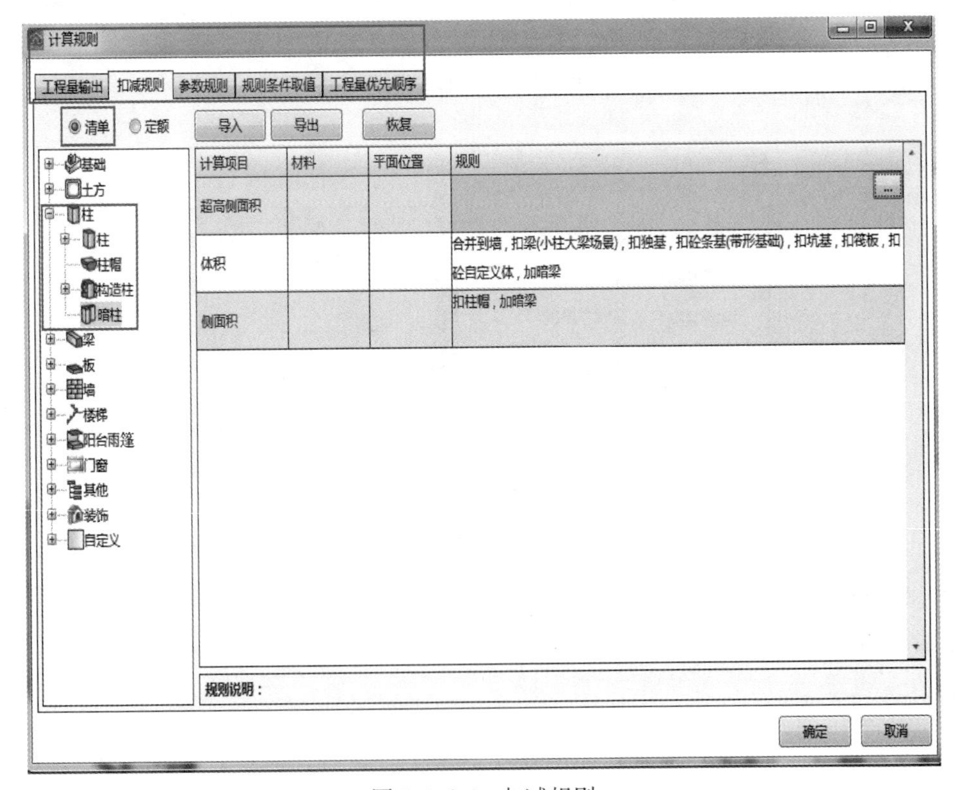

图 5.3.1-4　扣减规则

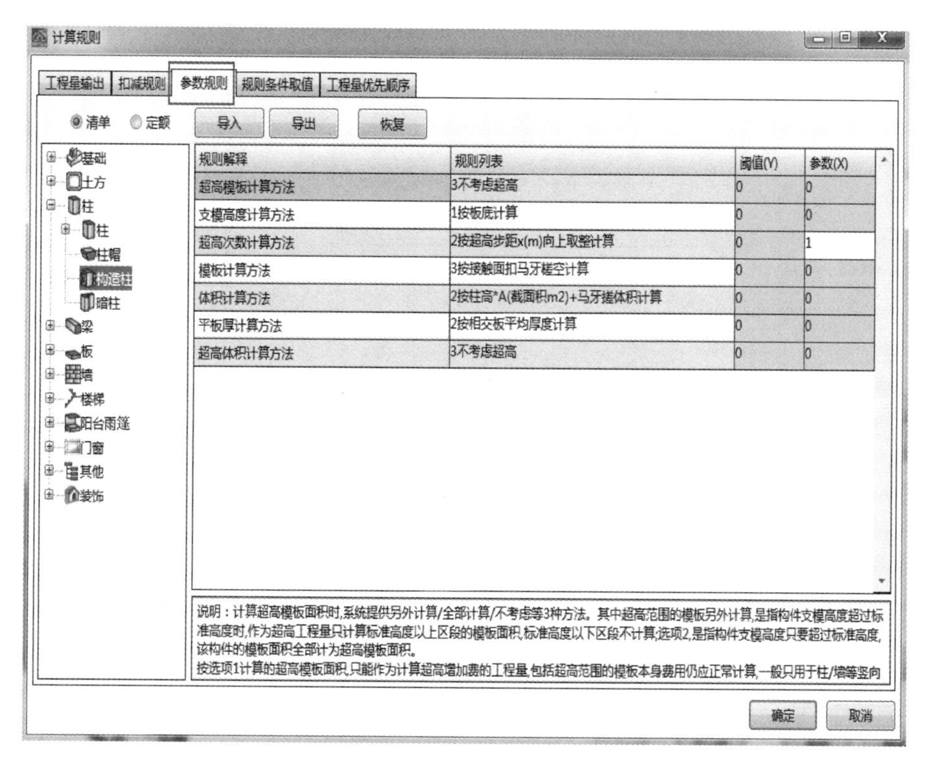

图 5.3.1-5　参数规则

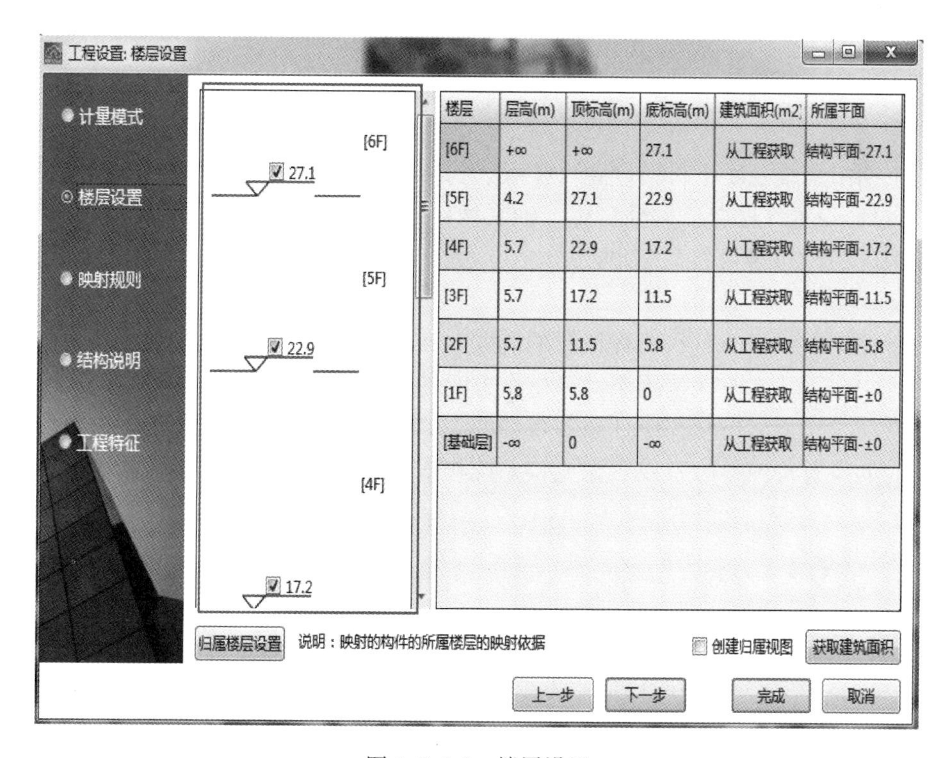

图 5.3.1-6　楼层设置

将 Revit 构件转化成可识别的项目构件，根据名称进行材料和结构类型的匹配，如图 5.3.1-7 所示。

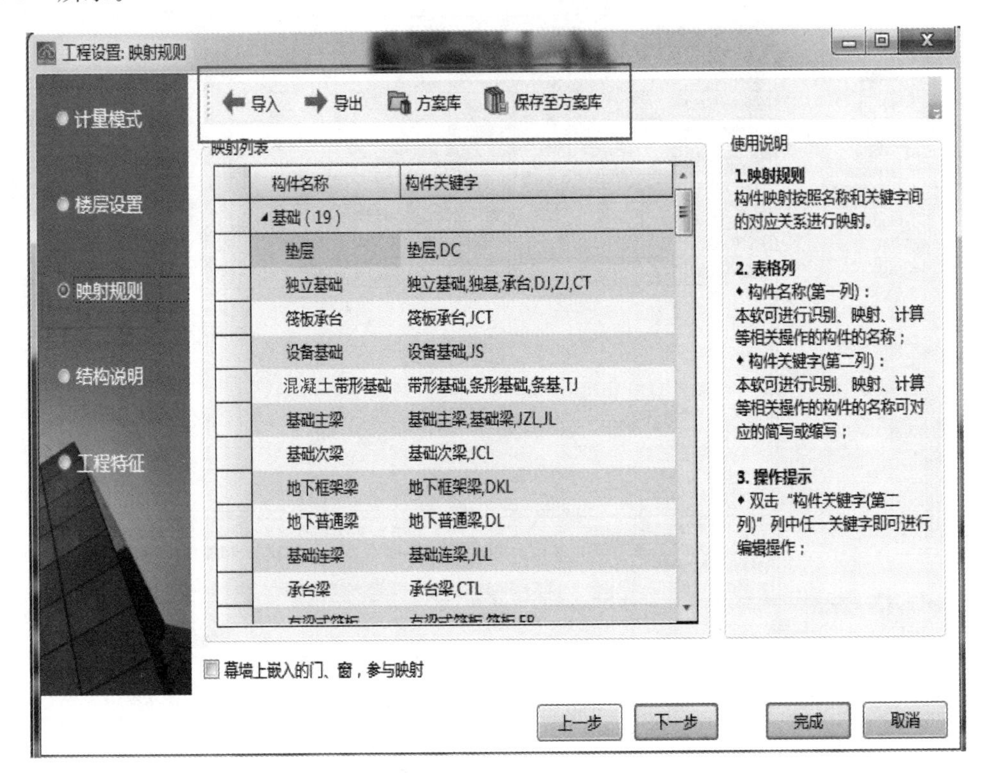

图 5.3.1-7　映射设置

④ 结构说明

结构说明中修改混凝土材料设置（楼层、构件名称、材料、强度等级和混凝土搅拌制作），砌体材料设置（楼层、构件名称、砂浆材料、砂浆材料强度等级和砌体材料），在转换、计算中应用，如图 5.3.1-8 所示。

⑤ 工程特征

工程特征是本项目的一些工程特征的设置。在这些属性中，用蓝颜色标识属性值为必填的内容其中地下室水位深是用于计算挖土方时的湿土体积。其他蓝色属性是用于生成清单的项目特征，作为清单归并统计条件，如图 5.3.1-9 所示。

在对应的设置栏内将内容设置完成，系统将按设置进行相应项目的工程量计算，点击“完成”。

（2）模型映射

① 映射设置

将 Revit 模型中的构件转化成比目云软件可识别的构件，根据名称进行材料和结构类型的匹配。进入模型映射工作界面，如图 5.3.1-10 所示。

② 族名修改

用于批量处理软件中由于命名不规范无法准确匹配，或者命名根据设计需要批量调整的情况，如图 5.3.1-11 所示。

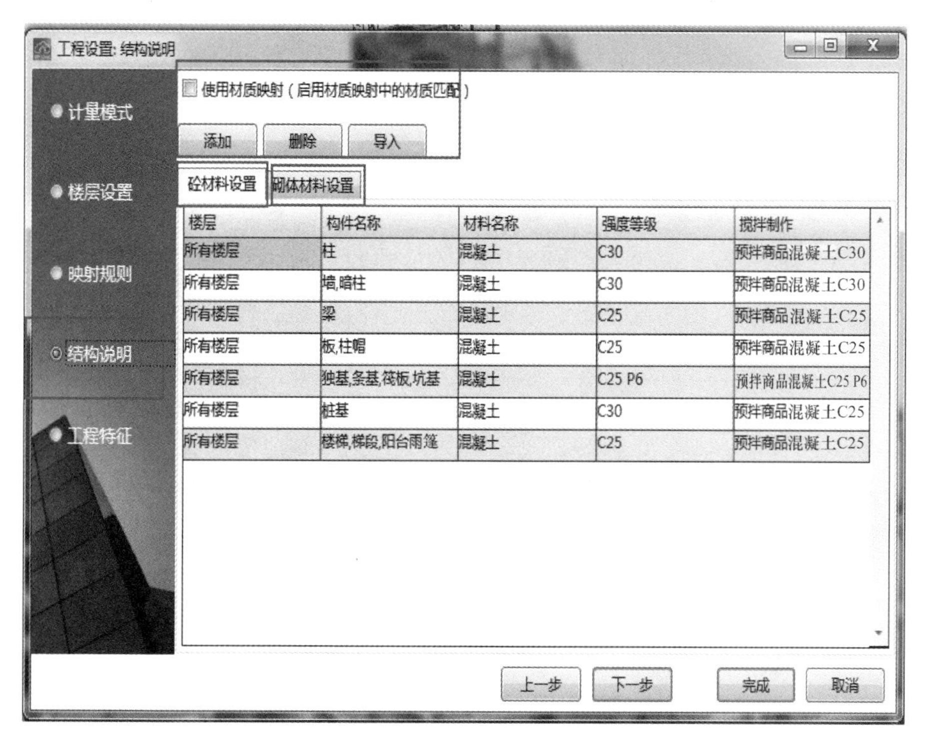

图 5.3.1-8 结构说明

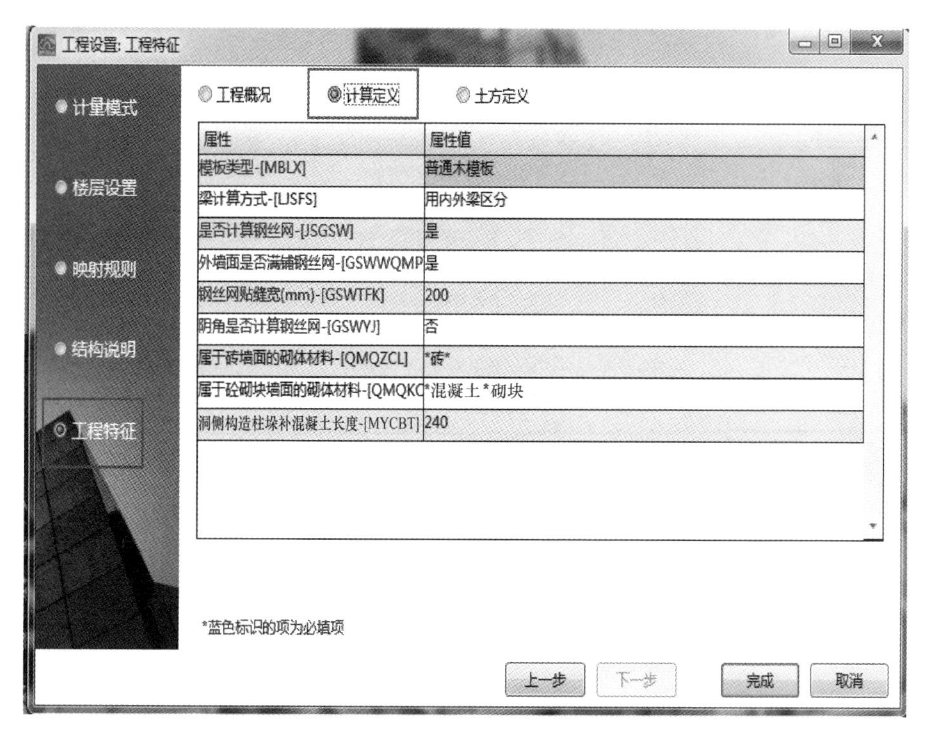

图 5.3.1-9 工程特征设置

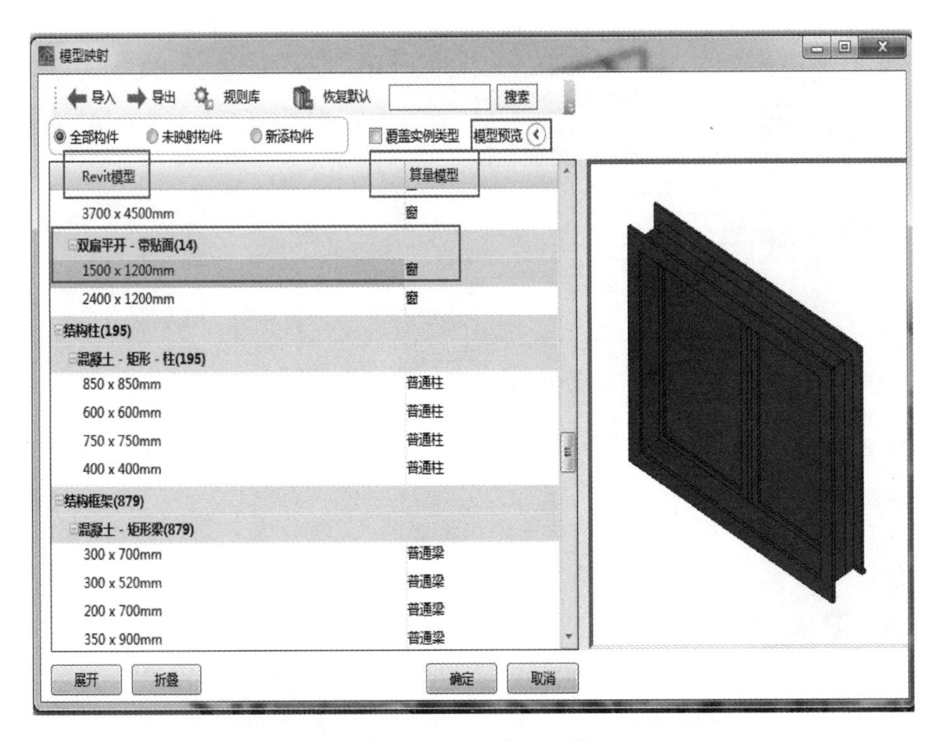

图 5.3.1-10　模型映射

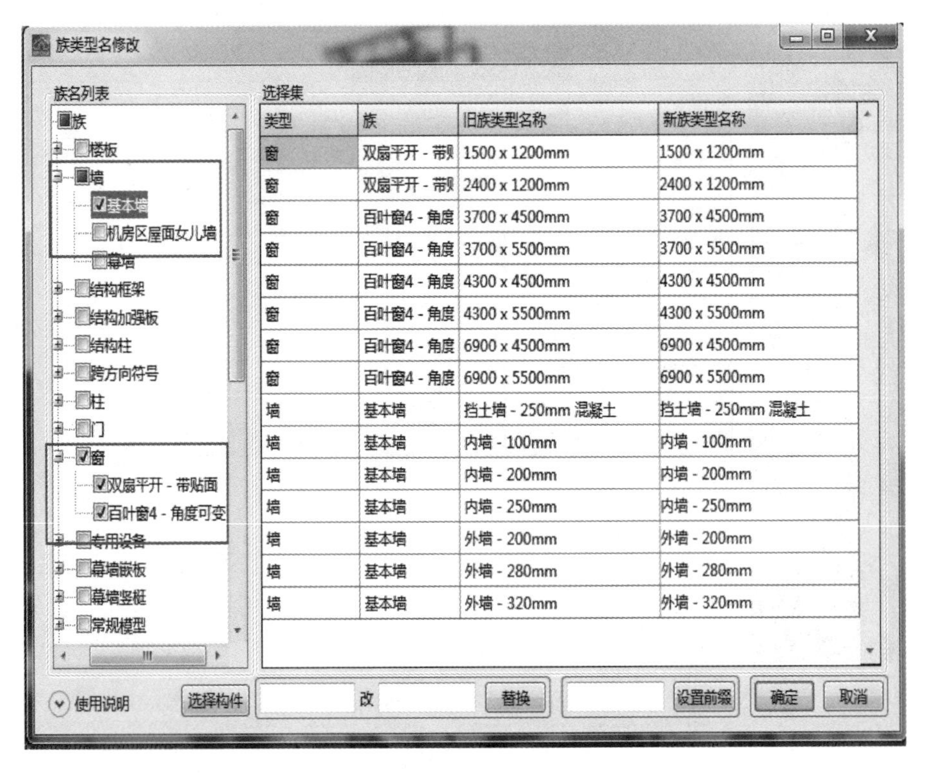

图 5.3.1-11　族名修改

(3) 自动套做法

执行自动套做法命令软件将按照内置的挂接做法规则为工程中所有符合条件的构件挂接做法。自动套做法是根据用户选择的楼层和构件名称，分别在所选择的楼层中找所选择的构件，找到构件后再根据在做法库中设置的做法顺序和在做法保存中设置的做法的顺序，查找是否有该类构件的做法，如果不存在该类构件的做法，该类构件就是挂接做法失败，如果存在该类构件的做法，系统就根据做法库中的条件进行判断，找到适合的挂接做法，如果没有找到适合的做法，该类构件也是挂接做法失败。挂接做法失败后，可手动套用构件做法，如图 5.3.1-12 所示。

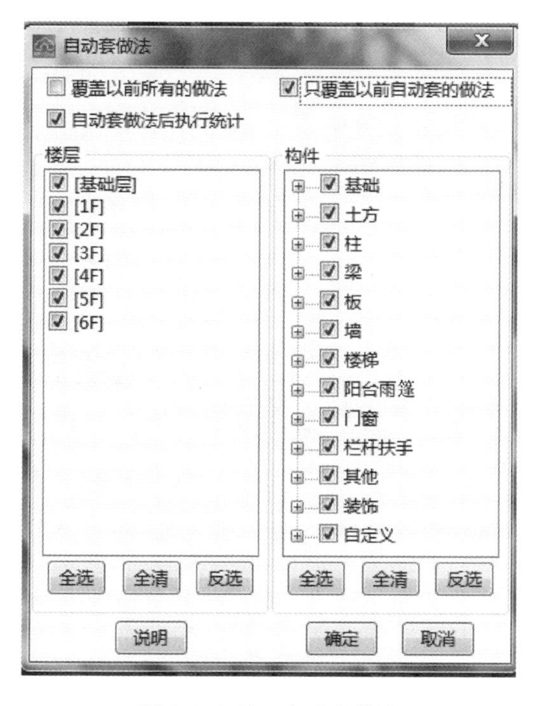

图 5.3.1-12 自动套做法

点击“确定”后，软件开始自动挂接构件做法，如图 5.3.1-13 所示。

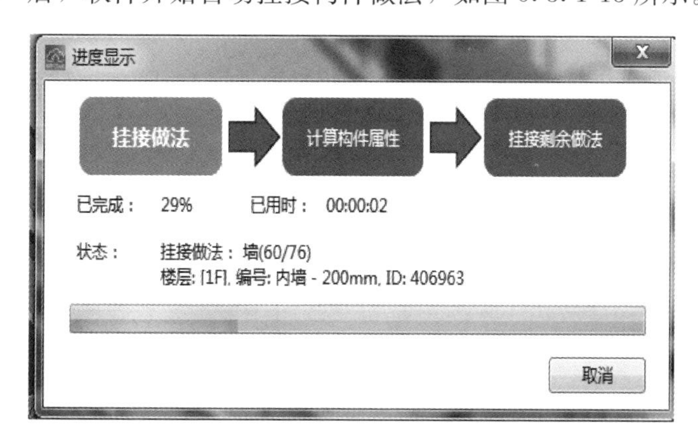

图 5.3.1-13 挂接做法

（4）汇总计算

选择需要计算的范围，软件将迅速将范围内的所有构件按照相关规则进行汇总计算。执行命令后，出“工程量统计”对话框如图 5.3.1-14 所示。

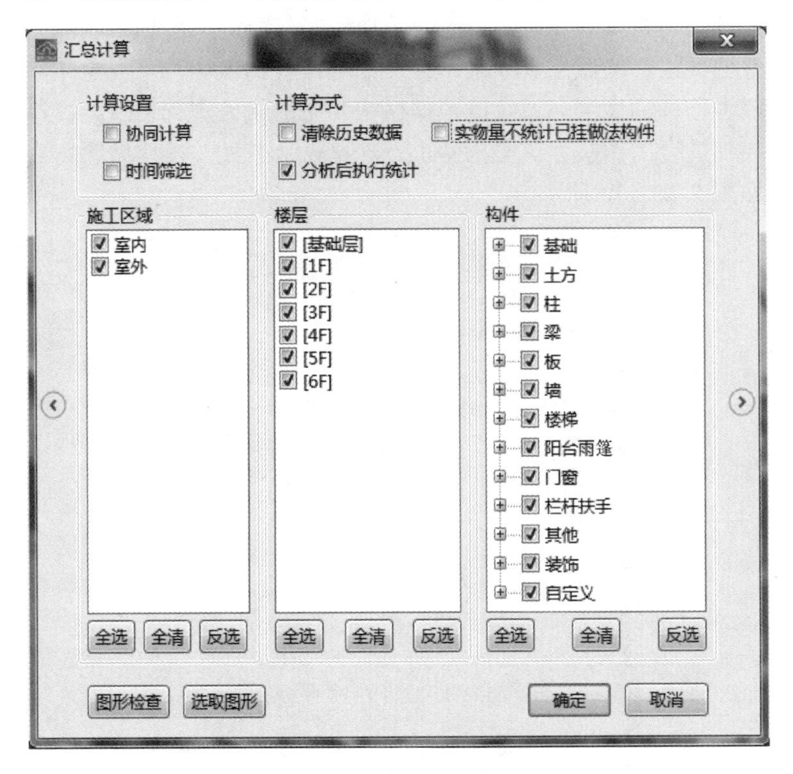

图 5.3.1-14　汇总计算

点击“确定”后，软件开始统计构件工程量，如图 5.3.1-15 所示。

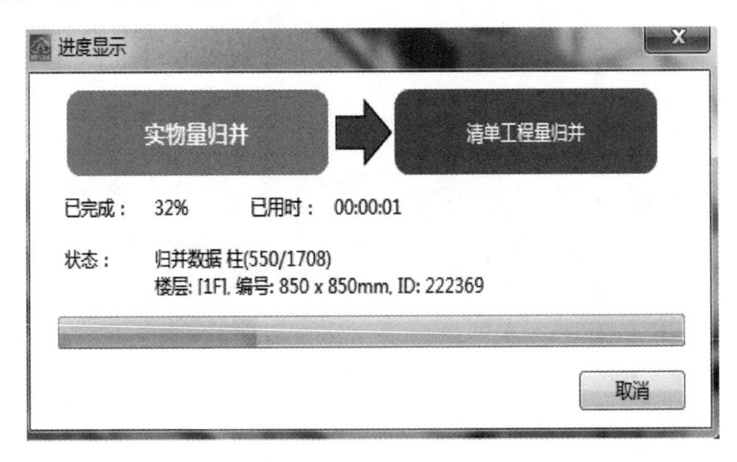

图 5.3.1-15　汇总计算

汇总计算完成点击确定将直接展示汇总计算完成的实物量与清单量的工程量分析统计表，如图 5.3.1-16 所示。

点击“查看报表”，如图 5.3.1-17 所示。

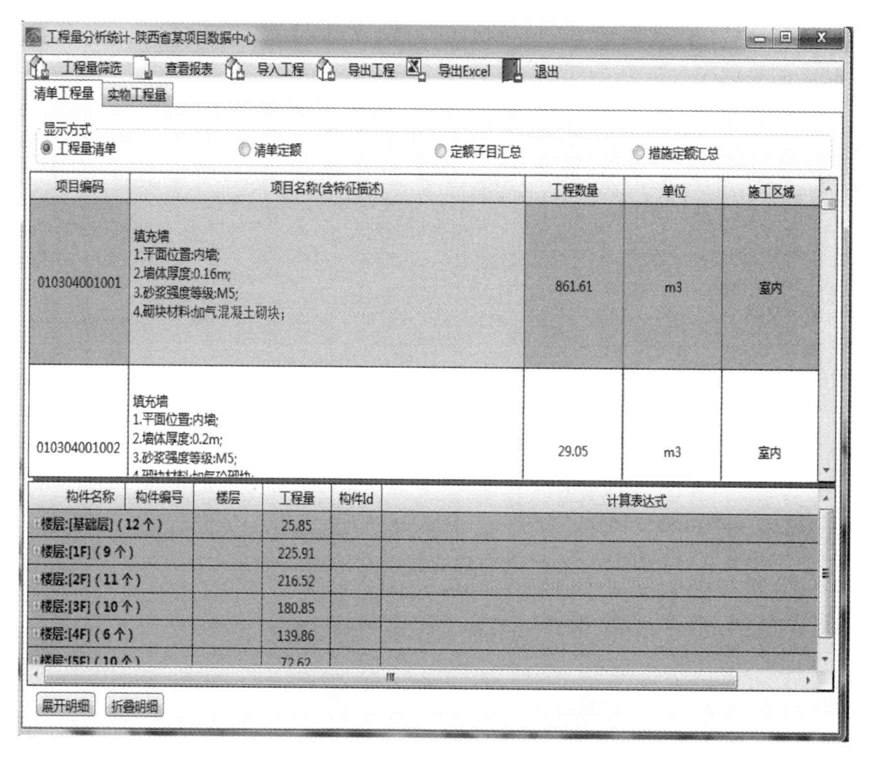

图5.3.1-16　工程量分析统计

图5.3.1-17　查看报表

2. 手动布置构件

(1) 构件属性定义

点击“构件列表”选项卡，选择所需楼层的构件的属性，系统弹出“构件列表”对话框，如图 5.3.1-18 所示，可显示构件的几何属性，物理属性，施工属性等以及构件做法的自动套用，如图 5.3.1-19 所示：

点击“属性查询”下拉菜单中选择“属性查询”命令，选择需要查询构件的属性，如图 5.3.1-20 所示：

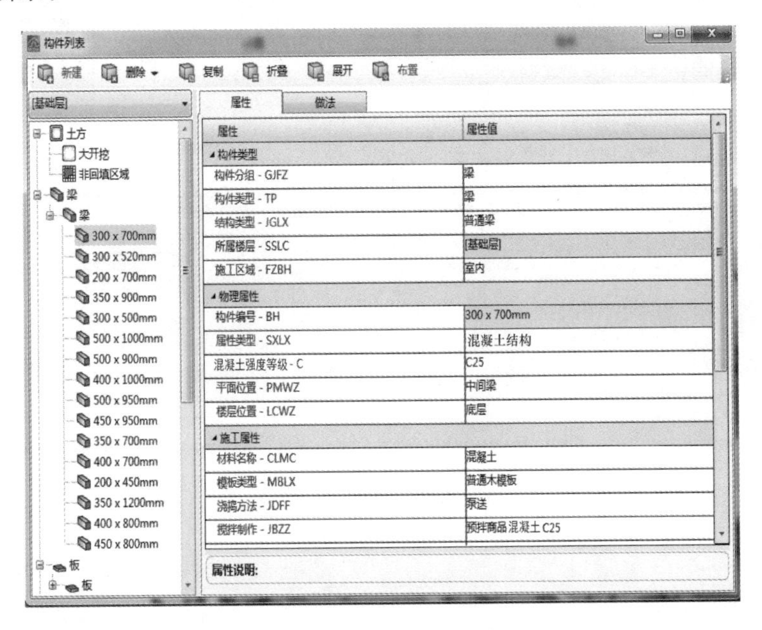

图 5.3.1-18　构件列表

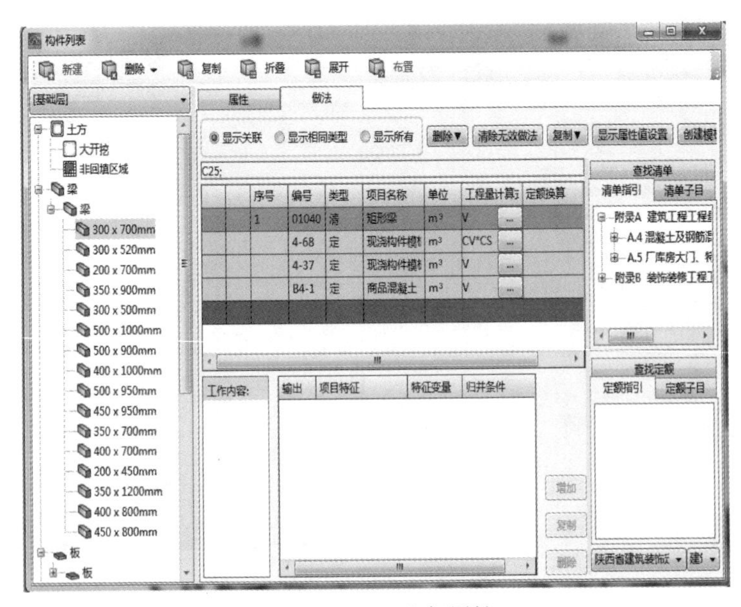

图 5.3.1-19　几何属性

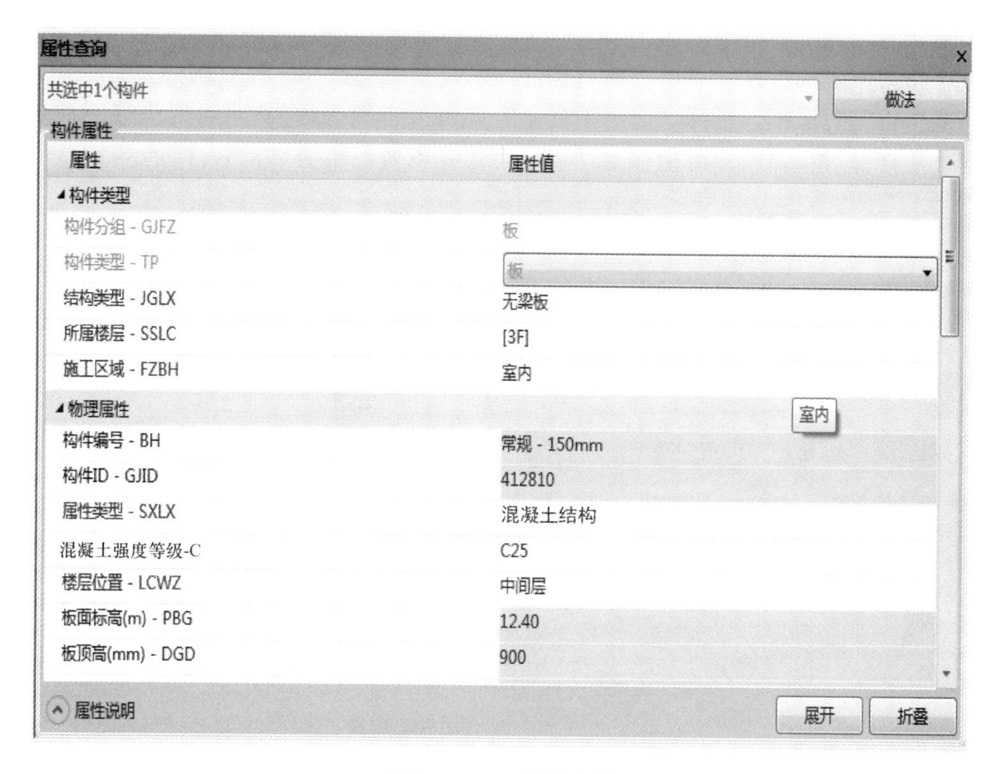

图 5.3.1-20　属性查询

（2）构件大类与小类

构件按其性质进行了细分，不同种类构件的计算规则也不相同。例如，混凝土外墙与混凝土内墙，布置墙体时；如果是外墙，就要使用混凝土外墙而不能用混凝土内墙；如果是内墙，就要使用混凝土内墙而不能用混凝土外墙，因为两者的计算规则不相同，错误使用会带来错误的结果，构件大类与小类包含的内容见表 5.3.1-1：

构件大类与小类包含的内容　　　　**表 5.3.1-1**

大类构件	小类构件
墙体	电梯井墙、混凝土外墙、混凝土内墙、砖外墙、填充墙、间壁墙、玻璃幕墙
柱体	混凝土柱、暗柱、构造柱、砖柱
梁体	框架梁、次梁、独立梁、圈梁、过梁、窗台
楼板楼梯	现浇板、预制板、拱形板、螺旋板、楼梯、板洞
门窗洞口	门、窗、壁龛、飘窗、转角飘窗、墙洞、带形窗、老虎窗
基础工程	满堂基、独立基、柱状独基、砖石条基、混凝土条基、基础梁、集水井、人工挖孔桩、基础桩、实体集水井、井坑、土方
装饰工程	房间、楼地面、顶棚、吊顶、踢脚线、墙裙、外墙面、内地面、桩踢脚、柱裙、柱面、屋面、立面装饰、立面洞口、保湿层
零星构件	阳台、雨棚、栏杆扶手、排水沟、地下室范围、散水、坡道、台阶、自定义线形构件、施工段、主体后浇带、基础后浇带、建筑面积
多义构件	点实体、线实体、面实体、实体

(3) 核对构件工程量

选中所要查询的构件，点击“核对构件”下拉菜单中选择“核对构件”命令，系统弹出“核对构件”对话框，选择“清单工程量”或者“定额工程量”，对话框显示此构件详细工程量的计算过程，用此可检查工程量是否计算正确，如图 5.3.1-21 所示：

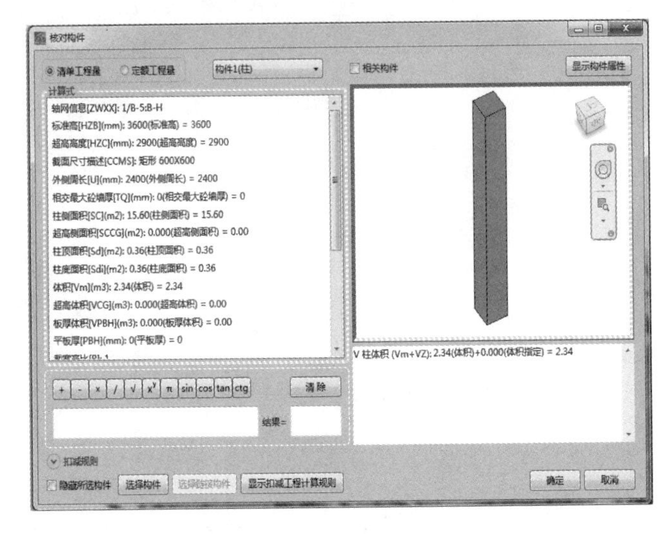

图 5.3.1-21　核对构件工程量

3. 构件智能布置

进入“构件布置”界面，选择“智能布置”选项卡。

(1) 布置构造柱

在“智能布置”下拉菜单中选择“构造柱智能布置”选项卡，弹出“构造柱智能布置”对话框，按照本项目图纸总说明，并参照工程图集，设置构造柱布置规则与截面尺寸，选择需要布置的楼层，点击(自动布置)，即可完成构造柱的布置，如图 5.3.1-22 所示：

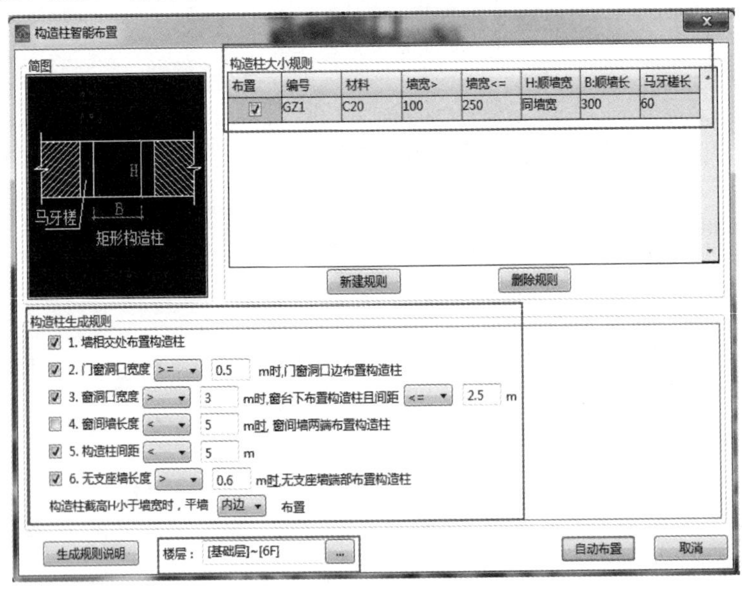

图 5.3.1-22　布置规则

（2）布置过梁

按照本工程图纸总说明，参照本设计选用图集，设置过梁布置规则与截面尺寸，选择需要布置的楼层，点击自动布置，即可完成过梁的布置；也可以新建或删除规则；也可手动选择洞口布置构件，如图 5.3.1-23 所示：

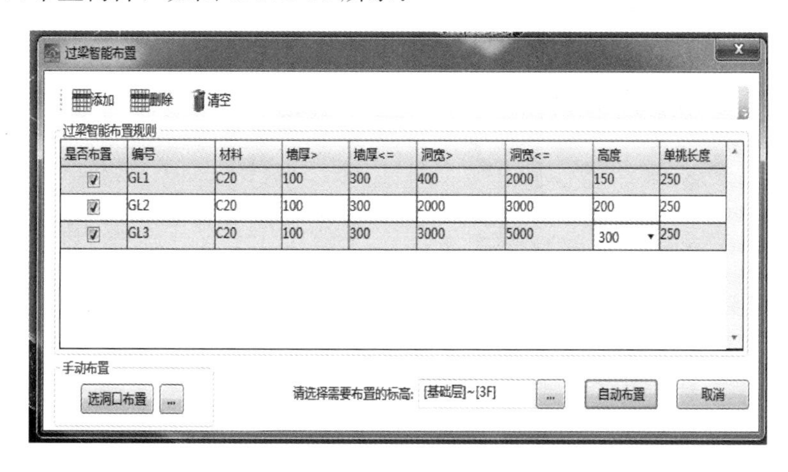

图 5.3.1-23　过梁布置规则

（3）布置压顶

按照本工程图纸总说明，参照图集，设置压顶布置规则与截面尺寸，选择需要布置的楼层，点击自动布置，即可完成压顶的布置；也可以新建或删除规则；压顶布置完成。也可手动选择洞口布置构件，如图 5.3.1-24 所示：

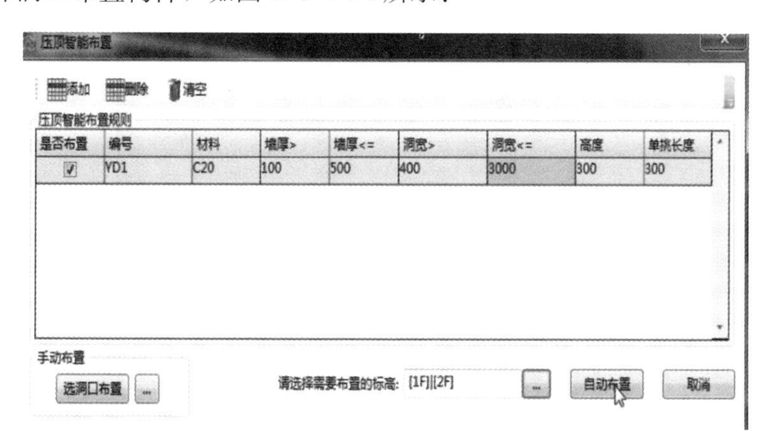

图 5.3.1-24　压顶布置规则

（4）布置圈梁

按照本工程图纸总说明，参照图集，设置圈梁布置规则与截面尺寸，选择需要布置的楼层，点击自动布置，即可完成圈梁的布置；也可以新建或删除规则；圈梁布置完成。也可手动选择墙体布置构件，如图 5.3.1-25 所示：

（5）布置垫层

按照本工程图纸总说明，参照图集，设置垫层布置规则与截面尺寸，选择需要布置的

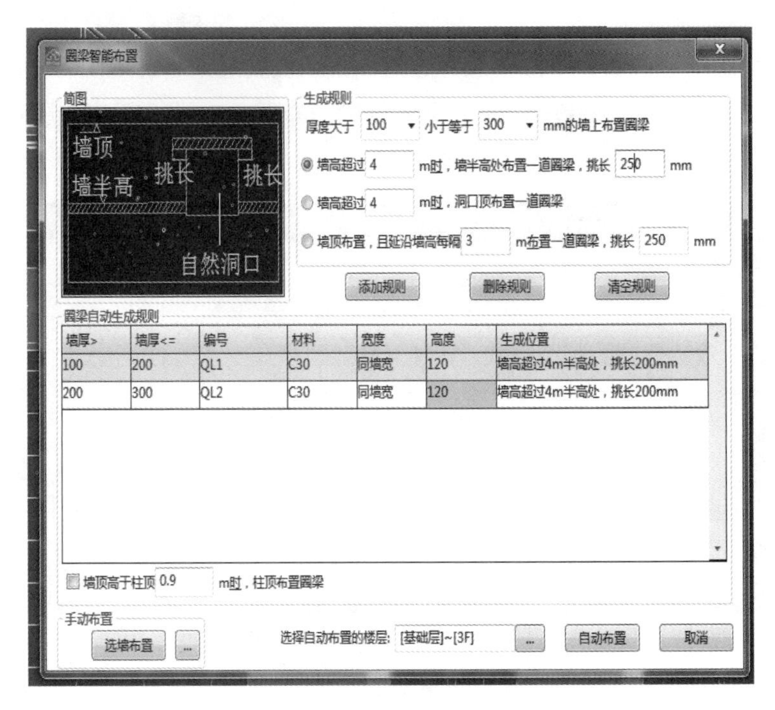

图 5.3.1-25　圈梁布置规则

楼层，点击 自动布置 ，即可完成垫层的布置；也可以新建或删除规则；垫层布置完成。垫层的材质，厚度，外伸长度，都可以在软件里修改；也可手动选择布置构件，如图 5.3.1-26 所示：

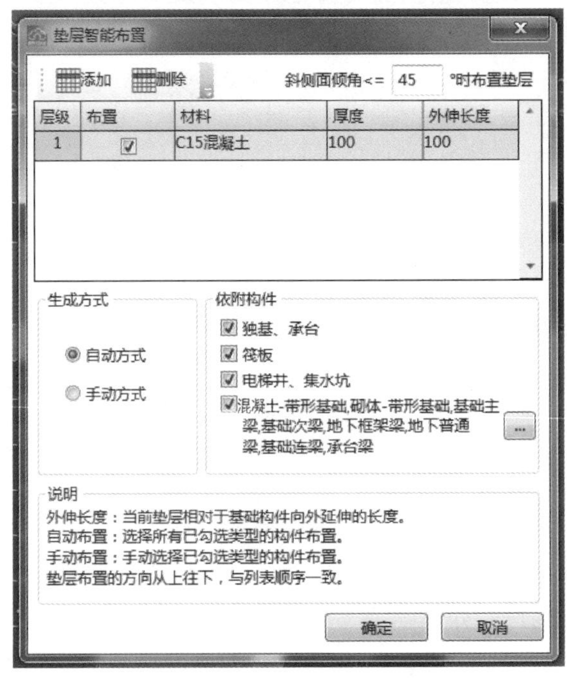

图 5.3.1-26　垫层布置规则

（6）布置外墙装饰

选择“外墙装饰”布置选项卡，按房间智能识别内外墙，如图5.3.1-27所示。

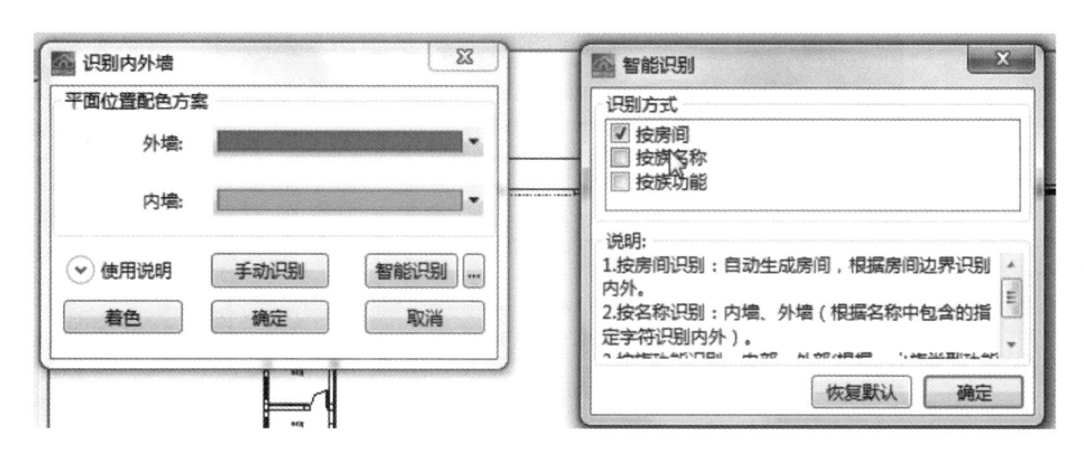

图5.3.1-27　布置方式

按照本工程图纸总说明装饰做法要求布置外墙面的装饰，新建踢脚，外墙面，墙裙及其他面。按照装饰要求设置外墙的物理属性，几何属性，施工属性等，如图5.3.1-28所示：

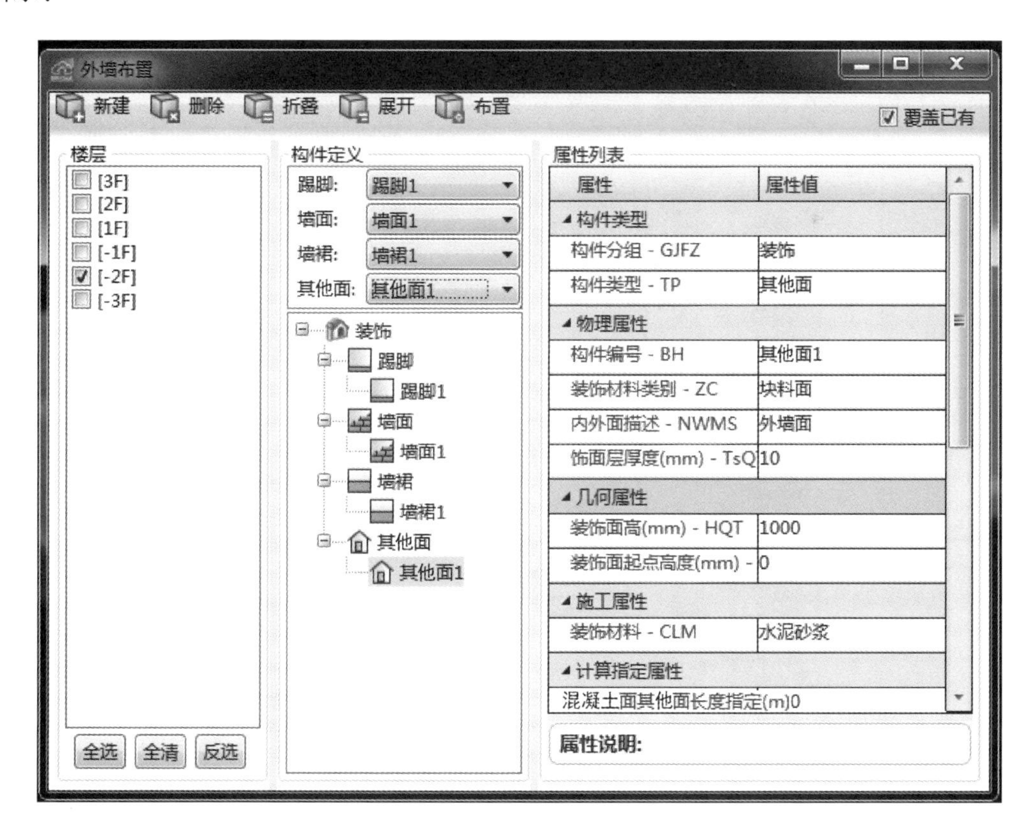

图5.3.1-28　设置外墙的物理属性

点击 布置 选项卡，删除已有的外墙装饰，是为了避免构件重复布置，如图 5.3.1-29 所示：

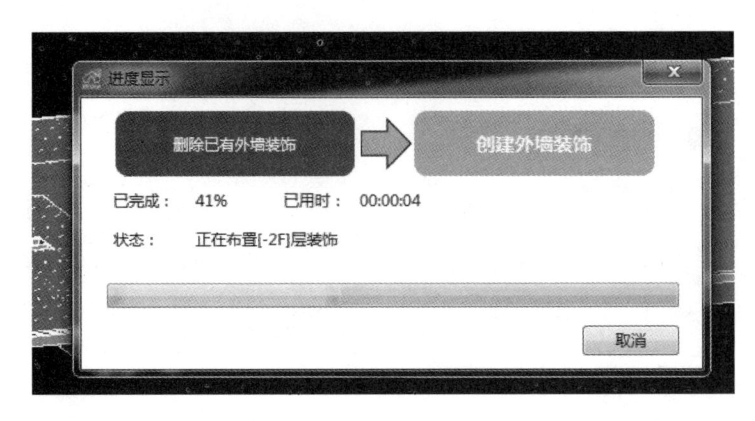

图 5.3.1-29　布置外墙装饰

（7）布置房间装饰

在 Revit 模型中，创建房间的各个功能属性。在比目云 5D 软件计算中，再按照本工程图纸总说明的装饰做法要求布置房间的各项装饰，包括房间工程和楼地面工程。再新建屋面，踢脚线，外墙面装饰，楼地面，天棚等。按照装饰要求设置外墙的物理属性，几何属性，施工属性等，如图 5.3.1-30 所示：

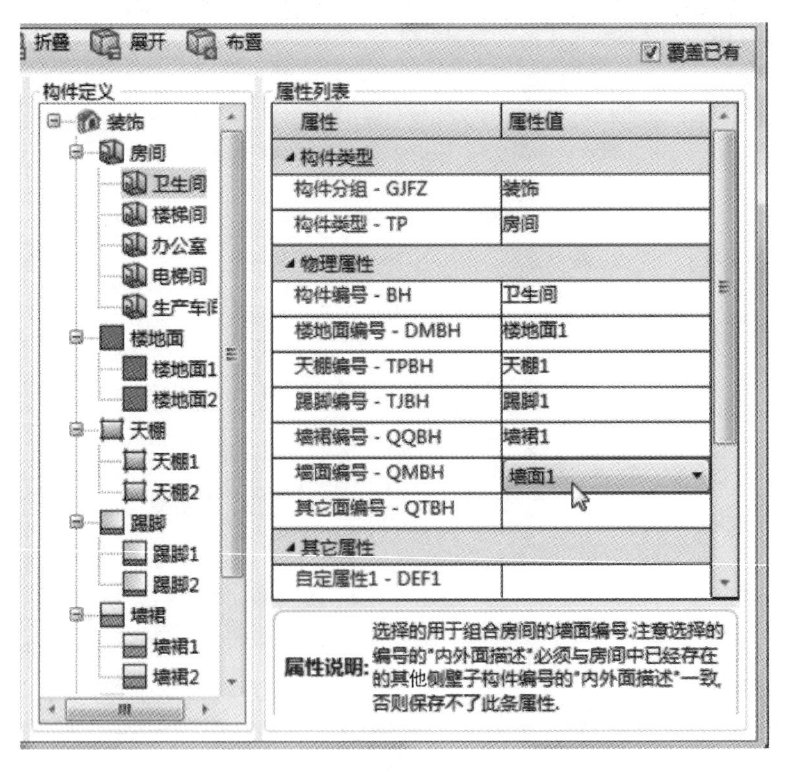

图 5.3.1-30　创建房间的各装饰功能

根据装饰装修工程工程量清单项目及计算规则的构件属性定义，如图 5.3.1-31 所示：

属性 | 做法

属性	属性值
◢ 构件类型	
构件分组 - GJFZ	装饰
构件类型 - TP	踢脚
所属楼层 - SSLC	[-2F]
施工区域 - FZBH	室内
◢ 物理属性	
构件编号 - BH	踢脚1
内外面描述 - NWMS	外墙面
装饰材料类别 - ZC	抹灰面
饰面层厚度(mm) - TsTj	10
◢ 几何属性	
装饰面高(mm) - Ht	100
装饰面起点高度(mm) - QDGD	同层底
◢ 施工属性	
装饰材料 - CLM	水泥砂浆
◢ 计算指定属性	
混凝土面踢脚线长指定(m)-LTJZ	0.00
非混凝土面踢脚线长指定(m)-LTJZf	0.00
混凝土面踢脚面积指定(m^2)-STJZ	0.00
非混凝土面踢脚面积指定(m^2)-STJZf	0.00
踢脚通用面积指定(m^2) - MSTJZ	0.00
◢ 其它属性	
自定属性1 - DEF1	
自定属性2 - DEF2	
自定属性3 - DEF3	
备注 - PS	
相同构件数(N) - XTGJS	1
是否输出工程量 - GCL	是

属性说明:

图 5.3.1-31 构件属性定义

按照陕西省装饰装修工程工程量清单项目及计算规则的要求，手动给各个构件的做法详细定义；如图 5.3.1-32 所示：

例如：踢脚线做法

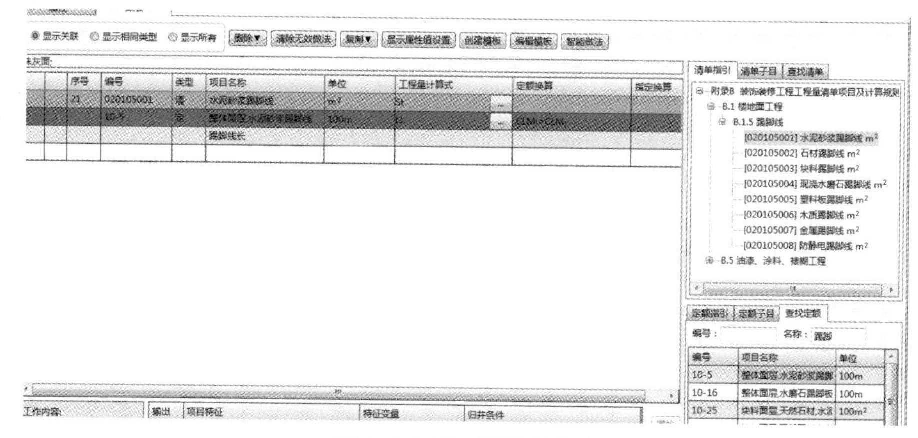

图 5.3.1-32 踢脚线做法

5.3.2　安装 BIM 算量

安装各专业在原设计图纸的基础上建立 BIM 模型，深化设计完成后，解决管线碰撞问题，汇总计算，再进行安装工程工程量清单项目及计算工作。

1. 项目设置

（1）项目信息设置

① 计算模式

将整个工程做纲领性设置，是安装 BIM 算量最先开始的一步。

（新点比目云 5D 安装算量）→（工程设置）。弹出工程设置对话框，共有 4 个设置，鼠标点击（下一步）按钮。或者直接单击左边项目选项栏中的各选项，就可在各页面之间自由切换，如图 5.3.2-1 所示。

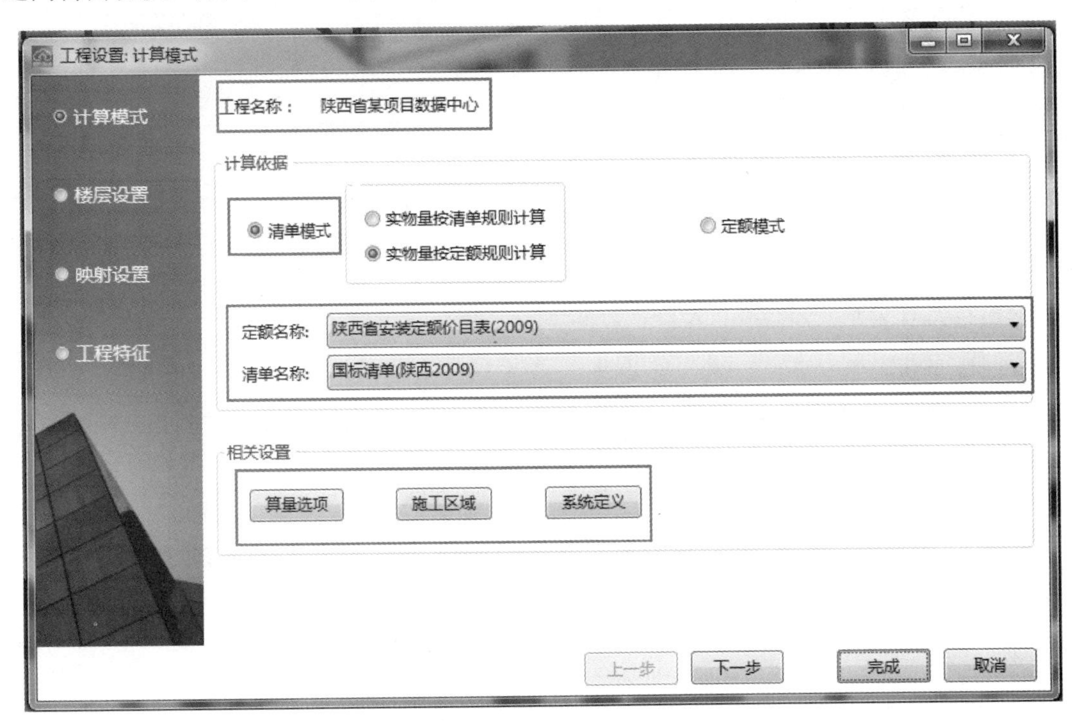

图 5.3.2-1　计算模式

设置工程名称：

可自动提取 Revit 工程文件的工程名称，来直接默认本工程的项目名称；

设置计算依据：

定额模式是指仅按照定额计算规则计算工程量，清单模式是指同时按照清单和定额两种计算规则来计算工程量。模式选择完成后，在对应的下拉选项中选择相应省份的清单、定额库；（本项目案例是陕西省某数据中心项目，所以采用陕西省 2009 清单计量计价模式。）

设置算量选项：

➢ 对话框选项按钮解释：（导入）→导入新的工程量输出设置；（导出）→导出本工程中的工程量设置；（恢复）→恢复成系统默认的工程量输出设置，如图 5.3.2-2 所示。

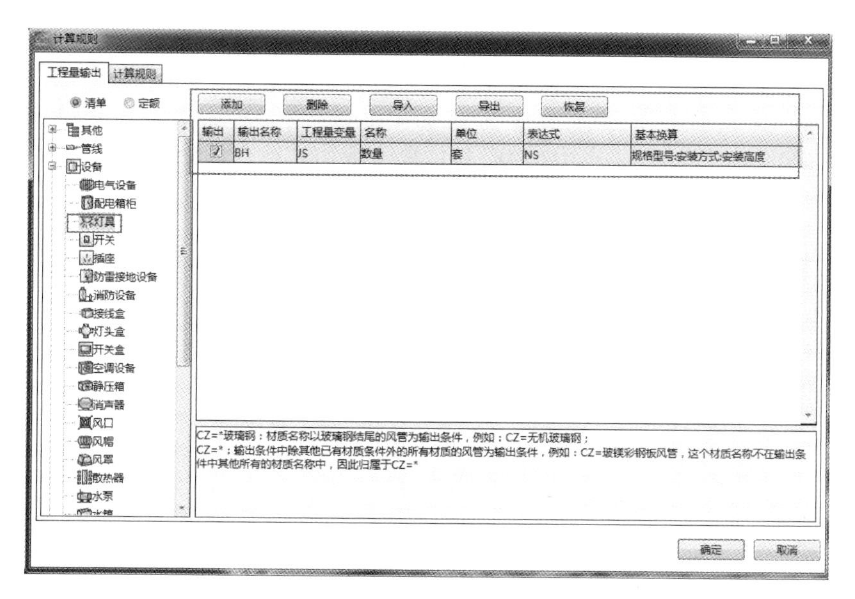

图 5.3.2-2 计算规则

➢ 选项→计算规则：扣减规则页面用于设置图形构件计算时的扣减条件，一般按当时定额或清单规则设置好，用户也有权限自行修改，增加或者删除扣减规则。

➢ 对话框选项按钮解释：（导入）→导入新的扣减规则；（导出）→导出工程中的扣减规则；（恢复）→恢复成系统默认的信息；

➢ 选项→系统定义：对于Revit模型中的各专业系统进行色彩管理，区分各专业系统构件。（本项目系统颜色按照本项目建模标准执行各专业、各系统颜色分类），如图5.3.2-3所示。

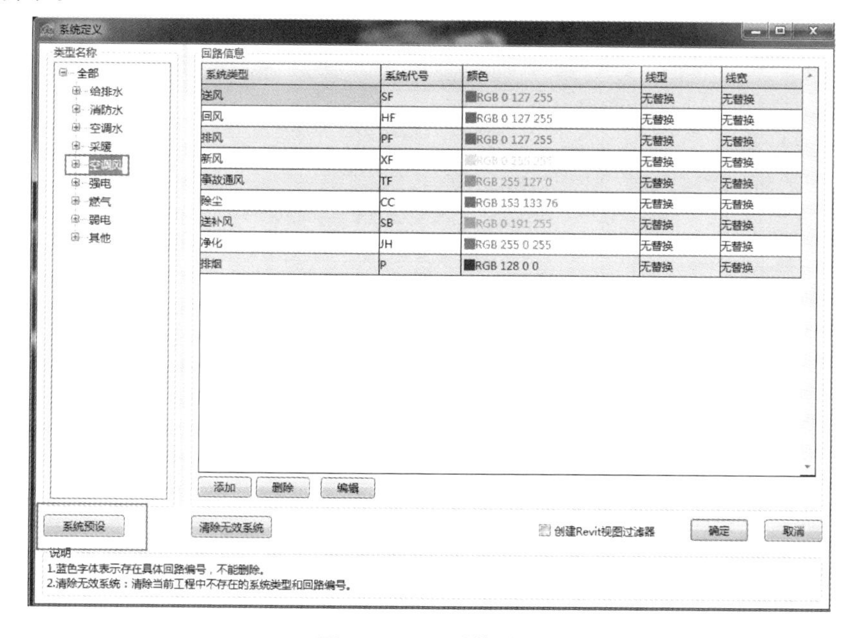

图 5.3.2-3 系统设置

② 楼层设置

楼层设置中，软件自动读取 Revit 模型中的楼层信息，系统将项目中的楼层自动生成，默认与模型的楼层信息一致，不可改动，如图 5.3.2-4 所示。

注意：后期操作中标注的建筑面积需要计算完成后才能在此处获得建筑面积。原项目中已有的建筑面积无需计算，可直接从项目中提取数据。

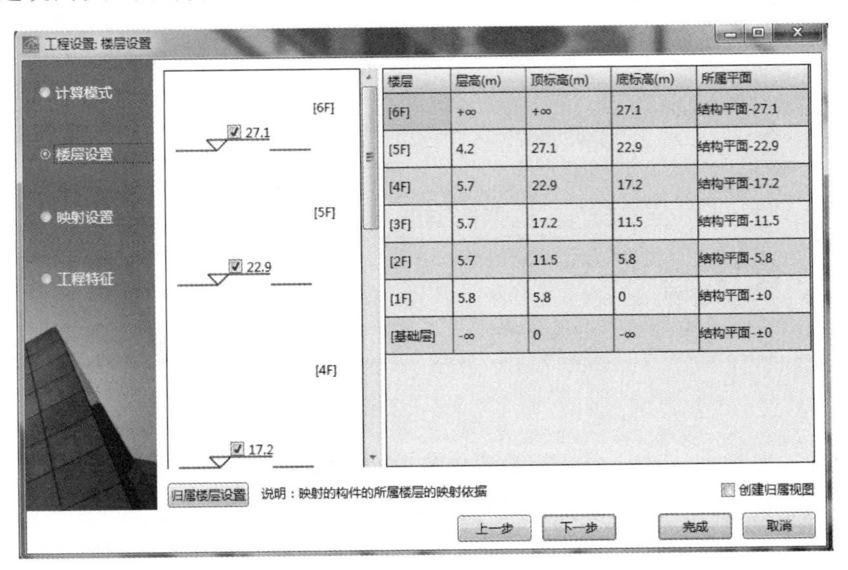

图 5.3.2-4　楼层设置

③ 映射设置

➢ 勾选选用族类型名、实例属性和类型属性映射（数据信息均从 Revit 模型中匹配），如图 5.3.2-5 所示。

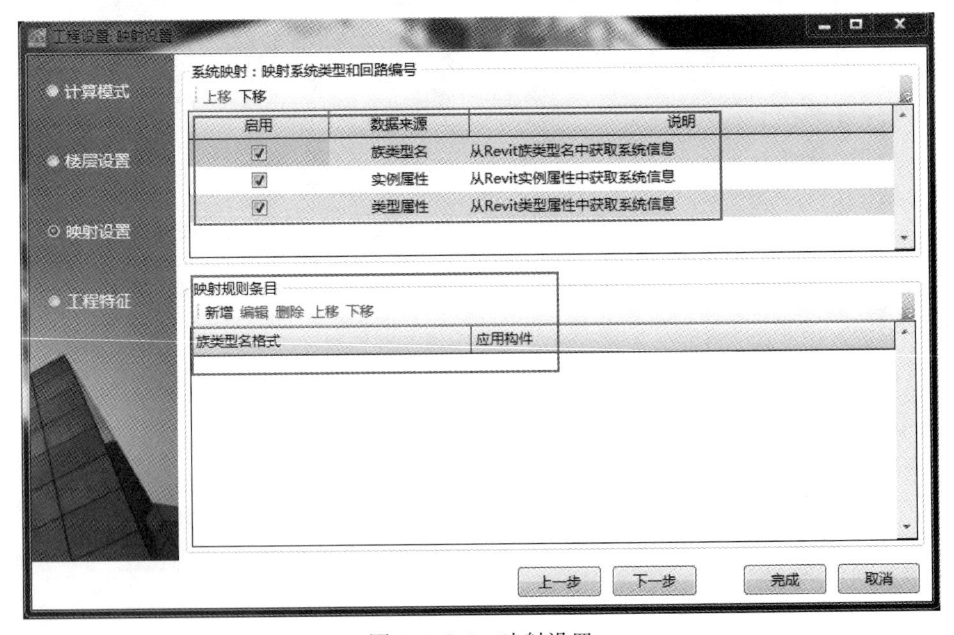

图 5.3.2-5　映射设置

➢ 系统映射—族类型名。新增映射规则条目。族类型格式中选择所需的类型信息，默认选择分隔符，在应用构件下勾选构件族类型信息，如图 5.3.2-6 所示。

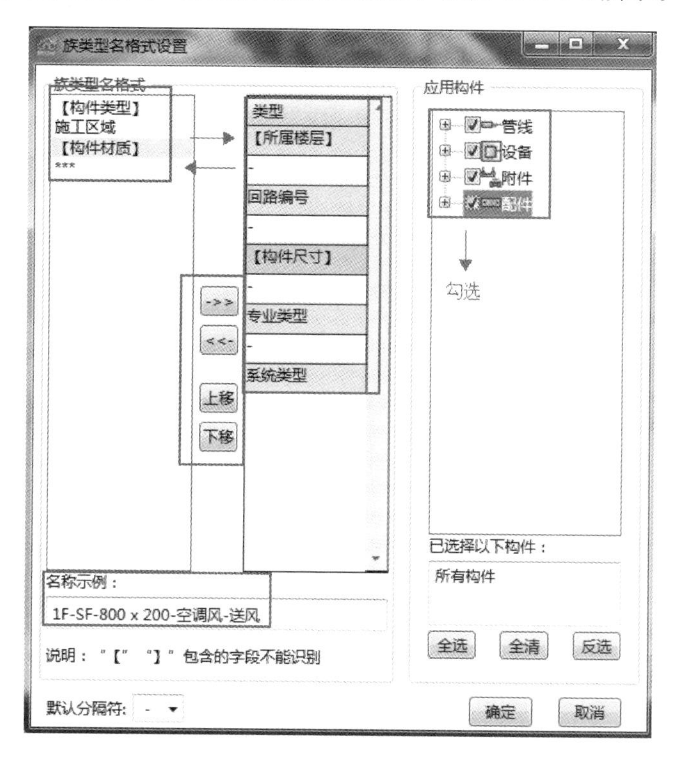

图 5.3.2-6　格式设置

选择“确定”，设置完成后，族类型名格式如图 5.3.2-7 所示。

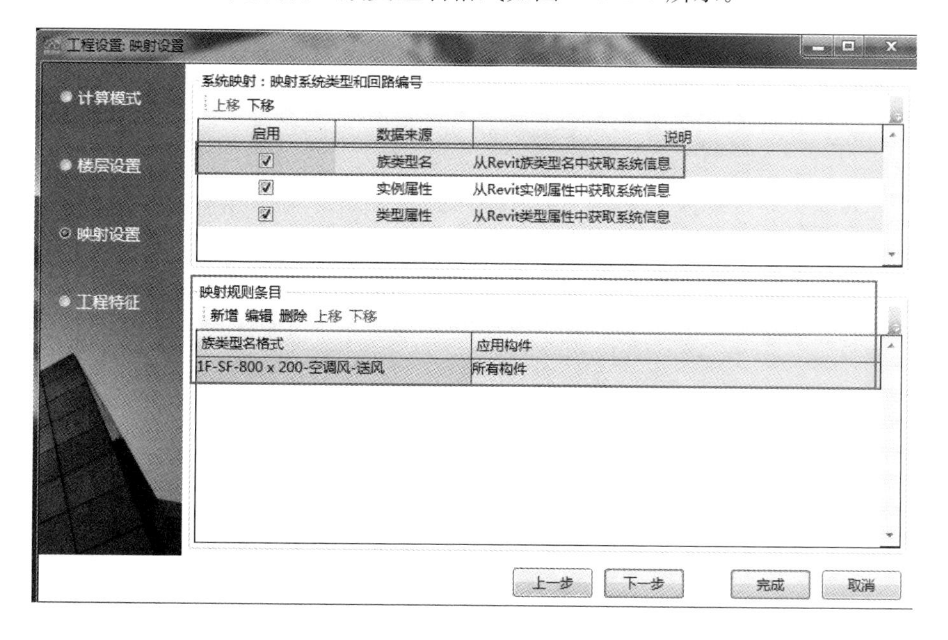

图 5.3.2-7　族类型名格式

④ 工程特征

➢ 项目的局部特征设置，属性栏中蓝色字体的属性值为必填项，用于生成清单的项目特征，作为清单归并统计条件，如图 5.3.2-8 所示。

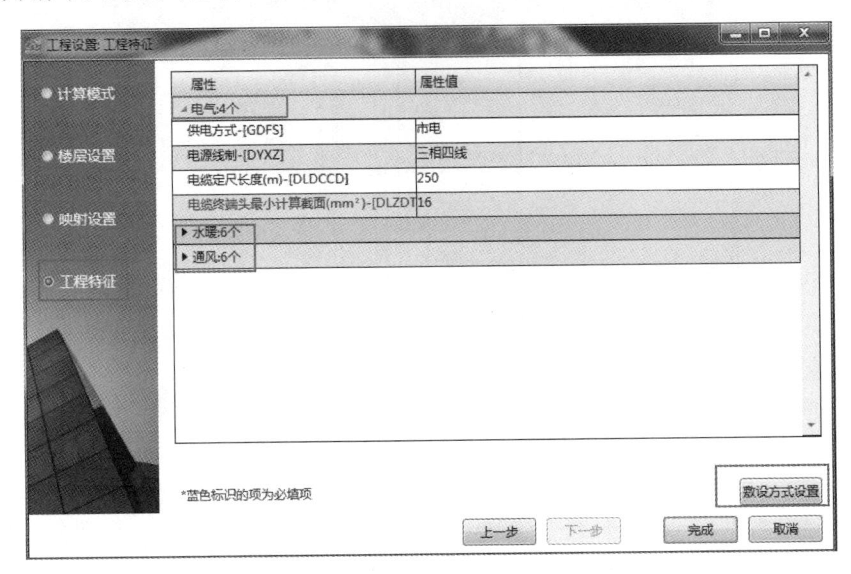

图 5.3.2-8　工程特征

敷设方式设置：安装敷设方式分为水平敷设方式和立管敷设方式。可修改敷设代号、敷设描述及敷设高度的联系。

(2) 模型映射

① 模型映射

将 Revit 模型中的构件转换为软件可识别的构件，根据构件名称进行材料和类型的匹配；若根据族名未匹配成项目所需的构件时，执行族名修改或调整转化规则设置。如图 5.3.2-9 所示。

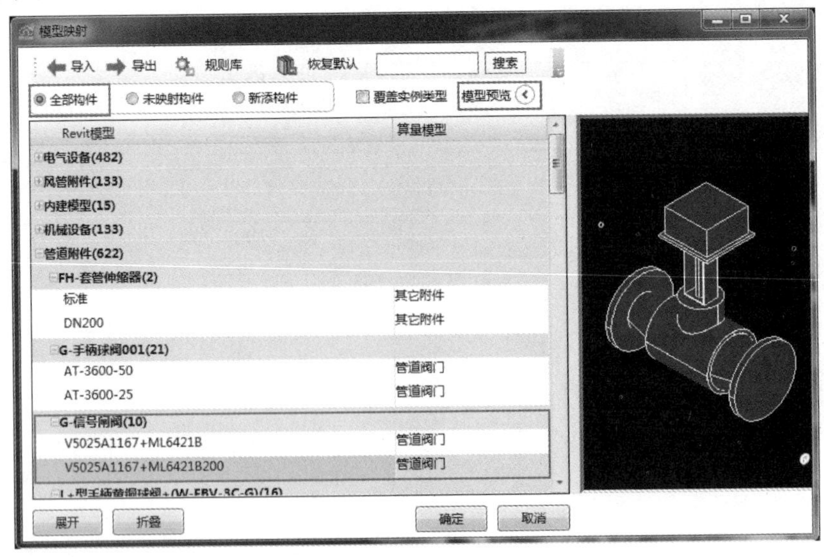

图 5.3.2-9　模型映射

➢ 选项栏命令，如果默认类别无法满足需求，可点击下拉进行类型设置，选择需要的类别，如图 5.3.2-10 所示。

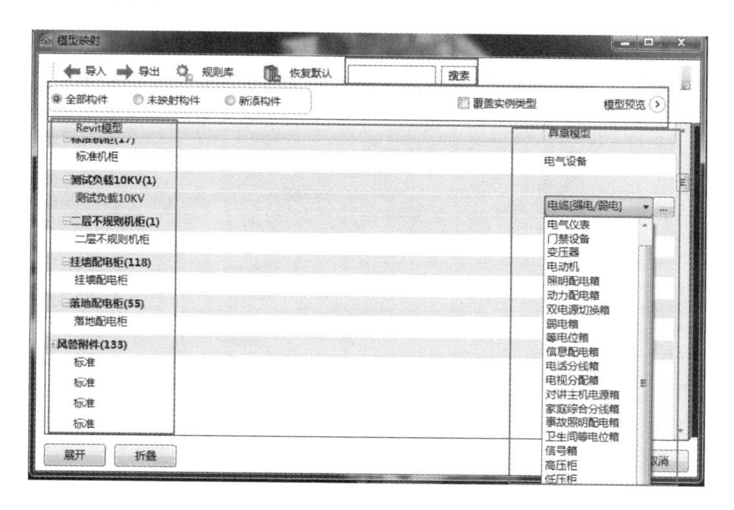

图 5.3.2-10 选项设置

（模型预览）模型预览设置，可详细检查每一个构件的可识别映射分类；

（Revit 模型）根据 Revit 模型的构件分类标准，把项目中的构件按照族类别、族名称、族类型分类；

（算量模型）按照国家相关规范，把 Revit 模型中的构件转换为可识别的构件类型；点击可进行类别修改，Ctrl 或 Shift 选择多个类型统一修改。

（映射规则库）构件映射按照名称和关键字间的对应关系进行映射，具体设置请参考规则转换。

族名修改处理命名不规范的构件无法准确匹配时，或者命名根据设计需要批量调整的情况，如图 5.3.2-11 所示。

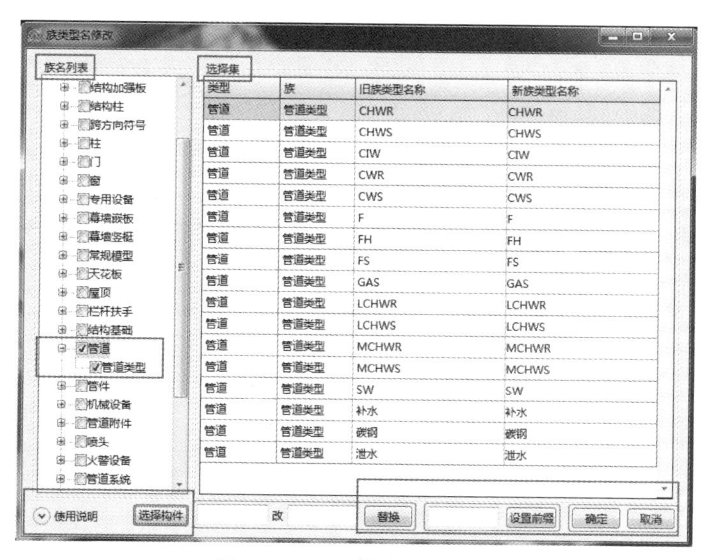

图 5.3.2-11 族类型名修改

② 构件列表

构件列表对话框中列举项目中所有已建立并转换完成的构件。可根据需要在相应构件下挂接清单、定额。打开构件列表，弹出“构件列表”对话框，如图 5.3.2-12 所示。

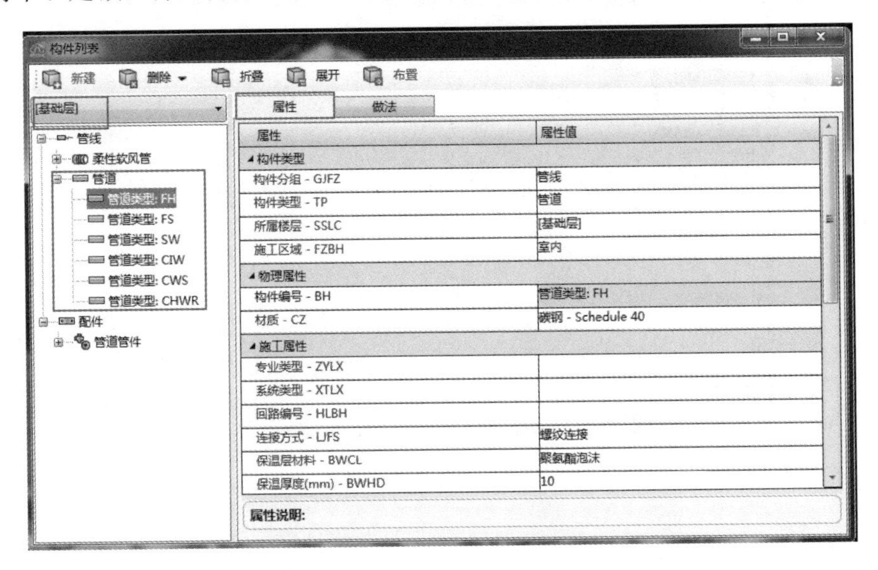

图 5.3.2-12　构件列表

(属性)：主体是构件属性，包含属性与属性值，属性功能包含构件类型、物理属性、施工属性、计算指定属性、其他属性。属性值列出了各属性对应信息。属性中以蓝色标识的项表示可以进行修改的项目，以深灰色为背景的均表示不可修改属性。

➢ 套用做法：

这里挂接的做法是挂接到选中的图形构件上，没被选中的构件，其构件上就没有做法显示。在“编号”定义中挂接的做法是挂接到整个构件编号上的。另外，对在编号上统一挂了做法的构件，个别构件在这里又挂了其他做法，其做法只对该部分构件有效。编号构件上的做法不会改变，如图 5.3.2-13 所示。

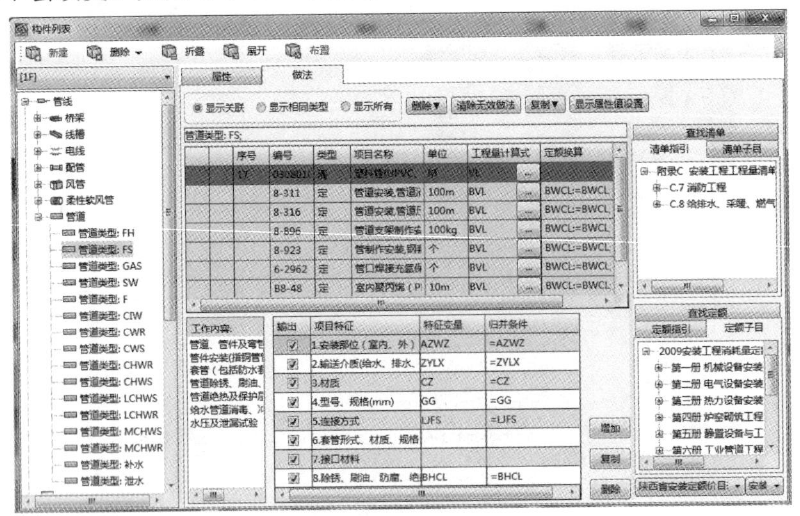

图 5.3.2-13　构件做法

➢ 定额、清单条目选择栏：

用于显示和选择的清单定额库中条目，本栏显示的内容会根据用户选择的定额清单模式而有不同。

（清单指引）：本页面中显示的是由当地主管部门发布的清单指引，也就是当前构件能够挂接的缺省清单条目，如果没有，用户可以进入“清单子目”页面进行选择。

（清单子目）：本页面显示的是清单部分的所有条目。

（查找清单）：本页面显示的是清单部分的所有条目，在本页中可以利用软件提供的查找功能，对需的清单条目进行快速查找。对显示的内容进行甄别后，“双击”需要的条目，就将这条清单挂接到构件编号上了，如图 5.3.2-14 所示。

（定额指引）：本页面中显示的是由各地发布的定额指引，当前构件挂接缺失定额条目，如果没有，用户可以进入“定额子目”页面进行选择。

（定额子目）：本页面显示的是定额部分的所有条目。

（查找定额）：本页面显示的是定额部分的所有条目，在本页中可以利用软件提供的查找功能，对需的定额条目进行快速查找。对显示的内容进行甄别后，“双击”需要的条目，就将这条定额挂接到构件编号上了，如图 5.3.2-15 所示。

清单指引 | 清单子目 | 查找清单

编号： 名称：管道

编号	项目名称	单位
031201001	管道刷油	m²|m
031201002	设备与矩形管道刷	m²|m
031202002	管道防腐蚀	m²|m
031202008	埋地管道防腐蚀	m²|m
031203002	塑料管道增强糊衬	m²
031204004	管道衬里	m²

图 5.3.2-14 查找清单

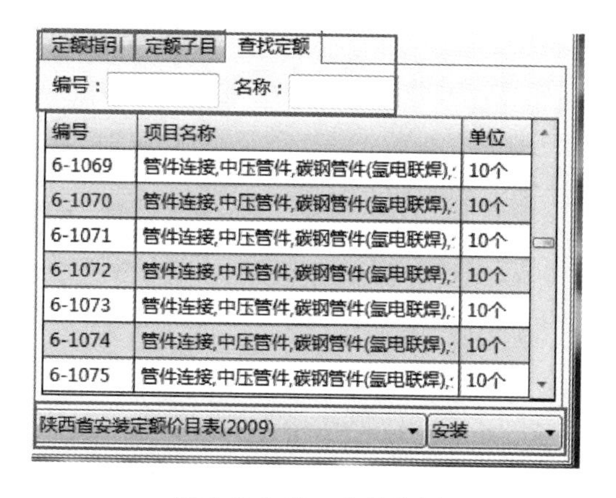

图 5.3.2-15 查找定额

③ 属性查询

（属性）：查看构件的转化类别，可对单个实例进行转化调整，查看构件的族名称，所属楼层、几何信息、施工属性等信息。构件属性，含属性与属性值，属性功能包含构件类型、物理属性、施工属性、计算属性、其他属性。属性中以蓝色标识的项表示可以进行修改的项目，以深灰色为背景的均表示不可修改属性。根据提示选取需要查询的构件确认后，弹出“属性查询”对话框，如图 5.3.2-16 所示：

（做法）：做法与构件列表中的做法一致，不同的是在这里挂接的做法是挂接到选中的图形构件上，没被选中的构件，其构件上没有做法。在“构件列表”定义中挂接的做法是挂接到整个构件编号上的。已挂接做法的构件颜色显示设置在“构件辨色”→“颜色设定”中执行操作。双击图形构件的轮廓线，如果该构件是可查询的，则会弹出构件查询对话框，该方式不支持多个构件同时查询。对构件编号属性进行修改时，可以切换构件关联的构件编号，构件上原有的数据将会全部刷新，但是无法用取消来恢复，如图 5.3.2-17 所示。

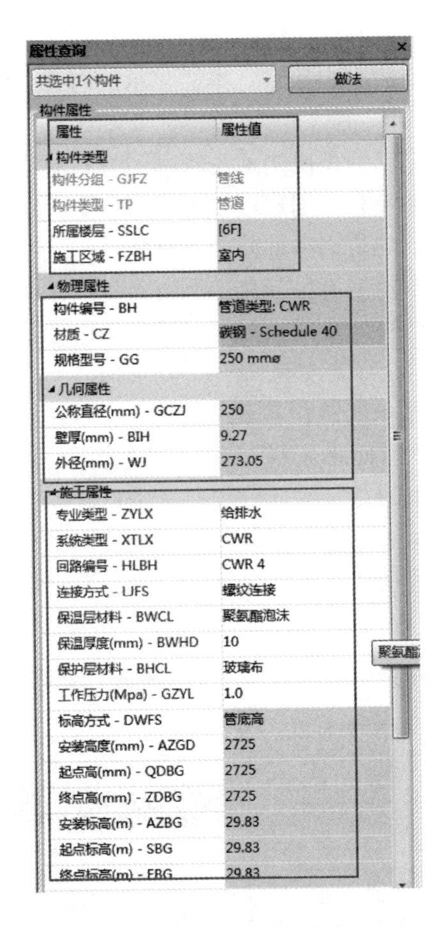

图 5.3.2-16 属性查询

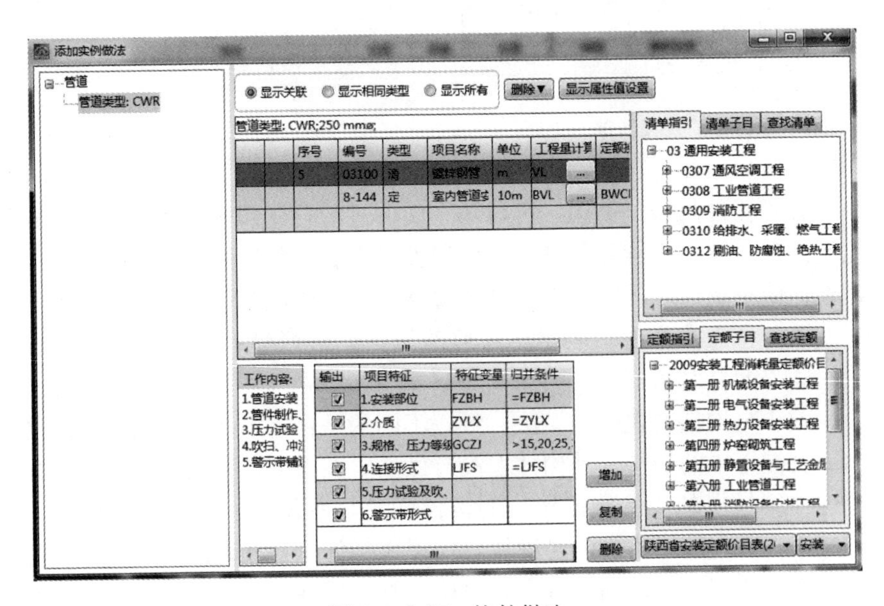

图 5.3.2-17 构件做法

④ 核对构件

由于构件的复杂性，每个项目在布置完构件后，执行分析命令可计算项目的工程量，工程量计算式与构件相关联。在工程分析的时候，需查看图形构件的几何尺寸及与相邻构件的关系和当前计算规则的设置。快速核对查看构件的工程量计算结果。选择需要查看工程量的构件，选择完成后，系统依据定义的工程量计算规则对所选择的构件进行图形工程量分析，分析完后弹出对话框，如图 5.3.2-18 所示。

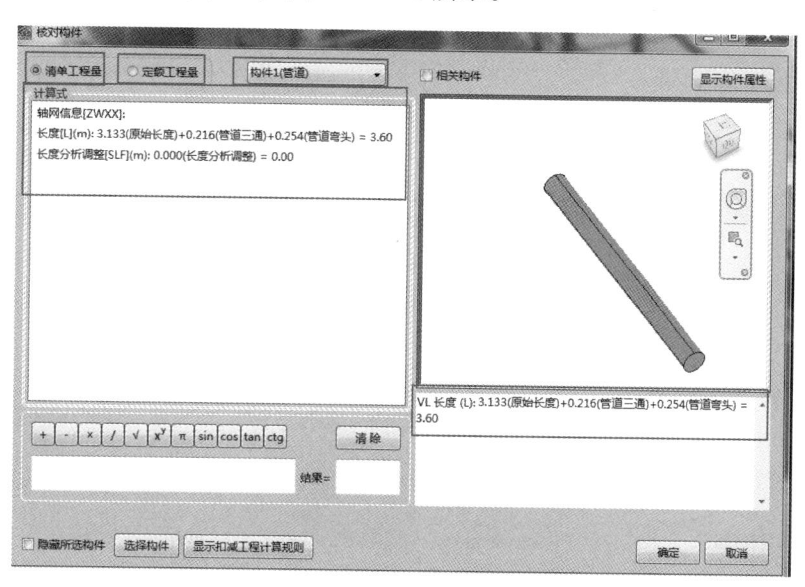

图 5.3.2-18 核对构件

(显示扣减工程量规则)：点击此处可快速查看与相关构件的详细扣减规则设置，如图 5.3.2-19 所示。

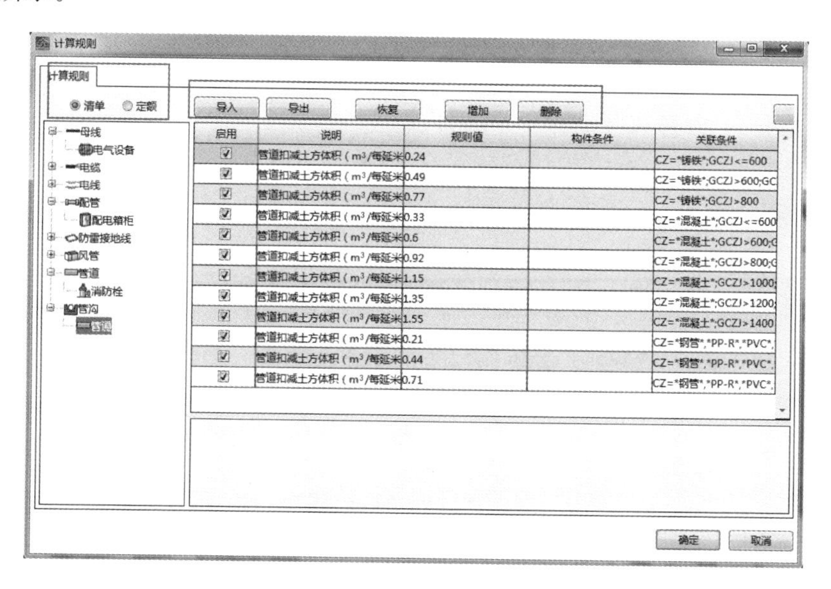

图 5.3.2-19 扣减规则

2. 计算

(1) 汇总计算

选择需要计算的范围，将范围内的所有构件按照相关规则进行汇总计算，如图5.3.2-20所示。

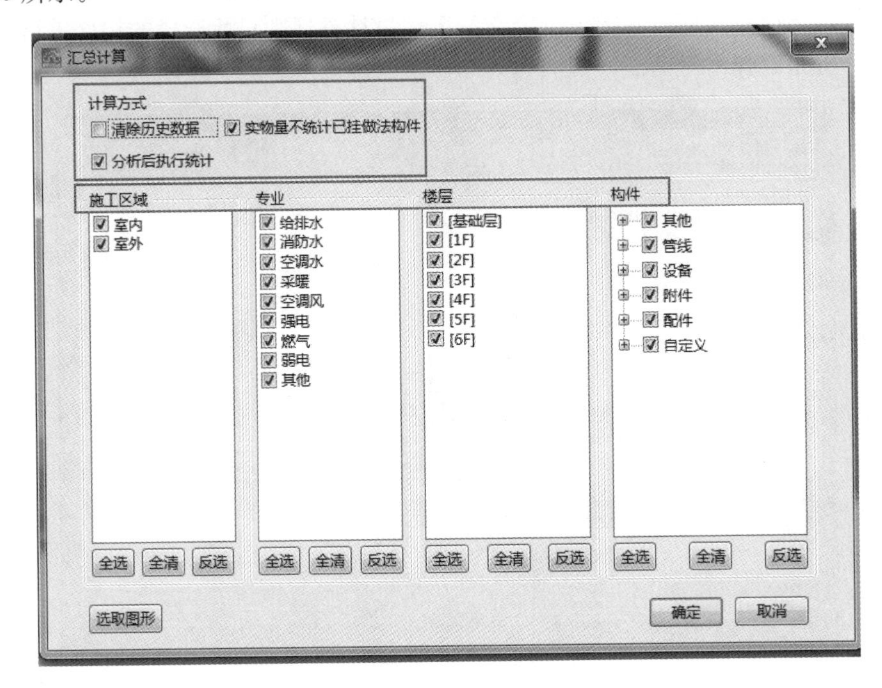

图5.3.2-20 汇总计算

(分析后执行统计)：分析后是否紧接着执行统计。

(实物量与做法量同时输出)：勾选后实物量结果为计算挂接做法以外构件的工程量，做法工程量只计算挂接了做法的构件，不勾选状态实物量与做法量互不干涉，实物量为全部构件的工程量。

(输出至造价)：将计算数据输出至造价。

(清除历史数据)：勾选清除之前汇总的计算结果，所有构件重新计算。不勾选软件在之前计算结果的基础上，分析模型只调整工程中发生变化的构件结果。汇总计算，如图5.3.2-21、图5.3.2-22所示。

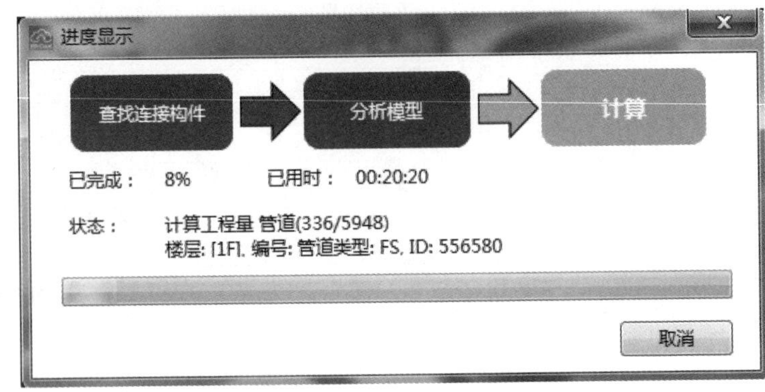

图5.3.2-21 汇总计算

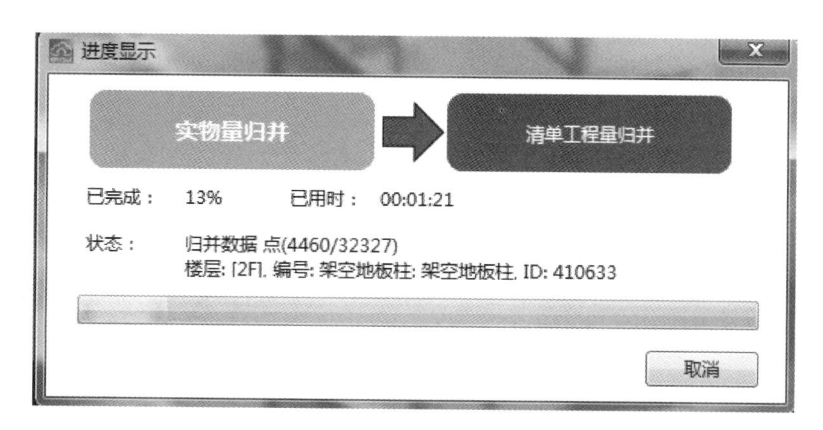

图 5.3.2-22　工程量归并

汇总计算完成点击确定将直接展示汇总计算完成的实物量与清单量的工程量分析统计表，如图 5.3.2-23 所示。

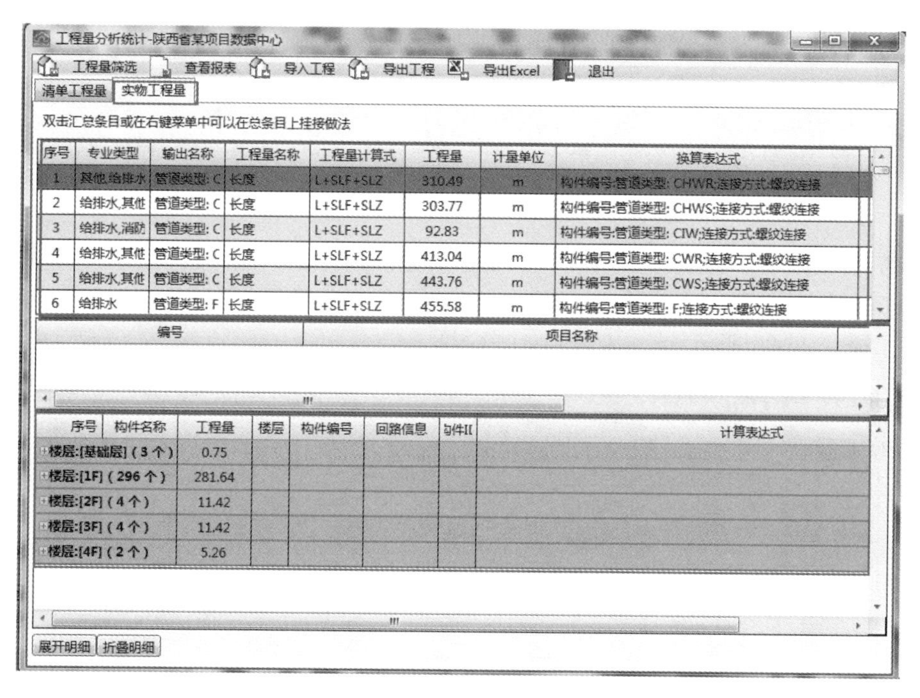

序号	专业类型	输出名称	工程量名称	工程量计算式	工程量	计量单位	换算表达式
1	其他,给排水	管道类型: C	长度	L+SLF+SLZ	310.49	m	构件编号:管道类型: CHWR;连接方式:螺纹连接
2	给排水,其他	管道类型: C	长度	L+SLF+SLZ	303.77	m	构件编号:管道类型: CHWS;连接方式:螺纹连接
3	给排水,消防	管道类型: C	长度	L+SLF+SLZ	92.83	m	构件编号:管道类型: CIW;连接方式:螺纹连接
4	给排水,其他	管道类型: C	长度	L+SLF+SLZ	413.04	m	构件编号:管道类型: CWR;连接方式:螺纹连接
5	给排水,其他	管道类型: C	长度	L+SLF+SLZ	443.76	m	构件编号:管道类型: CWS;连接方式:螺纹连接
6	给排水	管道类型: F	长度	L+SLF+SLZ	455.58	m	构件编号:管道类型: F;连接方式:螺纹连接

编号	项目名称

序号 构件名称	工程量	楼层	构件编号	回路信息	构件II	计算表达式
楼层:[基础层]（3个）	0.75					
楼层:[1F]（296个）	281.64					
楼层:[2F]（4个）	11.42					
楼层:[3F]（4个）	11.42					
楼层:[4F]（2个）	5.26					

图 5.3.2-23　工程量分析统计

（2）统计

① 工程量统计

Revit 算量软件中构件计算统计功能，统计功能用于查看分析统计后的结果，并提供图形反查、筛选构件、导入、导出工程量数据、查看报表、将工程量数据导出到 excel 等功能。选择需要统计的范围，最后将范围内的统计结果以报表形式展现出来。如果构件实体或相关构件发生变化，可对变化构件进行重新计算统计。执行命令后弹出“工程量统计”对话框，如图 5.3.2-24 所示。

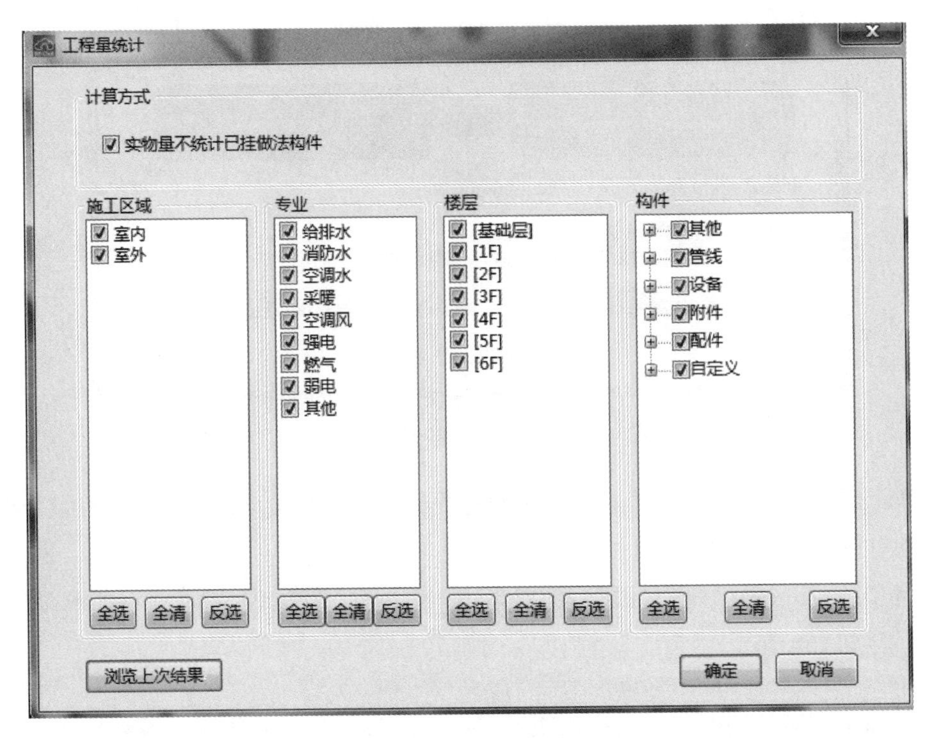

图 5.3.2-24　工程量统计

（实物量与做法同时输出）：勾选后实物量为去除掉挂接做法的构件后的工程量，做法列表里面只计算挂接了做法的构件。不勾选状态实物量与做法量互不干涉。得到统计的工程量，如图 5.3.2-25 所示。

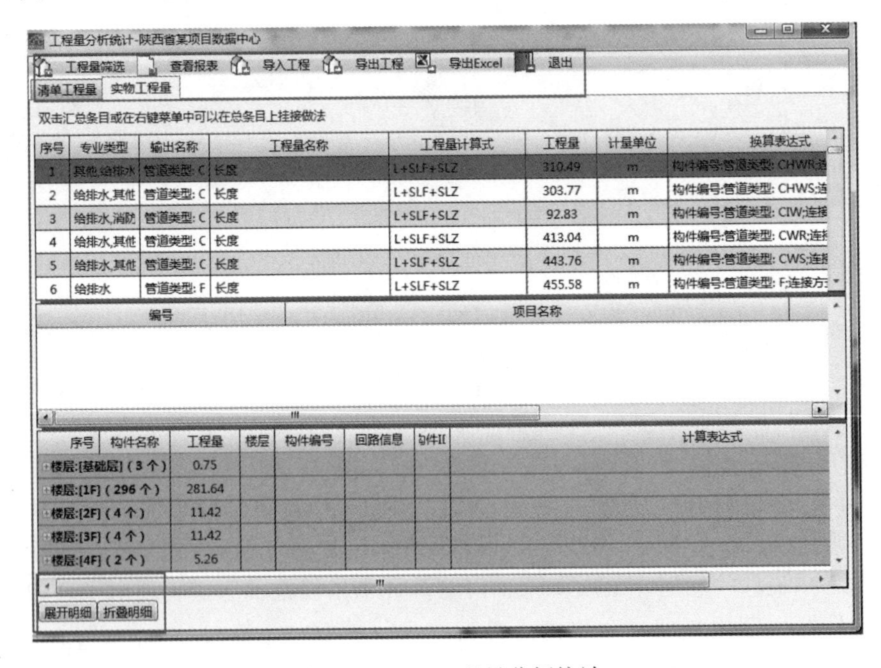

图 5.3.2-25　工程量分析统计

操作说明：

➢点击（工程量筛选）弹出如图“工程量筛选”对话框。在对话框内对分组编号、构件进行筛选选择。在选择模型时，算量提供两种模式：树形选择模式、列表选择模式。之后点击“确定”，预览统计界面上就根据选择的范围显示结果，包括清单、定额、构件实物量模式均可实现筛选功能，如图 5.3.2-26 所示。

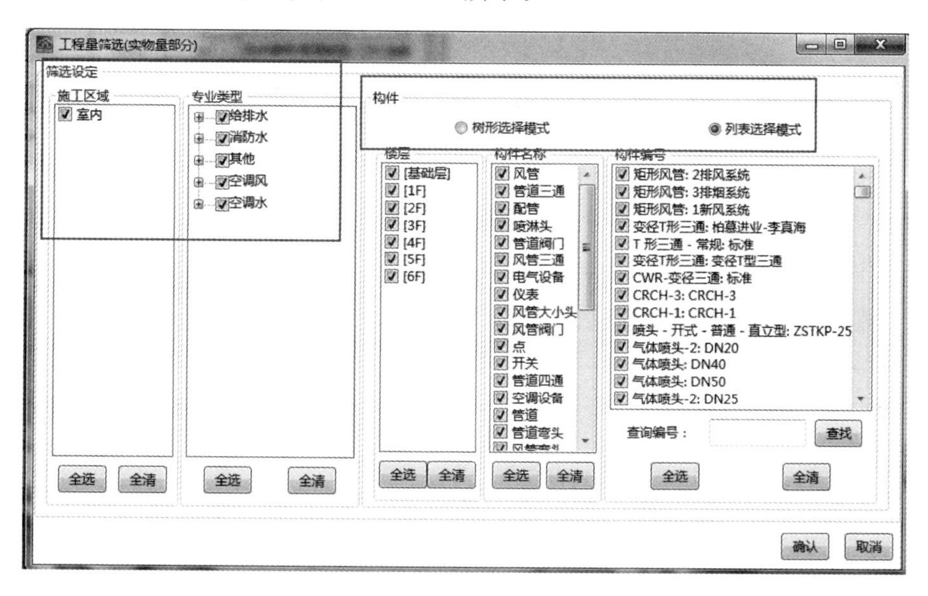

图 5.3.2-26　工程量筛选

➢点击（查看报表）弹出如图“报表打印”对话框，选择相应的表，如图 5.3.2-27 所示。

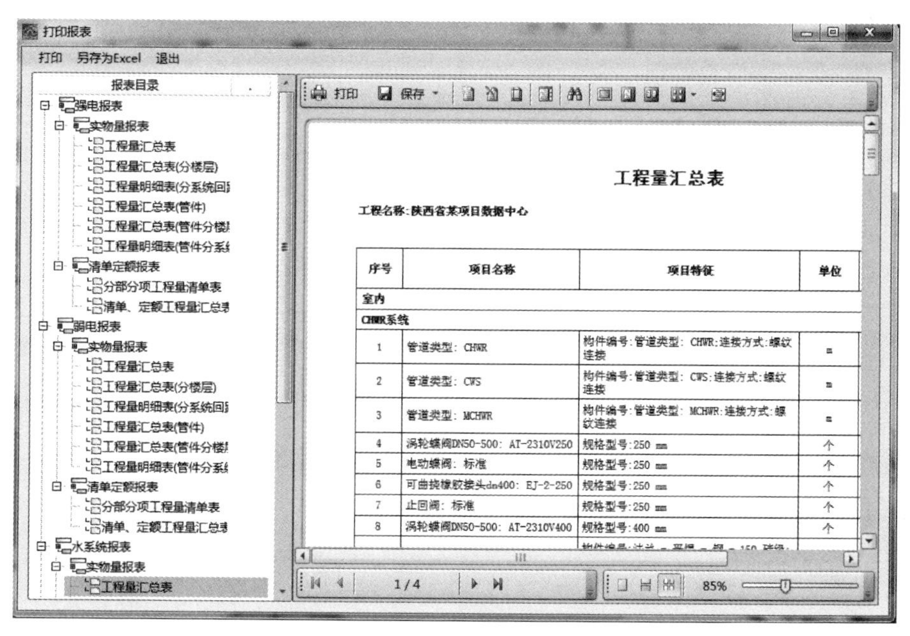

图 5.3.2-27　查看报表

➢ 点击（导出 Excel）：将工程数据导出到 excel 表。导出 Excel 中，有 3 种导出形式：导出汇总表，导出明细表，导出汇总明细。3 种形式可将工程中清单、实物量形成 Excel 表，导出。

② 挂接做法

实物量浏览统计页面，可看到界面中有三个栏目，从上至下分别是汇总栏、做法栏、明细栏，如图 5.3.2-28 所示：

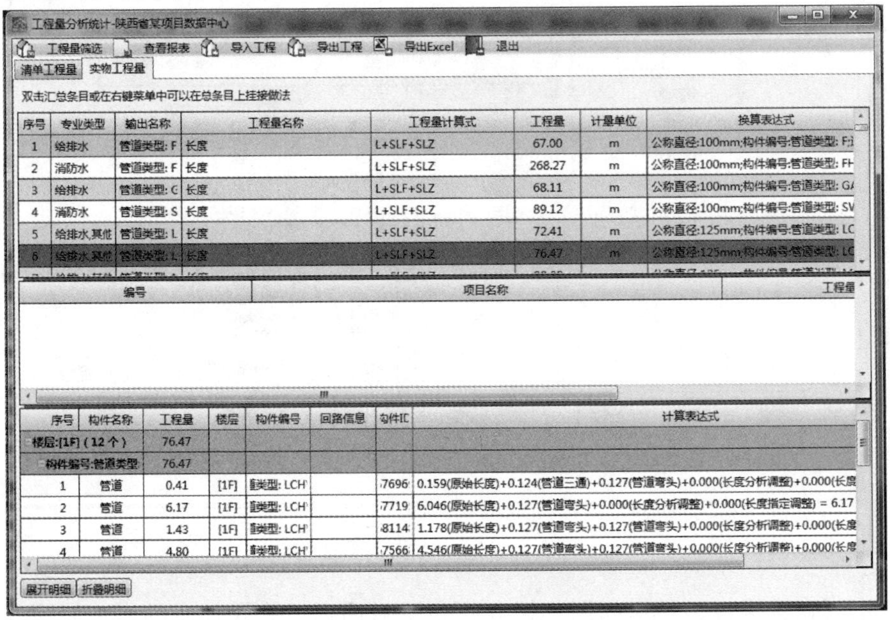

工程量分析统计-陕西省某项目数据中心

工程量筛选　查看报表　导入工程　导出工程　导出Excel　退出

清单工程量　实物工程量

双击汇总条目或在右键菜单中可以在总条目上挂接做法

序号	专业类型	输出名称	工程量名称	工程量计算式	工程量	计量单位	换算表达式
1	给排水	管道类型: F	长度	L+SLF+SLZ	67.00	m	公称直径:100mm;构件编号:管道类型: F
2	消防水	管道类型: F	长度	L+SLF+SLZ	268.27	m	公称直径:100mm;构件编号:管道类型: FH
3	给排水	管道类型: G	长度	L+SLF+SLZ	68.11	m	公称直径:100mm;构件编号:管道类型: G
4	消防水	管道类型: S	长度	L+SLF+SLZ	89.12	m	公称直径:100mm;构件编号:管道类型: SV
5	给排水,其他	管道类型: L	长度	L+SLF+SLZ	72.41	m	公称直径:125mm;构件编号:管道类型: LC
6	给排水,其他	管道类型: L	长度	L+SLF+SLZ	76.47	m	公称直径:125mm;构件编号:管道类型: LC

编号	项目名称	工程量

序号	构件名称	工程量	楼层	构件编号	回路信息	构件ID	计算表达式
楼层:[1F]（12 个）		76.47					
构件编号:管道类型		76.47					
1	管道	0.41	[1F]	类型: LCH		7696	0.159(原始长度)+0.124(管道三通)+0.127(管道弯头)+0.000(长度分析调整)+0.000(长度
2	管道	6.17	[1F]	类型: LCH		7719	6.046(原始长度)+0.127(管道弯头)+0.000(长度分析调整)+0.000(长度指定调整) = 6.17
3	管道	1.43	[1F]	类型: LCH		8114	1.178(原始长度)+0.127(管道弯头)+0.127(管道弯头)+0.000(长度分析调整)+0.000(长度
4	管道	4.80	[1F]	类型: LCH		7566	4.546(原始长度)+0.127(管道弯头)+0.127(管道弯头)+0.000(长度分析调整)+0.000(长度

展开明细　折叠明细

图 5.3.2-28　实物量统计

做法添加：

在汇总栏中选择需要挂接的清单/定额条目，双击这条内容，也可以右键，在弹出的右键菜单内选择“添加做法”，如图 5.3.2-29 所示：

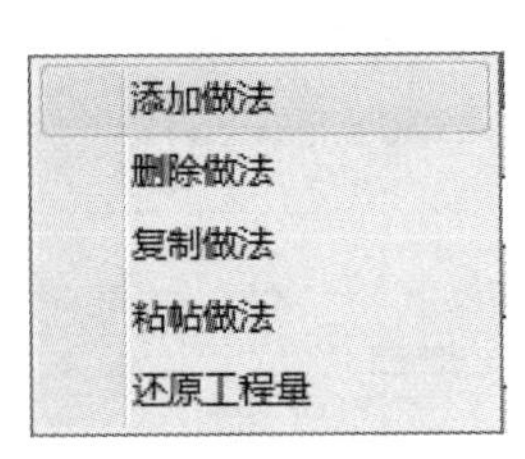

图 5.3.2-29　选择框

选择栏：

点击添加做法，栏目的下部会弹出清单、定额选择栏，如图 5.3.2-30 所示：

挂接做法操作：

在清单和定额栏选中需要挂接的子目，双击就会将挂接到选中的工程量条目上，如图 5.3.2-31 所示：

其他命令：

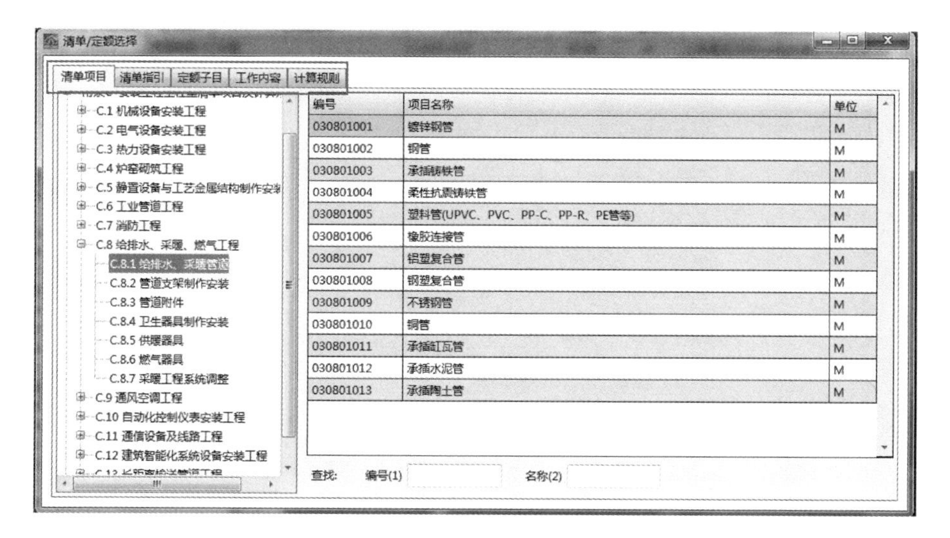

图 5.3.2-30 清单/定额选择栏

工程量分析统计-陕西省某项目数据中心

工程量筛选 查看报表 导入工程 导出工程 导出Excel 退出

清单工程量 实物工程量

双击汇总条目或在右键菜单中可以在总条目上挂接做法

序号	专业类型	输出名称	工程量名称	工程量计算式	工程量	计量单位	换算表达式
1	给排水	管道类型: F	长度	L+SLF+SLZ	67.00	m	公称直径:100mm;构件编号:管道类型: F
2	消防水	管道类型: F	长度	L+SLF+SLZ	268.27	m	公称直径:100mm;构件编号:管道类型: FH
3	给排水	管道类型: G	长度	L+SLF+SLZ	68.11	m	公称直径:100mm;构件编号:管道类型: GA
4	消防水	管道类型: S	长度	L+SLF+SLZ	89.12	m	公称直径:100mm;构件编号:管道类型: SV
5	给排水,其他	管道类型: L	长度	L+SLF+SLZ	72.41	m	公称直径:125mm;构件编号:管道类型: LC
6	给排水,其他	管道类型: L	长度	L+SLF+SLZ	76.47	m	公称直径:125mm;构件编号:管道类型: LC

编号	项目名称	工程量	单位
030801005	塑料管(UPVC、PVC、PP-C、PP-R、PE管等)	67	M
8-183	室内管道安装,塑料给水管(热熔、电熔连接),管外径(50mm以内)	6.7	10m
8-310	管道安装,管道消毒、冲洗,公称直径(50mm以内)	0.67	100m
8-316	管道安装,管道压力试验,公称直径(100mm以内)	0.67	100m
8-896	管道支架制作安装,制作安装一般管架	0.67	100kg
8-919	管制作安装,钢套管,公称直径(50mm以内)	67	个
B8-48	室内聚丙烯(PP-R)塑料管(热熔连接)管外径90mm以内	6.7	10m

序号	构件名称	工程量	楼层	构件编号	回路信息	勾件IC	计算表达式
楼层:[1F](10个)		67.00					

展开明细 折叠明细

图 5.3.2-31 挂接做法

对于挂接好的做法，可以进行“删除、复制、粘贴”操作。当一个条目挂接完成后，切换条目后，已挂接定额的条目栏颜色会变为黄。

(3) 回路核查

① 回路核查

工程中的管线是将构件连接起来的，特别是电气线路。在安装算量中将一条主管或是线（有编号），称为一个回路。回路核查就是将在这个回路编号上的所有管线以及构件用颜色将其区分出来，并且高亮。可以一目了然地看到回路的走向以及这条回路中的构件数量、管线长度等内容。执行命令后弹出“回路核查”，如图 5.3.2-32 所示：

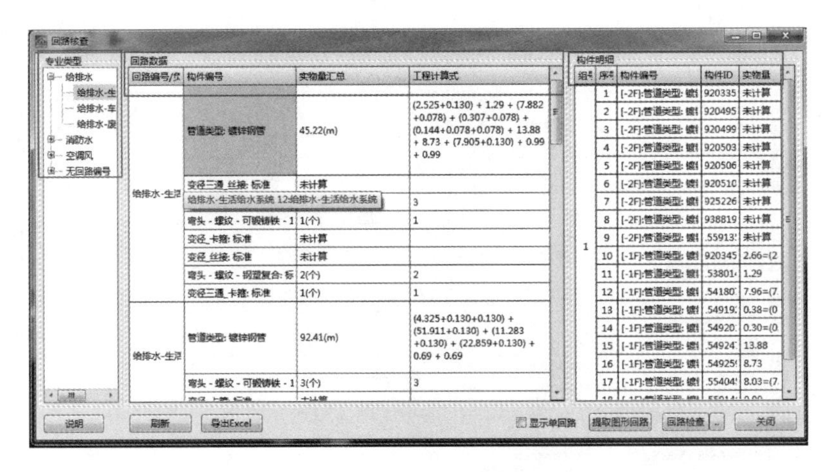

图 5.3.2-32　回路核查

“专业类型”：对应菜单内的专业类型，如果某个专业类型在界面上布置有构件，在栏目内的专业类型文字前面会有一个“+”号出现，点击这个“+”会展开类型下一级的分项。将光标定位在下级某分项上，“回路数据”栏内就显示这个分项的所有回路编号的数据。

“回路数据”：在回路数据栏内，罗列的是一个分项（如给排水专业内的“给水系统”）的所有回路编号和对应的构件名称，以及这个构件下的实物数量。双击任何一个“管道”名称，在本管道下面的所有管线将会在屏幕中亮显；双击其中的某条回路，本管道下的本回路管线在屏幕中亮显。

（导出 Excel）：将实物工程量汇总表导出，另存到用户所需的位置。

（提取图形回路）：选取构件进行图形回路提取，选取图形构件定位回路列表，操作如图 5.3.2-33 所示：

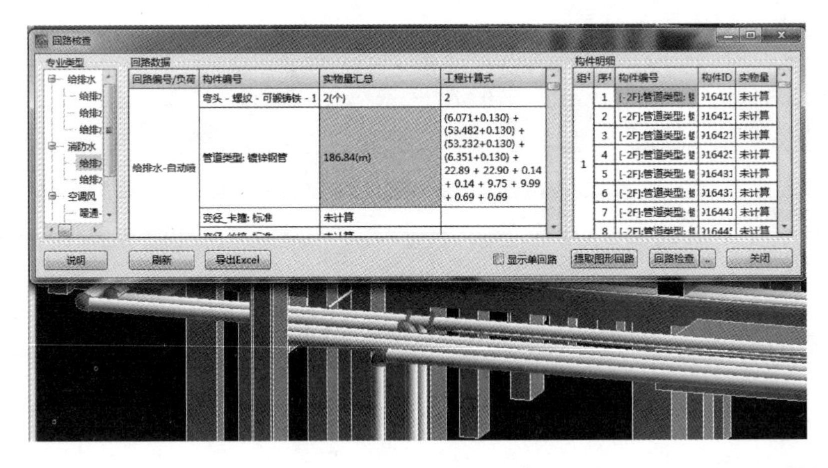

图 5.3.2-33　图形回路

（回路检查）：检查回路是否正常，如布置的回路构件是否形成闭合的管线了，操作如图 5.3.2-34、图 5.3.2-35 所示：

设置：设置回路检查，选择所需检查的专业，回路检查时对其着色。

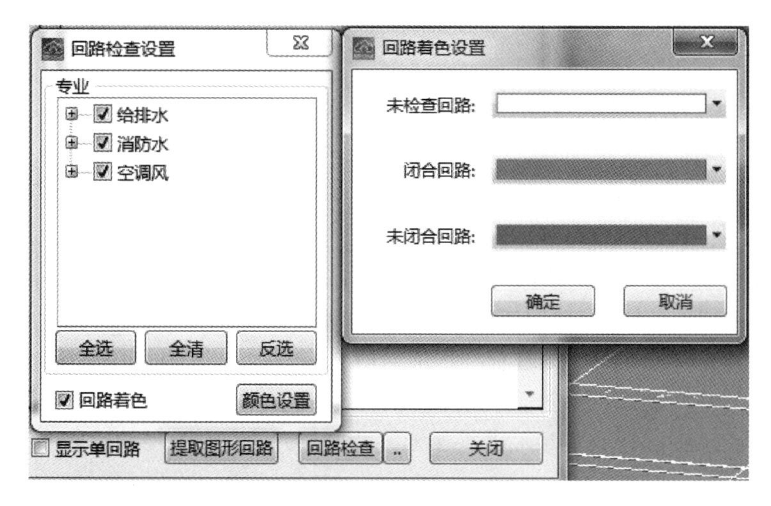

图 5.3.2-34　回路检查设置

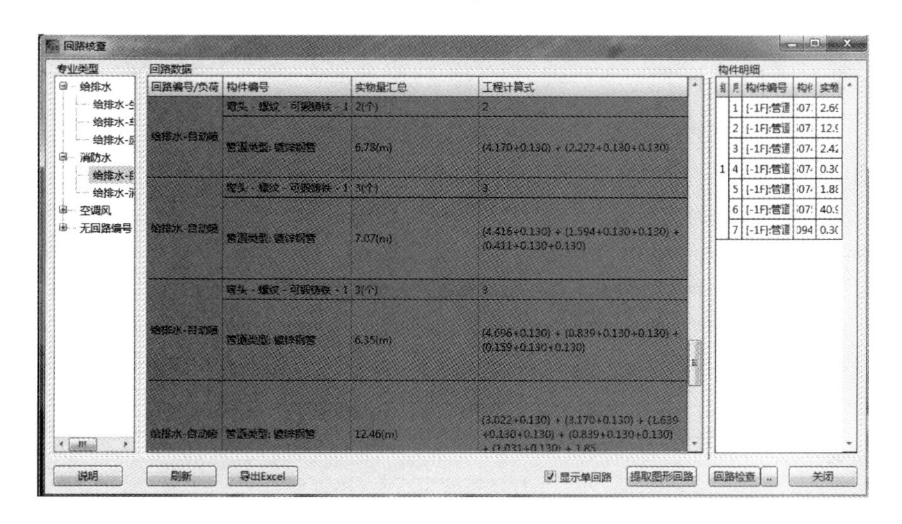

图 5.3.2-35　回路检查

检查：回路检查设置完成后，进行核查构件。

② 回路核查显示设置

功能说明：对回路核查显示进行设置。在（回路核查）选项下选择→（回路核查显示设置），执行命令后弹出“报表”，如图 5.3.2-36 所示：

图 5.3.2-36　回路核查显示设置

3. 构件

（1）桥架配线

打开桥架配线，弹出“桥架引入/引出设置”对话框。

① 第一步：桥架引入端设置

桥架引入端连接水平管：勾选，系统提供预设水平管的安装高度，不勾选，可进行设置水平管安装高度。

相对标高：勾选设置水平管相对高度。

水平管相对标高（mm）：引入桥架的水平管线的安装高度。

标高：在平面图中桥架配线的话，默认当前楼层，可自行选择楼层信息。

绝对标高：勾选设置水平管绝对高度。

水平管绝对标高（m）：设置水平管绝对高度。

如图 5.3.2-37、图 5.3.2-38 所示。

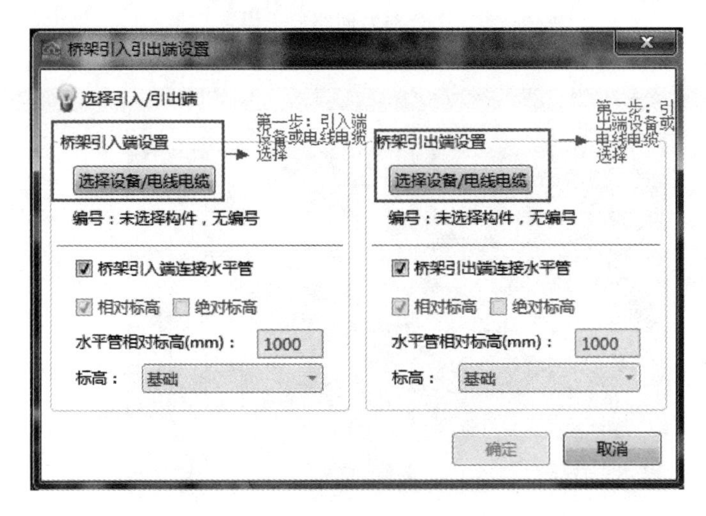

图 5.3.2-37　桥架引入/引出设置

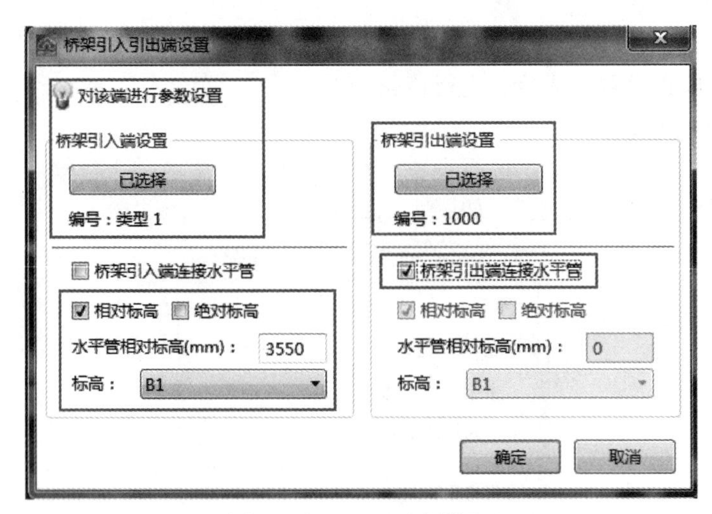

图 5.3.2-38　已选择设备

② 第二步：桥架引出端设置

具体操作参照桥架引入端设置。设备引入/引出端设置完后，点击确定。

③ 第三步：路径选择

桥架配线路径选择，如图 5.3.2-39 所示。

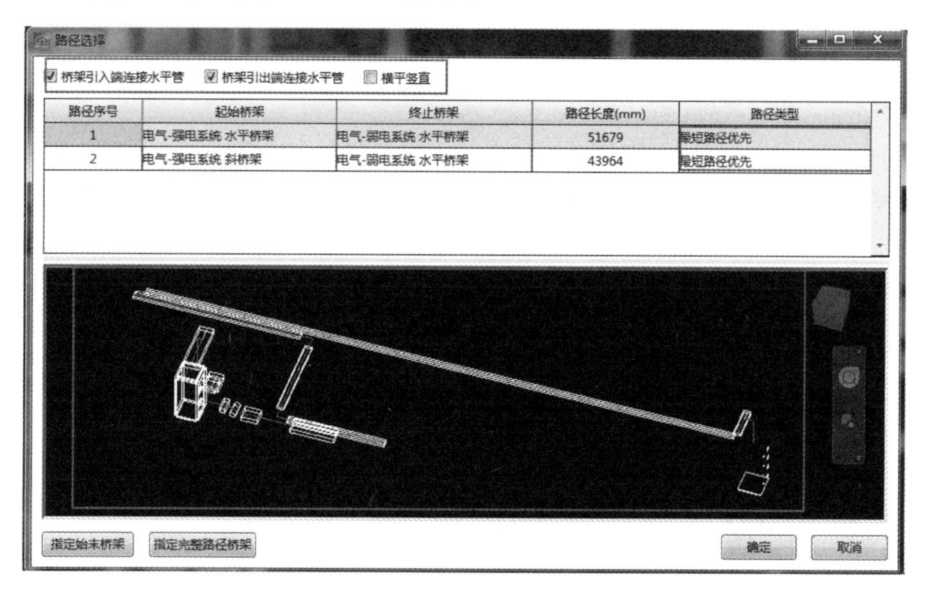

图 5.3.2-39 路径选择

对话框中列出了两设备之间通过桥架的所有路径长度，用户可以点击表格中任意一行数据路径，可在界面中显示该路径经过的所有桥架，操作如图 5.3.2-40 所示。

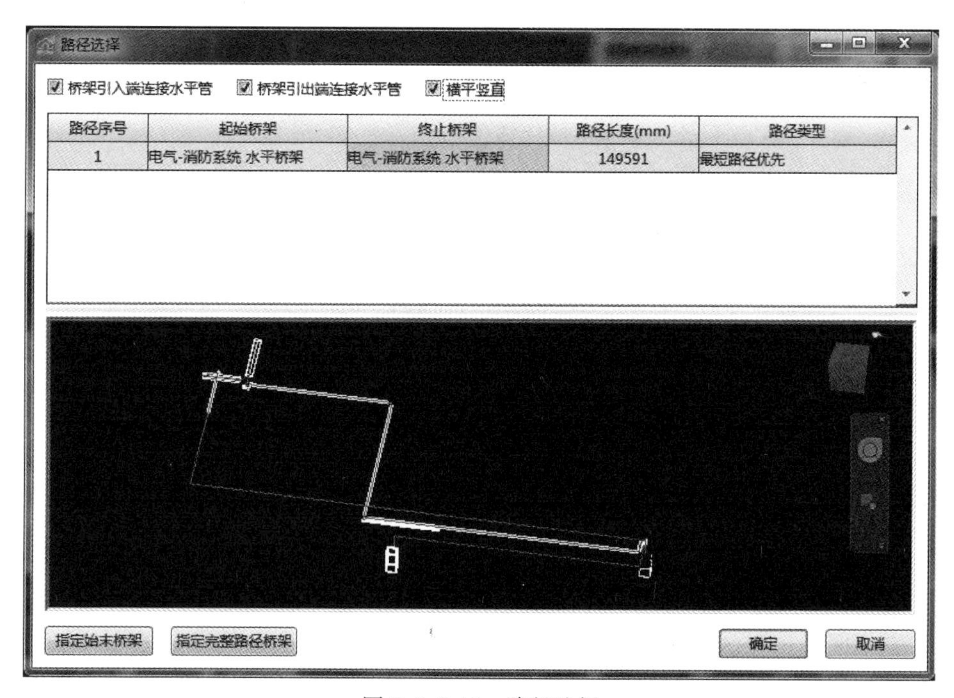

图 5.3.2-40 路径选择

桥架引入端连接水平管：表示引入端与桥架直接连接的是水平管；

桥架引出端连接水平管：表示引出端与桥架直接连接的是水平管。

横平竖直：电缆引入引出桥架时横平竖直的，不会出现斜线。勾选按钮后，以上情况的路径会出现在对话框中。

指定桥架始末端：点击按钮后，选取一个完整桥架路径的始末端就可以确定配线路径。

④ 第四步：配线设置

已选择的电线栏，需往桥架中布置的电线编号、根数和回路编号。桥架中对电线生成配管：勾选，可在配置的电线上生成配管。

“水平管敷设方式”：只有在用户更改了水平管的默认编号，即不为“同水平管”时，才可更改“水平管敷设方式”，此时该选项对话框可选，用户可从下拉列表中选择敷设方式。

“立管敷设方式”：只有在用户更改了立管的默认编号，即不为“同水平管”时，才可更改“立管敷设方式”，此时该选项对话框可选，用户可从下拉列表中选择敷设方式。如图 5.3.2-41 所示。

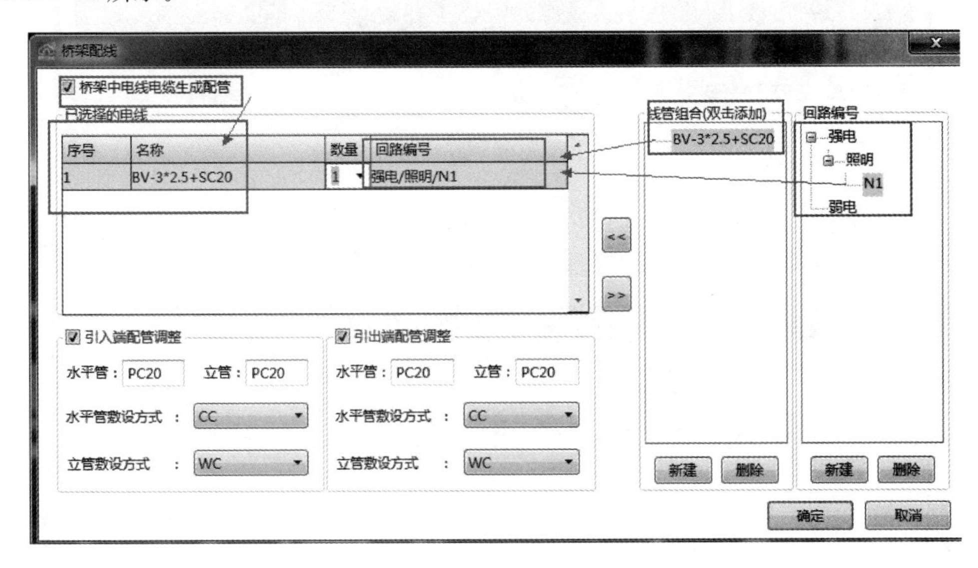

图 5.3.2-41　配线

线管组合：添加电线电缆与配管进行组合。如图 5.3.2-42 所示。

回路编号：添加回路编号信息进行分类，如图 5.3.2-43 所示。

⑤ 第五步：多个配置

设置完配线后点击（确定）按钮，即完成桥架配线。完成首次桥架配线后，可在同一处引入端，同时可设置多个引出端，如图 5.3.2-44、图 5.3.2-45 所示。

（2）管道避让

打开管道避让，弹出“管道避让”对话框，如图 5.3.2-46 所示：

对话框选项按钮说明：

（设置）：对管道进行避让的角度、偏移距离与定位长度进行设置值。

图 5.3.2-42　新建线管组合

图 5.3.2-43　新建回路编号

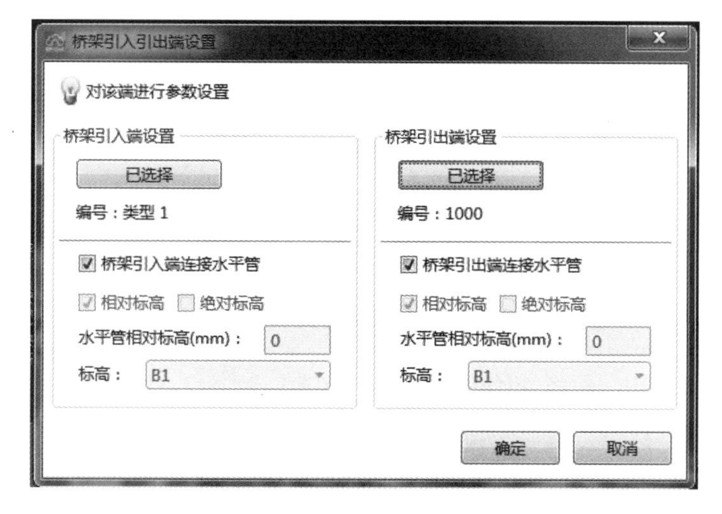

图 5.3.2-44　多个配置

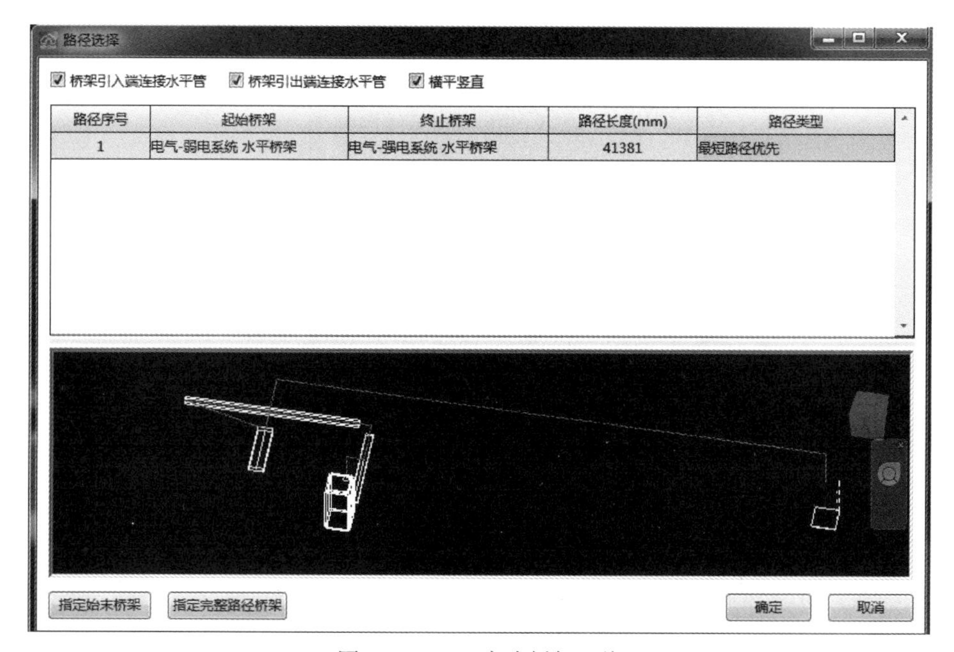

图 5.3.2-45　完成桥架配线

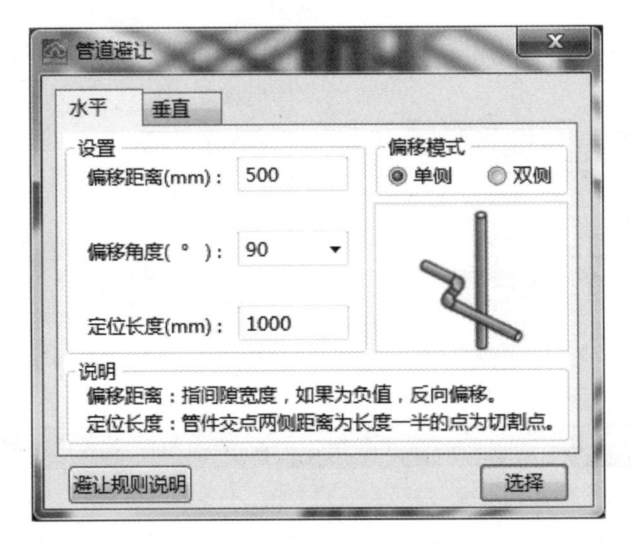

图5.3.2-46　管道避让

(偏移模式)：对管道选择单侧或是双侧偏移模式。

(避让规则说明)：对管道避让规则进行说明。

(选择)：选择所需避让的关键。

① 水平单侧管道避让

水平单侧管道避让：选择管件进行避让，如图5.3.2-47、图5.3.2-48所示。

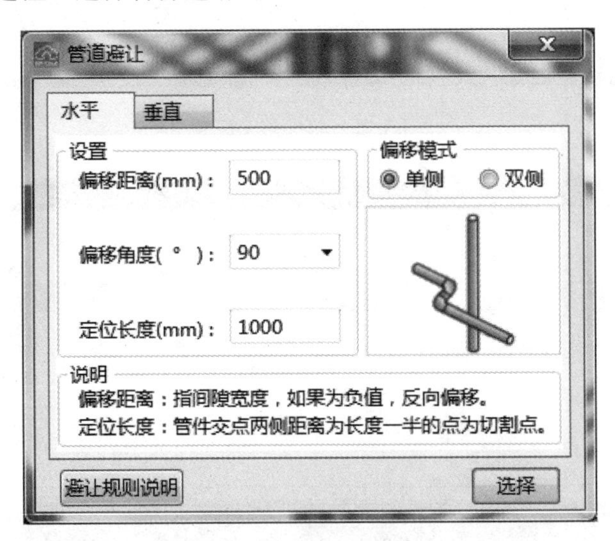

图5.3.2-47　水平单侧

避让调整后（避让原则：小管让大管），管道如图5.3.2-49所示。

② 水平双侧管道避让

选择管件进行避让，如图5.3.2-50、图5.3.2-51所示。

避让调整后（避让原则：小管让大管），管道如图5.3.2-52所示。

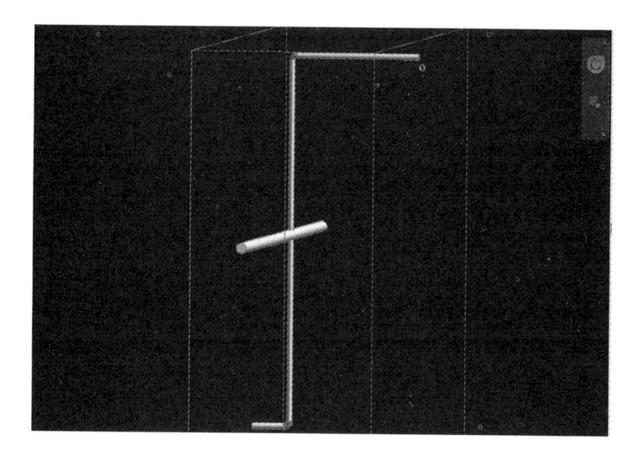

图 5.3.2-48　选择管道（一）

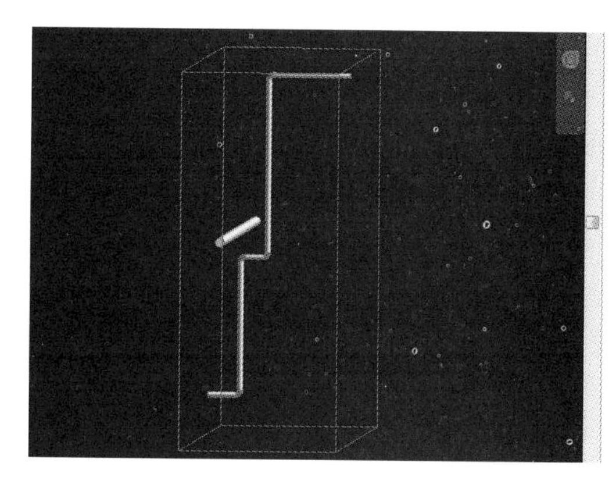

图 5.3.2-49　管道避让（一）

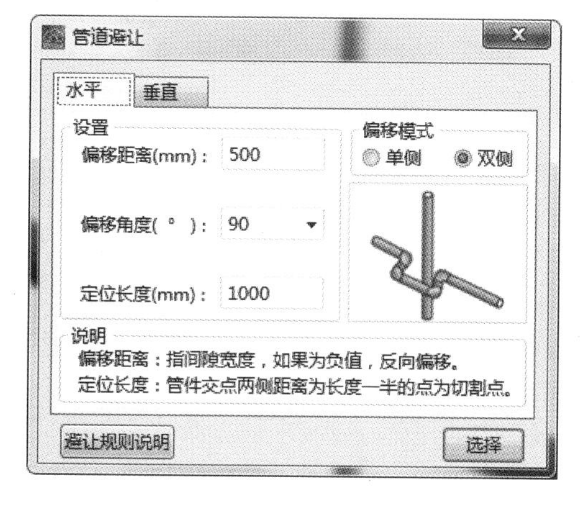

图 5.3.2-50　水平双侧

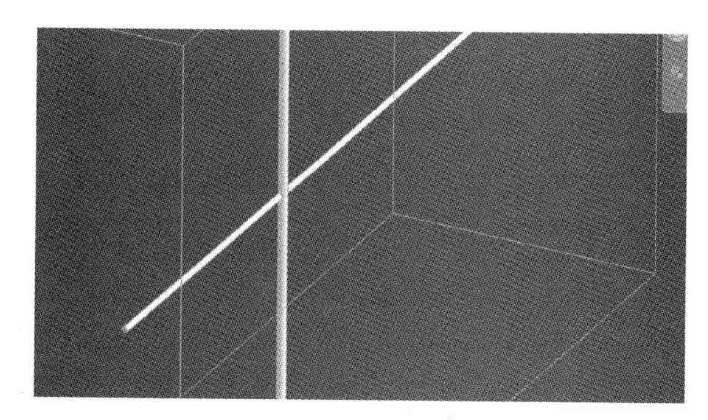

图 5.3.2-51　选择管道（二）

③ 垂直单侧管道避让

选择管件进行避让，如图 5.3.2-53～图 5.3.2-55 所示：

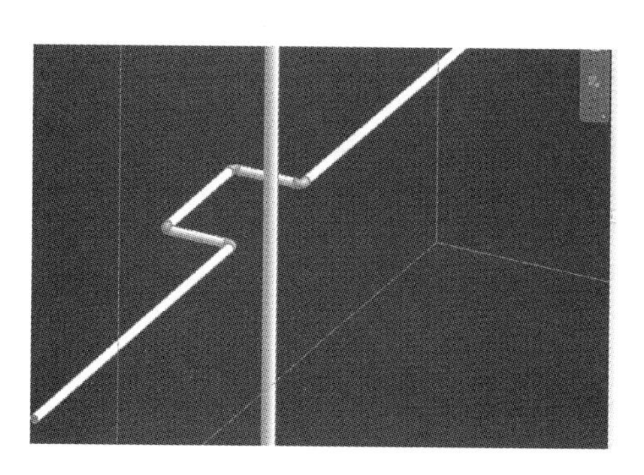

图 5.3.2-52　管道避让（二）

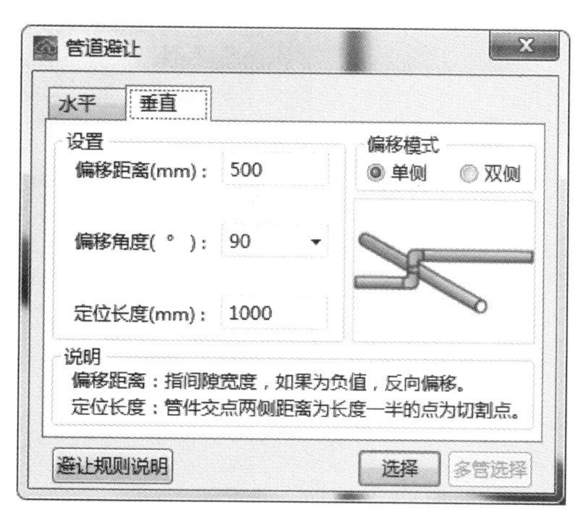

图 5.3.2-53　单侧垂直

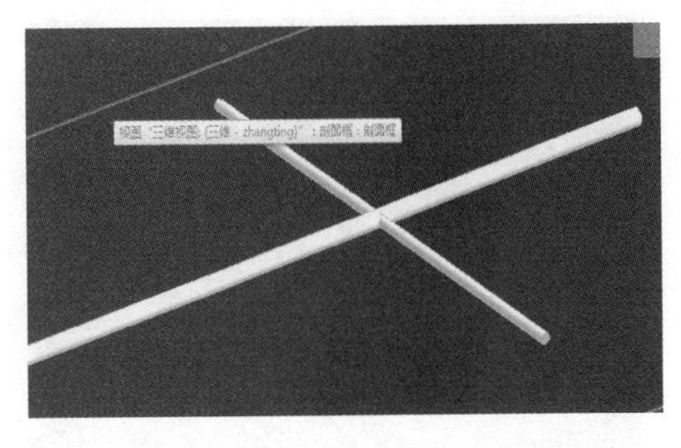

图 5.3.2-54　选择管道（三）

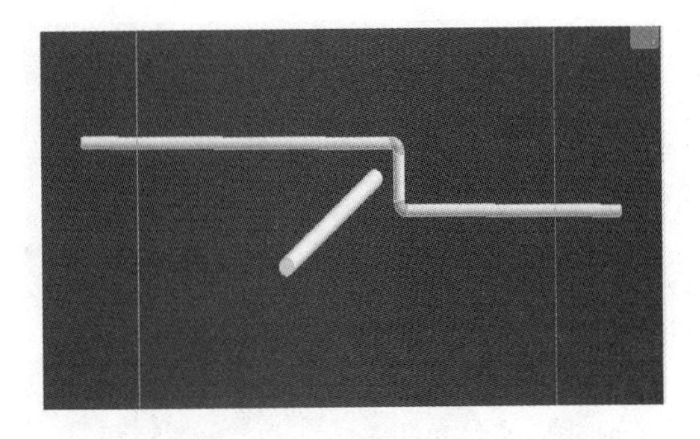

图 5.3.2-55　管道避让（三）

④ 垂直双侧管道避让

选择管件进行避让，如图 5.3.2-56～图 5.3.2-58 所示：

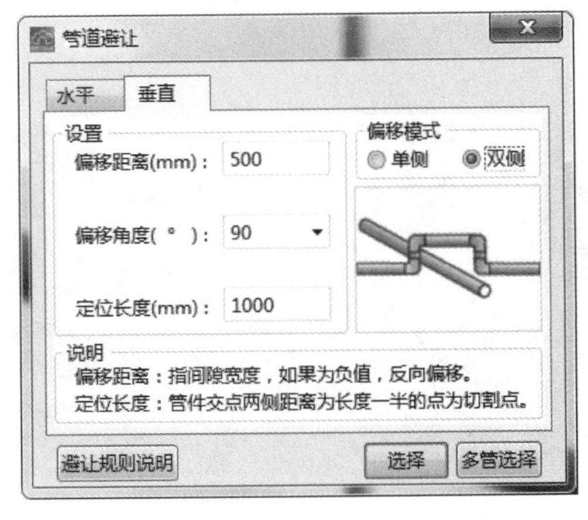

图 5.3.2-56　垂直双侧

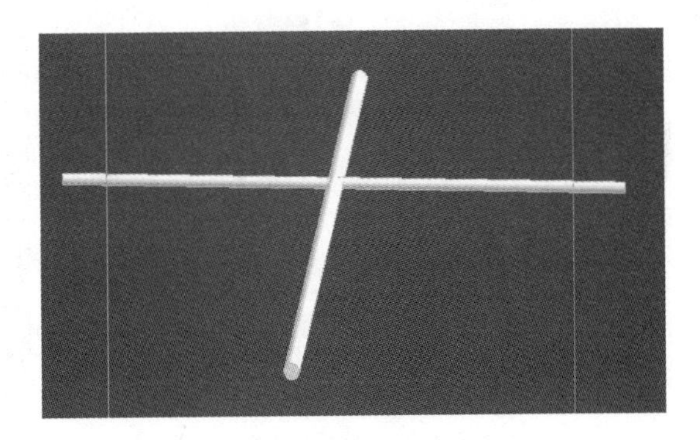

图 5.3.2-57　选择管道（四）

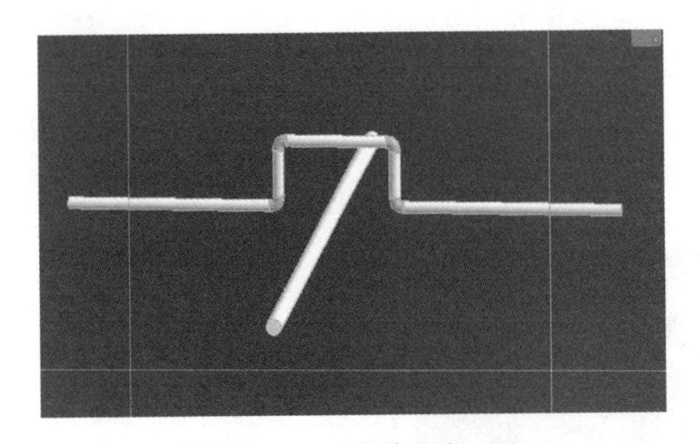

图 5.3.2-58　管道避让（四）

5.3.3　计价

1. 工程量清单编制

（1）一般规定

① 工程量清单应由具有编制能力的招标人或受其委托，具有相应资质的工程造价咨

询人或工程招标代理人编制。

② 采用工程量清单方式招标，工程量清单必须作为招标文件的组成部分，其准确性和完整性由招标人负责。

③ 工程量清单必须作为控制招标最高限价，投标报价、计算工程量、支付工程款、调整合同价款、办理竣工结算以及工程索赔等的依据。

④ 工程量清单应由分部分项工程量清单、措施项目清单（表5.3.3-1）、其他项目清单、规费项目清单、税金项目清单组成。

通用措施项目一览表　　表5.3.3-1

序号	项目名称
1	安全文明施工（含环境保护、文明施工、安全施工、临时设施）
2	夜间施工
3	二次搬运
4	测量放线、定位复测、检测试验
5	冬、雨季施工
6	大型机械设备出场及安拆
7	施工排水
8	施工降水
9	施工影响场地周边地上、地下设施及建筑物安全的临时保护设施
10	已完工程及设备保护

编制工程量清单应依据：

a. 本项目合同规则要求；

b. 国家、省建设主管部门颁发的计价依据和办法；

c. 建设工程设计文件；

d. 与建设工程项目有关的标准、规范、技术资料；

e. 招标文件中对工程量清单编制的相关要求；

f. 施工现场情况、工程特点及常规施工方案；

g. 其他相关资料。

（2）分部分项工程量清单

① 分部分项工程量清单应包括项目编码、项目名称、项目特征、计量单位和工程量。

② 分部分项工程量清单应根据附录规定的项目编码、项目名称、项目特征、计量单位和工程量计算规则进行编制。

③ 分部分项工程量清单的项目编码，应采用十二位阿拉伯数字表示。一至九位应按附录的规定设置，十至十二位应根据拟建工程的工程量清单项目名称设置。同一单位工程的项目编码不得有重码。

④ 分部分项工程量清单的项目名称应按附录的项目名称结合拟建工程的实际确定。

⑤ 分部分项工程量清单中所列工程量应按附录中规定的工程量计算规则计算。

⑥ 分部分项工程量清单的计量单位应按附录中规定的计量单位确定。

⑦ 分部分项工程量清单项目特征应按附录中规定的项目特征，结合拟建工程项目的

实际予以描述。

⑧ 编制工程量清单出现附录中未包括的项目，编制人应作补充，并报省工程造价管理机构备案。

补充项目的编码由附录的顺序码与B和三位阿拉伯数字组成，并应从01B001起顺序编制，同一单位工程的项目不得重码。工程量清单中需补充项目的，应附有项目名称、项目特征、计量单位、工程量计算规则、工程内容。补充的项目名称应具有唯一性，项目特征应根据工程实体内容描述，计量单位应体现该项目基本特征且便于换算，工程量计算规则应反映该项目的实体数量。

⑨ 招标人若提供材料、设备暂估单价的，分部分项工程量清单还应提供材料、设备暂估单价明细表。

（3）措施项目清单

① 措施项目是为完成工程项目施工，发生于该工程施工准备和施工过程中的技术、生活、安全、环境保护等方面的非工程实体项目。

② 措施项目清单应根据拟建工程的实际情况列项。通用措施项目可按表51-2选择列项，专业工程的措施。

项目可按附录中规定的项目选择列项。若出现本规则未列的项目，可由招标人根据实际情况补充。投标人补充项目，应按招标文件规定补充，招标文件无规定时，补充的项目应单列并在投标书中说明。

③ 措施项目中可以计算工程量的项目清单。是采用分部分项工程量清单的方式编制，或是以“项”编制。

由招标人在措施项目清单中明确；不能计算工程量的项目清单，以“项”为计量单位。

（4）其他项目清单

① 其他项目清单宜按照下列内容列项：

a. 暂列金额；

b. 专业工程暂估价；

c. 计日工；

d. 总承包服务费。

② 出现本规则第1）条未列的项目，可根据工程实际情况补充。

（5）规费项目清单

① 规费项目清单应按照下列内容列项：

a. 社会保障保险：包括养老保险、失业保险、医疗保险、工伤保险、残疾人就业保险、女工生育保险；

b. 住房公积金；

c. 危险作业意外伤害保险。

② 出现本规则第1）条未列的项目，应根据国家、省政府和省级有关主管部门的规定列项。

（6）税金项目清单

① 税金项目清单应包括下列内容：

a. 营业税；

b. 城市维护建设税；

c. 教育费附加。

② 出现本规则第 1）条未列的项目，应根据税务部门的规定列项。

2. 新点比目云工程量清单计价（陕西省）

各专业清单工程量汇总计算完成后，开始计价工作。

（新点比目云 5D 算量）→（切换至造价）如图 5.3.3-1 所示。

比目云 5D 算量与 5D 造价无缝对接，可以直接切换至造价的工作界面；本项目采用陕西省建设工程工程量清单计价规则（2009），新点清单造价陕西版——陕西省各专业组价包含了土建装饰、市政专业、安装专业、园林专业、修缮专业和轨道专业方面相关的内容。陕西省造价图标如图 5.3.3-2 所示：

图 5.3.3-1 切换至造价

图 5.3.3-2 陕西省清单造价图标

进入项目计价工作界面，如图 5.3.3-3 所示。新建单位工程后，根据本项目建设工程设计文件及相关资料；与本建设工程项目有关的标准、规范、技术资料；工程设计文件、施工图纸及答疑，设计说明书、相关图集、设计变更资料、图纸会审记录；经审定的施工组织设计或施工方案；工程施工合同、招标文件的商务条款，进行各专业组价工作。

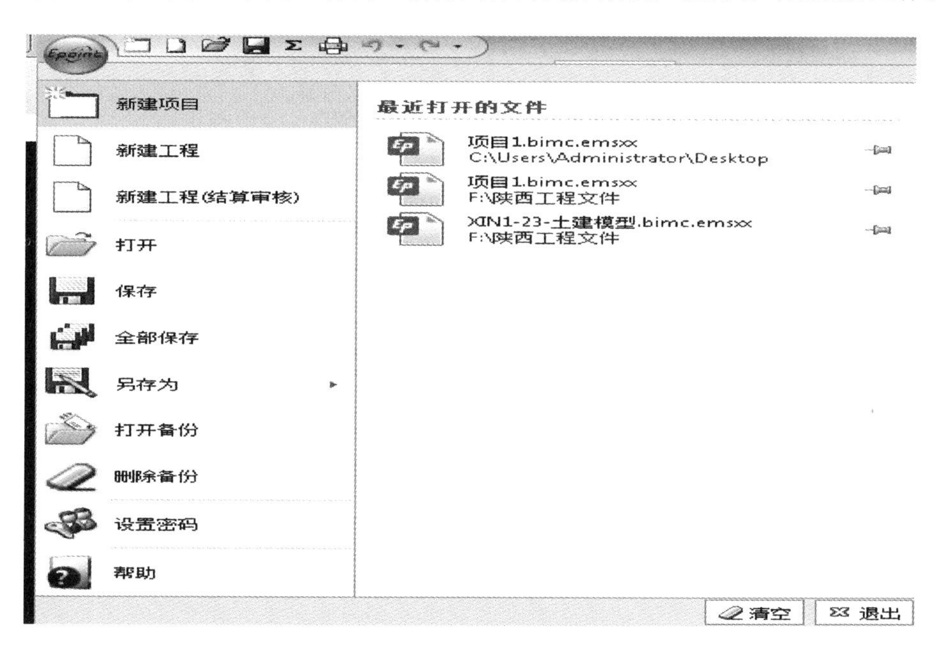

图 5.3.3-3 新建工程

本项目采用陕西省工程量清单计价，建设工程造价由分部分项工程费、措施项目费、其他项目费、规费和税金组成。

① 工程量清单计价程序见表 5.3.3-2：

工程量清单计价程序表　　表 5.3.3-2

序号	内容	计　算　式
1	分部分项工程费	$\sum$（综合单价×工程量）+可能发生的差价
2	措施项目费	$\sum$（综合单价×工程量）+可能发生的差价
3	其他项目费	$\sum$（综合单价×工程量）+可能发生的差价
4	规　　费	（1+2+3）×费率
5	税　　金	（1+2+3+4）×税率
	工程造价	1+2+3+4+5

② 工程量清单应采用综合单价计价。综合单价按表 5.3.3-3～表 5.3.3-5 组成：

以直接工程费为基础综合单价组成表　　表 5.3.3-3

项　目	计算式	合价	其　中			
			人工费	材料费	机械费	一定范围内的风险费
分期直接工程费	a+b+c+d	A	a	b	c	d
分项管理费	A×费率	A1				
分项利润	（A+A1）×利润率	A2				
分项综合单价	A+A1+A2	H				

以人工费为基础综合单价组成表　　表 5.3.3-4

项　目	计算式	合价	其　中				
			人工费	材料费		机械费	一定范围内的风险费
				辅材	主材		
分期直接工程费	a+b+c+d	A	a	b		c	d
分项管理费	A×费率	A1					
分项利润	（A+A1）×利润率	A2					
分项综合单价	A+A1+A2	H					

以人工费+机械费为基础的综合单价组成表　　表 5.3.3-5

项　目	计算式	合价	其　中				
			人工费	材料费		机械费	一定范围内的风险费
				辅材	主材		
分期直接工程费	a+b+b+c+d	A	a	b1	b2	c	d
分项管理费	（a+c）×费率	A1					
分项利润	（a+c）×利润率	A2					
分项综合单价	A+A1+A2	H					

③ 招标文件中的工程量清单标明的工程量是投标人投标报价的共同基础，竣工结算的工程量按发、承包双方在合同中的约定应予计量且实际完成的工程量确定。发承包双方在合同中约定工程量的计量不得违背本规则 3.1.2 条规定。

④ 措施项目清单计价应根据拟建工程的施工组织设计或施工方案，可以计算工程量且招标文件按分项工程量清单方式编制清单的措施项目，应按分部分项工程量清单的方式采用综合单价计价；其余的措施项目可以"项"为单位的方式讲价，应包括除规费、税金外的全部费用。

⑤ 措施项目清单中的安全文明施工措施费为不可竞争费，应按照本规则的计价程序和省建设主管部门发布的费率，参照规费计价基数计取。

⑥ 其他项目清单应根据工程特点和本规则第 4.2.6、4.3.6、4.8.6 条的规定计价。

⑦ 招标人在工程量清单中提供了材料、设备暂估单价的，其单价可根据省、市工程造价管理机构发布的工程造价住处或参照市场价格确定，并应反映当期市场价格实际水平。提供专业工程暂估价的，按有关计价依据确定。

⑧ 材料、设备的暂估单价应计入分部分项工程清单项目的综合单价内。

⑨ 规费和税金为不可竞争费，应按国家、省政府和省级有关主管部门的规定计算。

⑩ 采用工程量清单计价的工程，其工程计价风险实行发包人、承包人合理分担，发包人承担工程量清单计量不准、不全及设计变更引起的工程量变化风险，承包人承担合同约定的风险内容、幅度内自主报价的风险。

⑪ 发包人、承包人约定工程计价风险应遵循以下原则：

a. 发包人、承包人均不得要求对方承担所有风险、无限风险，也不得变相约定由对方承担所有风险或无限风险。

b. 主要建筑材料、设备因市场波动导致的风险，应约定主要材料、设备的种类及其风险内容、幅度。

c. 约定内的风险由承包人自主报价、自我承担，约定外的风险由发包人承担。

d. 法律、法规及省级或省级以上行政主管部门规定的强制性价格调整导致的风险，由发包人承担。

e. 承包人自主控制的管理费、利润等风险由承包人承担。

以上四款原则应由发包人在招标文件中明确。

⑫ 由发包人承担的除工程量变化以外的风险费用按差价计列。差价不计入综合单价，只计取规费和税金。

基于 BIM 技术的专业算量软件融合了国家规范和计算规则，通过精确的 3D 运算和各构件实体扣减，其工程量计算精度远大于手工，而且可以自动形成电子文档进行交换、共享、远程传递和永久存档；同时不同专业无需再重复建模，避免数据的重复录入，极大地加强了各专业的协同、融合，大幅提高了造价工作的效率，也有利于把造价管理资源投入到商务谈判、工程招标、合同管理等更有价值的造价控制领域中。

附件 1　建筑信息化 BIM 技术系列岗位专业技能考试管理办法

北京绿色建筑产业联盟文件

联盟　通字　【2018】09 号

通　　知

各会员单位，BIM 技术教学点、报名点、考点、考务联络处以及有关参加考试的人员：

根据国务院《2016—2020 年建筑业信息化发展纲要》《关于促进建筑业持续健康发展的意见》（国办发［2017］19 号），以及住房和城乡建设部《关于推进建筑信息模型应用的指导意见》《建筑信息模型应用统一标准》等文件精神，北京绿色建筑产业联盟组织开展的全国建筑信息化 BIM 技术系列岗位人才培养工程项目，各项培训、考试、推广等工作均在有效、有序、有力的推进。为了更好地培养和选拔优秀的实用性 BIM 技术人才，搭建完善的教学体系、考评体系和服务体系。我联盟根据实际情况需要，组织建筑业行业内 BIM 技术经验丰富的一线专家学者，对于本项目在 2015 年出版的 BIM 工程师培训辅导教材和考试管理办法进行了修订。现将修订后的《建筑信息化 BIM 技术系列岗位专业技能考试管理办法》公开发布，2018 年 6 月 1 日起开始施行。

特此通知，请各有关人员遵照执行！

附件：建筑信息化 BIM 技术系列岗位专业技能考试管理办法　全文

二〇一八年三月十五日

附件：

建筑信息化BIM技术系列岗位专业技能考试管理办法

根据中共中央办公厅、国务院办公厅《关于促进建筑业持续健康发展的意见》（国发办［2017］19号）、住建部《2016—2020年建筑业信息化发展纲要》（建质函［2016］183号）和《关于推进建筑信息模型应用的指导意见》（建质函［2015］159号），国务院《国家中长期人才发展规划纲要（2010—2020年）》《国家中长期教育改革和发展规划纲要（2010—2020年）》，教育部等六部委联合印发的《关于进一步加强职业教育工作的若干意见》等文件精神，北京绿色建筑产业联盟结合全国建设工程领域建筑信息化人才需求现状，参考建设行业企事业单位用工需要和工作岗位设置等特点，制定BIM技术专业技能系列岗位的职业标准、教学体系和考评体系，组织开展岗位专业技能培训与考试的技术支持工作。参加考试并成绩合格的人员，由工业和信息化部教育与考试中心（电子通信行业职业技能鉴定指导中心）颁发相关岗位技术与技能证书。为促进考试管理工作的规范化、制度化和科学化，特制定本办法。

一、岗位名称划分

1. BIM技术综合类岗位：

BIM建模技术，BIM项目管理，BIM战略规划，BIM系统开发，BIM数据管理。

2. BIM技术专业类岗位：

BIM技术造价管理，BIM工程师（装饰），BIM工程师（电力）

二、考核目的

1. 为国家建设行业信息技术（BIM）发展选拔和储备合格的专业技术人才，提高建筑业从业人员信息技术的应用水平，推动技术创新，满足建筑业转型升级需求。

2. 充分利用现代信息化技术，提高建筑业企业生产效率、节约成本、保证质量，高效应对在工程项目策划与设计、施工管理、材料采购、运营维护等全生命周期内进行信息共享、传递、协同、决策等任务。

三、考核对象

1. 凡中华人民共和国公民，遵守国家法律、法规，恪守职业道德的。土木工程类、工程经济类、工程管理类、环境艺术类、经济管理类、信息管理与信息系统、计算机科学与技术等有关专业，具有中专以上学历，从事工程设计、施工管理、物业管理工作的社会企事业单位技术人员和管理人员，高职院校的在校大学生及老师，涉及BIM技术有关业务，均可以报名参加BIM技术系列岗位专业技能考试。

2. 参加BIM技术专业技能和职业技术考试的人员，除符合上述基本条件外，还需具备下列条件之一：

（1）在校大学生已经选修过BIM技术有关岗位的专业基础知识、操作实务相关课程的；或参加过BIM技术有关岗位的专业基础知识、操作实务的网络培训；或面授培训，或实习实训达到140学时的。

（2）建筑业企业、房地产企业、工程咨询企业、物业运营企业等单位有关从业人员，参加过BIM技术基础理论与实践相结合的系统培训和实习达到140学时，具有BIM技术系列岗位专业技能的。

四、考核规则

1. 考试方式

（1）网络考试：不设定统一考试日期，灵活自主参加考试，凡是参加远程考试的有关人员，均可在指定的远程考试平台上参加在线考试，卷面分数为100分，合格分数为80分。

（2）大学生选修学科考试：不设定统一考试日期，凡在校大学生选修BIM技术相关专业岗位课程的有关人员，由各院校根据教学计划合理安排学科考试时间，组织大学生集中考试。卷面分数为100分，合格分数为60分。

（3）集中考试：设定固定的集中统一考试日期和报名日期，凡是参加培训学校、教学点、考点考站、联络办事处、报名点等机构进行现场面授培训学习的有关人员，均需凭准考证在有监考人员的考试现场参加集中统一考试，卷面分数为100分，合格分数为60分。

2. 集中统一考试

（1）集中统一报名计划时间：（以报名网站公示时间为准）

夏季：每年4月20日10：00至5月20日18：00。

冬季：每年9月20日10：00至10月20日18：00。

各参加考试的有关人员，已经选择参加培训机构组织的BIM技术培训班学习的，直接选择所在培训机构报名，由培训机构统一代报名。网址：www.bjgba.com（建筑信息化BIM技术人才培养工程综合服务平台）

（2）集中统一考试计划时间：（以报名网站公示时间为准）

夏季：每年6月下旬（具体以每次考试时间安排通知为准）。

冬季：每年12月下旬（具体以每次考试时间安排通知为准）。

考试地点：准考证列明的考试地点对应机位号进行作答。

3. 非集中考试

各高等院校、职业院校、培训学校、考点考站、联络办事处、教学点、报名点、网教平台等组织大学生选修学科考试的，应于确定的报名和考试时间前20天，向北京绿色建筑产业联盟测评认证中心BIM技术系列岗位专业技能考评项目运营办公室提报有关统计报表。

4. 考试内容及答题

（1）内容：基于BIM技术专业技能系列岗位专业技能培训与考试指导用书中，关于BIM技术工作岗位应掌握、熟悉、了解的方法、流程、技巧、标准等相关知识内容进行命题。

（2）答题：考试全程采用BIM技术系列岗位专业技能考试软件计算机在线答题，系统自动组卷。

（3）题型：客观题（单项选择题、多项选择题），主观题（案例分析题、软件操作题）。

（4）考试命题深度：易30%，中40%，难30%。

5. 各岗位考试科目

序号	BIM技术系列岗位专业技能考核	考核科目			
		科目一	科目二	科目三	科目四
1	BIM建模技术岗位	《BIM技术概论》	《BIM建模应用技术》	《BIM建模软件操作》	
2	BIM项目管理岗位	《BIM技术概论》	《BIM建模应用技术》	《BIM应用与项目管理》	《BIM应用案例分析》
3	BIM战略规划岗位	《BIM技术概论》	《BIM应用案例分析》	《BIM技术论文答辩》	
4	BIM技术造价管理岗位	《BIM造价专业基础知识》	《BIM造价专业操作实务》		
5	BIM工程师（装饰）岗位	《BIM装饰专业基础知识》	《BIM装饰专业操作实务》		
6	BIM工程师（电力）岗位	《BIM电力专业基础知识与操作实务》	《BIM电力建模软件操作》		
7	BIM系统开发岗位	《BIM系统开发专业基础知识》	《BIM系统开发专业操作实务》		
8	BIM数据管理岗位	《BIM数据管理业基础知识》	《BIM数据管理专业操作实务》		

6. 答题时长及交卷

客观题试卷答题时长120分钟，主观题试卷答题时长180分钟，考试开始60分钟内禁止交卷。

7. 准考条件及成绩发布

（1）凡参加集中统一考试的有关人员应于考试时间前10天内，在www.bjgba.com（建筑信息化BIM技术人才培养工程综合服务平台）打印准考证，凭个人身份证原件和准考证等证件，提前10分钟进入考试现场。

（2）考试结束后60天内发布成绩，在www.bjgba.com平台查询成绩。

（3）考试未全科目通过的人员，凡是达到合格标准的科目，成绩保留到下一个考试周期，补考时仅参加成绩不合格科目考试，考试成绩两个考试周期有效。

五、技术支持与证书颁发

1. 技术支持：北京绿色建筑产业联盟内设BIM技术系列岗位专业技能考评项目运营办公室，负责构建教学体系和考评体系等工作；负责组织开展编写培训教材、考试大纲、题库建设、教学方案设计等工作；负责组织培训及考试的技术支持工作和运营管理工作；负责组织优秀人才评估、激励、推荐和专家聘任等工作。

2. 证书颁发及人才数据库管理

（1）凡是通过BIM技术系列岗位专业技能考试，成绩合格的有关人员，专业类可以获得《职业技术证书》，综合类可以获得《专业技能证书》，证书代表持证人的学习过程和考试成绩合格证明，以及岗位专业技能水平。

（2）工业和信息化部教育与考试中心（电子通信行业职业技能鉴定指导中心）颁发证书，并纳入工业和信息化部教育与考试中心信息化人才数据库。

六、考试费收费标准

1. BIM 技术综合类岗位考试收费标准：BIM 建模技术 830 元/人，BIM 项目管理 950 元/人，BIM 系统开发 950 元/人，BIM 数据管理 950 元/人，BIM 战略规划 980 元/人（费用包括：报名注册、平台数据维护、命题与阅卷、证书发放、考试场地租赁、考务服务等考试服务产生的全部费用）。

2. BIM 技术专业类岗位考试收费标准：BIM 工程师（装饰）等各个专业类岗位 830 元/人（费用包括：报名注册、平台数据维护、命题与阅卷、证书发放、考试场地租赁、考务服务等考试服务产生的全部费用）。

七、优秀人才激励机制

1. 凡取得 BIM 技术系列岗位相关证书的人员，均可以参加 BIM 工程师"年度优秀工作者"评选活动，对工作成绩突出的优秀人才，将在表彰颁奖大会上公开颁奖表彰，并由评委会颁发"年度优秀工作者"荣誉证书。

2. 凡主持或参与的建设工程项目，用 BIM 技术进行规划设计、施工管理、运营维护等工作，均可参加"工程项目 BIM 应用商业价值竞赛"BVB 奖（Business Value of BIM）评选活动，对于产生良好经济效益的项目案例，将在颁奖大会上公开颁奖，并由评委会颁发"工程项目 BIM 应用商业价值竞赛"BVB 奖获奖证书及奖金，其中包括特等奖、一等奖、二等奖、三等奖、鼓励奖等奖项。

八、其他

1. 本办法根据实际情况，每两年修订一次，同步在 www.bjgba.com 平台进行公示。本办法由 BIM 技术系列岗位专业技能人才考评项目运营办公室负责解释。

2. 凡参与 BIM 技术系列岗位专业技能考试的人员、BIM 技术培训机构、考试服务与管理、市场宣传推广、命题判卷、指导教材编写等工作的有关人员，均适用于执行本办法。

3. 本办法自 2018 年 6 月 1 日起执行，原考试管理办法同时废止。

北京绿色建筑产业联盟
（BIM 技术系列岗位专业技能人才考评项目运营办公室）

二〇一八年三月

附件 2　建筑信息化 BIM 技术造价管理职业技能考试大纲

目　　录

编　制　说　明

为了响应住建部《2016—2020年建筑业信息化发展纲要》（建质函［2016］183号）《关于推进建筑信息模型应用的指导意见》（建质函［2015］159号）文件精神，结合《建筑信息化 BIM 技术系列岗位专业技能考试管理办法》，北京绿色建筑产业联盟邀请多位 BIM 造价方面相关专家经过多次讨论研究，确定了《BIM 造价专业基础知识》与《BIM 造价专业操作实务》两个科目的考核内容，BIM 技术造价管理职业技能考试将依据本考纲命题考核。

建筑信息化 BIM 技术造价管理职业技能考试大纲，是参加 BIM 技术造价管理职业技能考试人员在专业知识方面的基本要求。也是考试命题的指导性文件，考生在备考时应充分解读《考试大纲》的核心内容，包括各科目的章、节、目、条下具体需要掌握、熟悉、了解等知识点，以及报考条件和考试规则等等，各备考人员应紧扣本大纲内容认真复习，有效备考。

《BIM 造价专业基础知识》要求被考评者了解 BIM 造价的基本概念、特点；熟悉 BIM 造价的应用及价值；掌握 BIM 在工程计量方面的应用，其中包括 BIM 土建计量，BIM 安装计量同时掌握 BIM 在工程计价以及全过程造价管理中的应用。

《BIM 造价专业操作实务》要求被考评者了解项目各阶段 BIM 相关软件概述，熟悉 BIM 造价专业软件，掌握 BIM 计量操作实务、BIM 计价操作实务以及 BIM 造价在项目各阶段的实战应用。

《建筑信息化 BIM 技术造价管理职业技能考试大纲》编写委员会

2018年4月

考　试　说　明

一、考核目的

一是为建筑信息化技术发展选拔合格的职业技能人才，提高建筑业从业人员信息技术的应用水平，推动技术创新，满足建筑业转型升级需求。

二是充分利用现代信息化技术，实现项目全生命周期中数据共享，能够有效应对工程设计变更，节省大量人力物力，保证各方对于工程实体客观数据的信息的对称性。

二、职业名称定义

BIM 技术造价管理职业技术人员是基于 BIM 进行工程算量和预算编制、相关项目成本过程控制以及相关项目成本经济分析的 BIM 技术人员。

三、考核对象

1. 凡中华人民共和国公民，遵守国家法律、法规，恪守职业道德的，工程经济类、工程管理类、经济管理类等有关专业，具有中专以上学历，从事工程造价咨询、施工管理工作的企事业单位技术人员和管理人员，高职院校的在校大学生及老师，涉及 BIM 技术造价管理有关业务的，均可以报名参加 BIM 技术造价管理职业技术考试。

2. 参加 BIM 技术造价管理职业技术考试的人员，除符合上述基本条件外，还需具备下列条件之一：

（1）在校大学生已经选修过 BIM 技术造价管理的《BIM 造价专业基础知识》、《BIM 造价专业操作实务》相关课程的；或参加过 BIM 技术造价管理有关岗位的专业基础知识、操作实务的网络培训；或面授培训，或实习实训达到 140 学时的。

（2）建筑业工程造价咨询企业、房地产企业、施工企业等单位有关从业人员，参加过 BIM 技术造价管理基础理论与实践相结合的系统培训和实习达到 140 学时，具有 BIM 技术造价管理相应水平的。

四、考试方式

（1）大学生选修学科考试：不设定统一考试日期，凡在校大学生选修 BIM 技术相关专业岗位课程的有关人员，由各院校根据教学计划合理安排学科考试时间，组织大学生集中考试。卷面分数为 100 分，合格分数为 60 分。

（2）集中考试：设定固定的集中统一考试日期和报名日期，凡是参加培训学校、教学点、考点考站、联络办事处、报名点等机构进行现场面授培训学习的有关人员，均需凭准考证在有监考人员的考试现场参加集中统一考试，卷面分数为 100 分，合格分数为 60 分。

五、报名及考试时间

（1）网络平台报名计划时间（以报名网站公示时间为准）：

夏季：每年 4 月 20 日 10：00 至 5 月 20 日 18：00。

冬季：每年 9 月 20 日 10：00 至 10 月 20 日 18：00。

各参加考试的有关人员，已经选择参加培训机构组织的 BIM 技术造价管理职业技术培训班学习的，直接选择所在培训机构报名考试，由培训机构统一组织考生集体报名。网址：www. bjgba. com（建筑信息化 BIM 技术人才培养工程综合服务平台）。

（2）集中统一考试计划时间（以报名网站公示时间为准）：

夏季：每年 6 月下旬（具体以每次考试时间安排通知为准）。

冬季：每年 12 月下旬（具体以每次考试时间安排通知为准）。

考试地点：准考证列明的考试地点对应机位号进行作答。

六、考试科目、内容、答题及题量

（1）考试科目：《BIM 造价专业基础知识》《BIM 造价专业操作实务》（由 BIM 技术应用型人才培养丛书编写委员会编写，中国建筑工业出版社出版发行，各建筑书店及网店有售）。

（2）内容：基于 BIM 技术应用型人才培养丛书中，关于 BIM 技术造价管理工作岗位应掌握、熟悉、了解的方法、流程、技巧、标准等相关知识内容进行命题。

（3）答题：考试全程采用 BIM 技术造价管理职业技术考试平台计算机在线答题，系统自动组卷。

（4）题型：客观题（单项选择题、多项选择题），主观题（简答题、软件操作题）。

（5）考试命题深度：易 30%，中 40%，难 30%。

（6）题量及分值：

《BIM 造价专业基础知识》考试科目：单选题共 40 题，每题 1 分，共 40 分。多选题共 20 题，每题 2 分，共 40 分。简答题共 4 道，每道 5 分，共 20 分。卷面合计 100 分，答题时间为 120 分钟。

《BIM 造价专业操作实务》考试科目：土建计量与计价 4 题，每题 25 分，共 100 分。安装计量与计价 4 题，每题 25 分，共 100 分。答题时间为 180 分钟。

（7）答题时长及交卷：客观题试卷答题时长 120 分钟，主观题试卷答题时长 180 分钟，考试开始 60 分钟内禁止交卷。

七、准考条件及成绩发布

（1）凡参加集中统一考试的有关人员应于考试时间前 10 天内，在 www. bjgba. com（建筑信息化 BIM 技术人才培养工程综合服务平台）打印准考证，凭个人身份证原件和准考证等证件，提前 10 分钟进入考试现场。

（2）考试结束后 60 天内发布成绩，在 www. bjgba. com 平台查询。

（3）考试未全科目通过的人员，凡是达到合格标准的科目，成绩保留到下一个考试周期，补考时仅参加成绩不合格科目考试，考试成绩两个考试周期有效。

八、继续教育

为了使取得 BIM 技术造价管理职业技术证书的人员能力不断更新升级，通过考试成绩合格的人员每年需要参加不低于 30 学时的继续教育培训并取得继续教育合格证书。

九、证书颁发

考试测评合格人员，由工业和信息化部教育与考试中心颁发《职业技术证书》，在参加考试的站点领取，证书全国统一编号，在中心的官方网站进行证书查询。

BIM 造价专业基础知识
考　试　大　纲

1　工程造价基础知识

1.1　工程造价概述

1.1.1　了解建设工程相关概念
1.1.2　熟悉工程造价的含义、特点、职能
1.1.3　熟悉工程造价的计价特征和影响因素

1.2　工程造价管理

1.2.1　了解工程造价管理的相关概念
1.2.2　了解国内外工程造价管理的产生和发展

1.3　全国注册造价工程师

1.3.1　了解全国注册造价工程师的概念
1.3.2　了解全国注册造价工程师的执业范围
1.3.3　了解全国注册造价工程师应具备的能力
1.3.4　了解全国注册造价工程师执业资格制度

1.4　工程造价咨询

1.4.1　熟悉工程造价咨询的含义和内容
1.4.2　了解工程造价咨询企业的资质等级
1.4.3　了解我国现行工程造价咨询企业管理制度

1.5　工程造价行业发展现状

1.5.1　了解工程造价计量工作的现状
1.5.2　了解工程造价计价工作的现状
1.5.3　了解工程造价管理工作的现状和趋势

1.6　相关法律

1.6.1　了解建筑法
1.6.2　了解招投标法
1.6.3　了解合同法
1.6.4　了解价格法

2　BIM 造价概述

2.1　BIM 造价的概念

2.1.1　了解 BIM 的由来
2.1.2　了解 BIM 的概念
2.1.3　了解 BIM 造价的含义

2.2 BIM造价的发展

2.2.1 了解传统造价阶段

2.2.2 熟悉BIM造价阶段

2.3 BIM造价软件简介

2.3.1 了解国外BIM造价软件

2.3.2 了解国内BIM造价软件

2.4 BIM造价的特征

2.4.1 熟悉BIM造价精细化特征

2.4.2 熟悉BIM造价动态化特征

2.4.3 熟悉BIM造价一体化特征

2.4.4 熟悉BIM造价信息化特征

2.4.5 熟悉BIM造价智能化特征

2.5 BIM造价的作用与价值

2.5.1 了解BIM在造价管理中的优势

2.5.2 了解BIM对造价管理模式的改进

2.5.3 掌握BIM造价在各参与方中的价值

2.6 BIM造价市场需求预测

2.6.1 了解BIM造价应用的必然性

2.6.2 了解未来BIM造价应用趋势

2.6.3 了解BIM造价人才培养需求

3 BIM与工程计量

3.1 工程计量概述

3.1.1 熟悉工程计量的依据

3.1.2 掌握工程计量的规范

3.1.3 掌握工程计量的方法，包括一般工程量计算方法、统筹法计算工程量以及信息技术在工程计量中的应用

3.2 BIM土建计量

3.2.1 掌握土建计量内容，包括土建计量的含义、建筑面积的计算、土建分部分项工程的计量（其中包括土石方工程、地基处理和基坑支护工程、桩基工程、砌筑工程、混凝土及钢筋混凝土工程、金属结构工程、木结构工程、门窗工程、屋面及防水工程、保温、隔热、防腐工程）、土建措施项目的计量、土建装饰装修工程的计量、楼地面装饰工程、墙、柱面装饰与隔断、幕墙工程、天棚工程、掌握油漆、涂料、裱糊工程、其他装饰工程，以及其他土建工程的计量，如拆除工程

3.3 安装计量

3.3.1 熟悉安装计量内容，包括安装计量涵义、电气工程及管道工程的计量、建筑给排水工程及消防工程的计量

3.4 BIM时代软件化计量的发展和优势

3.4.1 熟悉BIM软件计量基本流程

3.5 BIM与工程量计算

3.5.1 了解工程量计量发展历程，包括手工算量、软件表格法算量、三维算量软件以及BIM计量

3.5.2 掌握BIM计量的优势，包括提高工程量计算准确性、数据共享和历史数据积累、提高工程变更管理能力以及提高造价管控水平

3.5.3 掌握BIM计量基本流程，包括REVIT明细表统计工程量、REVIT中提取算量信息以一定的数据格式导进传统算量软件以及在REVIT平台上内置的算量插件直接生成工程量

4 BIM与工程计价

4.1 工程计价概述

4.1.1 了解工程计价概念与依据

4.1.2 熟悉安装工程类别划分

4.1.3 了解工程造价的构成

4.1.4 掌握建筑安装工程造价费用的计算方法

4.1.5 掌握建筑安装工程计价程序

4.1.6 掌握建筑安装工程的计价模式

4.1.7 掌握工程造价的价差调整

4.2 BIM在工程计价中的应用

4.2.1 了解当前工程计价的难点

4.2.2 熟悉基于BIM技术的工程计价的优势

4.2.3 掌握BIM技术在工程计价的应用，包括工程计价各个阶段的BIM技术应用、利用BIM技术建立造价数据库以及建立基于BIM技术的合同计价模式

5 BIM造价管理

5.1 BIM在全过程造价管理中的应用

5.1.1 掌握BIM造价在决策阶段的应用

5.1.2 掌握BIM造价在设计阶段的应用

5.1.3 掌握BIM造价在招投标阶段的应用，包括BIM设计模型导入、基于BIM的工程算量

5.1.4 掌握BIM造价在施工过程中的应用

5.1.5 掌握BIM造价在工程竣工结算中的应用

5.1.6 掌握基于BIM的运维管理

5.2 新型管理模式下的BIM造价应用

5.2.1 熟悉PPP项目的BIM造价应用

5.2.2 熟悉EPC项目的BIM造价应用

6 BIM与造价信息化

6.1 工程造价信息简介

6.1.1 了解工程造价信息的特征

6.1.2 了解工程造价信息的种类

6.2 工程造价信息化

6.2.1 了解工程造价信息化含义

6.2.2 了解工程造价信息化的必然性

6.2.3 了解工程造价信息化的制约因素

6.3 BIM在工程造价信息化建设的价值

6.3.1 了解BIM在建筑领域的应用背景

6.3.2 熟悉BIM在工程造价信息化建设的价值

BIM造价专业操作实务考试大纲

1 BIM造价软件概述

1.1 BIM软件概述

1.1.1 了解项目前期策划阶段的BIM软件

1.1.2 了解项目设计阶段的BIM软件

1.1.3 了解施工阶段的BIM软件

1.1.4 了解运营阶段的BIM软件

1.2 BIM基础应用软件

1.2.1 熟悉何氏分类法

1.2.2 熟悉AGC分类法

1.2.3 了解厂商、专业分类法

1.2.4 了解国外软件

1.3 BIM造价专业软件

1.3.1 掌握新点BIM5D算量软件

1.3.2 了解广联达BIM土建算量软件

1.3.3 了解鲁班BIM算量软件

1.3.4 了解斯维尔BIM算量软件

1.3.5 了解晨曦BIM算量软件

1.3.6 了解品茗BIM算量软件

1.4 BIM造价软件应用现状与展望

1.4.1 熟悉工程造价管理进入过程管控阶段

1.4.2 掌握BIM技术在工程造价管控中的应用

1.4.3 了解人工智能与工程造价

2 BIM 计量操作实务

2.1 国内造价工程量计算的标准和规范

2.2 BIM 技术的计量概述

2.2.1 熟悉建筑与装饰工程的计量

2.2.2 熟悉安装工程的计量

2.3 BIM 技术的算量软件实物操作

2.3.1 掌握建筑与装饰工程的算量软件实物操作

2.3.2 掌握安装工程的算量软件实物操作

2.3.3 掌握钢筋工程的算量软件实物操作

3 BIM 计价操作实务

3.1 国内造价计价的标准及规范

3.1.1 掌握工程计价方法及计价依据

3.1.2 掌握建设工程定额计价规范

3.1.3 掌握建设工程清单计价规范

3.2 BIM 专业化计价软件实务操作

3.2.1 掌握 BIM 专业化计价软件实务操作

3.2.2 熟悉建筑与装饰工程计价操作总说明

3.2.3 掌握安装工程计价操作

3.3 BIM 计价之云计价

3.3.1 了解 BIM 云计价概述

3.3.2 了解 BIM 云计价软件介绍

4 BIM 造价管理实务

4.1 设计阶段 BIM 造价实战应用

4.1.1 掌握 BIM 造价在绿色节能分析方面的实战应用

4.1.2 掌握 BIM 造价在辅助决策方面的实战应用

4.1.3 掌握 BIM 造价在设计审核阶段的实战应用

4.1.4 掌握 BIM 造价的限额设计（经济指标分析）

4.2 招投标阶段 BIM 造价实战应用

4.2.1 掌握 BIM 造价在预算价精算、复核阶段的实战应用

4.2.2 掌握 BIM 造价在项目预算、资金计划阶段的实战应用

4.3 施工阶段 BIM 造价实战应用

4.3.1 掌握 BIM 造价在支付审核阶段的实战应用

4.3.2 掌握 BIM 造价在建造阶段的碰撞检查、预留洞口定位

4.3.3 掌握 BIM 造价在方案模拟阶段的实战应用

4.3.4 掌握 BIM 造价在进度模拟与监控阶段的实战应用

4.3.5　掌握 BIM 造价钢筋成本管控方面的实战应用

4.3.6　掌握 BIM 造价在资料管理方面的实战应用

4.3.7　掌握 BIM 造价的现场管理（移动端的应用）

4.3.8　掌握 BIM 造价的变更签证管理

4.4　结算阶段 BIM 造价实战应用

4.4.1　掌握 BIM 造价的结算方法

4.4.2　掌握基于 BIM 的结算审计优势总结

4.5　全过程造价控制阶段 BIM 造价的实战应用

4.5.1　了解 BIM 全过程应用概述

4.5.2　掌握 BIM 全过程造价管理项目应用

5　BIM 造价应用实务案例

5.1　BIM 造价应用实战之陕西某互联网数据中心项目 B 区

5.1.1　了解项目信息

5.1.2　熟悉基于 BIM 模型的造价优势

5.1.3　掌握 BIM 模型各专业算量